DE LA VARIATION

DES ANIMAUX

ET DES PLANTES

936. — ABBEVILLE. — TYP. ET STÉR. GUSTAVE RETAUX

DE LA VARIATION

DES

ANIMAUX

ET DES PLANTES

A L'ÉTAT DOMESTIQUE

PAR

CHARLES DARWIN

M. A., F. R. S., ETC.

TRADUIT SUR LA SECONDE ÉDITION ANGLAISE

Par Ed. BARBIER

PRÉFACE DE CARL VOGT

AVEC 43 GRAVURES SUR BOIS

TOME PREMIER

PARIS

C. REINWALD ET Cⁱᵒ, LIBRAIRES-ÉDITEURS

15, RUE DES SAINTS-PÈRES, 15

1879

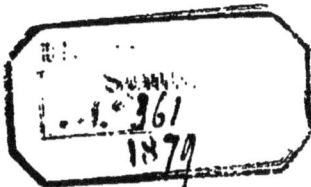

PRÉFACE DE CARL VOGT

POUR LA PREMIÈRE ÉDITION.

———

Un nouveau livre de M. Darwin n'a point besoin d'introduction. Chaque œuvre de ce naturaliste éminent, dont les vues ont donné une impulsion nouvelle et inattendue à la science, commande impérieusement l'attention de tous ceux qui s'intéressent aux progrès de l'histoire naturelle des êtres organisés. On sait d'avance ce que l'on trouvera dans chaque production du maître : haute indépendance de vues, déduction logique des résultats, matériaux immenses recueillis avec soin et observés avec sagacité, connaissance approfondie et appréciation impartiale des travaux d'autrui. De pareilles qualités sont le gage, non peut-être d'un succès immédiat, mais d'un effet durable.

Je n'ai pas besoin d'insister ici sur la révolution qu'a causée, dans le domaine des sciences organiques, le premier livre de M. Darwin sur l'*Origine des espèces;* dans la préface, il annonçait déjà plusieurs suppléments destinés à faire connaître les documents, à utiliser les matériaux amassés par lui dans un voyage de plusieurs années autour du globe, et dans un travail silencieux mais opiniâtre de plus de vingt ans. Le *Traité sur les animaux domestiques et les plantes cultivées* est le premier des suppléments annoncés; il sera suivi, comme nous l'apprenons par plusieurs notes du texte, de quelques autres traités sur des sujets qui se rattachent plutôt à la question de l'espèce proprement

dite, tandis que notre livre traite à fond la question de la production des races et des variétés.

Un éminent chimiste visitait, il n'y a pas longtemps, une
des grandes fabriques de produits chimiques des bords du Rhin.
Après avoir étudié dans tous les détails plusieurs procédés nouveaux, « il faut avouer, dit-il au propriétaire, que nous autres
théoriciens nous sommes toujours de quelques pas en arrière.
Vous observez certains faits sans intérêt scientifique immédiat,
mais qui nous échappent complétement; cependant, comme ils
vous intéressent au plus haut degré au point de vue pratique,
vous les poursuivez en les appliquant à votre fabrication, et,
quelques années plus tard, nous devons rechercher à notre tour
le pourquoi et le comment de certaines opérations, dont la théorie ne peut pas rendre compte ! »

Il en est de même, nous devons l'avouer, dans les domaines
de la zoologie et de la botanique. Poussant nos recherches dans
d'autres directions, nous avons trop délaissé, nous autres naturalistes, certains côtés pratiques, et aujourd'hui nous nous aper-
cevons que les praticiens, les éleveurs et les jardiniers, nous ont
dépassés de beaucoup en façonnant les animaux domestiques et
les plantes cultivées à leur gré, et ont ainsi battu en brèche, sans
le savoir, ce que nous avons cru être établi d'une manière définitive. Les travaux de M. Darwin, en nous éveillant de notre
sommeil d'une manière douloureuse, surtout pour certaines autorités, nous dévoilent l'abîme qui s'est creusé lentement entre
la théorie et la pratique. La tâche d'un avenir prochain sera de
combler cette lacune en mettant la science au niveau de la pratique.

Dans toutes les sciences d'observation, il se manifeste, depuis un certain temps, une tendance générale à rechercher, à
étudier des causes infiniment petites en apparence, mais qui, par
la longueur des temps, comme par les masses sur lesquelles elles
opèrent, accumulent leurs effets d'une manière surprenante. Je
n'ai pas besoin d'insister sur les inévitables révolutions qui se
sont opérées dans certaines sciences par la découverte de ces
causes infiniment petites et souvent inappréciables dans les la-

boratoires. L'astronomie, la physique, la chimie, se sont enrichies d'une quantité de vues nouvelles; la géologie a secoué, sous l'influence de ces études, la stupeur dans laquelle l'avaient plongée le fracas des cataclysmes et des soulèvements soudains; — aujourd'hui le tour des sciences organiques est venu; elles doivent marcher dans la même direction et soulever un coin du voile qui couvre l'origine du monde organisé, celle des animaux et des végétaux.

Certes elle était bien commode cette théorie, aujourd'hui devenue insoutenable, mais à laquelle on s'accroche encore avec l'énergie du désespoir, comme le noyé à un brin de paille. Les espèces, créées toutes d'une pièce, avaient surgi, appropriées aux besoins de l'*habitat* par une volonté indépendante de la terre et du monde entier, et elles avaient été détruites par une explosion soudaine de cette même volonté capricieuse. Le zoologiste n'avait rien autre chose à faire que d'étudier minutieusement les caractères de ces types immuables, les enregistrer et les classer en attendant que Dieu, qui les créa, rompît le moule, comme disait le poëte. Tranquilles sur l'immutabilité des espèces, qui ne devaient varier que dans des caractères insignifiants, nous assistions indifférents aux efforts des éleveurs, qui moulaient, pour ainsi dire, la matière organique vivante de nos animaux domestiques, pour l'adapter soit à nos besoins, soit à nos caprices, et leurs produits paraissaient bien sur les marchés et dans les expositions, mais jamais dans nos musées et dans nos collections.

Ce temps de quiétude inconsciente est passé. Nous sommes forcés de reconnaître que des domaines entiers et considérables de la science ont été négligés, abandonnés, dédaignés même; qu'il faut nous remettre au travail, réunir des faits, accumuler des observations, instituer des expériences multiples et de longue haleine, quitter les routes battues pour frayer de nouveaux sentiers étroits et difficiles ! On se révolterait certes pour de moindres exigences, surtout si l'on sommeille en paix, sur un fauteuil académique, conquis avec peine et conservé par la force de l'inertie !

Or c'est ici, si je ne me trompe, que se trouve le point saillant de l'influence que M. Darwin a exercée sur la science. Le monde organisé actuel nous offre partout les effets accumulés de petites forces agissant lentement, modifiant sans cesse la matière organique et plastique dans les moules qu'elle remplit, dans les formes qu'elle revêt : effets accumulés par un nombre d'individus, par des séries continues de générations à travers les siècles, et devant nous se dresse cette tâche formidable, de poursuivre les effets de forces variées dans leurs moindres manifestations, de saisir le point où la divergence surgit, où l'effet, minime d'abord, se manifeste pour la première fois. Il suffit de signaler cette tâche pour en faire comprendre la portée et la difficulté.

« Il a fallu des milliers de siècles, disait un chimiste, pour que les eaux atmosphériques, si faiblement acidulées par la présence de l'acide carbonique, aient pu pénétrer les basaltes et les altérer jusqu'à une certaine profondeur. Ma vie ne suffirait point pour observer sur les colonnes basaltiques les progrès de cette altération; pour pouvoir les étudier, je dois accumuler les effets en augmentant les points d'attaque et en renforçant l'acide. Ce que la nature produit pendant un laps de temps avec un dix-millième d'acide carbonique dissous dans l'eau et à une température ordinaire, je l'obtiens en pulvérisant mon basalte, et en l'attaquant à une température plus élevée par une solution acide plus forte. Je ne fais ainsi qu'accumuler les effets naturels en les augmentant dans mon laboratoire. »

L'éleveur, suivant M. Darwin, n'agit pas autrement. N'est pas éleveur qui veut : on naît Bakewell, on devient prince Albert. On peut acquérir assez de connaissances et d'expérience pour maintenir des races; mais pour créer une race nouvelle, pour la développer dans ses caractères essentiels et dérivés, il faut avoir ce coup d'œil d'aigle qui distingue la moindre nuance dans la conformation de l'individu naissant, et cette qualité divinatrice qui entrevoit d'avance les modifications auxquelles ces variations donnent lieu, quand elles auront été accumulées dans une série des générations choisies et triées dans ce but.

Or, que font ces mouleurs de la matière organique, sinon

accumuler les petits effets qui peuvent se produire dans la nature, augmenter leur puissance par un choix judicieux des individus, qu'on unit dans un but déterminé et non pas au hasard
des instincts comme le fait la nature ? On écarte ainsi les causes
contraires qui pourraient anéantir de nouveau les effets obtenus.
Nul doute que l'éleveur ne peut employer que des forces naturelles; nul doute que ces forces n'agissent de même sans l'intervention calculée de l'homme ; mais nul doute aussi, qu'au milieu
des chocs entre-croisés donnés et reçus pendant le combat
incessant pour la vie, les effets produits ne soient plus souvent
anéantis que conservés, et ainsi étouffés en naissant. En considérant attentivement le règne animal et végétal, nous constatons
en effet que la variation dans l'hérédité est la règle ; que chaque
individu porte avec lui la variation, qu'aucun ne ressemble à
l'autre jusqu'au moindre détail. Mais les variations légères et
souvent à peine appréciables que présentent les premiers individus périssent le plus souvent sans donner naissance à une
lignée, parce qu'elles vont se fondre de nouveau dans le réservoir commun de l'espèce. On peut donc dire que le germe d'une
race, variété ou espèce nouvelle, se trouve dans chaque individu,
que chacun de ces germes peut se développer et possède en lui-
même et par lui-même la force et le droit de se développer. Le
plus souvent ces germes ne se développent pas, parce que des
forces contraires les anéantissent bientôt.

Cela doit-il nous étonner ? Nous savons que plus les chances
de non-réussite sont nombreuses, plus aussi le nombre des
germes est considérable. Dans les vers intestinaux, des millions
d'œufs périssent sans trouver les conditions nécessaires à leur
éclosion; si l'espèce se maintient néanmoins, ce n'est que grâce
à cette multiplication inouïe des germes. Nous pouvons donc
affirmer que la race, la variété, l'espèce, ne se forment que
grâce à cette multiplication infinie des chances de variation qui
sommeillent partout, qui sont toujours prêtes à se produire, qui
périssent par milliers, mais qui quelquefois se trouvent dans
les conditions favorables à leur développement.

Est-il besoin de dire que cette manière de comprendre la
variété dans les règnes organiques est plus conforme aux notions.
actuelles sur la constitution et la liaison réciproque de la matière
et de la force, que cette définition de l'espèce dont nous avons
hérité, et qui, au milieu du tourbillon vital qui nous entoure,
soustrait le type de l'espèce au mouvement universel et à la
transformation incessante de la matière, pour l'immobiliser et le
rendre immuable ?

Le lecteur sera frappé sans doute de la multiplicité des
observations auxquelles M. Darwin a dû se livrer, et de la quantité de matériaux qu'il a dû réunir. Je ne veux citer ici que les
recherches sur les pigeons, exposées dans les cinquième et
sixième chapitres. Non content de nouer des relations avec des
hommes éminents de tous les points du globe, M. Darwin a dû
se faire éleveur lui-même, se faire recevoir de plusieurs clubs,
et sacrifier ainsi, non-seulement un temps considérable, mais
aussi des sommes importantes à la poursuite de ses études et de
ses expériences. Or, s'il est peu de savants capables d'entreprendre de pareilles recherches, il en est encore moins qui se
trouvent dans une position qui leur permette de disposer de
matériaux aussi nombreux que ceux dont M. Darwin a su pro-
fiter. Il y a plus, les pigeons ne cessant presque jamais de couver, les pigeonneaux arrivant en peu de temps à maturité, les
générations se succèdent sans interruption ; quelques lustres
suffisent donc pour avoir des séries multiples de descendants. Il
n'en est pas de même des autres espèces. « Il faut quatre ans,
disait Napoléon Ier, pour faire un cheval ; il faut vingt ans pour
faire un homme. » Les ressources et la vie d'un seul naturaliste
ne suffiraient pas pour poursuivre sur la plupart des mammifères, et même des oiseaux, les études que M. Darwin a pu
mener à bonne fin sur les pigeons. C'est ici que l'intervention
des établissements publics devient nécessaire, indispensable, et
c'est sur ce point que je voudrais attirer l'attention.

Les ménageries, les jardins zoologiques et d'acclimatation
devront se transformer nécessairement en laboratoires zoolo-.

giques, dans lesquels des observations et des expériences entreprises dans un but déterminé, pourront être continuées sans interruption pendant des séries d'années.

Certes je ne dédaigne point les observations recueillies jusqu'à présent sur la vie et la manière d'être d'une foule d'animaux, que l'on ne connaissait jadis que par leur pelage et leurs os. Je ne veux non plus médire des efforts que l'on a faits jusqu'à présent pour acclimater certains animaux utiles ou agréables. Nos connaissances ont été augmentées, nos basses-cours peuplées, nos parcs embellis, et le goût des études en histoire naturelle a été répandu partout. Mais tout cela suffit aussi peu aux exigences de la science actuelle, que les observations isolées en météorologie n'ont suffi pour établir les lois qui régissent l'atmosphère terrestre. Il a fallu, pour arriver à des résultats, créer des points d'observation multiples, imposer des règles uniformes pour servir de guides pendant des séries d'années aux observateurs qui se succèdent. Il faudra procéder de même pour les études zoologiques, établir des séries d'observations, se concerter pour un plan général à suivre dans les différents établissements et continuer avec obstination ces observations dans toutes les directions qui se succèdent, mais qui ordinairement ne se ressemblent pas. Aux établissements déjà existants, qui ne peuvent s'occuper en général que d'oiseaux et de mammifères, aux aquariums, encore si rares aujourd'hui, il faudrait en ajouter d'autres destinés à d'autres classes : ceux-ci, sur la terre ferme, aux insectes, ceux-là, au bord de la mer, aux types si intéressants que recèle l'Océan. Ah ! que nous sommes encore loin du temps où une minime partie seulement des deniers publics, dévorés aujourd'hui par la création d'instruments de destruction incessamment perfectionnés, sera vouée au noble but de l'avancement des sciences !

Qu'on me permette un dernier mot. La théorie de M. Darwin, les conséquences qui en découlent, les vues qui dirigent actuellement les recherches dans les sciences exactes en général, ont été l'objet de beaucoup d'attaques. Rien de mieux ! Les partisans de M. Darwin auraient mauvaise grâce en effet à refuser le combat, lorsque la base de leur croyance est la lutte sans trêve ni merci pour l'existence, et quand ils prouvent que chaque modification, transformation ou perfectionnement est le prix de cette bataille à laquelle nulle créature vivante ne saurait se soustraire. Qu'on oppose aux faits des faits, aux conclusions des conclusions, aux conséquences des conséquences : c'est là ce que nous demandons, c'est le terrain que nous acceptons.

Mais nous sommes en droit d'exiger que l'on reste dans la série des faits positifs et de leurs conséquences, et qu'on ne vienne pas nous jeter à la face ni l'injure personnelle, ni une prétendue ignorance, ni la raison d'État, ni même les autorités surannées, qui ne peuvent plus être invoquées. Que dirait un astronome, si un homme, lettré au fond, mais complétement dépourvu de connaissances en mathématiques et en mécanique, venait l'attaquer en soutenant que tous les savants avant Copernic avaient admis le mouvement du soleil et la fixité de la terre, que les calculs des modernes sont faux, que le témoignage de nos yeux et de tant de millions de nos ancêtres, suffit pour démontrer que le soleil tourne et que la terre reste immobile? Que dirait cet astronome si l'on invoquait l'antiquité de cette croyance, si l'on prétendait que la science doit rebrousser chemin, jeter ses équations au feu, brûler la mécanique céleste, et en revenir à la religion des ancêtres et aux croyances du bon vieux temps? Certes l'astronome rirait en entendant les palinodies de cet ignorant et le renverrait à l'école en disant : Apprenez les mathématiques, apprenez l'usage des télescopes et de nos instruments inconnus des anciens, apprenez ce que l'on a fait depuis en se servant de meilleures méthodes, et d'instruments perfectionnés d'observation ; mais cessez de me corner aux oreilles de vaines objections, car vous parlez d'une science que vous ne pouvez comprendre, parce que la base nécessaire, parce que les connaissances fondamentales sur lesquelles elle repose vous font complétement défaut.

Nous trouvons-nous dans une position différente vis-à-vis de certaines attaques? Non, car nous pouvons dire que nous travaillons jour et nuit à examiner, à expérimenter les phénomènes de la vie, les fonctions mille fois plus délicates des êtres organisés : nous ne cessons d'interroger la nature sur les problèmes qu'elle nous pose, nous y apportons toute la sincérité imposée par la recherche de la vérité, et cependant voici venir des gens qui ne savent pas distinguer un muscle d'un nerf ou une écrevisse d'un poisson, qui se posent en juges de nos travaux et de nos résultats : ils nous disent que ces questions sont tranchées depuis bientôt deux mille ans! Ne conviendrait-il pas de les renvoyer à l'école, de les rappeler à la pudeur?

Mon nom a été joint dernièrement à celui d'un savant, Filippo De Filippi, dont l'Italie s'honore à juste titre et dont elle déplore la perte récente. Qu'on insulte les vivants, passe encore, mais il fallait naitre à notre époque pour apprendre qu'on ne s'arrête pas même devant la tombe d'un homme qui paya de sa vie son amour pour la science et son ardeur pour la recherche de la vérité.

CARL VOGT.

PRÉFACE DE CHARLES DARWIN

POUR LA SECONDE ÉDITION.

Depuis la publication de la première édition de cet ouvrage, j'ai continué, autant que possible, les recherches que j'avais entreprises sur les questions qui y sont traitées. Grâce à l'obligeance de mes correspondants, j'ai pu, en outre, recueillir un grand nombre de faits nouveaux, dont j'ai enrichi cette seconde édition. J'ai profité de ce remaniement de mon ouvrage pour corriger certaines erreurs qui m'ont été signalées par les critiques, et j'ai ajouté beaucoup de notes. Le onzième chapitre, et le chapitre sur la Pangenèse ont été considérablement modifiés.

CH. DARWIN.

VARIATION

DES ANIMAUX ET DES PLANTES

a l'état domestique.

INTRODUCTION

Cet ouvrage n'a pas pour objet la description des nombreuses races d'animaux que l'homme a réduits en domesticité, ni des plantes qu'il est parvenu à cultiver ; eussé-je même les connaissances nécessaires, il serait inutile, pour le but que je me propose, d'entreprendre une tâche aussi lourde. J'ai l'intention seulement d'indiquer, à propos de chaque espèce, les faits que j'ai pu recueillir ou observer, en tant qu'ils témoignent de l'importance et de la nature des modifications que les animaux et les plantes ont éprouvées depuis qu'ils se trouvent sous la domination de l'homme , ou qu'ils jettent quelque lumière sur les principes généraux de la variation. Je m'étendrai davantage sur le pigeon domestique; je décrirai de façon très-complète les races principales de pigeon, leur histoire, l'étendue et la nature de leurs différences, et la marche probable de leur formation. J'ai choisi cet exemple parce que, comme on le verra plus loin, il fournit des matériaux préférables à tous les autres ; d'ailleurs, un exemple étudié avec soin dans toutes ses parties peut servir à toutes les autres démonstrations. Je décrirai aussi en détail les lapins, les poules et les canards domestiques.

Les divers sujets que comporte cette étude sont tellement connexes qu'il est difficile de déterminer le meilleur ordre à suivre dans leur exposition. Je consacrerai la première partie de

1

cet ouvrage à l'exposition d'un ensemble considérable de faits relatifs à certains animaux et à certaines plantes, bien qu'au premier abord, quelques-uns de ces faits puissent paraître ne se rattacher qu'indirectement à notre sujet ; je consacrerai la seconde partie aux discussions générales. J'ai employé des petits caractères toutes les fois que j'ai jugé nécessaire d'entrer dans beaucoup de détails à l'appui de certaines propositions. J'ai voulu, par cette disposition, signaler au lecteur peu soucieux des détails, ou qui ne met pas en doute les conclusions indiquées, les passages qu'il peut laisser de côté. Je dois cependant faire remarquer que plusieurs de ces discussions méritent au moins l'attention du naturaliste de profession.

Pour ceux qui n'ont encore rien lu sur la « sélection naturelle, » il peut être utile de donner ici un court aperçu du sujet et de sa portée relativement à l'origine des espèces, d'autant plus qu'il est impossible d'éviter dans le présent ouvrage des allusions à des questions qui seront complétement discutées dans des volumes futurs [1].

Dans toutes les parties du monde, et dès une haute antiquité, l'homme a réduit une foule d'animaux à l'état domestique, et assujetti à la culture un grand nombre de plantes. L'homme n'a certes pas le pouvoir d'altérer les conditions absolues de la vie ; il ne peut changer le climat d'aucun pays, ni ajouter aucun élément nouveau au sol ; mais il peut transporter un animal ou une plante d'un climat ou d'un sol à un autre, et lui donner une nourriture qui n'était pas la sienne à l'état naturel. C'est une erreur de prétendre que l'homme cherche à violenter la nature et est la cause de la variabilité. L'homme peut jeter un morceau de fer dans l'acide sulfurique, mais il ne s'ensuit pas qu'on puisse affirmer qu'il fait du sulfate de fer ; il se contente de mettre en présence certaines affinités et leur permet de se développer. Si les êtres organisés n'avaient pas en eux-mêmes une tendance inhérente à varier, tous les efforts de l'homme seraient inutiles [2].

[1] Cette introduction est inutile pour ceux qui ont lu attentivement mon *Origine des espèces*. J'avais annoncé dans cet ouvrage la publication prochaine des faits sur lesquels étaient basées les conclusions qu'il contient, publication que le mauvais état de ma santé m'a empeché de faire plus tôt.

[2] M. Pouchet, *Pluralité des races*, a récemment insisté sur le fait que la variabilité, sous l'influence de la domestication, ne jette aucun jour sur la modification naturelle de l'espèce. Je ne saisis pas la force de ses arguments, ou pour mieux dire, de ses assertions à ce sujet.

L'homme expose, sans intention, ses animaux et ses plantes à diverses conditions d'existence, et il survient des variations qu'il ne peut ni empêcher ni contenir. Envisageons le cas très-simple d'une plante qui a été pendant longtemps cultivée dans son pays natal, et qui, par conséquent, n'a été soumise à aucun changement de climat. Elle a, jusqu'à un certain point, été protégée contre les racines rivales des autres plantes qui l'avoisinent, plantée dans un sol fumé, probablement pas plus riche que beaucoup de terrains d'alluvion ; enfin, elle a subi quelques changements de conditions, cultivée tantôt sur un point, tantôt sur un autre, dans des terrains différents. Il serait difficile de trouver une plante qui, dans ces circonstances, eût-elle été cultivée de la manière la plus primitive, n'eût pas donné naissance à plusieurs variétés. Il n'est guère possible d'admettre que, pendant les nombreuses révolutions qui se sont succédées sur le globe, pendant les migrations naturelles des végétaux, qui quittent un pays ou une île pour pénétrer dans de nouvelles régions habitées par des espèces différentes, les plantes n'aient pas été exposées à des changements des conditions d'existence analogues à ceux qui déterminent presque inévitablement la variation des plantes cultivées. Sans doute, l'homme choisit les individus qui varient ; il en sème la graine et choisit encore les descendants qui présentent des variations. Mais la variation primitive sur laquelle l'homme opère, et sans laquelle il ne peut rien faire, est le résultat de quelque léger changement dans les conditions d'existence, comme il a dû s'en présenter fréquemment à l'état de nature. On peut donc dire que l'homme a tenté sur une gigantesque échelle une expérience à laquelle la nature s'est livrée sans cesse dans le cours infini des temps. Il en résulte que les principes de la domestication sont pour nous importants à connaître. Un fait principal reste démontré : c'est que les êtres organisés, ainsi traités, ont varié considérablement, et que les variations sont devenues héréditaires ; de là provient probablement l'opinion déjà ancienne chez quelques naturalistes, que les espèces à l'état de nature éprouvent des variations.

Je traiterai dans ce volume, aussi complétement que me le permettent les matériaux dont je dispose, la variation à l'état domestique. Nous pouvons ainsi espérer jeter quelque lumière ;

si peu d'ailleurs que ce soit, sur les causes de la variabilité, sur les lois qui la régissent, — telles que l'action directe du climat et de la nourriture, les effets de l'usage et du non-usage, la corrélation de croissance, — et sur l'étendue des changements dont les organismes domestiqués sont susceptibles. Nous apprendrons quelque chose sur les lois de l'hérédité, sur les effets du croisement de races différentes, sur la stérilité qui survient fréquemment lorsqu'on écarte les êtres organisés de leurs conditions vitales naturelles, et aussi lorsqu'on les soumet à des croisements consanguins trop répétés. Nous verrons, dans cette étude, l'importance capitale du principe de la sélection. Bien que l'homme ne cause pas la variabilité et ne puisse même l'empêcher, il peut trier, conserver et accumuler comme bon lui semble les variations que lui offre la nature, et obtenir ainsi de grands résultats. Il peut diriger la sélection de façon méthodique et avec intention ; il peut la laisser s'exercer sans faire intervenir sa volonté. L'homme peut choisir et conserver chaque variation successive dans le but déterminé d'améliorer et de modifier une race d'après une idée préconçue ; or, en accumulant ainsi des variations, souvent assez légères pour échapper à un œil inexercé, il a pu effectuer des changements extraordinaires et obtenir des améliorations étonnantes. Il est également facile de démontrer que l'homme, sans avoir l'intention ou même la pensée d'améliorer une race, peut y introduire lentement, mais sûrement, des modifications importantes, par le seul fait qu'il conserve, dans chaque génération, les individus qui, pour lui, ont le plus de valeur et qu'il détruit ceux qui en ont le moins. La volonté de l'homme exerçant une influence si puissante, il devient facile de comprendre pourquoi les races domestiques s'adaptent si bien à ses besoins et à ses plaisirs. On s'explique, en outre, pourquoi les races d'animaux domestiques et de plantes cultivées, présentent souvent, comparées aux espèces naturelles, des caractères anomaux ou monstrueux ; c'est qu'en effet elles ont été modifiées, non pour leur propre avantage, mais en vue de celui de l'homme.

Je discuterai, dans un autre ouvrage, la variabilité des êtres organisés à l'état de nature, c'est-à-dire les différences individuelles qu'on observe chez les animaux et les plantes, et les différences un peu plus considérables et généralement héréditaires qui constituent pour les naturalistes les variétés ou les races géographiques. Nous verrons combien il est difficile, et même souvent impossible, de distinguer entre les races et les sous-espèces, — pour employer l'expression dont on se sert quelquefois pour désigner les formes moins nettement prononcées,— et, en outre, entre celles-ci et les vraies espèces. Je chercherai aussi à démontrer que ce sont les espèces communes et largement répandues, ou, comme on peut les appeler, les espèces dominantes, qui varient le plus fréquemment ; et que ce sont les genres les plus grands et les plus prospères, qui comprennent le plus grand nombre d'espèces sujettes à varier. On pourrait, comme nous le verrons, donner avec justesse aux variétés le nom d'espèces naissantes.

Mais, dira-t-on sans doute, en admettant même que les êtres organisés offrent, à l'état de nature, certaines variétés ; que leur organisation soit, pour ainsi dire, plastique dans une certaine mesure ; qu'un grand nombre de plantes et d'animaux aient considérablement varié sous l'influence de la domestication ; que l'homme, par la sélection, ait pu accumuler les variations au point d'arriver à produire des races bien déterminées et dont les caractères fortement accusés sont héréditaires , comment les espèces ont-elles pu se former à l'état de nature? Les différences entre les variétés naturelles sont légères, mais elles sont considérables entre les espèces d'un même genre , et très-grandes entre les espèces de genres différents. Comment ces différences légères ont-elles pu s'accroître au point de devenir considérables ? Comment les variétés, ou, comme je les ai appelées, les espèces naissantes, ont-elles pu se transformer en espèces véritables et bien déterminées? Comment chaque espèce nouvelle s'est-elle adaptée aux conditions physiques extérieures et aux autres formes vivantes dont elle dépend à un titre quelconque ? Nous voyons autour de nous des combinaisons innombrables et des instruments admirables qui provoquent à juste titre l'admiration de tout observateur, Voici, par exemple, une mouche (*Cecidomyia*[3]), qui dépose ses œufs sur les éta-

---

. 3 Léon Dufour, *Annales des sciences naturelles* (3ᵉ série), t. V, p. 6.

mines d'une espèce de *Scrofulaire* et secrète en même temps un poison pour déterminer la formation d'une galle aux dépens de laquelle la jeune larve doit se nourrir. Pendant son développement, survient un autre insecte, une petite guêpe (*Misocampus*), qui dépose ses œufs au travers de la galle, dans le corps même de la larve de la mouche, laquelle devient ainsi la proie des larves de la guêpe après leur éclosion. Il en résulte donc qu'un insecte hyménoptère dépend d'un diptère, lequel dépend lui-même de la propriété qu'il possède de faire naître sur un organe particulier d'une certaine plante une excroissance monstrueuse. Il en est de même dans des milliers de cas, pour les productions les plus infimes comme les plus élevées de la nature.

J'ai étudié brièvement, dans l'*Origine des Espèces*, ce problème de la transformation des variétés en espèces, — c'est-à-dire l'accroissement des différences légères caractérisant les variétés, et leur développement en différences plus grandes qui caractérisent les espèces et les genres, en y comprenant l'adaptation admirable de chaque être aux conditions vitales organiques et inorganiques si complexes dans lesquelles il se trouve. J'ai démontré que tous les êtres organisés, sans exception, tendent à se multiplier suivant une progression si rapide que nul pays, nulle région, pas même la surface totale de la terre, ou l'océan entier, ne seraient suffisants pour contenir la descendance d'un seul couple après un certain nombre de générations. Il en résulte une lutte perpétuelle pour l'existence. On a dit avec raison que toute la nature est en guerre; les plus forts finissent par l'emporter, les plus faibles disparaissent, et nous savons que des myriades de formes ont ainsi disparu de la surface du globe. Si donc, à l'état de nature, les êtres organisés varient même dans une faible mesure, soit par suite de changements dans les conditions ambiantes, — ce dont la géologie nous fournit d'abondantes preuves,—soit par suite de toute autre cause ; si, dans le long cours des siècles, il surgit des variations héréditaires avantageuses à quelque degré que ce soit pour l'individu dans ses rapports complexes et variables avec le milieu ambiant, et il serait étrange qu'il ne se présentât jamais de semblables variations avantageuses, puisque l'homme en a déjà rencontré un grand nombre qu'il a su utiliser pour son profit et son plaisir;

si, enfin, de pareilles éventualités se sont présentées, ce que je ne mets pas en doute, la lutte sans trêve ni merci pour l'existence aura eu pour effet de conserver et de faire prévaloir les variations avantageuses, quelque faibles qu'elles aient pu être, tout en faisant disparaître celles qui ne l'étaient pas.

C'est cette conservation, pendant la lutte pour l'existence, des variétés jouissant d'un avantage quelconque au point de vue de la structure, de la constitution ou de l'instinct, que j'ai désignée sous le nom de *sélection naturelle*. M. Herbert Spencer a heureusement résumé la même idée par l'expression, la *persistance du plus apte*. Le terme « sélection naturelle » est impropre sous quelques rapports, en ce qu'il semble impliquer une idée de choix volontaire, mais, avec un peu d'habitude, on peut écarter cette idée. Personne ne blâme les chimistes d'employer le terme « affinité élective », et cependant un acide n'a pas plus le choix de se combiner à une base, que ne l'ont les conditions vitales pour décider ou non de la conservation ou sélection d'une nouvelle forme. L'expression a au moins l'avantage de rattacher la production des races domestiques au moyen de la sélection, exercée par l'homme, à la conservation des variétés et des espèces à l'état de nature. Je parle quelquefois, pour être plus bref, de la sélection naturelle comme d'une force intelligente, tout comme les astronomes parlent de l'attraction comme réglant les mouvements des planètes, ou comme les agriculteurs parlent de races domestiques créées par l'homme par l'exercice de la sélection. Dans un cas comme dans l'autre, la sélection ne peut rien sans la variabilité, laquelle dépend du mode d'action des circonstances extérieures sur l'organisme. Souvent aussi j'ai personnifié le mot nature, car il est difficile d'éviter cette ambiguïté ; mais je n'entends par nature que l'action combinée et le produit de beaucoup de lois naturelles, et, par lois, que la série constatée des phénomènes.

J'ai cité un grand nombre de faits pour démontrer que, dans chaque région, les habitants sont d'autant plus nombreux que l'on remarque plus de diversité ou de divergence dans leur conformation et leur constitution. Nous avons vu aussi que la production continue de formes nouvelles par la sélection naturelle, ce qui implique que chaque nouvelle variété présente quelque

avantage sur les autres, entraîne inévitablement la destruction
des formes plus anciennes et moins parfaites. Ces dernières occupent presque nécessairement, au point de vue de leur conformation aussi bien que dans la série des générations, un rang
intermédiaire entre l'espèce originelle dont elles proviennent et
les dernières formes produites. Or, si nous supposons qu'une
espèce ait produit deux ou plusieurs variétés, qui, à leur tour,
en auront produit d'autres dans le cours des temps, le principe de
perfectionnement dérivant surtout de la diversité des conformations aura généralement pour résultat la conservation des variétés les plus divergentes. En conséquence, les différences minimes qui caractérisent les variétés, atteignent, par accroissement, la nature de caractères spécifiques, et les termes
extrêmes de la série des variations deviennent, par la disparition
des formes intermédiaires, des êtres distinctement définis, ou
des espèces. Il en résulte aussi, comme nous le verrons plus
loin, que les êtres organisés peuvent se classer, d'après ce que
l'on appelle la méthode naturelle, en groupes distincts, — les espèces dans les genres, et les genres dans les familles.

Tous les habitants d'un pays tendent, en vertu de la progression rapide de la reproduction, à s'accroître numériquement;
chaque forme est, dans la lutte pour l'existence, en rapports avec
beaucoup d'autres, — supprimez-en une et sa place est immédiatement prise; toute partie de l'organisme peut accidentellement varier dans une légère mesure, — et la sélection naturelle agit
exclusivement pour la conservation des variations avantageuses
à l'individu, dans les conditions très-complexes où il se trouve
placé; on ne peut, en conséquence, assigner de limites au nombre,
à la singularité et à la perfection des combinaisons et des coa-
daptations qui peuvent ainsi se produire. Un animal ou une plante
peut donc se transformer lentement pour que sa conformation et
ses habitudes s'adaptent aux rapports complexes qu'il a avec une
multitude d'autres animaux et d'autres plantes, ainsi qu'avec les
conditions physiques de sa demeure. L'habitude, l'usage ou le
non-usage des parties facilitent, dans certains cas, les variations
de l'organisme, variations qui sont, en outre, régularisées par
l'action directe des conditions physiques extérieures, et par la
corrélation de croissance.

Si l'on admet les principes que nous venons d'esquisser rapidement, on doit admettre aussi qu'il n'y a dans chaque être aucune tendance innée ou nécessaire qui le pousse vers un avancement progressif dans l'échelle de l'organisation. Nous sommes donc presque forcés de regarder la spécialisation ou la différenciation des organes pour les diverses fonctions qu'ils ont à remplir, comme la meilleure et même la seule preuve de leur perfectionnement ; toute fonction du corps ou de l'esprit s'accomplit, en effet, d'autant mieux que la division du travail est plus parfaite. Or, comme le seul mode d'action de la sélection naturelle est la conservation des modifications profitables de la conformation, et comme les conditions de l'existence se compliquent généralement de plus en plus dans chaque zone, à mesure qu'augmente le nombre des formes qui l'habitent, celles-ci doivent tendre à acquérir une conformation de plus en plus parfaite, ce qui doit nous faire admettre qu'en somme l'organisation progresse. Néanmoins, une forme très-simple, appropriée à des conditions d'existence également très-simples, pourra se perpétuer pendant des siècles sans se modifier ni s'améliorer ; car quel avantage aurait un infusoire ou un ver intestinal à revêtir une organisation complexe ? Il pourrait même arriver, et le cas s'est probablement présenté, que des membres d'un groupe supérieur se soient adaptés à des conditions d'existence plus simples, et, dans ce cas, la sélection naturelle a dû tendre à simplifier ou à dégrader l'organisation, car un mécanisme compliqué est inutile et même désavantageux dès qu'il s'agit d'accomplir des actes très-simples.

J'ai discuté dans l'*Origine des Espèces*, autant toutefois que la nature de l'ouvrage le permettait, les arguments que l'on invoque contre la théorie de la sélection naturelle. Ces arguments peuvent se résumer ainsi : la difficulté de comprendre que des organes très-simples puissent se transformer par degrés insensibles en organes très-parfaits et très-complexes ; les faits merveilleux de l'instinct ; la question entière de l'hybridité ; et, enfin, l'absence, dans les couches géologiques connues, d'une foule de chaînons reliant les unes aux autres toutes les espèces alliées. Bien que certains de ces arguments aient un grand poids, nous verrons que beaucoup d'entre eux s'expliquent par la théorie de la sélection naturelle, et sont inexplicables autrement.

L'hypothèse est permise dans les recherches scientifiques, et si elle explique un ensemble de faits considérables et indépendants, elle s'élève au rang d'une théorie bien fondée. L'existence de l'éther et de ses ondulations est hypothétique, et, cependant, qui n'admet actuellement la théorie ondulatoire de la lumière? Le principe de la sélection naturelle peut être regardé comme une pure hypothèse ; mais ce que nous savons de positif sur la variabilité des êtres organisés à l'état de nature, les renseignements certains que nous possédons sur la lutte pour l'existence et la conservation presque inévitable des variations favorables qui en est la conséquence, enfin, la formation analogue des races domestiques, donnent un certain degré de probabilité à cette hypothèse. Or, on peut la mettre à l'épreuve (et ceci me paraît la seule manière équitable et légitime de considérer l'ensemble de la question) en cherchant si elle explique certains groupes de faits indépendants les uns des autres, tels que la succession géologique des êtres organisés, leur distribution dans les temps passés et actuels, leurs affinités mutuelles et leurs homologies. Si le principe de la sélection naturelle explique ces groupes de faits importants et d'autres encore, il doit être pris en considération. L'hypothèse ordinaire de la création indépendante de chaque espèce ne nous donne l'explication scientifique d'aucun de ces faits. Nous en sommes réduits à dire qu'il a plu au Créateur de faire apparaître, dans un certain ordre, et sur certains · points, les habitants passés et présents du globe ; qu'il leur a imprimé le cachet d'une ressemblance extraordinaire, et les a classés en groupes subordonnés à d'autres groupes. Cet énoncé ne nous apporte aucun enseignement nouveau, il ne rattache aucunement les uns aux autres les faits et les lois, il n'explique rien.

C'est l'examen de groupes de faits considérables qui m'a poussé à entreprendre les recherches qui m'occupent aujourd'hui. Lorsque, pendant le voyage du vaisseau le *Beagle*, je visitai l'archipel des Galapagos, situé dans l'Océan Pacifique, à environ 500 milles des côtes de l'Amérique du Sud, je me vis entouré d'espèces particulières d'oiseaux, de reptiles et de plantes, n'existant nulle part ailleurs dans le monde. Presque toutes portaient cependant un cachet américain. Dans le chant de

l'oiseau moqueur, dans le cri rauque du faucon, dans les grands
opuntias à forme de chandelier, je reconnaissais clairement le
voisinage de l'Amérique, bien que les îles, séparées de la terre
ferme par l'océan, différassent notablement du continent au
point de vue de la constitution géologique et du climat. Proches
alliés les uns des autres, les habitants de chacune des îles séparées de ce petit archipel, n'en présentent pas moins de nombreuses différences spécifiques, ce qui constitue un fait plus surprenant encore. Cet archipel, avec ses innombrables cratères et
ses coulées de lave dénudée, paraît être d'origine récente ; et je
me figurai presque assister à l'acte même de la création. Je me
suis souvent demandé comment ont été produits ces plantes et ces
animaux si particuliers ; la réponse la plus simple me paraissait
être que les habitants des diverses îles descendaient les uns des
autres, et avaient subi quelques modifications dans le cours de
leur descendance ; et que tous les habitants de l'archipel devaient
provenir naturellement de la terre la plus voisine, de colons fournis par l'Amérique. Mais comment les modifications nécessaires
avaient-elles pu s'effectuer ? Ce fut là pour moi un problème inexplicable pendant longtemps et ce le serait encore, si je n'avais
étudié les animaux domestiques, et acquis ainsi une idée nette de
la puissance de la sélection. Plus tard, préparé par de longues
études sur les habitudes des animaux, je compris, en lisant l'essai
de Malthus sur la population, que la sélection naturelle est l'i-
névitable conséquence de l'augmentation rapide du nombre de
tous les êtres organisés, augmentation en nombre qui amène
forcément la lutte pour l'existence.

J'avais, avant de visiter les îles Galapagos, recueilli beaucoup
d'animaux sur les deux côtes de l'Amérique. Or, j'avais rencontré partout et toujours des formes américaines dans les conditions
d'existence les plus différentes possibles ; des espèces remplaçant
d'autres espèces appartenant aux mêmes genres spéciaux. Il en
fut de même lorsque je gravis les Cordillères, que je pénétrai dans
les épaisses forêts tropicales, ou que j'étudiai les eaux douces de
l'Amérique. Je visitai ensuite d'autres pays, qui, comme conditions d'existence, ressemblent bien plus à certaines parties de
l'Amérique du Sud que les diverses parties de ce continent ne se
ressemblent entre elles, et, cependant, dans ces contrées, l'Aus-

tralie ou l'Afrique méridionale par exemple, le voyageur est frappé de la différence complète des productions. La réflexion me contraignit à admettre la communauté de descendance de tous les habitants de l'Amérique méridionale, comme pouvant seule expliquer la prédominance des types américains sur une aussi vaste étendue.

Rien n'est plus propre à présenter vivement à l'esprit la question de la succession des espèces, que d'exhumer de ses propres mains les gigantesques ossements fossiles de certains animaux éteints. J'ai trouvé dans l'Amérique du Sud d'énormes fragments de carapaces offrant, mais sur une échelle magnifique, les mêmes dessins en mosaïques qui ornent aujourd'hui le test écailleux du petit tatou; j'ai trouvé de grosses dents semblables à celles du paresseux vivant actuellement, et des ossements analogues à ceux du cabiai. Une série analogue de formes alliées aux types actuels a été antérieurement observée aussi en Australie. Nous voyons donc là la persistance, dans le temps et dans l'espace, des mêmes types dans les mêmes régions, comme s'ils descendaient les uns des autres, et, dans aucun des cas, la similitude des conditions ne peut suffire à expliquer la similitude des formes vivantes. Il est notoire que les restes fossiles de périodes immédiatement consécutives, offrent de grandes analogies de conformation, ce qui se comprend de soi si ces organismes sont également en rapports de descendance immédiate. La succession des nombreuses espèces distinctes d'un même genre au travers de la longue série des formations géologiques, semble n'avoir pas été interrompue. Les espèces nouvelles arrivent graduellement une à une. Certaines formes anciennes et éteintes ont fréquemment des caractères combinés ou intermédiaires, comme les mots d'une langue morte comparés aux rejetons qu'elle a fournis aux diverses langues vivantes qui en dérivent. Tous ces faits et beaucoup d'autres m'ont paru indiquer la descendance avec modification comme la cause de la production de nouvelles espèces.

Les innombrables habitants du globe, passés et présents, se rattachent les uns aux autres par les affinités les plus singulières et les plus complexes, et peuvent être distribués en groupe sous d'autres groupes, de la même manière qu'on peut classer des variétés sous des espèces, et des sous-variétés sous des variétés,

mais avec des degrés plus considérables de différences. Ces affinités complexes et les règles de la classification s'expliquent très-
naturellement par le principe de la descendance, joint aux modifications apportées par la sélection naturelle, qui entraîne la
divergence des caractères et l'extinction des formes intermédiaires. Dans l'hypothèse d'actes de création indépendants, comment expliquer la conformation, sur un plan commun, de la main
de l'homme, du pied du chien, de l'aile de la chauve-souris, et
de la palette du phoque ? L'explication est toute simple d'après
le principe de la sélection naturelle de légères variations successives dans la descendance divergente d'un seul ancêtre ! De même,
quand, examinant la conformation d'un individu, animal ou plante,
nous voyons certaines parties ou certains organes construits sur
le même modèle, ainsi, par exemple, les mâchoires et les pattes
d'un crabe, les pétales, les étamines et le pistil d'une fleur. Pendant les nombreuses modifications auxquelles, dans le cours des
temps, tous les êtres organisés ont été soumis, certains organes
ont dû parfois devenir d'abord à peu près inutiles pour devenir
ensuite complétement superflus, mais la conservation de ces parties à l'état rudimentaire s'explique par la théorie de la descendance. Or, on peut démontrer que les modifications de confirmation sont transmises au descendant au même âge où chaque
variation successive a apparu pour la première fois chez son
ascendant ; on peut démontrer, en outre, que les variations
n'interviennent généralement pas dans les toutes premières périodes du développement embryonnaire, et ces deux principes
nous permettent de comprendre un des faits les plus remarquables de l'histoire naturelle, à savoir, la similitude de tous les
membres de la grande classe des vertébrés, mammifères, oiseaux,
reptiles et poissons, pendant la période embryonnaire.

C'est l'examen et l'explication de faits de cette nature qui m'ont
convaincu que la théorie de la descendance avec modification par
la sélection naturelle est, en somme, la vraie. Dans la théorie des
créations indépendantes, ces faits n'ont pu trouver aucune
explication ; ils ne peuvent être groupés ni rattachés à un point
de vue unique, et chacun d'eux ne peut être envisagé que comme
un fait isolé. L'origine première de la vie à la surface du globe,
de même que sa continuation dans chaque individu, étant ac—

tuellement hors de la portée de la science, je n'insiste pas beaucoup sur la plus grande simplicité de l'hypothèse de la création originelle d'un petit nombre de formes, ou même d'une seule, opposée à celle d'innombrables créations miraculeuses ayant eu lieu à d'innombrables périodes ; bien que la première, plus simple, s'accorde mieux avec l'axiome philosophique de Maupertuis, celui de la « moindre action. »

En examinant jusqu'à quel point on peut étendre la théorie de la sélection naturelle, c'est-à-dire en cherchant à déterminer le nombre des formes primitives dont ont pu descendre les habitants de la terre, nous pouvons conclure que tous les membres d'une même classe au moins, descendent d'un seul ancêtre. On réunit, dans une même classe, un ensemble d'êtres organisés, parce qu'ils présentent, indépendamment de leurs habitudes, le même type fondamental de conformation, et qu'ils offrent entre eux une certaine gradation. De plus, les membres d'une même classe se montrent, dans la plupart des cas, très-semblables entre eux dans les commencements de leur état embryonnaire. Ces faits s'expliquent par leur descendance d'une forme commune ; on peut donc admettre que tous les membres d'une même classe descendent d'un ancêtre unique. Mais comme les membres des classes distinctes ont encore quelque chose de commun dans leur conformation, et beaucoup dans leur constitution, l'analogie nous conduit à faire un pas de plus, et à admettre comme probable que tous les êtres vivants descendent d'un prototype unique.

J'espère que le lecteur réfléchira avant d'en arriver à une conclusion définitive et hostile relativement à la théorie de la sélection naturelle. Le lecteur peut consulter mon « Origine des espèces, » où il trouvera une esquisse générale du sujet, mais, aussi, bien des assertions qu'il devra accepter de confiance. En examinant la théorie de la sélection naturelle, il rencontrera assurément de grandes difficultés, mais qui se rapportent surtout à des sujets, tels que l'imperfection des documents géologiques, les moyens de distribution, la possibilité des transitions dans les organes, etc., sur lesquels nous devons avouer une ignorance dont nous ne connaissons même pas l'étendue. La plupart de ces difficultés s'évanouiraient si notre ignorance n'était plus grande que nous ne

le supposons généralement. Que le lecteur réfléchisse à la difficulté d'envisager tout un ordre de faits sous un point de vue nouveau. Qu'il remarque combien les grandes hypothèses de Lyell
sur les changements graduels qui se produisent actuellement à la
surface du globe, ont été lentement, mais sûrement, reconnues
comme suffisantes, pour rendre compte de tout ce que nous
observons dans l'histoire de son passé. L'action présente de la sélection naturelle peut paraître plus ou moins probable, mais je
crois la théorie vraie, parce qu'elle rattache les uns aux autres,
qu'elle réunit sous un point de vue unique, et qu'elle explique
d'une manière rationnelle de nombreux groupes de faits qui
paraissent tout à fait indépendants les uns des autres [1].

[1] En traitant les divers sujets discutés dans mes ouvrages, j'ai dû constamment demander
des renseignements à beaucoup de zoologistes, de botanistes, d'éleveurs d'animaux et d'horticulteurs, et j'ai toujours reçu d'eux l'assistance la plus empressée. Sans leur aide, je
n'eusse pu faire que peu. Je me suis fréquemment adressé, pour des informations et des
échantillons, à des étrangers, à des négociants et à des fonctionnaires du gouvernement
anglais résidant dans les pays éloignés, et, à de très-rares exceptions près, j'ai trouvé chez
eux un concours prompt, bienveillant et précieux. Je ne puis trop reconnaître mes obliga-
tions envers les nombreuses personnes qui m'ont aidé, et qui, j'en suis convaincu, le feraient
également volontiers pour toute autre personne se livrant à des recherches scientifiques.

CHAPITRE PREMIER

CHIENS ET CHATS DOMESTIQUES.

CHIENS, anciennes variétés. — Ressemblance, dans divers pays, entre les chiens domestiques et les espèces canines indigènes. — Absence de crainte chez les animaux qui ne connaissent pas l'homme. — Chiens ressemblant aux loups et aux chacals. — Acquisition et perte de la faculté d'aboyer. — Chiens sauvages. — Taches susoculaires feu. — Période de gestation. — Odeur désagréable. — Fécondité des chiens croisés. — Différences dans les diverses races dues en partie à la descendance d'espèces distinctes. — Différences dans le crâne et les dents. — Différences dans le corps et la constitution. — Différences peu importantes fixées par la sélection. — Action directe du climat. — Chiens à pattes palmées. — Historique des modifications graduellement exercées par sélection sur quelques races anglaises. — Extinction des sous-races moins améliorées.

CHATS, croisements avec plusieurs espèces. — Les races différentes n'existent que dans des contrées séparées. — Effets directs des conditions de la vie. — Chats sauvages. — Variabilité individuelle.

Les nombreuses variétés domestiques du chien descendent-elles d'une seule espèce sauvage, ou de plusieurs? Tel est le point essentiel que nous avons à examiner dans ce chapitre.

Quelques auteurs pensent que toutes descendent du loup ou du chacal, ou d'une espèce éteinte et inconnue. D'autres croient, et c'est l'opinion qui a prévalu dans ces derniers temps, qu'elles descendent de plusieurs espèces, récentes et éteintes, plus ou moins confondues. Il est peu probable que nous parvenions jamais à déterminer avec certitude leur origine. La paléontologie[1] jette peu de lumière sur la question, soit à cause de la

---

[1] Owen, *British fossil Mammals*, p. 123 à 133. — Pictet, *Traité de Paléontologie*, 1853. t. I. p. 202. — De Blainville, dans son *Ostéographie*, *Canidæ*, p. 142, a longuement discuté le sujet; il conclut que l'ancêtre éteint de tous les chiens domestiques, se rapprochait du loup par son organisation, et du chacal par ses mœurs. Voir aussi Boyd Dawkins, *Cave Hunting*, 1871, p. 131, etc., et les autres ouvrages de cet auteur. Jeitteles a discuté avec beaucoup de soin le caractère des races canines préhistoriques : *Die Vorgeschichtlichen Alterthümer der Stadt Olmütz*, II. Theil, 1872, p. 44 à la fin.

grande analogie qu'offrent entre eux les crânes des loups et des chacals vivants et éteints, soit à cause de la dissemblance que l'on observe entre les crânes des différentes races de chiens domestiques. Il paraît, cependant, qu'on a trouvé, dans des dépôts tertiaires récents, des ossements se rapprochant davantage de ceux d'un gros chien que de ceux du loup, ce qui serait favorable à l'hypothèse de de Blainville d'après laquelle nos chiens descendent d'une espèce unique et éteinte. Il convient d'ajouter que d'autres auteurs vont jusqu'à affirmer que chaque race domestique principale a dû avoir son prototype sauvage. Cette dernière hypothèse est extrêmement improbable; en effet, elle ne laisse rien à la variation; elle méconnaît les caractères presque monstrueux de certaines races; et elle suppose nécessairement l'extinction d'un grand nombre d'espèces depuis l'époque où l'homme a domestiqué le chien; or, nous savons à n'en pouvoir douter que l'homme a eu beaucoup de difficulté à exterminer certaines espèces sauvages de la famille du chien, puisque le loup existait encore en 1710 dans une île aussi petite que l'Irlande.

Voici les raisons qui ont conduit divers auteurs à soutenir que les chiens domestiques descendent de plus d'une espèce sauvage [2]. D'abord, les grandes différences qui existent entre les diverses races; cet argument n'aura que peu de valeur, quand nous aurons vu combien peuvent devenir considérables les différences entre les races de divers animaux domestiques, alors que nous savons avec certitude que toutes ces races descendent d'un ancêtre unique. Secondement, fait plus important, dès les temps historiques les plus reculés dont nous ayons connaissance, il existait déjà plusieurs races de chiens très-dissemblables et analogues ou identiques aux races actuelles.

---

[2] Pallas est, je crois, l'auteur de cette doctrine, voir *Act. acad. Saint-Pétersbourg*, 1780, part. II. — Ehrenberg l'a défendue, comme on le voit dans de Blainville, *Ostéographie*, p. 79. — Elle a été poussée à l'extrême par le col. Hamilton Smith dans *Naturalist Library*, vol. IX et X — M. W C. Martin l'adopte dans son excellente *History of the Dog*, 1845; ainsi que le Dr Morton et MM. Nott et Gliddon aux États-Unis. — Le professeur Low dans ses *Domesticated Animals*, 1845, p. 666 arrive à la même conclusion. James Wilson d'Édimbourg, dans divers travaux lus à la Société Wernérienne et à la Société agricole des Highlands, a développé la même hypothèse avec beaucoup de force et de clarté.—Is. Geoffroy St.-Hilaire (*Hist. nat. gén.* 1860. t. III, p. 107), quoique regardant la plupart des chiens comme descendant du chacal, penche à croire que quelques-uns descendent du loup. Le prof. Gervais (*Hist. nat. Mamm.*, 1855, t. II, p. 69), discute longuement l'hypothèse en vertu de laquelle toutes les races domestiques du chien descendent d'une seule espèce, et il ajoute : « Cette opinion, est, suivant nous du moins, la moins probable. »

Examinons brièvement les documents historiques. Entre la période classique romaine et le quatorzième siècle, les matériaux sont très-peu abondants[3]. Pendant la période classique romaine il existait déjà différentes races, telles que chiens courants, chiens de garde, bichons, etc. ; mais, comme le fait remarquer le docteur Walther, il est impossible de reconnaître avec certitude la plupart de ces races. Toutefois, Youatt a fait graver une fort belle sculpture provenant de la villa Antonina et représentant deux jeunes lévriers. On trouve, sur un monument assyrien datant d'environ 640 avant Jésus-Chist, la figure d'un énorme dogue[4], semblable à ceux que, d'après sir H. Rawlinson, on importerait encore dans le même pays. J'ai parcouru les magnifiques ouvrages de Lepsius et de Rosellini, et j'y ai trouvé la représentation de plusieurs variétés de chiens sur les monuments égyptiens de la quatrième à la douzième dynastie, c'est-à-dire de l'an 3400 à 2100 avant Jésus-Christ. La plupart se rapprochent du lévrier; cependant, vers la dernière période, se trouve figuré un chien ressemblant à un chien courant, à oreilles pendantes, mais ayant le dos plus allongé et la tête plus pointue que les nôtres. Il y a aussi un basset à jambes courtes et torses, ressemblant beaucoup à la variété existante; mais ce genre de monstruosité est si commun chez divers animaux, comme chez le mouton Ancon, et, d'après Rengger, chez le jaguar du Paraguay, qu'il serait peut-être téméraire de regarder l'animal représenté sur les monuments égyptiens comme la souche de tous nos bassets; le colonel Sykes[5] a aussi décrit un chien pariah indien qui présentait le même caractère monstrueux. Le chien représenté par les plus anciens monuments égyptiens est un des plus singuliers; il ressemble à un lévrier, mais il a les oreilles longues et pointues et la queue courte et recourbée; il existe encore dans l'Afrique septentrionale une variété très-voisine de

---

[3] Berjeau, *Les variétés du Chien, dans les vieilles sculptures et images*, 1863. — Dr F. L. Walther, *Der Hund*, Giessen, 1817, p. 48. Cet auteur paraît avoir étudié avec soin tous les ouvrages classiques sur ce sujet. Voir aussi Volz, *Beitrage zur Kultur-Geschichte*, Leipzig, 1852, p. 115. — Youatt, *The Dog*, 1845, p. 6. — De Blainville en donne une histoire très-complète dans son *Ostéographie, Canidæ*.

[4] J'ai vu des dessins de ce chien d'après le tombeau du fils d'Esar Haddon, et de modèles du British Museum. Nott et Gliddon, dans leurs *Types of Mankind*, 1854, p. 393' donnent une copie de ces dessins. On a regardé ce chien comme un dogue du Thibet, mais M. H. A. Oldfield, qui connaît le vrai dogue du Thibet, m'assure, après avoir examiné les dessins du British Museum, qu'il considère les individus figurés comme différents.

[5] *Proc. Zoolog. Soc.* Juillet 12. 1831.

ce chien, car M. E. Vernon Harcourt [6] affirme que le chien avec lequel les Arabes chassent le sanglier, est « un animal hiéroglyphique et bizarre, semblable à celui avec lequel Chéops chassait autrefois, et ressemblant un peu au chien courant écossais ; il a la queue fortement enroulée au-dessus du dos, et les oreilles détachées à angle droit ». Un chien ressemblant au pariah a coexisté avec cette très-ancienne variété.

Nous voyons donc qu'il existait déjà, il y a quatre ou cinq mille ans, plusieurs races ressemblant de plus ou moins près à nos races actuelles, chiens pariahs, lévriers, chiens courants, dogues, bichons et bassets. Il n'est cependant pas démontré qu'aucun de ces chiens de l'antiquité ait appartenu aux mêmes sous-variétés que nos chiens actuels [7]. Tant qu'on a cru que l'existence de l'homme sur la terre ne datait que de six mille ans, ce fait de la diversité des races à une période aussi reculée, constituait un argument d'un certain poids en faveur de leur descendance de plusieurs souches sauvages, vu l'insuffisance du temps écoulé pour la production d'aussi fortes divergences. Mais la découverte d'instruments en silex enfouis, avec les restes d'animaux éteints, dans des régions qui ont depuis éprouvé de grandes modifications géographiques, nous permet d'affirmer que l'homme existe depuis une époque incomparablement plus reculée ; nous savons, en outre, que les nations les plus barbares possèdent des chiens domestiques ; l'argument basé sur l'insuffisance du temps perd donc beaucoup de sa valeur.

Le chien était réduit à l'état domestique en Europe bien longtemps avant l'époque historique. On trouve dans les débris de cuisine de la période néolithique au Danemark des ossements d'un animal du genre chien ; Steenstrup soutient fort ingénieusement que ces ossements doivent être ceux d'un chien domestique, en se basant sur ce qu'une grande partie des os d'oiseaux conservés dans ces amas de rebuts, sont précisément des os longs, que les chiens, ainsi qu'on l'a constaté par expérience,

---

[6] *Sporting in Algeria*, p. 51.
[7] Berjeau donne des fac-simile des dessins égyptiens. — M. C. L. Martin dans son *Histoire du Chien*, 1845, a copié plusieurs figures des monuments égyptiens qu'il identifie avec des races canines actuelles. MM. Nott et Gliddon (*Types of Mankind*, 1854, p. 388) donnent des figures plus nombreuses. M. Gliddon prétend qu'un lévrier à queue enroulée semblable à ceux figurant sur les anciens monuments, est commun à Bornéo ; mais le rajah, sir J. Brooke, m'assure qu'aucun chien pareil n'existe dans ce pays.

ne peuvent dévorer [8]. A ce chien a succédé au Danemark, pendant la période du bronze, une variété plus grande et présentant quelques différences, qui, à son tour, a été remplacée, pendant l'âge du fer, par un type encore plus grand. Le professeur Rütimeyer [9] nous apprend qu'en Suisse, pendant la période néolithique, il existait un chien domestique de taille moyenne, dont le crâne tient à peu près le milieu entre celui du loup et celui du chacal, et participe aux caractères de celui de nos chiens de chasse (*Jagdhund und Wachtelhund*). Rütimeyer insiste fortement sur la constance, pendant une période très-longue, de la forme du crâne de ce chien, de tous le plus anciennement connu. Pendant la période du bronze apparaît un chien plus grand, dont la mâchoire ressemble beaucoup à celle du chien de la même époque au Danemark. Schmerling a trouvé dans une caverne [10] les restes de deux variétés notablement distinctes, mais on n'a pu déterminer positivement l'époque à laquelle elles appartiennent.

L'existence d'une seule race, dont la forme est restée remarquablement constante pendant toute la période néolithique, est un fait intéressant qui contraste avec ce que nous voyons chez nos races actuelles, et avec les changements que nous avons constatés chez les races canines pendant la période des monuments égyptiens. Les caractères de cet animal pendant la période néolithique, tels que les indique Rütimeyer, viennent à l'appui de l'opinion de de Blainville, qui veut que nos variétés descendent d'une forme éteinte et inconnue. Mais n'oublions pas que nous ne connaissons rien relativement à l'antiquité de l'homme dans les parties plus chaudes de notre globe. On attribue la succession des diverses races de chiens en Suisse et au Danemark, à l'immigration de tribus conquérantes qui auraient amené leurs chiens avec elles, ce qui s'accorderait avec l'opinion que diverses espèces canines sauvages ont dû être domestiquées dans différentes régions. Outre l'immigration de nouvelles races d'hommes, nous savons, par la grande extension du bronze, qui

---

[8] Ces faits, ainsi que ceux qui suivent sur les restes trouvés au Danemark, sont empruntés au mémoire intéressant publié par M. Morlot dans *Soc. vaudoise des Sciences nat.*, t. VI, 1860, p. 281, 299, 320.

[9] *Die Fauna der Pfahlbauten*, 1861. p. 117, 162.

[10] De Blainville, *Ostéographie, Canidæ*.

est un alliage d'étain, qu'il a existé en Europe à une époque excessivement reculée, un commerce considérable, et il est probable que les chiens étaient donnés en échange de marchandises. Actuellement, chez les sauvages de la Guyane intérieure, les Indiens Taruma, qui passent pour les meilleurs dresseurs de chiens, possèdent une race de chiens renommée, qu'ils échangent à un haut prix avec d'autres tribus [11].

L'argument principal en faveur de l'hypothèse qui veut que les différentes races de chiens descendent de souches sauvages distinctes, est la ressemblance que, dans diverses régions, on peut constater entre elles et les espèces indigènes qui existent encore. On doit admettre, toutefois, que la comparaison entre l'animal sauvage et l'animal domestique n'a peut-être pas été, dans tous les cas, faite avec une rigueur suffisante. Avant d'entrer dans les détails, il est bon de démontrer que l'opinion en vertu de laquelle plusieurs espèces canines ont été réduites à l'état domestique ne soulève *à priori* aucune difficulté. Les membres de la famille canine sont répandus dans le monde presque tout entier, et plusieurs d'entre eux sont, par leur conformation et leurs mœurs, assez semblables à plusieurs de nos races domestiques. M. Galton [12] a démontré que les sauvages aiment à apprivoiser et à garder les animaux de toutes sortes. Les animaux sociables sont ceux que l'homme dompte le plus facilement; or, plusieurs espèces de canidés chassent en troupes. Il importe d'ajouter, car cette remarque s'applique à d'autres animaux aussi bien qu'au chien, que, lorsqu'à une époque excessivement reculée, l'homme a pénétré pour la première fois dans une contrée, les animaux vivants ne devaient éprouver à sa vue aucune crainte instinctive ou héréditaire, et se laissaient en conséquence apprivoiser avec bien plus de facilité qu'à présent. Lorsque l'homme, par exemple, visita pour la première fois les îles Falkland, le gros chien-loup (*Canis antarcticus*) vint, sans témoigner aucune crainte, à la rencontre des matelots de Byron, qui, prenant pour de la férocité cette curiosité ignorante, se précipitèrent dans l'eau pour les éviter; tout récemment encore, un homme pouvait facilement,

---

[11] Je dois ces informations à sir J. Schomburgk. — Voir aussi *Journal of the R. Geographical Soc.*, vol XIII, 1843, p. 65.

[12] *Domestication of Animals.* — *Ethnol Soc.*, Dec. 22, 1863.

avec un morceau de viande d'une main et un couteau de l'autre, les égorger pendant la nuit. Dans une île de la mer d'Aral, découverte par Butakoff, les antilopes saïga qui sont généralement très-timides et très-craintives, ne cherchaient point à se sauver, mais, au contraire, regardaient les hommes avec une sorte de curiosité. Sur les côtes de l'île Maurice, le lamantin n'avait d'abord aucune crainte de l'homme ; il en a été de même dans plusieurs parties du globe pour les phoques et le morse. J'ai dit ailleurs [13] avec quelle lenteur les oiseaux, habitant certaines îles, ont acquis héréditairement une terreur salutaire de l'homme ; dans l'archipel des Galapagos, j'ai pu pousser avec le cánon de mon fusil des faucons posés sur une branche, et j'ai vu des oiseaux venir se poser sur un seau d'eau que je leur tendais pour leur permettre de boire. Les mammifères et les oiseaux qui n'ont été que peu ou point dérangés par l'homme, ne le craignent pas plus que nos oiseaux n'ont peur des chevaux et des vaches qui paissent autour d'eux dans les prés.

Une considération importante encore est celle que plusieurs espèces canines (comme nous le verrons dans un autre chapitre) se reproduisent facilement en captivité ; or, la stérilité de certaines espèces, dès qu'elles sont privées de leur liberté, est un des obstacles les plus communs à la domestication. Enfin, comme nous le verrons au chapitre de la sélection, les sauvages estiment le chien à une haute valeur, car cet animal, même à demi apprivoisé, leur est fort utile. Les Indiens de l'Amérique du Nord croisent leurs chiens demi-sauvages avec le loup, et les rendent ainsi plus sauvages encore, mais plus hardis. Les naturels de la Guyane s'emparent des petits de deux espèces sauvages de *Canis ;* les Australiens s'emparent de ceux du dingo sauvage. M. Philippe King me dit qu'il a élevé un dingo sauvage qui, dressé à conduire le bétail, lui a été très-utile. Ces divers faits prouvent qu'il n'y a aucune difficulté à admettre que l'homme ait pu réduire en domesticité plusieurs espèces canines dans différents pays. Il serait du reste bien plus étrange qu'une seule espèce eût été exclusivement domestiquée dans le monde entier.

Entrons dans quelques détails. Richardson, observateur exact

---

[13] *Voyage d'un naturaliste autour du monde,* p. 393. Voir p. 193 pour le *Canis antarcticus ;* pour l'antilope, voir *Journal of the R. Geogr. Soc.,* t. XXIII, p. 94.

et sagace, dit : « La ressemblance entre les loups de l'Amérique
du Nord (*Canis lupus*, var. *occidentalis*), et les chiens domestiques des Indiens est telle, que la taille et la force plus grandes
du loup semblent constituer la seule différence. J'ai, plus d'une
fois, pris une bande de loups pour les chiens d'un parti d'indigènes, et le hurlement de ces deux animaux est assez semblable
pour tromper même l'oreille si exercée de l'Indien. » Il ajoute
que, plus au nord, les chiens des Esquimaux ressemblent extrêmement aux loups gris du cercle arctique, non-seulement par
la forme et la couleur, mais aussi par la taille qui est presque la
même. Le docteur Kane a souvent remarqué dans ses attelages
de chiens de traîneau, l'œil oblique, (caractère très-important
d'après quelques naturalistes), la queue basse, et le regard farouche du loup. Le caractère des chiens esquimaux diffère peu
de celui des loups, et, selon le docteur Hayes, incapables d'aucun
attachement pour l'homme, ils sont assez féroces pour attaquer
leurs maîtres lorsqu'ils ont faim. Selon Kane ils redeviennent
volontiers sauvages. Ils se croisent fréquemment avec les loups,
et les Indiens s'emparent des louveteaux pour améliorer la race
de leurs chiens. Il est parfois impossible d'apprivoiser les loups
demi-sang (Lamare-Picquot) « quoique le cas soit rare » ; mais
ils ne sont bien complétement domptés qu'à la troisième ou quatrième génération. Il ne peut donc y avoir que peu ou point de
stérilité entre le chien esquimau et le loup, car autrement on
n'emploierait pas celui-ci pour améliorer la race. Comme le dit
le docteur Hayes, ces chiens sont incontestablement des loups
apprivoisés [14].

L'Amérique du Nord est habitée par une deuxième espèce de
loup, nommé loup des prairies (*Canis latrans*), que tous les
naturalistes regardent actuellement comme spécifiquement distinct du loup commun et qui, selon M. J. K. Lord, serait, par
ses mœurs, sous certains rapports, intermédiaire entre le loup

[14] Richardson, *Fauna Boreali-Americana*, 1829, p. 64., 75. — Dr Kane, *Arctic explo-
rations*, 1856, v. I, p. 398, 455. — Dr Hayes, *Arctic Boat-Journey*, 1860, p. 167. —
Franklin, *Narrative*, vol. I, p. 269, cite le cas de trois louveteaux, provenant d'une louve
noire, enlevés par les Indiens. Parry, Richardson et d'autres signalent des croisements naturels entre loups et chiens dans les parties orientales de l'Amérique du Nord. — Seeman, dans
Voyage of H. M. S. Herald, 1853, v. II, p. 26, dit que les Esquimaux prennent souvent des
loups pour les croiser avec leurs chiennes, afin d'augmenter la taille et la force de leurs
chiens. — M. Lamare-Picquot (*Bull. de la Soc. d'acclimat.*, t. VII, 1860, p. 148) fait une
excellente description des chiens esquimaux de demi-sang.

et le renàrd. Sir J. Richardson, après avoir décrit le chien que les Indiens emploient à la chasse du lièvre, et qui diffère sous plusieurs rapports du chien esquimau, dit : « Il est relativement au loup des prairies ce qu'est le chien esquimau au loup gris. » Il n'a effectivement pu découvrir entre eux aucune différence, et MM. Nott et Gliddon ajoutent quelques détails qui constatent leur grande ressemblance. Les chiens dérivés de ces deux souches indigènes se croisent entre eux et avec les loups, au moins avec le *Canis occidentalis*, et avec les chiens européens. Dans la Floride, d'après Bartram, le chien-loup noir des Indiens ne diffère absolument des loups du pays que par l'aboiement [15].

Passons aux parties méridionales du Nouveau Monde, Colomb trouva deux sortes de chiens indigènes dans les Indes occidentales, et Fernandez [16] en décrit trois au Mexique ; certains de ces chiens indigènes étaient muets, c'est-à-dire n'aboyaient pas. Dans la Guyane, on sait déjà, depuis l'époque de Buffon, que les indigènes croisent leurs chiens avec une espèce du pays, probablement le *Canis cancrivorus*. Sir R. Schomburgk, qui a si soigneusement exploré ces régions, m'écrit : « Les Indiens Arawaak, qui habitent près de la côte, m'ont plusieurs fois répété qu'ils croisent leurs chiens avec une espèce sauvage pour en améliorer la race, et on m'a montré des chiens qui ressemblent certainement beaucoup plus au *Canis cancrivorus* qu'aux individus ordinaires de la race. Les Indiens élèvent rarement le *Canis cancrivorus* pour l'usage domestique, et les Arecunas n'emploient plus guère pour la chasse l'*Ai*, autre espèce de chien sauvage, que je regarde comme identique avec le *Dusicyon sylvestris* de H. Smith. Les chiens des Indiens Taruma sont tout à fait distincts, et ressemblent au lévrier de Saint-Domingue de Buffon. » Il semble donc que les naturels de la Guyane aient partiellement domestiqué deux espèces indigènes, avec lesquelles ils croisent encore leurs chiens ; ces deux espèces appartiennent à un type

---

[15] *Fauna Boreali-Americana*, 1829, p. 73, 78, 80. — Nott et Gliddon, *Types of Mankind*, p. 383. Le naturaliste voyageur Bartram, est cité par H. Smith dans *Nat. Lib.*, vol. X, p. 156. Un chien domestique mexicain paraît aussi ressembler à un chien sauvage du même pays ; ce dernier est peut-être le loup des prairies. Un autre juge compétent M. J. K. Lord (*The naturalist in Vancouver island*, 1886, vol. II, p. 218), dit que le chien indien des Spokans, près des Montagnes Rocheuses, n'est sans doute autre chose qu'un coyote ou loup des prairies apprivoisé, ou *Canis latrans*.

[16] Je cite ceci d'après l'excellent mémoire de M. R. Hill sur l'Alco ou chien domestique du Mexique, dans Gosse, *Naturalist's sojourn in Jamaica*, 1851, p. 329.

tout différent de celui des loups de l'Amérique du Nord et de l'Europe. D'après un observateur très-soigneux, Rengger [17], il y aurait des raisons pour croire qu'il existait en Amérique, lorsqu'elle fut découverte par les Européens, une race domestique de chiens sans poils; au Paraguay quelques-uns de ces chiens sont encore muets, et Tschudi [18] assure qu'ils souffrent du froid dans les Cordillères. Ce chien nu est toutefois très-distinct de celui qu'on trouve dans les antiques sépultures péruviennes; ce chien, décrit par Tschudi sous le nom de *Canis Ingœ*, aboyait et supportait bien le froid. On ignore si ces deux races distinctes de chiens descendent d'espèces indigènes, et on pourrait supposer que, lors de la première immigration de l'homme en Amérique, il a amené avec lui du continent asiatique des chiens qui n'avaient pas appris à aboyer; mais cette opinion est peu probable, car, en descendant du nord, nous avons vu les habitants apprivoiser au moins deux espèces de canidés indigènes.

Dans l'ancien monde, quelques chiens européens ressemblent beaucoup au loup : ainsi, le chien de berger des plaines de la Hongrie est blanc ou brun rougeâtre, il a le museau pointu, les oreilles droites et courtes, le poil rude, la queue touffue, et ressemble tellement au loup que M. Paget, qui en donne cette description, dit avoir vu un Hongrois prendre un loup pour un de ses chiens. Jeitteles constate également la ressemblance étroite du chien de Hongrie avec le loup. Il faut qu'anciennement, en Italie, les chiens de berger aient été fort semblables aux loups, puisque Columelle (VII, 12) conseille de choisir des chiens blancs en ajoutant : « Pastor album probat, ne pro lupo canem feriat. » On cite plusieurs exemples de croisements naturels entre chiens et loups, et Pline rapporte que les Gaulois attachaient leurs chiennes dans les bois pour les croiser avec des loups [19]. Le loup d'Europe diffère légèrement de celui de l'Amérique du Nord, et

---

[17] *Naturgeschiche der Saügethiere von Paraguay*, 1830, p. 151.
[18] Cité dans Humboldt, *Aspects of Nature*, trad. anglaise, vol. I, p. 108.
[19] Paget, *Travels in Hungary and Transylvania*, vol. I, p. 501. — Jeitteles, *Fauna Hungariæ superioris*, 1862, p. 13. — Voir Pline (*Histoire du Monde*, liv. VIII, ch. XL) sur les Gaulois croisant leurs chiens. — Voir aussi Aristote, *Hist. Animal.*, liv. VIII, c. XXVIII. — Sur les croisements naturels entre chiens et loups près des Pyrénées, voir M. Mauduyt, *Du Loup et de ses races*, Poitiers, 1851; — aussi Pallas, dans *Act. acad. Saint-Pétersbourg*, 1780, part. II, p. 94.

il a été considéré par beaucoup de naturalistes comme constituant une espèce distincte. Le loup commun de l'Inde est aussi regardé par quelques-uns comme une troisième espèce, et, là encore, nous pouvons constater une ressemblance très-marquée entre les chiens pariahs de certaines régions de l'Inde et le loup du même pays [20].

Quand aux chacals, Isidore Geoffroy Saint-Hilaire [21] constate qu'on ne peut signaler aucune différence constante de conformation entre eux et les petites races de chiens. Les mœurs sont à peu près les mêmes ; le chacal apprivoisé, appelé par son maître, remue la queue, lui lèche les mains, rampe et se renverse sur le dos ; il flaire les chiens à l'anus, et, comme eux, urine de côté ; il se roule sur les charognes ou sur les animaux qu'il a tués ; enfin, quand il est surexcité, il court en rond ou en décrivant des huit, la queue entre les jambes [22]. Un grand nombre de naturalistes distingués, depuis Güldenstädt jusqu'à Ehrenberg, Hemprich et Cretzschmar, se sont prononcés très-positivement sur la grande ressemblance qu'offrent avec le chacal les chiens à moitié domestiques de l'Asie et de l'Égypte. M. Nordmann, par exemple, dit: « Les chiens d'Awhasie ressemblent étonnamment à des chacals. » Ehrenberg [23] affirme que les chiens domestiques de la basse Égypte et quelques chiens momifiés correspondent à un type sauvage du pays, une espèce de loup, le *C. lupaster ;* tandis que les chiens domestiques de la Nubie et certains autres chiens momifiés se rapprochent d'une espèce également sauvage du pays, le *C. sabbar,* qui n'est qu'une variété du chacal commun. Pallas [24] affirme que le chien et le chacal se croisent quelquefois naturellement en Orient, et on cite un exemple de ce croisement en Algérie. La plupart des natura-

---

[20] Je donne ce fait sur l'excellente autorité de M. Blyth (signant Zoophilus) dans *Indian sporting Review,* Oct. 1856, p. 134, M. Blyth raconte qu'il fut frappé de la ressemblance entre une race de chiens pariahs à queue touffue au nord-ouest de Cawnpore, et le loup indien de même pour les chiens de la vallée du Nerbudda.

[21] Pour des détails nombreux et intéressants sur la ressemblance du chien et du chacal, voir Geoffroy Saint-Hilaire. *Hist. nat. gén.,* 1860, t. III, p. 101 et le Prof. Gervais, *Hist. nat. des mammifères,* 1855, t. II, p. 60.

[22] Güldenstädt, *Nov. Comment. Acad. Petrop.,* t. XX, pro anno 1775, p. 449. Voir aussi Salvin dans *Land and Water,* Oct. 1869.

[23] Cité par de Blainville dans son *Ostéographie, Canidæ,* p. 79, 98.

[24] Voir Pallas, *Act. acad.,* Saint-Pétersbourg, 1780, part. II, p. 91. — Pour l'Algérie, voir I. G. Saint-Hilaire. *O. c. t.* III, p. 177. — Dans les deux pays, c'est le chacal mâle qui s'accouple avec les chiennes domestiques.

listes divisent les chacals d'Asie et d'Afrique en plusieurs espèces, mais quelques-uns les réunissent en une seule.

Sur la côte de Guinée, les chiens domestiques sont des animaux muets, semblables au renard [25]. On trouve, à ce que m'assure le Rév. S. Erhardt, sur la côte orientale de l'Afrique, entre 4° et 6° de latitude sud, et à environ dix journées de marche à l'intérieur, un chien à demi domestique, que les naturels disent être dérivé d'un animal sauvage semblable. Lichtenstein [26] affirme que les chiens des Bojesmans ressemblent beaucoup, même par la couleur (à l'exception de la raie noire sur le dos), au *C. mesomelas* de l'Afrique méridionale. M. E. Layard a observé un chien cafre qui ressemblait étroitement à un chien esquimau. En Australie, on trouve à la fois le dingo à l'état domestique et à l'état sauvage; bien que cet animal ait pu être originellement introduit par l'homme, on doit cependant le considérer comme une forme indigène, car on a trouvé ses restes associés à ceux de mammifères éteints, et dans le même état de conservation, de sorte que son introduction a dû être fort ancienne [27].

La ressemblance qu'offrent dans différents pays les chiens à demi domestiques avec les espèces sauvages qui s'y trouvent encore, la facilité des croisements, la valeur qu'ont aux yeux des sauvages des animaux même à demi apprivoisés, sont autant de raisons qui nous autorisent à penser que les chiens domestiques descendent de deux vraies espèces de loups (*C. lupus* et *C. latrans*); de deux ou trois autres espèces douteuses) c'est-à-dire les loups européens, indiens et africains); d'au moins une ou deux espèces canines de l'Amérique du Sud; de plusieurs races ou espèces de chacals; enfin, peut-être, d'une ou de plusieurs espèces éteintes. Il est possible, il est probable même que les chiens domestiques introduits dans une région nouvelle prennent, après de nombreuses générations, quelques-uns des caractères propres aux canidés du pays; nous ne pouvons cependant

---

[25] J. Barbut, *Description of the coast of Guinea in* 1746.
[26] *Travels in South Africa;* vol. II, p, 272.
[27] Selwyn, *Geology of Victoria.* — *Journ. of Geol. Soc.*, vol. XIV, 1858, p. 536, et vol. XVI, 1860, p. 148. — Prof. M'Coy, dans *Annals and Mag. of Nat. Hist.* (3e série), vol. IX, 1862, p. 147.—Le dingo diffère des chiens des îles polynésiennes centrales. Dieffenbach remarque (*Travels*, vol. II, p. 45) que le chien indigène de la Nouvelle-Zélande diffère aussi du dingo.

pas expliquer ainsi l'apparition dans un même pays de deux races importées, ressemblant à deux de ses races indigènes, comme, par exemple, dans le cas de la Guyane et de l'Amérique du Nord cité plus haut [28].

On ne peut soulever contre l'hypothèse de la domestication ancienne de plusieurs espèces canines, la difficulté de leur apprivoisement ; j'ai déjà cité quelques faits à cet égard, et je puis ajouter que M. Hodgson [29] a apprivoisé des jeunes *C. primævus* de l'Inde, et les a trouvés aussi intelligents, aussi gais et aussi caressants qu'aucun chien du même âge. Ainsi que nous l'avons déjà démontré, les différences sont bien légères entre les mœurs des chiens domestiques des Indiens de l'Amérique du Nord et celles des loups du pays, de même qu'entre les chiens pariahs de l'Inde et les chacals, ou entre les chiens redevenus sauvages et les espèces naturelles de la famille. Toutefois, l'habitude d'aboyer, qui est presque universelle chez les chiens domestiques, et ne caractérise aucune des espèces naturelles du genre, paraît être une exception; on m'affirme cependant que le *Canis latrans* de l'Amérique septentrionale émet certains sons qui ressemblent beaucoup à l'aboiement. D'ailleurs, les chiens qui retournent à l'état sauvage perdent bien vite cette habitude qu'ils reprennent bien vite aussi si on les réduit de nouveau à l'état domestique. On a souvent cité le cas de chiens devenus muets dans l'île de Juan Fernandez par suite de leur retour à l'état sauvage, et on a des raisons de croire [30] que ce mutisme a dû se produire dans un espace de trente-trois ans; d'autre part, des chiens pris dans cette île, par Ulloa, ont repris peu à peu l'habitude d'aboyer. Les chiens de la rivière Mackenzie, appartenant au type du *C. latrans* et amenés en Angleterre, ne sont jamais arrivés à l'aboiement proprement dit, mais un individu né au jardin zoologique [31], donnait de la voix aussi fortement qu'aucun autre chien de sa taille et de son âge. D'après le professeur Nillson [32],

---

[28] Ces dernières remarques suffisent, je crois, pour répondre à une critique de M. Wallace sur l'origine multiple des chiens affirmée par Lyell, *Principles of Geology*, 1872, vol. II, p. 295.

[29] *Proceedings Zool. Soc.*, 1833, p. 112. — Voir aussi sur l'apprivoisement du loup ordinaire, Lloyd, *Scandinavian adventures;* 1854, vol. I, 460. — Pour le chacal. voir Gervais, *Hist. nat. Mamm.*, t. II, p. 61. — Pour l'aguara du Paraguay, voir l'ouvrage de Rengger.

[30] Roulin, *Mémoires présent. par div. savants*, t. VI, p. 341.

[31] Martin, *History of the Dog*, p. 14.

[32] Cité par Lloyd dans *Field sports of North of Europe*. v. I, p. 387.

un louveteau allaité par une chienne sait aboyer. I. Geoffroy
Saint-Hilaire a montré un chacal qui aboyait sur le même ton
qu'un chien ordinaire [33]. M. G. Clarke [34] a fait une description
intéressante de chiens redevenus sauvages dans l'île de Juan de
Nova, dans l'océan Indien : « ils avaient, dit-il, complétement
perdu l'habitude d'aboyer ; ils ne recherchaient pas la société
des autres chiens et ne retrouvèrent pas la voix » après une
captivité de plusieurs mois. Dans l'île, « ils se rassemblent en
grandes meutes et attrapent les oiseaux de mer avec autant
d'adresse que des renards. » Les chiens redevenus sauvages, à
la Plata, ne sont pas muets ; ils sont grands ; ils chassent isolément ou en meutes, et creusent des terriers pour leurs jeunes [35],
points par lesquels ils ressemblent aux loups et aux chacals, qui
chassent aussi isolément ou en meutes, et creusent des terriers [36].
A Juan Fernandez, à Juan de Nova et à la Plata [37], ces chiens revenus à l'état sauvage n'ont pas repris une coloration uniforme. A
Cuba, d'après Pœppig, les chiens redevenus sauvages sont presque
tous couleur souris, ils ont les oreilles courtes et les yeux bleu
clair. A Saint-Domingue, d'après le Col. Ham. Smith [38], les
chiens marrons sont aussi grands que des lévriers ; ils affectent
une couleur uniforme bleu-cendré pâle, et ils ont les oreilles
petites et de grands yeux brun-clair. Le dingo sauvage, quoique
naturalisé depuis si longtemps en Australie, varie considérablement au point de vue de la couleur, à ce que m'assure M. P.
P. King. Un dingo demi-sang [39], élevé en Angleterre, a manifesté des instincts fouisseurs.

Les faits précédents prouvent que le retour à l'état sauvage ne donne pas
d'indications sur la couleur ou la taille des espèces parentes primitives.
J'avais espéré qu'un fait que j'ai une fois eu occasion d'observer sur la
coloration des chiens domestiques, pourrait jeter quelque lumière sur leur

[33] Quatrefages, Soc. d'acclimat., mai II, 1863, p. 7,
[34] Ann. and Mag. of Nat. Hist., t. XV, 1845, p. 140.
[35] Azara, Voyages dans l'Amér. mérid., t. 1, p. 381.— Son récit est complétement confirmé
par Rengger. — Quatrefages cite le cas d'une chienne amenée de Jérusalem en France, qui
creusa un trou et y fit ses petits. Voir Discours à l'exposition des races canines, 1865, p. 3.
[36] Pour les loups creusant la terre, voir Richardson, Fauna Bor. Amer., p. 64 et Bechstein, Naturg. Deutschl, vol. I, p. 617.
[37] Pœppig, Reise in Chile, vol. I, p. 290 ; voir Clarke ; et Rengger p. 155.
[38] Dogs. — Nat. Lib., vol. X, p. 121. Un chien de l'Amérique du Sud paraît être redevenu
sauvage dans cette île. Voir Gosse. Jamaica, p. 340.
[39] Low, Domesticated Animals, p. 650.

origine ; ce fait est intéressant en ce qu'il prouve que la coloration suit certaines lois, même chez un animal aussi anciennement et aussi complétement domestiqué que le chien. Les chiens noirs, dont les pattes sont couleur feu, ont presque invariablement, à quelque race qu'ils appartiennent, une tache de même couleur à l'angle inférieur et supérieur de chaque œil, et les lèvres offrent généralement la même coloration. Je n'ai vu que deux exceptions à cette règle, chez un épagneul et un terrier. Les chiens brun-clair ont fréquemment au-dessus des yeux une tache plus claire, d'un brun jaunâtre ; cette tache est quelquefois blanche ; elle était noire chez un terrier métis. Sur quinze lévriers du Suffolk, examinés par M. Waring, onze étaient noirs, ou noirs et blancs, ou tachetés, et n'avaient pas de taches sur les yeux; trois qui étaient roux, et un gris ardoisé, portaient tous les quatre des taches foncées au-dessus de l'œil. Quoique ces taches diffèrent ainsi quelquefois de couleur, elles tendent cependant fortement vers la nuance feu : j'ai vu quatre épagneuls, un chien d'arrêt, deux chiens de berger du Yorkshire, un grand métis, et quelques chiens courants pour la chasse du renard, noirs et blancs, n'offrant d'autres marques de feu, que la tache sus-orbitaire, et quelquefois une trace sur les pattes. Ces cas et beaucoup d'autres indiquent une certaine corrélation entre la coloration des pattes et celle des taches sus-orbitaires.

J'ai observé chez diverses races, tous les degrés, depuis la coloration feu de la face entière, ou d'un anneau complet autour des yeux, jusqu'à une seule petite tache au-dessus de l'angle interne de l'œil. Les taches s'observent chez plusieurs sous-races de terriers et d'épagneuls ; chez les chiens d'arrêt ; chez les chiens de chasse de diverses races, y compris la basset à jambes torses ; chez les chiens de berger ; chez un métis dont les parents n'avaient de taches ni l'un ni l'autre ; chez un boule-dogue pur sang, mais les taches dans ce cas étaient presque blanches ; et chez les lévriers. Les lévriers vraiment noir et feu sont excessivement rares ; M. Warwick m'en a cependant indiqué un qui a couru en avril 1860 aux courses de la société calédonienne; il était marqué exactement comme un terrier noir et feu. Ce chien, ou un autre absolument semblable, disputa le prix aux courses du club national écossais, le 21 mars 1865 ; M. C. M. Browne m'apprend que ni le père ni la mère de ce chien ne portaient trace de cette couleur extraordinaire. Sur ma demande M. Swinhoe a bien voulu examiner les chiens Chinois, à Amoy ; il remarqua bientôt un chien brun, avec les taches sus-orbitaires jaunes. Le colonel Smith [40] a figuré un superbe dogue noir du Thibet, marqué d'une raie feu au-dessus des yeux, sur les pieds et la gueule ; et, ce qui est plus singulier, il affirme que l'Alco, ou chien indigène domestique du Mexique, est blanc et noir, avec des anneaux étroits, couleur feu, autour des yeux. A l'exposition des chiens qui a eu lieu à Londres en 1863, se trouvait un prétendu chien des forêts du nord-ouest du Mexique, ayant au-dessus des yeux des taches feu pâle. La présence de ces taches couleur

---

[40] *Nat. Library. — Dogs*, vol. X, p. 4, 19.

feu chez des chiens appartenant à des races aussi diverses, et vivant dans tous les pays du monde, constitue un fait très-remarquable.

Nous verrons plus loin, surtout à propos des pigeons, que les taches colorées sont fortement héréditaires, et nous aident souvent à retrouver les formes primitives de nos races domestiques. En conséquence, si une espèce canine sauvage nous eût offert d'une façon bien distincte les taches feu sus-orbitaires, nous eussions été autorisés à la considérer comme la forme primitive et l'ancêtre de presque toutes nos races domestiques. J'ai examiné bien des dessins coloriés, fouillé toute la collection des peaux du British Museum, sans trouver aucune espèce portant ces taches. Il est sans doute possible que cette couleur a existé sur quelque espèce éteinte. D'autre part, en examinant les diverses espèces, il semble y avoir une corrélation assez nette entre les pattes couleur feu et la face, mais moins fréquemment entre les pattes noires et la face noire, et cette règle générale de coloration explique, jusqu'à un certain point, les cas ci-dessus de corrélation entre les taches sus-orbitaires et les pattes. En outre, quelques chacals et quelques renards offrent la trace d'un anneau blanc autour des yeux, ainsi le *C. mesomelas*, le *C. aureus*, et, d'après les dessins du col. Ham. Smith, le *C. alopex* et le *C. thaleb*. D'autres espèces offrent la trace d'une ligne noire au-dessus du coin de l'œil, ainsi le *C. variegatus*, le *C. cinereo-variegatus*, le *C. fulvus*, et le Dingo sauvage. Je serais donc disposé à conclure que la tendance qu'ont les taches feu à apparaître au-dessus de l'œil, chez les différentes races de chiens, est analogue à la règle établie par Desmarest, que, toutes les fois que le blanc paraît chez un chien, le bout de la queue est toujours blanc, « de manière à rappeler la tache terminale de même couleur qui caractérise la plupart des canidés sauvages [41]. » Toutefois M. Jesse m'affirme que cette règle ne s'applique pas toujours.

On a objecté que nos chiens domestiques ne peuvent descendre du loup ou du chacal, à cause de la différence de durée de leurs périodes de gestation. Cette différence supposée a été admise sur les assertions de Buffon, de Gilibert, de Bechstein et d'autres, actuellement reconnues fausses ; en effet, chez ces trois formes, la durée de la gestation concorde aussi bien que possible, car chez toutes elle est quelque peu variable [42]. Tessier, qui a

---

[41] Cité par Gervais, *Hist. nat. Mamm.*, t. II, p. 66. (Cette règle souffre des exceptions. Je possède actuellement une chienne noire à poitrail et à pattes tachetées de blanc, dont le bout de la queue est complétement noir. C. V.)

[42] J. Hunter soutient que la période de 73 jours indiquée par Buffon s'explique parce que la femelle a été laissée au mâle pendant 16 jours (*Transact. philos.*, 1787, p. 353.) — Hunter a trouvé que la gestation d'un métis de loup et de chien (*id.* 1789, p. 160) est de 63 jours. Celle d'un métis de chien et de chacal a été de 59 jours.—Fréd. Cuvier (*Dict. class. Hist. nat.* vol. IV, p. 8) a trouvé 2 mois et quelques jours pour celle du loup ; I. Geoffroy Saint-Hilaire, qui a discuté tout le sujet, et d'après lequel je cite Bellingeri (*Hist. nat. gén.*, vol. III, p. 112) dit qu'au jardin des plantes la durée de la gestation du chacal a été de soixante à soixante-trois jours, exactement comme chez le chien.

étudié avec soin ce sujet, constate une différence de quatre jours dans la période de gestation du chien. Le Rev. W. D. Fox m'a communiqué trois cas observés avec soin sur des épagneuls écossais, la femelle ayant été livrée une fois seulement au mâle; sans compter le jour de l'accouplement, mais en comptant le jour de la mise à bas, les gestations ont été de cinquante-neuf, soixante-deux et soixante-sept jours. La moyenne est donc de soixante-trois jours; Bellingeri soutient que cette durée de la gestation s'applique seulement aux grandes races, et qu'elle est de soixante à soixante-trois jours pour les petites. M. Eyton, qui a une grande expérience des chiens, m'affirme qu'en effet, la gestation est un peu plus longue chez les gros chiens que chez les petits.

F. Cuvier a objecté qu'on n'aurait pas songé à réduire le chacal en domesticité à cause de son odeur désagréable, mais les sauvages sont peu délicats à cet égard [43]. Le degré d'odeur diffère, d'ailleurs, suivant les espèces de chacals, et le colonel H. Smith établit dans le groupe une division basée sur ce caractère. D'autre part, il y a des chiens, comme les terriers lisses et rudes, qui diffèrent beaucoup sous ce rapport; M. Godron assure que le chien turc sans poils émet une odeur beaucoup plus forte que les autres chiens. I. Geoffroy [44] a fait contracter à un chien l'odeur du chacal en le nourrissant avec de la viande crue.

L'hypothèse suivant laquelle nos chiens descendent des loups, des chacals, des espèces canines de l'Amérique méridionale et d'autres espèces soulève une difficulté bien plus importante. A l'état sauvage, ces animaux, à en juger par de nombreuses analogies, auraient été stériles dans une certaine mesure, si on les eût croisés les uns avec les autres, et cette stérilité sera admise comme certaine par tous ceux qui croient que la diminution de fécondité dans les formes croisées est le critérium infaillible de de la distinction spécifique. Quoi qu'il en soit, ces animaux restent séparés les uns des autres dans les pays qu'ils habitent en commun. D'autre part, tous les chiens domestiques qu'on suppose descendre de plusieurs espèces distinctes sont, autant que

---

[43] Voir I. Geoff. Saint-Hilaire (*Hist. nat. gén.*, III, p. 112) sur l'odeur des chacals, — et le col. Ham. Smith. *Nat. lib.*, vol. X, p. 289.

[44] Cité par Quatrefages dans *Bull. Soc. d'acclim.*, 11 mai 1863.

nous pouvons le savoir, féconds les uns avec les autres. Mais, comme Broca[45] le fait si bien remarquer, la fécondité de générations successives de chiens métis n'a jamais été étudiée avec le soin qu'on a cru devoir apporter aux essais sur le croisement des espèces. Les quelques faits qui semblent conduire à la conclusion que les différentes races de chiens n'ont pas toutes les mêmes penchants sexuels et n'offrent pas toutes la même puissance reproductive dans les croisements, sans parler des différences de taille qui rendent le croisement difficile, peuvent se résumer ainsi que suit. L'Alco[46] du Mexique paraît avoir de l'aversion pour les chiens appartenant à d'autres races, mais ce n'est peut-être pas là un sentiment strictement sexuel; d'après Rengger, les chiens indigènes sans poils du Paraguay se mêlent beaucoup moins avec les races européennes que celles-ci ne le font les unes avec les autres; on prétend qu'en Allemagne le chien Spitz se croise avec le renard plus volontiers que les autres races, et le docteur Hodgkin cite le cas d'une femelle de Dingo qui, en Angleterre, attirait les renards mâles sauvages. Si ces derniers faits sont exacts, ils prouvent, en effet, une certaine différence sexuelle chez les races de chiens. Mais il n'en reste pas moins établi que nos chiens domestiques, bien que différant considérablement les uns des autres par leur conformation externe, sont bien plus féconds entre eux que n'ont dû l'être entre eux leurs parents sauvages supposés. Pallas[47] affirme que la domestication prolongée élimine la stérilité que manifestent les espèces parentes lorsqu'elles sont réduites depuis peu de temps en captivité; cette hypothèse ne s'appuie sur aucun fait positif, mais, outre les preuves que nous fournissent à cet égard d'autres animaux domestiques, je la crois fondée, tant l'origine de nos chiens domestiques me paraît devoir être rattachée à plusieurs souches sauvages.

L'hypothèse en vertu de laquelle nos chiens domestiques descendent de plusieurs souches sauvages soulève une autre difficulté : ils ne paraissent pas être parfaitement féconds avec leurs

---

[45] *Journal de physiologie*, t. II, p. 385.
[46] Voir la description de cette race dans Gosse, *Jamaica*, p. 338, et Rengger, *Säugethiere von Paraguay*, p. 153. — Pour les chiens spitz, voir Bechstein, *Naturg. Deutschlands*, 1801, vol. I, p. 638. — Hodgkin, voir le *Zoologist*, vol. IV, 1845-46, p. 1097.
[47] *Act. acad.*, St.-Pétersb., 1780 ; part. II, p. 84, 100.

parents supposés. Mais l'expérience n'a pas été tentée dans ses vraies conditions; ainsi, il faudrait essayer le croisement du chien hongrois, qui ressemble si considérablement au loup d'Europe, avec ce dernier animal; de même le croisement du chien pariah avec le loup et le chacal indiens ; et ainsi de suite dans d'autres cas. Les sauvages prennent la peine de croiser leurs chiens avec le loup et d'autres espèces canines, on peut donc en conclure que la stérilité est du moins très-faible. Buffon a obtenu quatre générations successives du loup et du chien, et les métis étaient parfaitement féconds les uns avec les autres [48]. Plus récemment, M. Flourens a donné comme résultat positif d'expériences nombreuses, que les métis de chien et de loup, croisés les uns avec les autres, deviennent stériles à la troisième génération, et ceux du chien et du chacal à la quatrième [49]. Mais ces animaux étaient en captivité, circonstance qui, ainsi que nous le verrons dans un chapitre subséquent, diminue beaucoup la fécondité des animaux sauvages et les rend même tout à fait stériles. Le dingo, qui, en Australie, se croise librement avec nos chiens importés, n'a donné aucun résultat dans les essais réitérés de croisement tentés au jardin des plantes [50]. Quelques chiens courants de l'Afrique centrale importés par le major Denham n'ont jamais reproduit à la Tour de Londres [51]; or, les produits métis d'une espèce sauvage peuvent hériter de la tendance à une même diminution de fécondité. En outre, dans les essais de M. Flourens, les métis furent, à ce qu'il paraît, croisés les uns avec les autres pendant trois ou quatre générations; or, cette circonstance a dû certainement augmenter la tendance à la stérilité. J'ai vu, il y a quelques années, au jardin zoologique de Londres, un métis femelle de chien anglais et de chacal chez laquelle la stérilité, dès la première génération, était déjà apparente par l'absence des phénomènes extérieurs du rut; mais, on a tant

[48] M. Broca (*Journal de Physiologie*, t. II, p. 353) a démontré que les expériences de Buffon ont été souvent mal comprises. Broca a recueilli un grand nombre de faits sur la fécondité des métis de chiens, de loups et de chacals.
[49] *De la longévité humaine*, 1855, p. 143, par Flourens. — M. Blyth (dans *Indian sporting Review*, vol. II, p. 137) a vu plusieurs métis de chiens pariahs et de chacal, et le produit d'un de ces métis et d'un terrier. On connaît les expériences de Hunter sur le chacal. Voir aussi I. Geoff. St-Hilaire (*Hist. nat. gén.*, vol. III, p. 217), qui parle des métis de chacal comme féconds pendant trois générations.
[50] D'après F. Cuvier, cité par Bronn, *Geschichte der Natur*, vol. II, p. 164.
[51] W. C. L. Martin, *History of the Dog*, 1845, p. 203. — M. P. King, après bien des observations, m'assure que le dingo et les chiens d'Europe se croisent souvent en Australie.

d'exemples de la fécondité absolue de pareils métis, que ce cas est certainement exceptionnel. Il y a, du reste, dans ces essais de croisements, trop de causes d'incertitude pour qu'on puisse arriver à aucune conclusion positive. Il semble, toutefois, que ceux qui sont d'avis que nos chiens descendent de plusieurs espèces doivent admettre que non-seulement leurs descendants, après une domestication prolongée, perdent toute tendance à la stérilité lorsqu'on les croise les uns avec les autres, mais aussi qu'entre certaines races de chiens et quelques-uns de leurs parents présumés un certain degré de stérilité a pu être conservé et peut-être même acquis.

Malgré les difficultés relatives à la fécondité, dont nous venons de nous occuper, si nous songeons à l'improbabilité que l'homme n'ait, dans le monde entier, domestiqué qu'une seule espèce d'un groupe aussi répandu, aussi utile, et aussi facile à apprivoiser que l'est celui des canidés ; si nous réfléchissons à l'extrême antiquité des différentes races, et surtout à l'analogie étroite qui se remarque soit dans la conformation, soit dans les mœurs, entre les chiens domestiques de divers pays et les espèces sauvages qui y habitent encore, la balance penche évidemment du côté de l'origine multiple de nos races domestiques.

Différences entre les diverses races de chiens. — Si les différentes races descendent de plusieurs souches sauvages, une partie de leurs différences doivent évidemment pouvoir s'expliquer par celles des espèces dont elles dérivent. La forme du lévrier, par exemple, peut provenir d'un animal grêle et svelte, au museau allongé, comme le *Canis simensis* [52] d'Abyssinie ; les gros chiens peuvent descendre des grands loups ; les formes plus petites, du chacal ; on peut encore expliquer ainsi certaines différences climatériques et constitutionnelles. Mais cela n'exclut pas l'intervention d'une somme considérable de variations [53]. Les croisements réciproques des diverses souches sauvages primitives et des variétés qui en sont provenues, ont augmenté considérablement le nombre total des races et, comme nous le ver-

[52] Rüppel, *Neue Wirbelthiere von Abyssinien*, 1835-40 ; *Mamm.*, p. 39, pl. XIV. — Un beau spécimen de cet animal se trouve au British Museum.
[53] Pallas même admet ceci : *Act. acad. St-Pétersbourg*, 1780, p. 93.

rons, en ont modifié fortement quelques-unes. Le croisement ne suffit pas, toutefois, pour expliquer l'origine des formes extrêmes comme les lévriers, les limiers, les bouledogues, les épagneuls Blenheim, les terriers, les roquets, etc., à moins d'admettre que des types offrant à un degré égal ou plus prononcé les caractères spéciaux à ces races, aient existé dans la nature. Mais personne n'a osé encore supposer que des formes aussi peu naturelles aient jamais pu exister à l'état sauvage. Comparées aux membres connus de la famille des canidés, elles trahissent une origine distincte et anomale. On ne connaît aucun peuple sauvage qui ait possédé des chiens tels que les lévriers, les épagneuls, les limiers ; ces races sont le produit d'une longue civilisation.

Le nombre des races et des sous-races de chiens est considérable. Youatt décrit, par exemple, douze races de lévriers. Je n'essayerai pas d'énumérer ou de décrire ces variétés, parce que nous ne pourrions déterminer les différences qui doivent être attribuées à la variation, de celles imputables à la provenance de souches originelles distinctes. Il convient cependant de mentionner quelques points. Pour commencer par le crâne, Cuvier a reconnu[54] que, quant à la forme, les différences sont « plus fortes que celles observées chez les espèces sauvages appartenant à un même genre naturel. » Les proportions des différents os ; la courbure de la mâchoire inférieure ; la position des condyles relativement au plan des dents (sur laquelle F. Cuvier a fondé sa classification) et la forme de la branche postérieure chez les dogues ; la forme de l'arcade zygomatique et des fosses temporales ; la position de l'occiput ; tous ces caractères varient énormément[55]. La différence du volume du cerveau chez les chiens appartenant aux races grandes ou petites est quelque chose de prodigieux. « Le cerveau de quelques chiens est haut et arrondi ; chez d'autres, au contraire, le cerveau est surbaissé, long et étroit dans sa partie antérieure. » Chez ces derniers, « les lobes olfactifs sont visibles sur une moitié à peu près de leur étendue, quand on observe le cerveau d'en haut, mais ils sont entièrement cachés par les hémisphères chez les autres races[56]. » Le chien possède normalement six paires de molaires à la mâchoire supérieure, et sept à la mâchoire inférieure, mais plusieurs naturalistes en ont trouvé souvent une paire additionnelle[57] ; et le professeur Gervais dit qu'il y a des chiens « qui ont sept paires de dents supérieures et

[54] Cité par I. Geoffroy, loc. cit., vol. III, p. 453.
[55] F. Cuvier, Ann. du Muséum, vol. XVIII, p. 337.—Godron, De l'espèce, vol. I, p. 342. —Col. Ham. Smith, Nat. Library, vol. IX, p. 101. — Voir aussi quelques observations sur la dégénérescence du crâne chez certaines espèces, par le Prof. Bianconi, La théorie Darwinienne, 1874, p. 279.
[56] Dr Burt Wilder, American Assoc. advancement of science, 1873, p. 236, 239.
[57] Isid. Geoff. St.-Hilaire, Hist. des anomalies, 1832, vol. I, p.660.—Gervais, Hist. nat. des Mamm., vol. II, p. 66. — De Blainville, Ostéog. Canidæ, p. 137, a observé aussi une molaire supplémentaire de chaque côté.

huit paires inférieures. » De Blainville [58] a donné des détails complets sur
la fréquence de ces déviations du nombre des dents ; il a démontré que la
dent additionnelle n'est pas toujours la même. D'après H. Müller [59], les
molaires sont obliques chez les races à museau court, tandis qu'elles sont
placées longitudinalement et espacées, chez les races à museau allongé. Le
chien dit égyptien ou turc, sans poils, a une dentition [60] très-incomplète ;
ces chiens n'ont quelquefois qu'une molaire de chaque côté, mais cette
dentition, bien que caractéristique de cette race, doit être regardée comme une
monstruosité. M. Girard [61], qui paraît avoir étudié la question avec soin,
assure que l'époque de l'apparition des dents permanentes n'est pas la même
pour tous les chiens ; elle est plus prompte chez les grandes races ; ainsi, le
dogue possède ses dents adultes au bout de quatre ou cinq mois, tandis que,
chez l'épagneul, ces dents ne poussent quelquefois qu'à sept ou huit mois et
plus. D'autre part, les chiens appartenant aux petites races sont complétement
formés à un an, et les chiennes, à cet âge, tout à fait prêtes à reproduire, tandis
qu'à un an les chiens appartenant aux grandes races sont encore dans l'enfance
et il leur faut au moins deux ans pour prendre leur développement complet [62].

Il y a peu d'observations à faire sur les différences minimes. I. Geoffroy
Saint-Hilaire [63] a démontré que, quant à la taille, quelques chiens ont jusqu'à six fois la longueur de certains autres (la queue non comprise) ; et que
le rapport de la hauteur à la longueur du corps varie de un à deux et de
un à près de quatre. Chez le lévrier écossais, on remarque une différence
remarquable dans la taille du mâle et de la femelle [64]. Chacun sait combien les oreilles varient de grandeur suivant les races, et que le grand développement des oreilles entraîne l'atrophie de leurs muscles. Certaines races
offrent entre les lèvres et les narines un profond sillon. D'après F. Cuvier,
les vertèbres caudales varient en nombre, et la queue manque presque
complétement chez certains chiens de bergers. Les mamelles varient de sept
à dix. Daubenton, sur vingt et un chiens qu'il a examinés, en a trouvé huit
avec cinq paires de mamelles, huit avec quatre, les autres en avaient en
nombre inégal de chaque côté [65]. Les chiens ont normalement cinq doigts
aux pattes antérieures, et quatre aux pattes postérieures ; mais il s'en trouve
souvent un cinquième ; F. Cuvier a constaté que, lorsqu'il y a addition
d'un cinquième doigt, il se développe un quatrième os cunéiforme ; dans
ce cas, le grand os *cunéiforme* se relève quelquefois et fournit sur sa face
interne une large surface articulaire à l'astragale ; de sorte qu'on peut même
constater des variations entre les rapports réciproques des os, ce qui, cepen-

[58] *Ostéographie*, p. 137.
[59] Würzburger, *Medecin. Zeitschrift*, 1860, vol. I. p. 265.
[60] M. Yarrell, *Proc. Zool. Soc.*, oct. 8, 1833. — M. Waterhouse m'a montré un crâne
d'un de ces chiens qui n'avait qu'une seule molaire de chaque côté et quelques incisives imparfaites.
[61] Cité dans le *Veterinary*, London, vol. VIII, p. 415.
[62] J'emprunte ces remarques à une grande autorité, Stonehenge, *The dog*, 1867, p. 187.
[63] *Op. cit.*, t. III, p. 448.
[64] W. Scrope, *Art of Deerstalking*, p. 354.
[65] Cité par le col. Ham. Smith, *Nat. Lib.*, vol. X, p. 79.

dant, constitue ordinairement le plus constant de tous les caractères. Ces modifications des pattes des chiens ne sont, du reste, pas très-importantes, car, comme l'a indiqué de Blainville [66], elles doivent être regardées comme des monstruosités. Elles sont cependant intéressantes à cause de la corrélation qui existe entre elles et la taille ; elles sont beaucoup plus fréquentes, en effet, chez les dogues et chez les grandes races, que chez les petites. Des variétés très-voisines diffèrent cependant, sous ce rapport, ainsi, M. Hodgson assure que la variété *lassa,* noir et feu, du dogue du Thibet, possède le cinquième doigt, tandis que la sous-variété *mustang* en est dépourvue. Le développement de la peau entre les doigts varie beaucoup ; nous aurons à revenir sur ce point. Chacun sait combien les différentes races varient relativement à la perfection des sens, du caractère et des habitudes héréditaires. Les races présentent quelques différences constitutionnelles ; d'après Youatt [67], le pouls varie matériellement suivant la race et la taille de l'animal. Les diverses races sont à différents degrés soumises à certaines maladies. Elles se sont certainement adaptées aux divers climats sous lesquels elles ont longtemps vécu. Il est notoire que la plupart de nos meilleures races européennes se détériorent dans l'Inde [68]. Le Rév. R. Everest [69] croit qu'on n'est jamais parvenu à conserver longtemps le terre-neuve dans l'Inde ; Lichtenstein [70] dit qu'il en est de même au cap de Bonne-Espérance. Le dogue du Thibet dégénère dans les plaines de l'Inde, et ne peut vivre que sur les montagnes [71]. Lloyd [72] assure que nos limiers et nos bouledogues ne peuvent pas supporter les froids des forêts du nord de l'Europe.

On voit par combien de caractères les races canines diffèrent les unes des autres ; on se rappelle, en outre, que Cuvier affirme que les crânes des diverses races de chiens sont plus dissemblables entre eux que ne le sont ceux des espèces d'un genre naturel ; on sait, enfin, l'analogie étroite qu'offrent les os des loups, des chacals, des renards et des autres canidés ; aussi, il est très-étonnant de voir à chaque instant se reproduire l'assertion, que les races canines ne diffèrent les uns des autres que par des caractères sans importance. Un juge très-compétent, le professeur Gervais, dit [73] : « Si l'on admettait sans contrôle les altérations

[66] De Blainville, *Ostéographie,* p. 134. — F. Cuvier, *Annales du Muséum,* XVIII, p. 342. — Pour les dogues, voir col. Ham. Smith, *Nat. Lib.,* vol. X, p. 218. — Pour le dogue du Thibet, voir Hodgson, *Journ. asiat. Soc. of Bengal.,* vol. I, 1832, p. 342.

[67] *The Dog,* 1845, p. 186. — Le lévrier italien (p. 167) est très-sujet aux polypes de la matrice, l'épagneul et le bichon à la bronchite (p. 182). Les races sont de même très-différentes sous le rapport de la disposition à la maladie des chiens (p. 232). Voir col. Hutchinson, *Dog Breaking,* 1850, p. 279.

[68] Youatt, *The Dog,* p. 15 ; — *The Veterinary,* London, vol. XI, p. 235.

[69] *Journal of Asiat. Soc. of Bengal,* vol. III, p. 19.

[70] *Travels,* vol. II, p. 15.

[71] Hodgson. — *Journal of Asiat. Soc. of Bengal,* vol. I, p. 342.

[72] *Field Sports of the North of Europe,* vol. II, p. 165.

[73] *Hist. nat. des Mamm.,* 1855, t. II, p. 66, 67.

dont chacun de ces organes est susceptible, on pourrait croire
qu'il y a entre les chiens domestiques des différences plus
grandes que celles qui séparent ailleurs les espèces, quelquefois
même les genres. » Parmi les différences énumérées plus haut,
il en est quelques-unes qui, à un certain point de vue, ont peu
de valeur, car elles ne caractérisent pas des races distinctes ;
ainsi les dents molaires additionnelles, ou le nombre des mamelles. Le doigt supplémentaire qui se trouve généralement
chez les dogues, et quelques-unes des différences plus importantes du crâne et de la mâchoire inférieure caractérisent plus
ou moins diverses races. Mais n'oublions pas que, dans aucun
de ces cas, l'action dominante de la sélection n'est entrée en jeu ;
plusieurs points essentiels sont sujets à varier, mais les différences n'ont pas été fixées par la sélection. L'homme tient à la
forme et à la légèreté de ses lévriers, à la taille de ses dogues, à
la puissance de la mâchoire de ses bouledogues, etc. ; mais il ne
s'inquiète nullement du nombre de leurs molaires, de leurs mamelles ou de leurs doigts ; nous ne savons pas, d'ailleurs, quelle
corrélation peut exister entre les variations de ces organes et les
autres parties du corps, sur lesquelles l'homme exerce son influence modificatrice. Ceux qui se sont occupés de sélection ad-
mettront que, la nature fournissant la variabilité, il serait possible
à l'homme, si cela lui convenait, de fixer aux pattes postérieures
de certaines races de chiens un cinquième doigt, aussi sûrement
qu'il l'a fait pour la poule dorking ; il pourrait probablement
aussi, mais avec plus de difficulté, fixer une paire de molaires
additionnelles aux deux mâchoires, de même façon qu'il a ajouté
à certaines races de moutons des cornes additionnelles : s'il
aimait mieux produire une race de chiens édentés, il y arriverait
probablement au moyen du chien turc, dont la dentition est si
imparfaite, car il a réussi à produire des races de bœufs et de
moutons sans cornes.

Nous ignorons absolument les causes précises qui ont amené
entre les diverses races de chiens des différences si considérables.
Nous pouvons attribuer une partie de la différence dans la conformation extérieure et dans la constitution à des principes héréditaires transmis par des ancêtres sauvages distincts, c'est-à-dire
à des modifications effectuées à l'état de nature avant la domesti-

cation. Il faut aussi attribuer quelque chose aux croisements entre les diverses races domestiques et naturelles. D'ailleurs, je reviendrai bientôt sur ce croisement des races. Nous avons déjà vu combien les sauvages croisent leurs chiens avec les espèces indigènes libres, et Pennant[74] cite l'exemple curieux d'une localité en Écosse, Fochabers, qui se trouva peuplée d'une multitude de chiens ayant l'aspect de loups par suite de l'introduction dans la contrée d'un seul métis de cet animal sauvage.

Le climat semble, dans une certaine mesure, exercer une influence directe sur les races du chien. Nous avons vu déjà que plusieurs races anglaises ne peuvent pas vivre dans l'Inde, et il est positivement constaté que, dans ce pays, après quelques générations, elles dégénèrent soit dans leurs facultés, soit dans leurs formes. Le capitaine Williamson[75] qui a étudié cette question avec soin affirme que ce sont les chiens courants qui dégénèrent le plus promptement, puis les lévriers et les chiens d'arrêt. Les épagneuls, par contre, même après sept ou huit générations et sans nouveau croisement avec des individus venus d'Europe, sont aussi parfaits que leurs ancêtres. Le docteur Falconer m'apprend que les bouledogues, qui, lors de leur introduction dans le pays, pouvaient terrasser un éléphant en le saisissant par la trompe, perdent au bout de deux ou trois générations une grande partie de leur férocité et de leur vigueur, ainsi que le développement caractéristique de leur mâchoire inférieure; leur museau devient plus fin et leur corps plus léger. Les chiens anglais importés dans l'Inde sont très-estimés, on a probablement, en conséquence, évité avec soin tout croisement avec les races indigènes; on ne peut donc expliquer ainsi la dégénérescence remarquée. Le Rév. R. Everest m'apprend qu'il a élevé une paire de chiens d'arrêt, nés dans l'Inde, qui ressemblaient entièrement à leurs parents écossais; il en obtint ensuite à Delhi plusieurs portées en évitant tout croisement, mais il ne put jamais, quoique ce ne fût que la deuxième génération dans l'Inde, obtenir un seul jeune chien semblable à ses parents : les narines étaient plus contractées, le museau plus pointu, la taille moindre et les membres plus grêles. De même, sur la côte de

---

[74] *History of Quadrupeds*, 1793, vol. I, p. 238.
[75] *Oriental Field sports*, cité par Youatt, *The Dog*, p. 15.

Guinée, les chiens, selon Bosman, « se modifient étrangement ; les oreilles deviennent longues et raides comme celles des renards ; la robe change de couleur pour se rapprocher de la couleur du renard et, en trois ou quatre ans, ils deviennent trèslaids ; au bout de trois ou quatre portées l'aboiement disparaît pour faire place à un hurlement [76]. » Cette remarquable tendance à la détérioration rapide des chiens européens sous l'influence du climat de l'Inde et de l'Afrique peut s'expliquer, en grande partie, par une tendance que manifestent beaucoup d'animaux au retour vers un état primordial, lorsqu'on les expose à de nouvelles conditions d'existence, comme nous le verrons plus loin.

Parmi les particularités qui caractérisent les différentes races de chiens, il en est qui ont probablement apparu subitement, et qui, quoique rigoureusement héréditaires, peuvent être considérées comme des monstruosités ; ainsi la forme du corps et des pattes chez les bassets de l'Europe et de l'Inde ; la forme de la tête et de la mâchoire inférieure du bouledogue et du carlin, si semblables sous ce rapport, et si différents sous tous les autres. Une singularité apparaissant brusquement et qui, par cela même, doit, dans une certaine mesure, être considérée comme une monstruosité, peut toutefois être augmentée et fixée par la sélection exercée par l'homme. Nous ne pouvons guère douter qu'un système d'éducation longtemps continué, la chasse du lièvre pour le lévrier, la natation pour les chiens aquatiques, l'absence d'exercice chez les bichons, n'ait dû produire des effets directs sur leur conformation et leurs instincts. Mais nous verrons bientôt que la cause modificatrice la plus puissante a été la sélection, tant méthodique qu'involontaire, de légères différences individuelles, — cette dernière sélection résulte de la conservation, pendant des centaines de générations, des individus qui sont le plus utiles à l'homme pour certains usages et dans certaines conditions d'existence. Dans un chapitre subséquent sur la sélection, je prouverai que les sauvages eux-mêmes apportent la plus grande attention aux qualités de leurs chiens. Cette sélection inconsciente de l'homme est aidée par une sorte de sélection

[76] M. A. Murray cite ce passage dans son ouvrage, *Geographical Distribution of Mammals*, 4°, 1866, p. 8.

naturelle, car les chiens des sauvages ont à chercher eux-mêmes une partie de leur subsistance ; ainsi, en Australie, comme nous l'apprend M. Nind [77], les chiens sont souvent obligés de quitter leurs maîtres pour se procurer les aliments nécessaires ; ils reviennent généralement au bout de quelques jours. Nous pouvons en conclure que les chiens ayant une conformation, une taille et des habitudes différentes, ont le plus de chance de survivre dans des conditions différentes, — dans les plaines stériles, où ils doivent forcer leur proie à la course, — sur les côtes rocheuses, où ils doivent se nourrir des crabes et des poissons que la marée haute laisse dans les creux des rochers, comme il arrive à la Nouvelle-Guinée et à la Terre de Feu. Dans ce dernier pays, un missionnaire, M. Bridges, m'apprend que les chiens savent retourner les pierres sur la plage pour prendre les crustacés qui sont cachés dessous ; et qu'ils sont assez adroits pour détacher du premier coup de patte les mollusques collés aux rochers ; on sait que si on n'en agit pas ainsi, la force d'adhésion que peuvent développer les mollusques devient considérable.

J'ai déjà fait remarquer que les chiens offrent des différences quant au degré de palmure de leurs pattes. Chez les terre-neuve, qui ont des mœurs éminemment aquatiques, la peau, d'après I. Geoffroy Saint-Hilaire [78], s'étend jusqu'à la troisième phalange, tandis que, chez les chiens ordinaires, elle ne dépasse pas la seconde. Chez deux terre-neuve que j'ai examinés, les doigts écartés et vus en dessous, la peau s'étendait en droite ligne jusqu'au bord extérieur des pelottes digitales ; chez deux terriers de sous-races distinctes, la membrane interdigitale, vue de la même manière, était profondément échancrée. Au Canada, on trouve assez communément un chien particulier à ce pays, qui a les pattes à demi palmées et qui aime l'eau [79]. Les chiens-loutres anglais ont, dit-on, les pattes palmées ; un ami a examiné pour moi les pattes de deux de ces chiens, et les a comparées à celles des lévriers et des limiers ; il a trouvé que l'étendue de la palmure varie, mais qu'elle est plus développée chez le chien-loutre que

[77] Cité par M. Galton, *Domestication of Animals*, p. 13.
[78] *Hist. nat. gén.*, vol. III, p. 450.
[79] M. Greenhow sur le chien canadien, *London Mag. of Nat. Hist.*, 1833, vol. VI, page 511.

chez les autres [80]. Comme les animaux aquatiques appartenant aux ordres les plus divers ont les pattes palmées, il n'y a pas de doute que cette conformation ne soit utile aux chiens qui vont à l'eau. Nous croyons pouvoir affirmer que l'homme n'a jamais choisi ses chiens aquatiques d'après l'étendue de la palmure de leurs pattes, il n'en a pas moins, en conservant et en faisant reproduire les individus qui chassent le mieux dans l'eau, qui rapportent le mieux le gibier blessé, choisi ainsi et à son insu, les chiens dont les pattes étaient probablement les mieux palmées. C'est ainsi que l'homme imite la sélection naturelle. Les effets de l'usage, c'est-à-dire l'extension des doigts dans la natation fréquente, a dû contribuer aussi à amener ce résultat. Nous trouvons, dans l'Amérique du Nord, une excellente preuve de cette dernière remarque ; d'après Richardson [81], les loups, les renards et les chiens domestiques indigènes dans cette région ont les pattes plus larges que les espèces correspondantes de l'ancien monde, et parfaitement adaptées pour la marche sur la neige. Dans ces régions arctiques, la vie ou la mort de l'animal peut dépendre du succès de sa chasse sur la neige molle et ce succès dépend en partie de la largeur de ses pattes ; il ne faudrait cependant pas que cette largeur fût assez grande pour gêner les mouvements de l'animal sur un sol gluant, pour l'empêcher de fouir, ou pour contrarier d'autres habitudes nécessaires à son existence.

Les modifications, chez les races domestiques, s'opèrent trop lentement pour être appréciables dans un temps limité, qu'elles soient dues à la sélection des variations individuelles ou à des différences résultant de croisements ; elles ont, cependant, une telle importance pour faire comprendre l'origine de nos productions domestiques, et elles jettent indirectement une telle lumière sur les changements qui ont pu s'opérer à l'état de nature, que je tiens à donner en détail les exemples que j'ai pu recueillir. Lawrence [82] qui a étudié avec une attention toute particulière l'histoire du chien employé à la chasse du renard, écrivait en 1829, qu'environ quatre-vingts à quatre-vingt-dix ans aupara-

[80] Voir M. C. O. Groom-Napier sur la palmure des pattes postérieures du chien-loutre, *Land and Water*, oct. 13, 1866, p. 270.
[81] *Fauna Bor. Americana*, 1829, p. 62.
[82] *The Horse in all his varieties*, 1829, p. 230, 234.

vant, les éleveurs avaient réussi à créer pour cette chasse un chien tout nouveau, en réduisant les oreilles de l'ancien type, en allégeant ses os et sa masse, en allongeant son corps et en élevant un peu sa taille. On croit que l'on a obtenu ces résultats par des croisements avec le lévrier. Relativement à ce dernier, Youatt [83], ordinairement très-prudent, prétend que, depuis une cinquantaine d'années, soit un peu avant le commencement du siècle, le lévrier a pris un caractère quelque peu différent de celui qu'il avait auparavant. Il est actuellement remarquable par une symétrie et une beauté de formes, auxquelles il ne pouvait pas prétendre autrefois; il est devenu aussi beaucoup plus rapide. On ne l'emploie plus pour attaquer le cerf, mais c'est entre lui et ses compagnons une lutte de vitesse pendant une course rapide mais courte. Un auteur compétent [84] croit que les lévriers anglais sont les descendants, *progressivement améliorés,* des grands lévriers à poils rudes qui existaient déjà en Écosse au troisième siècle. On a supposé un croisement à une ancienne période avec le lévrier d'Italie, mais le peu de vigueur de cette race rend cette supposition peu probable. On sait que lord Orford croisa ses fameux lévriers, qui manquaient de courage, avec un boule dogue, — race qui fut choisie parce qu'on qu'on lui supposait peu d'odorat, ce qui est erroné; Youatt affirme qu'à la sixième ou à la septième génération « il ne restait pas le moindre vestige du bouledogue dans les formes des descendants, mais qu'ils en avaient conservé le courage et la persévérance indomptables. »

Youatt conclut, de la comparaison d'un ancien dessin, représentant des épagneuls king-charles, avec la race actuelle, que celle-ci a été matériellement altérée à son désavantage; le museau s'est raccourci, le front est devenu plus saillant, et les yeux plus grands, modifications dues probablement à une simple sélection. Le même auteur fait remarquer que le chien d'arrêt « est évidemment le grand épagneul amélioré et amené à sa taille et à sa beauté actuelles, et auquel on a appris une autre manière de signaler le gibier. » A l'appui de cette assertion, que les formes de ce chien justifient d'ailleurs complétement, il cite un

---

[83] *The Dog,* 1845, p. 31, 35 ; pour l'épagneul King-Charles, p. 45. — Pour le chien d'arrêt, p. 90.
[84] *Encycl. of rural Sports,* p. 557.

document de 1685, et ajoute que le setter irlandais pur sang
ne dénote aucun signe de croisement avec le chien d'arrêt,
croisement que quelques auteurs soupçonnent avoir eu lieu
pour le setter anglais. Le bouledogue appartient à une race
anglaise; d'après M. G. R. Jesse [85], le bouledogue est une variété
du dogue produite depuis l'époque de Shakspeare, mais qui
existait certainement en 1631 ainsi que le prouvent les lettres de
Prestwick Eaton. Il n'y a aucun doute que les bouledogues
actuels, maintenant qu'ils ne sont plus employés pour les combats de taureaux et de chiens, ont beaucoup diminué de taille,
sans une intention arrêtée de l'éleveur. Nos chiens d'arrêt descendent certainement d'une race espagnole, comme l'indiquent
les noms qu'on leur donne ordinairement, tels que Don, Ponto,
Carlos, etc. ; on assure qu'ils n'étaient pas connus en Angleterre
avant la révolution de 1688 [86], mais, depuis son importation, la
race s'est bien modifiée, car M. Borrow, qui est chasseur et connaît bien l'Espagne, m'apprend qu'il n'a jamais vu dans ce pays
aucune race correspondant par sa forme au chien d'arrêt anglais. Quelques chiens de cette race qu'on trouve dans les environs de Xérès y ont été importés par les Anglais. Le terre-neuve
nous offre un exemple analogue ; car, très-certainement importé
de Terre–Neuve en Angleterre, il est maintenant si considérablement modifié, que, comme plusieurs auteurs l'ont remarqué, il ne ressemble à aucun des chiens existant actuellement
dans l'île de Terre–Neuve [87].

Ces divers exemples de changements lents et graduels chez les
chiens anglais offrent quelque intérêt ; car, bien que ces changements aient eu ordinairement pour cause un ou deux croisements avec une race distincte, nous pouvons être sûrs, vu la
grande variabilité des races croisées, qu'il a fallu l'action d'une
sélection rigoureuse et longtemps soutenue pour les améliorer
dans un sens bien déterminé. Dès qu'une branche ou une famille se trouvait légèrement améliorée et mieux adaptée aux

[85] Auteur de *Researches into the history of the Brislish dog.*

[86] Voir col. Hamilton Smith sur l'ancienneté du chien d'arrêt, dans *Nat. Library*, vol. X,
p. 196.

[87] On présume que le terre-neuve provient d'un croisement entre un chien esquimau et un
gros dogue français. Voir Hodgkin, *British Association*, 1844. — Bechstein, *Naturgesch.
Deutschlands*, vol. I, p. 574. — *Naturalist's Library*, vol. X, p. 132 : et aussi Jukes, *Excur-
sion in and about Newfoundland.*

nouvelles conditions ambiantes, elle devait tendre à supplanter les branches plus anciennes et moins parfaites. Ainsi, par exemple, dès que l'ancien type du chien usité pour la chasse au renard fut amélioré par le croisement avec le lévrier, ou par simple sélection, et eut acquis les caractères qu'il possède aujourd'hui, — modification nécessitée probablement par la vitesse croissante de nos chevaux de chasse — il a dû rapidement se répandre dans le pays, où il est actuellement à peu près le même partout. Cette marche progressive se continue toujours, car chacun cherche à améliorer encore ses produits, en se procurant à l'occasion des chiens des meilleures meutes. C'est par une série de substitutions graduelles de cette nature que l'ancien chien de chasse anglais a disparu ; il en est de même de l'ancien lévrier irlandais, de l'ancien bouledogue anglais et de plusieurs autres races. Une autre cause paraît contribuer à cette extinction des anciennes races ; c'est que lorsqu'une race est peu répandue et n'est élevée que sur une petite échelle, comme c'est le cas actuellement pour le chien limier, elle ne se maintient qu'avec peine, à cause des effets nuisibles résultant de croisements consanguins longtemps continués. Le fait que plusieurs races ont été légèrement mais sensiblement modifiées dans le court espace de un ou deux siècles, par la sélection des meilleurs individus, aidée dans bien des cas par le croisement avec d'autres races ; et le fait que, comme nous le verrons plus tard, l'élevage du chien a été pratiqué très-anciennement ainsi qu'il l'est encore par les .sauvages, nous autorisent à conclure que la sélection, même appliquée occasionnellement, nous offre un puissant moyen de modification.

CHATS DOMESTIQUES.

Le chat est domestiqué en Orient depuis une période très-reculée. M. Blyth m'apprend qu'il est fait mention de cet animal dans un ouvrage sanscrit datant de deux mille ans ; les dessins sur les monuments et les momies de ces animaux nous prouvent que la domestication du chat en Égypte remonte à une période bien plus reculée encore. Ces momies, étudiées particulièrement par de Blainville [88], appartiennent à trois espèces, *F. caligulata, bubastes* et *chaus*. Il paraît qu'on trouve encore, dans certaines parties de l'Égypte, les deux premières espèces, tant à l'état domestique qu'à l'état sauvage. Comparé à nos chats domestiques d'Europe, le *F. caligulata* présente, dans sa première molaire inférieure de lait, une différence d'après laquelle de Blainville conclut qu'il ne doit pas être un des ancêtres de nos chats. Plusieurs naturalistes, Pallas, Temminck, Blyth, croient que les chats domestiques descendent de plusieurs espèces mélangées : il est certain que les chats se croisent volontiers avec diverses espèces sauvages, et il est possible que, dans quelques cas, les caractères des races domestiques aient été affectés par des croisements de ce genre. Sir W. Jardine ne doute pas que, dans le nord de l'Écosse, il ne se soit fait parfois des croisements avec une espèce indigène (*F. sylvestris*), dont les produits ont été élevés dans les maisons. Il ajoute avoir vu beaucoup de chats ressemblant de très-près au chat sauvage, et un ou deux qu'on pouvait à peine en distinguer. M. Blyth [89] fait remarquer à ce sujet que, dans les parties méridionales de l'Angleterre, on ne voit jamais de ces chats ; mais que, comparé aux chats domestiques indiens, l'affinité du chat ordinaire anglais avec le *F. sylvestris* est évidente ; il soupçonne qu'à l'époque de l'introduction du chat domestique dans la Grande-Bretagne, où celui-ci était encore rare, tandis que l'espèce sauvage était beaucoup plus répandue qu'à présent, il a dû y avoir des croisements fréquents. En Hongrie, Jeitteles [90] signale un exemple de croisement entre une chatte domestique et un chat sauvage, dont les produits métis ont vécu longtemps à l'état domestique. A Alger, le même croisement a eu lieu avec le chat sauvage du pays (*F. lybica*) [91]. D'après M. E. Layard, le chat domestique se croise librement

---

[88] De Blainville, *Ostéographie, Felis*, p. 65 sur les caractères du *F. caligulata* ; et p. 85, 89, 97, 175, sur les autres espèces momifiées. Il cite Ehrenberg sur la momie du *F. maniculata*.

[89] *Asiatic Soc. of Calcutta.* — *Curators's Report.* Août, 1856. Le passage cité de Sir W. Jardine est tiré de ce rapport. M. Blyth, qui s'est beaucoup occupé des chats sauvages et domestiques de l'Inde, donne dans ce rapport une discussion fort intéressante sur leur origine.

[90] *Fauna Hungariæ sup.*, 1862, p. 12.

[91] I. Geoff. St.-Hilaire, *Op. cit.*, t. III, p. 177.

dans le sud de l'Afrique avec l'espèce sauvage (*F. caffra*); il a vu un couple de métis tout à fait apprivoisés et très-attachés à la personne qui les avait élevés; M. Fry a constaté que ces métis sont féconds. D'après M. Blyth, le chat domestique s'est croisé avec quatre espèces indiennes. Un excellent observateur, sir W. Elliot, m'apprend relativement à une de ces espèces, le *F. chaus*, qu'il eut une fois, près de Madras, l'occasion de tuer une portée de petits, qui étaient évidemment des métis du chat domestique; ces jeunes animaux avaient une queue fournie comme celle du lynx, et portaient au côté interne de l'avant-bras une large raie brune qui caractérise le *F. chaus*. Il ajoute avoir souvent observé cette raie sur l'avant-bras des chats domestiques dans l'Inde. M. Blyth constate que des chats domestiques analogues par la couleur, mais non pas par la forme, au *F. chaus*, sont très-abondants au Bengale; il ajoute que « cette coloration ne se remarque jamais chez les chats européens, dont les tachetures (taches pâles sur un fond noir, symétriquement disposées) si communes chez les chats anglais, n'existent jamais chez ceux de l'Inde ». Le docteur D. Short a informé M. Blyth [92], qu'on rencontre à Hansi des métis du chat commun et du *F. ornata* (ou *torquata*), et que, « dans cette partie de l'Inde, un grand nombre de chats domestiques ne peuvent être distingués du *F. ornata* sauvage ». Azara, sur le témoignage des habitants, dit que, dans le Paraguay, le chat s'est croisé avec deux espèces indigènes. Ces divers exemples nous prouvent qu'en Europe, en Asie, en Afrique et en Amérique le chat commun, vivant dans une plus grande liberté que presque tous les autres animaux domestiques, s'est croisé avec plusieurs espèces sauvages; et que ces croisements ont, dans quelques cas, été assez fréquents pour affecter les caractères de la race.

Que les chats domestiques descendent de plusieurs espèces distinctes, ou qu'ils aient seulement été modifiés par des croisements accidentels, leur fécondité paraît intacte. De toutes nos races domestiques, le gros angora ou chat persan est celui qui diffère le plus des autres par ses mœurs et sa conformation. Pallas croit, sans preuve certaine, qu'il descend du *F. manul* de

[92] *Proc. Zool. Soc.* 1863, p. 184.

l'Asie centrale ; M. Blyth m'assure que ce chat se croise librement avec le chat domestique indien, qui, comme nous l'avons
vu, s'est· probablement beaucoup croisé avec le *F. chaus*. En
Angleterre, les angoras demi-sang reproduisent très-bien les
uns avec les autres.

On ne rencontre pas, dans un même pays, des races de chats
aussi tranchées que celles du chien ou de la plupart des autres
animaux domestiques, bien que les chats d'une même région
présentent des variations importantes. Ceci s'explique probablement par leurs mœurs nocturnes et vagabondes, d'où résultent
une confusion inextricable de croisements et de mélanges, et
l'impossibilité de produire des races distinctes par sélection, ou
de conserver intactes celles importées d'ailleurs. D'autre part,
dans les îles et dans les régions qui se trouvent complétement
séparées les unes des autres, on rencontre des races plus ou
moins distinctes ; il importe de citer ces exemples parce qu'ils
prouvent que la rareté des races distinctes, dans un même pays,
ne tient pas à un défaut de variabilité chez l'animal. 'Les chats
sans queue de l'île de Man diffèrent du chat commun, non-
seulement par l'absence de la queue, mais par la longueur des
membres postérieurs, par la grandeur de la tête et par les
mœurs. Le chat créole d'Antigua, d'après M. Nicholson, est plus
petit et a la tête plus allongée que le chat anglais. M. Thwaites
m'écrit que la différence entre le chat de Ceylan et la race anglaise
frappe au premier coup d'œil ; le premier est petit, à poils cou-
chés ; la tête est petite, le front fuyant, mais les oreilles sont
larges et minces ; en somme, ces chats ont une apparence vul-
gaire. Rengger[93] dit que le chat du Paraguay, domestiqué depuis
trois cents ans, diffère d'une manière frappante du chat européen ;
plus petit d'un quart, son corps est plus grêle, son poil court,
brillant, rare, et fortement couché, surtout sur la queue ; il
ajoute qu'à l'Ascension, la capitale du pays, la modification est
moins sensible, par suite des croisements continuels qui ont
lieu avec les chats nouvellement importés ; fait qui démontre
bien l'importance de la séparation. Les conditions d'existence au
Paraguay ne paraissent pas être très-favorables au chat ; car,
bien qu'à moitié sauvage, il ne l'est pas devenu complétement,

---

[93] *Säugethiere von Paraguay*, 1830, p. 212.

comme tant d'autres animaux européens. Dans une autre partie de l'Amérique du Sud, d'après Roulin [94], le chat a perdu l'habitude de hurler la nuit. Le Rév. W. D. Fox a acheté à Portsmouth un chat qu'on lui dit provenir de la côte de Guinée ; la peau était noire et ridée, la fourrure gris-bleuâtre et courte, les oreilles un peu nues, les pattes longues et l'aspect général singulier. Ce chat nègre s'est reproduit avec le chat ordinaire. Sur la côte opposée d'Afrique, à Mombas, le capitaine Owen [95] constate que tous les chats portent, au lieu de fourrure, des poils roides et courts ; il donne d'intéressants détails relativement à un chat de la baie d'Algoa qui avait été gardé à bord pendant quelque temps et que l'on pouvait reconnaître avec certitude ; on laissa cet animal pendant huit semaines à Mombas, et, pendant cette courte période il subit nne métamorphose complète, car il perdit complétement sa fourrure grise. Desmarest a décrit un chat du cap de Bonne-Espérance, remarquable en ce qu'il avait une raie rouge sur le dos. Dans tout l'espace immense occupé par l'Archipel Malais, Siam, Pégu et la Birmanie, les chats ont la queue tronquée à demi-longueur [96] et elle se termine souvent par un nœud. Dans l'archipel des Carolines, les chats ont les pattes très-longues, et affectent une couleur jaune rougeâtre [97]. Une race, en Chine, a les oreilles pendantes. On trouve à Tobolsk, d'après Gmelin, une race de chats rouges. En Asie, on trouve aussi la race angora ou persane si bien connue.

Le chat domestique est redevenu sauvage dans plusieurs pays, et partout, autant qu'on en peut juger d'après de courtes descriptions, il a repris un caractère uniforme. A la Plata, près Maldonado, j'en ai tué un qui paraissait tout à fait sauvage ; M. Waterhouse [98], après un examen attentif, ne lui trouva rien de remarquable sauf sa grande taille. Dans la Nouvelle-Zélande, d'après Dieffenbach, les chats redevenus sauvages affectent une couleur grise rayée comme les chats sauvages proprement dits :

---

[94] *Mém. présentés par divers savants ; Acad. Roy. des sciences,* t. VI, p. 346. Gomara a signalé ce fait en 1554.

[95] *Narrative of Voyages,* t. II, p. 180.

[96] J. Crawfurd, *Desc. Dict. of the Indian Islands,* p. 255. — Le chat de Madagascar a dit-on la queue tordue. Voir Desmarest, *Encyc. nat. Mamm.* 1820, p. 233, pour quelques autres races.

[97] Amiral Lutké, *Voyages,* vol. III, p. 308.

[98] *Zoology of the voyage of the Beagle.* — Mamm. p. 20. — Dieffenbach, *Travels in New-Zealand,* vol. II, p. 185. — Ch. St-John, *Wild sports of the Highlands,* 1846, p. 40.

il en est de même pour les chats demi-sauvages des parties montagneuses de l'Écosse.

Nous avons vu que les contrées éloignées possèdent des races distinctes de chats domestiques. Les différences peuvent être dues en partie à ce que ces races descendent d'espèces primitives différentes, ou au moins à des croisements avec elles. Dans quelques cas, au Paraguay, à Mombas, à Antigua, par exemple, les différences paraissent dues à l'action directe des conditions d'existence. On peut, dans certains autres cas, attribuer quelque effet à la sélection naturelle, les chats ayant, dans beaucoup de circonstances, à pourvoir à leur existence et à échapper à divers dangers. Mais, vu la difficulté qu'il y a à accoupler les chats, l'homme n'a rien pu faire par sélection méthodique, et probablement bien peu par sélection inconsciente, quoiqu'il cherche généralement dans chaque portée à conserver les plus jolis individus, et qu'il estime surtout une portée de bons chasseurs de souris. Les chats qui ont le défaut de rôder à la poursuite du gibier sont souvent tués par les piéges. Ces animaux étant particulièrement choyés, une race de chats qui aurait été aux autres, ce que le bichon est aux chiens plus grands, eût acquis probablement une grande valeur ; chaque pays civilisé en aurait certainement créé quelques-unes, si la sélection eût pu être mise en jeu; car ce n'est pas la variabilité qui fait défaut chez l'espèce.

Dans nos pays, nous remarquons chez les chats une assez grande variété dans la taille et les proportions du corps et des différences considérables de couleur. Je m'occupe de ce sujet depuis peu de temps seulement, néanmoins, j'ai déjà eu connaissance de quelques cas de variations fort singulières ; ainsi, par exemple, j'ai vu un chat né aux Indes occidentales sans dents et resté tel toute sa vie. M. Tegetmeier m'a montré le crâne d'une chatte dont les canines s'étaient développées au point de dépasser les lèvres ; la dent entière avait 24 millimètres, et la partie nue de la dent jusqu'à la gencive 15 millimètres de longueur. On m'a parlé de plusieurs familles de chats sexdigitaires et surtout d'une famille dans laquelle cette particularité s'est transmise pendant au moins trois générations. La queue varie beaucoup de longueur; j'ai vu un chat qui, lorsqu'il était content portait la queue rabattue à plat sur le dos. Les oreilles varient de forme,

quelques familles, en Angleterre, portent à l'extrémité des
oreilles, un pinceau de poils longs de 6 millimètres ; M. Blyth
dit que cette même singularité caractérise quelques chats de
l'Inde. La variabilité dans la longueur de la queue et les pin-
ceaux de poils à la pointe des oreilles paraissent correspondre à
des différences analogues qui existent chez certaines espèces
sauvages du genre. Une différence beaucoup plus importante
est que, d'après Daubenton [99] les intestins des chats domestiques
sont plus larges et d'un tiers plus longs que ceux des chats
sauvages de même taille ; résultat dû probablement à leur régime
moins exclusivement carnivore.

[99] Cité par Geoff. St-Hilaire. *O. C.* vol. III, p. 427.

CHAPITRE II.

CHEVAUX ET ANES.

CHEVAL. Différences des races. — Variabilité individuelle. — Effets directs des conditions d'existence. — Aptitude à supporter le froid. — Modifications des races par la sélection. — Couleurs du cheval. — Pommelage. — Raies foncées sur l'épine dorsale, les jambes, les épaules et le front. — Les chevaux isabelles sont le plus fréquemment rayés. — Les raies sont probablement dues à un retour à l'état primitif.

ANES. Races. — Couleurs. — Rayures des jambes et de l'épaule. — Raies de l'épaule parfois absentes, parfois fourchues.

L'histoire du cheval se perd dans la nuit des temps. On a trouvé dans les habitations lacustres de la Suisse remontant à la période néolithique, des restes de cet animal à l'état domestique [1]. Actuellement le nombre des races existantes est considérable, comme on peut s'en assurer en consultant n'importe quel ouvrage sur le cheval [2]. Pour ne mentionner que les poneys indigènes de la Grande-Bretagne, on distingue ceux des îles Shetland, du pays de Galles, de la New-Forest et du Devonshire ; il en est de même dans chacune des îles du grand archipel Malais [3]. Certaines races présentent de grandes différences au point de vue de la taille, de la forme des oreilles, de la longueur de la crinière, des proportions du corps, de la forme du garrot, de la croupe, et particulièrement de la tête. Comparons, par exemple, le cheval de course, le cheval de trait, et le poney des îles Shetland, sous le rapport de la taille, de la conformation et de l'apparence ; n'y a-t-il pas, entre ces

---

[1] Rütimeyer, *Fauna der Pfahlbauten*, 1861, p. 122.

[2] Voir Youatt, *The Horse* ; — J. Lawrence, *On the horse* 1829 ; — W. C. L. Martin, *Hist. of the Horse*, 1845 ; — col. Ham. Smith, *Nat. Library, Horses*, 1841, vol. XII ; — prof. Veith, *Naturgeschichte der Haussäugethiere*, 1856.

[3] Crawfurd, *Descript. Dict. of Indian Islands*, 1856, p. 153. — « Il y a beaucoup de races différentes, chaque île en ayant au moins une qui lui est propre. » Ainsi, à Sumatra, il y a au moins deux races : à Achin et à Batubara une : à Java plusieurs : une à Lomboc, à Sumbawa (une des meilleures races), à Tambora, à Bima, à Gunung-Api, aux Célèbes, à Sumba et aux Philippines. D'autres races sont décrites par Zollinger, dans le *Journal of the Indian Archipelago*, vol. V, p. 343, etc.

races, des différences bien plus grandes que celles qu'on constate entre les sept ou huit autres espèces vivantes du genre *Equus?*

Je n'ai pas recueilli beaucoup de cas de variations individuelles en tant qu'elles ne caractérisent pas des races spéciales, et qu'elles ne sont ni assez tranchées ni assez nuisibles pour être qualifiées de monstruosités. M. G. Brown, du collège agricole de Cirencester, qui a surtout étudié la dentition de nos animaux domestiques, m'écrit qu'il a plusieurs fois rencontré des chevaux dont la mâchoire comportait huit incisives permanentes au lieu de six. Les mâles seuls, en général, ont des canines; on en trouve quelquefois chez les juments, mais elles sont petites [1]. Le nombre habituel des côtes est de dix-huit, mais Youatt [5] affirme qu'il n'est pas rare d'en rencontrer dix-neuf de chaque côté, la côte additionnelle étant toujours la côte postérieure. Le Rig-Véda n'attribue, chose assez remarquable, que dix-sept côtes à l'antique cheval indien; M. Piétrement [6], qui a signalé ce fait, indique les raisons qui le portent à ajouter foi au texte du Rig-Véda; il insiste surtout sur ce point que les Indiens comptaient autrefois avec grand soin les os des animaux. J'ai recueilli plusieurs observations relatives à des variations des os de la jambe; ainsi, M. Price [7] signale un os additionnel au jarret, et certaines apparences anomales entre le tibia et l'astragale, comme très-communes chez le cheval irlandais tout en n'étant pas la conséquence de maladies. On a observé, d'après M. Gaudry [8], chez certains chevaux, la présence d'un os trapèze et un rudiment d'un cinquième os métacarpien, de sorte « qu'on voit réapparaître sous forme de monstruosité dans le pied du cheval, des conformations qui existaient normalement chez l'hipparion, » un genre voisin mais éteint. Dans plusieurs pays on a observé des protubérances ressemblant à des cornes, sur les os frontaux du cheval; dans un cas décrit par M. Percival, ces protubérances étaient placées à environ 5 centimètres au-dessus des arcades orbitaires, et ressemblaient « beaucoup à celles d'un veau de cinq à six mois, » car elles avaient de 13 à 20 millimètres de longueur [9].

[4] *The Horse*, etc., par J. Lawrence, 1829, p. 14.
[5] *The Veterinary*, London, vol. V, p. 543.
[6] *Mémoires sur les chevaux à trente-quatre côtes*, 1871.
[7] *Proc. Veterinary. Assoc.* dans *The Veterinary*, vol. XIII, p. 42.
[8] *Bulletin de la Soc. géologique*, t. XXII, 1866, p. 22.
[9] M. Percival des dragons d'Enniskillen, *The Veterinary*, vol. I. p. 224. — Azara, *Des*

Azara a décrit deux cas observés dans l'Amérique du Sud, dans lesquels les protubérances avaient de 8 à 10 centimètres de longueur; d'autres cas analogues ont été observés en Espagne.

· Il a dû, sans aucun doute, y avoir chez le cheval beaucoup de variations héréditaires, comme nous le prouve la quantité des races répandues dans le monde, et même dans un seul pays, races dont le nombre a, à notre connaissance, considérablement augmenté depuis les temps historiques les plus anciens [10]. Hofacker [11] remarque, à propos du caractère si fugitif de la couleur, que, sur deux cent seize unions de. chevaux de même robe, onze seulement ont produit des poulains d'une couleur tout à fait différente de celle des parents. Le professeur Low [12] signale le cheval de course anglais comme fournissant la meilleure démonstration possible de l'hérédité. La généalogie d'un cheval de course est plus importante que son aspect pour l'appréciation de ses succès probables. *King Herod*, fameux cheval de course, a gagné en prix une somme de fr. 5,037,625 et a engendré 497 chevaux gagnants; *Éclipse* en a engendré 334.

Il est douteux que la totalité des différences existant actuellement entre les diverses races se soit entièrement produite à l'état domestique. La fécondité des croisements entre les individus des races les plus distinctes [13], a porté la grande majorité des naturalistes à penser que toutes les races descendent d'une seule espèce. Peu partagent l'opinion du colonel H. Smith, qui ne leur attribue pas moins de cinq souches primitives et diversement colorées [14]. Mais, comme il a existé, à la fin de l'époque tertiaire, plusieurs espèces et de nombreuses variétés de chevaux [15], et que Rütimeyer à constaté des différences dans la

---

Quadrupèdes du Paraguay, vol. II, p. 313. — Le traducteur français d'Azara rapporte d'autres cas mentionnés par Husard et observés en Espagne.

[10] Godron, *De l'Espèce*, t. 1, p. 378.

[11] *Ueber die Eigenschaften*, etc. 1828, p. 10.

[12] *Domesticated Animals of the British Islands*, p. 527, 532. — Dans tous les ouvrages et dans tous les mémoires que j'ai lus, les auteurs insistent fortement sur l'hérédité, chez le cheval, de toutes les dispositions et de toutes qualités bonnes ou mauvaises. Le principe d'hérédité n'est peut-etre pas plus fort chez le cheval que chez les autres animaux, mais on l'a observé avec beaucoup plus de soin et d'attention chez le cheval, à cause de la plus grande valeur de cet animal.

[13] Andrew Knight a croisé ensemble deux races aussi différentes que le cheval de trait et le poney norwégien , voir Walker, *Intermarriage*, 1838, p. 205.

[14] *Nat. Library, Horses*, t. XII, p. 208.

[15] Gervais, *Op. cit.* t. II, p. 143. — Owen, *British fossil Mammals*, p. 383.

forme et la grandeur du crâne des chevaux domestiques [16] les plus anciennement connus, nous ne pouvons pas affirmer que toutes nos races descendent d'une seule espèce. Les sauvages de l'Amérique du Nord et du Sud domptent facilement les chevaux redevenus sauvages dans leurs pays, il n'y a donc aucune im‑ probabilité à ce que les hommes aient pu autrefois, dans diffé‑ rentes parties du globe, domestiquer plus d'une espèce indi‑ gène ou race naturelle. M. Sanson [17] croit avoir prouvé que deux espèces distinctes ont été réduites en domesticité, l'une en Orient, l'autre dans l'Afrique septentrionale; il croit, en outre, que ces deux races différaient par rapport au nombre des ver‑ tèbres lombaires et par quelques autres points. Mais M. Sanson semble penser que les caractères ostéologiques sont sujets à très peu de variations, ce qui est certainement une erreur. On ne sait pas s'il existe actuellement de cheval primitivement et réellement sauvage, car quelques auteurs croient que ceux aux‑ quels on donne aujourd'hui ce nom en Orient descendent de chevaux domestiques échappés [18]. En conséquence, si nos che‑ vaux domestiques descendent de plusieurs espèces ou races natu‑ relles, celles-ci se sont complétement éteintes à l'état sau‑ vage.

Les conditions d'existence paraissent avoir des effets directs et considérables sur les modifications éprouvées par les che‑ vaux. M. D. Forbes, qui a eu d'excellentes occasions pour com‑ parer les chevaux espagnols à ceux de l'Amérique du Sud, m'assure que les chevaux du Chili, qui se sont trouvés à peu près dans les mêmes conditions que leurs ancêtres d'Andalousie, n'ont subi aucune modification, tandis que les chevaux des Pampas et les poneys punos se sont considérablement modifiés. Il n'est pas douteux que la taille des chevaux diminue sensi‑ blement et qu'ils changent d'aspect quand ils vivent sur les montagnes et dans les îles, ce qui est probablement dù au manque d'une nourriture variée et substantielle. Tout le monde sait combien les chevaux deviennent petits et rudes dans les îles

---

[16] *Kenntniss der fossilen Pferde,* 1863, p. 131.
[17] *Comptes-rendus,* 1866, p. 485, et *Journ. de l'Anat. et de la Phys.,* mai 1868.
[18] M. W. C. L. Martin (*The Horse,* 1845, p. 34), combattant l'opinion que les chevaux sauvages de l'Orient ne sont que des chevaux redevenus sauvages, fait remarquer combien il est improbable que l'homme ait pu autrefois extirper complétement une espèce dans des régions où elle se trouve actuellement en si immenses quantités.

du Nord et sur les montagnes de l'Europe. La Corse et la Sardaigne possèdent leurs poneys indigènes; on trouve encore, dans quelques îles de la côte de la Virginie[19], des poneys semblables à ceux des îles Shetland, dont on attribue l'origine à l'action des conditions défavorables auxquelles ils ont été exposés. Les poneys punos qui habitent les régions élevées des Cordillères sont, d'après M. Forbes, d'étranges petits animaux très-différents de leurs ancêtres espagnols. Plus au sud, dans les îles Falkland, les descendants des chevaux importés en 1764 ont déjà tellement dégénéré en taille[20] et en force, qu'ils sont devenus impropres à la chasse du bétail sauvage au lasso, et qu'on est obligé pour cette chasse d'importer à grands frais de la Plata des chevaux plus grands. La diminution de la taille chez les chevaux qui habitent les îles situées sous de hautes latitudes, soit au nord soit au sud, ainsi que chez ceux qui habitent différentes chaînes de montagnes, ne peut guère être attribuée au froid, puisqu'une diminution de taille analogue s'est produite dans les îles de la Virginie et de la Méditerranée. Le cheval peut supporter un froid intense, car on rencontre des troupeaux de chevaux sauvages dans les plaines de la Sibérie[21] sous le 56° de latitude nord; en outre, le cheval doit avoir primitivement habité des régions couvertes annuellement de neige, car il conserve longtemps l'instinct de gratter la neige pour atteindre l'herbe qui est dessous. Les tarpans sauvages de l'Orient possèdent cet instinct, et l'amiral Sulivan m'apprend que les chevaux importés autrefois ou récemment de la Plata et qui sont redevenus sauvages dans les îles Falkland agissent de la même façon; cela est d'autant plus remarquable que les ancêtres de ces chevaux n'ont pas eu occasion à la Plata d'obéir à cet instinct pendant beaucoup de générations. D'autre part, les bestiaux sauvages des îles Falkland ne grattent jamais la neige; ils périssent quand la terre en est trop longtemps couverte. Dans la partie septentrionale de l'Amérique, les chevaux qui descendent de ceux importés par les conquérants espagnols du Mexique, ont

---

[19] *Transact. Maryland Acad.*, vol. I, p. 28.

[20] M. Mackinnon, *Sur les îles Falkland*, p. 25. La hauteur moyenne des chevaux des îles Falkland est de 1 mètre 45. Voir aussi Darwin, *Voyage d'un naturaliste*.

[21] Pallas, *Act. Acad.*, *Saint-Pétersbourg*, 1777, part. II, p. 265. — Voir col. H. Smith, *Nat. Library*, vol. XII, p. 165 au sujet du grattage de la neige par les tarpans.

la même habitude, ainsi que les bisons indigènes, mais le bétail importé d'Europe, ne l'a pas [22].

Le cheval peut prospérer aussi bien sous les fortes chaleurs que sous les grands froids ; c'est, en effet, en Arabie et dans l'Afrique septentrionale qu'il atteint sa plus haute perfection, sinon une grande taille. L'excès d'humidité paraît plus nuisible au cheval que le chaud ou le froid. Dans les îles Falkland, les chevaux souffrent beaucoup de l'humidité, et c'est peut-être à cette circonstance qu'il faut attribuer le fait singulier, qu'à l'orient de la baie du Bengale [23], sur une région humide d'une étendue immense, à Ava, à Pégu, à Siam, dans l'archipel Malais, dans les îles Loo-choo, et une grande partie de la Chine, on ne trouve pas un seul cheval de taille ordinaire. Si nous avançons plus à l'est, jusqu'au Japon, le cheval reprend son développement complet [24].

Chez la plupart de nos animaux domestiques, on élève certaines races à cause de leur étrangeté ou de leur beauté ; chez le cheval, au contraire, on ne songe guère qu'à développer des qualités utiles. On n'a donc pas cherché à conserver les formes demi-monstrueuses, et toutes les races existantes se sont probablement formées lentement, soit par l'action directe des conditions d'existence, soit par la sélection de différences individuelles. Quant à la possibilité de la formation de races demi-monstrueuses, elle ne saurait être mise en doute : ainsi M. Waterton [25] signale le cas d'une jument qui produisit successivement trois poulains sans queue, ce qui aurait pu donner naissance à une race privée de cet appendice, comme il en existe chez les chiens et chez les chats. Une race de chevaux russes a, dit-on, le poil frisé ; Azara [26] affirme qu'au Paraguay il naît quelquefois des chevaux dont le poil est semblable aux cheveux des nègres, on les détruit généralement ; cette particularité se transmet même au métis. Un fait curieux de corrélation accompagne cette anomalie ; en effet, ces chevaux ont la queue et la crinière courtes, et leurs sa-

[22] Franklin, *Narrative*. vol. I, p. 87, note par sir J. Richardson.
[23] M. J. H. Moor, *Notices of the Indian Archipelago*, Singapore, 1837, p. 189, — Un poney de Java envoyé à la reine n'avait que 70 centimètres de haut (*Athenæum*, 1842, p. 718). — Beechey, *Voyage*, 4° édit. vol. I, p. 499 pour les îles Loo-choo.
[24] J. Crawford, *History of the horse* ; *Journal of Royal Unit. serv. Instit.* vol. IV.
[25] *Essays on natural History* (2° série), p. 161.
[26] *Quadrupèdes du Paraguay*, t. II, p. 333. Le D' Canfield m'apprend qu'à Los Angeles dans l'Amérique septentrionale on a obtenu par sélection une race de chevaux à poils frisés.

bots affectent une forme spéciale ressemblant à ceux des mulets.

On pourrait affirmer avec une certitude presque absolue que la sélection longtemps continuée des qualités utiles à l'homme a été le facteur essentiel de la formation des diverses races du cheval. Voyez le cheval de gros trait, comme il est bien adapté au service qu'on réclame de lui, la traction de pesants fardeaux ; et combien il diffère par son aspect de tous les types sauvages du genre. Le cheval de course anglais descend, comme on le sait, d'un mélange du sang arabe, turc et barbe ; mais la sélection, commencée et continuée avec grand soin depuis très-longtemps en Angleterre [27], ainsi qu'une éducation attentive en ont fait un animal très-différent de ses ancêtres. Un auteur écrivant dans l'Inde, et qui connaît bien la race arabe pure, dit avec beaucoup de raison : « Qui pourrait, en voyant notre race actuelle de chevaux de course, concevoir qu'elle est le produit de l'union du cheval arabe et de la jument africaine ? » L'amélioration est si considérable qu'aux courses de Goodwood, on « alloue aux premiers descendants des chevaux arabes, turcs et persans, une diminution de poids de 18 livres, réduction qu'on porte à 36 livres lorsque les deux ascendants appartiennent à ces races orientales [28]. » On sait que depuis très-longtemps les Arabes s'occupent avec autant d'attention que nous de la généalogie de leurs chevaux, ce qui implique de grands soins dans l'élevage et la reproduction. En voyant ce qu'on a obtenu en Angleterre par un élevage raisonné, on peut affirmer que, dans le cours des siècles, les Arabes sont aussi arrivés à produire des effets marqués sur les qualités de leurs chevaux. D'ailleurs, cette attention incessante donnée à l'élevage du cheval remonte à une antiquité très-reculée, car il est question, dans la Bible, de haras destinés à l'élevage et de chevaux importés à grand prix de divers pays [29]. Nous pouvons donc conclure que, quelle que soit l'origine des diverses races existantes, et qu'elles descendent ou non d'une ou de plusieurs

[27] Voir les preuves sur ce point dans *Land and Water*, 2 mai 1868.

[28] Prof. Low, *Domesticated Animals*, p. 546. *India sporting review*, vol. II, p. 181. — Lawrence (*Horse*, p. 9) fait remarquer qu'il est sans exemple qu'un cheval ayant trois quarts de sang pur, ait pu lutter à la course pendant deux milles avec des pur-sang. On cite quelques rares occasions où des chevaux sept huitièmes de sang ont pu réussir.

[29] Prof. Gervais (*op. cit.* p. 144) a réuni plusieurs faits sur ce point. Par exemple, Salomon (*Rois*, liv, I, chap. X, v. 28) acheta en Egypte des chevaux à un prix élevé.

souches primitives, les conditions d'existence ont déterminé
directement une somme importante de modifications, et qu'en
outre la sélection longtemps continuée par l'homme, sélection
portant sur de légères différences individuelles, a probablement
contribué pour la plus grande part au résultat obtenu.

Chez beaucoup de quadrupèdes et d'oiseaux domestiques, certaines marques colorées sont fortement héréditaires, ou tendent
à reparaître après avoir été longtemps perdues. Ce point ayant
une grande importance, comme nous le verrons plus tard, je
crois devoir exposer en détail tout ce qui est relatif à la couleur
des chevaux. Toutes les races anglaises, et plusieurs de celles
de l'Inde et de l'archipel Malais, quelque différentes qu'elles
soient au point de vue de la taille et de l'aspect, présentent
cependant de grandes analogies au point de vue de la coloration.
On assure, toutefois, que le cheval de course anglais n'est jamais
isabelle[30]; mais, comme cette couleur, ainsi que la nuance café-
au-lait, est considérée par les Arabes comme n'ayant aucune
valeur, et bonne seulement pour les montures des Juifs[31], il se
peut que ces nuances aient été écartées par une sélection prolongée. Des chevaux de toutes couleurs, et appartenant à des
races très-différentes tels que les chevaux de gros trait, les
doubles poneys et les petits poneys, sont parfois pommelés[32],
comme le sont d'une façon si apparente les chevaux gris. Ce
fait ne jette pas beaucoup de lumière sur la question de la coloration du cheval primitif; c'est un cas de variation analogue, car
l'âne même est quelquefois pommelé, et j'ai vu au British Muséum
un métis de zèbre et d'âne pommelé sur la croupe. J'entends
par variation analogue (expression dont j'aurai fréquemment à
me servir), une variation qui se présente chez une espèce ou une
variété, et qui ressemble à un caractère normal d'une autre espèce
ou d'une variété bien distincte. Ainsi que je l'expliquerai ultérieurement, les variations analogues peuvent provenir, soit de ce que

---

[30] *The Field,* Juillet 13, 1861, p. 42.

[31] E. Vernon Harcourt, *Sporting in Algeria,* p. 26.

[32] C'est le résultat de mes propres observations faites pendant plusieurs années sur les
couleurs des chevaux. J'ai vu des chevaux café-au-lait, isabelle clair, et gris-souris, qui
étaient pommelés ; je mentionne ce fait parce qu'on a écrit (Martin, *Hist. of the Horse;*
p. 134) que les chevaux isabelles ne sont jamais pommelés. Martin (p. 205) parle d'ânes
pommelés. — *Le Farrier* (Londres 1828, p. 453, 455) contient quelques remarques intéressantes sur le pommelage des chevaux ; voir aussi l'ouvrage du col. H. Smith.

deux ou plusieurs formes ayant une constitution analogue ont été soumises à des conditions semblables ; soit de ce que deux formes étant données, l'une a réacquis, par retour, un caractère dont l'autre a hérité de leur ancêtre commun ; soit enfin de ce que toutes deux ont fait retour à un même caractère possédé par l'ancêtre. Nous allons voir que les chevaux ont parfois une tendance à porter sur plusieurs parties du corps des bandes ou raies foncées; or, nous savons que chez plusieurs variétés du chat domestique, ainsi que chez quelques espèces félines, les raies se transforment facilement en taches et en marques nuageuses, — les lionceaux mêmes, dont les parents ont une couleur uniforme présentent des taches obscures sur un fond clair; il se pourrait donc que le pommelage du cheval, qui a paru étonner certains auteurs, soit un vestige ou une modification de la tendance qu'a le cheval à revêtir des raies.

Les chevaux appartenant aux races les plus diverses, affectant toutes les couleurs et habitant toutes les parties du monde, portent souvent une raie foncée qui s'étend tout le long de l'épine dorsale, de la crinière à la queue; mais ce caractère est si commun qu'il est inutile d'entrer dans plus de détails [33]. Les chevaux portent parfois aussi des raies transversales, surtout à la face interne des jambes ; ils ont plus rarement une raie distincte sur l'épaule, comme l'âne, ou une large tache foncée, représentant une raie. Avant d'entrer dans aucun détail, je dois faire remarquer que le terme *isabelle* est vague et qu'il comprend trois groupes de couleurs : 1° la nuance comprise entre le café-au-lait et le brun-rougeâtre, passant graduellement au bai ou au fauve-clair ; — on désigne souvent cette nuance, si je ne me trompe, sous le nom d'isabelle pâle ; 2° la nuance plombée ou ardoisée ou gris-souris passant à une teinte cendrée ; 3° enfin la nuance isabelle foncée entre brun et noir. J'ai remarqué sur un poney du Devonshire à robe isabelle-pâle, d'une conformation légère, assez grand (fig. 1), une raie très-apparente le long du dos, des raies transversales légères sur le côté interne des jambes de devant et quatre raies parallèles sur chaque épaule. La raie postérieure était petite et faiblement marquée ; la raie antérieure, par contre, était longue et large, mais interrompue au milieu et tronquée à l'extrémité inférieure ; l'angle antérieur se prolongeait et se terminait en pointe. J'indique ce fait parce que la raie que les ânes portent sur l'épaule présente parfois exactement le même aspect. On m'a envoyé le

---

[33] Dans le *Farrier* (1828, p. 452, 455), on trouve quelques détails. Un des plus petits poneys que j'aie jamais vus, couleur souris, avait une raie très-apparente sur l'épine dorsale. Un petit poney marron, ainsi qu'un pesant cheval de gros trait de même robe portaient également cette raie. On l'observe souvent chez les chevaux de course.

dessin et la description d'un petit poney du pays de Galles de race pure, alezan clair, qui portait une raie dorsale, une seule raie transversale sur chaque jambe, et trois raies scapulaires. La raie postérieure correspondant à celle de l'âne était la plus longue, et les deux raies parallèles qui la précédaient, partant de la crinière, allaient en décroissant, mais en sens inverse de celles figurées ci-dessous sur le poney du Devonshire. J'ai vu aussi un joli double poney, alezan clair, dont les jambes de devant étaient intérieurement rayées d'une manière remarquable ; j'ai retrouvé les mêmes raies moins fortement prononcées, chez un poney à robe gris-souris foncé ; aussi, chez un poulain alezan clair, trois quarts de sang, des raies transversales sur les jambes ; chez un cheval de gros trait, alezan brûlé,

Fig. 1. — Poney isabelle du Devonshire, avec raies sur l'épaule, sur l'épine dorsale et sur les jambes.

une raie dorsale très-apparente, des traces distinctes de la raie scapulaire, mais point aux jambes ; je pourrais citer d'autres cas. Mon fils a dessiné un cheval de trait belge, gros et lourd, à robe alezan fauve clair, qui portait aussi une raie dorsale bien accentuée, des traces de raies aux jambes, et, sur chaque épaule, deux raies parallèles espacées de 8 centimètres, et longues de 18 à 20 centimètres. J'ai vu un autre cheval de trait à robe café-au-lait foncé, dont les jambes étaient rayées, et qui portait sur une épaule une grosse tache nuageuse et mal déterminée, et, sur l'autre, deux raies parallèles faiblement marquées.

Tous ces exemples se rapportent à des chevaux isabelle de diverses nuances. Mais M. W. Edwards a observé un cheval alezan foncé presque pur sang qui portait la raie dorsale, et des raies aux jambes ; j'ai vu deux carrossiers bai brun ayant des raies dorsales noires ; l'un d'eux avait sur chaque épaule une légère raie, et l'autre une raie noire large mais mal circonscrite qui descendait obliquement jusqu'au milieu de chaque épaule. Ni l'un ni l'autre ne portait de raies aux jambes.

Le cas le plus intéressant que j'aie observé s'est présenté chez un poulain

que j'ai élevé moi-même. Une jument bai (descendue d'une jument
flamande bai foncé et d'un cheval turcoman gris clair) fut couverte par
Hercule, pur sang bai foncé, dont les parents étaient tous deux bais. Le
poulain finit par devenir bai-brun ; mais à l'âge de quinze jours, il était
bai sale, nuancé de gris-souris et un peu jaunâtre par places. Il présentait
des traces de la raie dorsale, et quelques raies transversales mal définies
sur les jambes ; mais le corps presque tout entier était couvert de
raies foncées très-étroites, assez faibles pour la plupart pour ne devenir
visibles que sous certaines incidences de lumière, comme celles qu'on
observe sur les petits chats noirs. Ces raies étaient très-distinctes sur la
croupe, où elles divergeaient de l'épine dorsale, pour se diriger vers
la partie antérieure du corps ; plusieurs d'entre elles, en s'éloignant de la
ligne médiane, se ramifiaient un peu comme chez le zèbre. Les raies les
plus apparentes se trouvaient sur le front entre les oreilles, et y formaient
une série d'arceaux pointus placés les uns sous les autres et décroissant
successivement de grandeur en descendant vers le museau ; on voit exactement ces mêmes marques sur le front du quagga et du zèbre de Bur-
chell. A l'âge de deux ou trois mois, toutes ces raies avaient disparu. J'ai
retrouvé des marques semblables sur le front d'un cheval isabelle adulte,
pourvu de la bande dorsale, et de raies très-distinctes sur les jambes de
devant.

En Norwège le chéval indigène ou poney varie du café-au-lait au gris-
souris foncé, et on ne regarde un animal comme de race pure, qu'autant
qu'il a la raie dorsale et les jambes rayées [34]. Mon fils a reconnu que,
dans une partie du pays, un tiers des individus ont les jambes rayées ; il
a compté sept raies sur les jambes de devant, et deux sur les jambes postérieures d'un poney ; peu avaient la bande sur l'épaule ; j'ai cependant
entendu parler d'un double poney importé de Norwège, portant sur l'é-
paule une bande aussi marquée que celles des jambes. Le colonel Ham.
Smith [35] signale des chevaux isabelle à raie dorsale dans les montagnes
de l'Espagne, et les chevaux importés primitivement d'Espagne et redevenus sauvages dans quelques parties de l'Amérique du Sud, affectent encore cette couleur. Sir W. Elliot m'apprend qu'ayant eu l'occasion d'examiner un troupeau de 300 chevaux américains importés à Madras, il en a
remarqué un grand nombre portant des raies aux jambes et de courtes
bandes sur l'épaule. L'individu le plus fortement marqué, dont on m'a
envoyé le dessin colorié, était gris-souris et avait les bandes scapulaires
légèrement fourchues.

Dans le nord-ouest des Indes les chevaux rayés appartenant à différentes
races paraissent plus communs que dans les autres parties du globe ; plusieurs officiers, et particulièrement les colonels Poole et Curtis, le major
Campbell, le brigadier Saint-John et quelques autres, m'ont envoyé des ren-

---

[34] Je dois aux professeurs Bœck, Rasck et Esmarck sur les couleurs des poneys norwégiens,
ces renseignements qui m'ont été transmis par les soins du consul général, M. J. Crowe.
Voir *The Field*, 1861, p. 431.

[35] Col. Ham. Smith, *Nat. Lib.*, vol. XII, p. 275.

seignements à ce sujet. Les chevaux kattywars ont souvent de mètre 1.50 à mètre 1.60 de hauteur; ils sont bien conformés, mais légers. Ils affectent toutes les couleurs, mais les différentes nuances isabelles dont nous avons parlé dominent, et sont si généralement accompagnées de raies foncées, qu'un cheval qui en est dépourvu n'est pas regardé comme pur. Le colonel Poole croit que tous portent la raie dorsale ; les raies aux jambes existent généralement, et la moitié environ des chevaux possèdent la bande scapulaire, qui est quelquefois double ou triple. Le colonel Poole a souvent aussi remarqué des raies sur les joues et les côtés des naseaux. Il a vu des raies sur les kattywars gris et bais à leur naissance, mais elles s'effacent promptement. J'ai eu d'autres renseignements sur l'existence de raies chez les chevaux de cette race, café-au-lait, bais, bruns et gris. A l'est de l'Inde, les poneys de Shan (au nord de la Birmanie), d'après M. Blyth, possèdent la bande et les raies sur l'épaule et les jambes. Sir W. Elliott a vu deux poneys bais du Pégou marqués aux jambes. Les poneys de Birmanie et de Java sont souvent isabelle et ont les trois sortes de bandes, au même degré qu'en Angleterre [36]. M. Swinhoe a examiné deux poneys isabelle clair appartenant à deux races chinoises (celles de Shangaï et d'Amoy), tous deux avaient la raie dorsale, et le dernier une bande peu distincte sur l'épaule.

Nous voyons donc que, dans toutes les parties du monde, les races de chevaux les plus diverses possibles, surtout celles dont la couleur de la robe comprend un assez grand nombre de teintes entre la nuance café-au-lait jusqu'au noir sale, plus rarement celles dont la robe est bai, gris ou alezan, présentent les trois sortes de raies. Je n'ai jamais vu de bandes chez les chevaux à robe alezan avec crins blancs [37].

Pour des raisons qui seront expliquées au chapitre du retour, j'ai cherché à déterminer, mais sans beaucoup de succès, si les chevaux appartenant à la catégorie des couleurs qui offrent plus souvent que les autres les bandes foncées sont toujours le produit du croisement d'individus qui n'appartiennent ni l'un ni l'autre à cette catégorie. La plupart des personnes auprès desquelles j'ai pris des informations, pensent qu'un des parents au moins, doit être isabelle, et on admet généralement que, dans ce cas, la couleur et les bandes sont héréditaires [38]. Toutefois, j'ai observé le cas d'un poulain né d'une jument noire par un cheval bai, et qui, arrivé à son complet développement, devint alezan foncé avec une raie dorsale étroite, mais distincte. Hofacker [39] cite deux cas de chevaux à robe gris-souris foncé, produits tous deux par des parents de couleur différente mais dont aucun n'était isabelle.

Les raies de toute nature sont ordinairement plus distinctes chez le poulain que chez le cheval adulte ; elles disparaissent ordinairement à la première mue [40]. Le colonel Poole m'apprend que chez la race kattywar les bandes

---

[36] Clark, *Ann. and Mag. of nat. Hist.* (2ᵉ série), vol. II, 1848, p. 363. — M. Wallace a vu à Java un cheval isabelle, portant la raie dorsale, et les raies aux jambes.
[37] Voir aussi sur ce point *The Field*, July 27, 1861, p. 91.
[38] *The Field*, 1861, p. 431, 493, 545.
[39] *Ueber die Eigenschaften*, etc., 1828, p. 13, 14.
[40] Voir Nathusius, *Vortrage über Viehzucht*, 1872, p. 135.

sont plus nettes lors de la naissance du poulain. Elles deviennent ensuite
de moins en moins distinctes, jusqu'au renouvellement des poils, où elles
reparaissent aussi fortes qu'auparavant ; souvent ensuite elles s'effacent avec
l'âge. D'autres renseignements me confirment cette disparition des bandes
chez les vieux chevaux dans l'Inde. Un autre auteur, par contre, signale
des poulains nés d'abord sans bandes, et chez lesquels il en est apparu plus
tard. Trois autorités affirment qu'en Norwège les marques sont moins apparentes chez le poulain que chez l'adulte. Dans le cas que j'ai décrit plus
haut du jeune poulain dont le corps entier était rayé, il ne peut y avoir de
doute sur la disparition complète et précoce de ces marques. M. W. Edwards a examiné pour moi vingt-deux poulains de chevaux de course ;
douze avaient une raie dorsale plus ou moins distincte, fait qui, joint à
quelques autres, me porte à croire que la bande dorsale disparaît souvent
avec l'âge chez le cheval de course anglais. Chez les espèces naturelles les
jeunes offrent souvent des caractères qui disparaissent à l'âge adulte.

La couleur des bandes est variable, mais elles sont toujours plus foncées que le reste du corps. Elles ne coexistent
pas toujours nécessairement dans toutes les parties du corps ;
les jambes peuvent être rayées et pas l'épaule, ou *vice versâ*,
ce qui est, d'ailleurs, beaucoup plus rare ; toutefois, je n'ai jamais
entendu parler de raies aux jambes ou à l'épaule sans la bande
dorsale. Celle-ci est de beaucoup la plus commune de toutes, il
n'y a à cela rien d'extraordinaire, car cette raie caractérise les sept
ou huit autres espèces du genre. Il est remarquable qu'un caractère aussi insignifiant que celui de la duplication ou de la tripli-
cation de la bande de l'épaule se retrouve chez des races aussi
différentes que les poneys du pays de Galles et du Devonshire,
le poney Shan, les chevaux de gros trait, les chevaux légers de
l'Amérique du Sud, et la petite race de Kattywar. Le colonel Ham.
Smith suppose qu'une des cinq souches primitives dont il admet
l'existence était isabelle et rayée, et que les raies de toutes les
autres races résultent d'un croisement ancien avec cette souche ;
mais il est extrêmement peu probable que des races différentes,
habitant des parties du globe aussi éloignées les unes des
autres, aient pu toutes être croisées ainsi avec une souche primitivement distincte. Nous n'avons, d'ailleurs, aucune raison pour
croire que les effets d'un croisement aussi ancien aient pu se propager pendant autant de générations que cette hypothèse semblerait l'impliquer.

Quant à la couleur primitive du cheval que le colonel H.

Smith [41] suppose avoir été isabelle, cet auteur a réuni un grand nombre de faits qui prouvent que cette nuance était très-commune en Orient, dès l'époque d'Alexandre, et que les chevaux de l'Asie occidentale et de l'Europe orientale offrent encore actuellement les diverses teintes de cette nuance. Il n'y a pas longtemps qu'on conservait dans les parcs royaux de Prusse, une race sauvage de chevaux isabelles ayant la raie dorsale. En Hongrie et en Norwège, les habitants regardent les chevaux isabelles à raie dorsale comme la souche primitive. Dans les parties montagneuses du Devonshire, du pays de Galles et de l'Écosse, où la race primitive doit avoir eu le plus de chances de se conserver, les poneys isabelles ne sont pas rares. Dans l'Amérique du Sud, à l'époque d'Azara, alors que le cheval était redevenu sauvage depuis 250 ans, 90 pour cent des chevaux étaient bai-châtain, et le reste *zains* c'est-à-dire bruns, et pas plus de 1 sur 2,000 noir. Dans l'Amérique septentrionale, les chevaux redevenus sauvages ont une tendance prononcée vers le rouan, mais le docteur Canfield m'apprend que, dans certaines localités, les chevaux sont pour la plupart de couleur isabelle et rayés. [42]

Quand nous aborderons plus tard l'étude des pigeons, nous verrons que les races pures de couleurs variées produisent parfois un oiseau bleu, mais que cette coloration est invariablement accompagnée de certaines marques noires sur les ailes et la queue ; nous verrons, en outre, que, lorsque l'on croise les races affectant des couleurs diverses, on obtient fréquemment des oiseaux bleus portant les mêmes marques noires. Nous verrons, enfin, que ces faits tendent à prouver que toutes les races du pigeon domestique descendent du Biset ou *Columbia livia*, espèce qui présente effectivement la même couleur et qui

---

[41] *Naturalist's Library*, vol. XII, 1841, p. 109, 156, 163, 280, 281. — La teinte café-au-lait, passant à l'isabelle (c'est-à-dire, la couleur du linge sale de la reine Isabelle) paraît avoir été commune autrefois. Voir les récits de Pallas sur les chevaux sauvages d'Orient, où il parle de l'isabelle et du brun comme étant les couleurs prédominantes. Les *Sagas* d'Islande, vieux poèmes nationaux recueillis et fixés par l'écriture au douzième siècle, mentionnent les chevaux isabelles portant une raie dorsale noire; voir la traduction de Dasent, vol. I. p. 169.

[42] Azara, *Quadrupèdes du Paraguay*, t. II, p. 307. — Dans l'Amérique du Nord, Catlin (vol. II, p. 57) décrit les chevaux sauvages, qu'on croit descendus des chevaux espagnols du Mexique, comme offrant toutes les nuances, noir, gris, rouan, et rouan tacheté d'alezan. F. Michaux (*Travels in North America*) décrit deux chevaux sauvages du Mexique comme rouans. Dans les îles Falkland, où le cheval n'est redevenu sauvage que depuis 60 à 70 ans, les nuances prédominantes sont le rouan et le gris de fer. Ces faits prouvent que les chevaux ne font pas rapidement retour à une teinte uniforme.

porte les mêmes marques. L'apparition des raies chez les différentes races de chevaux, dont la robe affecte la nuance isabelle, ne prouve cependant pas d'une manière aussi certaine leur descendance d'une souche primitive unique que dans le cas du pigeon ; nous ne connaissons, en effet, aucune race de chevaux réellement sauvages qui puisse servir de termes de comparaison ; en outre, les raies quand elles existent présentent des caractères variables, et nous n'avons pas de preuve suffisante pour affirmer que leur apparition résulte du croisement de de races distinctes ; enfin, toutes les espèces du genre *Equus* ont la raie dorsale, et plusieurs portent des raies aux jambes et à l'épaule. Néanmoins, la similitude qu'offrent les races les plus différentes au point de vue de la couleur, du pommelage, et de l'apparition accidentelle des raies aux jambes et des bandes doubles ou triples à l'épaule, semblent prouver, dans une certaine mesure, que toutes les races actuelles descendent d'une souche primitive unique, plus ou moins rayée, à robe isabelle, type vers lequel nos chevaux tendent parfois à faire retour.

L'ANE.

Les naturalistes ont décrit quatre espèces d'ânes et trois espèces de zèbres ; il n'y a cependant presque pas à douter que notre âne domestique descend d'une seule espèce, l'*Equus tœniopus* d'Abyssinie [43]. On a quelquefois cité l'âne comme exemple d'un animal réduit en domesticité depuis une antiquité très-reculée, ainsi que le prouve l'Ancien Testament, et qui cependant n'a varié que dans de très-petites proportions. Ceci n'est pas absolument exact, car, dans la Syrie seule, on connait quatre races d'ânes ; [44] premièrement, un animal léger et gracieux, employé par les dames à cause de son allure agréable ; secondement, une race arabe réservée exclusivement à la selle ; troisièmement, une forme plus robuste, qui sert à la charrue et à divers autres travaux ; et quatrièmement, la grande race de Damas, qui a le

[43] Dr Sclater, *Proc. Zool. Soc.*, 1862, p. 164. Le Dr Hartmann dit (*Annalen der Landw.* vol. XLIV, p. 222) que cet animal à l'état sauvage n'a pas toujours des raies sur les jambes.
[44] W.-C. Martin, *Hist. of the Horse*, 1845, p. 207.

corps et les oreilles remarquablement longs. Dans le sud de la France, il y a aussi plusieurs races, une notamment de grandeur extraordinaire car les individus qui la composent atteignent la taille du cheval. En Angleterre, bien que l'âne soit loin d'offrir un type tout à fait uniforme, il n'a pas cependant donné naissance comme le cheval à des races bien distinctes. La raison probable de ce fait est que l'âne se trouve surtout entre les mains de gens pauvres, qui ne peuvent ni l'élever en grand nombre, ni apporter aucun soin au choix des individus destinés à la reproduction. Nous verrons ultérieurement, en effet, qu'une sélection attentive jointe à une bonne nourriture peuvent améliorer considérablement la force et la taille de cet animal, et nous pouvons en conclure qu'il en serait de même pour tous ses autres caractères. La petitesse de la taille de l'âne en Angleterre et dans le nord de l'Europe, est certainement due bien plus à l'absence de soins qu'à la température ; car, dans l'ouest de l'Inde, où les classes inférieures l'emploient comme bête de somme, il est à peine plus grand que le chien de Terre-Neuve et n'atteint généralement que de 50 à 75 centimètres de hauteur [45].

La couleur des ânes varie beaucoup ; les jambes de ces animaux, surtout celles de devant, soit en Angleterre, soit ailleurs, — en Chine, par exemple, — portent des raies transversales plus distinctes qu'elles ne le sont chez le cheval isabelle. On a compté jusqu'à treize ou quatorze raies transversales sur les jambes de devant et de derrière de certains ânes. Nous avons invoqué le principe du retour pour expliquer, chez le cheval, l'apparition accidentelle de raies sur les jambes, en supposant que la souche primitive de cet animal était rayée de la sorte ; cette hypothèse est beaucoup plus fondée pour l'âne, car on sait que l'*Equus tæniopus*, présente, à un faible degré il est vrai, et non pas invariablement, les mêmes raies aux jambes. Ces raies se remarquent plus fréquemment et sont plus distinctes chez l'âne domestique pendant sa jeunesse [46], comme cela est aussi le cas chez le cheval. La raie de l'épaule, si caractéristique de l'espèce, varie cependant dans sa largeur, sa longueur et son mode de ter-

---

[45] Col. Sykes, *Cat. of Mammalia.* — *Proc. of Zool. Soc.*, July 12, 1831. — Williamson, *Oriental Field Sports*, vol. II, p. 206 ; cité par Martin.
[46] Blyth, *Charlesworth Mag. of nat. Hist.* vol. IV, 1840, p. 83. — Un éleveur m'a confirmé le fait.

minaison. J'en ai mesuré qui étaient quatre fois aussi larges que d'autres ; d'autres plus de deux fois aussi longues que d'autres. Chez un âne gris clair, la raie de l'épaule ne mesurait que 15 centimètres de longueur et était étroite comme une cordelette ; chez un autre individu de même couleur, elle n'était indiquée que par une teinte sombre. J'ai entendu parler de trois ânes blancs, mais non albinos, chez lesquels il n'y avait aucune trace de raies, ni sur le dos ni sur l'épaule [47] ; j'ai vu neuf autres ânes dépourvus de la raie sur les épaules et dont quelques-uns n'avaient pas même la raie dorsale. Sur les neuf, trois étaient gris clair, un gris foncé, un autre gris tirant sur le rouan ; les autres étaient bruns, et deux d'entre ces derniers avaient certains points du corps teintés en bai rougeâtre. Nous pouvons donc en conclure que, si on avait appliqué avec continuité la sélection aux ânes gris et brun rouge pour les faire reproduire, la raie de l'épaule se serait aussi généralement et aussi complétement perdue que chez le cheval.

La raie de l'épaule est quelquefois double chez l'âne ; M. Blyth a même vu jusqu'à trois et quatre raies parallèles [48]. J'ai observé dix cas où les bandes scapulaires étaient brusquement tronquées à leur extrémité inférieure, l'angle antérieur de celle-ci se prolongeant en avant et s'effilant en pointe, exactement comme chez le poney du Devonshire dont nous avons parlé (fig. 1, p. 63). J'ai observé trois cas où la partie terminale était brusquement coudée, et quatre cas de bifurcation distincte quoique faible. Le Dr Hooker a observé, en Syrie, cinq cas où la raie scapulaire était visiblement fourchue au-dessus de la jambe de devant. On la trouve aussi quelquefois fourchue chez le mulet commun. Lorsque je remarquai pour la première fois la bifurcation et la courbure angulaire de la raie scapulaire, j'avais étudié assez soigneusement les raies qui caractérisent les différentes espèces chevalines, pour être convaincu que ce caractère, quoique peu important, devait avoir une signification précise, et c'est ce qui me poussa à l'examiner de plus près. J'ai trouvé que chez l'E. *burchellii* et le *quagga,* la raie qui correspond à la raie scapulaire de l'âne, ainsi que quelques-unes des raies

[47] Martin (*The Horse*, p. 205) en cite un cas.
[48] *Journal As. Soc. of Bengal*, vol. XXVIII, 1860, p. 231. — Martin, *Horse,* p. 205.

du cou, se bifurquent, et que quelques-unes de celles qui avoisinent l'épaule, ont leurs extrémités recourbées et coudées en arrière. La bifurcation et la brisure des raies scapulaires paraissent être en rapport avec le changement de direction des raies latérales du corps et du cou qui sont presque verticales, pour passer à celles des jambes qui deviennent horizontales. Nous voyons enfin que la présence des raies sur les jambes, sur l'épaule et sur le dos chez le cheval — leur absence accidentelle chez l'âne, — l'apparition chez tous les deux de bandes scapulaires doubles et triples, et l'analogie qui existe entre leurs terminaisons inférieures, — constituent des cas de variation analogue chez le cheval et l'âne. Ces cas ne sont probablement pas dus à l'influence de conditions similaires agissant sur des constitutions semblables, mais à un retour partiel, quant à la couleur, vers l'ancêtre commun de ces deux espèces, ainsi que de toutes les autres espèces du genre. Nous reviendrons ultérieurement sur ce sujet, que nous aurons à discuter plus complétement.

CHAPITRE III

PORCS. — ESPÈCES BOVINES. — MOUTONS. — CHÈVRES.

PORCS, appartiennent à deux types distincts, *Sus scrofa* et *S. indicus*.—Porc des tourbières. — Porc du Japon. — Fécondité des porcs croisés. — Modifications du crâne chez les espèces fortement améliorées. — Convergence des caractères. — Gestation. — Porcs à sabot. — Appendices bizarres aux mâchoires. — Décroissance des défenses.— Raies longitudinales chez les jeunes. — Porcs marrons. — Races croisées.

ESPÈCES BOVINES. — Le zébu est une espèce distincte. — Descendance probable du bétail européen de trois espèces sauvages. — Toutes les races sont actuellement fécondes les unes avec les autres. — Bétail anglais parqué. — Couleur des espèces primitives. — Différences constitutionnelles. — Races de l'Afrique méridionale. — Bétail niata. — Origine des diverses races de bétail.

MOUTONS. — Races remarquables. — Variations du sexe mâle. — Adaptations à diverses conditions. — Gestation. — Modifications de la laine. — Races semi-monstrueuses.

CHÈVRES. — Variations remarquables.

L'étude des races du porc a été récemment poussée plus loin que celle d'aucun autre animal domestique, grâce aux travaux remarquables de Hermann von Nathusius, principalement dans son dernier ouvrage sur les crânes des différentes races, et de Rütimeyer dans sa faune des anciennes habitations lacustres de la Suisse[1]. Nathusius a démontré que toutes les races connues se rattachent à deux grands groupes, dont l'un descend sans aucun doute du sanglier ordinaire, auquel il ressemble par tous les points importants, et qu'on peut désigner sous le nom de groupe *Sus scrofa*. L'autre diffère du premier par plusieurs caractères ostéologiques essentiels et constants, et sa forme primitive sauvage est inconnue. Nathusius, conformément aux règles de la priorité, lui a donné le nom de *Sus indicus* imaginé par Pallas, nom que nous conserverons, bien qu'il ne soit pas très-heureux, car la forme sauvage primitive n'habite pas l'Inde, et les races domestiques les mieux connues ont été importées du Siam et de la Chine.

[1] H.-von Nathusius, *Die Racen des Schweines*, Berlin 1860; et *Vorstudien für Geschichte, etc. Schweineschädel*, Berlin, 1864. — Rütimeyer, *Die Fauna der Pfahlbauten*, Basel, 1861.

Examinons d'abord les races *Sus scrofa*, soit celles qui ressemblent au sanglier sauvage. D'après Nathusius (*Schweineschädel*, p. 75), ces races existent encore dans différentes régions du centre et du nord de l'Europe; autrefois, chaque pays [2], chaque province même possédait sa race propre, mais actuellement elles tendent partout à disparaître pour être remplacées par des races améliorées dues au croisement avec la forme *Sus indicus*. Le crâne des races du type *Sus scrofa* ressemble par ses points importants à celui du sanglier européen, mais il est devenu, relativement à sa longueur, plus haut et plus large, et plus droit dans sa partie postérieure (*Schweineschädel*, p. 63-68). Ces différences varient néanmoins quant au degré, et, bien que ressemblant au *Sus scrofa* par les caractères essentiels du crâne, les races dérivées diffèrent notablement les unes des autres sous d'autres rapports, tels que la longueur des oreilles et des jambes, la courbure des côtes, la couleur, le développement du poil, la taille et les proportions du corps.

Le *Sus scrofa* sauvage offre une distribution très-étendue qui, d'après les déterminations ostéologiques de Rütimeyer, comprend l'Europe et l'Afrique septentrionale, et aussi l'Hindoustan, d'après Nathusius. Mais les sangliers de ces divers pays diffèrent tellement les uns des autres par leurs caractères extérieurs que plusieurs naturalistes les ont considérés comme spécifiquement distincts. D'après M. Blyth, ces animaux, dans l'Hindoustan seul, forment, dans les divers districts, des races très-distinctes; dans les provinces du nord-ouest, le révérend Everest m'apprend que le sanglier ne dépasse jamais une hauteur de 90 centimètres; tandis qu'au Bengale, il en a observé un qui mesurait 1 mètre 10. On a reconnu qu'en Europe, dans l'Afrique septentrionale et dans l'Hindoustan, les porcs domestiques se croisent avec les sangliers indigènes [3], et sir W. Elliot [4], un excellent observateur, après avoir signalé les différences entre les sangliers

---

[2] Nathusius (*Die Racen des Schweines*, 1860) contient un excellent appendice indiquant les dessins les plus exacts représentant les races de chaque pays.

[3] Pour l'Europe, Bechstein, *Naturg. Deutschlands*, 1801, vol. I, p. 505. — On a publié plusieurs mémoires sur la fécondité des produits du croisement des porcs domestiques avec les sangliers; voir Burdach, *Physiology*, et Godron, *De l'Espèce*, t. I. p. 370. — Pour l'Afrique, *Bull. de la Soc. d'acclimat.*, t. IV, p. 389. — Pour l'Inde, Nathusius, *Schweineschädel*, p. 148.

[4] Sir W. Elliot, *Catal. of Mammalia*, — *Madras Journ. of Litt. and Science*, vol. X, p. 219.

de l'Inde et ceux de l'Allemagne, ajoute « qu'on peut remarquer dans les deux pays les mêmes différences chez les individus domestiques. » Nous pouvons donc conclure que les races du type *Sus scrofa* descendent des formes qu'on peut regarder comme des races géographiques, ou ont été modifiées par croisement avec elles, races géographiques que quelques naturalistes considèrent comme des espèces distinctes.

C'est sous la forme de la race chinoise que les porcs du type *Sus indicus* sont le plus connus dans l'Europe occidentale. Le crâne du *Sus indicus*, décrit par Ñathusius, diffère par quelques points de peu d'importance de celui du *Sus scrofa,* tels que sa plus grande largeur et quelques détails dans la dentition, mais principalement par le peu de longueur des os lacrymaux, la largeur plus grande de la partie antérieure des os palatins et la divergence des dents molaires antérieures. Il faut noter que les races domestiques du *Sus scrofa* n'ont en aucune façon acquis ces caractères. Après avoir lu les descriptions et les observations de Nathusius, il me semble que c'est jouer sur les mots que de mettre en doute la distinction spécifique du *Sus indicus*, car les différences qui viennent d'être signalées sont plus fortement accusées qu'aucune de celles qu'on pourrait signaler, par exemple, entre le loup et le renard, ou entre l'âne et le cheval. Nous avons déjà dit qu'on ne connaît pas le *Sus indicus* à l'état sauvage ; mais, d'après Nathusius, ses formes domestiques se rapprochent du *Sus vittatus* de Java et de quelques espèces voisines. Un porc trouvé à l'état sauvage dans les îles Arou (*Schweineschädel*, p. 169) paraît être identique avec le *Sus indicus*, mais il n'est pas certain que cet animal soit réellement indigène. Les races domestiques de la Chine, de la Cochinchine et de Siam appartiennent à ce type. La race romaine ou napolitaine, les races andalouses, hongroises, les porcs dits « *Krause* » de Nathusius, dont le poil est fin et frisé, habitent les parties sud-est de l'Europe et de la Turquie, enfin la petite race suisse de Rütimeyer, dite « *Bündtnerschwein,* » ont toutes les caractères crâniens essentiels du *Sus indicus*, et ont dû vraisemblablement avoir été largement croisées avec cette forme. Des porcs du même type ont existé pendant une longue période sur les bords de la Méditerranée, car on a trouvé dans les fouilles faites à Herculanum un dessin représentant un porc très-semblable au porc napolitain actuel (*Schweineschädel*, p. 142).

Rütimeyer a fait une découverte remarquable ; il a prouvé, en effet, la coexistence en Suisse, pendant la période néolithique, de deux formes domestiques du porc, le *Sus scrofa* et le *Sus scrofa palustris*, ou porc des tourbières (*Torfschwein*). Rütimeyer a constaté que ce dernier se rapproche des races orientales, et, d'après Nathusius, il appartient très-certainement au groupe *Sus indicus ;* cependant, Rütimeyer a ultérieurement démontré qu'il en diffère par quelques caractères bien accusés. Cet auteur avait cru d'abord que le porc des tourbières existait à l'état sauvage pendant la première partie de l'âge de la pierre et n'avait été domestiqué que vers la fin de la même période [5]. Tout en admettant le fait curieux observé d'abord par Rütimeyer, c'est-à-dire la possibilité de distinguer, au moyen de certaines différences extérieures, les os des animaux sauvages de ceux des animaux domestiques, Nathusius n'est pas convaincu de la certitude de cette conclusion relativement aux ossements du porc, en raison de quelques difficultés spéciales que présentent ces ossements (*Schweineschädel*, p. 147), et Rütimeyer lui-même paraît maintenant avoir quelques doutes sur ce point. D'autres naturalistes partagent absolument l'avis de Nathusius [6].

On peut ramener au type *Sus indicus* plusieurs races qui diffèrent par les proportions du corps, la longueur des oreilles, la nature du poil, la couleur, etc., ce qui n'a rien d'étonnant, vu l'extrême antiquité de la domestication de cette forme soit en Europe, soit en Chine. D'après un savant sinologue [7], la domestication de cet animal remonterait, dans ce dernier pays, au moins à 4,900 ans avant l'époque actuelle. Le même savant signale l'existence en Chine d'une foule de variétés locales du porc auxquelles les Chinois donnent des soins minutieux, car ils ne leur permettent même pas de marcher d'un endroit à un autre [8]. Aussi, comme le fait remarquer Nathusius [9], la race chinoise possède au plus haut de-

---

[5] Rütimeyer, *Pfahlbauten*, p. 163.

[6] Voir l'intéressant mémoire de J.-W. Schütz : *Zur Kenntniss des Torfschweins*, 1868. Cet auteur croit que le porc des tourbières descend d'une espèce distincte, le *Sus sennariensis* de l'Afrique centrale.

[7] Stanislas Julien, cité par de Blainville, *Ostéographie*, p. 163.

[8] Richardson, *Pigs, their origin*, etc., p. 26.

[9] *Die Racen des Schweines*, p. 47, 64.

gré les caractères d'une race artificielle très-perfectionnée, et doit à cette circonstance sa grande valeur pour l'amélioration de nos races européennes. Nathusius (*Schweineschädel*, p. 138) affirme que l'introduction dans une race du type *Sus scrofa*, de 1/32ᵉ ou même seulement de 1/64ᵉ de sang *Sus indicus* suffit pour modifier le crâne de la première. Ce fait singulier peut s'expliquer peut-être par la raison que les principaux caractères qui distinguent le *Sus indicus*, tels que le raccourcissement des os lacrymaux, etc., sont communs à plusieurs des espèces du

Fig. 2. — Tête du porc du Japon, ou porc masqué.

genre, et on sait que, dans les croisements, les caractères qui existent chez plusieurs espèces tendent à devenir prépondérants sur ceux qui n'appartiennent qu'à un petit nombre.

Le porc du Japon (*Sus pliciceps,* de Gray), autrefois exposé au Jardin zoologique de Londres, offre, par sa tête très-courte, son front et son groin très-larges, ses grandes oreilles charnues et les profonds sillons de sa peau, un aspect très-extraordinaire. La figure ci–dessus est copiée sur celle dessinée par M. Bartlett[10]. Non-seulement la face est profondément sillonnée, mais d'épais replis de peau, plus dure que celle des autres parties du corps, pendent autour des épaules et de la croupe, comme les plaques du rhinocéros indien. Ce porc est noir avec les pieds blancs ; il se reproduit fidèlement. On ne peut douter qu'il soit réduit en domesticité depuis une époque très-ancienne ; on pourrait d'ailleurs tirer cette conclusion du fait que les jeunes ne sont pas rayés longitudinalement, caractère qui est commun à toutes les espèces du genre *Sus* et des genres voisins restées à l'état sauvage[11]. Le docteur Gray[12] a décrit le crâne de cet animal, qu'il regarde non-seulement comme une espèce distincte, mais qu'il place même dans une section spéciale du genre. Néanmoins, après une étude très-approfondie du groupe entier, Nathusius affirme positivement (*Schweineschädel,* p. 153-158) que le crâne de ce porc ressemble étroitement par tous les caractères essentiels à celui de la race chinoise à oreilles courtes du type *Sus indicus,* et considère, en conséquence, le porc du Japon comme une simple variété domestique de ce dernier. S'il en est réellement ainsi, il y a là un exemple remarquable de l'étendue des changements que la domestication peut produire.

Il existait autrefois dans les îles centrales du Pacifique une race singulière de porcs. D'après le révérend D. Tyerman et M. G. Bennett[13] qui l'ont décrite, cette race est petite, bossue, à tête disproportionnellement longue, à oreilles courtes, rejetées en arrière ; la queue touffue, longue de cinq centimètres, est placée de telle façon qu'elle semble sortir du dos. D'après les mêmes auteurs, cinquante ans après l'introduction dans ces îles des porcs européens et chinois, la race indigène a disparu complétement à la suite de croisements répétés avec les formes importées. Les îles écartées, comme on peut s'y attendre, paraissent favorables à la production et à la conservation de races spéciales : ainsi, dans les Orcades, les porcs sont, dit–on,

[10] *Proc. Zoolog. Soc.,* 1861, p. 263.
[11] Sclater, *Proc. Zool. Soc.,* Fév. 26, 1861.
[12] *Proc. Zool. Soc.,* 1862, p. 13. Le crâne de ce porc a été depuis lors décrit beaucoup plus complétement par le professeur Lucae dans un mémoire très-intéressant : *Der Schädel des Maskenschweines,* 1870. Il confirme les conclusions de Von Nathusius sur la parenté de cette espèce de porc.
[13] *Journal of voyages and travels,* de 1821 à 1829, vol. I, p. 300.

très-petits ; ils ont les oreilles droites et pointues, et « leur aspect diffère absolument de celui des porcs importés du sud » [14].

Les porcs chinois appartenant au type *Sus indicus* diffèrent assez par leurs caractères ostéologiques et leur aspect extérieur des porcs du type *Sus scrofa*, pour qu'on doive les regarder comme spécifiquement distincts ; il est donc très-digne de remarque que les porcs chinois et européens ont été croisés continuellement et de diverses manières sans cesser d'être complétement féconds les uns avec les autres. Un grand éleveur qui s'est beaucoup servi des porcs chinois de race pure, m'affirme que la fécondité des métis croisés entre eux, et celle des produits du recroisement de leur progéniture ne fait qu'augmenter ; c'est là, d'ailleurs, une opinion générale chez les agriculteurs. En outre, le porc du Japon ou *Sus pliciceps* de Gray, est si différent en apparence de tous les porcs ordinaires, qu'il semble difficile d'admettre que ce ne soit qu'une simple variété domestique ; cependant, cette race est tout à fait féconde avec la race du Berkshire, et M. Eyton m'informe qu'ayant accouplé deux métis frère et sœur, il les a trouvés parfaitement féconds ensemble.

Les modifications du crâne sont étonnantes chez les races les plus perfectionnées. Il faut, pour apprécier l'étendue des changements produits, étudier l'ouvrage et les excellentes figures de Nathusius. L'extérieur du crâne entier a été altéré dans toutes ses parties. La face postérieure, au lieu de s'incliner en arrière est dirigée en avant, ce qui entraîne beaucoup de changements dans d'autres parties. Le devant de la tête est fortement concave ; les orbites ont une forme différente ; le méat auditif a une direction et une forme tout autres ; les incisives de la mâchoire supérieure et de la mâchoire inférieure ne se rencontrent pas, et restent dans l'une et l'autre mâchoire, au delà du plan des molaires ; les canines de la mâchoire supérieure dépassent celles de la mâchoire inférieure, ce qui constitue une anomalie remarquable ; la forme des surfaces articulaires des condyles occipitaux est si complétement modifiée que, comme le fait remarquer Nathusius (p. 133), aucun naturaliste en voyant cette partie

---

[14] Rev. G. Low, *Fauna Orcadensis*, p. 10. Voir aussi la description des porcs des îles Shetland par le Dr Hibbert.

essentielle du crâne séparée du reste, ne pourrait supposer qu'elle appartient au genre *Sus*. Ces modifications, ainsi que quelques autres, ne peuvent guère être considérées comme des monstruosités, parce qu'elles ne sont pas nuisibles et sont strictement héréditaires. L'ensemble de la tête est très-raccourci. En effet, le rapport de la longueur de la tête à celle du corps étant, chez les races communes, comme 1 est à 6, ce rapport devient chez les races améliorées, comme 1 est à 9 et même plus récemment comme 1 est à 11 [15]. Les figures ci-jointes, [16] représentant, l'une, la tête d'un sanglier, l'autre, celle d'une truie de la grande race du Yorkshire, d'après une photographie, feront comprendre combien, dans la race améliorée, la tête a été modifiée et raccourcie.

Nathusius a discuté avec soin les causes des changements remarquables qu'ont subi le crâne et la forme du corps chez les races très—perfectionnées. Ces modifications se remarquent principalement chez les races pures et croisées du type *Sus indicus*;

Fig. 3.— Tète de sanglier et tête de *Golden Days*, porc de la grande race du Yorkshire, d'après une photographie. (Emprunté à l'édition Sidney de l'ouvrage de Youatt, *The Pig*.)

mais on peut facilement observer le commencement de ces modifications chez les races légèrement améliorées du type *Sus scrofa* [17]. Nathusius affirme positivement (p. 99, 103), qu'il résulte de l'expérience générale et de ses propres essais qu'une

---

[15] *Die Racen des Schweines*, p. 70.

[16] Ces figures sont empruntées à celles qu'à introduites M. S. Sidney dans son excellente édition de l'ouvrage de Yonatt, *The Pig*, 1860.

[17] *Schweineschadel*, p. 74, 135.

nourriture riche et abondante, donnée pendant la jeunesse à ces animaux, tend directement à élargir et à raccourcir la tête; tandis qu'une pauvre nourriture produit l'effet contraire. Il insiste beaucoup sur le fait que tous les porcs sauvages ou semi-domestiques, en fouillant la terre avec leur groin pendant qu'ils sont jeunes, doivent exercer fortement les muscles puissants qui s'attachent à la partie postérieure de la tête. Chez les races perfectionnées cette habitude n'existe plus, et il en résulte une modification de la forme de la partie occipitale du crâne, qui entraîne des changements dans d'autres parties. Il est certain qu'un aussi grand changement d'habitudes doit tendre à affecter le crâne ; mais il est difficile de dire jusqu'à quel point on peut expliquer par là la réduction de sa longueur et la forme concave de sa partie antérieure. On sait (et Nathusius lui-même cite beaucoup d'exemples, p. 104), que chez plusieurs animaux domestiques, tels que les bouledogues et les carlins, le bétail niata, les moutons, les pigeons culbutants à courte face, une variété de la carpe, on peut remarquer une tendance prononcée vers le raccourcissement des os de la face ; H. Müller a démontré que, pour le chien, cela paraît tenir à un état anomal du cartilage primordial. Nous pouvons admettre, toutefois, qu'une nourriture substantielle et abondante, administrée continuellement pendant un grand nombre de générations, a dû tendre à augmenter la grandeur du corps, tandis que, par défaut d'usage, les membres devaient devenir plus déliés et plus courts [18]. Nous verrons, dans un chapitre subséquent, qu'il y a évidemment entre le crâne et les membres une grande corrélation, de sorte que tout changement dans l'une de ces parties tend à affecter l'autre.

Nathusius a fait remarquer, et l'observation est intéressante, que les formes particulières qu'affectent la tête et le corps des races très-perfectionnées ne caractérisent aucune race spéciale, mais sont communes à toutes celles qui paraissent avoir atteint un degré égal d'amélioration. Ainsi, les races anglaises, à corps grand, à oreilles longues et à dos convexe, et les races chinoises à corps petit, à oreilles courtes et à dos concave, élevées les unes et les autres à un degré semblable de perfection, se ressemblent beaucoup par la forme du corps et de la tête. Ce résultat paraît

[18] Nathusius, *Die Racen des Schweines*, p. 71.

dû en partie à l'action, sur les diverses races, de la même cause modificatrice, et en partie à l'influence de l'homme qui, élevant le porc dans le but unique d'en obtenir la plus grande masse de chair et de graisse, a toujours poussé la sélection dans ce seul et même sens. Chez la plupart des animaux domestiques, la sélection a eu pour résultat la divergence des caractères ; dans ce cas, elle a produit une convergence [19].

La nature de l'alimentation a fini, au bout d'un grand nombre de générations, par affecter la longueur des intestins ; car, d'après Cuvier [20], leur longueur est à celle du corps comme 9 est à 1 chez le sanglier, — chez le porc domestique comme 13,5 est à 1, — et chez la race de Siam comme 16 est à 1. Chez cette dernière race, la longueur plus considérable des intestins peut provenir, soit de ce que cette race descend d'une espèce distincte, soit de ce qu'elle a été réduite en domesticité depuis une époque plus ancienne. La durée de la gestation varie aussi bien que le nombre des mamelles. Une autorité [21] récente indique pour la période de gestation une durée moyenne de 17 à 20 semaines, mais je crois qu'il doit y avoir quelque erreur dans cette assertion, car, d'après les observations de M. Tessier faites sur 25 truies, elle a varié de 109 à 123 jours. Le Rév. D. Fox m'a communiqué dix observations faites avec soin, dans lesquelles la durée a été de 101 à 116 jours. D'après Nathusius, la période de gestation est plus courte chez les races précoces, mais il ne paraît pas que chez elles le cours du développement en soit abrégé, car le jeune animal naît, à en juger par l'état du crâne, un peu moins développé, ou à un état plus embryonnaire [22] que les porcs communs qui atteignent leur maturité à un âge plus avancé. Chez les races précoces et très-améliorées, les dents se développent aussi plus tôt.

On a souvent signalé la différence du nombre des vertèbres et des côtes chez les diverses races de porcs ; M. Eyton [23] a

---

[19] *Die Racen des Schweines,* p. 47. — *Schweineschädel,* p. 104. — Comparer les figures de l'ancienne race irlandaise et de la nouvelle race dans Richardson, *The Pig,* 1847.

[20] Cité par I. Geoffroy St-Hilaire, *Hist. nat. gén.,* t. III, p. 441.

[21] S. Sidney, *The Pig,* p. 61.

[22] *Schweineschädel,* p. 2,20.

[23] *Proc. Zool. Soc.* 1837, p. 23. — Je ne donne pas les vertèbres caudales, parce que M. Eyton remarque qu'il a pu s'en perdre quelques-unes. J'ai ajouté ensemble les vertèbres lombaires et dorsales sur la remarque d'Owen (*Journ. Linn. Soc.,* t. II, p. 28) que la différence entre les vertèbres dorsales et lombaires ne dépend que du développement des côtes.

particulièrement étudié cette question ; le tableau suivant indique les résultats de ses recherches. La truie africaine appartient probablement au type *S. scrofa ;* M. Eyton m'apprend que, depuis la publication de son mémoire, les croisements opérés entre la race anglaise et la race africaine ont été reconnus par lord Hill comme parfaitement féconds.

	MALE anglais à long. jambes	TRUIE africaine	MALE chinois	SANGLIER d'après Cuvier	PORC domestique d'après Cuvier
Vertèbres dorsales	15	13	15	14	14
— lombaires.........	6	6	4	5	5
Total des vertèbres dorsales et lombaires	21	19	19	19	19
Vertèbres sacrées	5	5	4	4	4
Total des vertèbres	26	24	23	23	23

Nous devons mentionner quelques races demimons-trueuses. Depuis Aristote jusqu'à nos jours on a parfois observé, dans diverses parties du monde, des porcs à sabot plein. Quoique cette particularité soit fortement héréditaire, il est peu probable que tous les animaux qui l'ont offerte descendent des mêmes ancêtres ; je serais plutôt disposé à croire que cette particularité a apparu en divers lieux et à diverses époques. Le docteur Struthers [24] a dernièrement décrit et figuré la conformation de ces pieds ; chez ceux de devant et de derrière les phalanges des deux grands doigts sont représentées par une phalange unique, grosse et ensabotée ; chez les pieds de devant, les phalanges médianes sont représentées par un os dont l'extrémité inférieure est unique, mais dont l'extrémité supérieure porte deux articulations distinctes. D'autres observations indiquent quelquefois l'existence d'un doigt additionnel.

Néanmoins, il faut tenir compte chez les porcs de la différence du nombre des côtes. M. Sanson a indiqué le nombre des vertèbres lombaires chez les différents porcs. *Comptes-rendus,* LXIII, p. 843.

[24] *Édimb. New philosop. Journ.* 1863. — Voir aussi de Blainville, *Ostéographie,* p. 128.

M. Eudes-Deslongchamps a décrit une autre anomalie curieuse : la présence d'appendices qui, d'après lui, caractérisent
fréquemment les porcs normands. Ces appendices sont toujours
attachés au même endroit, aux angles de la mâchoire ; ils sont
cylindriques, longs de 7 ou 8 centimètres, couverts de soies,
et présentent un pinceau de soies sortant d'une cavité latérale ;
ils ont un centre cartilagineux, avec deux petits muscles longi-
tudinaux, et se trouvent tantôt symétriquement des deux côtés
à la fois, tantôt d'un seul. Richardson les figure sur l'ancien porc

Fig. 4. — Ancien porc irlandais, avec appendices maxillaires.
(Emprunté à H. D. Richardson.)

maigre irlandais, et Nathusius constate qu'ils apparaissent parfois
chez les races à longues oreilles, mais qu'ils ne sont pas strictement héréditaires, car, dans une même portée, ils peuvent exister chez certains individus et faire défaut chez d'autres[25]. Comme
on ne connaît aucune race sauvage qui possède de semblables
appendices, nous n'avons jusqu'à présent aucune raison pour
les attribuer à un effet de retour, ce qui nous oblige d'admettre
que certaines structures complexes, quoique inutiles en apparence, peuvent apparaître subitement sans l'aide de la sélection.

Tous les porcs domestiques ont les défenses beaucoup plus
courtes que les sangliers. Un grand nombre de faits prouvent
que, chez tous les animaux, l'état du poil est très-facilement affecté

[25] Eudes-Deslongchamps, *Mém. de la Soc. Linn. de Normandie*, vol. VII, 1842, p. 41. —
Richardson, *Pigs, their origin*, etc., 1847, p. 30. — Nathusius, *Die Racen des Schweines*,
1863, p. 54.

suivant que l'animal est exposé ou soustrait à l'action directe des influences climatériques ; or, de même que nous avons constaté chez les chiens turcs une corrélation assez curieuse entre l'état du poil et celui de la dentition (nous citerons plus tard d'autres faits analogues), ne serait-il pas permis de supposer que la diminution des défenses chez le porc domestique est en rapport avec la disparition des soies, et résulte de ce qu'il vit à l'abri des intempéries de l'air ? D'autre part, comme nous allons le voir, dès que le porc retourne à la vie sauvage, et cesse ainsi de vivre à l'abri, on voit reparaître les défenses et les soies. Il n'est pas étonnant que les défenses soient plus affectées que les autres dents, car les parties qui constituent les caractères sexuels secondaires sont toujours sujettes à varier beaucoup.

On sait que les marcassins du sanglier d'Europe et de l'Inde [26] ont, pendant les six premiers mois, le corps marqué de bandes longitudinales claires. Ce caractère disparaît généralement à l'état domestique. Les jeunes porcs domestiques turcs [27], ainsi que ceux de la Westphalie, « quelle que soit leur nuance, » ont cependant le corps rayé. J'ignore si les porcs de la Westphalie appartiennent à la même race frisée que la race turque. Les porcs redevenus sauvages à la Jamaïque et ceux à demi sauvages de la Nouvelle-Grenade, aussi bien les noirs que ceux qui sont noirs avec une bande blanche couvrant le ventre et s'étendant souvent jusque sur le dos, ont repris ce caractère primitif et produisent des jeunes portant des raies longitudinales. Le même cas se présente chez les porcs abandonnés à eux-mêmes dans les établissements du Zambèse sur la côte d'Afrique [28].

On invoque presque toujours l'exemple des porcs redevenus sauvages ou marrons pour défendre l'hypothèse que les animaux

[26] D. Johnson, *Sketches of indian Field Sports*, p. 272. — M. Crawfurd m'apprend que le même fait se présente chez les porcs sauvages de la Péninsule de Malacca.

[27] Pour les porcs turcs, voir Desmarest, *Mammalogie*, 1820, p. 391. — Pour ceux de la Westphalie, voir Richardson, *Pigs, their origin*, etc. 1847, p. 41.

[28] Voir Roulin, *Mém. prés. par div. savants à l'Acad.*, Paris, t. VI, p. 326, pour les faits relatifs aux porcs redevenus sauvages, mais seulement à des porcs introduits depuis longtemps dans un pays, et vivant à l'état demi-sauvage. — Pour ceux de la Jamaïque, voir Gosse, *Sojourn in Jamaica*, 1851, p. 386 ; et Col. H. Smith, *Nat. Lib.*, vol. IX, p 93. — Pour l'Afrique, voir Livingstone, *Expedition to the Zambesi*, 1865, p. 153. L'étude la plus complète sur les défenses des sangliers aux Indes occidentales est de P. Labat (cité par Roulin), mais il attribue l'état de ces porcs à leur provenance d'une race domestique qu'il a vue en Espagne. L'amiral Sulivan qui a eu l'occasion d'observer les porcs sauvages de l'îlot Eagle des Falkland, m'apprend qu'ils ressemblent à des sangliers à grosses défenses, et qu'ils ont le dos arqué et couvert de soies. Les porcs qui sont redevenus sau-

domestiques rendus à l'état sauvage tendent à retourner complétement au type de leur souche primitive. Or, même dans ce cas, cette hypothèse ne me semble pas suffisamment justifiée, car on n'a pas établi de distinction entre les deux types principaux, le *Sus scrofa* et le *Sus indicus*. Ainsi que nous venons de le voir, les jeunes recouvrent leurs raies longitudinales, et les sangliers leurs défenses. La forme générale du corps, la longueur des jambes et du groin se rapprochent aussi du type sauvage, comme on doit s'y attendre en raison de l'exercice qu'une fois livrés à eux-mêmes ils sont obligés de prendre pour se procurer leur nourriture. A la Jamaïque, les porcs marrons n'atteignent pas la taille du sanglier européen, car ils ne dépassent jamais 50 centimètres de hauteur à l'épaule. Dans divers pays, ils recouvrent les soies du sanglier, mais à des degrés différents, selon le climat; ainsi, les porcs redevenus à moitié sauvages dans les chaudes vallées de la Nouvelle-Grenade sont, d'après Roulin, très-chétivement couverts, tandis que chez ceux des Paramos, à une altitude de 7,000 à 8,000 pieds, on remarque sous les soies une fourrure laineuse très-épaisse, comme celle du sanglier français; ces porcs sont petits et rabougris. Le sanglier sauvage de l'Inde porte, dit-on, à l'extrémité de la queue, des soies arrangées comme les barbes d'une flèche, tandis que le sanglier d'Europe n'a qu'une simple touffe. La plus grande partie des porcs marrons de la Jamaïque, qui descendent tous d'une souche espagnole, ont, chose assez curieuse, la queue en panache [29]. Les porcs redevenus sauvages reprennent généralement la couleur du sanglier; mais, dans certaines parties de l'Amérique du Sud, comme nous l'avons vu, quelques-uns d'entre eux portent une singulière bande transversale blanche sous le ventre; dans certaines autres localités très-chaudes, les porcs affectent la couleur rouge; cette couleur a été occasionnellement observée aussi à la Jamaïque. Nous pouvons conclure de ces divers faits que les

vages dans la province de Buenos-Ayres (Rengger, *Säugethiere*, p. 331) n'ont pas fait retour au type sauvage. De Blainville (*Ostéographie*, p. 132) à propos de deux crânes de porcs domestiques envoyés de Patagonie par Alc. d'Orbigny, remarque qu'ils ont la crete occipitale du sanglier européen, mais que du reste leur tête est dans son ensemble plus courte et plus ramassée. A propos d'un porc redevenu sauvage dans l'Amérique du Nord il dit qu'il « ressemble tout à fait à un petit sanglier, mais il est presque tout noir, et peut-être un peu plus ramassé dans ses formes. »

[29] Gosse, *Jamaïca*, p. 386, avec citation de Williamson, *Oriental Field Sports*; Col. H. Smith, *Nat. Lib.*, vol. IX, p. 94.

porcs redevenus sauvages ont une forte tendance au retour vers
le type sauvage, mais que cette tendance est puissamment influencée par la nature du climat, la quantité d'exercice et les
autres causes modificatrices auxquelles ces animaux ont pu être
soumis.

Il est un dernier point qui mérite d'appeler notre attention.
Nous avons d'excellentes preuves que plusieurs races actuellement très-fixes proviennent du croisement de races bien distinctes. Les porcs perfectionnés du comté d'Essex, par exemple,
conservent exactement les mêmes caractères, et il n'y a aucun
doute qu'ils ne doivent leurs excellentes qualités actuelles à des
croisements faits par lord Western avec la race napolitaine, puis
à des croisements ultérieurs avec la race du Berkshire (elle-
même améliorée par la race napolitaine), et aussi probablement
avec la race du Sussex [30]. Dans les races ainsi formées par des
croisements complexes, on a reconnu qu'une sélection attentive
et continuée sans interruption pendant un grand nombre de générations est indispensable. Par suite de ces croisements nombreux, quelques races bien connues ont subi de rapides changements ; ainsi, d'après Nathusius [31], la race du Berkshire de 1780
est toute différente de celle de 1810, et, depuis cette dernière
époque, au moins deux formes distinctes ont porté le même nom.

RACES BOVINES.

Les bestiaux domestiques descendent certainement de plus
d'une forme sauvage, comme nous l'avons reconnu pour nos
chiens et nos porcs. Les naturalistes ont généralement admis
deux divisions principales chez le gros bétail : les espèces à bosse,
habitant les pays tropicaux, appelées *zébus* dans l'Inde, et auxquelles on a appliqué le nom spécifique de *Bos indicus ;* et les
espèces sans bosse, qu'on désigne généralement sous celui de *Bos
taurus*. Le bétail à bosse était domestiqué au moins dès la douzième dynastie, soit 2100 ans avant Jésus-Christ, ainsi qu'on

[30] Youatt, *On the Pig*, 1860, p. 7, 26, 27, 29, 30 ; édit. de S. Sydney.
[31] *Schweineschädel*, p. 140.

peut s'en assurer en étudiant les monuments égyptiens. Il diffère du bétail ordinaire par plusieurs caractères ostéologiques, à un degré plus considérable, d'après Rütimeyer [32], que ne diffèrent l'une de l'autre l'espèce fossile et l'espèce préhistorique d'Europe, c'est-à-dire, le *Bos primigenius* et le *Bos longifrons*. M. Blyth [33], qui a étudié particulièrement ce sujet, affirme que le bétail à bosse diffère encore du bétail ordinaire par sa configuration générale, la forme des oreilles, le point de départ du fanon, la courbure typique des cornes, la manière de porter la tête au repos; par les variations ordinaires de couleur, surtout la présence fréquente aux pieds de marques analogues à celles de l'antilope nilgau, enfin par le fait que, dès la naissance, les dents ont déjà percé les gencives. Les habitudes sont totalement différentes ainsi que la voix. Le bétail à bosse de l'Inde recherche rarement l'ombre et ne va pas à l'eau pour s'y plonger à mi-jambe comme celui d'Europe. Il est redevenu sauvage dans certaines parties de l'Oude et du Rohilcund, et peut se maintenir dans des régions infestées par les tigres. Il a donné naissance à plusieurs races, différant beaucoup par la taille, la présence d'une ou deux bosses, la longueur des cornes et par d'autres caractères. M. Blyth conclut à une différence spécifique entre le bétail à bosse et le bétail ordinaire. En effet, on observe un grand nombre de différences dans la conformation extérieure, les mœurs, les caractères ostéologiques, points qui, pour la plupart, n'ont pas dû être affectés par la domestication; on est donc autorisé à conclure, malgré l'avis contraire de quelques naturalistes, que le bétail à bosse et le bétail sans bosse doivent être regardés comme deux espèces distinctes.

On compte en Europe des races nombreuses de gros bétail. Le professeur Low énumère dix-neuf races anglaises dont quelques-unes seulement sont identiques à celles du continent. Les petites îles de la Manche même, Guernesey, Jersey et Alderney pos-

---

[32] *Die Fauna der Pfahlbauten*, 1861, p. 109, 149, 222, — Geoff. Saint-Hilaire, *Mém. du Mus. d'his. nat.*, t. X, p. 172; et Isid. Geoff. Saint-Hilaire, *Hist. nat. gén.*, t. III, p. 69. Vasey (*Delineations of the Ox tribe*, 1851, p. 127) dit que le zébu a quatre vertèbres sacrées, et le bœuf commun cinq. M. Hodgson a trouvé 13 ou 14 côtes; *Indian Field*, 1858, page 62.

[33] *Indian Field*, 1858, p. 74, où M. Blyth cite ses autorités sur le bétail à bosse redevenu sauvage. Pickering *Races of man*, 1850, p. 274, remarque le caractère particulier de la voix du bétail à bosse.

sèdent chacune sa sous-race propre [34] ; ces sous-races diffèrent de celles des autres îles, telles qu'Anglesea, et des îles situées sur la côte occidentale de l'Écosse. Desmarest décrit quinze races françaises, en laissant de côté les sous-variétés et celles importées des pays étrangers. Dans d'autres parties de l'Europe, on remarque différentes races distinctes, telles que le bétail hongrois, de couleur pâle, au pas léger et libre, et dont les cornes énormes mesurent parfois plus de cinq pieds de l'extrémité d'une pointe à l'autre [35], ou le bétail de la Podolie remarquable par la hauteur du garrot. L'ouvrage le plus récent sur les bêtes bovines [36] contient des figures représentant cinquante-cinq races européennes ; il est probable, toutefois, que certaines de ces races diffèrent très-peu les unes des autres et ne sont peut-être que des synonymes. Il ne faudrait pas croire que des races nombreuses existent seulement dans les pays civilisés depuis longtemps ; nous verrons bientôt que, chez les sauvages de l'Afrique du Sud, on en compte plusieurs.

Le mémoire de Nilsson [37] et surtout les travaux de Rütimeyer et de Boyd Dawkins, ont déjà jeté beaucoup de lumière sur l'origine des races européennes. Deux ou trois espèces ou formes du genre *Bos,* très-voisines des races domestiques actuelles, ont été trouvées à l'état fossile dans les dépôts tertiaires récents de l'Europe. Ce sont, d'après Rütimeyer, les espèces suivantes :

Bos primigenius. — Cette espèce magnifique, si bien connue, était réduite à l'état domestique en Suisse pendant la période néolithique ; dès alors, elle paraît avoir déjà varié un peu, probablement par suite de croisements avec d'autres races. Quelques-unes des grandes races du continent comme celle de la Frise, etc., et la race Pembroke en Angleterre, ressemblent, par les points essentiels de leur conformation, au *B. primigenius*, et en descendent sans doute ; c'est également l'opinion de Nilsson. Le *Bos primigenius* existait à l'état sauvage du temps de César, et se trouve encore, quoique bien dégénéré au point de vue de la taille, à l'état demi-sauvage, dans le parc de Chillingham ; je tiens en

---

[34] M. H. E. Marquand, dans le *Times*, 23 juin 1856.
[35] Vasey, *Delineations of the Ox tribe,* p. 124. Brace, *Hungary,* 1851, p. 94. Selon Rütimeyer, le bétail hongrois descend du *Bos primigenius* (*Zahmen Europ. Rindes,* 1866, p. 13).
[36] Moll et Gayot, *La connaissance gén. du Bœuf,* Paris, 1860 ; fig. 82, race podolienne.
[37] Traduit dans *Annals and Mag. of nat. Hist.* (2° série), vol. IV, 1849.

effet du professeur Rütimeyer que, d'après l'inspection d'un crâne que lui a envoyé lord Tankerville, le bétail de Chillingham est, de toutes les races connues, celle qui s'est le moins éloignée du vrai type du *Bos primigenius* [38].

Bos trochoceros. — Cette forme n'est pas comprise dans les trois espèces mentionnées ci-dessus, car Rütimeyer la considère actuellement comme la femelle d'une forme domestique ancienne du *B. primigenius*, et comme l'ancêtre de la race *B. frontosus*. Je dois ajouter qu'on a donné des noms spécifiques à quatre autres bœufs fossiles, qu'on croit maintenant être identiques au *B. primigenius* [39].

Bos longifrons (ou *brachyceros*) d'Owen. — Cette espèce très-distincte était de petite taille; elle avait le corps court et les jambes fines. Boyd Dawkins [40] croit pouvoir affirmer que cette race a été introduite en Angleterre à l'état d'animal domestique à une époque très-reculée et qu'elle servait à l'approvisionnement des légionnaires romains [41]. On en a trouvé quelques restes dans certains crannoges de l'Irlande, qu'on estime remonter à 843-933 après Jésus-Christ [42]. Cette race constituait aussi la forme domestique la plus commune en Suisse pendant la première partie de la période néolithique. Le professeur Owen [43] la regarde comme la souche probable des races bovines du pays de Galles et des Highlands; Rütimeyer en fait aussi descendre quelques-unes des races suisses actuelles. Ces dernières races présentent diverses variétés de nuances, depuis le gris-clair jusqu'au brun-noirâtre, avec une bande dorsale plus claire, mais elles ne portent jamais de taches blanc-pur. Le bétail du pays de Galles ainsi que celui des Highlands, au contraire, est généralement noir ou de couleur foncée.

Bos frontosus de Nilsson. — Cette espèce est alliée au *B. longifrons*, et selon Boyd Dawkins, grande autorité en cette ma-

---

[38] Voir Rütimeyer, *Beiträge zur pal. Gesch. der Wiederkäuer*, Basel, 1865, p. 54.

[39] Pictet, *Paléontologie*, t. 1, p. 365, 2ᵈ éd. — Pour le *B. trochoceros*, Rütimeyer *Zahmen Europ. Rindes*, 1866, p. 26.

[40] M. Boyd Dawkins, *On the British fossil oxen*, dans *Journ. of the Geolog. Soc.*, août 1867, p. 182. Voir aussi *Proc. Phil. soc. of Manchester*, 14 nov. 1871, et, *Cave Hunting*, 1875, p. 27, 138.

[41] *British pleistocene Mammalia*, 1866, p. 15, par W. B. Dawkins et A. Sandford.

[42] W. R. Wilde, *Essay on animal remains, etc.* — *Royal Irish Acad.* 1860, p. 29.— Voir aussi *Proc. of R. Irish Acad.*, 1858, p. 48.

[43] Lecture, *Royal instit. of Great Britain*, mai 2, 1856, p. 4. — *British fossil Mammals*, page 513.

tière, est identique avec ce dernier ; toutefois, d'excellentes autorités la regardent comme distincte. Ces deux races ont coexisté en Scanie pendant la dernière période géologique [44] et toutes deux ont été trouvées dans les crannoges irlandais [45]. Nilsson croit reconnaître dans le *B. frontosus*, la souche du bétail montagnard de la Norwège, lequel porte une forte protubérance sur le crâne entre la base des cornes. Comme le professeur Owen et d'autres savants croient que le bétail des Highlands descend du *Bos longifrons*, il est bon de faire remarquer qu'un juge compétent [46] n'a trouvé en Norwège aucune race de bétail analogue à la race des Highlands ; la race de Norwège ressemble plutôt à celle du Devonshire.

En résumé, nous pouvons conclure, en nous basant plus particulièrement sur les recherches de Boyd Dawkins, que les races bovines européennes descendent de deux espèces ; fait qui n'a rien d'improbable car le genre *Bos* se prête facilement à la domestication. Outre ces deux espèces et le *zébu*, l'homme a encore réduit en domesticité le *yak*, le *gayal* et l'*arni* [47] (sans parler du buffle ou genre *Bubalus*), ce qui fait un total de six espèces de *Bos*. Le *zébu* et les deux espèces européennes sont actuellement éteints à l'état sauvage.

Bien que certaines races bovines aient été réduites en domesticité en Europe dès une période très-reculée, il ne s'ensuit pas que ce soit dans cette partie du monde qu'elles ont été domptées tout d'abord. Ceux qui attachent une importance considérable aux données philologiques croient que ces races ont été importées d'Orient [48]. Il est probable qu'elles habitaient dans le principe un climat tempéré ou froid, mais non pas un pays où la neige séjournait longtemps sur le sol ; car, ainsi que nous l'avons fait remarquer en parlant des chevaux, nos bestiaux ne paraissent pas avoir l'instinct de gratter la neige pour atteindre l'herbe sous-jacente. Quiconque a vu les magnifiques taureaux sauvages habitant les froides îles Falkland dans l'hémisphère austral, doit être convaincu que ce climat leur convient parfaitement. Azara a ob-

---

[44] Nilsson, *Ann. and Mag. of nat. Hist.*, 1849, vol. IV, p. 354.
[45] W. R. Wilde, *ut supra ;* Blyth, *Proc. Irish Acad.* Mars 5, 1864.
[46] Laing, *Tour in Norway*, p. 110.
[47] Isid. Geoff. Saint-Hilaire, *Hist. nat. gén.*, t. III, p. 96.
[48] Idem, *ibid.*, t. III, p. 82, 91.

servé que, dans les régions tempérées de la Plata, les vaches portent dès l'âge de deux ans, tandis que, dans le climat bien plus chaud du Paraguay, elles ne portent qu'à trois ans, « d'où l'on peut conclure, » dit-il, « que le bétail ne réussit pas aussi bien dans les pays chauds » [49].

Presque tous les paléontologistes regardent le *Bos primigenius* et le *B. longifrons* comme des espèces distinctes ; il ne serait pas raisonnable de s'inscrire en faux contre cette hypothèse, pour la seule raison que leurs descendants domestiques se croisent aujourd'hui avec la plus grande facilité. Les diverses races européennes ont été si fréquemment croisées, avec ou sans intention, que si de pareilles unions avaient été stériles, on en aurait certainement fait la remarque. Comme les zébus habitent une région très-éloignée et beaucoup plus chaude, et diffèrent d'ailleurs par tant de caractères de notre bétail européen, j'ai cherché à savoir si les deux formes croisées l'une avec l'autre sont fécondes. Feu Lord Powis a importé quelques zébus, et les a croisés avec le bétail commun du Shropshire ; son régisseur m'a assuré que les métis provenus de ce croisement sont parfaitement féconds avec les deux races mères. Dans l'Inde, d'après M. Blyth, les métis à divers degrés de mélange des deux sangs, sont féconds ; le fait semble, d'ailleurs, si bien établi que, dans quelques localités, on laisse les deux espèces se reproduire librement entre elles [50]. Presque tout le bétail introduit primitivement en Tasmanie appartenait à la race à bosse, de sorte qu'il y eut un temps où il existait dans ce pays des milliers d'individus croisés, et M. B. O'Neile Wilson m'écrit de Tasmanie qu'il n'a jamais entendu parler d'aucun cas de stérilité. Possesseur lui-même d'un troupeau de bétail ainsi croisé, il a remarqué que tous les individus ont été féconds, il ne se rappelle même pas qu'une seule vache ait manqué de vêler. Ces divers faits confirment évidemment l'hypothèse de Pallas, en vertu de laquelle les descendants d'espèces qui, croisées à l'origine de leur domestication, seraient restées stériles dans une certaine mesure, deviennent parfaitement féconds à la suite d'une domestication prolongée. Nous verrons dans un chapitre subséquent que cette doctrine jette beaucoup de lumière sur le sujet difficile de l'hybridité.

[49] *Quadrupèdes du Paraguay*, t. II, p. 360.
[50] Walther, *Das Rindvieh*, 1817, p. 30.

J'ai parlé du bétail du parc de Chillingham qui, selon Rütimeyer, s'est très-peu écartée du type du *B. primigenius*. Ce
parc est si ancien qu'il en est fait mention dans un document
de l'an 1220. Le bétail qui l'habite est généralement sauvage par
ses instincts et ses mœurs. Les individus qui composent ce troupeau sont blancs, l'intérieur des oreilles est brun-rougeâtre, les
yeux bordés de noir, le museau brun, les sabots noirs, et les cornes
blanches se terminent par une pointe noire. Pendant une période
de trente-trois ans il est né environ une douzaine de veaux portant sur les joues et le cou des taches brunes et bleues; mais on
les a abattus, ainsi que tous les animaux défectueux. D'après
Bewick, il apparut, vers l'an 1770, quelques veaux ayant les
oreilles noires, que le gardien détruisit également; cette particularité ne s'est pas représentée depuis. Les bestiaux blancs
sauvages habitant le parc du duc de Hamilton, où on a observé
la naissance d'un veau noir, sont, au dire de lord Tankerville,
inférieurs à ceux du parc de Chillingham.

Le bétail conservé jusqu'en 1780 par le duc de Queensberry,
mais qui est actuellement éteint, avait les oreilles, le mufle et les
orbites des yeux noirs. Les bestiaux qui, depuis un temps immémorial, habitent Chartley, ressemblent beaucoup aux bestiaux de
Chillingham, mais les individus sont plus grands et offrent
quelques petites différences dans la couleur des oreilles. « Ils
tendent souvent à devenir entièrement noirs; il règne, à ce propos, dans le voisinage, une superstition singulière; on prétend
que, lorsqu'il naît un veau noir, la noble maison de Ferrers est
menacée de quelque calamité; en conséquence, on détruit tous
les veaux noirs. » Les bestiaux de Burton Constable, dans le
Yorkshire, bestiaux actuellement éteints, avaient les oreilles,
le mufle et l'extrémité de la queue noirs. Bewick rapporte qu'à
Gisburne, aussi dans le Yorkshire, il arrivait parfois que le
mufle des animaux n'était pas de couleur foncée, l'intérieur seul
des oreilles était brun; ailleurs, on décrit cette race comme
petite de taille, et dépourvue de cornes [51].

---

[51] Je suis redevable au comte actuel de Tankerville des renseignements sur son bétail
sauvage, ainsi que sur le crâne envoyé au prof. Rütimeyer. — Le mémoire le plus complet
sur le bétail de Chillingham est celui de M. Hindmarsh, accompagné d'une lettre du feu lord
Tankerville, *Ann. and Mag. of nat. Hist.*, vol. II, 1839, p. 274. — Voir : Bewick, *Qua-*

Les quelques différences que nous venons d'indiquer chez les bestiaux habitant les parcs, méritent l'attention parce que, si légères qu'elles soient, elles prouvent que les animaux vivant presque à l'état de nature et soumis à des conditions d'existence à peu près semblables, mais ne pouvant errer librement et se croiser avec d'autres troupeaux, ne restent pas aussi uniformes que les animaux réellement sauvages. Pour leur conserver ce caractère uniforme, même dans un parc enclos de toutes parts, il semble qu'un certain degré de sélection, c'est-à-dire la destruction des veaux de couleur foncée, soit nécessaire.

Boyd Dawkins croit que les bestiaux habitant les parcs, descendent, non pas d'animaux véritablement sauvages, mais d'individus réduits anciennement en domesticité. En tout cas, la naissance accidentelle de veaux de couleur foncée nous autorise presque à conclure que le *Bos primigenius* primitif n'était pas blanc. Il est curieux d'observer que, chez le bétail sauvage ou rendu à la liberté, il existe une tendance très-prononcée mais non pas absolue, à revenir au blanc avec les oreilles colorées, et cela dans les conditions d'existence les plus variées. Si on peut s'en fier aux vieux auteurs Boethius et Leslie [52], le bétail sauvage de l'Écosse était blanc et pourvu d'une forte crinière, mais la couleur des oreilles n'est pas indiquée. Les bestiaux du pays de Galles [53], s'il faut en croire les documents du dixième siècle, étaient blancs avec des oreilles rouges. Quatre cents têtes de bétail ainsi coloré furent envoyées au roi Jean, et un document ancien rapporte le fait que cent têtes de bétail à oreilles rouges ayant été exigées comme compensation pour une offense, il fut stipulé que si le bétail était de couleur foncée ou noir, on aurait à en livrer cent cinquante. La race noire du nord du pays de Galles paraît appartenir, comme nous l'avons vu, au petit type *longifrons;* or, comme on laissait le choix aux habitants entre

---

drupeds, 2° édit. 1791, p. 35, note. — Pour le bétail du duc de Queensberry, voir Pennant, *Tour in Scotland*, p. 409. — Pour celui de Chartley, Low, *Domesticated Animals of Britain*, 1845, p. 238. — Pour celui de Gisburne, voir Bewick, *Quadrupeds*, et *Encyc. of rural Sports*, p. 101.

    5 Boethius est né en 1470. *Ann. and Mag. of nat. Hist.*, vol II, 1839, p. 281 ; et vol. IV, 1849, p. 424.

    53 Youatt, *On Cattle*, 1834, p. 48. — p. 212 sur les courtes cornes. — Bell (*British Quadrupeds*, p. 423) constate qu'après une longue étude du sujet, il a trouvé que le bétail blanc a invariablement les oreilles colorées.

cent cinquante têtes de bétail foncé, ou cent têtes de bétail blanc
à oreilles rouges, nous sommes autorisés à penser que ces derniers étaient les plus grands, et appartenaient probablement au
type *primigenius*. Youatt a remarqué qu'aujourd'hui, quand les
individus de la race courtes cornes sont blancs, ils ont les extrémités des oreilles plus ou moins teintées en rouge.

Le bétail redevenu sauvage dans les Pampas, dans le Texas,
et dans deux parties de l'Afrique affecte une teinte rouge-brun
foncé presque uniforme [54]. Aux îles Mariannes, dans l'océan
Pacifique, un voyageur a vu, en 1741, d'immenses troupeaux
sauvages ; les individus qui composent ces troupeaux sont, dit-il,
blancs de lait, à l'exception des oreilles qui sont généralement
noires [55]. Les îles Falkland, situées bien plus au sud, et où les
conditions d'existence sont aussi différentes que possible de
celles des îles Mariannes, offrent un cas plus intéressant. Il y a
quatre-vingt ou quatre-vingt-dix ans que le bétail y est redevenu
sauvage ; dans les parties méridionales, les animaux sont pour la
plupart blancs, avec les pieds, la tête, ou seulement les oreilles,
noirs ; l'amiral Sulivan [56] qui a longtemps habité ces îles et à
qui je dois ces renseignements, ne croit pas qu'ils soient jamais
complétement blancs. Nous voyons donc que, dans ces deux ar-
chipels, le bétail tend à devenir blanc avec les oreilles colorées.
Dans d'autres parties des îles Falkland, on voit prévaloir d'autres
couleurs ; près de Port-Pleasant, le brun est la teinte commune ;
autour de Mont-Usborn, dans quelques troupeaux, la moitié des
individus sont gris de plomb ou couleur souris, teinte qui
ailleurs est rare. Bien que ces derniers habitent généralement
les lieux élevés, ils paraissent porter un mois plus tôt que les
autres, circonstance qui doit contribuer à les maintenir distincts
et à perpétuer leur nuance particulière. Il importe de rappeler
à ce sujet que des marques bleues ou plombées ont quelquefois
paru sur le bétail blanc de Chillingham. La couleur des différents troupeaux sauvages dans les diverses régions des îles Falkland est si·nettement tranchée que, d'après l'amiral Sulivan,

---

[54] Azara, *Quadrup. du Paraguay*, t. II, p. 361. Il cite Buffon pour le bétail marron africain. — Pour le Texas, voir *Times*, févr. 18, 1846.
[55] *Voyage*, d'Anson. — Voir Kerr et Porter, *Collection*, vol. XII, p. 103.
[56] Voir aussi Mackinnon, *Pamphlet on the Falkland Islands*, p. 24.

les chasseurs épient les taches blanches dans un district, et les taches foncées dans un autre. Dans les localités intermédiaires on rencontre des couleurs également intermédiaires. Quelle que puisse en être la cause, la tendance qu'offre le bétail sauvage des îles Falkland, lequel descend tout entier de quelques individus importés de la Plata, à se grouper en troupeaux affectant trois couleurs différentes, constitue un fait intéressant.

Pour en revenir aux races anglaises, chacun connaît les différences frappantes qui existent dans l'aspect général, entre les courtes cornes, les longues cornes (maintenant rares), les Hereford, le bétail des Highlands, les Alderney, etc. Une grande partie de ces différences provient sans doute de ce que ces races descendent d'espèces primitives distinctes; mais nous pouvons être certains qu'il s'y est ajouté une quantité notable de variations. Déjà, pendant la période néolithique, le bétail domestique était variable dans une certaine mesure. A une époque plus récente, la plupart des races ont été modifiées par une sélection méthodique et attentive. On peut juger de la puissance de l'hérédité des caractères ainsi acquis par les prix qu'ont atteint les individus de certaines races améliorées; à la première vente des courtes cornes de Collins, onze taureaux ont été vendus en moyenne 5,350 francs chacun; dernièrement, des taureaux courtes cornes ont atteint le prix de 25,000 francs et ont été exportés dans toutes les parties du monde.

Il importe de signaler ici quelques différences constitutionnelles. Les courtes cornes sont beaucoup plus précoces que les races plus sauvages, telles que celles des Highlands et du pays de Galles. M. Simonds [57] a démontré ce fait d'une manière intéressante au moyen d'un tableau où il indique la période moyenne de la dentition; on peut s'assurer ainsi qu'il y a une différence de six mois dans le moment de l'apparition des incisives permanentes. D'après les observations de Tessier faites sur 1131 vaches, il peut y avoir entre la durée des plus courtes et des plus longues gestations une différence de quatre-vingt-un jours; et, ce qui est plus intéressant encore, M. Lefour affirme que la période de la gestation est plus longue chez les grandes races allemandes, que

---

[57] *The age of the Ox, Sheep, Pig, etc.*, par le prof. J. Simonds.

chez les plus petites [58]. Quand à l'époque de la conception, il
paraît certain que les vaches d'Alderney et de Zetland conçoivent
plus tôt que celles des autres races [59]. Enfin, comme un des
caractères génériques du genre *Bos* [60] est d'avoir quatre mamelles bien développées, nous devons remarquer que, chez nos
vaches domestiques, les deux mamelles rudimentaires se développent souvent et donnent du lait.

Les races nombreuses ne se trouvant généralement que dans
les pays depuis longtemps civilisés, il est bon de démontrer que,
dans quelques contrées habitées par des populations barbares.
souvent en guerre les unes avec les autres et n'ayant en conséquence que peu de rapports, il existe actuellement, ou il a
existé autrefois, plusieurs races distinctes de bétail. En 1720,
Leguat a observé au cap de Bonne-Espérance trois races distinctes [61]. A notre époque, divers voyageurs ont remarqué les
différences qui existent entre les races de l'Afrique méridionale.
Sir A. Smith me disait, il y a quelques années, combien grande
avait été sa surprise en voyant que les races de bestiaux, appartenant à plusieurs tribus de Cafres, fussent si différentes bien
qu'elles habitassent des contrées si voisines et si semblables,
situées sous la même latitude. M. Andersson [62] a décrit les bestiaux des Damaras, des Béchuanas et des Namaquas ; il m'apprend que le bétail au nord du lac Ngami est encore différent;
M. Galton dit qu'il en est de même du bétail de Benguela. Le
bétail Namaqua se rapproche beaucoup du bétail européen au
point de vue de la taille et de la forme; il a les cornes fortes et
courtes, et de gros sabots. Celui du Damara est assez singulier,
il a l'ossature forte, les jambes grêles et les pieds petits et
durs ; ses cornes sont extrêmement grandes, et sa queue se termine par une longue touffe de poils qui touche presque à terre.
Le bétail Bechuana a les cornes encore plus grandes ; un crâne
de cette race qui est à Londres, mesure, d'une extrémité à

---

[58] *Annales de l'Agriculture, France*, avril 1837. Je cite les observations de Tessier d'après
Youatt, *Cattle*, p. 527.

[59] *Veterinary*, vol. VIII, p. 681, et vol. X, p. 268. — Low, *Domes. Anim. of G. Britain*,
p. 297.

[60] Ogleby, *Proc. zool. Soc.*, 1836, p. 138, et 1840, p. 4. Quatrefages affirme d'après
Philippi que la race de Piacentino a treize vertèbres dorsales et treize cotes au lieu d'en
avoir douze comme à l'ordinaire. (*Revue des cours scientifiques*, 12 fév. 1868, p. 657.)

[61] Leguat, *Voyages*, cité par Vasey, *Delineations of the Ox tribe*, p. 132.

[62] *Travels in South-Africa*, p. 317; 336.

l'autre des deux cornes, 2^m,65 en ligne droite, et 3,05 en les mesurant suivant leur courbure. M. Andersson me dit dans sa lettre que, sans vouloir entrer dans la description des différences qui existent entre les races appartenant aux nombreuses sous-tribus, ces différences n'en sont pas moins réelles, et la preuve c'est que les indigènes distinguent très-facilement ces diverses races.

Les faits observés dans l'Amérique méridionale nous permettent de conclure que, outre la descendance d'espèces distinctes, beaucoup de races bovines doivent leur origine à la variation. En effet, le genre *Bos* n'est pas indigène dans cette partie du monde et le bétail, actuellement si abondant, descend de quelques individus importés d'Espagne et de Portugal. En Colombie, Roulin décrit deux races particulières [63] ; les *pelones*, qui ont un poil très-fin et très-rare, et les *calongos*, qui sont absolument nus. D'après Castelnau, il y a au Brésil deux races, l'une semblable au bétail européen, l'autre différente pourvue de cornes remarquables. Au Paraguay, Azara a observé une race qui a certainement pris naissance dans l'Amérique méridionale, où elle est appelée *chivos*, à cause de ses cornes verticales, droites, coniques et très-larges à la base. Il décrit aussi une autre race à Corrientes, race naine, à membres courts et à corps plus grand qu'à l'ordinaire. Le Paraguay possède aussi du bétail sans cornes, et des races ayant le poil renversé.

Une race monstrueuse, nommée *niatas* ou *natas*, dont j'ai pu observer deux petits troupeaux sur la rive septentrionale du fleuve la Plata, est assez curieuse pour mériter une description plus complète. Cette race est aux autres races de bétail ce que les bouledogues ou les roquets sont aux autres chiens, ou, d'après Nathusius, ce que les porcs améliorés sont aux races communes [64]. Rütimeyer rattache cette race au type *primigenius* [65].

---

[63] *Mém. d. Sav. étrang.* vol. VI, 1835, p. 333. — Pour le Brésil, voir *Comptes-rendus*, juin 1846. — Azara, *O. C.*, t. II, p. 359, 361.

[64] *Schweineschädel*, 1864, p. 104. Nathusius constate que la forme crânienne caractéristique de la race niata apparaît parfois dans le bétail européen, mais il est dans l'erreur, comme nous le verrons plus tard, en supposant que ce bétail ne constitue pas une race distincte. Le professeur Wyman de Cambridge, États-Unis, m'apprend que la morue commune présente une monstruosité analogue, que les pêcheurs nomment « morue bouledogue ». Le prof. Wyman, après de nombreuses informations prises à la Plata, constate que la race niata transmet ses particularités, et constitue par conséquent une race.

[65] *Ueber Art des Zahmen Europ. Rindes*, 1866. p. 28.

7

Le front est court et large, l'extrémité nasale du crâne, ainsi
que le plan entier des molaires supérieures sont recourbés en
dessus. La mâchoire inférieure se prolonge au delà de la mâchoire supérieure, et présente la même courbure qu'elle. Il est
intéressant de constater qu'une conformation presque semblable
caractérise, à ce que m'apprend le Dr Falconer, le *sivatherium*
de l'Inde, animal gigantesque éteint ; rien de semblable n'existe
chez aucun autre ruminant. La lèvre supérieure est fortement
retirée en arrière, les narines largement ouvertes sont placées
très-haut, les yeux se projettent en dehors, et les cornes sont
grandes. Ces animaux ont le cou court et portent la tête basse en
marchant. Comparés aux membres antérieurs, les membres postérieurs paraissent être plus longs que d'ordinaire. Leurs incisives découvertes, leur tête courte et leurs narines retroussées
donnent à ces animaux un air suffisant et fanfaron des plus comiques. Le professeur Owen a décrit ainsi que suit le crâne que
j'ai présenté au Collège des Chirurgiens [66] : « Le développement
incomplet des os nasaux, des maxillaires supérieurs, et de l'extrémité de la mâchoire inférieure, qui se recourbe en dessus pour
se mettre en contact avec les maxillaires supérieurs, rendent
ce crâne très-remarquable. Les os nasaux n'ont que le tiers de la
longueur ordinaire, mais conservent presque la largeur normale.
Le vide triangulaire se trouve entre ces os, les frontaux et les
lacrymaux, et ces derniers s'articulant avec les maxillaires, il ne
peut ainsi y avoir de contact entre ces os et les nasaux. » Les
rapports usuels de certains os se trouvent donc aussi modifiés.
Je pourrais signaler encore d'autres différences; ainsi, le plan
des condyles est quelque peu modifié, et le bord terminal des
maxillaires supérieurs forme une sorte de voûte. En fait, comparé
au crâne d'un bœuf ordinaire, presque pas un os ne présente la
même forme, et le crâne entier a une apparence tout à fait différente.

C'est Azara qui, en 1783-96, a publié un premier mémoire malheureusement trop court sur cette race. Don F. Muniz, de Luxan,
qui a pris pour moi des renseignements à ce sujet, m'apprend

---

[66] *Descriptive Catal. of Ost. collect. of College of Surgeons*, 1853, p. 624. — Vasey
dans *Delineations of the Ox tribe*, a donné une figure de ce crâne, dont j'ai envoyé une
photographie au professeur Rütimeyer.

qu'en 1760, on conservait à Buenos-Ayres quelques-uns de ces animaux comme une curiosité. On ignore leur origine exacte, mais elle doit être postérieure à 1552, époque de la première introduction du bétail. D'après les renseignements obtenus par le señor Muniz cette race aurait pris naissance chez les Indiens habitant les rives méridonales de la Plata. Encore aujourd'hui, les bestiaux élevés près de la Plata témoignent d'une nature moins civilisée par plus de sauvagerie, et la vache abandonne parfois son premier veau si on la visite trop souvent. La race est constante ; un taureau et une vache niata produisent invariablement un veau niata ; elle persiste depuis un siècle au moins. Le croisement d'une vache ordinaire avec un taureau niata, ou l'inverse, donnent des produits offrant des caractères intermédiaires, mais ceux de la race niata sont fortement accusés. D'après le señor Muniz, il est très-évidemment prouvé, contrairement à l'opinion ordinaire des agriculteurs en pareil cas, que la vache niata croisée avec le taureau commun, transmet ses caractères spéciaux plus fortement que ne le fait le taureau niata croisé avec la vache commune. Quand l'herbe est assez longue, ces animaux mangent comme le bétail ordinaire au moyen de la langue et du palais ; mais, pendant les longues périodes de sécheresse, alors que tant d'animaux périssent dans les Pampas, la race niata se trouve dans une position très-désavantageuse, et finirait par s'éteindre si on ne venait à son aide ; en effet, les bestiaux ordinaires, de même que les chevaux, peuvent encore se soutenir en broutant du bout des lèvres les branchilles des arbres et des roseaux; ceci est impossible aux niatas dont les lèvres ne joignent pas, ils sont donc condamnés à périr avant le bétail ordinaire. Ce fait me frappe comme un exemple propre à prouver combien peu nous pouvons juger, d'après les habitudes ordinaires d'un animal, des circonstances accidentelles ou survenant à de longs intervalles dont peuvent dépendre sa rareté ou son extinction. Il nous prouve aussi comment la sélection naturelle aurait déterminé la destruction de la race niata, si cette race s'était produite à l'état de nature.

Après avoir décrit la race semi-monstrueuse des niatas, il me faut signaler le cas d'un taureau blanc, amené, dit-on, d'Afrique, qui fut exposé à Londres en 1829, et dont M. Harvey a fait plu-

sieurs dessins très-complets[67]. Ce taureau avait une bosse et une
crinière. Le fanon affectait une forme particulière ; il se parta-
geait entre les jambes de devant en divisions ou plis parallèles.
Chaque année les sabots latéraux tombaient après avoir atteint
une longueur de douze à quinze centimètres. L'œil offrait un
caractère très-remarquable ; très-saillant, il ressemblait à un bil-
boquet, c'est–à–dire qu'il représentait une boule posée sur une
coupe ; cette disposition permettait à l'animal de regarder de tous
les côtés avec facilité ; la pupille était petite et ovale, ou figurait
plutôt un parallélogramme à angles abattus et placé en travers
du globe oculaire. Une race nouvelle et bizarre eût pu être probablement formée par une sélection attentive appliquée à la progéniture de cet animal.

Je me suis souvent demandé comment il se fait que chaque
district séparé de la Grande-Bretagne ait autrefois possédé sa
race particulière de bétail et j'ai essayé de déterminer les causes
probables de ces différences ; la question est peut-être plus embar-
rassante encore quand il s'agit de l'Afrique méridionale. Nous
savons aujourd'hui qu'il convient d'attribuer en partie les différences à la descendance d'espèces distinctes ; mais cette cause
ne saurait expliquer tous les phénomènes. Se pourrait-il que les
légères différences dans le climat et la nature des pâturages des
diverses régions de l'Angleterre, aient directement entraîné des
différences correspondantes chez le bétail ? Nous avons vu que
le bétail demi-sauvage qui habite les divers parcs n'est identique
ni au point de vue de la couleur ni au point de vue de la taille,
et que, pour conserver ce bétail intact, il a fallu exercer un certain degré de sélection. Il est à peu près certain qu'une nourriture abondante, continuée pendant beaucoup de générations
affecte directement la taille d'une race[68]. L'action du climat
sur l'épaisseur de la peau et sur les poils est également démontrée. Roulin affirme[69] que, dans les vastes plaines chaudes connues sous le nom de Llanos, « la peau du bétail sauvage est toujours plus légère que celle des animaux habitant le haut plateau
de Bogota, et que celle–ci est encore moins pesante et moins

---

[67] *Loudon Mag. of nat. Hist.*, vol. I, 1829, p. 113. Il donne des figures séparées de
l'animal, de ses sabots, de l'œil et du fanon.
[68] Low *Domesticated Animals of British Isles*, p. 264.
[69] *Mém. de l'Institut ; Savants étrangers*, t. VI, 1835, p. 332.

fournie de poils que celle du bétail redevenu sauvage sur les hauteurs des Paramos. » On a observé la même différence entre les peaux des bestiaux élevés dans les froides îles Falkland, ou dans les Pampas tempérés. Low [70] a remarqué que le bétail habitant les parties les plus humides de l'Angleterre a le poil plus long et le cuir plus épais. Si nous comparons le bétail très-amélioré de nos étables aux races plus sauvages, ou les races des montagnes à celles des plaines, nous ne pouvons douter qu'une vie active, nécessitant le libre usage et l'exercice des membres et des poumons, affecte les formes et les proportions du corps entier. Il est probable que quelques races, telles que la race des niatas, et quelques particularités, telles que l'absence de cornes, etc., ont dû surgir subitement de ce que, dans notre ignorance, nous pouvons appeler une variation spontanée ; mais, même dans ce cas, une espèce de sélection grossière et une séparation partielle des animaux ainsi caractérisés ont dû intervenir. Cette espèce de précaution paraît avoir été prise même dans des endroits peu civilisés et là où on devait le moins s'y attendre ; dans le cas, par exemple, des niatas, des chivos, et du bétail sans cornes de l'Amérique du Sud.

Personne ne met en doute les merveilles opérées récemment pour l'amélioration de nos races, par la sélection méthodique. Pendant le cours de son application, il s'est parfois présenté des déviations de structure plus prononcées que ne le sont de simples différences individuelles, sans cependant mériter la qualification de monstruosités, et dont on a profité : ainsi, le fameux taureau à longues cornes, Shakespeare, quoique de souche Canley pure, n'a hérité de presque aucun caractère de la race à longues cornes, les cornes exceptées [71] ; et, cependant, ce taureau, entre les mains de M. Fowler, a grandement amélioré sa race. Nous sommes aussi autorisés à penser que la sélection, bien qu'exercée involontairement et sans aucune intention arrêtée d'améliorer ou de changer les races, a, dans le cours des temps, modifié la plupart de nos bestiaux, et que c'est par ce moyen, aidé par une augmentation de nourriture, que toutes les races anglaises habitant les parties basses du pays ont considérablement augmenté

[70] *O. C.*, p. 304, 368.
[71] Youatt, *On Cattle*, p. 193. Il a emprunté à Marshall la description complète de ce taureau.

de taille et gagné en précocité depuis le règne de Henri VII [72]. Il ne faut pas oublier que, chaque année, on abat un grand nombre d'animaux, et que chaque éleveur a constamment à déterminer ceux qu'il doit tuer et ceux qu'il doit conserver pour la reproduction. Dans chaque localité, selon la remarque de Youatt, il existe un préjugé en faveur de la race locale ; il en résulte que les animaux possédant les qualités, quelles qu'elles soient, les plus estimées dans chaque district, sont le plus souvent conservés, et cette sélection non méthodique n'en affecte pas moins certainement, au bout d'une série de générations un peu prolongée, les caractères de la race entière. Mais, dira-t-on peut-être, les habitants de l'Afrique méridionale n'étaient-ils pas trop barbares pour pratiquer une sélection même aussi grossière ? Nous verrons, dans le chapitre sur la sélection, que cela a certainement eu lieu jusqu'à un certain point. En conséquence, je conclus, quant à l'origine des nombreuses races de bétail qui ont habité autrefois les différentes parties de l'Angleterre, que, bien qu'une foule de circonstances, telles que de légères différences dans la nature du climat, de la nourriture, des changements de conditions et d'habitudes, etc., outre la corrélation de croissance et l'apparition accidentelle, par suite de causes inconnues, de déviations de structure, aient probablement joué un certain rôle, cependant la conservation occasionnelle, dans chaque localité, des individus les plus estimés par leurs propriétaires, est peut-être ce qui a le plus contribué à la production des diverses races britanniques. Dès que, dans un district, il s'est formé une ou deux races, ou qu'on y a introduit des races nouvelles descendant d'espèces distinctes, les croisements réciproques, surtout s'ils sont aidés par la sélection, tendent à multiplier le nombre des races plus anciennes et à en modifier les caractères.

MOUTONS.

Je traiterai brièvement ce sujet. La plupart des auteurs pensent que nos moutons domestiques descendent de plusieurs espèces

---

[72] Youatt, *On Cattle*, p. 116. — Lord Spencer a écrit sur le même sujet.

distinctes. M. Blyth, qui a longuement étudié cette question, croit
que quatorze espèces sauvages existent encore aujourd'hui, mais
« qu'aucune d'elles ne peut être regardée comme la souche de
nos nombreuses races domestiques ». M. Gervais admet six espèces du genre *ovis* [73], mais il pense que notre mouton domestique forme un genre distinct qui n'existe plus à l'état sauvage.
Un naturaliste allemand [74] croit que nos moutons descendent
de dix espèces primitives distinctes, dont une seule est encore
vivante à l'état sauvage. Un autre observateur ingénieux [75], ce
n'est pas un naturaliste, affirme, au mépris de toutes nos connaissances sur la distribution géographique, que les moutons
de la Grande-Bretagne descendent de onze formes indigènes. En
présence d'une pareille incertitude, il serait inutile de rechercher la filiation des différentes races; je me bornerai donc à
entrer dans quelques détails.

Le mouton a été réduit à l'état domestique dès une époque
très-reculée. Rütimeyer [76] a trouvé, dans les habitations lacustres
de la Suisse, les restes d'une petite race à jambes longues et
grêles, à cornes semblables à celles de la chèvre ; elle différait
donc quelque peu de toutes les races actuellement connues.
Presque chaque pays a sa race propre de moutons ; plusieurs
pays en possèdent un certain nombre très-différentes les unes
des autres. Une des plus fortement caractérisées est une race
orientale à queue longue, pourvue, d'après Pallas, de vingt vertèbres, et si chargée de graisse que, pour l'empêcher de traîner
par terre, on la place sur un chariot que l'animal tire après lui.
Ces moutons, que Fitzinger regarde comme une forme primitive,
ont cependant les oreilles pendantes, ce qui semble le signe d'une
domestication prolongée. Il en est de même pour les moutons
qui portent sur le croupion deux grosses masses de graisse et
ont une queue rudimentaire. La variété angola de la race à longue
queue a des paquets de graisse remarquables sur le derrière de
la tête et sous les mâchoires [77]. Dans un excellent mémoire sur

---

[73] Blyth sur le genre *Ovis*, *Ann. and Mag. of nat. Hist.*, vol. VII, 1841, p. 261. —
Pour la parenté des races, voir les excellents articles de Blyth dans *Land and Water*, 1867,
p. 134, 156. — Gervais, *Hist. nat. des Mammifères*, 1855, t. II, p. 191.
[74] Dr L. Fitzinger, *Ueber die Racen des Zahmen Schafes*, 1860, p. 86.
[75] J. Anderson, *Recreations in Agricult. and nat. Hist.*, vol. II, p. 264.
[76] *Pfahlbauten*, p. 127, 193.
[77] Youatt, *Sheep*, p. 120.

les moutons de l'Himalaya, M. Hodgson [78] conclut, d'après la distribution des diverses races, que « cette augmentation caudale est,
dans la plupart de ses phases, un signe de dégénérescence chez
ces animaux éminemment alpestres ». Les cornes présentent des
variations infinies, elles font assez souvent défaut, surtout chez
les femelles ; dans d'autres cas, au contraire, on les trouve au
nombre de quatre ou même de huit. Les cornes, quand elles
sont nombreuses, surgissent d'une crête de l'os frontal, qui est
relevé d'une façon particulière. La multiplicité des cornes est
« généralement accompagnée d'une toison longue et grossière [79] ».
Cette corrélation n'est cependant pas invariable, car M. D. Forbes
m'apprend que les moutons espagnols du Chili ressemblent, par
leur toison et par tous leurs autres caractères, à la race parente,
le mérinos, à cela près qu'ils ont ordinairement quatre cornes
au lieu de deux. L'existence d'une paire de mamelles est un caractère générique du genre *Ovis*, ainsi que des formes voisines ;
cependant, M. Hodgson a remarqué que « ce caractère n'est pas
absolument constant, même chez les vrais moutons, car j'ai rencontré plus d'une fois chez les *cagias* (race domestique du pied
de l'Himalaya) des individus portant quatre tétines [80] ». Ce cas
est d'autant plus remarquable que, lorsqu'un organe ou une
partie, comparé aux mêmes organes ou parties dans les groupes
voisins, se trouve en nombre réduit, il est généralement peu
sujet à varier. On a regardé aussi la présence de poches interdigitales comme un caractère générique du mouton, mais I. Geoffroy [81] a démontré que ces poches font défaut chez quelques races.

On remarque que, chez les moutons, les caractères acquis apparemment sous l'influence de la domestication, ont une forte
tendance à se fixer exclusivement sur le mâle, ou au moins à se
développer beaucoup plus chez le sexe mâle que chez le sexe femelle. Ainsi, dans beaucoup de races, les cornes font défaut chez
les brebis, ce qui arrive aussi parfois à la femelle du mouflon
sauvage. Chez les béliers de la race valaque, « les cornes s'é-
lancent presque perpendiculairement de l'os frontal et prennent
ensuite une magnifique forme spirale ; chez les brebis, elles sor-

[78] *Journ. of the Asiat. Soc. of Bengal*, vol. XVI, p. 1007, 1016.
[79] Youatt, *O. C.*, p. 142-169.
[80] *Journ. Asiat. Soc. of Bengal*, vol. XVI, 1847, p. 1015.
[81] *Hist. nat. gen.*, t. III, p. 435.

tent de la tête presque à angle droit et se tordent ensuite d'une singulière manière [82]. » M. Hodgson constate que le chanfrein fortement arqué qui se développe à un degré si remarquable chez quelques races étrangères caractérise surtout le bélier, et est apparemment un résultat de la domestication [83]. M. Blyth m'apprend que, chez les races à grosse queue habitant les plaines de l'Inde, l'accumulation de la graisse sur cet organe est beaucoup plus considérable chez le mâle que chez la femelle, et Fitzinger [84] fait remarquer que, chez la race africaine à crinière, celle-ci est beaucoup plus développée chez le bélier que chez la brebis.

Les diverses races de moutons, tout comme celles du gros bétail, présentent des différences constitutionnelles. Ainsi les races améliorées arrivent plutôt à maturité, ce qu'a démontré M. Simonds, en se basant sur l'époque moyenne de la dentition. Les diverses races se sont adaptées à différentes natures de pâturages et de climats; ainsi, il est impossible d'élever des moutons Leicester dans les régions montagneuses où réussissent les Cheviot. Ainsi que le fait remarquer Youatt : « Nous trouvons dans les différentes parties de l'Angleterre, diverses races de moutons admirablement adaptées aux localités qu'elles habitent. On ne connaît pas leur origine; elles appartiennent au sol, au climat, au pâturage de la localité où elles se sont fixées ; elles semblent avoir été formées pour elle et par elle [85]. » Marshàll [86] raconte que, dans un troupeau composé de gros moutons du Lincolnshire et de légers Norfolk, élevés ensemble dans un grand pâturage dont une partie était basse, humide et riche, et l'autre élevée et sèche, les animaux se séparaient régulièrement les uns des autres, les gros moutons restant dans la partie basse, et les moutons légers dans l'autre, de sorte que, tant qu'il y avait de l'herbe en abondance, les deux races se maintenaient aussi distinctes que des pigeons et des corbeaux. On a, dans le cours de longues années, envoyé de différentes parties du monde beaucoup de moutons au jardin zoologique de Londres ; Youatt, vétérinaire

---

[82] Youatt, O. C., p. 138.
[83] Journ. As. Soc. of Bengal, 1847, vol. XVI, p. 1015, 1016.
[84] O. C., p. 77.
[85] Rural Economy of Norfolk vol. II, p. 136.
[86] Youatt, On Sheep, p. 312.—Sur le même sujet, voir Gardeners Chronicle, 1858 p. 868 — Essais de croisements entre moutons Cheviot et Leicester, Youatt, p. 325.

de cet établissement et qui, en cette qualité, les a étudiés avec soin, a remarqué qu'il n'en meurt que peu ou point de la clavelée, mais qu'ils deviennent phthisiques ; ceux qui viennent d'un pays ayant un climat torride ne passent jamais la deuxième année, et, quand ils meurent, leurs poumons sont tuberculeux [87]. Il est à peu près prouvé que les moutons de race anglaise ne réussissent pas en France [88]. Dans certaines parties de l'Angleterre même, il est impossible d'acclimater certaines races de moutons; ainsi, dans une ferme sur les bords de l'Ouse, les moutons Leicester furent si rapidement enlevés par la pleurésie [89], que le propriétaire ne put les garder ; les moutons à peau plus grossière n'en étaient aucunement atteints.

On regardait autrefois la durée de la gestation comme un caractère si invariable qu'une différence supposée de cette nature entre le chien et le loup était considérée comme un signe certain de distinction spécifique ; or, nous avons vu que la durée de la gestation est moindre chez les races améliorées du porc et chez les grandes races bovines, que chez toutes les autres races de ces deux animaux. Les recherches de Nathusius [90], haute autorité sur ce sujet, nous permettent d'affirmer aujourd'hui que les moutons mérinos et les Southdowns, placés pendant longtemps dans des conditions exactement semblables, diffèrent au point de vue de la durée moyenne de la période de gestation ainsi qu'on peut s'en assurer par le tableau suivant :

Mérinos...............................	150.3 jours.
Southdowns............................	144.2　　»
Métis, mérinos et Southdowns.............	146.3　　»
Trois-quarts Southdowns..................	145.5　　»
Sept-huitièmes　　»	144.2　　»

Cette gradation de la durée de la gestation si exactement proportionnelle à la quantité de sang Southdown chez l'animal prouve que ce caractère se transmet de façon invariable. Nathusius remarque que les Southdowns, croissant avec une rapidité étonnante dès la naissance, il n'est pas surprenant que leur déve-

[87] Youatt, O. C., p. 491.
[88] M Malingié-Nouel, *Journ. Roy. Agric. Soc.*, vol. XIV, 1853, p 214. Mémoire traduit et par conséquent approuvé par une haute autorité, M. Pusey.
[89] *The Veterinary*, vol. X, p. 217.
[90] Traduit dans *Bull Soc. imp. d'acclimatation*, t. IX, 1862, p. 723.

loppement fœtal soit un peu abrégé. Il est certes possible que la différence entre les deux races au point de vue de la gestation provienne de ce qu'elles descendent d'espèces distinctes, mais la précocité des Southdowns ayant depuis longtemps été l'objet de l'attention des éleveurs, la différence est bien plus probablement le résultat de leurs efforts. Enfin, la fécondité des diverses races varie beaucoup; quelques-unes produisent généralement deux ou même trois petits par portée; les moutons Shangaï, récemment exposés au jardin zoologique de Londres, moutons si curieux par leurs oreilles tronquées et rudimentaires, et leur grand museau romain, en sont un remarquable exemple.

De tous les animaux domestiques, le mouton est peut-être celui qui est le plus promptement affecté par l'action directe des conditions d'existence auxquelles il est exposé. D'après Pallas, et plus récemment d'après Erman, le mouton Kirghise, dont la queue est si chargée de graisse, dégénère au bout de quelques générations en Russie; la masse de graisse diminue graduellement, tant les herbages maigres et amers des steppes paraissent nécessaires à son développement. Pallas a fait la même remarque relativement à une des races de la Crimée. Burnes assure que la race Karakool, qui produit une toison noire, fine, frisée et de grande valeur, perd cette toison lorsqu'on la fait sortir de la localité qu'elle habite près de Bokhara, pour la transporter en Perse ou ailleurs [91]. Il se peut, toutefois, qu'un changement quelconque dans les conditions d'existence, engendre la variabilité et, par conséquent, la perte de certains caractères, et non pas que certaines conditions soient nécessaires pour le développement de ces caractères.

Une grande élévation de température semble cependant exercer une action directe sur la toison; on a publié, à cet égard, plusieurs rapports sur les changements que subissent, dans les Indes occidentales, les moutons importés d'Europe. Le Dr Nicholson d'Antigua m'apprend, qu'après la troisième génération, la laine disparaît de tout le corps, à l'exception des reins; l'animal offre alors l'aspect d'une chèvre couverte d'un paillasson

---

[91] Erman's *Travels in Siberia*, vol. I, p. 228. — Je cite Pallas d'après Anderson (*Sheep of Russia*, 1794. p. 34). Pour les moutons de Crimée, voir Pallas, *Voyages*, vol. II, p. 454, trad. angl. — Pour les moutons de Karakool, voir Burnes, *Travels in Bokhara*, vol. III, p. 151.

sale. Un changement analogue se produit, dit-on, sur la côte occidentale d'Afrique [92]. D'autre part, beaucoup de moutons à toison laineuse habitent les plaines chaudes de l'Inde. Roulin affirme que, dans les vallées basses et chaudes des Cordillères, les agneaux continuent de porter une toison laineuse si on a soin de les tondre dès que la laine a atteint une certaine épaisseur, mais si on néglige de le faire, la laine se détache par flocons, et est remplacée d'une manière constante par un poil court et brillant, semblable à celui de la chèvre. Ce curieux phénomène paraît être l'exagération d'une tendance naturelle à la race mérinos ; car, comme le remarque lord Somerville, une grande autorité dans la matière, « la toison de nos mérinos devient, après la tonte, si dure et si grossière, qu'il serait presque impossible de supposer que le même animal pût produire une laine d'une qualité si complétement opposée à celle qu'on vient de lui enlever ; mais à mesure que le temps devient plus froid, la laine reprend toutes ses qualités. » Chez les moutons de toutes races, la toison se compose de poils longs et grossiers qui recouvrent une laine plus courte et plus souple ; le changement qu'éprouve souvent la toison dans les climats chauds n'est donc probablement qu'un fait d'inégal développement, car, même chez les moutons dont le corps, comme celui des chèvres, est couvert de poils, on peut toujours trouver un peu de laine sous-jacente [93]. Le mouton sauvage habitant les parties montagneuses de l'Amérique du Nord, (*Ovis montana*), subit annuellement un changement de toison analogue : « la laine commence à tomber au commencement du printemps, laissant à sa place une couche de poils semblables à ceux de l'élan ; ce changement de pelage est tout à fait différent de l'épaississement de la fourrure et du poil qui se produit ordinairement en hiver chez presque tous les animaux velus, tels que le cheval, le bœuf, etc., lesquels se dépouillent au printemps de leur robe d'hiver. »

[92] Voir le *Rapport des directeurs de la Comp. de la Sierra Leone* cité dans White's *Gradation of Man*, p. 95. — Pour les changements qu'éprouvent les moutons dans les Indes occidentales, voir Dr Davy, *Edinburgh new philos. Journal*, janv. 1852. — Pour l'assertion de Roulin, voir *Mém. des Savants étrangers*, t. VI, 1835, p. 347.

[93] Youatt, *On Sheep*, p. 69, où lord Somerville est cité. Voir p. 117, sur la présence de la laine sous le poil. — Toisons des moutons australiens, p. 185. — Sur la sélection comme contrariant la tendance au changement, p. 70, 117, 120, 168.

[94] Audubon et Bachman, *Quadrupeds of North-America*, 1846, vol. V, p. 365.

Une légère modification de nourriture affecte parfois légèrement la nature de la toison, ce qui a été souvent observé dans différentes parties de l'Angleterre, et ce que prouve bien la grande douceur des laines importées de l'Australie méridionale. Mais il faut remarquer, ainsi que Youatt le répète avec insistance, qu'on peut généralement contrebalancer par une sélection attentive cette tendance à la variation. M. Lasterye, après avoir discuté ce sujet, le résume commesuit : « La conservation de la race mérinos dans sa plus grande pureté, au cap de Bonne-Espérance, dans les marécages de la Hollande, et sous le climat rigoureux de la Suède, viennent à l'appui de mon principe invariable, à savoir qu'on peut élever des moutons à laine fine partout où il existe des hommes industrieux et des éleveurs intelligents. »

Quiconque a étudié la question doit admettre que la sélection méthodique a produit de grands changements chez les différentes races de moutons. La race des Southdowns, améliorée par Ellman, en est un des plus frappants exemples. La sélection inconsciente ou accidentelle a également produit lentement des effets considérables, ainsi que nous le verrons dans les chapitres où nous traiterons de la sélection. Le croisement a largement modifié quelques races, cela est incontestable ; mais, comme le dit M. Spooner, « pour produire l'uniformité dans une race croisée, une sélection très-attentive et une épuration rigoureuse sont indispensables [95]. »

Dans quelques cas, assez rares d'ailleurs, on a vu apparaître bitement de nouvelles races : ainsi, en 1791, il naquit dans le Massachusetts un agneau mâle avec les jambes courtes et tordues, et le dos allongé comme un basset. C'est avec cet unique animal que fut créé la race semi-monstrueuse des moutons *loutres* ou *ancons*: ces moutons ne pouvant franchir les clôtures, on pensa qu'il y aurait quelque avantage à les élever ; mais ils ont été remplacés par les mérinos et ont ainsi disparu. Les moutons transmettent leurs caractères avec tant de régularité que le colonel Humphreys [96] dit n'avoir jamais eu connaissance

[95] *Journal of R. Agricult. Soc. of England*, vol. XX, part. 2 ; W. C. Spooner, sur les croisements.
[96] *Philos. Transactions,* London, 1813, p. 88.

d'un seul cas où un bélier ou une brebis ancon n'aient pas produit des agneaux ancons. Croisés avec d'autres races, les produits, au lieu d'être intermédiaires, ressemblent toujours, à de rares exceptions près, à l'un ou l'autre des parents ; souvent même l'un des jumeaux ressemble à un des parents et le second à l'autre. Enfin, on a observé que les ancons, mélangés dans les enclos avec d'autres moutons, se séparent du reste du troupeau pour faire bande à part.

Le rapport du jury pour la grande exposition de 1851 enregistre un cas plus intéressant encore. C'est celui d'un agneau mérinos mâle, né en 1828 dans la ferme de Mauchamp ; cet agneau était remarquable par sa laine longue, droite, lisse et soyeuse. Dès 1833, M. Graux avait élevé assez de béliers pour le service de son troupeau entier ; il put, quelques années après, vendre des reproducteurs de la nouvelle race. La laine en est si particulière et si estimée, qu'elle se vend 25 pour cent au-dessus des prix des meilleures laines mérinos ; les toisons, même des individus demi-sang, sont très-estimées et sont connues en France sous le nom de mérinos Mauchamp. Il est intéressant de constater, car c'est une nouvelle preuve que d'ordinaire toute déviation marquée de la conformation est accompagnée par d'autres déviations, que le premier bélier et ses descendants étaient de petite taille, avaient la tête grosse, le cou long, le poitrail étroit, et les flancs allongés ; mais ces défauts ont été corrigés par une sélection attentive et des croisements judicieux. La longue laine douce était aussi en corrélation avec des cornes lisses, corrélation dont nous pouvons comprendre la signification, puisque les poils et les cornes sont des formations homologues. Si les races ancon et Mauchamp avaient apparu il y a un ou deux siècles, nous n'aurions aucun renseignement sur leur origine, et la dernière surtout eût, sans aucun doute, été regardée par plus d'un naturaliste comme la descendance de quelque forme primitive inconnue, ou au moins comme le produit d'un croisement avec cette forme.

CHÈVRES.

Les recherches récentes de M. Brandt, ont amené la plupart des naturalistes à admettre que toutes nos chèvres descendent du *Capra œgagrus* des montagnes de l'Asie, peut-être mélangé avec une espèce voisine de l'Inde, le *C. falconeri* [97]. Pendant la période néolithique en Suisse, la chèvre domestique était plus abondante que le mouton, et cette race fort ancienne ne différait sur aucun point de celle qui existe aujourd'hui dans le pays [98]. Les races nombreuses qu'on rencontre actuellement sur divers points du globe, diffèrent beaucoup les unes des autres [99]; toutefois, autant qu'on a pu s'en assurer, ces races sont fécondes quand on les croise les unes avec les autres. Les races sont si variées, que M. Clark [100] a décrit huit formes distinctes importées dans l'île Maurice seule. Une d'elles a des oreilles énormes, mesurant, d'après M. Clark, 47 centimètres de longeur, sur 11 centimètres de largeur. De même que chez l'espèce bovine, les mamelles des races qu'on trait régulièrement se développent beaucoup, et, selon M. Clark, il n'est pas rare d'en voir dont les tétines touchent le sol. Voici quelques cas présentant des faits extraordinaires de variation. D'après Godron [101], les mamelles diffèrent considérablement de forme, suivant les races; elles sont allongées chez la chèvre commune, hémisphériques chez la race angora, bilobées et divergentes chez les chèvres de la Syrie et de la Nubie. D'après le même auteur, les mâles de certaines races ont perdu leur odeur désagréable ordinaire. Chez une des races indiennes, les mâles et les femelles ont des cornes de formes très-différentes [102], et, chez quelques autres, les fe-

---

[97] Isid. Geoff Saint-Hilaire, *Hist. nat. gen.*, t. III, p. 87. — M. Blyth, *Land and Water*, 1867, p. 37, est arrivé à la même conclusion, mais il pense que certaines races orientales descendent peut-etre en partie d'une forme asiatique.

[98] Rutimeyer, *Pfahlbauten*, p. 127.

[99] Godron, *De l'Espèce*, t. I, p. 402.

[100] *Ann. and Mag. of natural History*, vol II (2ᵉ série), 1848, p. 363.

[101] *De l'Espèce*, t. I, p. 406. — M. Clark signale aussi des différences dans la forme des mamelles. Godron constate que, chez la race nubienne, le scrotum est divisé en deux lobes; M. Clark en donne une preuve comique, car il a vu à Maurice un bouc de la race muscate acheté à un haut prix parce qu'on le prenait pour une chèvre en pleine lactation. Ces différences dans le scrotum ne sont probablement pas dues à une descendance d'espèces distinctes, car M. Clark a constaté une grande variation de forme dans ces organes.

[102] M. Clark, *Ann. and Mag. of nat. Hist.* vol. II (2ᵉ série), 1848, p. 361.

melles en sont dépourvues [103]. M. Ramu de Nancy m'apprend que beaucoup de chèvres, dans les environs de cette ville, portent à la partie supérieure de la gorge deux appendices poilus ayant 70 millimètres de longueur et environ 10 millimètres de largeur; ces appendices ressemblent beaucoup extérieurement à ceux que nous avons déjà signalés sur les mâchoires des porcs. On a cru que la présence de poches interdigitales aux quatre pieds caractérise le genre *Ovis*, et leur absence, le genre *Capra*; mais M. Hodgson a observé ces poches sur les pattes de devant de la plupart des chèvres himalayennes [104]. Le même auteur a mesuré les intestins de deux chèvres de la race Dûgû, et a trouvé une assez grande différence dans la longueur proportionnelle du petit et du gros intestin. Chez l'une, le cœcum mesurait 32 centimètres de longueur; chez l'autre, le cœcum ne mesurait pas moins de 90 centimètres de longueur.

[103] Desmarest, *Enc. method. Mammalogie*, p. 480.
[104] *Journal of Asiatic Soc. of Bengal*, vol. XVI, 1847, p. 1020, 1025.

CHAPITRE IV

LAPINS DOMESTIQUES.

Les lapins domestiques descendent du lapin commun sauvage. — Domestication ancienne. — Sélection ancienne. — Lapins à oreilles pendantes. — Races diverses. — Fluctuation des caractères. — Origine de la race himalayenne. — Cas curieux d'hérédité. — Lapins redevenus sauvages à la Jamaïque et aux îles Falkland. — Lapins redevenus sauvages à Porto-Santo. — Caractères ostéologiques. — Crâne. — Crâne des lapins demi-lopes. — Variations du crâne analogues aux différences chez diverses espèces de lièvres. — Vertèbres. — Sternum. — Omoplates. — Effets de l'usage et du défaut d'usage sur les proportions des membres et du corps. — Capacité du crâne et petitesse du cerveau. — Résumé des modifications du lapin domestique.

Tous les naturalistes, à l'exception d'un seul, si je ne me trompe, s'accordent à admettre que les diverses races de lapins domestiques descendent de l'espèce sauvage commune ; je décrirai donc ces races en entrant dans plus de détails que je ne l'ai fait jusqu'à présent. Le professeur Gervais [1] s'exprime ainsi : « Le vrai lapin sauvage est plus petit que le lapin domestique ; ses proportions ne sont pas absolument les mêmes, sa queue est plus petite, ses oreilles sont plus courtes et plus velues, et ces caractères, sans parler de ceux fournis par la couleur, sont autant d'indications contraires à l'opinion qui réunit ces animaux sous la même dénomination spécifique. » C'est là une opinion que partagent bien peu de naturalistes, car les minimes différences qui existent entre le lapin sauvage et le lapin domestique sont trop insuffisantes pour autoriser une distinction spécifique. Il serait bien plus extraordinaire que la captivité complète, l'apprivoisement parfait, la nourriture artificielle, la reproduction surveillée avec soin, n'eussent pas, au bout d'un grand nombre de généra-

[1] *Hist. nat. des Mammifères,* t. I, 1854, p. 288.

tions, produit quelques effets. Le lapin a été réduit à l'état domestique dès une période fort ancienne. Confucius met le lapin au
nombre des animaux propres à être sacrifiés aux dieux, et,
comme il en prescrit la multiplication, il devait être, à cette
époque reculée, déjà domestiqué en Chine. Plusieurs auteurs
classiques mentionnent le lapin. En 1631, Gervaise Markham
écrit: « Il ne faut pas, comme pour l'autre bétail, regarder à leur
forme, mais à leurs produits, choisir les mâles parmi les plus
grands et les meilleurs ; les peaux qu'on estime le plus sont
celles qui ont un mélange égal de poils noirs et blancs, le noir
plutôt dominant ; la fourrure doit être épaisse, lisse et brillante...
Ils ont le corps plus grand et plus gras, et leurs peaux valent
deux shillings, quand celles des autres ne valent que deux ou
trois pence. » Ce passage nous prouve qu'à cette époque il
existait en Angleterre des lapins gris argentés, et, ce qui est plus
important, qu'on s'occupait avec soin de leur élevage et de leur
sélection. En 1637, Aldrovandi décrit, d'après plusieurs anciens
écrivains (comme Scaliger en 1557), des lapins de diverses couleurs, dont quelques-uns « ressemblent au lièvre », et il ajoute
que P. Valerianus (mort très-âgé en 1558) avait vu à Vérone
des lapins quatre fois plus gros que les nôtres [2].

Le lapin ayant été réduit à l'état domestique dès une période
très-reculée, c'est dans l'hémisphère boréal de l'ancien monde
et dans ses régions tempérées qu'il nous en faut chercher la
forme souche primitive, car le lapin ne peut vivre sans protection
dans les pays aussi froids que la Suède, et, bien qu'il soit redevenu sauvage dans l'île tropicale de la Jamaïque, il ne s'y est
jamais beaucoup multiplié. Le lapin existe encore, et a existé
depuis longtemps, dans les parties chaudes mais tempérées de
l'Europe, car on en a, dans plusieurs endroits, trouvé des restes
fossiles [3]. Le lapin domestique retourne volontiers à l'état sauvage dans ces mêmes pays, et, quand cela arrive à des animaux
de diverses couleurs, ils reviennent généralement à la couleur
grise ordinaire [4]. On peut, si on les prend jeunes, domestiquer

---

[2] U. Aldrovandi, *De Quadrupedibus digitatis*, 1637, p. 383. — Pour Confucius et Markham, voir un écrivain qui a étudié ce sujet dans *Cottage Gardener*, 1861, janvier 22, p. 250.
[3] Owen, *British fossi, Mammals*, p. 212.
[4] Bechstein, *Naturg. Deutschlands*, 1801, vol. I, p. 1133. J'ai reçu des renseignements
analogues d'Angleterre et d'Ecosse.

les lapins sauvages, mais ce n'est pas sans difficulté [5]. On croise souvent entre elles les races domestiques, qu'on considère comme réciproquement fécondes, et on peut établir une gradation parfaite depuis les grandes races domestiques à oreilles énormément développées jusqu'à l'espèce sauvage ordinaire. L'ancêtre primitif doit avoir été un animal fouisseur, habitude que ne possède, autant que je le sache, aucune autre espèce du grand genre *Lepus*. On ne connaît avec certitude, en Europe, que l'existence d'une seule espèce sauvage ; mais le lapin du mont Sinaï (si c'est bien un lapin) et celui d'Algérie offrent de légères différences ; aussi quelques auteurs les ont-ils considérés comme des espèces distinctes [6]. Mais ces légères différences nous aideraient peu à expliquer celles beaucoup plus considérables qui caractérisent les diverses races domestiques. Si ces dernières descendent de deux ou plusieurs espèces très-voisines, toutes, à l'exception du lapin commun, ont été exterminées à l'état sauvage, ce qui est fort improbable, à en juger par la ténacité avec laquelle cet animal maintient son terrain. Ces diverses raisons nous autorisent à conclure que toutes les races domestiques descendent de l'espèce sauvage commune. Toutefois, il convient de tenir compte de ce que nous avons appris récemment sur la merveilleuse réussite, en France, d'un croisement entre le lièvre et le lapin [7] ; il est donc possible, quoique peu probable, vu la difficulté d'opérer le premier croisement, que quelques-unes des grandes races qui sont colorées comme le lièvre aient pu être modifiées par des croisements avec ce dernier animal. Néanmoins, les différences principales qui existent entre les squelettes des diverses races domestiques ne peuvent pas, comme nous le verrons bientôt, provenir d'un croisement avec le lièvre.

Plusieurs races transmettent leurs caractères avec plus ou moins de constance. Tout le monde a vu les lapins à immenses oreilles tombantes si souvent exposés dans les concours ; on élève sur le continent diverses sous-races voisines ; ainsi, celle

---

[5] E. S. Delamer. *Pigeons and Rabbits*, 1854, p. 133. Sir J. Sebright (*Observations on Instinct*, 1836, p. 10), sur la difficulté de domestiquer les lapins sauvages ; cette difficulté n'est pas constante ; j'ai eu connaissance de deux cas d'apprivoisement et de reproduction du lapin sauvage.— Voir Broca, *Journal de la Physiologie*, t. II. p. 368.

[6] Gervais, *Hist. nat. des Mammifères*, t. I. p. 292.

[7] Voir l'intéressant mémoire du Dr Broca dans *Journal de Physiol. de Brown Séquard*, vol. II, p. 367.

qu'on nomme andalouse, qui possède une grande tête avec un front arrondi, et qui atteint une plus grande taille que toute autre ; une autre grande race de Paris, à tête carrée, nommée rouennaise ; le lapin patagon, dont la tête est grande, ronde et les oreilles très-courtes. Je n'ai pas vu toutes ces races, mais je doute qu'elles offrent des différences marquées dans la forme du crâne [8]. Les lapins à grandes oreilles tombantes d'Angleterre pèsent souvent 8 ou 10 livres ; on en a même exposé un pesant 18 livres, tandis qu'un lapin sauvage adulte ne pèse qu'environ 3 livres et quart. Le crâne, chez les lapins à oreilles pendantes que j'ai examinés, est, relativement à sa largeur, plus long que chez le lapin sauvage. Ces lapins ont souvent sous la gorge des replis de peau ou fanons qu'on peut étirer jusqu'à leur faire presque toucher l'extrémité de la mâchoire. Les oreilles sont prodigieusement développées et pendent de chaque côté de la tête. On a exposé un de ces lapins dont les deux oreilles étendues mesuraient ensemble 55 centimètres de longueur ; chaque oreille avait 13 centimètres de largeur. En 1869, on a exposé un lapin dont les oreilles, mesurées de la même manière, avaient 578 millimètres de longueur et chacune 137 millimètres de largeur ; c'est le lapin aux oreilles les plus développées qui ait jamais paru dans un concours. Chez un lapin sauvage, j'ai trouvé 187 millimètres pour la longueur totale des deux oreilles mesurées bout à bout ; chacune avait seulement 48 millimètres de largeur. On recherche surtout chez les grandes races de lapins, le poids du corps et le développement des oreilles ; ce sont là les qualités primées dans les concours, et elles ont, en conséquence, fait l'objet d'une sélection attentive.

Le lapin couleur de lièvre ou lapin belge, comme on l'appelle quelquefois, ne diffère que par la couleur des autres grandes races ; mais M. J. Young, de Southampton, grand éleveur de cette race de lapins, m'apprend que toutes les femelles qu'il a examinées n'avaient que six mamelles ; deux femelles que j'ai eues en ma possession n'en avaient, en effet, que six. M. B. P. Brent, m'assure toutefois que, chez les autres lapins domestiques, le nombre des mamelles est variable. Le lapin sauvage commun en

[8] *Journal of Horticulture*, 1861, p. 108.

a toujours dix. Le lapin angora est remarquable par la longueur et la finesse de sa fourrure, qui atteint une longueur considérable même à la plante des pieds. C'est la seule race qui paraisse différer des autres par ses qualités intellectue lles, car elle est plus sociable, et le mâle ne cherche pas à dévorer ses petits [9]. On m'a apporté de Moscou, deux lapins vivants de la grosseur de l'espèce sauvage, mais ayant une fourrure douce et longue différant de celle de l'angora. Ces lapins de Moscou avaient les yeux roses et étaient blanc de neige, à l'exception des oreilles, de deux taches près du nez, de la surface supérieure et inférieure de la queue et des tarses postérieurs, qui étaient brun-noirâtre. Bref, ils avaient à peu près la coloration des lapins himalayens, que nous allons décrire, et n'en différaient que par le caractère de leur fourrure. Deux autres races ne diffèrent que par la couleur : çe sont les races grise argentée et chinchilla. Enfin, mentionnons le lapin hollandais qui varie de couleur, et qui est remarquable par sa petite taille, quelques individus ne pesant qu'une livre et quart ; les femelles de cette race forment d'excellentes nourrices pour d'autres variétés plus délicates [10].

Certains caractères sont soumis à des fluctuations remarquables, ou sont très-faiblement transmis par les lapins domestiques ; ainsi un éleveur m'apprend que, chez les petites races, il n'a presque jamais pu obtenir une portée entière de la même couleur ; chez les races à grandes oreilles tombantes [11], « il est impossible, dit une haute autorité, d'obtenir une couleur certaine, mais on peut en approcher par des croisements judicieux. L'éleveur doit connaître la provenance de ses sujets, et la couleur de leurs parents. » Certaines couleurs se transmettent cependant très-bien, comme nous le verrons tout à l'heure. Le fanon n'est pas strictement héréditaire. Les lapins à oreilles pendantes, c'est-à-dire retombant le long de la tête, ne transmettent pas fidèlement ce caractère. M. Delamer fait remarquer que, « chez les lapins de fantaisie, les parents peuvent être parfaitement formés, avoir des oreilles modèles, être élégamment

[9] *Journal of Horticulture*, 1861, p. 380.
[10] *Journal of Horticulture*, 1861, p. 169.
[11] *Id.*, p. 327. — Pour les oreilles, voir Delamer, *Pigeons and Rabbits*, 1854, p. 141, ainsi que *Poultry Chronicle*, vol. II, p. 499, le même pour 1854, p. 586.

marqués, sans que leurs produits soient invariablement semblables. » Quand un parent ou tous deux sont *lopes à rames*
(c'est-à-dire ont les oreilles se détachant à angle droit), quand
l'un ou tous deux sont *demi-lopes* (c'est-à-dire n'ayant qu'une
oreille pendante), il y a presque autant de chance que leur
progéniture soit *lope parfait* (deux oreilles pendantes), que si
les parents l'avaient été eux-mêmes. Toutefois, si les deux
parents ont les oreilles droites, il y a fort peu de chances d'obtenir le lope parfait. Chez quelques demi-lopes, l'oreille pendante
est plus large et plus longue que l'oreille droite [12], d'où résulte
le cas peu normal d'un manque de symétrie entre les deux côtés.
Cette différence dans la position et la grandeur des deux oreilles
indique probablement que la chute de l'oreille résulte de son

Fig. 5. — Lapin demi-lope. (D'après l'ouvrage de M. E.-S. Delamer.)

poids et de sa grande longueur, ainsi que de l'atrophie de ses
muscles par défaut d'usage. Anderson [13] signale une race n'ayant
qu'une oreille ; et le professeur Gervais en indique une autre qui
en est complétement dépourvue.

Étudions actuellement la race himalayenne, qu'on appelle
aussi chinoise, polonaise ou russe. Ces jolis lapins sont blancs,
parfois cependant jaunes, à l'exception des oreilles, du museau,

[12] Delamer, *O. C.*, p. 136. — *Journ. of Horticulture*, 1861, p. 375.
[13] *Account of different kinds of Sheep in the Russian dominions*, 1794, p. 39.
[14] *Proc. Zool. Soc.*, 1857, p. 159.

des quatre pattes et de la face supérieure de la queue, parties qui sont toutes brun-noirâtre; mais, comme ils ont les yeux rouges, on peut les considérer comme des albinos. Ils reproduisent fidèlement leurs caractères. On les a d'abord, à cause de leurs marques symétriques, considérés comme constituant une espèce distincte, qu'on désigna provisoirement sous le nom de *L. nigripes* [14]. Quelques observateurs pensant pouvoir découvrir certaines différences dans leurs mœurs, soutinrent énergiquement qu'ils formaient une espèce nouvelle. L'origine de cette race est si curieuse, soit par elle-même, soit par le jour qu'elle jette sur les lois complexes de l'hérédité, qu'elle vaut la peine d'être examinée avec quelques détails. Mais il nous faut d'abord décrire brièvement deux autres races. Les lapins gris argenté ont généralement la tête et les pattes noires, et leur belle fourrure grise est parsemée de nombreux poils longs, noirs et blancs. Ils se reproduisent fidèlement et sont depuis longtemps conservés dans les garennes. Lorsqu'ils s'échappent, et se croisent avec le lapin commun, les jeunes, ainsi que me l'apprend M. Wyrley Birch, de Wretham-Hall, n'ont point un pelage constituant un mélange des deux couleurs, mais tiennent les uns d'un des parents, les autres de l'autre. D'autre part, la race chinchilla a une fourrure plus courte, plus pâle, de couleur souris ou ardoisée, parsemée de longs poils noirâtres, ardoisés, ou blancs [15]. Ces lapins se reproduisent fidèlement. Or, en 1857 [16], un éleveur annonça qu'il était arrivé à produire comme suit des lapins himalayens. Il possédait une race de chinchillas qui avait été croisée avec le lapin noir ordinaire; ce croisement donna comme produit des lapins noirs et des chinchillas. Ces derniers furent recroisés avec d'autres chinchillas (qui avaient eux-mêmes été croisés avec des gris argenté); le résultat de ces croisements compliqués fut des lapins himalayens. Se basant sur ces renseignements et d'autres semblables, M. Bartlett [17], se livra à des expériences rigoureuses au Jardin zoologique de Londres; il trouva qu'en croisant simplement les chinchillas avec les lapins gris argenté, il obtenait toujours quelques himalayens; ces derniers, malgré leur brusque

---

[15] *Journal of Horticulture*, 1861, p. 35.
[16] *Cottage Gardener*, 1857, p. 141.
[17] Bartlett, *Proc. Zool. Soc.*, 1861, p. 40.

origine, se reproduisaient en transmettant fidèlement leur type, à condition bien entendu qu'on les fasse croiser entre eux. Depuis lors, on m'a affirmé que toutes les variétés de lapins gris argenté de race pure, produisent accidentellement des lapins himalayens.

A leur naissance, les himalayens sont entièrement blancs, et de vrais albinos ; mais ils acquièrent graduellement, au bout de quelques mois, la coloration foncée des oreilles, du museau, des pieds et de la queue. Parfois, cependant, ainsi que l'affirment M. W. A. Wooler et le rév. W. D. Fox, les lapins himalayens affectent au moment de leur naissance une couleur gris pâle ; M. Wooler m'a envoyé des échantillons de fourrures affectant cette teinte. Elle disparaît à mesure que l'animal approche de la maturité. Il y a donc, chez les lapins himalayens, une tendance, confinée strictement au plus jeune âge, à revenir à la couleur de la souche gris argenté. D'autre part, les lapins gris argenté et les chinchillas présentent, dans leur jeune âge, un contraste frappant avec les lapins himalayens, car ils naissent complétement noirs, et ne revêtent que plus tard leur teinte caractéristique grise ou argentée. On observe le même phénomène chez les chevaux gris, qui sont généralement presque noirs quand ils sont jeunes, et deviennent successivement gris, puis de plus en plus blancs à mesure qu'ils vieillissent. On peut donc établir en règle générale que les lapins himalayens naissent blancs, et revêtent ensuite des couleurs plus foncées sur certaines parties du corps, tandis que les lapins gris argenté naissent noirs, et se saupoudrent ensuite de blanc. Mais, dans les deux cas, il se présente parfois des exceptions de nature toute contraire. M. W. Birch m'apprend qu'il naît quelquefois dans les garennes, des lapins gris argenté qui sont d'abord couleur café au lait, puis qui ultérieurement deviennent noirs. D'autre part, les lapins himalayens, ainsi que l'a constaté un amateur expérimenté [18], produisent un seul petit noir dans une portée, lequel, avant que deux mois se soient écoulés, est redevenu complétement blanc.

Résumons ces curieux phénomènes : on peut considérer les lapins sauvages gris argenté comme des lapins noirs qui de—

[18] *Phenon. in Himalayan Rabbits*, dans le *Journ. of Horticulture*, 1865, p. 102.

viennent gris d'assez bonne heure. Croisés avec le lapin ordinaire, les produits n'offrent pas un mélange de la couleur de leurs ascendants, mais tiennent de l'un ou l'autre des parents, et ressemblent, sous ce rapport, aux variétés noires ou albinos de beaucoup de quadrupèdes, qui transmettent souvent leur couleur de la même manière. Lorsqu'on les croise avec une sous-variété plus pâle, telle que le chinchilla, les jeunes sont d'abord albinos purs, mais prennent bientôt sur certaines parties de leur corps une couleur plus foncée, et s'appellent alors lapins hima-layens. Ceux-ci, toutefois, dans leur jeune âge, sont quelquefois gris pâle, ou complétement noirs, mais dans les deux cas deviennent blancs après un certain temps. Je citerai, dans un cha-pitre subséquent, un ensemble important de faits tendant à prouver que, lorsqu'on croise deux variétés, qui l'une et l'autre ont une couleur différente de celle de la forme souche, les produits ont une forte tendance à faire retour à la couleur primitive de celle-ci ; et, ce qui est remarquable, c'est que ce retour survient parfois pendant la croissance de l'animal, et non pas avant sa naissance. En conséquence, si l'on peut démontrer que la race gris argenté et la race chinchilla descendent d'un croisement entre une variété noire et une variété albinos, dont les teintes se sont intimement mélangées, — supposition qui n'est point im-probable en soi et qu'appuie le fait observé dans les garennes, à savoir que des lapins gris, produisent parfois des jeunes couleur café au lait clair, qui ultérieurement deviennent noirs, — il ré-sulte que les faits paradoxaux que nous venons de citer, relatifs à des changements de couleur chez les lapins gris argenté et chez leurs descendants, les lapins himalayens, ne seraient que des cas d'atavisme ou de retour, survenant à différentes périodes de la croissance et à des degrés divers, vers l'une ou l'autre des va-riétés parentes originelles, soit la variété noire, soit la *variété albinos.*

Il est aussi très-extraordinaire que les lapins himalayens, pro-duits si brusquement, reproduisent fidèlement leur type. Mais, comme ils commencent par être albinos, le cas rentre dans une règle très-générale ; on sait, en effet, que l'albinisme est fortement héréditaire, ainsi qu'on peut l'observer chez les souris blanches et d'autres quadrupèdes, et même chez les fleurs. Mais pourquoi, dira-t-on, les oreilles, le nez, la queue et les pieds, font-ils retour, à l'exclusion de toute autre partie du corps, à la couleur noire? Ceci dépend probablement d'une loi, qui paraît aussi très-générale, à savoir que les caractères communs à plusieurs espèces d'un même genre, — ce qui en fait implique une hérédité commune et prolongée de caractères appartenant à l'ancêtre du genre, — résistent avec beaucoup plus d'énergie à la variation, ou reparaissent, s'ils se sont perdus, avec plus de persistance que les caractères restreints aux espèces séparées. Or, chez le genre *Lepus*, la grande majorité des espèces ont les oreilles et la face supérieure de la queue teintées de noir; la persistance de ces marques est, d'ailleurs, particulièrement visible chez les espèces qui, en hiver, deviennent blanches; ainsi, en Écosse, le *L. variabilis* [19] revêtu de son pelage d'hiver porte une tache de couleur sur le nez, et le bout des oreilles est noir; le *L. tibetanus* a les oreilles noires, la face supérieure de la queue gris noirâtre, et la plante des pieds brune. Chez le *L. glacialis*, le pelage d'hiver est blanc pur, la plante des pieds et les extrémités des oreilles exceptées. On remarque aussi cette tendance à une coloration plus foncée de ces mêmes parties, comparées au reste du corps, chez les lapins de fantaisie de toutes les couleurs. C'est ainsi, il me semble, qu'on peut expliquer chez le lapin himalayen, l'apparition des marques colorées à mesure qu'il avance en âge. Je puis encore ajouter un cas analogue; les lapins de fantaisie ont souvent une étoile blanche sur le front, et le lièvre commun, en Angleterre, porte également, lorsqu'il est jeune, ainsi que je l'ai moi-même observé, une semblable étoile blanche sur le front.

En Europe, lorsqu'on met en liberté des lapins de diverses couleurs, et qu'on les replace ainsi dans leurs conditions naturelles, ils reviennent généralement à la couleur grise primitive; ce phénomène peut être dû en partie à la tendance qu'ont tous les animaux croisés, comme nous l'avons déjà fait observer, à faire retour à leur état primordial. Mais cette tendance ne l'emporte pas toujours; ainsi, les lapins gris argenté, conservés en garenne, restent ce qu'ils sont, bien qu'ils vivent presque à l'état de nature; mais il ne faut pas placer ensemble dans une même garenne

---

[19] G. R. Waterhouse, *Nat. History of Mammalia : Rodents*, 1846, p. 52, 60, 105.

des lapins gris argenté et des lapins communs, car, dans ce cas, on ne 'retrouverait plus, au bout de quelques années, que des lapins gris communs [20]. Lorsque les lapins redeviennent sauvages dans les pays étrangers, dans de nouvelles conditions d'existence, ils ne font pas toujours invariablement retour à la couleur primitive. A la Jamaïque, les lapins redevenus sauvages affectent, dit-on, « une teinte ardoisée, largement soupoudrée de blanc sur le cou, les épaules et le dos, et tournant au blanc bleuâtre sous le poitrail et l'abdomen [21]. » Mais, dans cette île tropicale, où les conditions ne favorisent pas leur propagation, les lapins ne se sont jamais beaucoup répandus, et M. R. Hill m'apprend qu'ils ont complétement disparu à la suite d'un incendie considérable des forêts. Depuis bien des années, il y a des lapins redevenus sauvages dans les îles Falkland ; ils sont abondants dans certains endroits, mais ne se répandent pas beaucoup. La plupart affectent la couleur grise ordinaire ; quelques uns, d'après l'amiral Sulivan, affectent la couleur du lièvre, beaucoup sont noirs et ont souvent sur la face des marques symétriques blanches. M. Lesson a décrit, en conséquence, la variété noire, comme une espèce distincte, sous le nom de *L. magellanicus*, erreur que j'ai déjà relevée ailleurs [22]. Les pêcheurs de phoques ont récemment approvisionné de lapins quelques petits îlots extérieurs du groupe des îles Falkland, et l'amiral Sulivan m'apprend que, sur l'un d'eux, Pebble-Islet, les lapins affectent pour la plupart la couleur du lièvre, tandis que sur un autre, Rabbit-Islet, la plupart ont revêtu une couleur bleuâtre qu'on ne voit nulle part ailleurs. On ignore quelle était la couleur des lapins qu'on a autrefois lâchés dans ces petites îles.

On trouve dans l'île de Porto-Santo, près de Madère, des lapins redevenus sauvages, qui méritent une description plus détaillée. En 1418 ou 1419, J. Gonzalès Zarco [23] ayant à bord une lapine

---

[20] Delamer, *On Pigeons and Rabbits*, p. 114.

[21] Gosse, *Sojourn in Jamaica*, 1851, p. 441 ; description par un excellent observateur, M. R. Hill. C'est le seul cas connu de lapins redevenus sauvages dans un pays chaud. On peut cependant en conserver à Loanda (Livingstone, *Travels*, p. 407), M. Blyth m'apprend qu'ils se propagent bien dans certaines parties de l'Inde.

[22] Darwin, *Voyage d'un naturaliste*, p. 193; *Zoology of Voyage of the Beagle; Mammalia*, p. 92.

[23] Kerr. *Coll. of Voyages*, vol, II, p. 177. — Cada Mosto, p. 205. D'après un ouvrage publié à Lisbonne en 1817, intitulé *Historia insulana*, et écrit par un jésuite, les lapins auraient été lâchés en 1420. Quelques auteurs croient que l'île fut découverte en 1413.

qui avait fait des petits pendant le voyage, les lâcha tous, mère et petits, dans cette île. Ces animaux se multiplièrent si rapidement et exercèrent tant de ravages, qu'on dut abandonner les établissements de l'île. Cada Mosto, trente-sept ans plus tard, dit que ces lapins sont innombrables, ce qui n'a pas lieu d'étonner, car l'île n'était habitée par aucune bête de proie ni aucun animal terrestre. Nous ne savons pas quels étaient les caractères de la lapine-mère, mais nous avons toute raison de croire qu'elle appartenait à la forme domestique ordinaire, car, dans la péninsule espagnole d'où Zarco était parti, l'espèce commune du lapin sauvage a abondé dès les temps historiques les plus reculés. Les lapins ayant d'ailleurs été embarqués pour la nourriture du bord, il n'y a aucune probabilité qu'ils aient apppartenu à une race particulière. Le fait de la mise bas pendant le voyage prouve, d'ailleurs, que c'était une forme domestique. M. Wollaston m'a, sur ma demande, apporté deux de ces lapins conservés dans de l'esprit-de-vin, et j'ai reçu depuis de M. W. Haywood trois individus conservés dans la saumure, et deux individus vivants. Bien que pris à différentes époques, ces sept individus se ressemblaient beaucoup; l'état de leur squelette prouvait qu'ils étaient adultes. Les conditions d'existence à Porto-Santo doivent être très-favorables au lapin, comme le prouve leur multiplication incroyablement rapide; ils diffèrent cependant beaucoup du lapin sauvage anglais par leur petite taille. Quatre lapins anglais ordinaires, mesurés des incisives à l'anus, varient entre 432 millim. et 438 millim. de longueur, tandis que deux lapins de Porto-Santo n'avaient l'un que 362 millim., l'autre que 381 millim. de longueur. La diminution est encore plus sensible au poids. Le poids moyen de quatre lapins sauvages anglais est pour chacun de 1 kilog. 502, tandis qu'un des lapins de Porto-Santo, après avoir vécu quatre ans au Jardin zoologique, mais y avoir un peu maigri, ne pesait que 708 grammes. En comparant les os bien nettoyés des membres d'un lapin de Porto-Santo tué dans l'île, aux mêmes os d'un lapin sauvage anglais de taille ordinaire, j'ai trouvé qu'ils étaient entre eux dans le rapport d'un peu moins de 5 à 9. Les lapins de Porto-Santo ont donc diminué de près de 76 millimètres en longueur, et perdu presque la moitié de leur poids [24]. La tête n'a pas diminué de longueur en proportion du corps, et nous verrons plus loin que la capacité de la boîte crânienne est singulièrement variable. J'ai préparé quatre crânes qui étaient plus semblables les uns aux autres que ne le sont généralement les crânes des lapins sauvages anglais, mais ils ne présentaient pas d'autre différence dans leur conformation qu'une étroitesse plus grande des saillies sus-orbitaires des os frontaux.

La couleur du lapin de Porto-Santo diffère beaucoup de celle du lapin commun; la partie supérieure du corps est plus rouge, et est rarement parsemée de poils noirs, ou de poils à pointe noire. Le poitrail et certaines parties inférieures sont gris pâle ou plombé au lieu d'être blanches; mais les plus remarquables différences résident dans les oreilles et la queue. J'ai examiné un grand nombre de lapins communs, ainsi que la riche collection de peaux de tous les pays que possède le British Museum, et, chez tous, j'ai trouvé le dessus de la queue et l'extrémité des oreilles garnis de fourrure gris noirâtre; ce qui, dans la plupart des ouvrages, est indiqué comme un des caractères spécifiques du lapin. Or, chez les sept lapins de Porto-Santo, le dessus de la queue était brun rougeâtre, et les extrémités des oreilles n'offraient aucune trace d'une bordure plus foncée. Ici se présente un fait singulier. En juin 1861, j'examinai deux de ces lapins qui venaient d'arriver au Jardin zoologique de Londres; la queue et les oreilles étaient colorées comme je viens de le dire. Au mois de février 1865, on m'envoya le cadavre de l'un d'eux; les oreilles étaient alors nettement bordées, le dessus de la queue couvert d'une fourrure gris noirâtre, et le corps entier était beaucoup moins rouge: cet individu avait donc, en un peu moins de quatre ans, recouvré, sous l'influence du climat anglais, sa véritable coloration propre.

Les deux petits lapins de Porto-Santo, pendant qu'ils ont vécu au Jardin zoologique de Londres, avaient un aspect remarquablement différent de celui de l'espèce commune. Ils étaient si actifs et si sauvages que plusieurs personnes en les voyant trouvaient

---

[24] Il est arrivé quelque chose d'analogue dans l'île de Lipari, où d'après Spallanzani, (*Voyage dans les Deux Siciles*, cité par Godron, *De l'Espèce* ; p. 364) un paysan mit en liberté quelques lapins qui se multiplièrent prodigieusement, mais, dit l'auteur, « les lapins de l'île de Lipari sont plus petits que ceux qu'on élève en domesticité. »

qu'ils ressemblaient plus à des gros rats qu'à des lapins. Ils avaient des habitudes nocturnes au plus haut degré ; on n'a jamais pu les dompter, et le surveillant M. Bartlett, m'a assuré qu'il n'avait jamais eu d'animal plus farouche sous sa garde. Ce fait est très-singulier, puisqu'ils descendent d'une race domestique. J'en fus si surpris que je priai M. Haywood de s'informer sur les lieux si ces lapins sont particulièrement poursuivis et chassés par les habitants, ou persécutés par les faucons, les chats ou d'autres animaux ; il n'en est rien, et on ne sait à quelle cause assigner cette sauvagerie. Ils habitent la partie centrale haute et rocheuse du pays et près des falaises maritimes ; excessivement timides et farouches, ils n'apparaissent que rarement dans les districts inférieurs cultivés. On dit qu'ils font de quatre à six petits par portée, en juillet et août. Enfin, fait remarquable, leur gardien n'a jamais pu parvenir à faire reproduire ces deux lapins, tous deux mâles, avec les femelles de diverses races qu'à de nombreuses reprises on a enfermées avec eux.

Si l'histoire des lapins de Porto-Santo n'avait pas été connue, la plupart des naturalistes, voyant leur taille réduite, leur coloration rougeâtre en dessus et grise en dessous, l'absence de noir sur la queue et à l'extrémité des oreilles, les auraient regardés comme une espèce distincte. Cette manière de voir eût été fortement confirmée par le fait qu'ils refusaient au Jardin zoologique tout accouplement avec d'autres lapins. Et, cependant, l'origine de ce lapin, qui, sans aucun doute, aurait été classé comme une espèce distincte, ne remonte pas au delà de l'année 1420. Enfin, les exemples des lapins redevenus sauvages à Porto-Santo, à la Jamaïque et aux îles Falkland prouvent que ces animaux, soumis à de nouvelles conditions d'existence, ne conservent pas leur caractères primitifs, et n'y font nécessairement pas retour comme on l'a si généralement affirmé.

CARACTÈRES OSTÉOLOGIQUES.

On affirme d'ordinaire que les parties essentielles de la conformation des animaux appartenant à une même espèce ne varient jamais ; nous savons, d'autre part, sur quelles différences insignifiantes du squelette on a fondé parfois les espèces fossiles ; la variabilité qui affecte le crâne et quelques autres os du lapin domestique est donc bien digne de toute notre attention. Il ne faudrait pas croire que les différences importantes que nous allons décrire caractérisent strictement une race quelconque ; tout ce que nous pouvons dire c'est qu'elles existent généralement chez certaines races. Il faut se rappeler tout d'abord que la sélection n'a pas eu pour objet de fixer tel ou tel caractère du squelette, et que les animaux n'ont pas eu à se maintenir par eux-mêmes dans des conditions d'existence uniformes. Nous ne pouvons nous expliquer la plupart des différences que présente le squelette, mais nous allons voir que l'augmentation de la taille, résultat d'une alimentation abondante et d'une sélection continue, a affecté la tête d'une certaine façon ; en outre, que l'allongement et la position des oreilles ont influé dans une certaine mesure sur la forme générale du crâne. Le défaut d'exercice a aussi, selon toute apparence, modifié la longueur des membres, comparée à celle du corps.

Comme termes de comparaison, j'ai préparé deux squelettes de lapins sauvages du comté de Kent, un des îles Shetland et un d'Antrim, en Irlande. Les ossements de ces quatre animaux, provenant de localités très-éloignées les unes des autres, se ressemblant beaucoup, et ne présentant aucune différence sensiblement appréciable, on peut en conclure à l'uniformité générale des caractères du squelette du lapin sauvage.

Crâne. — J'ai examiné avec attention les crânes de dix lapins à grandes oreilles pendantes, et ceux de cinq lapins domestiques ordinaires, qui ne différaient des premiers que par les moindres dimensions des oreilles et du corps, ces deux parties étant cependant plus développées que chez le lapin sauvage. Commençons par les dix lapins à oreilles pendantes : tous ont le crâne remarquablement long par rapport à la largeur. Le crâne d'un lapin sauvage mesurait 80 millimètres de longueur, celui d'un des grands lapins de fantaisie 177 millimètres ; la largeur de la boîte cérébrale restant presque la même chez les deux races. En prenant même comme terme de comparaison la partie la plus large de l'arcade zygomatique, les crânes des lapins à oreilles pendantes sont encore de 19 millim. trop longs à proportion de la largeur. La hauteur de la tête a augmenté à peu près dans la même proportion que la longueur ; la largeur seule ne s'est pas accrue. Les os occipitaux et pariétaux renfermant le cerveau sont moins voûtés, dans le sens longitudinal et transversal, que chez le lapin sauvage, ce qui modifie dans une certaine mesure la forme du crâne. La surface est plus rugueuse, moins proprement sculptée, et les sutures sont plus saillantes.

Bien que le crâne des grands lapins à oreilles pendantes soit, comparative-ment à celui du lapin sauvage, très-allongé par rapport à la largeur, il est loin cependant d'être allongé relativement à la grandeur du corps. Les la-pins à oreilles penda ntes que j'ai examinés pesaient, quoique non engraissés, plus de deux fois autant que des individus sauvages ; mais le crâne n'était pas, tant s'en faut, deux fois aussi long. Si nous prenons même la lon-gueur du corps, de l'extrémité du nez à l'anus,'comme terme plus juste de

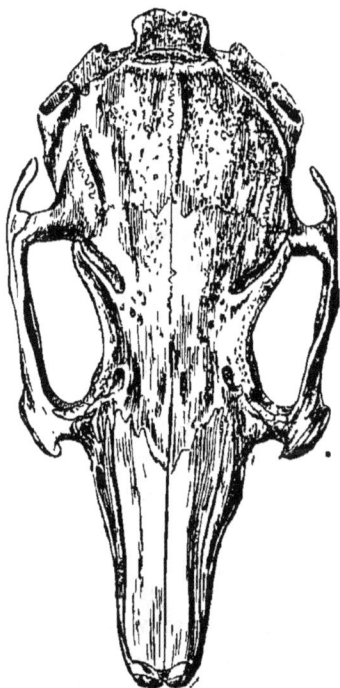

Fig. 6. — Crâne d'un lapin sauvage, grandeur naturelle.

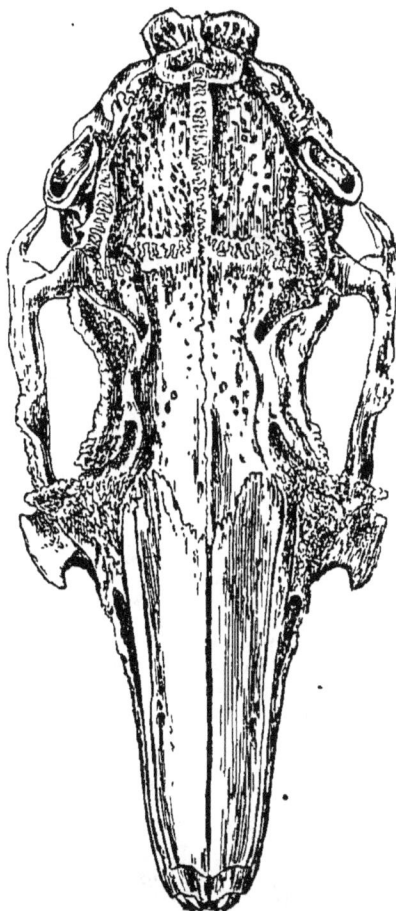

Fig. 7. — Crâne d'un grand lapin à oreilles pendantes, grandeur naturelle.

comparaison, le crâne est en moyenne de 8 millim. plus court qu'il ne devrait l'être. Chez le petit lapin de Porto-Santo redevenu sauvage, au contraire, la tête, comparativement à la longueur du corps, est de 6 mil-lim. trop longue.

Cet allongement du crâne relativement à sa largeur èst un caractère gé-néral, non-seulement chez les lapins à oreilles pendantes, mais aussi chez toutes les races artificielles ; on peut s'en assurer en étudiant le crâne de l'angora. Je fus d'abord très-étonné de ce fait car je ne pouvais m'expliquer pourquoi la domesticité entraîne ce résultat uniforme. Je crois que la véritable cause de ce phénomène est que les races ont été, pendant un grand nombre de générations, étroitement captives et n'ont eu, par suite, que peu d'occasions d'exercer leurs sens, leur intelligence , ou les muscles de la volonté : en conséquence, comme nous le verrons tout à l'heure avec plus de détails, le cerveau ne s'est pas développé dans la même proportion que le corps. Le cerveau n'augmentant pas, la boîte osseuse qui le renferme n'a pas augmenté davantage, ce qui, par corrélation, a évidemment affecté la largeur du crâne entier d'une extrémité à l'autre.

Les crêtes sus-orbitaires des os frontaux chez les lapins à oreilles pendantes sont beaucoup plus larges que chez l'espèce sauvage et se relèvent ordinairement davantage. L'apophyse postérieure de l'os malaire dans l'arcade zygomatique est plus large et plus mousse, ainsi qu'on peut le remarquer dans la fig. 8, et l'extrémité s'approche aussi beaucoup plus du trou auditif que chez le lapin sauvage, fait qui résulte surtout du changement de direction de ce trou. L'os inter-pariétal (fig. 9) diffère beaucoup de forme suivant les crânes ; il est en général plus ovale c'est-à-dire plus étendu dans l'axe longitudinal du crâne, que chez le lapin sauvage. La marge postérieure de la plate-forme élevée de l'occiput [25], au lieu d'être tronquée ou faiblement saillante comme chez le lapin

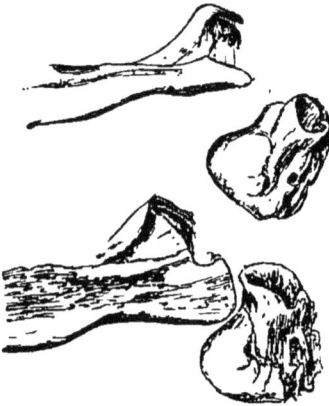

Fig. 8. — Partie de l'arcade zygomatique, montrant l'extrémité de l'os malaire et le méat auditif, de grandeur naturelle. Lapin sauvage, figure supérieure. — Lapin à oreilles pendantes, couleur de lièvre, figure inférieure.

sauvage, est pointue chez la plupart des lapins à grandes oreilles (fig. 9 C). Relativement à la grandeur du crâne, les apophyses mastoïdiennes sont généralement plus épaisses que chez le lapin sauvage.

Le trou occipital (fig. 10) présente quelques différences remarquables : chez le lapin sauvage, le bord inférieur du trou entre les condyles est considérablement excavé, et le bord supérieur porte une profonde entaille carrée ; il en résulte que l'axe longitudinal est plus grand que l'axe transversal. Chez les lapins à grandes oreilles, au contraire, l'axe tranversal excède l'axe lon-

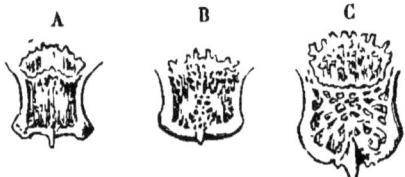

A   B   C

Fig. 9. — Extrémité postérieure du crâne, montrant l'os inter-pariétal, grandeur naturelle. — A. Lapin sauvage. — B. Lapin de Porto-Santo. — C. Lapin à grandes oreilles.

[25] Waterhouse, *Nat. Hist. Mammalia*, vol. II, p. 36.

gitudinal, car, dans aucun crâne, le bord inférieur n'est aussi profondément échancré entre les condyles ; cinq de ces derniers crânes n'offraient au-cune trace de l'entaille carrée su-périeure ; chez trois l'entaille était légèrement indiquée, et chez deux elle était bien développée. Ces différences dans la forme du trou occipital sont remarquables, car c'est lui qui livre passage à une conformation aussi importante

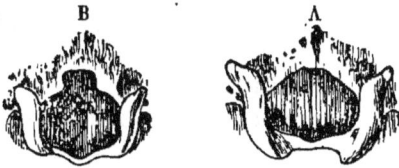

Fig. 10. — Trou occipital. — Grandeur naturelle. — A. Lapin sauvage. — B. Lapin à grandes oreilles.

que la moelle épinière, bien qu'il n'y ait pas apparence que le contour de celle-ci soit affecté par la forme de l'orifice osseux.

Dans tons les crânes des lapins à grandes oreilles, le méat auditif osseux est notablement plus grand que chez l'espèce sauvage. Sur un crâne ayant 177 millimètres de longueur, et dé-passant à peine en largeur le crâne d'un lapin sauvage (long de 80 milli-mètres), le plus long diamètre du méat était exactement deux fois aussi grand. L'orifice est plus comprimé ; le bord le plus rapproché du crâne est plus élevé que le bord extérieur, et, dans son ensemble, le méat auditif est porté plus en avant. Les éleveurs de lapins à grandes oreilles recherchant avant tout la longueur des oreilles, et, en outre, la chute de ces oreilles, qui est la conséquence de leur longueur, et leur aplatissement le long des joues, il n'y a pas de doute que les impor-tantes modifications dans la grandeur, la forme et la direction du méat au-ditif osseux, comparativement à cette même partie chez le lapin sauvage, ne soient dues à la sélection continue des individus ayant des oreilles tou-jours de plus en plus grandes. L'in-fluence de l'oreille externe sur le con-duit osseux se voit bien sur les crânes des demi-lopes (voir fig. 5), chez les-quels une des oreilles reste droite et l'autre, la plus longue, est pendante; on

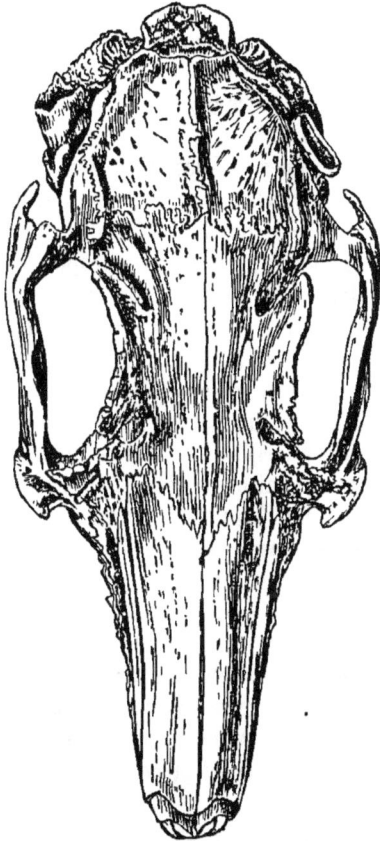

Fig. 11. — Crâne, grandeur naturelle, d'un lapin demi-lope, indiquant la direction différente du méat auditif des deux côtés et la déviation générale du crâne qui en résulte. L'oreille gauche de l'animal, ou côté droit de la figure était pendante.

remarque, en effet, sur le crâne une différence très-apparente dans la forme et la direction du méat osseux des deux côtés du crâne. Ce qui est beaucoup plus intéressant encore, c'est que le changement de direction et l'augmentation de grosseur du méat osseux ont affecté légèrement du même côté la conformation du crâne entier. Je donne ici (fig. 11) le dessin du crâne d'un demi-lope, sur lequel on peut remarquer que la suture entre les os pariétaux et les os frontaux n'est pas strictement perpendiculaire à l'axe longitudinal du crâne; l'os frontal gauche dépasse celui de droite, et les bords antérieur et postérieur de l'arcade zygomatique gauche, c'est-à-dire du côté où se trouve l'oreille pendante, sont portés plus en avant que les mêmes points du côté opposé. La mâchoire inférieure même est affectée, et les condyles ne sont plus tout à fait symétriques, celui de gauche se trouvant un peu plus avancé que celui de droite. Ceci me paraît un cas remarquable de corrélation de croissance. Qui aurait soupçonné qu'en maintenant pendant un grand nombre de générations un animal en captivité on obtiendrait, par défaut d'usage des muscles des oreilles, le développement de celles-ci, et qu'en choisissant toujours les individus ayant les oreilles les plus longues et les plus larges, on arriverait à affecter indirectement toutes les sutures du crâne et la forme de la mâchoire inférieure ?

La mâchoire inférieure des lapins à grandes oreilles ne diffère de celle du lapin sauvage que par le bord postérieur de la branche montante, qui est plus large et plus infléchi. Les dents n'offrent pas de différence, si ce n'est que les petites incisives placées au-dessous des grandes sont proportionnellement un peu plus longues. Les molaires ont augmenté en proportion de l'accroissement de la largeur du crâne mesuré à l'arcade zygomatique, mais pas en proportion de l'accroissement de sa longueur. Le bord interne des alvéoles des dents molaires dans la mâchoire supérieure du lapin sauvage forme une ligne parfaitement droite, mais chez quelques-uns des plus grands crânes du lapin à grandes oreilles, la ligne est nettement infléchie en dedans. Un individu avait une molaire additionnelle de chaque côté de la mâchoire supérieure, entre les molaires et les prémolaires; mais ces deux dents n'étant pas de dimensions correspondantes, et aucun rongeur n'ayant sept molaires, ce n'était qu'une monstruosité, curieuse toutefois.

Les cinq crânes de lapins domestiques communs, dont quelques-uns atteignaient presque à la dimension des plus grands crânes décrits ci-dessus, tandis que les autres excédaient à peine celui du lapin sauvage, ne méritent d'être mentionnés que parce qu'ils présentaient une gradation parfaite de toutes les différences que nous venons de reconnaître entre les crânes des plus grands lapins à oreilles pendantes et ceux du lapin sauvage. Chez tous, cependant, les crêtes ou plaques sus-orbitaires ainsi que le méat auditif sont un peu plus grands que chez le lapin sauvage, ce qui résulte de l'augmentation de l'oreille externe. L'entaille inférieure du trou occipital n'était pas chez tous aussi marquée que chez le lapin sauvage, mais chez les cinq crânes l'entaille supérieure était bien accusée.

Le crâne du lapin angora, comme les cinq crânes dont nous venons de parler, est intermédiaire par ses proportions générales et par la plupart de ses autres caractères, entre le crâne des plus grands lapins lopes et celui des lapins sauvages. Il présente cependant un singulier caractère : quoique bien plus long que le crâne du lapin sauvage, sa largeur mesurée entre les fissures sus–orbitaires postérieures reste d'un tiers au–dessous de la largeur de ce dernier. Le crâne des lapins *gris argenté*, *chinchillas* et *himalayens*, est plus allongé et à crêtes sus-orbitaires plus larges que celui de l'espèce sauvage, et, à l'exception des entailles du trou occipital qui sont moins profondes et moins développées, il n'en diffère que peu sous tous les autres rapports. Le crâne du lapin russe ne diffère presque pas de celui du lapin sauvage. Chez le lapin de Porto–Santo les crêtes sus-orbitaires sont généralement plus étroites et plus pointues que chez notre lapin sauvage.

Plusieurs des lapins à grandes oreilles dont j'avais préparé les squelettes ayant la couleur du lièvre, et des croisements entre lièvres et lapins ayant été récemment obtenus en France, on pourrait supposer que quelques-uns des caractères que nous venons de décrire sont le résultat d'un croisement ancien avec le lièvre. J'ai donc examiné des crânes de lièvres, mais sans y trouver aucun éclaircissement sur les particularités des crânes des grands lapins. J'ai pu cependant constater, — et c'est là un fait intéressant, parce qu'il confirme la loi que les variétés d'une espèce revêtent souvent les caractères d'autres espèces appartenant au même genre, — en comparant les crânes de dix espèces de lièvres au Bristish Museum, qu'ils différaient entre eux sur les mêmes points principaux que les races domestiques du lapin, à savoir : par les proportions générales, la forme et la dimension des crêtes sus-orbitaires, la forme de l'extrémité libre de l'os malaire, et par la ligne de la suture fronto–occipitale. En outre, deux caractères éminemment variables chez le lapin domestique, le contour du trou occipital et la configuration de la plate-forme élevée de l'occiput, se sont, dans deux cas, trouvés variables, chez une même espèce de lièvre.

Vertèbres. — Dans tous les squelettes que j'ai examinés, j'ai trouvé un nombre uniforme de vertèbres, sauf deux exceptions, l'une sur un des petits lapins de Porto-Santo, l'autre sur un des plus grands lapins à oreilles pendantes ; tous deux avaient comme à l'ordinaire sept vertèbres cervicales, douze vertèbres dorsales à côtes, mais huit vertèbres lombaires au lieu de sept. Ceci est remarquable, car Gervais indique le nombre de sept vertèbres pour le genre *Lepus* tout entier. Le nombre des vertèbres caudales varie quelque peu, il y en a parfois deux ou trois de plus ou de moins, mais je n'ai pas attaché grande importance à ce caractère, parce qu'il est difficile de les compter avec certitude.

Le bord antérieur de l'arceau supérieur ou neural de la première vertèbre cervicale ou atlas varie un peu chez les individus sauvages; le bord est tantôt lisse, tantôt pourvu d'un petit prolongement médian ; je figure ici l'exemple du prolongement le plus marqué que j'aie encore vu (fig. 12 *a*) ; on remarquera combien il diffère par sa forme et sa grandeur de celui qui se trouve sur la vertèbre de l'espèce à grandes oreilles. Chez celle-ci l'apophyse infra-médiane (*b*) est aussi proportionnellement beaucoup plus épaisse et plus longue. Les ailes ont un contour plus carré.

Troisième vertèbre cervicale. — Chez le lapin sauvage (fig. 13; A *a*), cette vertèbre, vue par sa face inférieure, porte une apophyse transversale dirigée obliquement en arrière; cette apophyse consiste en une barre unique; dans la quatrième vertèbre elle se bifurque légèrement vers le milieu.

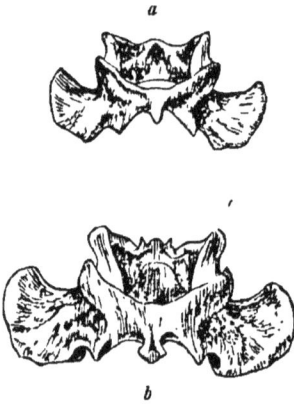

Fig. 12. — Atlas ; grandeur naturelle, surface intérieure vue obliquement. Figure supérieure, lapin sauvage. Figure inférieure, lapin à grandes oreilles, couleur de lièvre. — *a.* Apophyse supra-médiane. — *b.* Apophyse infra-médiane.

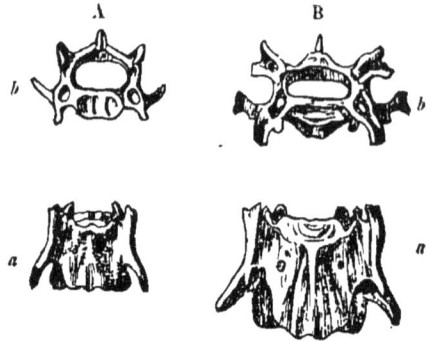

Fig. 13. — Troisième vertèbre cervicale, grandeur naturelle. — A. Lapin sauvage. — B. Lapin à grandes oreilles, couleur de lièvre. — *a, a.* Surface inférieure. — *b, b.* Surfaces articulaires antérieures.

Chez les lapins à grandes oreilles, cette apophyse (B *a*) est fourchue sur la troisième vertèbre, comme elle l'est sur la quatrième chez· le lapin sauvage. Les troisièmes vertèbres cervicales diffèrent plus encore chez les deux races si on compare les surfaces articulaires antérieures (A *b*, B *b*); en effet, les apophyses antéro-dorsales ont leurs extrémités simplement arrondies chez le lapin sauvage, tandis qu'elles sont trifides chez le lapin à oreilles pendantes, et fortement évidées au centre. Chez le lapin à grandes oreilles, le canal médullaire (B *b*) est plus étendu que chez l'espèce sauvage dans le sens transversal, et les trous des artères ont une forme un peu différente. Les différences que l'on remarque chez cette vertèbre me paraissent mériter l'attention.

Première vertèbre dorsale. — La longueur de l'apophyse dorsale de cette vertèbre varie chez le lapin sauvage; elle est quelquefois très-courte, mais généralement elle a la moitié de la longueur de celle de la seconde vertèbre dorsale; chez deux grands lapins à oreilles pendantes, cette apophyse était égale aux trois quarts de la longueur de celle de la seconde dorsale.

Neuvième et dixième vertèbres dorsales. — Chez le lapin sauvage, l'apophyse dorsale de la neuvième vertèbre est un peu plus épaisse que celle de la huitième, et celle de la dixième est certainement plus épaisse et plus courte que celle de toutes les vertèbres antérieures. Chez les gros lapins à oreilles pendantes, les apophyses dorsales des dixième, neuvième, huitième vertèbres, et à un faible degré celle de la septième vertèbre, sont plus épaisses que celles du lapin sauvage et affectent une forme quelque peu différente.

Cette partie de la colonne épinière diffère donc passablement par son apparence de celle du lapin sauvage, et ressemble singulièrement aux mêmes vertèbres chez quelques espèces de lièvres. Chez les lapins Angoras, Chinchillas et Himalayens, les apophyses dorsales des huitième et neuvième vertèbres sont un peu plus épaisses que chez l'espèce sauvage. D'autre part, chez un des lapins de Porto-Santo, qui, pour la plupart de ses caractères dévie du lapin sauvage, précisément en sens inverse du lapin à oreilles pendantes, les apophyses dorsales des neuvième et dixième vertèbres n'étaient pas plus grandes que celles des vertèbres qui les précèdent. Chez ce même individu de Porto-Santo, la neuvième vertèbre ne portait aucune trace des apophyses antéro-latérales (fig. 14) qui sont bien développées

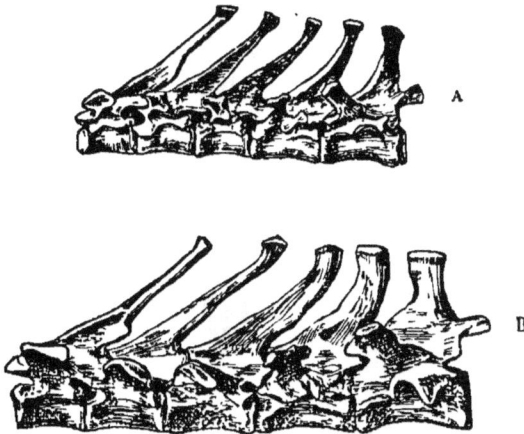

Fig. 14. — Vertèbres dorsales, vues de côté, de la 6ᵉ à la 10ᵉ inclusivement, grandeur naturelle. — A. Lapin sauvage. — B. Grand lapin couleur de lièvre, dit lapin espagnol.

chez tous les lapins sauvages anglais, et, plus encore, chez les races à oreilles pendantes. Chez un lapin demi-sauvage de Sandon Park [26], une apophyse viscérale assez bien développée se trouvait sur la face inférieure de la douzième vertèbre dorsale, ce que je n'ai vu nulle part ailleurs.

Vertèbres lombaires. — J'ai constaté, dans deux cas, huit vertèbres lombaires au lieu de sept. Chez un squelette de lapin sauvage commun, et chez celui d'un lapin de Porto-Santo, j'ai constaté une apophyse viscérale sur la troisième vertèbre lombaire ; cette même vertèbre portait une semblable apophyse bien développée chez quatre squelettes de lapins à oreilles pendantes et chez le lapin Himalayen.

Bassin. — Chez quatre individus sauvages, cet os avait une forme presque

[26] Les lapins sont redevenus sauvages depuis très-longtemps dans ce parc, et dans d'autres endroits du Staffordshire et du Shropshire. Ils descendent, à ce que m'a dit le garde, de lapins domestiques de toutes couleurs qu'on y a lâchés ; beaucoup ont des couleurs symétriques, et sont blancs avec une bande le long de l'épine dorsale ; les oreilles sont gris noirâtre, et ils portent sur la tête quelques taches de la même couleur. Ils ont le corps plus long que les lapins communs.

identique, mais on peut reconnaître quelques légères différences chez plusieurs races domestiques. Toute la partie supérieure de l'os iliaque est plus droite et moins écartée en dehors chez les lapins à oreilles pendantes que chez le lapin sauvage, et la tubérosité de la lèvre interne de la partie antéro-supérieure de l'os iliaque est relativement plus saillante.

Sternum. — L'extrémité postérieure du dernier os sternal est mince (fig. 15, A) et un peu élargie chez le lapin sauvage ; chez quelques gros lapins à oreilles pendantes (B) elle est plus large, tandis que chez d'autres

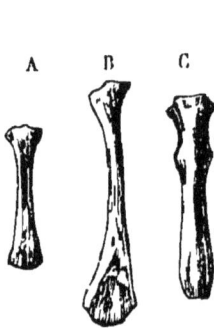

Fig. 15. — Os terminal du sternum, grandeur naturelle. — A. Lapin sauvage. — B. Lapin à oreilles pendantes, couleur lièvre. — C. Lapin couleur lièvre, dit espagnol. — (*N. B.*) L'angle gauche de l'extrémité articulaire supérieure de B a été cassé, et accidentellement représenté ainsi.

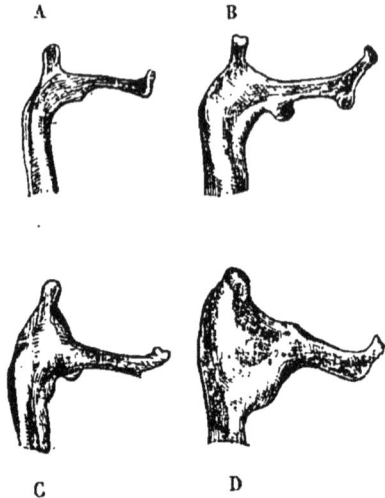

Fig. 16. — Acromion de l'omoplate, grandeur naturelle. — A. Lapin sauvage. — B. C. D. Lapins à grandes oreilles.

individus elle conserve la même largeur presque partout (C), mais elle s'épaissit à l'extrémité.

Omoplate. — L'acromion porte une apophyse à angle droit, se terminant par une protubérance oblique qui, chez le lapin sauvage, (fig. 16, A), varie un peu en forme et en grandeur ; il en est de même de l'acuité du sommet de l'acromion, et de la largeur de la partie qui se trouve au-dessous de la naissance de l'apophyse. Ces variations légères chez le lapin sauvage, deviennent considérables chez les lapins à oreilles pendantes. Ainsi, chez quelques individus (B) la protubérance oblique qui termine l'apophyse se prolonge en une courte tige, formant avec elle un angle obtus. Chez un autre individu (C) ces deux parties inégales forment presque une ligne droite. Le sommet de l'acromion varie aussi beaucoup au point de vue de l'acuité et de la largeur, comme on peut le voir en comparant les figures B, C et D.

Membres. — Je n'ai pas pu remarquer de variations dans les os des membres et ceux des pieds étaient trop mal commodes à manier pour être aisément comparés.

J'ai maintenant décrit toutes les différences que j'ai pu observer dans les squelettes. Il est impossible de ne pas être frappé
du haut degré de variabilité ou de plasticité d'un grand nombre
des os. Nous voyons combien est erronée l'affirmation si souvent
répétée que, seules, les arêtes osseuses servant de point d'attache
aux muscles varient, et que la domesticité modifie seulement les
parties ayant une importance insignifiante. Personne n'osera
affirmer que le trou occipital, l'atlas, ou la troisième vertèbre
cervicale par exemple, soient des parties ayant peu d'importance.
Si les diverses vertèbres des lapins sauvages et des lapins à
oreilles pendantes, que nous avons figurées, avaient été trouvées
à l'état fossile, les paléontologistes n'auraient pas hésité à les
attribuer à des espèces distinctes.

Effets de l'usage et du défaut d'usage des parties. — Chez les lapins à
oreilles pendantes, les proportions relatives des os d'un même membre, et
celles des membres antérieurs et postérieurs comparés les uns aux autres,
sont restées à peu près les mêmes que chez le lapin sauvage ; mais, en poids,
les os des membres postérieurs ne paraissent pas avoir augmenté relativement à ceux des membres antérieurs dans la proportion voulue. Le poids
total des grands lapins que j'ai examinés était de deux à deux fois et
demie celui des lapins sauvages ; le poids des os des membres antérieurs et
postérieurs pris ensemble (en exceptant les pieds dont les nombreux petits
os sont difficiles à bien nettoyer), s'est accru presque dans la même proportion chez les lapins à oreilles pendantes, et, par conséquent, en proportion exacte avec le poids du corps qu'ils ont à porter. Si nous prenons la
longueur du corps pour terme de comparaison, l'accroissement des membres
des grands lapins est de 25 millimètres à 37 millimètres au-dessous de la proportion voulue. Enfin, si nous prenons comme terme de comparaison la
longueur du crâne qui, ainsi que nous l'avons vu, n'a pas augmenté proportionnellement au corps, les membres sont, comparativement à ceux du lapin
sauvage, trop courts de 12 millimètres à 18 millimètres. Il en résulte que,
quelque terme de comparaison qu'on prenne, les os des membres des
grands lapins à oreilles pendantes, n'ont pas augmenté en longueur, proportionnellement aux autres parties de l'individu, mais ils ont augmenté en
poids dans la proportion voulue ; ce qui, je crois, peut s'expliquer par la
vie inactive à laquelle ils ont été condamnés pendant un grand nombre de
générations. L'omoplate n'a pas non plus pris en longueur un accroissement proportionnel à celui qu'à éprouvé le corps.

Un point plus intéressant est celui de la capacité du crâne. J'avais remarqué, comme je l'ai dit plus haut, que, chez tous les lapins domestiques
comparés au lapin sauvage, le crâne a augmenté beaucoup plus en longueur
qu'en largeur. Si nous possédions un grand nombre de lapins domestiques

de même taille que l'espèce sauvage, rien ne serait plus facile que de mesurer et de comparer les capacités crâniennes. Mais il n'en est pas ainsi ; presque toutes les races domestiques ont le corps plus gros que le type sauvage, et chez les races à grandes oreilles il pèse plus du double. Un petit animal ayant à exercer ses sens, son intelligence et ses instincts au même degré qu'un gros animal, nous ne devons pas nous attendre à trouver qu'un animal double ou triple d'un autre, ait un cerveau deux ou trois fois plus grand [27]. Après avoir pesé le corps de quatre lapins sauvages, et celui de quatre grands lapins à oreilles pendantes (non engraissés), j'ai trouvé que le rapport moyen du poids des lapins sauvages est à celui des lapins à grandes oreilles comme 1 est à 2,17 ; le rapport moyen de la longueur du corps comme 1 est à 1,41 ; tandis que le rapport de la capacité crânienne (mesurée comme nous l'indiquerons plus loin), n'est que comme 1 est à 1,15. D'où la capacité crânienne, et partant le volume du cerveau, n'a que fort peu augmenté relativement à l'augmentation de la grandeur du corps ; ce qui explique l'étroitesse du crâne par rapport à sa longueur chez tous les lapins domestiques.

Dans la partie supérieure du tableau suivant, j'ai indiqué les mesures des crânes de dix lapins sauvages, et dans la partie inférieure celles de onze variétés entièrement domestiques. Tous ces lapins variant beaucoup au point de vue de la taille, il fallait un terme fixe qui permît de comparer la capacité du crâne. J'ai choisi, comme le plus convenable, la longueur du crâne qui, ainsi que nous l'avons déjà constaté chez les grandes races, n'a pas autant allongé que le corps ; mais comme, ainsi que les autres parties, le crâne varie au point de vue de la longueur, ce n'est pas encore là un terme de comparaison irréprochable.

La première colonne renferme, en centimètres, la longueur totale du crâne. Je sais que ces mesures prétendent à plus d'exactitude qu'il n'est possible, mais, j'ai préféré noter exactement les indications du compas. La deuxième et la troisième colonne indiquent la longueur et le poids du corps ; la quatrième, la capacité du crâne exprimée en poids du petit plomb qui a servi à le remplir ; ces chiffres ne prétendent qu'à une approximation de quelques milligrammes. La cinquième colonne indique la capacité que devrait avoir la cavité crânienne calculée d'après la longueur du crâne, comparée à celle du lapin sauvage n° 1 ; la sixième, la différence entre la capacité réelle et la capacité calculée. Enfin, dans la septième se trouvent exprimées en centièmes l'augmentation ou la diminution. Par exemple, le lapin sauvage n° 5, ayant le corps plus court et plus léger que le n° 1, nous pouvions nous attendre à lui trouver un crâne d'une capacité un peu moindre ; sa capacité réelle exprimée en poids de petit plomb est de 56 gr. 87, et est de 6 gr. 31 inférieure à celle du premier. Mais, en comparant ces deux lapins sous le rapport de la longueur du crâne, nous trouvons que cette longueur

---

[27] Voir sur ce sujet les remarques d'Owen, *Zool. significance of the Brain, etc., of Man, etc.*, lu à la *British Association*, 1862. — Pour les oiseaux, voir *Proc. zoological Society*, 11 janv. 1848, p. 8.

NOM DE LA RACE	I. Longueur du crâne	II. Longueur du corps des incisives à l'anus	III. Poids total du corps	IV. Capacité du crâne mesurée en petit plomb	V. Capacité crânienne calculée d'après la longueur du crâne relativ à celle du n° 1	VI. Différence entre les capacités réelles et calculées	VII. Rapport de la quantité dont le cerveau, calculé d'après la longueur du crâne, se trouve trop léger ou trop lourd, relativement au cerveau du lapin sauvage n° 1.
	mètres	mètres	kilogrammes	grammes	grammes	grammes	
LAPINS SAUVAGES ET DEMI-SAUVAGES							
1. Lapin sauvage, Kent	0.080	0.433	1.502	63.18	.....	.....	
2. — — îles Shetland.................	0.080	.....		63.63			2 p. 0/0 trop pesant
3. — — Irlande	0.080			64.48	.....	.....	comparé au n° 1.
4. — domestique, redevenu sauvage, Sandon....	0.080	0.469		63.50			
5. — sauvage ordinaire, petit individu, Kent....	0.075	0.432	1.300	56.87	59.34	2.47	4 p. 0/0 trop léger.
6. — — couleur fauve, Écosse.........	0.078	.....		59.67	61.75	2.08	3 p. 0/0 —
7. — gris argenté, pet. indiv., garenne de Thetford	0.074	0.393	1.216	60.97	59.15	1.82	3 p. 0/0 — pesant.
8. — redevenu sauvage, Porto-Santo.........	0.071	.....	.....	58.04	56.74	1.30	2 p. 0/0 — léger.
9. — —	0.072	.....		49.14	57.13	7.99	16 p. 0 0 — léger.
10. —	0.074			54.27	59.15	4.88	9 p. 0/0 — —
Moyenne des trois lapins, Porto-Santo.........	0.073	.....	.....	53.82	57.72	3.90	7 p. 0/0 — —
LAPINS DOMESTIQUES							
11. Lapin Himalayen......................	0.088	0.520		62.59	70.20	7.61	12 p. 0/0 — —
12. — Moscou	0.082	0.432	1.586	52.19	65.13	12.94	24 p. 0 0 — —
13. — Angora	0.088	0.405	1.390	45.30	70.20	24.90	54 p. 0/0 — —
14. — Chinchilla	0.092	0.558		64.67	73.19	8.51	13 p. 0/0 — —
15. — grandes oreilles	0.104	0.622	3.478	69.22	82.22	13.00	18 p. 0 0 — —
16. — —	0.104	0.635	3.542	74.94	82.22	7.28	9 p. 0 0 — —
17. — —	0.103	.....		67.40	81.57	14.17	21 p. 0 0 — —
18. — —	0.104	0 635	3.290	78.52	82.22	3.70	4 p. 0 0 — —
19. — —	0.109	.....		80.08	86.19	6.11	7 p. 0 0 — —
20. — —	0.107	.....		73.06	85.21	12.15	16 p. 0 0 — —
21. — grand, couleur lièvre.......	0.098	0.609	3.116	73.51	77.41	3.90	5 p. 0 0 — —
22. Moyenne des sept lapins à grandes oreilles	0.104	0 624	3.290	73.84	82.42	8.58	11 p. 0/0 — —
23. Lièvre (*L. timidus*), individu anglais.....	0.091	. ...	3.478	85.47	.....	.....	
24. — — — allemand........	0.097	.....	3.478	94.57	.....	.....	

chez le n°1 est de 80 millimètres, et chez le n° 5, de 75 millimètres ; d'après ce rapport, le cerveau du n° 5 devrait avoir une capacité de 54 gr. 34 de petit plomb, ce qui ne dépasse sa capacité réelle que de 2 gr. 47. Ou pour présenter le cas autrement (colonne 7), le cerveau de ce petit lapin n° 5, pour chaque 100 gr. en poids, n'est trop léger que de 4 grammes, — c'est-à-dire qu'il aurait dû, d'après le lapin type n° 1, être de 4 p. 100 plus pesant. J'ai pris comme point de départ le lapin n° 1, parce qu'il est, de tous les crânes ayant une bonne longueur moyenne, celui dont la capacité est la moindre ; c'est donc le moins favorable au fait que je cherche à établir, à savoir que, chez toutes les races domestiquées depuis longtemps, le cerveau a diminué en grosseur, soit absolument, soit relativement à la longueur de la tête et du corps, comparativement au cerveau du lapin sauvage. Si j'eusse pris pour type de comparaison le lapin irlandais, n° 3, les résultats qui suivent n'en auraient été que plus frappants.

Revenons au tableau : les quatre premiers lapins sauvages ont le crâne de même longueur et ne diffèrent que peu au point de vue de la capacité. Le lapin Sandon, n° 4, est intéressant parce que, quoique actuellement sauvage, on sait qu'il descend d'une race domestique, comme le prouve sa couleur particulière et la longueur de son corps ; son crâne est néanmoins revenu à ses dimensions et à sa capacité normales. Les trois lapins suivants sont sauvages, mais petits, et leur crâne a des capacités un peu moindres. Les trois lapins de Porto-Santo, n°s 8 à 10, présentent un cas embarrassant : la grandeur du corps a considérablement diminué; le crâne a diminué aussi au point de vue de la longueur et de la capacité, mais à un degré moindre, comparativement à celui des lapins sauvages anglais. Mais, en comparant la capacité du crâne des trois lapins Porto-Santo, nous remarquons une différence étonnante qui n'est nullement en rapport ni avec la longueur très-peu divergente de leur crâne, ni avec celle de leur corps, dont j'ai négligé de déterminer le poids. Je ne puis guère supposer que, chez ces trois lapins vivant dans les mêmes conditions, la matière cérébrale ait pu différer autant que semblerait l'exiger la différence proportionnelle de la capacité crânienne, et je ne sais pas si on peut admettre qu'un cerveau puisse contenir beaucoup plus de liquide qu'un autre. Je ne puis donc m'expliquer ce cas.

En étudiant la partie inférieure du tableau, indiquant les chiffres fournis par la mesure des lapins domestiques, nous voyons que chez tous, mais à des degrés variables, la capacité crânienne est moindre qu'on n'aurait pu le supposer d'après la longueur de leur crâne comparé à celui du lapin sauvage, n° 1. La ligne 22 indique la moyenne de la mesure des crânes des sept lapins à grandes oreilles. Ici se pose une question : la capacité moyenne du crâne de ces sept lapins a-t-elle augmenté autant qu'on devait s'y attendre, considérant la grande augmentation de la grandeur de leur corps ? Nous pouvons essayer de répondre à cette question de deux manières : la partie supérieure du tableau indique les mesures du crâne de six petits lapins sauvages, n°s 5 à 10 ; or la moyenne de ces six mesures donne une longueur de 4 millimètres 57 et une capacité de 6 gr. de moins que la longueur et les capacités moyennes des trois premiers lapins sauvages de la liste. La longueur du crâne des sept grands lapins présente une moyenne de 104 millimètres, et la capacité une moyenne de 73 gr. 84 ; de sorte que ces crânes ont augmenté plus de cinq fois en longueur autant que les crânes des six petits lapins n'ont diminué suivant cette dimension ; on pouvait donc s'attendre à trouver chez les lapins à oreilles pendantes, une augmentation de la capacité crânienne ayant un rapport analogue avec la diminution de celle des petits lapins, ce qui fournirait un accroissement moyen en capacité de 29 gr. 57, tandis que l'accroissement moyen réel n'est que de 10 grammes.

En outre, les grands lapins à oreilles pendantes ont le corps presque aussi grand et aussi pesant que le lièvre, mais la tête est plus longue ; en conséquence, si ces lapins avaient été à l'état sauvage, on aurait pu admettre que leur crâne aurait eu à peu près la même capacité que celui du lièvre. Mais cela est loin d'être le cas, car la capacité moyenne des deux crânes de lièvres, n°s 23 et 24, est tellement plus grande que la capacité moyenne de ceux des sept lapins, qu'il faudrait augmenter celle-ci de 12 p. 100 pour l'amener au niveau de celle du lièvre [28].

J'ai déjà fait remarquer que si nous possédions des lapins domestiques ayant la taille moyenne du lapin sauvage, il serait facile de comparer les capacités crâniennes. Les lapins Himalayens, Angoras et de Moscou, n°s 11, 12, 13 du tableau, ont une taille un peu plus grande et ont le crâne un peu plus long que l'animal sauvage, et nous voyons que la capacité crânienne réelle est moindre que chez ce dernier, et beaucoup moindre que celle donnée par le calcul (colonne 7) établi sur les différences dans les longueurs des crânes. Les mesures extérieures démontrent très-évidemment l'étroitesse de la boîte crânienne chez ces trois variétés. Le lapin Chinchilla, n° 14, est beaucoup plus grand que le lapin sauvage, et sa capacité crânienne ne dépasse que de très-peu celle de ce dernier. Le cas le plus remarquable est celui du lapin Angora, n° 13 ; la couleur de cet animal, un blanc pur, et la longueur de son poil soyeux dénotent une domesticité prolongée. Sa tête et son corps sont considérablement plus longs que ceux du lapin sauvage, mais la capacité réelle de son crâne est moindre que celle même du petit lapin sauvage de Porto-Santo. Rapportée à la longueur de son crâne (colonne 7), sa capacité crânienne n'est que moitié de ce qu'elle devrait être. J'ai conservé cet animal vivant, et il ne paraissait ni malade ni idiot. Ce fait m'a tellement surpris que je crus devoir reprendre toutes les mesures, que j'ai trouvées exactes. J'ai aussi comparé la capacité du crâne de l'Angora à celle du lapin sauvage en prenant d'autres bases, telles que la longueur et le poids du corps et le poids des os des membres ; tous les moyens s'accordent à indiquer un cerveau beaucoup trop petit ; la

[23] Ce chiffre paraît trop faible, car le Dr Crisp (*Proc. of zool. Soc.*, 1861, p. 86) indique 13 gr. 65 pour le poids du cerveau d'un lièvre pesant 3 kilog. 173, et 8 gr. 125 pour celui d'un lapin qui pesait 1,502 gr., c'est-à-dire le poids du lapin n° 1 de la liste. Le contenu du crâne du lapin n° 1 est dans le tableau de 63 gr. 18 en petit plomb, et, d'après le rapport indiqué par le Dr Crisp, le crâne du lièvre aurait dû contenir 106 gr. de petit plomb, au lieu de 94 gr. 57, que j'ai trouvés pour le plus gros lièvre de mon tableau.

différence est, toutefois, un peu moins considérable quand on prend pour terme de comparaison les os des membres. Cette circonstance s'explique probablement par le fait que les membres ont dû subir une forte réduction de poids chez une race réduite depuis longtemps en domesticité et condamnée par suite à une vie inactive. J'en conclus que la race Angora, qu'on dit être plus tranquille et plus sociable que les autres races, a subi réellement une réduction considérable de la capacité de la boîte crânienne.

Ainsi donc, la capacité crânienne de la race Himalayenne, de la race de Moscou, et de la race Angora, est moindre que celle du lapin sauvage, quoique les individus appartenant à ces races aient des dimensions corporelles plus grandes ; secondement, la capacité du crâne des variétés à grandes oreilles n'a pas augmenté dans la même proportion qu'a diminué la capacité crânienne des petits lapins sauvages ; troisièmement, la capacité crânienne de ces lapins à grandes oreilles est très-inférieure à celle du lièvre, animal atteignant à peu près la même taille. En conséquence, malgré la différence que présente la capacité crânienne chez les petits lapins de Porto-Santo, ainsi que chez les variétés à grandes oreilles, ces faits m'autorisent à conclure que, chez toutes les races réduites depuis longtemps à l'état domestique, le cerveau n'a, en aucune façon, augmenté dans la même proportion qu'ont augmenté la longueur de la tête et le volume du corps, ou que le cerveau a en fait diminué de volume, relativement à ce qu'il aurait été si ces animaux avaient vécu à l'état sauvage. Le fait que les lapins domestiqués depuis longtemps et tenus renfermés depuis un grand nombre de générations n'ont pu exercer leurs facultés, leur instinct, leurs sens et leur volonté, soit pour échapper à des dangers divers, soit pour se procurer leurs aliments, nous autorise à conclure que, chez eux, le cerveau s'est peu exercé, et a dû, par conséquent, souffrir dans son développement. On peut en conclure aussi que l'organe le plus essentiel et le plus compliqué de tout l'organisme est soumis à la loi de la diminution, conséquence du défaut d'usage.

Résumons maintenant les modifications les plus importantes qu'ont éprouvées les lapins domestiques, et, autant que nous pourrons les découvrir, les causes de ces modifications. Une nourriture riche et abondante, jointe au défaut d'exercice et à la sélection continue des individus les plus pesants, ont produit des races qui atteignent plus du double de leur poids primi- tif. Les os des membres, considérés dans leur ensemble, ont augmenté en poids dans la proportion voulue par l'accroissement du poids du corps, mais le poids des membres postérieurs a moins augmenté que celui des membres antérieurs ; toutefois, les membres n'ont pas augmenté en longueur dans la proportion voulue, ce qui peut provenir du défaut d'exercice. Avec l'aug- mentation de la grandeur du corps, la troisième vertèbre cervicale a acquis les caractères propres à la quatrième vertèbre, et les huitième et neuvième vertèbres dorsales ont pareillement acquis des caractères propres à la dixième et aux suivantes. Chez les grandes races le crâne s'est allongé, mais non en proportion avec l'allongement du corps; le cerveau n'a pas augmenté en volume dans le rapport voulu, mais il a même réellement dimi- nué, de sorte que la boîte osseuse du cerveau est restée étroite, et a, par corrélation, affecté les os de la face et la longueur totale du crâne. C'est ainsi que le crâne a acquis son étroitesse carac- téristique. Pour des raisons inconnues, les crêtes sus-orbitaires des os frontaux et les extrémités libres des os malaires se sont élargies, et, chez les plus grandes races, le trou occipital est géné- ralement moins profondément entaillé que chez le lapin sauvage. Certaines parties de l'omoplate et les os terminaux du sternum sont devenus très-variables au point de vue de la forme. Les oreilles, grâce à une sélection continue, ont démesurément aug- menté en longueur et en largeur; entraînées par leur poids, et grâce à l'atrophie des muscles causée par le défaut d'usage, elles sont devenues pendantes, ce qui a affecté la forme et la position du méat auditif osseux, et, par corrélation, modifié dans une certaine mesure la position de presque tous les os de la partie supérieure du crâne, et jusqu'à celle des condyles de la mâchoire inférieure.

CHAPITRE V

PIGEONS DOMESTIQUES.

Enumération et description des diverses races. — Variabilité individuelle. — Variations remarquables. — Caractères ostéologiques : crâne, mâchoire inférieure, nombre des vertèbres. — Corrélation de croissance entre la langue et le bec, et entre les paupières et la peau caronculeuse des narines. — Nombre des rémiges, longueur de l'aile. — Coloration, duvet. — Pattes palmées et emplumées. — Effets du défaut d'usage. — Corrélation entre la longueur du bec et celle du pied. — Longueur du sternum, des omoplates et de la fourchette. — Longueur des ailes. — Résumé des différences entre les diverses races.

Plusieurs raisons m'ont déterminé à étudier les pigeons domestiques avec un soin tout particulier. D'abord, parce que le Pigeon est, de tous les animaux domestiques, celui pour lequel on peut démontrer le plus clairement la descendance d'une souche unique et connue. En second lieu, parce qu'un grand nombre d'ouvrages en diverses langues, dont quelques-uns déjà anciens, ont été publiés sur le pigeon, ce qui nous permet de retracer l'histoire de plusieurs variétés. Enfin, parce que la somme des variations, par suite de causes que nous pouvons comprendre en partie, a été extraordinairement grande chez cet animal. Nous devrons au cours de cette étude sur les pigeons, entrer dans des détails qui parfois pourront paraître fastidieux, mais qui sont cependant indispensables pour bien comprendre la marche et l'étendue des changements qui peuvent s'opérer chez les animaux domestiques, et qu'aucun éleveur de pigeons, ayant eu occasion d'observer les différences qui existent entre les races, ainsi que la constance avec laquelle elles perpétuent leur type propre, ne trouvera superflus. Quant à moi, malgré l'abondance des faits prouvant que toutes les variétés de pigeons descendent d'une seule espèce, j'ai dû consacrer plusieurs années d'études à ce sujet avant d'être bien convaincu que toutes les différences existant entre ces variétés ont surgi depuis que l'homme a réduit le Biset en domesticité.

J'ai élevé chez moi toutes les races les plus distinctes que j'ai pu me procurer, soit en Angleterre, soit sur le continent, et j'ai préparé des squelettes de toutes ces races. J'ai reçu des peaux de pigeons de la Perse, de l'Inde et d'autres parties du globe [1]. J'ai également, depuis mon admission dans deux clubs de pigeons [2] de Londres, pu mettre à profit le concours bienveillant de plusieurs amateurs éminents.

Les races de pigeons qu'on peut distinguer et qui reproduisent leur type fidèlement, sont très-nombreuses. MM. Boitard et Corbié [3] en décrivent en détail 122 et je pourrais ajouter à cette liste plusieurs variétés européennes qui ne leur étaient pas connues. Si j'en juge par les peaux que j'ai reçues de l'Inde, il y a, dans ce pays, bien des races inconnues en Europe; Sir W. Elliot m'apprend, qu'une collection apportée à Madras par un marchand indien, et provenant du Caire et de Constantinople, renfermait plusieurs variétés inconnues dans l'Inde. Je crois qu'il existe plus de 150 variétés qui se reproduisent exactement et qui ont reçu des noms distincts; mais la plupart ne diffèrent les unes des autres que par des caractères peu importants. Je négligerai complétement les différences de cette nature, et ne m'attacherai qu'aux points les plus essentiels de la conformation, qui, comme nous ne tarderons pas à le voir, présentent

---

[1] M. C. Murray m'a envoyé de Perse des spécimens de grande valeur; M. Keith Abbott, Consul de Sa Majesté, m'a procuré des renseignements sur les pigeons de ce pays. Je dois à Sir W. Elliot une immense collection de peaux de pigeons de Madras, accompagnée de renseignements à leur égard. M. Blyth a mis à ma disposition ses nombreuses connaissances sur ce sujet et sur les autres sujets qui s'y rapportent. Le Rajah Sir J Brooke m'a envoyé des échantillons de Bornéo, ainsi que le consul de S. M., M. Swinhoe, d'Amoy, en Chine, et le docteur Daniell, de la côte occidentale d'Afrique.

[2] M. B.-P. Brent, bien connu par ses travaux sur les oiseaux de basse-cour, m'a aidé de toutes manières pendant plusieurs années avec une obligeance inépuisable, ainsi que M. Tegetmeier. Ce dernier, très-connu pour ses ouvrages sur le même sujet, et qui a élevé des pigeons sur une grande échelle, a revu ce chapitre et les suivants. M. Bult m'a montré sa collection sans rivale de pigeons Grosse-gorge et m'en a donné quelques-uns. J'ai eu accès dans celle de M. Wicking, qui renferme un assortiment de variétés comme on n'en saurait voir ailleurs; le propriétaire s'est mis à ma disposition avec la plus grande obligeance. Je dois à MM. Haynes et Corker des spécimens de leurs magnifiques Messagers; de même à M. Harrison Weir. Je ne dois pas omettre l'assistance que j'ai trouvée auprès de MM. J.-M. Eaton, Baker, Evans et J. Baily jeune; ce dernier pour quelques précieux échantillons; je prie toutes ces personnes d'accepter ici l'expression de ma sincère et cordiale reconnaissance

[3] *Les Pigeons de volière et de colombier.* Paris, 1824. Pendant quarante-cinq ans M. Corbié a été préposé aux soins des Pigeons de la duchesse de Berry. Bonizzi a décrit un grand nombre de variétés colorées habitant l'Italie: *Le rarazioni dei Colombi domestici*, Padoue, 1873

un grand nombre de différences importantes. J'ai étudié la magnifique collection des Colombidées du British Museum, à l'exception de quelques formes(telles que les *Didunculus*, les *Calœnas*, les *Goura*, etc.), et je n'hésite pas à affirmer que quelques-unes des races domestiques du biset diffèrent les unes des autres par leurs caractères extérieurs tout autant que peuvent le faire les genres naturels les plus distincts. Parmi les 288 espèces connues [1], nous chercherions en vain un bec aussi petit et aussi conique que celui du pigeon culbutant à courte face; ou aussi large et aussi court que celui du barbe; ou aussi droit, aussi long et aussi étroit avec ses énormes caroncules que celui du messager anglais; une queue aussi étalée et aussi redressée que celle du pigeon à queue de paon; enfin un œsophage semblable à celui des grosse-gorge. Je ne prétends certes pas dire que les races domestiques diffèrent les unes des autres par l'ensemble de leur organisation autant que les genres naturels les plus distincts; je n'ai en vu que les caractères extérieurs, sur lesquels, il faut cependant le reconnaître, la plupart des genres des oiseaux ont été établis. Lorsque nous discuterons, dans un chapitre subséquent, l'application du principe de la sélection par l'homme, nous verrons clairement pourquoi les différences entre les races domestiques sont presque toujours limitées aux caractères externes, ou du moins aux caractères extérieurement visibles.

L'étendue et les gradations des différences qui existent entre les diverses races, m'ont obligé, dans la classification qui suit, · à les ranger par groupes, par races et par sous-races, auxquels il faut souvent ajouter des variétés et des sous-variétés, toutes transmettant leurs caractères propres. On peut même souvent distinguer dans une même sous-variété des branches ou des familles différentes, suivant l'éleveur qui les a produites et conservées pendant longtemps. Il est certain que si les formes bien caractérisées des diverses races de pigeons avaient été trouvées à l'état sauvage, toutes eussent été regardées comme des espèces distinctes, et plusieurs d'entre elles placées certainement par les ornithologistes dans des genres différents. Les nombreuses gradations des formes, et la façon dont elles se fondent les unes

---

[1] Prince C.-L. Bonaparte, *Coup d'œil sur l'ordre des Pigeons*. Paris, 1855. Cet auteur établit 288 espèces groupées dans 85 genres.

avec les autres, rendent très-difficile une classification exacte des diverses races domestiques; il est à remarquer, d'ailleurs, et c'est là un fait curieux, que pour procéder à cette classification il faut surmonter les mêmes difficultés et suivre les mêmes règles que s'il s'agissait de la classification d'un groupe naturel quelconque très-compliqué. On pourrait sans doute établir plus facilement une classification artificielle, mais il faudrait, dans ce cas, méconnaître une foule d'affinités évidentes. Rien de plus simple que de définir les formes extrêmes, mais les formes intermédiaires contrecarrent souvent nos définitions. Certaines formes qui constituent ce qu'on pourrait appeler des « aberrations », doivent être cependant comprises dans des groupes auxquels elles n'appartiennent pas exactement. Il faut utiliser les caractères de tous genres, mais, de même que pour les oiseaux à l'état de nature, les meilleurs et les plus facilement appréciables sont ceux fournis par le bec. Il n'est pas possible d'évaluer l'importance de tous les caractères qu'on peut invoquer de manière à établir des groupes ou des sous-groupes de valeur égale. Enfin, un groupe ne contient parfois qu'une race, tandis qu'un autre groupe moins bien défini peut-être, comprend parfois plusieurs races et sous-races, et, dans ce cas, comme cela arrive dans la classification des espèces naturelles, il est difficile d'éviter une surévaluation des caractères qui se trouvent communs à un grand nombre de formes.

Je ne me suis jamais fié uniquement à l'œil pour les mesures; quand je parle d'une partie comme grande ou petite, c'est toujours relativement au même terme de comparaison, c'est-à-dire le biset sauvage (*Columba livia* [5]).

---

[5] Comme je dois fréquemment en référer aux dimensions du biset, *C. livia*, je crois devoir donner la moyenne des mesures de deux bisets sauvages, que M. Edmondstone m'a envoyés des îles Shetland :

	Mètre.
Longueur de la base emplumée du bec à l'extrémité de la queue	0,362
— — — la glande huileuse	0,229
— de l'extrémité du bec à l'extrémité de la queue	0,382
— des plumes de la queue	0,117
— envergure	0,679
— de l'aile repliée	0,235
Bec. Longueur de l'extrémité à la base emplumée	0,019
— Epaisseur mesurée verticalement à l'extrémité des narines	0,006
— Largeur mesurée au même endroit	0,004
Pieds. Longueur de l'extrémité du doigt médian (sans ongle), à l'extrémité du tibia.	0,070
— — — à celle du doigt postérieur (sans ongle)	0,051
Poids 399 grammes.	

Je vais maintenant décrire brièvement les races principales.
Le tableau suivant pourra faciliter au lecteur la connaissance de
leurs noms et l'intelligence de leurs affinités. Ainsi que nous le

17. — Le Biset ou *Columba livia* [6], la souche de tous les Pigeons domestiques.

verrons dans le chapitre suivant, on peut, en toute sécurité, considérer comme l'ancêtre commun de toutes nos races artificielles

[6] Ce dessin est fait d'après un oiseau mort. Les six figures suivantes ont été dessinées avec
grand soin par M. Luke Wells, sur des oiseaux vivants choisis par M. Tegetmeier. Les carac-
res de ces six races n'ont été en aucune façon exagérés dans le dessin.

COLUMBA LIVIA OU BISET.

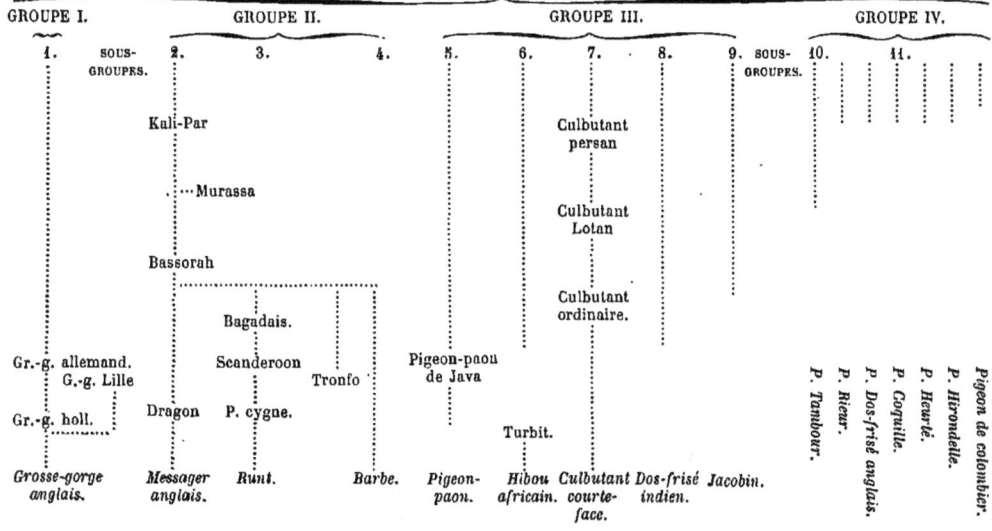

GROUPE I.	GROUPE II.	GROUPE III.	GROUPE IV.

1. SOUS-GROUPES.   2.   3.   4.   5.   6.   7.   8.   9. SOUS-GROUPES.   10.   11.

Kali-Par

Culbutant persan

···Murassa

Culbutant Lotan

Bassorah

Culbutant ordinaire.

Bagadais.

Scanderoon

Tronfo

Pigeon-paou de Java

Gr.-g. allemand.

G.-g. Lille

Gr.-g. holl.

Dragon   P. cygne.

Turbit.

Grosse-gorge anglais.

Messager anglais.

Runt.

Barbe.

Pigeon-paon.

Hibou africain.

Culbutant courte-face.

Dos-frisé indien.

Jacobin.

P. Tambour.

P. Rieur.

P. Dos-frisé anglais.

P. Coquille.

P. Heurté.

P. Hirondelle.

Pigeon de colombier.

PIGEONS DOMESTIQUES.

le Biset (*C. livia*), en comprenant sous ce nom deux ou trois sous-espèces ou races géographiques très-voisines que nous décrirons ultérieurement. Les noms en italique au côté droit du tableau indiquent les races les plus distinctes, ou celles qui ont subi la somme la plus considérable de modifications. La longueur des lignes ponctuées représente grossièrement le degré de différence entre chaque race et la souche mère, et les noms placés les uns sous les autres dans une même colonne indiquent les formes qui les relient plus ou moins. L'écartement des lignes ponctuées représente approximativement l'étendue des différences entre les diverses races.

GROUPE I.

Ce groupe ne comprend que la race des Grosses-gorges dont la sous-race la plus fortement caractérisée, le Grosse-gorge anglais amélioré, est peut-être le plus distinct de tous les pigeons domestiques.

RACE I. — *Pigeons Grosse-gorge* (Pouter Pigeons, Kropf-Tauben, Boulants).

Œsophage très-grand, à peine distinct du jabot, souvent gonflé. Corps et membres allongés. Bec de dimensions moyennes.

Sous-Race I. — Le Grosse-gorge anglais amélioré présente un aspect réellement étonnant lorsque son jabot est complétement distendu. Tous les pigeons domestiques ont l'habitude de gonfler un peu leur jabot, mais cette faculté est poussée à l'extrême chez le Grosse-gorge. Le jabot ne diffère de celui des autres pigeons que par ses dimensions, mais il est moins nettement séparé de l'œsophage, dont la partie supérieure à un diamètre énorme, même tout près de tête. J'ai eu en ma possession un de ces oiseaux dont le bec disparaissait presque entièrement quand le jabot était complétement distendu. Les mâles, surtout quand ils sont excités, gonflent leur jabot plus que les femelles et paraissent tout glorieux d'exercer cette faculté. Lorsque l'oiseau refuse de « jouer », pour employer l'expression technique, on peut, comme je l'ai vu faire, en lui soufflant dans le bec, le gonfler comme un ballon, et, plein d'air et d'orgueil, il se pavane en cherchant à conserver sa grosseur le plus longtemps possible. Les Grosses-gorges prennent souvent leur vol avec leur jabot ainsi dilaté ; j'ai vu un des miens, après avoir avalé une bonne portion de petits pois et d'eau, s'envoler pour porter cette nourriture à ses petits, et j'entendais résonner les pois dans son jabot distendu comme dans une vessie. Pendant le vol, leurs ailes se choquent souvent l'une contre l'autre au-dessus du dos, et produisent ainsi un claquement particulier.

Ces pigeons se tiennent très-droits, ils ont le corps mince et allongé;

Fig. 18. — Grosse-gorge anglais.

les côtes sont ordinairement plus larges et les vertèbres plus nombreuses que chez les autres races. Leur manière de se tenir fait paraître leurs pattes plus longues qu'elles ne le sont réellement, bien qu'en fait leurs pattes et leurs pieds soient proportionnellement plus longs que ceux du *C. livia*. Les ailes très-allongées en apparence, ne le sont réellement pas relativement à la longueur du corps. Le bec semble aussi être plus long, mais relativement au corps il est plus court d'environ 7 millimètres que chez le Biset.

Le Pigeon Grosse-gorge, quoique peu corpulent, est un grand oiseau; j'en ai mesuré un qui avait 87 centimètres d'envergure, et 48 centimètres du bout du bec à l'extrémité de la queue. Chez un biset sauvage des îles Shetland, les mesures correspondantes n'étaient que de 72 centimètres et 37 centimètres. Les Grosses-gorges offrent un grand nombre de sous-variétés affectant des couleurs diverses, mais il est inutile de nous en occuper ici.

Sous-race II. — Grosse-gorge hollandais. — Ce pigeon paraît être la forme souche des Grosses-gorges perfectionnés d'Angleterre. J'en ai possédé une paire, mais je ne crois pas que ces oiseaux aient appartenu à une race parfaitement pure. Ils sont plus petits que les Grosses-gorges anglais, et leurs caractères spéciaux sont moins bien développés. Neumeister dit que leurs ailes se croisent au-dessus de la queue, mais sans en atteindre l'extrémité [7].

Sous-race III. — Grosse-gorge de Lille. — Je ne connais cette race que par description [8]. Elle se rapproche par sa forme générale du Grosse-gorge hollandais, mais son œsophage gonflé prend une forme sphérique, comme si l'oiseau avait avalé une grosse orange, qui se serait arrêtée immédiatement au-dessous du bec. Cette boule insufflée s'élève, dit-on, au niveau du sommet de la tête. Le doigt médian est seul emplumé.

MM. Boitard et Corbié décrivent une variété de cette sous-race appelée le Claquant, qui ne se gonfle que peu, mais qui a l'habitude caractéristique de frapper fortement ses ailes l'une contre l'autre au-dessus de son dos, habitude que les Grosses-gorges anglais ont aussi mais à un degré moindre.

Sous-race IV. — Grosse-gorge allemand commun. — Je ne connais cet oiseau que d'après les figures et les descriptions qu'en donne l'exact Neumeister, un des rares auteurs sur les pigeons dans lequel on puisse avoir toute confiance. Cette sous-race paraît assez différente; la partie supérieure de l'œsophage est beaucoup moins distendue, l'oiseau se tient moins droit, les pieds ne sont pas emplumés, et les pattes et le bec sont plus courts. Le Grosse-gorge allemand se rapproche donc sous ces différents rapports de la forme du biset commun. Les pennes caudales sont très-longues, et cependant les extrémités des ailes fermées dépassent le bout de la queue ; la longueur du corps, ainsi que l'envergure des ailes, sont plus grandes que chez la race anglaise.

GROUPE II.

Ce groupe renferme trois races évidemment voisines les unes des autres, et que nous désignons sous le nom de Messagers, Runts et Barbes. Les Messagers et les Runts se confondent par des gradations si insensibles qu'on doit se contenter de tirer entre ces deux sous-races une ligne de démarcation tout à fait arbitraire; les Messagers se relient aussi au biset par l'intermédiaire de

---

[7] *Das Ganze der Taubenzucht,* Weimar, 1837 ; pl. 11 et 12.
[8] Boitard et Corbié : *Les Pigeons,* etc., p. 177, pl. 6.

quelques races étrangères. Cependant, si on avait rencontré à l'état sauvage des Messagers et des Barbes bien caractérisés (fig. 19 et 20), pas un ornithologiste ne les eût placés l'un et l'autre dans un même genre, ni dans le genre auquel appartient le biset. Ce groupe peut, en régle générale, se reconnaître à la longueur du bec, à la peau turgescente et souvent verruqueuse qui recouvre les narines, ainsi qu'à la peau dénudée qui entoure les yeux. La bouche est large et les pieds grands. Cependant les Barbes, qui doivent rentrer dans ce même groupe, ont le bec très-court, et quelques types de Runts ont très-peu de peau nue autour des yeux.

Race II. — *Messagers* (Pigeons Turcs, Dragons, Türkische Tauben, Carriers).

Bec allongé, étroit, pointu ; yeux entourés d'une large bande de peau nue et caronculée ; corps et cou allongés.

Sous-race I. — Le Messager anglais. — Bel oiseau, grand, dont le plumage serré est généralement de couleur foncée ; le cou est allongé. Le bec est atténué et très-long : mesuré de la pointe à la base emplumée, il atteignait chez un individu 35 millimètres de longueur, soit presque le double de celui du biset, qui n'a que 19 millimètres. Pour comparer les proportions des différentes parties du corps du Messager et du biset, je prends comme terme de comparaison la longueur totale, mesurée de la base du bec à l'extrémité de la queue ; d'après cette donnée, le bec d'un Messager est plus long de 12 millimètres que celui du biset. La mandibule supérieure est souvent légèrement arquée. La langue est très-longue ; la peau caronculée prend autour des yeux, sur les narines, et sur la mandibule inférieure, un développement prodigieux. Les paupières mesurées longitudinalement sont chez quelques individus deux fois aussi longues que chez le biset. Les orifices extérieurs des narines sont également deux fois aussi longs. La bouche ouverte mesure 18 millimètres dans sa partie la plus large, et seulement 10 millimètres chez le biset. Cette grande largeur se manifeste dans le squelette par les bords déjetés des branches de la mâchoire inférieure. La tête est plate au sommet et étroite entre les orbites. Les pieds sont grands et grossiers ; leur longueur, de l'extrémité du doigt postérieur à celle du médian (les ongles non compris), était de 65 millimètres chez deux individus, soit, relativement au biset, en excès d'environ 6 millimètres. Un beau Messager mesure 80 centimètres d'envergure. Les oiseaux de cette sous-race ont trop de valeur pour être employés comme pigeons voyageurs.

Sous-race II. — Dragons ; Messagers persans. — Le Dragon anglais diffère du Messager perfectionné par ses dimensions plus petites, il a moins de peau caronculée autour des yeux et des narines, et pas du tout sur la mandibule inférieure. Sir W. Elliot, m'a envoyé de Madras, un Messager de Bagdad appelé quelquefois Khandési, nom qui dénote son origine persane ; cet oiseau, en Angleterre, ne serait regardé que comme un pauvre Dragon ; il avait la taille du biset, avec un bec un peu plus long, mesurant 25 millimètres de l'extrémité à la base. La peau entourant l'œil n'était que peu caronculée,

Fig. 19. — Messager anglais.

tandis que celle recouvrant les narines l'était beaucoup. J'ai reçu de M. C. Murray deux Messagers venant de Perse, qui offraient presque les mêmes caractères que l'oiseau de Madras ; ils avaient à peu près la taille du biset ; mais le bec de l'un deux mesurait 28 millimètres de longueur ; la peau des narines n'était que faiblement caronculée, et celle des yeux presque pas.

Sous-race III. — *Bagadotten-Tauben de Neumeister* (Pavdotten

Hocker-Tauben). — M. Baily a bien voulu me donner le cadavre d'un individu de cette race singulière importée d'Allemagne. Cette race est certainement alliée aux Runts; cependant, ses affinités avec les Messagers, sont telles qu'il convient de la décrire ici. Le bec est long, remarquablement recourbé en dessous et crochu, comme on le verra par la figure que je donne plus loin (fig. 24 et 27) en traitant du squelette. Les yeux sont entourés d'une large bande de peau rouge vif; cette peau, ainsi que celle des narines, n'est guère mamelonnée. Le sternum, très-saillant, est très-brusquement arqué en dehors. Le pieds et les tarses sont très-longs, et plus grands que chez les Messagers anglais. L'oiseau est grand, mais relativement à la grandeur du corps les pennes de l'aile et de la queue sont courtes; les pennes rectrices d'un biset sauvage, de taille considérablement moindre, avaient 116 millimètres de longueur tandis que celles d'un grand pigeon de la variété Bagadotten ne dépassaient pas 104 milimètres de longueur. Riedel [9] remarque que cet oiseau est très-silencieux.

Sous-race IV. — *Messager de Bassorah.* — Sir W. Elliot, m'a envoyé de Madras deux individus de cette sous-race, l'un dépouillé de la peau, et l'autre conservé dans l'alcool. Le nom de cet oiseau indique son origine persane. Ce pigeon est très-estimé dans l'Inde, où on le regarde comme distinct du Messager de Badgad, qui forme ma deuxième sous-race. Je pensais d'abord que ces deux sous-races pouvaient provenir de récents croisements avec d'autres variétés bien que l'estime qu'on a pour elles rende cette supposition peu vraisemblable; mais, un traité persan [10], qu'on croit avoir été écrit il y a cent ans environ, décrit les races de Bassorah et de Badgad comme distinctes l'une de l'autre. Le Messager de Bassorah a à peu près la taille du biset sauvage. La forme du bec de ce pigeon, les traces de peau caronculée sur les narines, — l'allongement des paupières, — la largeur intérieure de la bouche, — l'étroitesse de la tête, — la longueur des pattes, proportionnellement un peu plus grandes que celles du biset, — tous les caractères en un mot indiquent que cet oiseau est incontestablement un Messager. Cependant, chez un des individus que j'ai reçus le bec avait une longueur égale à celui du biset. Chez l'autre, le bec (ainsi que l'ouverture des narines) était plus long, de 2 millimètres seulement. Les yeux étaient entourés d'une assez large bande de peau nue et légèrement caronculée, mais celle des narines n'était que peu mamelonnée. Sir W. Elliot m'apprend que, chez l'oiseau vivant, l'œil paraît très-grand et très-saillant, ce qu'indique également le traité persan; l'orbite osseuse n'est cependant guère plus grande que chez le biset.

Au nombre des individus de races diverses que Sir W. Elliot m'a envoyés de Madras se trouvait une paire de *Kali Par*, oiseaux noirs à bec un peu allongé, ayant une assez grande quantité de peau nue sur les narines, et une bande étroite autour des yeux. Cette variété semble plus voisine du

---

[9] *Die Taubenzucht,* Ulm, 1824, p. 42.
[10] Ce traité a été écrit par Sayzid-Mohammed Musari, mort en 1770; je dois à l'obligeance de Sir W. Elliot la traduction de ce curieux ouvrage.

Messager que de toute autre race, étant presque intermédiaire entre le Messager de Bassorah et le biset.

Les noms que portent les diverses variétés de Messagers dans les différentes parties de l'Europe et de l'Inde, indiquent tous la Perse ou les pays voisins comme la patrie de cette race. Ceci mérite d'autant plus l'attention, que, même en négligeant le *Kali Par* comme d'origine douteuse, nous avons une série à peine interrompue, depuis le biset, en passant par le Bassorah, dont le bec n'est parfois pas plus long que celui du biset, et dont la peau nue des yeux et des narines n'est que peu gonflée ou caronculée, en passant aussi par la sous-race de Bagdad et par les Dragons, jusqu'au Messager anglais perfectionné, qui diffère si prodigieusement du biset ou *Columba livia*.

RACE III. — *Runts* (Scanderoons : Florentiner-Tauben et Hinkel-Tauben de Neumeister : Pigeon Bagadais, Pigeon Romain).

Bec long et massif ; corps grand.

La plus grande confusion règne dans la classification, les affinités et les dénominations des pigeons de cette race. En effet, plusieurs des caractères qui, chez les autres pigeons, sont généralement assez constants, tels que la longueur des ailes, de la queue, des pattes, du cou, l'étendue de peau dénudée autour des yeux, sont au contraire très-variables chez les Runts. Lorsque la peau nue au-dessus des narines et autour des yeux se développe beaucoup et est très-mamelonnée et que le corps n'est pas très-grand, ils se confondent par des degrés si insensibles avec les Messagers, que toute distinction entre les deux races devient arbitraire. C'est ce que prouvent les noms qui leur ont été donnés dans différentes parties de l'Europe. Néanmoins, si l'on choisit les formes les plus distinctes, on peut reconnaître au moins cinq sous-races (quelques-unes comprenant des variétés bien accusées), différant les unes des autres par des points de conformation assez importants pour que, trouvées à l'état de nature, on les eût considérées comme de véritables espèces.

Sous-race I. — *Scanderoons des auteurs anglais* (Florentiner et Hinkel-Tauben de Neumeister). — J'ai possédé un pigeon, appartenant à cette sous-race, et j'en ai depuis observé deux autres. Ces oiseaux ne diffèrent des Bagadotten de Neumeister qu'en ce qu'ils ont le bec moins recourbé en dessous, et que la peau recouvrant les narines et entourant l'œil est à peine mamelonnée. Néanmoins, j'ai cru devoir placer les Bagadotten dans la race II, celle des Messagers, et l'oiseau actuel dans la race III, celle des Runts. Le Scanderoon a la queue courte, étroite et relevée : les ailes sont très-courtes, de sorte que les pennes primaires ne sont pas plus longues que celles d'un petit pigeon culbutant. Le cou est long, très-arqué, le sternum saillant. Le bec est allongé, il a 29 millimètres de la pointe à la base emplumée ; il est assez épais verticalement et légèrement recourbé en-dessous.

La peau qui recouvre les narines est gonflée, mais non pas mamelonnée ; la bande de peau dénudée qui entoure les yeux est assez large et légèrement mamelonnée. Les pattes sont longues, les pieds très-grands. La peau du cou est rouge-vif, offrant souvent une ligne médiane dénudée ; on remarque aussi une tache rouge formée de peau dénudée à l'extrémité du radius de l'aile. Le pigeon qui m'appartenait, mesuré de la base du bec à la naissance de la queue, avait 51 millimètres de plus en longueur que le biset ; la queue ne mesurait elle-même que 102 millimètres, tandis que chez le biset, qui est un oiseau plus petit, la queue atteint une longueur de 117 millimètres.

Tous les caractères du *Hinkel* ou *Florentiner-Taube* indiqués par Neumeister (tab. XIII, fig. 1), (il n'est pas parlé du bec) concordent avec la description que je viens de faire ; cependant, Neumeister dit expressément que cette variété a le cou court, tandis que mon Scanderoon avait le cou très-long et très-arqué. Le pigeon Hinkel forme donc une variété bien distincte.

Sous-race II. — *Pigeon Cygne et pigeon Bagadais* de Boitard et Corbié (Scanderoon des auteurs francais). — J'ai élevé deux de ces oiseaux venant de France. Ils diffèrent de la première sous-race ou du vrai Scanderoon par la plus grande longueur des ailes et de la queue, et par un bec plus court; la peau dénudée qui recouvre diverses parties de la tête est plus caronculée. La peau du cou est rouge, mais les places dénudées sur les ailes font défaut. Un des oiseaux mesurait 965 millimètres d'envergure. En prenant la longueur du corps pour terme de comparaison, les deux ailes n'avaient pas moins de 127 millimètres de plus en longueur que celles du biset. La queue avait 153 millimètres de longueur, elle dépassait donc de 77 millimètres celle du Scanderoon, oiseau ayant à peu près la même taille. Le bec est, relativement au corps de l'oiseau, plus long, plus épais et plus large que celui du biset. Les paupières, les narines et l'ouverture de la bouche sont, comme chez les Messagers, proportionnellement très-grandes. Le pied mesurait 72 millimètres du bout du doigt postérieur à celui du doigt médian, ce qui, relativement aux dimensions des deux oiseaux, excède de 8 millimètres la longueur de celui du biset.

Sous-race III. — *Runts Espagnols et Romains.* — Je ne sais pas jusqu'à quel point on est autorisé à classer ces pigeons dans une sous-race distincte; cependant, si nous prenons des oiseaux bien caractérisés, la séparation est parfaitement justifiée. Ces oiseaux sont massifs et pesants, ils ont le cou, les jambes et le bec plus courts que les races précédentes. La peau des narines est gonflée, mais n'est pas caronculée ; la bande de peau dénudée qui entoure les yeux n'est pas très-large et elle est très-peu mamelonnée; j'ai même vu un de ces oiseaux (dit Runt espagnol) qui n'avait presque pas de peau dénudée autour des yeux. Des deux variétés qu'on peut voir en Angleterre, l'une, la plus rare, a les ailes et la queue très-longues, et se rapproche beaucoup de la dernière sous-race ; l'autre, dont les ailes et la queue sont plus courtes, paraît être le *Pigeon romain ordinaire* de MM. Boitard et Corbié. Ces Runts sont sujets à des tremblements comme les pigeons Paons. Ils volent mal. M. Gulliver [11] a exposé, il y a quelques années, un Runt espagnol qui pesait 845 grammes ; M. Tegetmeier m'apprend que deux individus provenant du midi de la France, récemment exposés au Palais de Cristal, pesaient chacun 976 grammes. Un beau biset des îles Shetland ne pesait que 406 grammes.

Sous-race IV. — *Tronfo d'Aldrovandi* (Runt de Livourne?). — L'ouvrage publié par Aldrovandi en l'an 1600, contient une grossière figure sur bois représentant un grand pigeon italien, ayant la queue relevée, les pattes courtes, le corps massif et le bec gros et court. J'avais pensé d'abord que ce dernier caractère, si anomal dans le groupe, était le résultat d'une erreur de dessin, mais, dans son ouvrage publié en 1735, Moore dit avoir possédé un Runt de Livourne, dont le bec était « très-court pour un oiseau aussi gros ». A d'autres égards, le pigeon de Moore ressemblait à la première sous-race ou Scanderoon, car il avait le cou long et arqué, les jambes longues, le bec court, la queue relevée, et peu de peau dénudée sur la tête. Les oiseaux d'Aldrovandi et de Moore doivent donc avoir constitué des variétés distinctes qui paraissent actuellement éteintes en Europe. Sir W. Elliot m'informe cependant qu'il a vu à Madras un Runt à bec court venant du Caire.

Sous-race V. — *Murassa de Madras* (Pigeon orné). — Sir W. Elliot m'a envoyé de Madras quelques peaux de ces oiseaux si magnifiquement diaprés. Ils sont un peu plus grands que les plus grands bisets avec un bec plus long et plus massif. La peau qui recouvre les narines est bien développée et légèrement caronculée, l'œil est entouré par une bande étroite de peau dénudée ; les pieds sont grands. Cette race forme un chaînon intermédiaire entre le biset et une variété inférieure de Messager ou de Runt.

Ces descriptions nous autorisent à établir chez les Runts comme chez les Messagers, une gradation insensible entre le biset (le Tronfo formant une branche distincte) et les Runts les plus gros et les plus massifs. Mais la série des affinités et bien des points de ressemblance entre les Runts et les Messagers me portent à penser que ces deux races ne descendent pas du biset suivant deux lignes indépendantes, mais bien, comme l'indique le tableau, de quelque ancêtre commun, qui aurait déjà acquis un bec modérément long, portant sur les narines un peu de peau légèrement gonflée et une bande de peau légèrement caronculée autour des yeux.

RACE IV. — *Barbes* (Pigeons polonais ; Indische Tauben).

Bec court, large ; large bande de peau nue caronculée autour des yeux ; peau des narines légèrement turgescente.

Trompé par le raccourcissement extraordinaire du bec et par sa forme, je n'avais pas d'abord aperçu l'étroite affinité qui existe entre cette race et celle des Messagers, affinité qui m'a été signalée par M. Brent. Lorsque

---

[11] *Poultry chronicle*, vol. II, p. 573.

ensuite j'ai étudié le Messager de Bassorah, j'ai compris qu'il suffirait de quelques modifications pour le transformer en Barbe. Cette affinité entre les Messagers et les Barbes est confirmée par une différence analogue qui se remarque entre les Runts à bec court et ceux à bec long, et encore plus par le fait que, pendant les premières vingt-quatre heures qui suivent leur

Fig. 20. — Barbe anglais.

éclosion, les jeunes Barbes et les Dragons se ressemblent beaucoup plus que ne le font les pigeonneaux de toutes les autres races également distinctes.

A ce jeune âge, la longueur du bec, le gonflement de la peau qui recouvre les narines, l'ouverture du bec et la grandeur des pieds, sont les mêmes chez les deux variétés, bien que toutes ces parties deviennent plus tard très-différentes. L'embryologie (si on ose toutefois appliquer ce terme à la comparaison d'animaux très-jeunes), peut donc servir à la classification des variétés domestiques de même qu'elle est utile à la classification des espèces naturelles.

Les éleveurs de pigeons comparent, avec raison, la tête et le bec du pigeon Barbe à ceux du bouvreuil. Trouvé à l'état sauvage, le Barbe eût certainement été placé dans un genre nouveau créé pour le recevoir. Son corps est un peu plus gros que celui du biset, mais son bec est plus court de plus de 5 millimètres ; bien que plus court, le bec est plus épais en tous sens. Par suite de l'inflexion en dehors des branches de la mâchoire inférieure, la bouche est intérieurement très-élargie, dans le rapport de 6 à 4, comparativement à celle du biset. La tête est large. La peau qui recouvre les narines est gonflée mais elle n'est pas caronculée, sauf chez les oiseaux âgés de race très-pure ; au contraire, la bande de peau dénudée qui entoure les yeux est large et très-caronculée. Cette bande prend parfois un développement tel qu'un oiseau appartenant à M. Harrison Weir pouvait à peine apercevoir sa nourriture sur le sol. Chez un autre individu, les paupières étaient presque deux fois aussi longues que celles du biset. Les pattes sont fortes et grossières, mais proportionnellement un peu plus courtes que celles du biset. Le plumage est ordinairement de couleur foncée et uniforme. On peut donc, en résumé, regarder les Barbes comme des Messagers à bec court, et ajouter qu'ils ont avec ces derniers à peu près les mêmes rapports que le Tronfo d'Aldrovandi avec le Runt commun.

GROUPE III.

Ce groupe tout artificiel comprend une collection hétérogène de formes distinctes. On peut le définir, chez les individus bien caractérisés des différentes races, par un bec plus court que celui du biset, et par le faible développement de la bande de peau dénudée qui entoure les yeux.

RACE V. — *Pigeons Paons.*

Sous-Race I. — *Races européennes* (Pfauen-Tauben : Trembleurs). *Queue étalée, redressée, composée de plumes nombreuses ; glande huileuse atrophiée ; bec et corps assez courts.*

Les oiseaux appartenant au genre Columba ont normalement 12 pennes rectrices ; chez les pigeons Paons ce nombre peut varier depuis 12 jusqu'à 42, d'après MM. Boitard et Corbié. J'en ai compté 33 chez un oiseau que j'ai eu en ma possession, et M. Blyth [12], à Calcutta, en a compté 34 sur une queue *imparfaite.* Sir W. Elliot m'informe qu'à Madras le nombre type est 32 ; en Angleterre, on estime moins le nombre des plumes que la position

---

[12] *Ann. and Mag. of nat. history,* vol. XIX, 1847, p. 105.

de la queue et son expansion. Les plumes sont disposées irrégulièrement sur deux lignes; leur redressement et leur étalage permanents en forme d'éventail constituent un caractère plus remarquable que le nombre. La queue est susceptible des mêmes mouvements que chez les autres pigeons, et peut s'abaisser jusqu'à balayer le sol. Sa base est plus élargie que chez

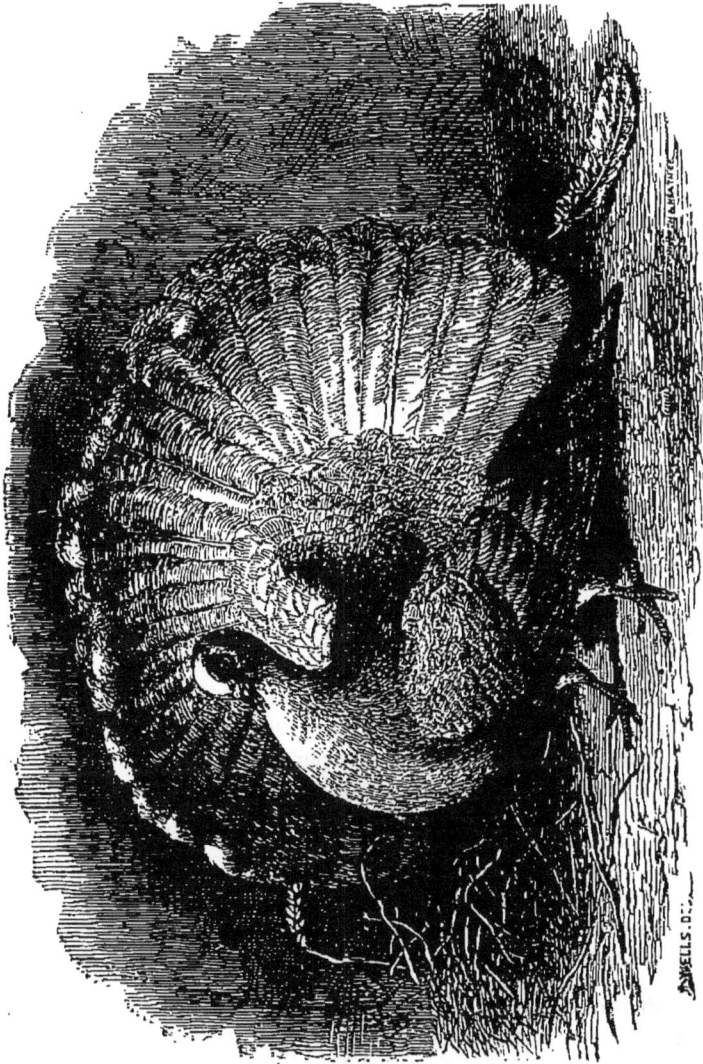

Fig. 21. — Pigeon Paon anglais.

les pigeons ordinaires, et j'ai pu constater sur trois squelettes la présence d'une ou deux vertèbres coccygiennes supplémentaires. Je n'ai trouvé aucune trace de la glande huileuse chez un grand nombre d'individus de toutes couleurs et de pays divers ; il y a donc là un cas curieux d'atrophie [13]. Le cou est mince et renversé en arrière, la poitrine large et saillante, les pieds petits ; ces pigeons ont un port très-différent des autres pigeons : chez les individus de race pure la tête touche les plumes de la queue, d'où il résulte un froissement habituel de celles-ci. Ces pigeons tremblent ordinairement beaucoup, et leur cou est agité d'un mouvement d'arrière en avant très-particulier et comme convulsif. Ils ont une démarche singulière, dénotant une certaine roideur dans les pattes. Ils volent mal par le vent, à cause du développement de leur queue. Les variétés de couleur foncée sont généralement plus grandes que les variétés blanches.

On constate, entre les pigeons Paons communs et les variétés perfectionnées qui existent actuellement en Angleterre, de notables différences dans la position et la grandeur de la queue, dans le port de la tête et du cou, dans les mouvements convulsifs du cou, dans la démarche et dans la largeur de la poitrine ; ces différences se confondent cependant si insensiblement les unes avec les autres qu'il est impossible de constituer plus d'une sous-race. Moore, excellente autorité sur la matière [14], dit, qu'en 1735, il existait deux sortes de Trembleurs à large queue, l'une avait le cou plus long et plus grêle que l'autre. M. B.-P. Brent m'apprend qu'il existe en Allemagne un pigeon Paon dont le bec est plus gros et plus court.

Sous-race II. — *Pigeon Paon de Java.* — M. Swinhoe m'a envoyé d'Amoy, en Chine, la peau d'un pigeon Paon appartenant à une race originaire de Java. La couleur diffère de celle de tous les pigeons Paons européens, et le bec est remarquablement court. Il n'a que 14 pennes caudales ; toutefois, M. Swinhoe en a compté de 18 à 24 sur d'autres individus appartenant à la même race. Il résulte d'une esquisse qui m'a été envoyée, que, chez cette race la queue n'est ni aussi étalée, ni aussi redressée qu'elle l'est même chez les pigeons Paons européens de second ordre. Le cou de cet oiseau est aussi agité de mouvements convulsifs. La glande graisseuse est bien développée chez lui. Comme nous le verrons plus loin, les pigeons Paons étaient déjà connus dans l'Inde avant l'an 1600, et il est probable que nous devons voir dans les individus de Java un état ancien et moins perfectionné de la race.

RACE VI. — *Pigeons à cravate.* (Möven-Tauben, Turbits et Owls.)

Plumes divergeant sur le devant du cou et du jabot ; bec très-court, assez épais dans le sens vertical ; œsophage un peu agrandi.

Les Pigeons à cravate diffèrent légèrement des Pigeons Owls (hibou) par la présence d'une crête sur la tête, et par la courbure de leur bec ; on peut,

---

[13] Cette glande se trouve chez la plupart des oiseaux ; cependant Nitzsch (*Ptérylographie* 1840, p. 55), en a constaté l'absence chez deux espèces de Columba, chez plusieurs espèces de perroquets et d'outardes, et chez presque tous les oiseaux de la famille des autruches. Les deux espèces de Columba, auxquelles manque la glande graisseuse, ont un nombre inusité de plumes caudales, soit 16, et, sous ce rapport, ressemblent aux pigeons Paons ; cette coïncidence ne paraît guère devoir être accidentelle.

[14] Voir les deux éditions publiées par M. Eaton, en 1852 et 1858. (*Treatise on Fancy Pigeons.*)

cependant, les réunir sans inconvénient dans un même groupe. Ces jolis
oiseaux, parfois très-petits, sont facilement reconnaissables à une sorte de
fraise qui se trouve sur le devant du cou ; cette fraise, formée par une divergence irrégulière des plumes, ressemble beaucoup à celle qu'on observe,
quoique à un moindre degré, sur la partie postérieure du cou du Jacobin.

Fig. 22. — Pigeon Hibou africain.

Cet oiseau a la singulière habitude d'enfler constamment, mais pour un
instant, la partie supérieure de son œsophage, ce qui détermine un mouvement dans la fraise. L'œsophage d'un oiseau mort, insufflé, paraît plus grand
et moins nettement séparé du jabot que chez les autres races. Le Grosse-
gorge gonfle à la fois son jabot et son œsophage, le Turbit ne gonfle et à un
degré bien moindre, que son œsophage. Le bec du Turbit est très-court, il

a 7 millimètres de moins que celui du biset, proportionnellement aux dimensions du corps ; le bec était même plus court encore chez quelques pigeons Hiboux rapportés de Tunis par M. E. Vernon Harcourt. Le bec est plus épais dans le sens vertical et peut-être un peu plus large, toute proportion gardée, que celui du biset.

Race VII. — *Culbutants*. (Tümmler, ou Burzel–Tauben ; Tumblers.)

Culbutent en arrière pendant le vol ; corps généralement petit ; bec ordinairement et parfois excessivement court et conique.

On peut diviser cette race en quatre sous-races qui sont : la sous-race Persane, celle du Lotan, celle des Culbutants communs, et celle des Culbutants courte-face ; ces sous-races comportent plusieurs variétés qui reproduisent fidèlement leur type. Sur huit squelettes de pigeons Culbutants, à l'exception d'un seul d'ailleurs incomplet et douteux, j'ai trouvé sept côtes au lieu de huit que possède le biset.

Sous-race I. — *Culbutants Persans.* — L'honorable C. Murray m'a envoyé directement de Perse une paire de ces pigeons. Ils sont un peu plus petits que le biset sauvage, blancs et pommelés, les pattes sont légèrement garnies de plumes, et le bec est un peu plus court que celui du biset. M. Keith Abbott, consul de Sa Majesté, m'apprend que cette différence de la longueur du bec est si minime, qu'en Perse les éleveurs exercés peuvent seuls distinguer ces Culbutants des pigeons communs du pays. Ils volent par bandes à de grandes hauteurs et culbutent bien ; certains de ces oiseaux semblent parfois pris de vertige et tombent à terre, ce qui arrive aussi à quelques-uns de nos Culbutants.

Sous-race II. — *Culbutants de Lotan ou Lowtun : Culbutants terrestres indiens.* — Ces oiseaux possèdent une habitude héréditaire des plus remarquables. Les individus que Sir W. Elliot m'a envoyés de Madras sont blancs, leurs pattes sont légèrement emplumées, et les plumes de la tête sont renversées ; ils sont un peu plus petits que le biset et ont le bec un peu plus court et un peu plus mince que ce dernier. Légèrement secoués et posés par terre, ces oiseaux commencent une série de culbutes qu'ils continuent jusqu'à ce qu'on les relève pour les calmer, ce qu'on arrive à faire en leur soufflant à la face, comme lorsqu'on veut réveiller un sujet magnétisé ou hypnotisé. On affirme que, si on ne les relève pas, ils continuent à se rouler par terre jusqu'à ce qu'ils en meurent. Ces particularités sont parfaitement établies, et le cas est d'autant plus digne d'attention que cette habitude est héréditaire depuis l'an 1600, la race étant nettement décrite dans le *Ayeen Akbery* [15]. M. Evans a conservé à Londres une paire de ces pigeons im-

[15] Traduction anglaise de F. Gladwin, 4ᵉ édit., vol. I. Cette habitude du Lotan est aussi décrite dans l'ouvrage persan publié il y a 100 ans, dont nous avons déjà parlé ; à cette époque

portée par le capitaine Vigne ; il a observé qu'ils font la culbute en l'air, aussi bien que sur le sol, de la manière ci-dessus décrite. Sir W. Elliot m'écrit cependant de Madras que ces Pigeons font exclusivement la culbute sur le sol, ou à une très-faible hauteur. Il mentionne aussi une autre sous-variété, nommée le *Kalmi Lotan*, qui commence à se rouler par terre dès qu'on lui touche le cou avec une baguette.

Sous-race III. — Pigeons Culbutants ordinaires. — Ces oiseaux ont exacte-ment les mêmes habitudes que les pigeons persans, mais ils font mieux la culbute. L'oiseau anglais est un peu plus petit que le Persan et a le bec plus court. Le bec comparé à celui du biset, est, toute proportion gardée, de 3 millimètres à 5 millimètres plus court, mais il n'est pas plus mince. On distingue plusieurs variétés de pigeons Culbutants ordinaires ; on les dési-gne sous les noms de *Baldheads* (Têtes chauves), de *Beards* (Barbes), et de *Dutch Rollers* (Culbutants hollandais). J'ai élevé plusieurs de ces derniers ; ils ont la tête de forme un peu différente, le cou plus long et les pattes emplumées. Ils culbutent à un degré incroyable et, d'après M. Brent [16], « toutes les quelques secondes ils partent et font un, deux ou trois tours sur eux-mêmes. Çà et là un oiseau tourne brusquement et rapidement sur lui-même, comme le ferait une roue ; ils perdent parfois l'équilibre, font des chutes assez lourdes et se blessent quelquefois en tombant. » J'ai reçu de Madras plusieurs Culbutants ordinaires de l'Inde ; ils diffèrent quelque peu les uns les autres par la longueur du bec.

M. Brent m'a envoyé un individu mort, appartenant à une variété écossaise, le pigeon Culbutant [17] de maison (*House Tumbler*) ; il ne diffère du Culbutant commun, ni par son apparence générale ni par la forme de son bec. M. Brent m'apprend que ces oiseaux commencent en général à culbuter « aussitôt qu'ils sont en état de bien voler ; à trois mois il culbutent bien, mais volent encore avec énergie ; à cinq ou six mois, ils culbutent beaucoup et, pendant la seconde année, ils renoncent presque complètement au vol, à cause de la succession rapide de leurs culbutes à ras de terre. Quelques-uns s'envolent et décrivent quelques cercles autour du troupeau en faisant un saut com-plet tous les quelques mètres, mais, bientôt épuisés et étourdis, ils sont obligés de se reposer. On les appelle Culbutants aériens (*Air Tumblers*), et ils font ordinairement de vingt à trente culbutes complètes par minute. J'ai eu occasion d'observer, montre en main, un pigeon mâle qui exécutait quarante culbutes en une minute. D'autres font leur culbute différemment. Ils commencent par faire une seule culbute, puis deux, et arrivent à un rou-lement continu qui met fin à leur vol ; car, après un parcours de quelques mètres, ils atteignent le sol en culbutant. J'ai vu un pigeon se tuer de cette manière et un autre se casser une patte. Un grand nombre font la culbute à quelques pouces de terre seulement, et en font deux ou trois pour

les Lotans étaient ordinairement blancs et crétés comme aujourd'hui. M. Blyth : *Ann. and Mag. of nat. hist.*, vol. XIV, 1847, p. 104, décrit ces pigeons ; il ajoute qu'on peut en voir chez tous les marchands d'oiseaux à Calcutta.

[16] *Journal of Horticulture*, 22 oct. 1861, p 76.

[17] Voir un mémoire sur les Pigeons Culbutants de Glasgow, dans *Cottage Gardener*, 1858, p. 285, ainsi que le mémoire de M. Brent, *Journal of Horticulture*, 1851, p. 76.

regagner leur pigeonnier. On les appelle quelquefois pigeons Culbutants de maison (*House Tumblers*), parce qu'ils culbutent ainsi même dans l'intérieur des maisons. Ce mouvement paraît être tout à fait involontaire, car l'animal semble même chercher à l'empêcher ; après avoir fait tous ses efforts pour voler directement sur un espace de quelques mètres, il semble qu'une impulsion contraire le repousse en arrière, tandis qu'il lutt> pour avancer. Lorsqu'ils sont brusquement effrayés, ou dans un lieu étranger, ils paraissent moins aptes à voler que lorsqu'ils sont dans leur habitation ordinaire. » Ces pigeons Culbutants de maison diffèrent du Lotan en ce qu'ils n'ont pas besoin d'être excités pour commencer leurs culbutes. Il est probable que la race aura été produite par une sélection des meilleurs pigeons Culbutants ordinaires ; il est aussi possible qu'ils aient été anciennement croisés avec les Lotans.

Sous-race IV. — Pigeons Culbutants courte-face. — Ce sont des oiseaux merveilleux, la gloire et l'orgueil des éleveurs. Leur bec conique, aigu et très-court, le faible développement de la membrane nasale, les séparent presque complétement du type des Colombidés. La tête est globulaire, à front redressé, ce qui l'a fait comparer par quelques amateurs [18] « à une cerise dans laquelle on aurait planté un grain d'orge ». C'est la plus petite variété de pigeons. M. Esquilant a eu en sa possession un pigeon bleu à tête chauve, âgé de deux ans, qui ne pesait à jeun que 177 grammes; deux autres pesaient 196 grammes chacun. Nous avons vu que le biset pèse 396 grammes et le Runt, 959 grammes. Les Culbutants courte-face se tiennent très-droit ; ils ont la poitrine saillante, de très-petits pieds et les ailes pendantes. Chez un individu de race pure, le bec ne mesurait de la pointe à la base emplumée que 10 millimètres de longueur ; il atteint une longueur double chez le biset sauvage. Il est vrai que les Culbutants étant plus courts que le biset, ils doivent avoir aussi le bec plus court, mais chez eux le bec, comparativement à la longueur du corps, est de 7 millimètres trop court. De même les pieds sont absolument 11 millimètres, et relativement 5 millimètres plus courts que ceux du biset. Le doigt médian ne porte que 12 ou 13 au lieu de 14 ou 15 scutelles. Les pennes primaires· de l'aile sont fréquemment au nombre de neuf au lieu de dix. Les individus très-perfectionnés de cette race courte-face ont presque perdu la faculté de culbuter ; il y a cependant des exemples authentiques d'individus chez lesquels elle s'est conservée. Il existe quelques sous-variétés, telles que les *Baldheads*, les *Beards*, les *Mottles* et les *Almonds ;* cette dernière n'acquiert son plumage parfait qu'après avoir mué trois ou quatre fois. On a de bonnes raisons pour croire que la plupart de ces sous-variétés, dont quelques-unes reproduisent exactement leur type, ont pris naissance depuis la publication de l'ouvrage de Moore en 1735 [19].

En résumé, pour ce qui concerne le groupe des pigeons Culbutants, il est difficile de concevoir une gradation plus parfaite que celle que nous avons

[18] J.-M. Eaton, *Treatise on Pigeons,* 1852, p. 9.
[19] J.-M. Eaton, *Treatise,* etc., édit. 1858, p. 76.

pu suivre, depuis le biset, en passant par les Culbutants Persans, les Lotans et les culbutants ordinaires, jusqu'à ces pigeons à courte face, oiseaux si singuliers qu'aucun ornithologiste, jugeant d'après la conformation extérieure, n'eût jamais songé à les placer dans le même genre que le biset.

Fig. 23. — Pigeon Culbutant courte-face anglais.

Les différences qui se remarquent entre les termes successifs de cette série ne sont pas plus grandes que celles qu'on peut constater entre les pigeons de colombier (*C. livia*) apportés de différents pays.

RACE VIII. — *Frill-Back* (Dos-frisé) *Indien.*

Bec très-court ; plumes renversées.

Sir W. Elliot m'a envoyé de Madras un de ces oiseaux conservé dans l'alcool. Il diffère complétement du Frill-Back (Dos-frisé) qu'on rencontre souvent en Angleterre. C'est un oiseau assez petit qui atteint à peu près la taille du Culbutant ordinaire, mais son bec a les proportions de celui de nos Culbutants courte-face ; il ne mesure, en effet, que 11 millimètres de longueur. Toutes les plumes du corps sont renversées ou frisées en arrière. Si cet oiseau se fût rencontré en Europe, je l'eusse regardé comme une variété monstrueuse de notre Culbutant perfectionné, mais les courte-face étant inconnus dans l'Inde, je crois qu'il faut le considérer comme une race distincte. C'est probablement la race observée au Caire par Hasselquist, en 1757, race qu'on disait importée de l'Inde.

RACE IX. — *Jacobin.* (Zopf ou Perrücken-Taube : Nonnains.)

Plumes du cou formant un capuchon ; ailes et queue longues ; bec assez court.

Ce pigeon se reconnaît d'emblée au capuchon qui enveloppe presque complétement la tète, et se rejoint sur le devant du cou. Ce capuchon ne paraît consister qu'en un développement exagéré du sommet des plumes renversées de la partie postérieure de la tète, développement qui se remarque chez plusieurs sous-variétés, et qui, chez le Latz-Taube [20], constitue un état intermédiaire entre un capuchon et une crète. Les plumes du capuchon sont allongées ; il en est de mème des ailes et de la queue ; de sorte que chez le Jacobin, quoique plus petit, l'aile repliée est plus longue de 31 millimètres que celle du biset. En prenant pour terme de comparaison la longueur du corps sans la queue, l'aile repliée est, proportionnellement à celle du biset, trop longue de 56 millimètres, et l'envergure trop longue de 133 millimètres. Cet oiseau est d'une nature tranquille, il remue peu et ne vole que rarement ; Bechstein et Riedel ont fait la mème observation en Allemagne [21]. Ce dernier auteur signale aussi la longueur des ailes et de la queue. Le bec est, proportionnellement à la grosseur du corps, d'environ 5 millimètres plus court que chez le Biset, mais la capacité interne de la bouche est beaucoup plus grande.

[20] Neumeister, *Taubenzucht,* tab. IV, fig. 1.
[21] Riedel : *Die Taubenzucht,* 1824, p. 26. — Bechstein : *Naturg. Deutschlands,* vol. IV, p. 36. 1795.

GROUPE IV.

Les oiseaux appartenant à ce groupe se distinguent par leur ressemblance sur tous les points importants de leur structure et notamment le bec, avec le biset. Le pigeon Tambour est le seul qui constitue une race bien accusée. Quant aux autres variétés et sous-races, très-nombreuses d'ailleurs, je ne signalerai que les plus distinctes parmi celles que j'ai moi-même observées vivantes.

RACE X. — *Pigeon Tambour.* (Glouglou ; Trommel-Taube ; Trumpeter.)

Une touffe de plumes bouclées en avant et placées à la base du bec ; pieds emplumés ; voix très-particulière ; taille dépassant celle du biset.

C'est une race bien accusée dont la voix toute particulière ne ressemble en rien à celle d'aucun autre pigeon. Le roucoulement de ces pigeons rapidement répété, se continue pendant plusieurs minutes, d'où leur nom de Tambours. Une touffe de plumes allongées, frisées au-dessus de la base du bec, constitue un caractère qu'on ne rencontre non plus chez aucune autre race. Les pattes sont si fortement emplumées, qu'elles ressemblent à de petites ailes. Quoique plus grands que le biset, leur bec a, à peu de chose près, la même longueur proportionnelle. Leurs pieds sont un peu plus petits. M. Brent signale deux variétés de cette race différant par la taille ; elle était déjà bien caractérisée à l'époque de Moore, en 1735.

RACE XI. — *Conformation à peine différente de celle du Columba livia sauvage.*

Sous-race I. — Laughers (Rieurs). *Taille inférieure à celle du biset ; voix très-singulière.* — Je ne mentionne cet oiseau, qui, bien qu'un peu plus petit que le biset, lui ressemble par presque toutes ses proportions, qu'à cause de sa voix particulière, caractère qu'on regarde comme peu variable chez les oiseaux. Bien que la voix du Rieur soit très-différente de celle du Tambour, j'ai cependant eu un Tambour qui, comme le Rieur, ne poussait qu'une seule note. J'ai élevé deux variétés de pigeons Rieurs qui ne différaient que par ce que l'une avait la tête couronnée ; celle dont la tête était lisse et que je dois à l'obligeance de M. Brent, était remarquable, outre sa note particulière, par la nature agréable et toute spéciale de son roucoulement, qui nous a paru, tant à M. Brent qu'à moi-même, ressembler beaucoup à celui de la tourterelle. Les deux variétés viennent d'Arabie. Moore connaissait cette race en 1735. Le *Ayeen Akbery* mentionne, en 1600, un pigeon qui articule les deux sons *yak-roo*, et qui appartient probablement à cette même race. Sir W. Elliot m'a envoyé de Madras un pigeon nommé *Yahui*, qu'on dit originaire de la Mecque, et qui ne diffère pas du Rieur par son aspect ; sa voix est profonde et mélancolique, et il répète constamment *yaku*. Ce mot *yahu* signifie oh ! Dieu ! Sayzid Mohammed Musari écrivait, il y a cent ans environ, qu'on ne mange pas ces oiseaux parce qu'ils prononcent le nom du Dieu tout-puissant. Je tiens cependant de M. Keith Abbott, qu'en Perse le pigeon commun s'appelle *Yahoo*.

Sous-race II. — Frill-Back (Dos-frisé) *commun* (Die Strupp-Taube). *Bec un peu plus long que chez le biset ; plumes renversées.* — Cet oiseau est beaucoup plus grand que le biset ; le bec, comparativement au corps, est un peu (1 millimètre) plus long. Les plumes, surtout celles qui se trouvent sous l'aile, ont la pointe frisée en dessus ou en arrière.

Sous-race III. — Pigeons Coquilles (Nuns). — Ces élégants oiseaux sont plus petits que le biset ; leur bec, égal en épaisseur à celui de ce dernier, est absolument 4 millimètres, et proportionnellement à la taille du corps, 2 millimètres plus court. Les scutelles sur les tarses et les doigts sont de couleur noir-plombé chez les jeunes, caractère remarquable (quoiqu'on l'observe à un moindre degré chez quelques autres races), parce que, chez toutes les races, la couleur des pattes varie très-peu à l'état adulte. J'ai, à deux ou trois reprises, compté treize ou quatorze pennes caudales, ce qui se rencontre aussi chez une variété à peine distincte qu'on nomme pigeon Casque. Les pigeons Coquilles ont des couleurs symétriques, ils ont la tête, les pennes primaires des ailes, la queue et les tectrices caudales d'une même couleur, rouge ou noire, et le reste du corps blanc. Depuis Aldrovandi qui écrivait en 1600, cette race a conservé les mêmes caractères. J'ai reçu de Madras des oiseaux presque semblables au point de vue de la coloration.

Sous-race IV. — Spots (Die Blass-Tauben ; Pigeons Heurtés). — Très-peu plus grands que le biset, ces oiseaux ont un bec un peu plus petit, mais des pieds évidemment plus petits que le biset. La coloration est symétrique : ils ont une tache sur le front, les tectrices alaires et caudales d'une même couleur, le reste du corps blanc. Cette race existait en 1676 [22] ; en 1735, Moore a constaté qu'elle reproduisait déjà exactement son type comme cela est aujourd'hui le cas.

Sous-race V. — Hirondelles. — Ces oiseaux mesurés soit par leur envergure, soit de l'extrémité du bec à celle de la queue, sont plus grands que le biset, mais leur corps est beaucoup moins volumineux, et leurs pattes plus petites. Le bec est à peu près de même longueur mais plus mince. Leur aspect général est en somme très-différent de celui du biset. La tête et les ailes sont de même couleur, le reste du corps est blanc. On dit que les hirondelles ont un vol particulier. La race paraît récente, mais son origine

[22] Willughby's *Ornithology*, édit. par Ray.

est antérieure à 1795 en Allemagne, car elle est déjà décrite par Bechstein.

Outre les diverses races que nous venons de décrire, on a signalé récemment, en France et en Allemagne, trois ou quatre autres variétés bien distinctes qui y existent peut-être encore. D'abord, le pigeon Carme, que je n'ai point vu, mais qu'on dit être petit, avec des pattes courtes, et un bec extrèmement court ; ensuite le Finnikin, actuellement éteint en Angleterre. Ce pigeon, d'après Moore (1735) [23], portait à la partie postérieure de la tête une touffe de plumes descendant le long du dos, et simulant une crinière. « A l'époque des amours, il s'élève au-dessus de la femelle et tourne autour d'elle trois ou quatre fois en battant des ailes, puis il se retourne et en fait autant de l'autre côté. » Le Turner (*Tournant*) au contraire, « dans les mêmes circonstances, ne tourne que d'un côté. » Je ne sais si on peut se fier à toutes ces affirmations, mais, après ce que nous avons vu à propos du pigeon Culbutant de l'Inde, on peut croire à l'hérédité de quelque habitude que ce soit. MM. Boitard et Corbié ont décrit un pigeon [24] qui a l'habitude de planer très-longtemps dans l'air sans battement d'ailes, comme les oiseaux de proie. Depuis l'époque d'Aldrovandi, en 1600, jusqu'à ce jour, il a existé une inextricable confusion dans les récits publiés sur une foule de pigeons remarquables par le mode de leur vol. M. Brent a vu en Allemagne un pigeon dont les plumes alaires étaient fortement endommagées par le choc constant des deux ailes pendant le vol, mais il ne l'a pas vu voler. Un Finnikin conservé empaillé au British Museum, ne présente pas de caractère particulier. On trouve, dans quelques traités, la mention d'un pigeon à queue fourchue, et, comme Bechstein [25] décrit et figure cet oiseau avec une queue ayant tout à fait la structure de celle de l'hirondelle, il faut qu'il ait existé, car cet auteur était trop bon naturaliste pour avoir pu confondre une autre espèce avec le pigeon domestique.

Enfin, on a dernièrement exposé à la société Philoperisteron de Londres [26], un pigeon extraordinaire importé de Belgique, qui réunissait la couleur d'un Archange à la tête du pigeon Hibou ou Barbe, et dont le caractère le plus frappant était la longueur des pennes caudales et alaires, qui se croisaient au delà de la queue, ce qui donnait à l'oiseau l'apparence d'un martinet gigantesque (*Cypselus*), ou d'un faucon à longues ailes. M. Tegetmeier m'apprend que cet oiseau ne pesait que 280 grammes ; il avait 384 millimètres de longueur du bout du bec à l'extrémité de la queue, et 814 millimètres d'envergure ; le biset sauvage pèse 406 grammes ; il mesure 382 millimètres de l'extrémité du bec à celle de la queue, et n'a que 679 millimètres d'envergure.

J'ai décrit, outre tous les pigeons domestiques qui me sont connus, quelques autres variétés d'après des autorités dignes de

---

[23] Édition de J.-M. Eaton, 1858, p. 98.
[24] Pigeon-pattu-Plongeur. *Les Pigeons*, etc., p. 165.
[25] *Naturgeschichte Deutschlands*, vol. IV, p. 47.
[26] W.-B. Tegetmeier: *Journal of Horticulture*, 20 janv., 1863, p. 58.

foi. Je les ai classés en quatre groupes (dont le troisième est artificiel), pour déterminer leurs affinités réciproques et leurs degrés
de différences. Les divers pigeons que j'ai examinés forment
onze races, comprenant plusieurs sous-races et présentant entre
elles des différences auxquelles, s'il s'était agi d'animaux à l'état
sauvage, on aurait certainement attribué une valeur spécifique.
Les sous-races comprennent de même bien des variétés constantes et héréditaires, de sorte que, comme nous l'avons déjà dit,
il doit exister plus de 150 variétés de pigeons qu'on peut distinguer facilement, quoique, pour la plupart, par des caractères de
faible importance. Un grand nombre des genres admis par les
ornithologistes chez les Colombidés ne diffèrent que peu les
uns des autres; il en résulte que plusieurs de nos formes domestiques bien caractérisées, trouvées à l'état sauvage, eussent
donné lieu à la formation d'au moins cinq genres nouveaux.
Ainsi, on en aurait établi un pour recevoir le Grosse-gorge anglais perfectionné : un second pour les Messagers et les Runts,
genre qui eût été très-étendu, car il eût dû comprendre les Runts
espagnols ordinaires sans peau mamelonnée, les Bec-court
comme le Tronfo, et le Messager anglais amélioré. Un troisième
genre eût dû être créé pour le Barbe, un quatrième pour le
pigeon Paon, et enfin, un cinquième pour les pigeons à bec
court sans peau mamelonnée, comme les pigeons à cravate,
et les Culbutants courte face. Les autres formes domestiques
auraient pu être réunies avec le biset sauvage dans un même
genre.

Variabilité individuelle. Variations remarquables. — Les
différences que nous avons étudiées jusqu'à présent caractérisent certaines races ; mais il en est d'autres qu'on a pu observer, soit chez certains individus, soit souvent chez certaines
races, sans que cependant ces différences soient caractéristiques.
Ces différences individuelles ont de l'importance, car, dans la
plupart des cas, elles pourraient être conservées et accumulées
par l'action de la sélection humaine, et devenir ainsi l'occasion
de modifications chez les races existantes, ou amener la formation
de nouvelles races. Les amateurs ne remarquent et ne choisissent
que les différences légères extérieurement visibles ; mais toutes

les parties de l'organisation sont si intimement liées les unes aux autres par la corrélation de croissance, qu'une modification sur un point est presque toujours accompagnée de changements sur d'autres. Pour le but que nous nous proposons, toutes les modifications, quelles qu'elles soient, ont de l'importance, mais cette importance est d'autant plus grande, qu'elles portent sur des parties qui ne varient pas ordinairement. Toute déviation visible d'un caractère chez une race bien fixe est actuellement considérée comme un défaut et rejetée, mais il n'en résulte pas pour cela qu'autrefois, avant la formation des races bien caractérisées, on ait toujours agi de même ; on a dû, au contraire, conserver à titre de nouveauté ou de curiosité ces déviations qui se sont peu à peu augmentées sous l'influence de la sélection inconsciente, comme nous le verrons plus clairement par la suite.

J'ai mesuré, à bien des reprises, les différentes parties du corps de pigeons appartenant aux diverses races ; ces parties ne sont presque jamais identiques chez les individus d'une même race ; — les différences sont mêmes plus grandes qu'elles ne sont d'ordinaire chez les espèces sauvages habitant une même région. Il importe de se rappeler que le nombre des pennes primaires des ailes et de la queue est généralement si constant chez les oiseaux sauvages, qu'il caractérise non-seulement des genres, mais parfois des familles. Quand les rectrices sont exceptionnellement nombreuses, comme chez le cygne, elles sont sujettes à varier en nombre, mais ceci ne s'applique pas aux espèces et aux genres des Colombidés qui, autant que j'ai pu m'en assurer, n'ont jamais moins de douze, ni plus de seize rectrices, nombres qui, à de rares exceptions près, caractérisent des sous-familles entières [27]. Le biset a douze rectrices. Nous avons vu que leur nombre varie, chez les pigeons Paons, de quatorze à quarante-deux. J'en ai compté respectivement vingt-deux et vingt-sept sur deux jeunes oiseaux provenant d'une même couvée. Les Grosses-gorges ont souvent des plumes caudales supplémentaires ; j'en ai plusieurs fois trouvé quatorze ou quinze chez mes oiseaux. Un individu appartenant à M. Bult, et vu par Yarrell, en avait dix-sept. J'ai possédé un pigeon *Nun* ayant treize rectrices et un autre en ayant quatorze ; un pigeon Casque, forme à peine distincte de la précédente, en avait quinze. D'autre part, un pigeon Dragon appartenant à M. Brent n'en avait que dix, et un des miens, descendant de ceux de M. Brent, onze. Chez un Culbutant à tête chauve, j'en ai trouvé dix ; M. Brent a vu deux pigeons Culbutants aériens dont l'un en avait ce même nombre et l'autre quatorze.

[27] *Coup d'œil sur l'ordre des Pigeons,* par C.-L. Bonaparte. Comptes-rendus, 1854-55. — Blyth : *Ann. of nat. hist.,* vol. XIX, 1847, p. 41, mentionne le fait singulier de deux espèces d'*Ectopistes,* formes voisines, dont l'une a 14 plumes caudales, tandis que l'autre, le pigeon Messager de l'Amérique du Nord, n'en a que 12, le nombre ordinaire.

Deux oiseaux de cette race, élevés par M. Brent, présentaient quelques particularités : — l'un avait les deux plumes centrales de la queue un peu divergentes ; l'autre avait les deux pennes extérieures un peu plus longues que les autres (9 millimètres), de sorte que, dans ces deux cas, la queue avait une tendance à devenir fourchue, mais de deux manières différentes. Ceci nous explique comment une race à queue d'hirondelle, comme celle décrite par Bechstein, peut avoir été formée par une sélection continue.

Le nombre des pennes primaires de l'aile est toujours, chez les Colombidés, de neuf ou dix. Le biset en a dix, mais je n'en ai compté que neuf chez huit Culbutants courte-face ; ce chiffre a été remarqué par les éleveurs, la présence de dix rémiges primaires de couleur blanche, étant un des caractères principaux des Culbutants courte-face chauves. M. Brent a cependant vu un pigeon Culbutant (non courte-face), qui avait à chaque aile onze rémiges primaires. M. Corker, célèbre éleveur de Messagers, me dit avoir compté onze pennes primaires chez quelques-uns de ses oiseaux. Chez deux pigeons Grosse-gorge, j'en ai trouvé onze sur une des ailes. Trois éleveurs m'assurent en avoir observé douze chez des Scanderoons, mais comme Neumeister a constaté chez le pigeon Florentin, variété très-voisine, que la rémige médiane est souvent double, le nombre douze a pu résulter de ce que deux des dix rémiges primaires portaient deux tiges sur une même base. Les rémiges secondaires sont difficiles à compter et paraissent varier de douze à quinze. La longueur de la queue et des ailes comparées soit entre elles, soit relativement au corps, varie certainement ; j'ai surtout remarqué ces différences chez les Jacobins. Dans la superbe collection de Grossesgorges de M. Bult, j'ai remarqué de grandes variations dans la longueur de la queue et des ailes ; cette longueur devient parfois telle que l'animal ne peut presque plus se redresser. Je n'ai observé que peu de variations dans la longueur relative des pennes primaires, et, d'après M. Brent, la forme de la première penne primaire ne varie que très-légèrement. Mais la variation sur ces derniers points est excessivement faible, comparée à celle qu'on observe souvent chez les espèces naturelles des Colombidés.

Le bec des oiseaux appartenant à une même race présente souvent des différences considérables; on peut faire cette observation sur les Jacobins et les Tambours de race pure. Il y a souvent une différence très-marquée dans la forme et la courbure du bec chez les Messagers ; il en est de même chez d'autres races : ainsi, j'ai eu deux couvées de Barbes noirs, dont les individus différaient sensiblement par la courbure de la mandibule supérieure. Deux pigeons Hirondelles présentaient une grande différence dans la largeur de la bouche. Des pigeons Paons de premier choix différaient par la longueur et l'épaisseur du cou. On pourrait citer d'autres faits analogues. Nous avons constaté chez tous les pigeons Paons (la sous-race de Java exceptée) l'atrophie de la glande graisseuse, et je puis ajouter que cette atrophie est héréditaire, au point que, chez quelques métis de pigeons Paons et de Grosses-gorges (quoique pas chez tous), la glande graisseuse fait défaut. J'ai constaté également son absence chez un pigeon Hirondelle et chez deux pigeons Coquilles.

Le nombre des scutelles sur les doigts des pieds varie souvent dans la même race, et diffère même sur les deux pattes du même animal ; le biset du Shetland en a quinze sur le doigt médian et six sur le doigt postérieur ; un Runt en portait sur les mêmes doigts seize et huit respectivement, et un Culbutant courte-face douze et cinq. Le biset n'a pas de membrane interdigitale appréciable, mais j'ai pu constater l'existence d'une membrane ayant 6 millimètres de développement entre les deux doigts *internes* d'un pigeon Heurté et d'un pigeon Coquille. D'autre part, comme nous le verrons avec plus de détails, chez les pigeons dont les pattes sont emplumées, la base de leurs doigts *internes* est ordinairement réunie par une membrane. J'ai eu un Culbutant rouge, dont le roucoulement assez différent de celui de ses pareils, se rapprochait par l'intonation de celui du Rieur ; cet oiseau avait, à un degré que je n'ai vu chez aucun autre pigeon, l'habitude de marcher les ailes déployées et voûtées d'une manière fort élégante. Il n'est pas besoin d'insister sur la grande variabilité qu'offrent toutes les races, au point de vue de la taille, de la coloration, de l'emplumage des pattes, et du renversement des plumes sur le derrière de la tête ; je mentionnerai cependant un pigeon Culbutant [28] exposé au Palais de Cristal, pigeon remarquable par une touffe irrégulière de plumes qui ornait sa tête, analogue à celle du coq huppé. M. Bult a élevé une femelle de Jacobin portant sur la cuisse des plumes assez longues pour toucher le sol ; un mâle présentant, bien qu'à un moindre degré, la même particularité, il appaira ces deux oiseaux et en obtint des produits semblables, qui furent exposés au Philoperisteron Club. J'ai élevé un pigeon métis qui avait des plumes fibreuses, et les pennes des ailes et de la queue si courtes et si imparfaites qu'il ne pouvait pas même s'élever à un pied de hauteur.

Le plumage des pigeons présente souvent des particularités singulières et héréditaires ; ainsi certains Culbutants (*Almond-Tumbler*) n'acquièrent leur plumage pommelé complet, qu'après trois ou quatre mues. Un autre, le *Kite-Tumbler*, porte d'abord des mouchetures noires et rouges disposées en bandes ; après la chute de ses premières plumes, il devient presque noir, avec la queue ordinairement bleuâtre, et une teinte rougeâtre sur les barbes internes des rémiges primaires [29]. Neumeister décrit une race noire portant sur les ailes des bandes blanches, et sur la poitrine une tache de la même couleur en forme de croissant ; ces taches sont généralement rouge sale avant la première mue, mais elles changent de couleur après la troisième ou

---

[28] Décrit et figuré dans *Poultry chronicle*, vol. III, 1855, p. 82.
[29] B.-P. Brent : *Pigeon Book*, 1859, p. 41.

la quatrième mue ; les rémiges et le sommet de la tête deviennent alors blancs ou gris [30].

Un fait important, qui, à ce que je crois, ne souffre aucune exception, est la variabilité excessive des caractères spéciaux pour lesquels on estime telle ou telle race. Ainsi, chez le pigeon Paon, le nombre et la direction des plumes de la queue, le port de l'oiseau, le degré de tremblement de son corps, sont toutes choses extrêmement variables ; il en est de même, chez les pigeons Grosse-gorge, pour la forme du jabot gonflé, et pour le degré de distension auquel il peut arriver ; chez le Messager, de la longueur, de la largeur, de la courbure du bec, et de la quantité de peau mamelonnée qui le recouvre ; chez les Culbutants courte face, de la longueur du bec, de la saillie du front et de la démarche générale [31] ; chez une variété (*Almond-Tumbler*), de la couleur du plumage ; chez les Culbutants communs, de la façon de culbuter ; chez les Barbes, de l'étendue de la peau dénudée autour des yeux et de la longueur du bec ; de la taille chez les Runts ; de la fraise chez les pigeons à cravate ; et, enfin, chez les Tambours, du roucoulement, ainsi que de la grosseur de la touffe de plumes qui surmonte les narines. Ces caractères distinctifs des diverses races, recherchés par les éleveurs et, à ce titre, l'objet d'une sélection continue et toute spéciale de leur part, sont tous excessivement variables.

Il importe aussi de faire remarquer que les caractères principaux des diverses races sont ordinairement plus fortement accentués chez les mâles. Si l'on expose dans des cages séparées des Messagers mâles et femelles, on remarque facilement que la peau mamelonnée est plus développée chez les mâles ; j'ai cependant vu un Messager femelle appartenant à M. Haynes, chez laquelle les caroncules étaient considérables. M. Tegetmeier m'apprend que chez vingt pigeons Barbes, appartenant à M. P.-H. Jones, la bande de peau caronculée entourant les yeux était plus développée chez les mâles ; M. Esquilant admet aussi cette règle, mais M. H. Weir, juge des plus compétents, élève quelques doutes sur ce point. Les Grosses-gorges mâles distendent leur jabot à un bien plus haut degré que les femelles ; j'ai vu cepen-

---

[30] *Die Staar-halsige Taube, O. C.*, p. 21, tab. I (4).
[31] J.-M. Eaton : *Treatise on the Almond-Tumbler*, 1852, p. 8.

dant une femelle appartenant à M. Évans qui gonflait considérablement son jabot, mais le fait est exceptionnel. M. H. Weir,
l'heureux éleveur de pigeons Paons très-estimés, m'apprend que
ses oiseaux mâles ont fréquemment un plus grand nombre de
rectrices que les femelles. M. Eaton [32] affirme que de deux
Grosses-gorges mâle et femelle d'égal mérite, la femelle vaut le
double du mâle ; or, comme les pigeons s'associent toujours par
paires, ce qui exige pour la reproduction un nombre égal d'oiseaux des deux sexes, ce fait semble prouver que ces qualités
sont plus rares chez les femelles que chez les mâles. On ne
remarque aucune différence entre les deux sexes au point de vue
du développement de la fraise chez les Turbits, du capuchon
chez les Jacobins, de la huppe chez les Tambours ou de la
faculté de culbuter chez les Culbutants. Je puis citer ici un cas
un peu différent : il existe, en France [33], une variété de Grosse-
gorge de couleur vineuse, dont le mâle a généralement le plumage tacheté de noir, ce qui n'arrive jamais chez la femelle. Le
Dʳ Chapuis [34] fait aussi remarquer que, chez certains pigeons de
couleur claire, les mâles ont les plumes couvertes de stries
noires, qui augmentent à chaque mue, de sorte que le mâle finit
par devenir tout tacheté de noir. Chez les Messagers, la peau
dénudée et mamelonnée qui entoure tant le bec que les yeux, et
chez les Barbes celle qui entoure les yeux, augmente avec l'âge.
Cette augmentation des caractères avec l'âge, et surtout les différences que nous avons constatées entre les mâles et les femelles
sont d'autant plus remarquables que, chez le biset sauvage, on ne
trouve à aucun âge des différences sensibles entre les deux sexes,
et que ces différences se présentent très-rarement dans toute
la famille des Colombidés [35].

[32] *O. C.*, p. 10.

[33] Boitard et Corbié, *O. C.*, p. 173.

[34] *Le Pigeon voyageur belge*, 1865, p. 87. Je cite dans la *Descendance de l'Homme*,
6ᵉ édit., p. 466, en me basant sur l'autorité de M. Tegetmeier, quelques exemples curieux
du fait que les pigeons argentés (c'est-à-dire bleu très-pâle) sont ordinairement des femelles,
et de la facilité avec laquelle on pourrait produire une race argentée. Bonizzi (*Variazioni dei
Columbi domestici*, Padova, 1873) affirme que certaines taches colorées sont souvent différentes chez les deux sexes et que certaines teintes sont plus communes chez les pigeons femelles que chez les pigeons mâles.

[35] Le prof. A. Newton, *Proc. Zool. Soc.*, 1865, p. 716, dit qu'aucune espèce, autant qu'il
le sache du moins, ne présente de distinction sexuelle remarquable ; d'autre part,
M. Wallace m'apprend que chez la sous-famille des Treronidés, les sexes diffèrent souvent
entre eux par l'éclat des couleurs. Voir aussi sur les différences sexuelles des Colombidés,
Gould, *Handbook to the Birds of Australia*, vol. II, p. 109-149.

CARACTÈRES OSTÉOLOGIQUES.

On remarque une grande variabilité dans le squelette des différentes races ; et, bien que quelques différences se présentent fréquemment, et d'autres rarement chez certaines races, il n'en est aucune qu'on puisse regarder comme caractérisant absolument une race quelconque. Les races domestiques fortement accusées ont presque toutes pour origine la sélection par l'homme ; nous ne devons donc pas nous attendre à trouver dans le squelette des différences grandes et constantes ; car les éleveurs ne voient pas les modifications de conformation de la charpente intérieure et s'en inquiètent, d'ailleurs, fort peu. Nous ne devons pas non plus nous attendre à ce que le changement des habitudes ait amené des modifications du squelette, car, à l'état domestique, les races les plus différentes sont toutes soumises au même régime, et ne sont ni libres d'errer à l'aventure, ni obligées de se procurer leur nourriture par des moyens divers. Au surplus, en comparant les squelettes du *Columba livia*, du *C. œnas*, du *C. palumbus*, et du *C. turtur*, que tous les classificateurs ont groupés dans deux ou trois genres distincts quoique voisins, je ne vois entre eux que des différences très-légères et certainement moindres que celles qu'on peut constater entre les squelettes de quelques-unes des races domestiques les plus distinctes. Je ne saurais dire jusqu'à quel point le squelette du biset reste constant n'ayant pu en examiner que deux.

Crâne. Les os pris individuellement, et surtout ceux de la base, ne diffèrent pas au point de vue de la forme. Mais le crâne entier, par son contour, ses proportions et les rapports réciproques des os, diffère beaucoup chez quelques races, ainsi qu'on peut s'en assurer en comparant le crâne du biset (A fig. 24), avec celui du Culbutant courte-face (B), celui du Messager anglais (C), et celui du Messager Bagadotten (de Neumeister) (D), figures dessinées de grandeur naturelle et vues de côté. Chez le Messager, outre l'allongement des os de la face, l'espace interorbitaire est proportionnellement plus étroit que chez le biset. La mandibule supérieure du Bagadotten est fortement arquée, et les maxillaires supérieurs sont proportionnellement plus larges. Le crâne est plus globulaire chez le Culbutant courte-face ; tous les os de la face sont raccourcis, le devant du crâne et les os nasaux sont presque perpendiculaires : l'arcade maxillo-jugale et les maxillaires forment une ligne presque droite; l'espace compris entre les bords saillants des orbites est déprimé. Chez le Barbe, les maxillaires supérieurs sont très-raccourcis, leur partie antérieure est plus épaisse que chez le biset, ainsi que la partie inférieure de l'os nasal. Les branches ascendantes des maxillaires sont atténuées à leur extrémité chez les Pigeons Coquilles et, chez ces oiseaux

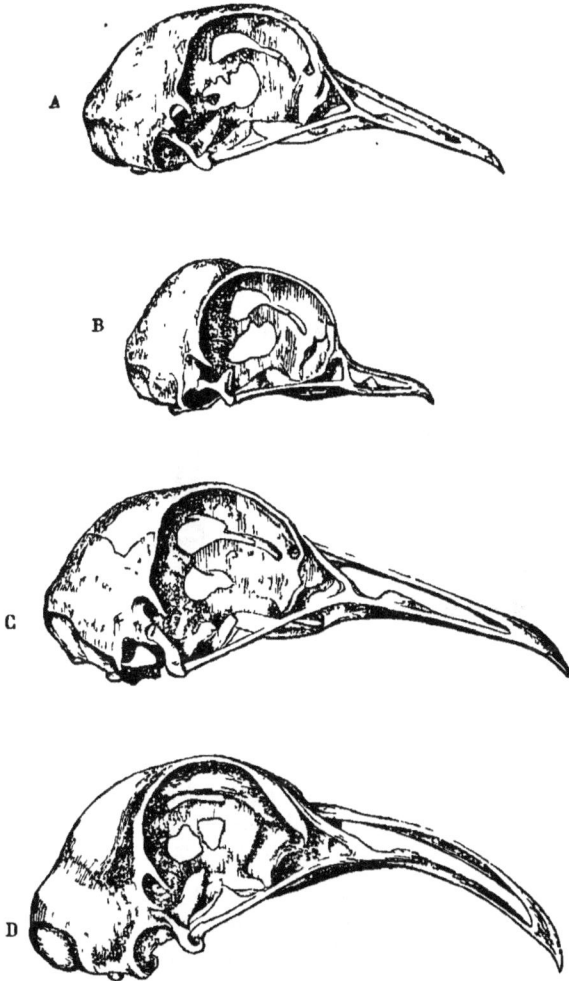

Fig. 31. — Crânes de pigeons, gr. nat. vus de côté. — A. Biset sauvage, *C. livia.* — B. Culbutant courte-face. — C. Messager anglais. — D. Messager Bagadotten.

comme chez certains autres, la crête occipitale est beaucoup plus saillante au-dessus du trou occipital que chez le biset.

La surface articulaire de la mâchoire inférieure est, chez beaucoup de races, proportionnellement plus petite que chez le biset, et le diamètre vertical de la partie extérieure de la surface articulaire est notamment beaucoup plus court. Ce fait ne s'explique-t-il pas par une diminution dans

l'activité des mâchoires, par suite de la nourriture abondante et riche que,
depuis une longue période, on met à la disposition des pigeons très-perfectionnés ? Chez les Runts, les Messagers et les Barbes (et à un degré moindre
chez quelques autres races), le bord supérieur de la mâchoire inférieure
est, du côté de l'extrémité articulaire, remarquablement recourbé en dedans,
et, à partir du milieu, se recourbe en dehors également d'une manière remarquable, comme le prouve la figure 25 (B et C).

Cet écartement du bord supérieur de la mâchoire inférieure est évidemment en rapport avec la grande ouverture de la bouche, que nous avons
constatée chez ces races. Cet écartement est très-apparent dans la tête du

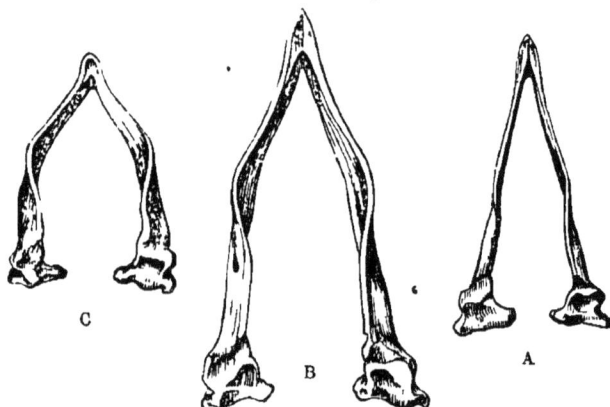

Fig. 25. — Mâchoires inférieures, vues d'en haut, grandeur naturelle. — A. Biset. —
B. Runt. — C. Barbe.

Runt vue d'en haut, fig. 26 ; on remarque, en effet, de chaque côté, entre
les bords de la mâchoire inférieure et ceux des maxillaires supérieurs, un
large espace vide. Chez le biset et quelques races domestiques, les bords de
la mâchoire inférieure s'appliquent exactement contre les maxillaires supérieurs de sorte qu'il n'existe aucun espace vide.

Quelques races diffèrent encore, à un degré extraordinaire, par la courbure de la motié terminale de la mâchoire inférieure, comme le prouve la
fig. 27. Chez quelques Runts, la symphyse de la mâchoire inférieure est
très-solide. Jamais personne n'aurait cru que des mâchoires aussi différentes
sur les points que nous venons d'indiquer, eussent pu appartenir à une
même espèce.

Vertèbres. Toutes les races ont douze vertèbres cervicales [36]. Toutefois,
chez un Messager Bassorah de l'Inde, la douzième vertèbre portait une petite côte ayant 6 millimètres de longueur et une double articulation parfaite.

---

[36] Je ne suis pas très-certain d'avoir désigné correctement les différentes espèces de vertèbres, car je remarque que les anatomistes suivent sous ce rapport des règles différentes ;
mais, comme je me sers des mêmes termes dans la comparaison de tous les squelettes, le
fait n'a aucune importance.

Les *vertèbres dorsales* sont toujours au nombre de huit. Chez le biset ces huit vertèbres sont pourvues de côtes ; la huitième est très-mince, et la septième n'a pas d'apophyse. Chez le Grosse-gorge, huit vertèbres portent des côtes ; ces dernières sont très-larges, et, sur quatre squelettes que j'ai examinés, trois avaient la huitième côte deux et même trois fois plus large que celle du biset, et la septième portait des apophyses distinctes. Plusieurs

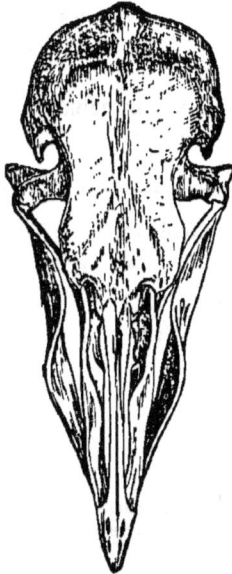

Fig. 26. — Crâne de Runt, grandeur naturelle, vu d'en haut.

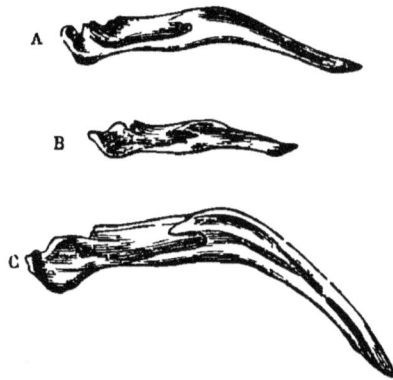

Fig. 27. — Mâchoires, grandeur naturelle; vues de côté. — A. Biset. — B. Culbutant courte face. — C. Messager Bagadotten.

races n'ont que sept côtes ; ainsi, par exemple, divers Culbutants, plusieurs Paons et quelques autres encore. Chez ces races, la septième paire de côtes est petite, dépourvue d'apophyses, ce qui la fait différer de la côte correspondante chez le biset.

J'ai constaté l'absence d'apophyses à la sixième côte chez un Culbutant ainsi que chez le Messager de Bassorah. Le développement de l'apophyse inférieure de la seconde vertèbre dorsale varie beaucoup. Cette apophyse est quelquefois (chez certains Culbutants, mais pas chez tous) presque aussi saillante que celle de la troisième vertèbre dorsale, et les deux apophyses tendent à former une arcade osseuse. Le développement de l'arcade constituée par les apophyses inférieures de la troisième et de la quatrième vertèbre dorsale, varie aussi beaucoup, ainsi que la grandeur de l'apophyse inférieure de la cinquième vertèbre.

Le biset a douze *vertèbres sacrées* : elles varient en nombre, en grandeur et sont plus ou moins distinctes suivant les races. Il y en a treize et même quatorze chez le Grosse-gorge dont le corps est allongé ; nous constaterons aussi tout à l'heure chez ces oiseaux un nombre supplémentaire de vertèbres caudales. Les Messagers et les Runts en ont ordinairement douze,

mais, chez un Runt ainsi que chez le Messager de Bassorah, je n'en ai parfois trouvé que onze. Les Culbutants ont de onze à treize vertèbres sacrées.

Les *vertèbres caudales* sont au nombre de sept chez le biset. Il y en a huit
ou neuf (parfois dix) chez les pigeons Paons, dont la queue est si fortement
développée ; elles sont, en outre, un peu plus longues que chez le biset, et
leur forme varie considérablement. Les pigeons Grosse-gorge ont aussi huit
ou neuf vertèbres caudales. J'en ai trouvé huit chez un Jacobin et chez un
Coquille. Les Culbutants bien que très-petits possèdent toujours le nombre
normal de sept vertèbres caudales ainsi que les Messagers, à l'exception
d'un individu chez lequel je n'en ai trouvé que six.

La table suivante résume les déviations les plus remarquables que j'aie
observées dans le nombre des vertèbres et des côtes :

	BISET.	GROSSE-GORGE de M. Bult.	CULBUTANT hollandais.	MESSAGER de Bassorah.
Vertèbres cervicales..	12	12	12	12 La 12ᵉ porte une petite côte.
Vertèbres dorsales ...	8	8	8	8
Côtes..........	8 La 6ᵉ paire avec apophyse, la 7ᵉ sans.	8 Les 6ᵉ et 7ᵉ paires avec apophyses.	7 Les 6ᵉ et 7ᵉ paires sans apophyses.	7 Les 6ᵉ et 7ᵉ paires sans apophyses.
Vertèbres sacrées	12	14	11	11
Vertèbres caudales...	7	8 ou 9	7	7
Vertèbres totales...	39	42 ou 43	38	38

Le *bassin* diffère très-peu chez les diverses races. Le bord antérieur des
l'ilion est parfois plus également arrondi, l'ischion un peu plus allongé, et
le trou obturateur, comme chez beaucoup de Culbutants, moins développé
que chez le biset. Les bords de l'ilion sont très-saillants chez la plupart de
Runts.

Je n'ai pas remarqué de différences dans les os des extrémités, si ce n'est
dans leurs longueurs relatives. Ainsi le métatarse d'un Grosse-gorge mesurait 42 millimètres, tandis que celui d'un Culbutant courte-face ne mesurait que 24 millimètres, c'est là une différence beaucoup plus considérable
que ne le comporte la différence des proportions du corps ; mais les jambes
longues chez le Grosse-gorge et courtes chez le Culbutant sont précisément
les points sur lesquels les éleveurs ont exercé leur sélection. L'omoplate est
plus droite chez quelques Grosses-gorges, et la pointe moins allongée chez
quelques Culbutants que chez le Biset; la fig. 28, représente l'omoplate d'un
Biset (A) et celle d'un Culbutant courte-face (B). Chez quelques Culbutants,

les apophyses coracoïdes, qui reçoivent les extrémités de la fourchette, forment une cavité plus parfaite que chez le Biset : chez les Grosses-gorges, ces apophyses sont plus grandes et affectent une autre forme, en outre, l'angle externe de l'extrémité coracoïdienne qui s'articule au sternum est plus obtus.

Les deux bras de la *fourchette* divergent moins, relativement à leur longueur, chez le Grosse-gorge que chez le Biset, et la symphyse est pointue et plus forte. Le degré de divergence des deux branches de la fourchette varie de façon remarquable chez les pigeons Paons. B et C, fig. 29, représentent la fourchette de deux pigeons Paons ; on peut remarquer que la

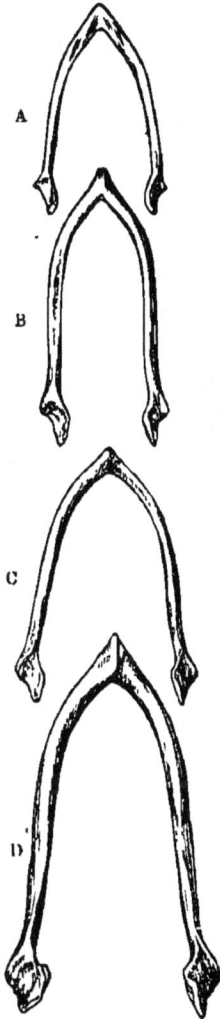

Fig. 28. — Omoplates, gr. nat.—A Biset.—B. Culbutant courte-face.

fourchette représentée en B a les branches moins divergentes que celles du petit pigeon Culbutant courte-face (A) ; tandis que celle figurée en C les a aussi divergentes que le Biset, ou que le Grosse-gorge (D), bien que ce dernier soit un oiseau beaucoup plus grand. Le contour des extrémités de la fourchette, s'articulant aux apophyses coracoïdes, varie beaucoup.

Les différences de forme du *sternum* sont légères à l'exception des dimensions et des contours des perforations, qui sont quelquefois petites même chez les grandes races ; ces perforations sont, parfois aussi, circulaires ou allongées, comme il arrive souvent chez les Messagers. Les perforations postérieures sont souvent incomplètes, restant ouvertes en arrière. Le développement des apophyses marginales qui forment les perforations antérieures varie beaucoup ; il en est de même du degré de convexité de la partie postérieure du sternum, qui devient parfois presque plate. Le manubrium est plus saillant chez quelques individus que chez d'autres, et l'orifice qui se trouve au-dessous varie beaucoup en grandeur.

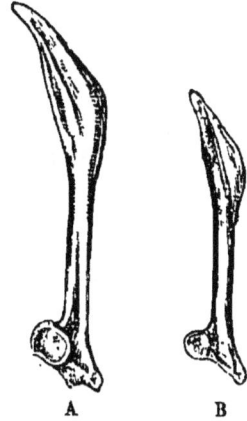

Fig. 29. — Fourchettes, g. nat. — A. Biset. — B. Culbutant courte-face.

Corrélation de croissance. — Je désigne par cette expression le rapport intime qui existe entre toutes les parties de l'organisation, rapport tel que toute variation de l'une d'entre elles entraîne des variations chez les autres. Il est difficile,

pour ne pas dire impossible, de déterminer laquelle de deux variations coexistantes doit être regardée comme cause ou effet.
En tout cas, et c'est là le point intéressant pour nous, quand les
éleveurs sont arrivés, par la sélection attentive de variations légères, à modifier fortement certaines parties de l'organisation,
ils provoquent souvent, par ce fait seul, des modifications sur
d'autres points. Ainsi, la sélection agit facilement sur le bec dont
la longueur augmente ou diminue ; la langue participe à ces
modifications, mais non pas en proportion exacte. Chez le Barbe
et le Courte-face, par exemple, qui tous deux ont le bec très-
court, la langue comparée à celle du biset, n'est pas suffisamment raccourcie ; tandis que chez deux Messagers et un Runt, la
langue, proportionnellement à la longueur du bec, n'avait pas
suffisamment allongé. Chez un Messager anglais de race pure,
dont le bec, mesuré de la pointe à la base emplumée, avait trois
fois la longueur de celui d'un Culbutant Courte-face, la langue
n'était que deux fois aussi longue. La longueur de la langue varie, d'ailleurs, indépendamment de celle du bec : ainsi, chez un
Messager dont le bec avait 30 millimètres de longueur, la langue
n'avait que 17 millimètres de longueur; tandis que chez un Runt
dont l'envergure et la taille égalaient celles du Messager, le bec
avait 23 millimètres, et la langue 19 millimètres de longueur, et
était par conséquent réellement plus longue que celle du Messager
au long bec. La langue du Runt était aussi très-large à la racine.
J'ai comparé deux Runts, dont l'un avait le bec plus long de 6
millimètres, et la langue plus courte de 4 millimètres que
l'autre.

La longueur de la fente qui constitue l'orifice externe des narines, varie suivant l'allongement ou le raccourcissement du bec,
mais non pas dans une proportion exacte. En effet, si l'on
prend le biset pour terme de comparaison, l'orifice nasal du
Culbutant courte face n'est pas raccourci proportionnellement
à son petit bec. D'un autre côté, contrairement à ce qu'on pouvait penser, chez trois Messagers anglais, un Bagadotten, et un
Pigeon Cygne, l'orifice nasal était, toutes proportions gardées, et
comparé à celui du Biset, trop long de 2 millimètres. Chez un
Messager, l'orifice des narines était trois fois plus long que
chez le Biset, bien que, par la taille et la longueur du bec, il fût

loin d'être le double de ce dernier. Cette augmentation de la
longueur de l'orifice nasal paraît être en corrélation avec l'augmentation de la peau mamelonnée qui surmonte la mandibule
supérieure et les narines, caractère recherché par les éleveurs, et
qui est pour eux un objet de sélection. Il en est de même du large
cercle de peau nue et mamelonnée qui entoure les yeux des
Messagers et des Barbes, lequel est en corrélation évidente avec
le développement des paupières qui, mesurées longitudinalement
sont, toute proportion gardée, plus du double de ce qu'elles
sont chez le biset.

La grande différence (fig. 27) qu'on observe dans la courbure
de la mâchoire inférieure chez le Biset, le Culbutant et le Messager Bagadotten, est évidemment en corrélation avec la courbure de la mâchoire supérieure, et plus particulièrement avec
l'angle que forment les maxillaires supérieurs et l'arcade zygomatique. Mais, chez les Messagers, les Runts et les Barbes, l'inflexion singulière du bord supérieur de la partie médiane de la
mâchoire inférieure (voir fig. 25) n'est pas en corrélation rigoureuse avec la largeur ou la divergence des maxillaires supérieurs
(comme on peut s'en assurer en examinant la fig. 26), mais bien
avec la largeur des parties molles et cornées de la mandibule
supérieure, qui sont toujours recouvertes par les bords de la
mandibule inférieure.

L'allongement du corps chez le Grosse-gorge, est aussi le
résultat d'une sélection ; les côtes, comme nous l'avons vu, sont
ordinairement devenues très-larges, et la septième paire porte
des apophyses ; les vertèbres sacrées et caudales ont augmenté en
nombre ; le sternum s'est également allongé (sans augmentation de la hauteur de la crête) de 10 millimètres en plus de ce
qu'il devrait avoir proportionnellement à la taille de l'oiseau
comparé au biset. Le nombre et la longueur des vertèbres caudales ont augmenté chez le Pigeon Paon. On voit donc que, pendant le cours de la sélection et des variations graduelles qui en
ont été le résultat, la charpente osseuse interne et les formes
extérieures ont été modifiées jusqu'à un certain point d'une manière corrélative.

Les ailes et la queue peuvent varier en longueur de façon indépendante, mais cependant elles tendent généralement à s'al-

longer ou à se raccourcir simultanément. Cela se voit chez les Jacobins et encore mieux chez les Runts, où certaines variétés ont la queue et les ailes très-longues tandis que certaines autres les ont très-courtes. Chez les Jacobins, la longueur remarquable des pennes des ailes et de la queue n'est pas un caractère dû à une sélection intentionnelle des éleveurs ; mais ceux-ci ont depuis longtemps, au moins depuis l'an 1600, cherché à augmenter la longueur des plumes renversées du cou, de façon que le capuchon pût enfermer plus complétement la tête ; on peut donc supposer que l'allongement des rémiges et des rectrices est en corrélation avec le développement des plumes du cou. Chez les Culbutants courte-face, les ailes se raccourcissent, proportionnellement à la taille réduite de cette race, mais il est intéressant de remarquer, vu la constance, chez la plupart des oiseaux, du nombre des rémiges primaires, que chez eux on n'en compte ordinairement que neuf au lieu de dix. J'ai moi-même observé ce fait chez huit individus : la *Original Columbarian Society* [37] a fixé pour type des Culbutants à tête chauve, neuf rémiges blanches au lieu de dix, estimant qu'il n'était pas juste qu'un oiseau ne pût pas concourir et mériter un prix parce qu'il n'a pas dix rémiges *blanches*. D'autre part, chez les Messagers et les Runts qui ont le corps grand et les ailes longues, on a parfois constaté la présence de onze rémiges primaires.

M. Tegetmeier m'a signalé un cas curieux et inexplicable de corrélation ; les pigeonneaux de toutes les races qui, adultes, deviennent blanches, jaunes, argentées (c'est-à-dire d'un bleu excessivement pâle), ou fauves, naissent presque nus ; tandis que tous les autres pigeons colorés, au moment de leur naissance, sont bien couverts de duvet. M. Esquilant a cependant observé que les jeunes Messagers fauves sont moins nus que les jeunes Barbes et les jeunes Culbutants affectant la même nuance. M. Tegetmeier a vu dans un même nid deux jeunes oiseaux provenant de parents de couleur différente, et qui différaient beaucoup par le degré de développement du premier duvet.

J'ai observé un autre cas de corrélation qui, au premier abord, paraît inexplicable, , mais sur lequel, ainsi que nous le

---

[37] J.-M. Eaton, *O. C.*, éd. 1858, p. 78.

verrons par la suite, la loi de la similitude des variations des parties homologues paraît jeter quelque jour. Lorsque les pieds sont fortement emplumés, les racines des plumes sont réunies par une fine membrane, qui paraît être en corrélation avec la réunion assez étendue des deux doigts extérieurs. J'ai observé ce fait chez un grand nombre de pigeons Culbutants, de Tambours, d'Hirondelles, de Roulants (observés aussi par M. Brent), et, à un moindre degré, chez d'autres pigeons à pattes emplumées.

Les pattes des races plus petites ou plus grandes sont naturellement plus petites ou plus grandes que chez le Biset, mais les scutelles ou écailles qui recourrent les doigts et les tarses ont changé non seulement au point de vue de la dimension, mais aussi au point de vue du nombre. Ainsi, pour ne citer qu'un exemple, j'ai compté huit écailles sur le doigt postérieur d'un Runt, et cinq seulement sur celui d'un Culbutant courte-face. Le nombre des écailles sur les pattes est ordinairement un caractère constant chez les oiseaux à l'état sauvage. Il y a une corrélation très-apparente entre la longueur des pattes et celle du bec, mais comme il est probable que le défaut d'usage a dû affecter les dimensions du pied, le cas peut rentrer dans la discussion suivante.

Effets du défaut d'usage. — Avant d'aborder la discussion des proportions relatives du pied, du sternum, de la fourchette, des omoplates et des ailes, je dois prévenir le lecteur que toutes les mesures ont été prises de la même manière, et que toutes ont été relevées sans aucune intention préconçue d'en tirer les conclusions suivantes.

Tous les oiseaux qui m'ont passé par les mains ont été mesurés depuis la base emplumée du bec (vu la grande variabilité de la longueur du bec lui-même), jusqu'à l'extrémité de la queue, et jusqu'à la glande graisseuse, mais malheureusement pas (sauf dans quelques cas), jusqu'à la naissance de la queue. J'ai également mesuré l'envergure de chaque oiseau, ainsi que la longueur de la partie terminale de l'aile repliée depuis l'extrémité des rémiges primaires jusqu'à l'articulation radiale. J'ai mesuré les pattes sans les ongles, depuis l'extrémité du doigt médian jusqu'à celle du doigt postérieur, et le tarse avec le médian. Dans chaque cas j'ai pris, comme terme de comparaison, la moyenne des mesures de deux bisets sauvages des îles Shetland. Les tableaux I et II indiquent la longueur réelle des pieds de chaque oiseau, et la différence entre la longueur qu'ils devraient avoir d'après la taille de

TABLEAU I.

PIGEONS A BEC GÉNÉRALEMENT PLUS COURT QUE CELUI DU BISET, PROPOR-
TIONNELLEMENT A LA GRANDEUR DE LEUR CORPS.

RACE.	LONGUEUR réelle du pied. —	DIFFÉRENCE entre les longueurs réelles et calculées, relativement à celles du pied et du corps du Biset.	
	millimètres	Trop court de	Trop long de
Biset sauvage (moyenne)..................	51.30		
	millimètres	millimètres	millimètres
Culbutant courte-face (chauve)	39 87	2.79	»
— — (almond).......	40.64	4.06	»
— (pie rouge)	44.45	4.82	»
— rouge ordinaire (mesuré jus-qu'à l'extrémité de la queue)	46.99	1.77	»
Culbutant chauve ordinaire...........	46.99	4.57	»
— roulant...................	45.72	1.52	»
Turbit	44.45	4.31	»
—	45.72	0.25	»
—	46.73	3.81	»
Jacobin	48.26	0.50	»
Tambour, blanc	51 30	1.52	»
— pommelé..................	49.53	4.57	»
Pigeon Paon (mesuré jusqu'au bout de la queue)......................	46.99	3.81	»
Pigeon Paon (mesuré jusqu'au bout de la queue)......................	49.53	3.81	»
Pigeon Paon (variété à crête), mesuré jusqu'au bout de la queue..........	49.53	»	»
Dos-frisé indien	45.72	4.82	»
— anglais	53.34	0.76	»
Coquille.........................	46.22	0.50	»
Rieur	41.91	4.06	»
Barbe.........................	50.80	0.76	»
—	50.80	»	0.76
Heurté	48.26	0.50	»
—	48.26	1.77	»
Hirondelle, rouge	46.99	4.57	»
— bleu	50 80	»	0.76
Grosse-gorge.....................	61 46	»	2.79
— allemand..............	58.42	»	2.28
Messager de Bassorah...............	55.11	»	2.28
Nombre d'individus	28	22	5

l'oiseau, comparée à celles du biset ; ces différences sont calculées (sauf quelques exceptions indiquées), en prenant pour terme de comparaison la longueur du corps mesuré de la base du bec à la glande graisseuse. J'ai dû adopter cette mesure de préférence, à cause de la variabilité de la longueur de la queue. J'ai répété les mêmes calculs en prenant comme terme de comparaison soit l'envergure, soit la longueur du corps, mesuré de la

TABLEAU II.

PIGEONS A BEC PLUS LONG QUE CELUI DU BISET, RELATIVEMENT A LA GRANDEUR DE LEUR CORPS.

RACE.	LONGUEUR réelle du pied. —	DIFFÉRENCE entre les longueurs réelles et calculées, relativement à celles du pied et du corps du Biset.	
		Trop court de	Trop long de
Biset sauvage (moyenne)....................	millimètres 51.30		
	millimètres	millimètres	millimètres
Messager.........................	66.04	»	7.87
—	66.04	»	6.35
—	60.96	»	5.33
— Dragon....................	57.15	»	1.52
— Bagadotten	71.12	»	14.22
Scanderoon blanc..........	71.12	»	9.39
Pigeon Cygne......................	72.39	»	7.36
Runt...........	69.85	»	6.85
Nombre d'individus.....	8	»	8

base du bec à l'extrémité de la queue, et j'ai obtenu des résultats très-concordants. Pour en citer un exemple : le premier oiseau porté au tableau, un Culbutant courte-face, étant beaucoup plus petit que le biset, doit naturellement avoir le pied plus petit ; or, en calculant sa longueur relativement à celle de l'oiseau, mesuré de la base du bec à la glande huileuse, le pied comparé à ce qu'il est chez le biset, est chez le courte-face trop court de 2.79 millimètres. En comparant les mêmes oiseaux sous le rapport de l'envergure ou de la longueur totale du corps, j'ai trouvé également le pied du Culbutant trop court d'à peu près la même quantité. Je sais que ces mesures prétendent à plus d'exactitude que cela n'est possible, mais j'ai préféré inscrire les mesures réelles, telles que me les indiquait le compas.

La première colonne, dans ces deux tableaux, indique la longueur réelle du pied chez trente-six pigeons appartenant à des races diverses ; les deux autres colonnes nous indiquent de combien le pied est trop long ou trop court, toute proportion gardée avec le volume du corps du pigeon et comparativement avec le biset. Vingt-deux individus portés au premier tableau ont le pied trop court de 2.6 millimètres en moyenne, chez cinq autres le pied est un peu trop long (1.77 millimètres) en moyenne. On peut expliquer certains de ces derniers cas : ainsi, chez le Grosse-gorge, c'est à l'allongement des pieds et des pattes que la sélection a surtout été appliquée, ce qui a dû nécessairement contrebalancer toute tendance naturelle vers une diminution de ces parties. Chez les pigeons Hirondelles et Barbes, tous les calculs basés sur d'autres termes de comparaison que celui employé (corps mesuré de la base du bec à la glande graisseuse), ont donné une longueur trop faible du pied.

Les huit pigeons portés au deuxième tableau ont le bec, tant absolument que relativement au corps, plus long que celui du Biset ; ils ont aussi le pied notablement plus long à proportion (environ 7.86 millimètres en moyenne). Je dois ajouter que le tableau I offre quelques exceptions partielles quant au raccourcissement du bec relativement à celui du biset : ainsi, le bec du pigeon Dos-frisé anglais est un peu plus long, et celui du Messager de Bassorah aussi long, que celui du biset. Le bec des pigeons Heurtés, Hirondelles et Rieurs n'est que très-peu plus court ou aussi long, mais plus grêle. Néanmoins, ces deux tableaux, pris dans leur ensemble, indiquent suffisamment une certaine corrélation entre la longueur du bec et celle du pied. Les éleveurs de chevaux et de bétail admettent un rapport analogue entre la longueur des membres et celle de la tête, et assurent qu'un cheval de course avec la tête d'un cheval de gros trait, ou un lévrier avec une tête de boule-dogue, seraient des monstruosités. Les pigeons de fantaisie étant généralement renfermés dans de petites volières, où on les nourrit avec abondance, sans qu'ils puissent prendre d'exercice suffisant, il est très-probable que la diminution appréciable des pieds des vingt-deux pigeons portés au premier tableau est due au défaut d'usage [38], et cette diminution a, par corrélation, réagi sur le bec de la plus grande partie d'entre eux. Quand, au contraire, le bec est allongé par la sélection soutenue de légers accroissements successifs, les pieds par corrélation se sont aussi allongés relativement à ceux du biset sauvage, malgré le défaut d'usage.

Les mesures de l'extrémité du doigt médian à celle du doigt postérieur, prises sur les trente-six oiseaux dont il vient d'être question, soumises à un calcul analogue à celui qui précède, ont donné les mêmes résultats, à savoir que, chez les races à bec court, à peu d'exceptions près, la longueur du doigt médian et du tarse a diminué ; tandis qu'elle a augmenté chez les races à bec long, d'une manière moins uniforme cependant que dans le cas précédent, car, chez quelques variété de Runts, la longueur de la patte varie beaucoup.

[38] D'une manière analogue mais inverse, quelques groupes naturels de Colombidés, ayant des mœurs plus terrestres que d'autres groupes voisins, ont aussi les pieds plus grands. Voir *Coup d'œil sur l'ordre des Pigeons,* du prince Bonaparte.

Les pigeons à l'état domestique n'ont pas à chercher la nourriture dont ils ont besoin ; depuis de nombreuses générations, ils n'ont donc pas eu à se servir de leurs ailes autant qu'a dû le faire le biset sauvage. On peut conclure de ce fait que toutes les parties du squelette, jouant un rôle dans le vol, doivent avoir subi une certaine réduction. Je mesurai donc avec soin la longueur du sternum chez douze pigeons de races diverses, et chez deux bisets des îles Shetland. Pour établir une comparaison proportionnelle, j'ai essayé trois mesures : la longueur du corps mesurée de la base du bec à la glande graisseuse ; celle mesurée du même point à l'extrémité de la queue ; enfin l'envergure. Dans les trois cas, le résultat a été le même, le sternum est toujours trop court proportionnellement à celui du biset sauvage. Les résultats, calculés d'après la longueur mesurée de la base du bec à la glande graisseuse, représentent à peu près la moyenne des résultats obtenus par les deux autres modes de mensuration, ce sont donc ceux que je consignerai dans le tableau suivant :

LONGUEUR DU STERNUM.

RACE.	LONGUEUR réelle.	Trop court de	RACE.	LONGUEUR réelle.	Trop court de
	millimèt.	millimèt.		millimèt.	milli·èt
Biset sauvage	64.77	»	Barbe.......	59.69	8.63
Scanderoon.........	71.12	15.24	Coquille	57.65	3.81
Messager Bagadotten.	71.12	4.31	Grosse-Gᵉ allemand...	59.94	13.71
Dragon	62.23	10.41	Jacobin.....	59.18	5.58
Messager	69.85	8.89	Dos-frisé anglais	60.96	10.92
Culbutant courte-face.	52.07	7.11	Hirondelle	62.23	4.31

Ce tableau prouve que, chez ces douze races, le sternum est en moyenne de 8 millimètres 43, plus court que chez le biset, proportionnellement à la grandeur du corps ; le sternum a donc subi une réduction d'un septième à un huitième de sa longueur totale, ce qui est considérable.

J'ai mesuré aussi, sur vingt et un pigeons, y compris les douze ci-dessus, la hauteur de la crête du sternum comparée à sa longueur, indépendamment de la taille de l'oiseau. Chez deux de ces vingt et un pigeons la crête sternale était relativement aussi développée que chez le biset ; elle était plus saillante chez sept, mais sur cinq individus de ces sept derniers, un Paon, deux Scanderoons, et deux Messagers anglais, on peut, jusqu'à un certain point, expliquer ce développement par le fait qu'une poitrine très-saillante est un caractère fort prisé des éleveurs, et qu'ils ont dû en conséquence chercher à le développer par sélection. Chez les douze pigeons restants, la saillie de la crête sternale était moindre. Il résulte de là que la crête du sternum manifeste une tendance légère, mais incertaine, à se réduire un peu plus que ne le fait l'os entier relativement à la taille de l'oiseau, comparativement au biset.

J'ai mesuré sur neuf différentes races grandes et petites, la longueur de l'omoplate ; chez toutes, cet os est proportionnellement plus court que chez le biset. La réduction est en moyenne d'environ 5 millimètres, soit un neuvième environ de la longueur de l'omoplate chez le Biset.

Les branches de la fourchette, relativement à la taille, paraissent chez tous les individus que j'ai examinés, diverger moins qu'elles ne le font chez le biset ; la fourchette entière est proportionnellement plus courte. Chez un Runt, dont l'envergure mesurait 98 centimètres, la longueur de la fourchette n'était guère plus grande et les branches à peine plus divergentes que chez un biset qui n'avait que 67 centimètres d'envergure. Chez un Barbe, qui, sous tous les rapports, était plus grand que le biset, la fourchette avait 7 millimètres de moins en longueur. Chez un Grosse-gorge, la fourchette ne s'était pas allongée proportionnellement à l'augmentation de la longueur du corps. Chez un Culbutant courte-face, dont l'envergure était de 61 centimètres, soit 6 centimètres de moins que chez le biset, la longueur de la fourchette atteignait à peine les deux tiers de ce qu'elle est chez le biset.

Ces faits prouvent que la longueur du sternum, des omoplates, et de la fourchette, diminue proportionnellement ; mais si nous examinons les ailes, nous arrivons à un résultat qui semble au premier abord bien différent et tout à fait inattendu. Je ferai remarquer que je n'ai point choisi certains individus et que je me suis servi indistinctement de toutes les mesures que j'ai eu occasion de relever. Prenant pour terme de comparaison la longueur comprise entre la base du bec et l'extrémité de la queue, je trouve que, sur trente-cinq pigeons de races différentes, vingt-cinq ont les ailes proportionnellement plus longues, et dix les ont proportionnellement plus courtes que le biset. Mais comme il existe souvent une corrélation entre la longueur des pennes des ailes et de la queue, il vaut mieux prendre pour terme de comparaison la longueur du corps mesuré de la base du bec à la glande huileuse ; d'après cette donnée, j'ai trouvé que, sur vingt-six des mêmes pigeons ainsi mesurés, vingt et un, comparés au biset, ont les ailes trop longues, et que cinq les ont trop courtes, dans la proportion moyenne de 33^{mm}, pour les premiers, et de 20 millimètres pour les seconds. Très-surpris de voir que les ailes d'oiseaux tenus en captivité ont ainsi augmenté en longueur, il me vint à l'idée que cela pouvait résulter de l'allongement des pennes alaires, ce qui est certainement le cas chez le Jacobin, dont l'aile a une longueur inusitée. Comme j'avais, dans presque tous les cas, mesuré les ailes repliées, je n'avais qu'à retrancher la longueur de la partie terminale de la longueur totale des ailes étendues, pour obtenir avec une exactitude suffisante la longueur des ailes comprise entre une extrémité radiale et l'autre, ce qui correspond chez l'homme à une mesure prise d'un poignet à l'autre. Ces mesures prises sur les mêmes vingt-cinq oiseaux, produisirent un résultat tout différent ; car, relativement aux ailes du biset, elles se trouvèrent trop courtes chez dix-sept pigeons et trop longues chez huit seulement. Sur ces huit pigeons, cinq ont le bec long [39], ce qui semble indiquer qu'il y a quelque corrélation entre la longueur du bec et celle des os de l'aile, comme pour les pieds et les tarses. On doit probablement attribuer au défaut d'usage le raccourcissement de l'humérus et du radius chez les dix-sept pigeons dont nous venons de parler, ainsi que celui de l'omoplate et de la fourchette, auquel s'attachent les os de l'aile ; l'allongement des rémiges, et l'extension de l'aile qui en est la conséquence, est, au contraire, aussi complétement indépendant de l'usage ou du défaut d'usage que peuvent l'être le développement du poil chez nos chiens à longs poils, et celui de la laine chez nos moutons à longue toison.

En résumé, nous pouvons admettre que la longueur du sternum, parfois aussi la saillie de la crête sternale, la longueur des omoplates et de la fourchette, comparativement à la longueur de ces mêmes os chez le biset, a subi une diminution qu'on est autorisé à attribuer au défaut d'usage et au manque d'exercice. Les ailes, mesurées de l'extrémité d'un radius à l'autre ont également diminué de longueur ; mais par suite de l'allongement des rémiges, les ailes mesurées d'une extrémité à l'autre, sont généralement plus longues que chez le biset. Les pieds, les tarses et le doigt médian ont aussi, dans la plupart des cas, diminué de longueur, probablement par défaut d'usage ; cependant, ce fait

---

[39] Il faut peut-être faire observer que, outre ces cinq oiseaux, deux des huit autres étaient des Barbes, lesquels, comme je l'ai indiqué, doivent être classés dans un même groupe avec les Messagers et les Runts à long bec. On pourrait appeler les Barbes des Messagers à bec court. Il semblerait donc que, pendant que le bec subissait une diminution de longueur, les ailes aient conservé un peu de l'excès de longueur qui caractérise leurs parents les plus voisins et leurs ancetres.

semble plutôt dénoter quelque corrélation entre le bec et les pattes qu'un effet du défaut d'usage. Une corrélation semblable paraît aussi exister entre le bec et les os principaux de l'aile.

Résumé des points de différence entre les diverses races domestiques et entre les individus. — Le bec ainsi que les os de la face diffèrent considérablement au point de vue de la longueur, de la largeur, de la forme et de la courbure. Le crâne diffère par la forme, et surtout par l'angle que forment ensemble les os maxillaires, nasaux et jugaux. La courbure de la mâchoire inférieure et l'inflexion du bord supérieur, ainsi que l'ouverture de la bouche, diffèrent d'une manière remarquable. La langue varie beaucoup en longueur, soit absolument, soit relativement à celle du bec. Il en est de même du développement de la peau dénudée et mamelonnée qui surmonte les narines et entoure les yeux. Les paupières ainsi que les orifices extérieurs des narines varient en longueur, et paraissent, jusqu'à un certain point, être en corrélation avec le développement de la peau mamelonnée. La forme et les dimensions de l'œsophage et du jabot varient énormément, ainsi que leur dilatabilité ; il en est de même de la longueur du cou. Les changements de la forme du corps sont accompagnés de variations dans le nombre et la largeur des côtes, de l'apparition d'apophyses, et de modifications dans le nombre des vertèbres sacrées, ainsi que dans la longueur du sternum. Les vertèbres coccygiennes varient en grandeur et en nombre, fait qui paraît être en corrélation avec l'augmentation de la grandeur de la queue. La grandeur et la forme des perforations du sternum, la grandeur de la fourchette et la divergence de ses branches présentent de nombreuses différences. Le développement de la glande graisseuse est variable ; cette glande est parfois totalement atrophiée. La direction et la longueur de certaines plumes sont quelquefois profondément modifiées, comme on le voit dans le capuchon du Jacobin, et la fraise du Turbit. La longueur des rémiges et des rectrices varie d'ordinaire simultanément ; parfois, cependant, les variations sont indépendantes les unes des autres et de la taille de l'oiseau. Les rectrices varient d'une manière incroyable quant au nombre et à la position. Les rémiges primaires et secondaires varient occasionnellement en nombre, et ces variations semblent être en corrélation avec la longueur des ailes.

La longueur des pattes, celle des pieds, et le nombre des scutelles sont variables. La base des deux doigts intérieurs est quelquefois réunie par une membrane, et, lorsque les pattes sont emplumées, les deux doigts externes sont presque toujours réunis par une membrane.

On constate de grandes différences dans les dimensions du corps : un Runt peut peser jusqu'à cinq fois autant qu'un Culbutant courte-face. Les œufs diffèrent par la grosseur et la forme. Parmentier [40] affirme que certaines races emploient beaucoup de paille pour la construction de leurs nids, tandis que d'autres en emploient très-peu, mais je n'ai trouvé aucune confirmation récente de cette assertion. La durée de l'incubation des œufs est uniforme chez toutes les races, mais on constate des différences quant aux périodes où les oiseaux revêtent le plumage caractéristique de leur race, et auxquelles interviennent certains changements de couleur. Le développement du duvet dont les pigeonneaux sont revêtus à l'éclosion est assez variable, et il est en corrélation singulière avec la coloration du plumage définitif. On remarque les différences les plus bizarres dans le mode du vol, dans certains mouvements héréditaires, tels que le claquement des ailes, les sauts périlleux ou culbutes soit en l'air, soit sur le sol, et dans la manière dont les mâles courtisent les femelles. Le caractère des races diffère beaucoup ; quelques-unes sont très-silencieuses, d'autres ont des roucoulements tout particuliers.

Bien que, comme nous le verrons plus loin, beaucoup de races aient conservé depuis plusieurs siècles leurs caractères propres, on remarque cependant chez les races les plus constantes plus de variations individuelles que chez les oiseaux à l'état de nature. Il est une règle, qui paraît ne souffrir presque aucune exception, c'est que ce sont les caractères les plus recherchés par les éleveurs, et ceux auxquels ils s'attachent le plus, qui varient aussi le plus, et qui sont par conséquent, encore aujourd'hui, en voie d'amélioration par sélection continue. C'est ce que reconnaissent indirectement les éleveurs, lorsqu'ils se plaignent qu'il leur est beaucoup plus difficile d'amener les pi-

[40] Temminck, *Hist. nat. gén. des Pigeons et des Gallinacés*, t. I, 1813, p. 170.

geons de races supérieures au type voulu de perfection, que de produire les pigeons de fantaisie, qui varient uniquement par la couleur ; en effet, les couleurs, une fois acquises, ne sont pas susceptibles d'une amélioration ou d'une augmentation continue. Quelques caractères se fixent, sans cause connue, plus fortement sur le mâle que sur la femelle, de sorte que, chez certaines races, on remarque une tendance à l'apparition de caractères sexuels secondaires [11], dont le biset n'offre pas d'exemple.

[11] Ce terme a été appliqué par J. Hunter aux différences de conformation entre les mâles et les femelles qui ne sont pas directement en rapport avec l'acte de la reproduction, comme la queue du paon, les cornes du cerf, etc.

CHAPITRE VI

PIGEONS (suite).

Souche primitive des diverses races domestiques. — Mœurs. — Races sauvages du Biset.
— Pigeons de colombier. — Preuves que les diverses races descendant du *Columba
livia*. — Fécondité des races croisées. — Retour au plumage du Biset sauvage. — Circonstances favorables à la formation des races. — Antiquité et histoire des races principales. — Mode de leur formation. — Sélection. — Sélection inconsciente. — Soins
apportés par les éleveurs à la sélection de leurs oiseaux. — Familles légèrement différentes
devenant graduellement des races bien distinctes. — Extinction des formes intermédiaires.
— Permanence ou variabilité de certaines races. — Résumé.

Les différences que nous venons de signaler, tant entre les
onze races domestiques principales, qu'entre les individus d'une
même race, n'auraient en somme qu'une importance bien minime si toutes ces races ne descendaient pas d'une souche sauvage unique. La question de l'origine du pigeon a donc une importance fondamentale et mérite une étude approfondie, étude
d'autant plus nécessaire que les différences entre les diverses
races sont considérables, que certaines de ces races sont fort anciennes, et qu'elles ont perpétué leur type jusqu'à ce jour avec
une fidélité extraordinaire. Presque tous les éleveurs de pigeons
croient que les races domestiques proviennent de plusieurs
souches sauvages, tandis que la plupart des naturalistes pensent
qu'elles descendent du Biset, ou *Columba livia*.

Temminck affirme [1], et M. Gould partage cette opinion, que la
souche primitive des pigeons devait être une espèce vivant et nichant dans les rochers ; j'ajouterai qu'elle devait être sociable.
En effet, toutes les races domestiques sont sociables à un éminent
degré, et on n'en connaît aucune qui perche habituellement ou

---

[1] Temminck, *Hist. nat. gén. des Pigeons, etc.,* t. 1, p. 191.

qui niche sur les arbres. A en juger par la gaucherie avec laquelle quelques pigeons, que j'élevais dans un kiosque, s'abattaient par-fois sur les branches dégarnies d'un vieux noyer voisin, la chose me paraît évidente [2]. Néanmoins, M. R. Scot Skirving m'apprend qu'il a souvent vu, dans la Haute-Egypte, des bandes de pigeons s'abattre sur les arbres peu élevés, mais non pas sur les palmiers, plutôt que sur les huttes de boue des indigènes. M. Blyth [3] m'in-forme que, dans l'Inde, le *C. livia* sauvage, var. *intermedia*, perche quelquefois sur les arbres. Je puis donner ici un exemple curieux d'un changement forcé d'habitudes : à la latitude de 28° 30′, le Nil est, sur un long parcours, bordé de falaises à pic, de sorte que, lorsque les eaux sont hautes, les pigeons ne peuvent s'abattre sur la rive pour boire ; M. Skirving, dans ces circons-tances, les a vus maintes fois se poser sur l'eau, et boire pen-dant qu'ils flottaient entraînés par le courant. De loin, ces bandes de pigeons ressemblaient à des troupes de mouettes à la surface de la mer.

Si une race domestique quelconque descendait d'une espèce non sociable, perchant ou nichant sur les arbres [4], l'œil exercé des éleveurs aurait certainement découvert quelques traces d'une habitude primitive aussi différente. Nous avons, en effet, des raisons pour admettre que les habitudes primitives se con-servent longtemps, même après une domestication prolongée. Ainsi, l'âne commun a conservé quelques restes des habitudes qu'il avait acquises pendant son existence primitive dans le dé-sert, la forte répugnance, par exemple, qu'il éprouve à traverser le plus petit cours d'eau, et le plaisir avec lequel il se roule dans la poussière. Le chameau, qui est cependant réduit depuis longtemps à l'état domestique, éprouve la même répugnance à traverser les ruisseaux. Les jeunes porcs, quoique bien appri-voisés, se tapissent lorsqu'ils sont effrayés, et cherchent ainsi à

---

[2] Sir C. Lyell me dit de la part de mademoiselle Buckley, que quelques Messagers métis conservés plusieurs années près de Londres, se posaient régulièrement le jour sur les arbres, et finirent par y percher la nuit, après avoir été dérangés dans leur pigeonnier, où on leur avait enlevé leurs petits.

[3] *Ann. and Mag. of nat. Hist.* (2ᵉ série), t. XX, 1857, p. 509, et dans un volume récent du journal de la Société Asiatique.

[4] J'ai souvent remarqué dans les ouvrages sur les pigeons écrits par les éleveurs, la croyance erronée qu'il n'arrive jamais aux espèces qu'on peut appeler terriennes de percher ou de nicher sur les arbres. On prétend, dans ces mêmes ouvrages, qu'il existe dans diffé-rentes parties du monde des espèces sauvages ressemblant aux principales races domestiques, mais ces espèces sont totalement inconnues aux naturalistes.

se dissimuler même dans un endroit nu et découvert. Les jeunes dindons et parfois même les poulets, lorsque la poule donne le signal du danger, se sauvent et cherchent à se cacher, comme le font les jeunes perdrix et les faisans, pour que la mère puisse prendre son vol, ce qu'à l'état domestique elle n'est plus capable de faire. Le canard musqué (*Cairina moschata*), dans son pays, perche et niche souvent sur les arbres [5], et nos canards musqués domestiques, quoique lourds et indolents, « aiment à se percher sur les murs, sur les granges, etc., et, si on les laisse libres de passer la nuit dans les poulaillers, les canes vont volontiers percher à côté des poules, mais le canard mâle est trop lourd pour y monter facilement [6]. » Nous savons que le chien, quelque abondamment et quelque régulièrement nourri qu'il soit, enfouit souvent, à l'exemple du renard, les aliments dont il n'a pas besoin ; nous le voyons encore tourner longtemps sur lui-même sur un tapis comme pour fouler l'herbe à la place où il veut se coucher ; enfin, il gratte le pavé avec ses pieds de derrière comme pour recouvrir et cacher ses excréments, ce qu'il ne fait même pas du reste, lorsqu'il est sur de la terre nue. L'ardeur avec laquelle les agneaux et les chevreaux se groupent ensemble et folâtrent sur le plus petit mamelon de terrain nous rappelle leurs anciennes habitudes alpestres.

Nous avons donc d'excellentes raisons pour admettre que toutes nos races de pigeons domestiques descendent d'une ou de plusieurs espèces, qui perchaient et nichaient sur les rochers, et qui étaient de nature sociable. Cinq ou six espèces sauvages seulement ont ces habitudes, au nombre de celles qui par leur conformation se rapprochent du pigeon domestique; en voici l'énumération.

1° Le *Columba leuconota* ressemble, par son plumage, à certaines variétés domestiques, à une différence près très-marquée et invariable, qui est l'existence d'une bande blanche en travers de la queue à peu de distance de son extrémité. Cette espèce habitant l'Himalaya, à la limite des neiges éternelles, ne peut guère, comme le remarque M. Blyth, être la souche de nos races domestiques qui prospèrent dans les pays les plus chauds. 2° Le *C. rupestris* de l'Asie centrale, intermédiaire [7] entre le *C. leuconota* et le

---

[5] Sir G. Schomburgk, *Journ. R. geog. Soc.*, XIII, 1844, p. 32.
[6] Rev. E.-S. Dixon, *Ornamental Poultry*, 1848, p. 63-66.
[7] *Proc. zool. Soc.* 1859, p. 400.

C. livia, mais dont la queue est colorée à peu près comme celle de l'espèce précédente. 3° Le *C. littoralis*, qui, d'après Temminck, niche et vit sur les rochers de l'archipel Malais ; cet oiseau est blanc, à l'exception de quelques parties de l'aile et du bout de la queue, qui sont noirs ; les jambes sont de couleur gris-plomb, caractère qui ne se rencontre chez aucun pigeon domestique adulte ; j'aurais pu, du reste, laisser de côté cette espèce ainsi que le *C. luctuosa* sa voisine, car toutes deux appartiennent au genre *Carpophaga*. 4° Le *C. Guinea*, dont l'habitat s'étend de la Guinée [8] au Cap de Bonne Espérance, et qui perche suivant la nature du pays, tantôt sur les arbres, tantôt sur les rochers. Cette espèce appartient au genre *Strictænas* de Reichenbach, très-voisin du genre *Columba* ; elle est, jusqu'à un certain point, colorée comme certaines races domestiques, et on la dit domestiquée en Abyssinie ; mais M. Mansfield Parkyns, qui a collectionné les oiseaux de ce pays et qui connaît l'espèce dont il s'agit, m'affirme que cela n'est pas. Le *C. Guinea* est en outre remarquable par les entailles particulières de l'extrémité des plumes du cou, caractère qui n'a été observé chez aucune race domestique. 5° Le *C. OEnas* d'Europe qui perche sur les arbres et construit son nid dans des trous, pratiqués soit sur les arbres, soit dans le sol ; cette espèce pourrait, en tant qu'il s'agit seulement des caractères extérieurs, être la souche de plusieurs races domestiques ; mais, bien qu'elle se croise avec le vrai Biset, nous verrons bientôt que les produits de ces croisements sont stériles, ce qui n'arrive jamais aux produits des croisements réciproques des races domestiques. Nous devons aussi faire observer qu'en admettant, contre toute probabilité, qu'une ou plusieurs des cinq ou six espèces précédentes aient pu être les ancêtres de quelques-uns de nos pigeons domestiques, il n'en résulterait aucune explication des différences principales qui existent entre les onze races les mieux caractérisées.

Nous arrivons maintenant au pigeon de roche le mieux connu, le Biset, *Columba livia*, que les naturalistes regardent comme l'ancêtre de toutes les races domestiques. Ce pigeon ressemble par tous ses caractères essentiels aux races de pigeons domestiques qui n'ont été que peu modifiées. Il diffère de toutes les autres espèces par sa couleur bleu ardoisé, par deux barres noires sur les ailes, et par son croupion blanc. On rencontre quelquefois, aux Hébrides et aux îles Feroë, des individus chez lesquels deux ou trois taches noires remplacent les barres, forme que Brehm [9] a dénommée *C. Amaliæ*, mais que les autres ornithologistes n'ont pas admise comme une espèce distincte. Graba [10] a même signalé aux îles Feroë une différence des barres des ailes chez un même oiseau. Une autre forme encore plus distincte, sauvage, ou qui l'est redevenue sur les falaises de l'Angle-

---

[8] Temminck, *Hist. nat. gén. des Pigeons*, t. I. — Voir aussi *Les Pigeons*, par madame Knip et Temminck. — Bonaparte, *Coup d'œil*, etc., admet cependant qu'on confond sous ce nom deux espèces très-voisines. Temminck estime que le *C. leucocephala* des Indes occidentales est un pigeon de roches, mais M. Gosse m'apprend que c'est une erreur.'

[9] *Handbuch der Naturgeschichte.* — *Vogel Deutschlands.*

[10] *Tagebuch, Reise nach Fáro*, 1830, p. 62.

terre, a été d'abord désignée par M. Blyth [11], sous le nom de *C. affinis*,
mais actuellement il ne la considère plus lui-même comme une espèce
distincte. Le *C. affinis* est un peu plus petit que le biset des îles d'Écosse,
et présente une apparence assez différente, car il a les tectrices des ailes
tachetées de noir, et souvent des marques de même couleur sur le dos. Ces
taches consistent en une large marque noire occupant les deux côtés, mais
surtout le côté externe de chaque plume. Les barres des ailes du vrai biset
et de la variété tachetée sont produites également par des taches plus grandes
traversant symétriquement la rémige secondaire et les plus grandes plumes
tectrices. Les tachetures ne sont donc que l'extension, à d'autres parties du
plumage, des marques ordinaires. Les oiseaux tachetés ne se trouvent pas
seulement sur les côtes de l'Angleterre, car Graba en a rencontré aux îles
Feroë, et M. Thompson [12] dit qu'à Islay, la moitié des Bisets sauvages sont
tachetés. Le colonel King, de Hythe, a peuplé son pigeonnier de jeunes
oiseaux sauvages capturés par lui dans les Orcades ; il m'a obligeamment
envoyé plusieurs individus qui étaient tous nettement tachetés. Les pigeons
tachetés, comme nous venons de le voir, se rencontrent dans trois localités
distinctes, aux îles Feroë, aux Orcades et à Islay, mêlés aux vrais bisets,
il n'y a donc aucune importance à attacher à cette variation naturelle du
plumage.

Le prince C.-L. Bonaparte [13], qui aime à multiplier les espèces, se demande s'il ne faudrait pas considérer le *C. turricola* de l'Italie, le *C. rupestris* de la Daourie, et le *C. schimperi* d'Abyssinie comme des espèces
distinctes du *C. livia* ; mais ces oiseaux ne diffèrent du biset que par des
caractères insignifiants. Le Muséum Britannique possède un pigeon tacheté
d'Abyssinie qui est probablement le *C. schimperi* de Bonaparte. On pourrait ajouter à ces variétés le *C. gymnocyclus* de G.-R. Gray, de l'Afrique
occidentale, qui est un peu plus distinct, et qui porte autour de l'œil un
peu plus de peau dénudée que le biset ; mais d'après le Dr Daniell, il est
douteux que cet oiseau soit sauvage, car, comme je m'en suis assuré, on
élève sur la côte de Guinée des pigeons de colombier.

Le Biset sauvage de l'Inde (*C. intermedia* de Strickland) a été plus généralement admis comme une espèce distincte. Il diffère surtout par la couleur
du croupion qui est bleue au lieu d'être blanche, mais M. Blyth m'apprend
que cette teinte varie et devient parfois blanchâtre. Réduite à l'état domestique, cette forme fournit des oiseaux tachetés, comme cela arrive en Europe
avec le vrai biset. Nous allons, au surplus, donner la preuve que la couleur
du croupion est éminemment variable ; Bechstein [14] affirme qu'en Allemagne
ce caractère est, chez le pigeon de colombier, de tous le plus variable. Nous
devons en conclure qu'on ne doit pas considérer le *C. intermedia* comme
spécifiquement distinct du *C. livia*.

---

[11] *Ann. and Mag. of nat. Hist.*, vol. XIX, 1847, p. 102. Travail excellent sur les pigeons,
et qui mérite d'etre consulté.

[12] *Natural Hist. of Ireland. — Birds*, vol. II, 1850, p. 11. — Pour Graba, voir l'ouvrage
cité, note 10.

[13] *Coup d'œil sur l'ordre des Pigeons.* Comptes rendus, 1854-55.

[14] *Naturgesch. Deutschlands*, vol. IV, 1795, p. 14.

On trouve à Madère un pigeon de roches que quelques ornithologistes supposent être distinct du *C. livia*. J'ai examiné un grand nombre d'individus recueillis par MM. Harcourt et Mason. Ils sont un peu plus petits que les bisets des îles Shetland et leur bec est plus mince, mais l'épaisseur du bec varie suivant les individus. Le plumage offre une diversité remarquable; quelques individus sont plume pour plume identiques au biset des Shetland, d'autres sont tachetés comme le *C. affinis* des falaises de l'Angleterre, mais de façon plus complète, car ils ont le dos presque entièrement noir; d'autres ressemblent au *C. intermedia* de l'Inde par la coloration bleue du croupion; d'autres, enfin, ont cette partie très-pâle ou d'un bleu très-foncé, et sont également tachetés. Une variabilité aussi considérable me porte à supposer que ces oiseaux sont des pigeons domestiques redevenus sauvages.

Il résulte de ces faits que le *C. livia*, le *C. affinis*, le *C. intermedia*, ainsi que les formes marquées d'un point d'interrogation par Bonaparte, doivent toutes être regardées comme appartenant à une même espèce. Il est, du reste, très-indifférent qu'elles soient ainsi classées ou non, et que quelques-unes de ces formes ou toutes soient considérées comme les ancêtres de nos races domestiques, en tant qu'il s'agit d'expliquer les différences qui existent entre les races les plus distinctes. Si l'on compare les pigeons de colombier ordinaires élevés dans les différentes parties du monde, on ne peut douter qu'ils descendent d'une ou de plusieurs variétés sauvages du *C. livia* que nous venons d'énumérer. Mais avant de faire quelques remarques sur les pigeons de colombier, il importe de signaler que, dans plusieurs pays, on a remarqué la facilité avec laquelle on peut apprivoiser le biset. Nous avons vu que le colonel King, à Hythe, a, il y a plus de vingt ans, peuplé son colombier de pigeonneaux sauvages pris dans les Orcades. Or ces pigeons se sont considérablement multipliés depuis. Macgillivray [15] affirme qu'il a complétement apprivoisé un biset aux Hébrides, et on sait que ces oiseaux se sont reproduits dans des pigeonniers aux îles Shetland. Le capitaine Hutton m'affirme que le biset sauvage de l'Inde s'apprivoise facilement, et se reproduit avec le pigeon domestique; M. Blyth [16] m'assure que les individus sauvages viennent souvent dans les pigeonniers, et se mêlent librement avec leurs habitants. L'ancien *Ayeen Akbery* dit que si on prend quelques pigeons sauvages, des milliers d'individus de leur espèce ne tardent pas à venir les rejoindre.

Les pigeons de colombier sont ceux qu'on conserve dans des colombiers à un état semi-domestique, dont on ne prend aucun soin particulier, et qui se procurent eux-mêmes leur nourriture, sauf pendant les plus grands froids.

[15] *History of British Birds*, vol. I, p. 275-284. — M. Andrew Duncan a apprivoisé un biset aux îles Shetland. — M. J. Barclay et M. Smith de Uyea Sound, affirment tous deux que le biset s'apprivoise facilement, et le premier dit que l'oiseau apprivoisé fait quatre pontes par an. — Le docteur Lawrence Edmonstone m'apprend qu'un biset sauvage, après s'être installé dans son colombier, dans les îles Shetland, s'était apparié avec ses pigeons; il m'a aussi cité d'autres exemples de bisets sauvages qui, pris jeunes, se sont reproduits en captivité.

[16] *Annals and Magaz. of nat. History*, vol. XIX, 1847, p. 103, et 1857, p. 512.

En Angleterre et, d'après l'ouvrage de MM. Boitard et Corbié, en France, ce pigeon commun ressemble exactement à la variété tachetée du *C. livia*, mais j'ai vu des individus venant duYorkshire, qui, comme le biset des îles Shetland, n'offraient aucune trace de ces tachetures. Les pigeons des îles Orcades domestiqués depuis plus de vingt ans par le colonel King différaient légèrement les uns des autres par le degré d'intensité de la coloration de leur plumage, et par l'épaisseur de leur bec ; les becs les plus minces étaient un peu plus épais que les becs les plus épais des pigeons de Madère. D'après Bechstein, les pigeons de colombier, en Allemagne, ne sont pas tachetés. Ils le sont souvent dans l'Inde et ils offrent parfois des taches blanches ; d'après M. Blyth, le croupion devient aussi presque blanc. Sir J. Brooke m'a envoyé quelques pigeons de colombier provenant des îles Natunas de l'archipel Malais, qui avaient été croisés avec des pigeons de Singapore : ils étaient petits, et la variété la plus foncée ressemblait beaucoup à la variété foncée et tachetée à croupion bleu de Madère, mais le bec était plus épais, moins cependant que celui des pigeons des îles Shetland. M. Swinhoe m'a aussi envoyé de Foochow, en Chine, un pigeon de colombier assez petit, mais qui ne différait d'ailleurs pas du biset. Le Dr Daniell m'a envoyé de la Sierra-Leone [17] quatre pigeons de colombier vivants, aussi grands que les bisets des îles Shetland et même un peu plus corpulents. Quelques-uns ressemblaient au biset par leur plumage, avec un peu plus de brillant dans les tons métalliques, d'autres, à croupion bleu, ressemblaient à la variété indienne tachetée, *C. intermedia* ; d'autres étaient assez fortement tachetés pour paraître presque noirs. Le bec différait un peu de longueur chez ces quatre pigeons, mais en somme il était plus court, plus massif et plus fort que chez le biset des îles Shetland ou chez le pigeon de colombier anglais. Il y a une assez grande différence entre le bec de ces pigeons africains et celui des pigeons de Madère, car il est d'un bon tiers plus épais verticalement chez les premiers que chez les seconds ; on aurait donc, au premier abord, pu être tenté de les regarder comme spécifiquement distincts ; mais toutes les variétés que nous venons de mentionner forment une série si parfaitement graduée, qu'il est impossible d'établir entre elles aucune séparation tranchée.

En résumé, le *C. livia* sauvage, en y comprenant le *C. affinis*, le *C. intermedia* et les autres races géographiques encore plus voisines, occupe une aire géographique immense s'étendant depuis la côte méridionale de la Norwège et des îles Feroë, jusqu'aux bords de la Méditerranée, Madère et les îles Canaries, l'Abyssinie, l'Inde et le Japon. Le plumage du biset varie beaucoup ; il est souvent tacheté ; il a le croupion blanc ou bleu ; les dimensions du corps et du bec présentent aussi quel-

---

[17] J. Barbut, dans sa *Description de la côte de Guinée* (p. 215), publiée en 1746, mentionne le pigeon domestique ordinaire comme y étant très-commun ; le nom qu'il porte semble indiquer qu'il a été importé.

ques légères variations. Les pigeons de colombier qui — personne ne conteste ce point — descendent d'une ou de plusieurs des formes sauvages ci-dessus indiquées, offrent une série de variations semblables mais un peu plus étendues, dans la coloration du plumage, la grandeur du corps, et la longueur et l'épaisseur du bec. Il semble y avoir un certain rapport entre la couleur bleue ou blanche du croupion et la température des pays qu'ils habitent, tant chez le pigeon de colombier que chez le biset, car, dans le nord de l'Europe, tous les pigeons de colombier ont, comme le biset, le croupion blanc, et presque tous les pigeons de colombier de l'Inde ont, comme le *C. intermedia* sauvage de ce pays, le croupion bleu. Le biset, s'étant partout, apprivoisé facilement, il est extrêmement probable que les pigeons de colombier descendent de deux souches sauvages au moins, peut-être davantage, mais qu'on ne peut, ainsi que nous venons de le voir, considérer comme spécifiquement distinctes.

Nous pouvons, en ce qui concerne les variations du *C. livia*, faire, sans crainte d'être contredits, un pas de plus. Les éleveurs de pigeons qui croient que les races principales, telles que les Messagers, les Grosses-gorges, les Pigeons Paons, etc., descendent de souches primitives distinctes, admettent cependant que les pigeons de fantaisie, qui ne diffèrent guère du biset que par la couleur, descendent de cet oiseau. Nous désignons par le terme pigeons de fantaisie ces innombrables variétés de formes auxquelles on a donné les noms de Heurtés, Coquilles, Casques, Hirondelles, Prêtres, Moines, Porcelaines, Souabes, Archanges, Boucliers et autres, tant en Europe que dans l'Inde. Il serait aussi absurde de supposer que toutes ces formes descendent d'autant de souches sauvages distinctes, qu'il le serait de l'admettre pour toutes les variétés de groseilles, de dahlias ou de pensées que nous connaissons. Cependant, tous ces pigeons reproduisent fidèlement leur type, et il en est de même d'un grand nombre de leurs sous-variétés. Ils diffèrent considérablement les uns des autres et du biset par leur plumage, un peu par les dimensions et les proportions du corps, la grandeur des pattes, la longueur et l'épaisseur du bec ; sur ces divers points, ils diffèrent les uns des autres beaucoup plus que ne le font les pigeons de colombier.Bien que nous puissions admettre que ces derniers, qui varient peu, ainsi que les pigeons de fantaisie qui varient beaucoup plus par suite de leur état de domestication plus complet, soient les uns et les autres les descendants du *C. livia* (en comprenant sous ce nom les races géographiques sauvages précédemment énumérées), la question se complique lorsque nous envisageons les onze races principales, dont la plupart ont été si profondément modifiées. On peut cependant démontrer, par des moyens indirects mais concluants, que ces races principales ne descendent pas d'un nombre égal de souches sauvages, et, ceci admis, on ne peut guère contester qu'elles descendent du *C. livia*. Le biset, en effet, par ses mœurs et la plupart de ses caractères, s'accorde étroitement avec ces races ; il varie aussi à l'état de nature, et a certainement éprouvé des modifications considérables. Nous verrons, au surplus, combien certaines circonstances favorables ont contribué à augmenter les modifications chez les races qui ont été plus particulièrement l'objet des soins des éleveurs.

On peut invoquer six raisons qui permettent de conclure que les races domestiques principales ne descendent pas d'autant de souches primives et inconnues : 1° Si les onze races principales ne résultent pas de la variation d'une même espèce, y compris ses races géographiques, elles doivent descendre de plusieurs espèces primitives extrêmement distinctes ; car des croisements, si étendus qu'on les suppose, entre six ou sept formes sauvages, n'auraient jamais pu produire des races aussi divergentes que les Grosses-gorges, les Messagers, les Runts, les Paons, les Culbutants courte-face, les Jacobins et les Tambours. Comment, par exemple, un Grosse-gorge ou un Paon auraient-ils pu résulter d'un croisement, sans que les parents primitifs supposés possédassent les caractères particuliers à ces races ? Je sais que quelques naturalistes, suivant l'opinion de Pallas, croient que le croisement détermine une forte tendance à la variation, indépendamment des caractères hérités de l'un et de l'autre parent. Ils admettent qu'il serait plus facile de produire un Grosse-gorge ou un Pigeon Paon par le croisement de deux espèces distinctes, ne possédant ni l'une ni l'autre les caractères de ces races, que de les faire dériver d'une espèce unique. Je connais bien peu de faits favorables à cette doctrine, et je ne l'accepte que dans une

très-faible mesure ; j'aurai du reste à revenir, dans un chapitre
subséquent, sur ce sujet, qui n'est pas essentiel pour le point que
nous discutons en ce moment. La question dont nous avons à
nous préoccuper maintenant est de savoir si des caractères nouveaux, nombreux et importants ont apparu chez le pigeon depuis
que l'homme l'a réduit à l'état domestique. L'opinion la plus
généralement acceptée veut que la variabilité soit due au changement des conditions extérieures ; d'après la doctrine de Pallas,
la variabilité, ou l'apparition des caractères nouveaux, est due à
quelque effet mystérieux, résultat du croisement de deux espèces, ne possédant ni l'une ni l'autre les caractères en question.
Il est possible que, dans certains cas, le croisement ait pu
amener la formation de races bien accusées ; le Barbe, par
exemple, pourrait provenir du croisement entre un Messager à
long bec, ayant un large cercle de peau mamelonnée autour des
yeux, et un pigeon à bec court. Il est, d'ailleurs, très-probable
que beaucoup de races ont été, dans une certaine mesure, modifiées par des croisements, et que certaines variétés qui se distinguent seulement par la couleur du plumage proviennent de
croisements entre des variétés diversement colorées. En conséquence, si l'on admet que les différences caractéristiques des
principales races proviennent de ce qu'elles descendent d'espèces distinctes, il faut admettre aussi qu'il existe encore
quelque part, ou qu'il a autrefois existé, au moins huit ou neuf
espèces, ou plus probablement une douzaine d'espèces, actuellement éteintes comme oiseaux sauvages, qui toutes avaient
les mêmes habitudes, qui toutes vivaient en société, perchaient
et faisaient leurs nids sur les rochers. Mais si on considère avec
quel soin on a, dans le monde entier, recherché les pigeons
sauvages, oiseaux si remarquables, surtout lorsqu'ils habitent
les rochers, il est extrêmement improbable que huit ou neuf
espèces, domestiquées depuis longtemps, et qui, par conséquent,
ont dû habiter un pays anciennement connu, puissent encore
exister à l'état sauvage, et avoir échappé aux recherches des
ornithologistes.

L'hypothèse en vertu de laquelle ces espèces auraient existé
autrefois et se seraient éteintes depuis, est, sans doute, un peu
plus probable, bien qu'il soit passablement téméraire d'admettre

l'extinction, dans les limites de l'époque historique, d'un aussi grand nombre d'espèces, lorsqu'on voit le peu d'influence que l'homme a eu sur l'extermination du biset commun, qui, sous tous les rapports, se rapproche beaucoup des races domestiques. Le *C. livia* existe actuellement et prospère dans les petites îles Feroë, sur un grand nombre d'îles de la côte d'Écosse, en Sardaigne, sur les côtes de la Méditerranée et dans le centre de l'Inde. Des éleveurs ont supposé que les espèces souches auraient été primitivement circonscrites dans de petites îles, où elles auraient pu facilement être exterminées ; mais les faits que nous venons de rappeler ne sont pas en faveur de la probabilité d'une semblable extinction, même dans les petites îles. Il n'est pas non plus probable, d'après ce qu'on sait de la distribution des oiseaux, que les îles européennes aient été habitées par des espèces particulières de pigeons ; et, si nous admettons que des îles océaniques éloignées aient été la patrie des espèces parentes primitives, nous devons nous rappeler que les voyages anciens étaient fort lents, et que les navires étant alors mal approvisionnés en aliments frais, il n'aurait pas été facile de rapporter des oiseaux vivants. J'ai dit voyages anciens, car presque toutes les races de pigeons étaient connues avant l'an 1600, de sorte que les espèces sauvages supposées doivent avoir été capturées et domestiquées avant cette époque.

2° — La doctrine qui veut que les principales races domestiques descendent de souches primitives multiples, implique que plusieurs espèces auraient autrefois été assez complétement domestiquées pour se reproduire facilement en captivité. Bien qu'il soit facile d'apprivoiser la plupart des oiseaux sauvages, l'expérience nous apprend qu'il est très-difficile de les faire reproduire en captivité ; cette difficulté est cependant moindre pour les pigeons que pour d'autres oiseaux. Depuis deux ou trois siècles on a gardé bien des oiseaux en cage, sans qu'on ait pu en ajouter à peine un de plus à notre liste d'espèces complétement apprivoisées ; pourtant, d'après la doctrine en question, nous sommes obligés d'admettre qu'on a dû autrefois apprivoiser et domestiquer environ une douzaine d'espèces de pigeons, actuellement inconnues à l'état sauvage.

3° — La plupart de nos animaux domestiques sont redevenus

sauvages dans plusieurs parties du monde ; les oiseaux, toutefois, moins fréquemment que les mammifères, probablement parce que les oiseaux ont perdu en partie la faculté du vol. De nombreuses observations prouvent cependant que certains de nos oiseaux de basse-cour sont retournés à l'état sauvage dans l'Amérique du Sud et peut-être dans l'Afrique occidentale, ainsi que dans plusieurs îles; le dindon est, à une certaine époque, redevenu presque sauvage sur les bords du Parana, et la pintade est redevenue tout à fait sauvage à l'Ascension et à la Jamaïque. Dans cette dernière île, le paon est aussi redevenu sauvage. Le canard commun s'éloigne de son habitation et redevient presque sauvage dans le comté de Norfolk. On a tué des métis absolument sauvages du canard musqué et du canard commun dans l'Amérique du Nord, en Belgique, et près de la mer Caspienne. L'oie est, dit-on, redevenue sauvage à la Plata. Le pigeon de colombier ordinaire est devenu sauvage à Juan-Fernandez, à l'île de Norfolk, à l'Ascension, probablement à Madère, sur les côtes d'Écosse, et, à ce qu'on assure, sur les rives de l'Hudson, dans l'Amérique du Nord [18]. Mais le cas est tout différent si nous considérons les onze principales races domestiques du pigeon, que quelques auteurs regardent comme descendant d'autant d'espèces distinctes ! Personne n'a jamais prétendu qu'on les ait trouvées à l'état sauvages dans aucune partie du monde ; on les a cependant transportées partout, et quelques-unes ont dû être ramenées dans leur patrie primitive. En les considérant, au contraire, comme les produits de la variation, il est facile de comprendre pourquoi ces races ne sont pas redevenues sauvages; en effet, l'étendue des modifications qu'elles ont subies dénote une domestication ancienne et profonde, qui les rend impropres à la vie sauvage.

---

[18] Pour les pigeons redevenus sauvages, voir, pour Juan-Fernandez, Bertero, *Ann. des scienc.nat.*, vol. XXI, p. 351 ; — pour l'île Norfolk, Rév. E. S. Dixon, *Dovecote*, 1851, p. 14, d'après M. Gould ; — pour l'Ascension, je me base sur une communication manuscrite de M. Layard ; — pour les rives de l'Hudson, voir Blyth, *Ann. of nat. Hist.*, vol. XX, 1857, p. 511 ; — pour l'Ecosse, Macgillivray, *British Birds*, vol. 1, p. 275, et aussi Thompson, *Nat. Hist. of Ireland,* — *Birds*, vol II, p. 11 ; — pour les canards, voir E. S. Dixon, *Ornamental Poultry*, 1847, p. 122 ; — pour les métis redevenus sauvages des canards musqués et communs, voir Audubon, *American Ornithology* et Selys Longchamps, *Hybrides dans la famille des Anatides ;* — pour l'oie, I. G. Saint-Hilaire, *Hist. nat. gén.*, t. III, p. 498 ; — pour les pintades, Gosse, *Sojourn in Jamaica*, p. 124, et *Birds of Jamaica*. J'ai vu à l'Ascension la pintade sauvage ; — pour le paon, voir *A week at Port-Royal*, p. 42, par M. Hill ; — pour les dindons, je m'en rapporte à des informations orales, après m'être assuré que ce n'étaient pas des Hoccos. Je donnerai dans le prochain chapitre les indications relatives aux poulets.

4° — Si l'on admet que les différences caractéristiques des diverses races domestiques proviennent de ce qu'elles descendent de plusieurs espèces primitives, il faut conclure que l'homme a choisi autrefois, soit avec intention, soit par hasard, les pigeons les plus extraordinaires pour les réduire à l'état domestique. On ne peut contester, en effet, que, comparées aux membres existants de la grande famille des pigeons, des espèces comme les Grosses-gorges, les Paons, les Barbes, les Messagers, les Culbutants courte-face, etc., seraient singulières au plus haut degré. Nous serions donc forcés de supposer, non-seulement que l'homme a réussi à domestiquer complétement plusieurs espèces fort exceptionnelles, mais encore que ces mêmes espèces se sont toutes éteintes depuis, ou tout au moins nous sont inconnues. Ces deux circonstances sont si improbables que, pour soutenir l'existence d'autant d'espèces anormales, il faudrait des preuves indiscutables. Si, au contraire, toutes ces races dérivent du *C. livia*, nous pouvons comprendre, ainsi que nous l'expliquerons plus tard en détail, comment un caractère déviant une première fois, la déviation a dû s'augmenter continuellement par la conservation des individus chez lesquels elle était le mieux accusée ; puis l'homme faisant intervenir la sélection en vue de sa fantaisie, et non pour le bien de l'oiseau, la déviation ainsi accumulée tend certainement à devenir chaque jour plus anormale, comparativement à la conformation des pigeons vivant à l'état de nature.

J'ai déjà appuyé sur le fait remarquable que les différences caractéristiques des principales races domestiques sont extrêmement grandes et variables; il suffit pour s'en assurer d'observer les différences relatives au nombre des pennes rectrices chez le Pigeon Paon, au développement du jabot chez les Grosses-gorges, à la longueur du bec chez les Culbutants, à l'état des membranes mamelonnées chez les Messagers, etc. Si ces caractères sont le résultat de variations successives accumulées par la sélection, cette variabilité s'explique facilement, car elle porte précisément sur les parties qui ont varié depuis la domestication du pigeon, et qui, par conséquent, sont encore susceptibles de variations; en outre, la sélection exercée par l'homme tend toujours à augmenter les variations qui n'ont encore pu acquérir aucune fixité.

5° — Toutes les races domestiques s'apparient facilement les unes avec les autres, et, ce qui est également important, leur progéniture hybride est absolument féconde. Pour vérifier ce point j'ai fait de nombreuses expériences consignées dans la note ci-après; M. Tegetmeier a fait récemment des essais analogues qui lui ont donné les mêmes résultats [19]. Neumeister [20], toujours si exact, affirme que les pigeons de colombier croisés avec des pigeons d'autres races produisent des métis très-féconds et très-vigoureux. MM. Boitard et Corbié [21] assurent, après de nombreuses expériences, que plus les races qu'on croise sont distinctes, plus les métis résultant de ces croisements sont féconds.

J'admets, bien qu'elle ne soit pas absolument prouvée, la grande probabilité de la doctrine formulée par Pallas, à savoir que les espèces voisines qui, croisées à l'état de nature ou peu de temps après leur capture, restent stériles à un degré plus ou moins prononcé, deviennent fécondes après une période de domestication prolongée; cependant, lorsque nous considérons la grande différence qui existe entre des races telles que les Grosses-gorges, les Messagers, les Paons, etc., le fait que la fécondité des produits de leurs croisements les plus complexes est absolue et

---

[19] J'ai dressé une longue liste des croisements variés opérés par les éleveurs sur les diverses races domestiques, mais je crois qu'il est inutile de la publier ici. De mon côté, pour vérifier ce fait spécial, j'ai opéré beaucoup de croisements qui ont tous été féconds. J'ai réuni sur un seul oiseau cinq des races les plus distinctes, et je les aurais certainement réunies toutes avec de la patience. Cet exemple du mélange de cinq races différentes, sans action sur la fécondité, est important, parce que Gærtner a démontré que, très-généralement, mais non pas invariablement comme il le croit, les croisements compliqués entre plusieurs espèces sont extrêmement stériles. Je n'ai rencontré que deux ou trois cas de stérilité dans la progéniture de certaines races croisées. Pistor (*Das Ganze der Feld-Taubenzucht*, 1831, p. 15), affirme que les métis provenant du croisement entre les Barbes et les Pigeons Paons sont stériles ; j'ai démontré que c'est là une erreur, non-seulement en croisant ces métis avec d'autres métis de même provenance, mais encore par l'épreuve plus concluante du croisement de métis frères et sœurs *inter se*, et qui ont été *complétement* féconds. Temminck (*Hist. nat. gén. des Pigeons*, t. I, p. 197), soutient que le Pigeon-Hibou ne se croise pas facilement avec les autres races ; mais les miens, laissés à eux-mêmes, se sont librement croisés avec des Culbutants et des Tambours, et le même fait s'est présenté entre des Turbits et des pigeons Coquilles et des pigeons de colombier (Rev. E. Dixon, *The Dovecot*, p. 197). J'ai croisé des Turbits et des Barbes, de même que l'a fait M. Boitard (p. 34), qui dit que les métis sont tout à fait féconds. Des métis d'un Turbit et d'un Pigeon Paon ont reproduit *inter se* (Riedel, *Taubenzucht*, p. 25) et Bechstein (*Naturg. Deutschl.*, vol. IV, p. 44). On a croisé des Turbits (Riedel, l. c. p. 26) avec des Grosses-gorges et des Jacobins, et même avec un métis Jacobin-Tambour (Riedel, l. c. p. 27). Ce dernier fait toutefois quelques vagues remarques sur la stérilité des Turbits appariés avec certaines autres races croisées. Mais je ne doute pas que l'explication qu'en donne le Rev. E. S. Dixon ne soit exacte, à savoir qu'il y a des individus accidentellement stériles tant chez les Turbits que chez les autres races.

[20] *Das Ganze der Taubenzucht*, p. 18.

[21] *Les Pigeons*, etc., p. 35.

I. 14

même plus considérable, constitue un argument puissant en faveur de leur descendance commune d'une espèce unique. Cet argument acquiert une force nouvelle, quand on voit (je donne dans la note ci-dessous [22] tous les cas que j'ai pu recueillir) qu'on peut citer à peine un seul exemple bien constaté d'hybrides de deux pigeons appartenant à des espèces réellement distinctes, qui aient été féconds, *inter se*, ou même lorsqu'ils ont été croisés avec leurs parents de race pure.

6° — A l'exception de quelques différences caractéristiques importantes, les races principales sont, sous tous les autres rapports, très-voisines les unes des autres et du *C. livia*. Toutes, comme nous l'avons déjà remarqué, sont éminemment sociables; toutes répugnent à percher, ou à construire leurs nids sur les arbres; toutes pondent deux œufs, ce qui n'est pas une règle universelle chez les Colombidés : chez toutes, autant que je puis le savoir, l'incubation des œufs exige un même laps de temps; toutes peuvent supporter de grandes différences de température; toutes préfèrent les mêmes aliments et sont très-avides de sel; toutes (le Finnikin et le Tournant excepté, qui ne diffèrent pas

---

[22] Les pigeons domestiques s'apparient facilement avec le *C. œnas* (Bechstein, l. c. IV p. 3); M. Brent a opéré plusieurs fois le même croisement en Angleterre, mais les jeunes mouraient généralement au bout de dix jours. Un hybride élevé par lui, provenant d'un *C. œnas* et d'un Messager d'Anvers, s'apparia avec un Dragon, mais ne pondit jamais. Bechstein (p. 26) assure que le Pigeon domestique s'apparie avec le *C. palumbus*, le *Turtur risoria* et le *T. vulgaris*, mais il ne dit rien de la fécondité des hybrides; si on s'était assuré du fait, il en aurait certainement été fait mention. Aux *Zoological Gardens* (d'après un rapport manuscrit de M. J. Hunt), un hybride mâle provenant d'un *Turtur vulgaris* et d'un Pigeon domestique s'est apparié avec différentes espèces de Pigeons et de tourterelles, mais aucun des œufs ne fut bon. Les hybrides de *C. œnas* et de *C. gymnophthalmos* restent stériles. Dans le *Loudon Mag. of nat. Hist.*, vol VII, 1834, p. 154, il est rapporté qu'un hybride mâle (produit d'un *Turtur vulgaris* mâle, et d'un *T. risoria* femelle) s'accoupla pendant deux ans avec une *T. risoria* femelle, qui, pendant ce temps, pondit beaucoup d'œufs, mais tous stériles. MM. Botard et Corbié (l. c. p. 235) assurent que les hybrides de ces deux tourterelles sont toujours stériles, tant entre eux qu'avec l'un ou l'autre des parents purs. M. Corbié tenta « avec une espèce d'obstination » cet essai, qui fut répété encore par MM. Manduyt et Vieillot. Temminck a également constaté la stérilité des hybrides de ces deux espèces. Par conséquent, lorsque Bechstein (l. c. p. 101), affirme que les hybrides, produits de ces deux oiseaux, se reproduisent *inter se* aussi bien qu'avec l'espèce pure, et qu'un écrivain dans le *Field* (nov. 10, 1858), confirme cette assertion, il doit y avoir une erreur; j'ignore laquelle, car Bechstein doit avoir connu la variété blanche de *T. risoria*; ce serait du fait sans exemple que les mêmes espèces pussent donner naissance à des produits tantôt *très-féconds*, tantôt *très-stériles*. Dans le rapport manuscrit des *Zoological Gardens*, les hybrides des *Turtur vulgaris* et *T. suratensis*, du *T. vulgaris* et de l'*Ectopistes migratorius*, sont signalés comme stériles. Deux de ces derniers hybrides mâles accouplés avec des individus des races parentes pures, le *T. vulgaris* et l'*Ectopistes* et aussi avec *T. risoria* et le *Columba œnas*, ont produit beaucoup d'œufs mais stériles. A Paris, (I. Geoff. Saint-Hilaire, *Hist. nat. gén.*, t. III, p. 180), on a obtenu des hybrides du *T. auritus* avec le *T. cambayensis* et le *T. suratensis*, mais il n'est rien dit de leur fécondité. Aux *Zoological Gardens*, à Londres, le *Goura coronata* et le *G. Victoriæ* produisirent un hybride qui, accouplé avec un *Goura coronata* pur, pondit plusieurs œufs qui tous étaient clairs. En 1860, le *Columba gymnophthalmos* et le *C. maculosa* produisirent un certain nombre d'hybrides.

d'ailleurs beaucoup au point de vue des autres caractères), affectent les mêmes allures quand ils courtisent les femelles ; et toutes (à l'exception du Rieur et du Tambour) ont le même roucoulement particulier, qui ne ressemble en rien à la voix d'aucun pigeon sauvage. Toutes les races colorées présentent sur la poitrine les mêmes teintes métalliques spéciales, caractère qui est loin d'être général chez les pigeons.

Chaque race offre à peu près les mêmes séries de variations au point de vue de la couleur, et, chez la plupart, on remarque la même corrélation particulière entre le développement du duvet chez les jeunes oiseaux et la couleur du plumage chez l'adulte. Toutes les races offrent une même longueur proportionnelle des doigts et des rémiges primaires, caractères qui diffèrent souvent chez les divers membres du groupe des Colombidés. Chez les races qui présentent des déviations remarquables de conformation, comme la queue des Pigeons Paons, le jabot des Grosses-gorges, le bec des Messagers et des Culbutants, etc., les autres parties restent presque inaltérées. Or, tous les naturalistes admettent qu'il serait presque impossible de trouver dans une même famille une douzaine d'espèces naturelles, très–semblables par leur conformation générale et par leurs mœurs, et qui cependant différeraient énormément les unes des autres par un petit nombre de caractères seulement. La sélection naturelle permet d'expliquer ce fait : chaque modification successive de conformation chez une espèce naturelle se conserve uniquement parce qu'elle est utile ; de semblables modifications largement accumulées, impliquent nécessairement de profonds changements dans les habitudes, qui en entraînent presque certainement d'autres dans toute l'organisation. Si, au contraire, les diverses races de pigeons sont le résultat de variations auxquelles l'homme a appliqué la sélection, il est facile de comprendre pourquoi elles conservent une grande ressemblance au point de vue des habitudes et des divers caractères que l'homme n'a pas cherché à modifier, tandis qu'elles diffèrent si considérablement sur les points qui ont pu attirer son attention ou flatter sa fantaisie.

Il est encore entre les races domestiques du pigeon et le biset uu point de ressemblance qui mérite d'être tout spécialement mentionné. Le biset sauvage affecte une couleur bleu-ardoisé, et les ailes sont traversées par deux barres noires; le croupion, dont la couleur est variable, est généralement blanc chez le pigeon européen, bleu chez le pigeon indien; la queue porte près de son extrémité une barre noire, et les bords externes des rectrices extérieures sont marqués de blanc, excepté à leur extrémité. Ces caractères ne se trouvent réunis chez aucun autre pigeon sauvage que le *C. livia.* En étudiant attentivement la grande collection des pigeons du Muséum britannique, j'ai remarqué que la barre noire, à l'extrémité de la queue, est commune, et que la bordure blanche des rectrices extérieures n'est pas rare ; mais le croupion blanc est extrêmement rare, et les deux barres noires des ailes ne se rencontrent chez aucun autre pigeon que les espèces alpines *C. leuconota* et *C. rupestris* d'Asie.

Si nous examinons les races domestiques, il est très-remarquable que, comme me l'a fait observer un éleveur distingué, M. Wicking, toutes les fois que chez une race quelconque il naît un oiseau bleu, les ailes portent presque invariablement les doubles barres noires [23]. Les rémiges primaires peuvent être blanches ou noires et le corps affecter une couleur quelconque ; mais si les rectrices des ailes sont bleues, les deux barres noires apparaissent sûrement. J'ai vu par moi-même, et je sais par des documents dignes de foi indiqués dans la note ci-dessous [24], qu'il existe des oiseaux bleus portant les barres noires sur les ailes, à

---

[23] Une sous-variété du P. Hirondelle d'Allemagne, figurée par Neumeister et qui m'a été montrée par M. Wicking fait exception à la règle. L'oiseau est bleu mais sans barres sur les ailes ; toutefois, pour le but que nous nous proposons, c'est-à-dire tracer la descendance des races principales, cette exception a d'autant moins de valeur que la var. Hirondelle se rapproche beaucoup par sa conformation du *C. livia.* Chez beaucoup d'autres sous-variétés, les barres noires sont remplacées par des barres de diverses couleurs. Les figures de Neumeister suffisent pour prouver que, si les ailes seules sont bleues, les barres noires des ailes apparaissent.

[24] J'ai observé des oiseaux bleus, portant toutes les marques ci-dessus décrites chez les races suivantes présentées dans diverses expositions, et toutes pures : chez les Grosses-gorges, ayant les doubles barres noires sur les ailes, à croupion blanc, barre noire terminale sur la queue, rectrices externes bordées de blanc ; chez les Turbits, les mêmes caractères, ainsi que chez les Pigeons Paons ; chez quelques-uns le croupion était bleuâtre ou bleu pur : M. Wicking a obtenu des Pigeons Paons bleus de deux Pigeons noirs. Des Messagers (y compris les Bagadotten de Neumeister), portaient les mêmes marques ; deux que j'ai examinés avaient le croupion blanc, deux autres l'avaient bleu, pas de bordure blanche sur les rectrices externes. M. Corker, un éleveur célèbre, m'assure que, si on accouple pendant plusieurs générations successives des Messagers noirs, leur progéniture devient d'abord cendrée, puis bleue avec les barres alaires noires. Des Runts de la race allongée portaient les mêmes marques, mais le croupion était bleu pâle ; les rectrices externes étaient bordées de blanc. Neumeister figure le Pigeon Florentin bleu avec des barres noires. Les Jacobins sont rarement bleus, j'ai cependant connaissance de deux cas authentiques de Jacobins bleus à barres noires. M. Brent

croupion blanc ou variant d'un bleu très-pâle au bleu foncé, à queue à barre noire terminale et à rectrices externes bordées de blanc ou de couleur très-pâle, chez les races pures suivantes : les Grosses-gorges, les Paons, les Culbutants, les Jacobins, les Turbits, les Barbes, les Messagers, les trois variétés distinctes de Runts, les Tambours, les Hirondelles, et chez un grand nombre de pigeons de fantaisie qu'il est inutile d'énumérer parce qu'ils se rapprochent beaucoup du *C. livia.* Nous voyons donc, chez toutes les races pures connues en Europe, reparaître occasionnellement des oiseaux bleus ayant toutes les marques caractéristiques du *C. livia,* marques dont l'ensemble ne se rencontre chez aucune autre espèce sauvage. M. Blyth a pu faire la même observation sur les diverses races domestiques du pigeon connues dans l'Inde.

Certaines variations de plumage sont également communes au biset sauvage, au pigeon de colombier et aux races les plus fortement modifiées. Ainsi, chez tous, le croupion varie du blanc au bleu; il est plus ordinairement blanc en Europe et très-généralement bleu dans l'Inde [25]. Nous avons vu que le *C. livia* sauvage en Europe, et les pigeons de colombier dans toutes les parties du monde, ont souvent les tectrices supérieures des ailes tachetées de noir, et que, chez toutes les races les plus distinctes, on rencontre chez les individus bleus des tachetures tout à fait semblables. Ainsi, j'ai vu des Grosses-gorges, des Paons, des Messagers, des Turbits, des Culbutants (indiens et anglais), des Hirondelles et une foule de pigeons de fantaisie, bleus et tachetés. M. Esquilant a vu un Runt tacheté, et j'ai moi-même obtenu un oiseau tacheté de deux Culbutants bleus de pure race.

en a obtenu qui provenaient de Pigeons noirs. J'ai vu des Culbutants ordinaires, tant anglais qu'indiens, et des Culbutants Courte-face bleus à barres noires sur les ailes, avec la barre noire à l'extrémité de la queue, et les rectrices externes bordées de blanc; chez tous le croupion était bleu, quelquefois d'un bleu très-pâle, mais jamais complétement blanc. Les Barbes et les Tambours bleus sont très-rares, cependant Neumeister figure des variétés bleues des deux races, ayant aussi les barres noires sur les ailes. M. Brent m'informe qu'il a vu un Barbe bleu, et j'apprends par M. Tegetmeier que M. H. Weir a obtenu un Barbe argenté (ce qui signifie d'un bleu très-pâle) de deux Pigeons jaunes.

[25] D'apres M. Blyth, toutes les races domestiques dans l'Inde ont le croupion bleu, mais ce fait n'est pas invariable, car je possède un pigeon Simmali bleu pâle, dont le croupion est entièrement blanc ; Sir W. Elliot me l'a envoyé de Madras. Un pigeon Nakshi, bleu et tacheté, a sur le croupion quelques plumes blanches. Quelques autres pigeons indiens ont des plumes blanches sur le croupion, fait que j'ai observé aussi sur un Messager persan. Le pigeon paon javanais, importé à Amoy, d'où il m'a été envoyé, a le croupion parfaitement blanc.

Les faits examinés jusqu'ici se rapportent à l'apparition accidentelles, chez les races pures, d'individus bleus portant des
barres noires sur les ailes, ou d'individus bleus et tachetés ; nous
allons voir maintenant que, lorsqu'on croise deux oiseaux appartenant à des races distinctes, dont ni l'un ni l'autre n'ont, et n'ont
probablement eu pendant de nombreuses générations, aucune trace
de bleu dans le plumage, ni de barres sur les ailes, ou d'autres
marques caractéristiques, les produits hybrides de ces croisements sont très-fréquemment bleus, quelquefois tachetés, ont
les barres noires sur les ailes, etc. ; ou, s'ils ne sont pas bleus,
présentent cependant à un degré plus ou moins prononcé, les
diverses marques caractéristiques dont nous venons de parler.
MM. Boitard et Corbié[26], ont affirmé que les croisements entre
certaines races ne produisent ordinairement que des bisets ou des
pigeons de colombier, qui, comme nous le savons, sont des oiseaux bleus portant les marques spéciales accoutumées ; cette
assertion m'a conduit à entreprendre quelques expériences sur
le sujet. Vu l'intérêt que ces recherches peuvent avoir, même
en dehors du point spécial qui nous occupe actuellement, je crois
devoir exposer en détail les résultats de mes essais. J'ai choisi
pour mes expériences des races qui, lorsqu'elles sont pures, ne
produisent que très-rarement des oiseaux bleus, ayant des barres
sur les ailes et la queue.

Le Pigeon coquille est blanc, mais la tête, la queue, et les
rémiges primaires sont noires ; la race existait en 1600. J'ai croisé
un mâle de cette race avec une femelle du Culbutant commun rouge, variété qui reproduit bien son type. Aucun des
parents n'avait donc la moindre trace de bleu dans son plumage,
ni de barres sur la queue ou sur les ailes. Je dois faire observer que les Culbutants communs sont rarement bleus en Angleterre. Le croisement en question produisit plusieurs petits ;
l'un avait le dos entier rouge, et la queue aussi bleue que celle
du biset ; la barre terminale manquait, mais les rectrices externes étaient bordées de blanc. Un second et un troisième petit
ressemblaient à peu près au premier, et portaient tous deux une
trace de barre à l'extrémité de la queue ; un quatrième était bru-

[26] *O. C.*, p. 37.

nâtre, avec traces de la barre double sur les ailes ; un cinquième avait la poitrine, le dos, le croupion et la queue bleu pâle, mais le cou et les rémiges primaires étaient rougeâtres ; les ailes portaient deux barres distinctes de couleur rouge ; la queue n'avait pas de barre, mais les rectrices externes étaient bordées de blanc. J'ai croisé ce dernier oiseau, si curieusement coloré, avec un hybride noir d'origine complexe, car il provenait d'un Barbe noir, d'un Pigeon Heurté et d'un Culbutant (Almond Tumbler) ; de sorte que les deux produits de ce croisement contenaient le sang de cinq variétés, dont aucune n'avait la moindre trace de bleu, ni de barres alaires ou caudales ; un de ces deux hybrides était noir brunâtre, avec des barres alaires noires ; l'autre était fauve rougeâtre, avec barres alaires rougeâtres, plus claires que le reste du corps, il avait le croupion bleu pâle, la queue bleuâtre, avec trace d'une barre terminale.

M. Eaton [27] a accouplé deux Culbutants courte-face ; ni l'un ni l'autre n'était bleu ou barré ; il a obtenu d'une première couvée un oiseau bleu parfait, et d'une seconde un oiseau argenté ou bleu pâle ; ces deux oiseaux devaient, sans doute, présenter les marques caractéristiques ordinaires.

J'ai croisé deux Barbes mâles noirs, avec deux Pigeons Heurtés femelles. Ces derniers ont le corps entier blanc ainsi que les ailes, et une tache rouge sur le front ; la queue et les tectrices caudales sont également rouges ; la race existait déjà en 1676, et reproduit fidèlement son type depuis 1735 au moins [28]. Les Barbes sont des oiseaux unicolores ; ils n'ont que rarement des traces de barres sur les ailes et la queue, et se reproduisent d'une manière constante. Les hybrides résultant de ce croisement étaient noirs ou presque noirs, brun pâle ou foncé, parfois légèrement pie ; six d'entre eux présentaient les barres alaires doubles ; chez deux ces barres étaient noires et très-apparentes ; sept portaient quelques plumes blanches sur le croupion ; chez deux ou trois on voyait une trace de la barre terminale sur la queue ; mais chez aucun les rectrices n'étaient bordées de blanc.

J'ai croisé des Barbes noirs de race pure avec des pigeons

[27] *Treatise on Pigeons*, 1858, p. 145.

[28] J. Moore, *Columbarium*, 1735, dans l'édition de J. M. Eaton, 1852, p. 71.

Paons de race pure d'un blanc de neige. Les hybrides étaient généralement noirs avec quelques rémiges et quelques rectrices blanches ; d'autres étaient brun rougeâtre foncé, et d'autres blanc de neige ; chez aucun il n'y avait trace de barres alaires ou de croupion blanc. J'accouplai ensuite deux de ces métis, un noir avec un brun ; les produits obtenus portaient des barres sur les ailes, légèrement indiquées, mais d'un brun plus foncé que le reste du corps. Une seconde couvée des mêmes parents produisit un oiseau brun qui portait sur le croupion quelques plumes blanches.

J'ai croisé un Dragon fauve mâle, appartenant à une famille qui, pendant plusieurs générations, n'avait pas dévié de la couleur fauve et n'avait jamais présenté de barres alaires, avec une femelle Barbe d'un rouge uniforme (produite par deux Barbes noirs) ; je constatai chez les produits des traces faibles mais nettes de barres alaires. J'ai croisé un Runt mâle d'un rouge uniforme avec un Tambour blanc ; les produits avaient la queue bleu ardoisé, avec barre terminale, et les rectrices extérieures bordées de blanc. J'ai croisé aussi une femelle de Tambour tachetée de blanc et de noir (appartenant à une autre famille que la précédente), avec un Culbutant mâle. Aucun des deux n'offrait de traces de bleu, ni de barre caudale, ni de blanc au croupion, et il n'est pas probable que leurs ancêtres aient, depuis bien des générations, manifesté aucun de ces caractères (car je n'ai jamais entendu parler en Angleterre d'un Pigeon Tambour bleu, et mon Culbutant était de race pure), et cependant l'hybride résultant de ce croisement, avait la queue bleuâtre, terminée par une large bande noire, et le croupion parfaitement blanc. On peut remarquer que, dans plusieurs de ces cas, c'est la queue qui montre la première la tendance à revenir au bleu, mais ce fait de la persistance de la couleur dans la queue et les tectrices caudales [20]

---

[20] Je pourrais invoquer de nombreux exemples, je me bornerai à en citer deux. Un hybride dont les quatre grands-parents étaient, un Turbit blanc, un Tambour blanc, un Paon blanc et un Grosse-gorge bleu, était blanc à l'exception de quelques plumes sur la tete et les ailes, mais toute la queue et les tectrices étaient gris bleu foncé Un autre hybride, dont les grands-parents étaient un Runt rouge, un Tambour blanc, un Paon blanc et le meme Grosse-gorge bleu, était entièrement blanc, la queue et les tectrices caudales exceptées, lesquelles étaient fauve pâle ; sur les ailes il y avait trace de deux barres de la même couleur.

n'étonnera aucune des personnes qui ont eu l'occasion de s'occuper du croisement des Pigeons.

Le dernier exemple que je veuille citer est le plus curieux. J'accouplai un hybride femelle Barbe-Paon avec un hybride mâle Barbe-Heurté ; ni l'un ni l'autre n'offraient la moindre trace de bleu. Remarquons que la coloration bleue est excessivement rare chez les Barbes, que les Pigeons Heurtés étaient déjà parfaitement caractérisés en 1676, et reproduisent fidèlement leur type ; il en est de même des pigeons Paons blancs, au point que je ne connais pas d'exemple de pigeons Paons blancs ayant procréé des oiseaux d'une autre couleur. Les produits des deux métis dont nous parlons avaient néanmoins le dos et les ailes exactement de la même nuance bleue que le biset sauvage des îles Shetland ; les deux barres des ailes étaient aussi marquées, la queue était de tous points identique, et le croupion était blanc pur. Toutefois, la tête était légèrement teintée de rouge, ce qui provenait évidemment du Pigeon Heurté, et elle était, ainsi que la poitrine, d'un bleu un peu plus pâle que chez le biset. Ainsi, deux Barbes noirs, un Pigeon Heurté rouge et un Pigeon Paon blanc ont, comme grands-parents de race pure, donné naissance à un oiseau ayant la même couleur bleue générale et toutes les marques caractéristiques du *C. livia* sauvage.

Le témoignage de MM. Boitard et Corbié suffit presque pour établir le fait que les croisements entre races diverses produisent souvent des oiseaux bleus tachetés de noir, ressemblant sous tous les rapports au pigeon de colombier et à la variété tachetée du biset sauvage ; je me bornerai donc à citer trois croisements qui ont amené ces résultats. Dans ces croisements un seul des parents ou des arrière-parents était bleu, mais non tacheté. J'ai croisé un Turbit bleu mâle avec un Tambour blanc, et, l'année suivante, avec un Culbutant courte-face brun plombé foncé ; les produits du premier croisement étaient aussi bien tachetés que le sont les pigeons de colombier, et ceux du second étaient tachetés au point d'être presque aussi noirs que les bisets tachetés les plus foncés de Madère. Un autre oiseau, dont les arrière-parents étaient un Tambour blanc, un Paon blanc, un Heurté blanc (tacheté de rouge), un Runt rouge et un Grosse-gorge bleu, était bleu ardoisé et tacheté exactement comme un pigeon de colombier. Je puis ajouter une assertion de M. Wicking, l'éleveur qui, en Angleterre, a le plus d'expérience dans l'élevage des pigeons de diverses couleurs : quand un oiseau bleu, ou bleu et tacheté, ayant des barres alaires noires, apparaît dans une race, et qu'on le laisse reproduire, ces caractères se transmettent avec une telle énergie, qu'il est excessivement difficile de les extirper.

Que devons-nous donc conclure de cette tendance qu'offrent toutes les principales races domestiques, lorsqu'elles sont pures et surtout lorsqu'on les croise entre elles, à donner naissance à des produits bleus, portant les mêmes marques caractéristiques que le biset, et variant comme lui ? Si l'on admet que toutes ces races descendent du *C. livia*, aucun éleveur n'hésitera à invoquer le principe bien connu de l'atavisme, ou retour vers le type originel pour expliquer cette production accidentelle d'oiseaux bleus portant ces marques caractéristiques. Nous ne savons pas positivement pourquoi le croisement détermine si fortement cette tendance au retour, mais nous aurons occasion, par la suite, de citer des preuves nombreuses à cet égard. J'aurais pu, peut-être, élever, pendant un siècle, des Barbes noirs, des Pigeons Heurtés, des Coquilles, des pigeons Paons blancs, des Tambours, etc., de race pure, sans obtenir un seul oiseau bleu ou barré ; et, cependant, en croisant ces races j'ai, dès la première et la seconde génération, dans le cours de trois ou quatre ans au plus, obtenu un grand nombre de jeunes oiseaux plus ou moins colorés en bleu, et portant pour la plupart les marques caractéristiques qui accompagnent ce plumage. Lorsqu'on croise des pigeons blancs avec des pigeons noirs, ou des noirs avec des rouges, il semble que les deux parents aient une tendance à produire des rejetons bleus, et que cette tendance ainsi combinée, l'emporte sur la tendance séparée qu'a chacun des parents à transmettre sa propre coloration noire, blanche ou rouge.

Si on rejette l'opinion que toutes les races de pigeons soient les descendants modifiés du *C. livia*, pour admettre qu'elles descendent d'autant de souches primitives, il faut nécessairement choisir entre les trois hypothèses suivantes. Il faut admettre qu'il a autrefois existé huit ou neuf espèces primitives diversement colorées, mais qui ont ultérieurement varié exactement de la même manière pour en arriver toutes à acquérir la couleur du *C. livia*; cette hypothèse n'explique en aucune façon l'apparition de ces couleurs et des marques qui les accompagnent chez les produits obtenus par le croisement de ces races. Ou, secondement, on pourrait supposer que toutes les espèces primitives étaient colorées en bleu et portaient les barres alaires, ainsi que toutes les marques caractéristiques du *C. livia*, supposition improbable au dernier point, car, cette espèce exceptée, on ne trouve ces caractères réunis sur aucun membre existant du groupe des Colombidés; en outre, il serait impossible de trouver aucun autre groupe d'espèces qui auraient un plumage identique tout en différant aussi considérablement par plusieurs points de leur conformation que le font les Grosses-gorges, les Paons, les Messagers, les Culbutants, etc. Troisièmement enfin, on pourrait supposer que toutes les races, qu'elles descendent du *C. livia* ou de plusieurs espèces primitives, bien qu'elles eussent été élevées avec les plus grands soins et qu'elles fussent si hautement prisées par les éleveurs, auraient toutes, dans le cours d'une douzaine ou d'une vingtaine de générations, été croisées avec le *C. livia* et auraient ainsi acquis cette tendance à produire des oiseaux bleus avec les marques diverses qui caractérisent ce plumage. Je dis que ce croisement de chaque race avec le *C. livia* aurait dû avoir lieu dans le cours d'une douzaine ou d'une vingtaine de générations au plus, parce qu'il n'y a aucune raison pour croire que les rejetons de croisements fassent jamais retour vers le type de l'un de leurs ancêtres après un plus grand nombre de générations. Chez une race qui n'a été croisée qu'une fois, la tendance au retour diminue naturellement dans les générations suivantes à mesure que la proportion du sang de la race étrangère diminue; mais lorsqu'il n'y a pas eu de croisement avec une race distincte, et qu'il y a chez les deux parents une tendance au retour vers un caractère perdu depuis longtemps, cette tendance peut, d'après tout ce que nous sommes à même de constater, se transmettre intégralement pendant un nombre indéfini de générations, Ces deux cas distincts d'atavisme sont souvent confondus par les auteurs qui ont écrit sur l'hérédité.

L'improbabilité des trois hypothèses que nous venons de discuter, et, d'autre part, la simplicité avec laquelle les faits s'expliquent par le principe du retour, nous autorisent à conclure que l'apparition occasionnelle chez toutes les races, surtout lorsqu'on les croise, de produits bleus, quelquefois tachetés, avec deux barres sur les ailes, le croupion blanc ou bleu, une barre à l'extrémité de la queue, et les rectrices externes bordées de blanc, fournit un argument d'un grand poids en faveur de l'opinion qu'elles descendent toutes du *C. livia,* en comprenant sous cette dénomination les trois ou quatres variétés ou sous-espèces sauvages que nous avons énumérées plus haut.

Les faits que nous venons de discuter tendent à prouver que les races domestiques ne descendent pas de neuf ou peut-être de douze espèces, car le croisement d'un nombre moindre ne saurait rendre compte des différences caractéristiques des diverses races. Nous pourrions résumer ainsi que suit les six arguments principaux que nous avons invoqués : 1° Il est très-improbable qu'il puisse exister encore quelque part autant d'espèces inconnues aux ornithologistes, ou qu'elles aient pu s'éteindre dans les limites de la période historique, l'homme ayant eu si peu d'action sur l'extermination du *C. livia* sauvage ; 2° il est très-peu probable que l'homme ait réussi autrefois à domestiquer autant d'espèces différentes assez complétement pour les rendre fécondes en captivité ; 3° ces espèces différentes ne sont nulle part redevenues sauvages ; 4° il est très-extraordinaire que l'homme ait, avec intention ou par hasard, choisi, pour les domestiquer, plusieurs espèces présentant des caractères très-anormaux, ce qui est d'autant plus improbable que les points de conformation sur lesquels portent les anomalies de ces espèces supposées sont actuellement variables au plus haut degré ; 5° le fait que toutes les races, bien qu'elles diffèrent par plusieurs points essentiels de leur conformation, produisent des métis absolument féconds, tandis que tous ceux qu'on a obtenus par le croisement d'espèces très-voisines de la famille des pigeons restent stériles ; 6° la tendance remarquable qu'ont toutes les races, à produire (surtout quand on les croise) des rejetons qui font retour aux caractères du biset sauvage, par des menus détails de coloration, et qui varient d'une manière analogue. Nous pourrions faire remarquer, en outre, combien il est peu probable qu'il ait autrefois existé un certain nombre d'espèces différant consi-

dérablement les unes des autres par quelques points de conformation, tout en se ressemblant par la voix, les mœurs et toutes
les habitudes, autant que le font les races domestiques. Ces arguments et les faits sur lesquels ils reposent sont si concluants,
quand on les étudie sans parti pris, qu'il faudrait un ensemble
écrasant de preuves pour nous faire admettre que nos races domestiques descendent de plusieurs souches primitives ; or, ces
preuves nous font absolument défaut.

L'opinion que nous combattons doit, sans aucun doute, son
origine à l'improbabilité apparente que d'aussi fortes modifications de conformation aient pu être effectuées depuis la domestication du biset par l'homme ; je ne suis pas surpris, je dois
l'avouer qu'on ait hésité à admettre l'origine commune de toutes
nos races domestiques, car, autrefois, lorsque je contemplais dans
mes volières des oiseaux tels que les Grosses-gorges, les Messagers, les Barbes, les Culbutants courte-face, etc., je ne pouvais me persuader que tous pussent descendre d'une même
souche primitive et que toutes ces modifications remarquables ne
fussent, en quelque sorte, qu'une création de l'homme. C'est
pour cette raison que j'ai cru devoir, à propos de leur origine,
entrer dans des développements qui pourront peut-être paraître
superflus.

Nous pouvons citer un dernier argument en faveur de la communauté d'origine de toutes nos races domestiques. Le *Columba
livia*, en effet, est une espèce encore vivante, distribuée sur une
immense aire géographique, qui peut être domestiquée et qui
l'a été dans divers pays. Cette espèce, par la plupart des points
de son organisation, et par ses habitudes aussi bien que par tous
les détails de son plumage, ressemble aux diverses races domestiques. Elle s'accouple facilement avec ces dernières et produit
des descendants féconds. Elle varie [30] à l'état de nature, et plus
encore à l'état semi-domestique, ce que prouve la comparaison
des pigeons de la Sierra-Leone avec ceux de l'Inde, ou avec les
pigeons marrons de l'île de Madère. Elle a subi des variations

---

[30] Relativement à la variation en général, nous devons remarquer que non-seulement le
C. livia présente plusieurs formes sauvages, que quelques naturalistes regardent comme des
espèces, d'autres comme des sous-espèces ou seulement des variétés, mais qu'il en est de
même pour les espèces de plusieurs genres voisins. D'après M. Blyth, les genres *Treron*,
Palumbus, et *Turtur* se trouvent dans ce cas.

encore bien plus considérables dans le cas de nombreux pigeons de fantaisie, que personne ne suppose être les descendants d'espèces distinctes, et dont plusieurs cependant transmettent invariablement leurs caractères depuis des siècles. Pourquoi donc hésiter à admettre les variations plus étendues nécessaires pour la formation des onze races principales ? Il importe, d'ailleurs, de faire remarquer, que, chez deux des races les plus tranchées et les plus fortement caractérisées, les Messagers et les Culbutants courte-face, les formes les plus extrêmes de ces deux types se relient aux formes parentes par des gradations qui ne sont pas plus considérables que celles qu'on observe entre les pigeons de colombier de différents pays, ou entre les diverses sortes de pigeons de fantaisie, gradations qu'on peut attribuer uniquement à la variation.

Nous allons maintenant démontrer que les circonstances ont été particulièrement favorables à la modification du pigeon par la variation et la sélection. La première mention du pigeon domestique, comme me l'a fait remarquer le professeur Lepsius, remonte à la cinquième dynastie égyptienne, soit environ trois mille ans avant J.-C. [31] ; mais M. Birch, du British Museum, m'informe qu'il est déjà question du pigeon dans un menu datant de la dynastie précédente. La Genèse, le Lévitique et Isaïe [32] mentionnent les pigeons domestiques. Pline [33] nous apprend que les Romains payaient certains pigeons un prix fabuleux, et qu'on en était arrivé à tenir compte de leur généalogie et de leur race. Les pigeons étaient fort estimés dans l'Inde, en l'an 1600; Akber-Khan était un grand amateur ; la cour transportait avec elle vingt mille de ces oiseaux, et les marchands en apportaient des collections de grande valeur. Les monarques de l'Iran et du Turan lui envoyèrent des individus de races fort rares, et l'historien de la cour ajoute, « qu'en croisant les races, chose qui ne s'était jamais faite auparavant, Sa Majesté les avait améliorées d'une manière étonnante [34]. » Akber-Khan possédait dix-sept sortes

[31] *Denkmäler*, Abth. II. Bl. 70.
[32] Rev. E. S. Dixon, *The Dovecote*, 1851, p. 11-13. — Adolphe Pictet, dans ses *Origines Indo-Européennes*, 1859, p. 399, constate qu'il y a dans l'ancien langage sanscrit de vingt-cinq à trente noms pour le pigeon, et quinze à seize noms persans, dont aucun ne se retrouve dans les langues européennes. Ce fait indique l'antiquité de la domestication du pigeon en Orient.
[33] *Hist. naturelle.* liv. X, ch. XXXVII.
[34] *yeenAkb Aery*, traduit par Gladwin. Edit. in-4, vol. I, p. 270.

distinctes de pigeons, dont huit étaient estimées pour leur beauté
seule. Vers la même époque, les Hollandais étaient, d'après
Aldrovandi, aussi passionnés pour les pigeons que l'avaient été les
anciens Romains. Les races de pigeons en Europe et aux Indes,
au xve siècle, paraissent avoir été différentes les unes des autres.
Dans son voyage, en 1677, Tavernier, comme le fait Chardin en
1735, parle du grand nombre de pigeonniers qui existent en
Perse; Tavernier fait remarquer que, comme il est défendu aux
chrétiens de posséder des pigeons, quelques-uns se font mahométans dans le seul but de pouvoir en élever. Le conservateur
des pigeons favoris de l'empereur était un des principaux officiers
de la cour du Maroc, ainsi que l'affirme Moore dans son traité
paru en 1737. Depuis Willughby, en 1678, jusqu'à ce jour, on a
publié en Angleterre, aussi bien qu'en France et en Allemagne,
un grand nombre de traités sur les pigeons. Il a paru dans l'Inde,
il y a une centaine d'années, un traité persan sur les pigeons;
l'auteur ne considérait point son œuvre comme une chose de peu
d'importance, car il la commence par une invocation solennelle:
« Au nom du Dieu bon et miséricordieux, etc. » D'importantes
sociétés d'amateurs de pigeons existent actuellement dans beaucoup de grandes villes en Europe et aux États-Unis; il y en a trois
à Londres. M. Blyth m'apprend que, dans l'Inde, les habitants de
Delhi et de quelques autres villes sont de zélés amateurs. D'après
M. Layard, on élève à Ceylan la plupart des races connues. En
Chine, d'après M. Swinhoe d'Amoy, et le docteur Lockhart de
Shangaï, les bonzes ou prêtres s'adonnent avec ardeur à l'élève
des Messagers, des Culbutants et des autres variétés de pigeons.
Les Chinois fixent aux rectrices de leurs Pigeons des espèces de
sifflets, qui produisent un son très-doux pendant le vol de l'oiseau.
Abbas-Pacha était, en Égypte, un grand amateur et un ardent
éleveur de pigeons Paons. On en élève beaucoup au Caire et à
Constantinople, et Sir W. Elliot m'apprend qu'on en a récemment importé dans l'Inde méridionale, où ils se sont vendus à
des prix élevés.

On voit, par ce qui précède, que, depuis fort longtemps et dans
plusieurs pays on s'est adonné avec passion à l'élève des pigeons.
Voici les paroles d'un amateur enthousiaste de nos jours : « Si
on savait le charme et le plaisir qu'il y a à élever les Almond-

Tumblers (Culbutants-amande), lorsqu'on commence à comprendre leurs facultés, je crois qu'il n'y aurait pas un propriétaire qui ne voulût avoir sa volière de pigeons de cette race [35]. » Le goût pour ce genre distraction a de l'importance, en ce qu'il conduit ceux qui s'y livrent à noter soigneusement toutes les déviations de conformation, et à conserver celles qui frappent ou qui flattent leur fantaisie. Les pigeons étant presque toujours gardés en captivité pendant toute leur vie, n'ont pas, dans cet état, la nourriture variée qui leur est naturelle ; ils ont été transportés fréquemment d'un climat sous un autre, et tous ces changements dans les conditions extérieures ont dû occasionner des variations. Il y a cinq mille ans que le pigeon est domestiqué et il a été élevé dans une foule d'endroits ; le nombre des individus produits à l'état domestique a donc dû être énorme, fait qui a une haute importance, car il augmente de beaucoup les chances d'apparition de rares modifications de structure. Des variations légères de toute espèce ont dû être observées, et, grâce aux circonstances suivantes, elles ont dû, lorsqu'elles avaient quelque valeur, être conservées et propagées avec une grande facilité. Seuls, parmi tous les animaux domestiques, les pigeons des deux sexes s'associent par couples pour la vie, et, bien que mélangés avec d'autres pigeons, ils sont rarement infidèles ; même lorsque le mâle abandonne sa compagne, ce n'est pas d'une manière permanente. J'ai élevé, dans les mêmes volières, bien des pigeons de types différents sans jamais en trouver un seul qui ne fût pas pur. Il en résulte que l'éleveur peut, avec la plus grande facilité, choisir et accoupler ses oiseaux, et observer promptement les résultats de ses essais, car le pigeon se multiplie avec une grande rapidité. Il peut, en outre, se débarrasser facilement des oiseaux inférieurs, car le pigeon constitue une excellente nourriture.

HISTOIRE DES PRINCIPALES RACES DE PIGEONS [36].

Avant de discuter les causes qui ont amené la formation des principales races, je crois devoir donner quelques détails historiques, car, si peu que

---

[35] J. M. Eaton, *Treatise on the Almond Tumbler*, 1851. Préface, p. 6.
[36] Comme je parle souvent du temps présent dans la discussion suivante, je dois indiquer que ce chapitre a été écrit en 1858.

ce soit, nous en savons beaucoup plus sur l'histoire des pigeons que sur celle d'aucun autre animal domestique. Quelques cas sont intéressants, en ce qu'ils prouvent pendant quelle longue période on peut conserver à peu près les mêmes caractères à une race domestique ; d'autres, par contre, sont encore plus intéressants, car ils prouvent comment certaines races ont été lentement, mais constamment, modifiées dans le cours des générations successives. J'ai indiqué, dans le chapitre précédent, que les Rieurs et les Tambours, tous deux si remarquables par leur genre de voix, étaient déjà parfaitement caractérisés en 1735, et que les Rieurs étaient probablement connus dans l'Inde avant l'an 1600. Les Pigeons Heurtés en 1676, et les Coquilles du temps d'Aldrovandi, avant l'an 1600, étaient colorés exactement comme ils le sont aujourd'hui. Les Culbutants ordinaires et les Culbutants terrestres présentaient, dans l'Inde, avant l'an 1600, les mêmes particularités que de nos jours, car elles sont parfaitement décrites dans le *Ayeen Akbery.* Ces races existaient peut-être à une époque beaucoup plus reculée ; nous savons seulement qu'elles étaient déjà parfaitement caractérisées aux dates ci-dessus indiquées. La durée moyenne de la vie du pigeon domestique étant de cinq à six ans environ, quelques-unes de ces races ont donc conservé leurs caractères pendant au moins quarante ou cinquante générations.

Grosses-gorges. — Ces oiseaux, autant qu'une très-courte description permet d'en juger, paraissent avoir été bien caractérisés du temps d'Aldrovandi [37], avant l'an 1600. Les deux points essentiels recherchés de nos jours sont la longueur du corps et des pattes. En 1735, Moore (voir l'édition révisée par M. J.-M. Eaton), — qui était un amateur de premier ordre,— dit avoir vu un oiseau dont le corps avait 50 centimètres et les pattes 18 centimètres de longueur, bien qu'on considère comme de très-bonnes dimensions de 43 centimètres à 46 centimètres pour la longueur du corps, et de 165 millimètres à 171 millimètres pour celle des jambes. M. Bult, un des éleveurs de Grosses-gorges les plus distingués qu'il y ait au monde, m'apprend qu'actuellement (1858) la longueur moyenne ordinaire du corps du Grosse-gorge est de 46 centimètres au moins ; il a mesuré un individu qui avait 49 centimètres, et il a entendu parler d'oiseaux ayant de 50 à 56 centimètres de longueur, mais ces cas lui paraissent douteux. La longueur normale des pattes est actuellement de 18 centimètres ; M. Bult a mesuré deux de ses élèves dont les pattes avaient 19 centimètres. Il en résulte que, pendant les cent vingt-trois années qui se sont écoulées depuis 1735, la longueur du corps du Grosse-gorge n'a pas sensiblement augmenté, car on considérait autrefois une longueur de 43 à 46 centimètres comme normale, et la longueur minimum s'élève maintenant à 46 centimètres ; la longueur des pattes semble toutefois avoir augmenté, car Moore n'a jamais observé d'exemple de pattes atteignant complétement 18 centimètres ; la moyenne s'élève actuellement à ce chiffre, et, chez deux oiseaux de M. Bult, elle

[37] *Ornithologie,* 1600, vol. II, p. 360.

atteignait 19 centimètres. Le peu de modifications subies par les Grosses-gorges pendant cette période peut s'expliquer en partie, comme me l'apprend M. Bult, par la négligence dont jusqu'à ces vingt ou trente dernières années cette race a été l'objet. Il se produisit, vers 1765 [38], un changement dans la mode, qui fit préférer à des membres nus et grêles des pattes plus fortes et plus emplumées.

Pigeons Paons. — La première mention faite de cette race se trouve dans l'*Ayeen Akbery*, ouvrage indien, antérieur à l'an 1600 [39] ; à cette époque, à en juger par Aldrovandi, cette race était inconnue en Europe. En 1677, Willughby parle d'un Pigeon Paon ayant 26 rectrices ; en 1735, Moore en vit un qui en portait 36 ; et, en 1824, MM. Boitard et Corbié constatent qu'on pouvait facilement trouver en France des oiseaux qui en portaient 42. Actuellement, en Angleterre, on tient moins au nombre qu'au redressement et à l'expansion des rectrices, et on s'attache surtout au port général de l'oiseau. Les anciennes descriptions ne nous permettent pas, vu leur insuffisance, de juger s'il y a eu, sous ce dernier rapport, une grande amélioration ; mais il est probable que s'il y avait eu autrefois comme aujourd'hui des pigeons Paons, dont la tête et la queue pussent se toucher, le fait aurait été mentionné. Les pigeons Paons qu'on trouve maintenant dans l'Inde représentent probablement l'état de la race, quant au port du moins, telle qu'elle existait lors de son introduction en Europe : j'ai conservé quelques oiseaux vivants de cette race, importés, dit-on, de Calcutta ; ils étaient très-inférieurs à ceux qu'on voit en Angleterre. Le pigeon Paon de Java présente les mêmes différences dans le port, et, bien que M. Swinhoe ait compté de 18 à 24 rectrices chez cet oiseau, un individu remarquable qui m'a été envoyé n'en portait que 14.

Jacobins. — Cette race existait avant l'an 1600 ; mais, à en juger par la figure qu'en donne Aldrovandi, le capuchon n'enveloppait pas la tête aussi complétement qu'à présent ; la tête n'était pas non plus blanche, et les ailes et la queue étaient moins longues ; un dessinateur insuffisant peut toutefois avoir négligé ce dernier caractère. A l'époque de Moore (1735), on regardait le Jacobin comme le pigeon le plus petit, et son bec était, dit-on, très court. Il faut donc que le Jacobin, ou les variétés auxquelles on le comparaît alors, se soient considérablement modifiés depuis, car la description de Moore (juge très-compétent) ne peut évidemment pas s'appliquer, quant aux dimensions du corps et du bec, à nos Jacobins actuels. On voit, d'après Bechstein, qu'en 1795, la race avait déjà acquis les caractères qu'elle possède aujourd'hui.

Turbits. — Les anciens auteurs qui ont écrit sur les pigeons ont généralement supposé que le Turbit est le Cortbeck d'Aldrovandi ; mais, dans ce cas, il serait singulier que la fraise caractéristique de cet oiseau n'eût pas été remarquée. Toutefois le bec du Cortbeck, tel qu'il est décrit, ressemble

---

[38] *Treatise on domestic Pigeons*, dedicated to M. Mayor, 1765. Préface, p. XIV.
[39] M. Blyth a traduit une partie de l'*Ayeen Akbery*, dans *Ann. and Mag. of nat. History* vol. XIX, 1847, p. 104.

beaucoup à celui du Jacobin, ce qui indique une modification dans l'une des deux races. Willughby, en 1677, a décrit le Turbit sous son nom actuel, et avec sa fraise caractéristique ; il compare son bec à celui du bouvreuil, comparaison excellente, mais qui, aujourd'hui s'applique, plutôt au bec du Barbe. La sous-race, désignée sous le nom de Owl (hibou), était connue à l'époque de Moore (1735).

Culbutants. — On connaissait dans l'Inde, avant l'an 1600, les Pigeons Culbutants communs, ainsi que les Culbutants terrestres, oiseaux parfaits déjà, en tant qu'il s'agit de la faculté de culbuter ; à cette époque, comme aujourd'hui d'ailleurs, on paraît, dans l'Inde, s'être surtout attaché aux divers modes de vol, tels que le vol pendant la nuit, le vol à de grandes hauteurs et le mode de descente. Belon [40] a vu, en Paphlagonie, en 1555, ce qu'il décrit comme une chose merveilleuse toute nouvelle, c'est-à-dire des pigeons qui s'élevaient à une telle hauteur qu'on les perdait de vue, et qui revenaient ensuite au colombier sans s'être séparés. Cette manière de voler caractérise nos Culbutants actuels ; mais il est évident que si les pigeons décrits par Belon avaient eu la faculté de culbuter, il eût remarqué et signalé cette particularité. Les Culbutants étaient inconnus en Europe en 1600, car Aldrovandi, qui discute le vol du pigeon, n'en fait aucune mention. Villughby, en 1687, mentionne ces oiseaux; il les appelle des petits pigeons, qui, en l'air, ressemblent à des petits ballons. La race Courte-face n'existait pas alors, car des oiseaux aussi remarquables par leur petite taille et la brièveté de leur bec n'auraient pas échappé à Willughby. Nous pouvons même retrouver l'indication de quelques états qu'a traversés cette race dans sa formation. En 1735, Moore énumère très-exactement les points principaux qui font son mérite, mais sans décrire les diverses sous-races, d'où M. Eaton [41] conclut que la race Courte-face n'avait pas encore atteint la perfection. Moore signale le Jacobin comme le plus petit pigeon. Trente ans plus tard, en 1765, dans l'ouvrage dédié à Mayor, les Courte-face-Amande (Almond-Tumblers) sont décrits avec soin; mais l'auteur, éleveur distingué, dit expressément dans sa préface (p. xiv), qu'après beaucoup de dépenses et de soins, ces pigeons ont atteint un tel point de perfection et sont si différents de ce qu'ils étaient vingt ou trente ans auparavant, qu'un ancien éleveur les aurait condamnés pour la seule raison qu'ils n'étaient pas conformes au type que de son temps on regardait comme le meilleur. Il semblerait donc qu'il y ait eu, à cette époque, un changement un peu subit dans les caractères du Culbutant courte-face, et on peut supposer qu'il a dû apparaître alors un oiseau nain et un peu monstrueux, qui serait l'ancêtre des différentes sous-races Courte-face actuelles. Cette supposition me paraît justifiée par le fait que les Culbutants courte-face naissent avec un bec aussi court, qu'il reste chez les adultes, proportionnellement à la grandeur du

---

[40] *Histoire de la nature des Oiseaux,* p. 314.
[41] *Treatise on Pigeons,* 1852, p. 64.
[42] J. M. Eaton, *Treatise on the Breeding and Managing of the Almond Tumbler,* 1851. page V de la préface, pp. 9 et 32.

corps ; ils diffèrent beaucoup en cela des autres races, qui n'acquièrent que lentement, pendant le cours de leur croissance, leurs caractères spéciaux.

Depuis 1765, un changement s'est produit dans un des caractères principaux du Culbutant courte-face, c'est à dire dans la longueur du bec. Les amateurs mesurent la tête et le bec depuis l'extrémité de celui-ci, jusqu'à l'angle antérieur du globe de l'œil. Vers l'année 1765, on regardait comme signe de bonne race une tête et un bec qui, mesurés de la manière usitée, avaient 22 millimètres de longueur; actuellement la longueur ne doit pas dépasser 16 millimètres; -« il est possible cependant, » avoue naïvement M. Eaton, « de regarder encore comme convenable un oiseau chez lequel ces parties ne dépassent pas 19 millimètres, mais au delà il n'est digne d'aucune attention. » Le même auteur n'a jamais rencontré plus de deux ou trois individus dont la tête et le bec n'excédaient pas 13 millimètres de longueur; mais il espère que, dans quelques années, ces parties pourront être encore raccourcies, et que des individus où elles ne dépasseront pas 13 millimètres ne seront plus une curiosité aussi rare que maintenant. A en juger par le succès soutenu avec lequel M. Eaton gagne les primes aux expositions de pigeons, nous ne doutons pas de la réalisation de ses espérances. Les faits qui précèdent nous autorisent à conclure que le Culbutant importé d'Orient a été introduit d'abord en Europe, probablement en Angleterre, et qu'il ressemblait alors à notre Culbutant commun, ou, plus probablement, au Culbutant persan ou indien, dont le bec n'est qu'insensiblement plus petit que celui du pigeon de colombier ordinaire. Quant au Culbutant courte-face, qui est inconnu en Orient, il n'est pas douteux que les modifications remarquables qu'ont subies les dimensions de la tête, du bec, du corps, des membres, et son port en général, ne soient le résultat d'une sélection soutenue pendant les deux derniers siècles, et remontant probablement à la naissance d'un oiseau semi-monstrueux, vers l'année 1750.

Runts. — Nous ne savons guère rien sur leur histoire. Les pigeons de Campanie étaient, à l'époque de Pline, les plus grands connus, fait sur lequel quelques auteurs se basent pour admettre que c'étaient des Runts. Il existait en l'an 1600, du temps d'Aldrovandi, deux sous-races dont l'une, celle à bec court, est actuellement éteinte en Europe.

Barbes. — Malgré toutes les assertions contraires, il me paraît impossible de reconnaître le Barbe dans les figures et les descriptions d'Aldrovandi; il existait toutefois, en l'an 1600, quatre races qui étaient évidemment alliées aux Barbes et aux Messagers. Pour montrer combien il est difficile de reconnaître quelques-unes des races décrites par Aldrovandi, je vais rappeler les opinions différentes qui ont été émises sur les quatre races qu'il a nommées : *C. indica, C. cretensis, C. gutturosa* et *C. persica.* Willughby regardait le *C. indica* comme un Turbit; M. Brent croit que c'était un Barbe inférieur. Le *C. cretensis,* dont le bec court à la mandibule supérieure renflée, n'est pas reconnaissable ; le *C.* (faussement appelé) *gutturosa,* qui, par son *rostrum breve, crassum et tuberosum,* me paraît se rapprocher du Barbe, est un Messager pour M. Brent ; enfin, le *C. persica et turcica,* de l'avis de

M. Brent, avis que je partage, n'est qu'un Messager à bec court, avec peu de peau mamelonnée. Le Barbe était connu en Angleterre en 1687 ; Willughby affirme que son bec ressemble à celui du Turbit ; mais on ne peut admettre que son Barbe ait pu avoir un bec semblable à celui des Barbes actuels, car un observateur aussi exact n'aurait pu manquer d'indiquer sa grande largeur.

Messager anglais. — Nous chercherions en vain dans l'ouvrage d'Aldrovandi un oiseau ressemblant à nos Messagers améliorés ; le *C. persica* et *turcica* de cet auteur s'en rapproche le plus ; mais cette espèce, dit-il, a le bec court et épais ; cet oiseau devait donc différer considérablement du Messager et se rapprocher du Barbe. En 1677, à l'époque de Willughby, nous reconnaissons clairement le Messager ; toutefois, comme cet auteur ajoute que le bec de cet oiseau n'est pas court, mais d'une longueur modérée, la description ne peut s'appliquer à nos Messagers actuels, si remarquables par l'allongement extraordinaire du bec. Les noms anciens que le Messager a portés eu Europe, ainsi que ceux qu'il porte encore dans l'Inde, indiquent son origine persane. La description de Willughby s'appliquerait même parfaitement au Messager de Bassorah, tel qu'il existe aujourd'hui à Madras. Nous pouvons retracer partiellement les changements qu'ont ultérieurement éprouvés nos Messagers anglais. Moore, en 1735, dit qu'on regarde comme long un bec de 38 millimètres, bien que, chez des individus de bonne race, le bec ne dépasse pas 32 millimètres. Ces oiseaux ont dû ressembler ou avoir été un peu supérieurs aux Messagers décrits précédemment qui existent aujourd'hui en Perse. Actuellement, en Angleterre, d'après M. Eaton [43], on trouve chez les Messagers des becs mesurant (du bout du bec au bord de l'œil) 44 millimètres, et quelquefois 50 millimètres de longueur.

Ces détails historiques prouvent que presque toutes les principales races domestiques existaient avant l'an 1600. Quelques-unes, remarquables seulement par la couleur, paraissent avoir été identiques à nos races actuelles, quelques-unes presque semblables ; d'autres étaient très-différentes, enfin un certain nombre se sont éteintes depuis. Quelques races, telles que les Finnikins, les Tournants, le pigeon à queue d'hirondelle de Bechstein, et le Carmélite, semblent avoir pris naissance et disparu pendant cette période. Quiconque visiterait aujourd'hui une volière anglaise bien assortie, désignerait certainement comme types distincts, le Runt massif ; le Messager avec son bec allongé et ses gros caroncules; le Barbe avec son bec élargi, court, et son large cercle de peau nue autour des yeux ; le Culbutant courte-face avec son petit bec

[43] *O. C.*, 1852, p. 41.

conique; le Grosse-gorge avec son jabot dilaté, son corps et ses membres allongés; le Pigeon Paon avec sa queue redressée, largement étalée et bien fournie en plumes; le Turbit avec sa fraise et son bec court et mousse; et le Jacobin avec son capuchon. Or, si le même observateur avait pu passer en revue les pigeons élevés avant l'an 1600 par Akber-Khan dans l'Inde, et par Aldrovandi en Europe, il eût probablement vu le Jacobin avec un capuchon moins parfait, le Turbit sans fraise, le Grosse-gorge à pattes plus courtes, et moins remarquable sous tous les rapports, — si toutefois le Grosse-gorge d'Aldrovandi ressemblait à l'ancienne race allemande; — le Paon moins singulier dans son aspect, et ayant une queue moins fournie; il eût vu d'excellents Culbutants aériens, mais il aurait en vain cherché les formes à courte-face; il eût vu des oiseaux voisins, mais différents de nos Barbes actuels; et, enfin, il eût rencontré des Messagers dont le bec et le caroncules devaient être incomparablement moins développés qu'ils ne le sont maintenant chez les Messagers anglais. Il eût pu classer la plupart des races dans les mêmes groupes, mais les différences entre les groupes devaient alors être bien moins prononcées qu'elles ne le sont aujourd'hui. En un mot, les diverses races n'avaient pas à cette période divergé à un aussi haut degré de leur ancêtre commun, le biset sauvage.

MODE DE FORMATION DES PRINCIPALES RACES.

Examinons maintenant avec plus de détails les causes probables qui ont dû amener la formation des principales races. Aussi longtemps qu'on garde les pigeons à l'état semi-domestique dans des colombiers et dans leur pays natal, sans s'occuper de la sélection ou de l'accouplement des individus, ils ne varient guère plus que le *C. livia* sauvage, et, comme chez ce dernier, les variations portent sur la taille, les tachetures des ailes et la coloration bleue ou blanche du croupion. Si, au contraire, on transporte les pigeons de colombier dans divers pays, tels que la Sierra-Leone, l'archipel Malais, l'île de Madère, ils se trouvent alors soumis à de nouvelles conditions d'existence, et ils semblent, en conséquence, varier à un degré plus prononcé. Quand on les garde en captivité, soit pour le plaisir de les observer, soit pour éviter qu'ils ne s'échappent, ils se trouvent exposés, même dans leur pays natal, à des conditions très-différentes, car ils ne peuvent plus se procurer cette nourriture diversifiée qu'ils trouvent à l'état de nature, et, ce qui est probablement plus important, ils sont abondamment nourris sans pouvoir prendre un exercice suffisant. Par analogie avec les autres animaux domestiques, nous devons, dans ces circonstances, nous attendre à trouver chez ces oiseaux une somme plus grande de variabilité individuelle que chez le pigeon sauvage, ce qui est en effet le cas. Le défaut d'exercice tend à réduire les proportions des pattes et des organes du vol, et affecte celles du bec, par suite de la corrélation de croissance. D'après ce que nous voyons arriver occasionnellement dans nos volières, nous pouvons conclure que des variations subites, telles que l'apparition d'une huppe sur la tête, de plumes sur les pattes, d'une nuance nouvelle de coloration, de plumes supplémentaires à l'aile ou à la queue, ont dû quelquefois surgir pendant la longue série des générations qui se sont succédées depuis que le pigeon a été réduit à l'état domestique. Actuellement on rejette ces brusques variations comme des imperfections, et il règne un tel mystère dans l'élevage des pigeons, que les détails relatifs à l'apparition d'une variation ayant quelque valeur sont soigneusement tenus secrets. Pendant les cent cinquante dernières années, il n'y a pas d'exemple que l'histoire d'une pareille variation ait été enregistrée. Il n'en résulte pas qu'autrefois, de pareilles anomalies aient toujours été répudiées alors que les pigeons avaient éprouvé bien moins de variations. Nous ignorons absolument la cause de toute variation brusque et spontanée, ainsi que celle des innombrables différences insignifiantes qui peuvent se rencontrer chez les membres d'une même famille, mais nous verrons, dans un chapitre futur, que les variations de cette nature paraissent être le résultat indirect de changements quelconques dans les conditions d'existence.

Nous devons donc, après une si longue domestication, nous attendre à trouver chez le pigeon une grande tendance à la variabilité individuelle, et aussi à de brusques variations, ainsi que de légères modifications résultant du défaut d'usage de certaines parties, combiné aux effets de la corrélation de croissance. Ces causes, sans la sélection, ne pourraient produire qu'un résultat insignifiant ou nul ; car, sans l'intervention de celle-ci, toutes les différences, de quelque nature qu'elles fussent, ne tarderaient pas à disparaître en vertu des deux raisons suivantes. Dans un lot de pigeons vigoureux, on détruit, pour les manger, ou il meurt plus d'individus qu'on n'en conserve ; il en résulte qu'un oiseau offrant un caractère spécial, court fortement la chance d'être détruit, s'il n'est pas l'objet d'une sélection ; s'il n'est pas détruit, le libre croisement de cet individu avec les autres, amène presque certainement la disparition de son caractère particulier. Il peut, cependant, se faire que la même variation se répète bien des fois, par suite de l'influence de conditions extérieures spéciales et uniformes ; cette variation pourrait alors se maintenir et prévaloir indépendamment de toute sélection. Mais tout change dès que la sélection est mise en jeu, car elle est la base de toute formation d'une race nouvelle, et, ainsi que nous l'avons déjà vu, les circonstances sont, dans le cas du pigeon, éminemment favorable à la sélection. Lorsqu'on a conservé un oiseau présentant quelque variation remarquable, qu'on a choisi dans sa progéniture les individus convenables pour les accoupler, les faire reproduire de nouveau, et qu'on a continué le même système pendant les générations suivantes, la perpétuation de cette variation chez les descendants est un fait si évident qu'il est inutile d'y insister davantage. C'est là ce qu'on peut appeler la *sélection méthodique*, car l'éleveur a en vue un but défini, c'est-à-dire qu'il se propose, soit de conserver un caractère qui a naturellement apparu, soit même de réaliser une amélioration conçue et déterminée d'avance dans son esprit.

Une autre forme de la sélection, plus importante encore s'il est possible, à laquelle les auteurs qui ont discuté ce sujet ont à peine fait attention, est celle qu'on peut appeler la *sélection inconsciente*. L'éleveur, en effet, tout en choisissant ses oiseaux, sans intention, sans méthode, et d'une manière inconsciente, peut amener lentement, mais sûrement, un grand résultat. Je fais allusion aux effets que peuvent obtenir les éleveurs, qui commencent par se procurer les meilleurs oiseaux, et qui cherchent ensuite, à force d'habileté, à en produire de préférables encore, c'est-à-dire des individus se rapprochant le plus de ce qui est le type de la perfection du moment. L'éleveur, dans ce cas, ne

cherche pas à modifier la race d'une manière permanente, il
ne porte pas les yeux vers un avenir éloigné, il ne spécule
pas sur le résultat final qu'amènera une lente accumulation,
pendant de nombreuses générations, de légers changements
successifs; il lui suffit de posséder une bonne espèce, et son
but est surtout de l'emporter dans les concours sur ses rivaux. L'éleveur qui, en l'an 1600, à l'époque d'Aldrovandi,
admirait ses Messagers, ses Grosses-gorges, ses Jacobins, ne
songeait certes pas à ce que seraient les descendants de ces pigeons en 1860; il aurait certainement été fort étonné de voir nos
races actuelles correspondantes; il aurait probablement nié
qu'elles fussent les descendants de ses oiseaux si admirés; peut-
être même ne les aurait-il pas estimés, par la seule raison, comme
nous l'avons vu plus haut, dans un passage d'un ouvrage de 1765,
« qu'ils n'auraient pas ressemblé à ceux qu'on estimait à l'époque où lui-même s'occupait de l'élevage des pigeons. » Personne
ne songe à attribuer à l'action immédiate et directe des conditions extérieures, le long bec du Messager, le bec court du Culbutant courte-face, la longue patte du Grosse-gorge, le capuchon
plus complet du Jacobin, etc., changements effectués tous depuis l'époque d'Aldrovandi, et même depuis une époque beaucoup plus rapprochée. Ces races, ont, en effet, été modifiées
dans des directions très-diverses, et même directement opposées,
bien qu'élevées sous un même climat, et traitées sous tous les
rapports d'une manière analogue. Toute modification légère dans
la longueur du bec, de la patte, etc., a certainement eu pour
cause indirecte et éloignée quelque changement dans les conditions auxquelles l'oiseau s'est trouvé exposé, mais le résultat final doit être attribué, comme cela est manifeste dans les cas sur
lesquels nous possédons des données historiques, à la sélection
continue et à l'accumulation d'un grand nombre de variations
légères et successives.

L'action de la sélection inconsciente, pour ce qui est du pigeon, a été déterminée par une passion inhérente à la nature humaine : le désir de rivaliser avec nos voisins, et de l'emporter sur
eux. Nous voyons la même cause produire les mêmes effets dans
toutes les modes passagères, même à propos de toilette, et c'est
ce sentiment qui pousse chaque éleveur à exagérer toute parti-

cularité propre aux races dont il s'occupe. Une grande autorité en matière de pigeons dit : [44] « Les amateurs n'admirent pas un type moyen qui n'est ni ceci ni cela, un entre-deux ; il leur faut des extrêmes. » Après avoir fait remarquer que l'éleveur des Culbutants courte-face tend à arriver au bec le plus court, tandis que l'éleveur des Culbutants à longue-face recherche le bec le plus long, il ajoute relativement à un Culbutant à bec de longueur intermédiaire : « Ne vous y trompez pas. Aucun amateur ne voudra d'un oiseau pareil : l'un n'y verra aucune beauté, l'autre aucune utilité, etc. » Ces passages comiques, bien qu'écrits sérieusement, nous prouvent quels sont les principes qui ont toujours guidé les éleveurs et les amateurs ; or, ces principes ont provoqué et déterminé, chez toutes les races domestiques, ces énormes modifications qu'on estime uniquement pour leur beauté ou leur bizarrerie.

La mode dure longtemps quand il s'agit de l'élevage du pigeon ; on ne peut pas changer la conformation d'un oiseau aussi promptement que la coupe d'un habit. Il n'est pas douteux que du temps d'Aldrovandi, le Grosse-gorge était d'autant plus estimé qu'il enflait davantage son jabot. Néanmoins, la mode change jusqu'à un certain point ; on s'attache tantôt à un trait de conformation, tantôt à un autre ; et certaines races sont plus estimées et plus admirées à différents moments et dans des pays différents. L'auteur que nous venons de citer remarque que la fantaisie va et vient. Actuellement, aucun éleveur distingué ne s'abaisse à élever des pigeons de fantaisie, à la production desquels on se livre maintenant en Allemagne. Des races très-estimées aujourd'hui dans l'Inde n'ont aucune valeur en Angleterre. Lorsqu'on néglige les races, elles dégénèrent sans doute, mais nous sommes autorisés à penser que, tant qu'on les maintient dans les mêmes conditions d'existence, les caractères acquis se conservent en partie pendant longtemps, et peuvent devenir le point de départ d'une nouvelle série de sélections.

Certains auteurs soutiennent, il est vrai, qu'il n'y a pas lieu de tenir compte de l'action de la sélection inconsciente ; ils prétendent que les éleveurs n'observent pas les très-légères diffé-

---

[44] Eaton, *Treatise on Pigeons*, 1858, p. 86.

rences ou ne s'en soucient pas. Quiconque, au contraire, a suivi les éleveurs de près, a pu apprécier le degré de discernement qu'ils acquièrent par une longue pratique, et se faire une idée du travail et des soins qu'ils prodiguent à leurs oiseaux de prédilection. J'en ai connu un qui, chaque jour, étudiait patiemment ses oiseaux, pour décider lesquels il devait accoupler ou rejeter, sujet difficile et à propos duquel M. Eaton, un des éleveurs les plus expérimentés, dit ce qui suit : « Je dois particulièrement vous mettre en garde contre la tendance qui pousse à vouloir élever une trop grande variété de pigeons ; en le faisant, vous connaîtrez il est vrai à peu près toutes les variétés, mais vous n'en connaîtrez aucune à fond. Il est possible que quelques éleveurs aient une connaissance générale des différentes sortes de pigeons, mais un grand nombre s'exposent à des déceptions en se figurant qu'ils savent ce qu'ils ne savent pas. » Puis, s'occupant exclusivement d'une sous-variété d'une seule race, le Culbutant courte-face Amande, le même éleveur fait remarquer que certains amateurs sacrifient toutes les autres qualités pour obtenir une bonne tête et un bon bec, tandis que d'autres ne visent qu'au plumage, et il ajoute : « Quelques jeunes amateurs trop pressés cherchent à obtenir les cinq qualités à la fois, et malgré toutes leurs peines ils n'obtiennent rien du tout. » M. Blyth m'informe que, dans l'Inde aussi, on choisit et on accouple les pigeons avec le plus grand soin. Nous ne devons pas juger des légères différences qui ont pu être prisées autrefois, d'après celles qu'on estime actuellement depuis la formation de races nombreuses, dont chacune a son type de perfection propre que nos nombreux concours tendent à maintenir uniforme. La difficulté de dépasser les autres éleveurs, quand il s'agit de perfectionner les races établies, est déjà assez grande pour satisfaire amplement l'ambition de l'éleveur le plus expérimenté, sans qu'il cherche à créer des races nouvelles.

Le lecteur se sera peut-être déjà demandé ce qui a pu pousser les éleveurs à tenter la création de races aussi bizarres que les Grosses-gorges, les Paons, les Messagers, etc. C'est précisément ce qu'explique la sélection inconsciente. Il est certain que jamais aucun éleveur n'a fait intentionnellement une tentative de cette nature. Mais il suffit d'admettre, pour point de départ, une variation assez marquée pour attirer l'attention de quelque ancien éleveur ; puis, la sélection inconsciente des individus présentant cette variation continuée pendant un grand nombre de générations, sans autre but que celui de rivaliser avec d'autres éleveurs ses concurrents, a fait le reste. Nous pouvons admettre, par exemple, que, dans le cas du Pigeon-Paon, le premier ancêtre de cette race avait la queue un peu redressée comme on le voit encore chez certains Runts [45], et peut-être un nombre plus considérable de rectrices, comme cela arrive parfois chez quelques Coquilles. Pour les Grosses-gorges, on peut supposer qu'un oiseau a pu dilater son jabot un peu plus que les autres, comme cela existe à un faible degré chez le Turbit. Nous ne connaissons nullement l'origine du Culbutant ordinaire, mais nous pouvons admettre qu'il a pu naître un oiseau, chez lequel une affection cérébrale a déterminé des sauts convulsifs dans l'air. Cela est d'autant plus probable [46] qu'avant l'an 1600, on estimait, dans l'Inde surtout, les pigeons remarquables par les particularités de leur vol, et qu'on les accouplait avec une persévérance et des soins infinis, d'après les ordres de l'empereur Akber-Khan.

Nous avons supposé, dans le cas précédent, l'apparition d'une variation subite et assez apparente pour attirer l'attention de l'éleveur ; mais une telle brusquerie dans la variation n'est pas indispensable pour expliquer la formation d'une race nouvelle. Quand une race de pigeons s'est conservée pure, et a été reproduite pendant une longue période par plusieurs éleveurs différents, on peut souvent reconnaître de légères divergences entre les diverses familles. C'est ainsi que j'ai pu voir des Jacobins d'excellente race, élevés par un amateur, différer légèrement par plusieurs de leurs caractères de ceux élevés par un autre. J'ai eu en ma possession quelques Barbes excellents, descendants d'un couple qui avait été primé dans un concours, et une autre série de Barbes provenant d'oiseaux appartenant au célèbre amateur Sir John Sebright ; ces derniers différaient visiblement

---

[45] Voir Neumeister, Pigeon florentin, tab. XIII, dans *Das Ganze der Taubenzucht.*

[46] M. W. J. Moore a admirablement décrit les Culbutants terrestres de l'Inde dans *Indian medical Gazette,* janv. et fév. 1873. Il affirme que si l'on pique la base du cerveau d'un pigeon ordinaire ou qu'on lui fasse absorber de l'acide cyanhydrique et de la strychnine, ou provoque chez lui des mouvements convulsifs qui ressemblent exactement à ceux du Culbutant. Il cite le cas d'un pigeon qui, s'étant parfaitement remis d'une piqûre faite au cerveau, n'en continua pas moins ses soubresauts.

des premiers par la forme du bec, mais ces modifications étaient trop faibles pour qu'on puisse les décrire. Les Culbutants anglais et hollandais diffèrent à un degré assez prononcé, par la forme de la tête et la longueur du bec. On ne peut pas plus s'expliquer la cause de ces légères variations, qu'on ne peut expliquer pourquoi un homme a un nez long tandis qu'un autre l'a court. Les familles maintenues pendant longtemps distinctes chez différents éleveurs, présentent si communément ces variations, qu'on ne peut les attribuer à l'existence de différences égales chez les oiseaux choisis primitivement comme souche. Il est probable qu'il faut en chercher la cause dans l'application d'une sélection un peu différente dans chaque cas, car jamais deux éleveurs n'ont exactement les mêmes goûts, et, par conséquent, ne préfèrent et ne choisissent, pour les accoupler, les oiseaux présentant exactement les mêmes caractères. Chacun admirant naturellement ses propres produits, cherche constamment à augmenter et à exagérer les particularités qu'ils peuvent présenter. Ce fait se manifeste surtout chez les éleveurs qui, habitant des pays étrangers, ne peuvent comparer leurs différents produits, et ne visent pas à un type uniforme de perfection. Il en résulte que, lorsqu'une famille s'est ainsi formée, la sélection inconsciente tendant toujours à augmenter la somme des différences, commence par la convertir en sous-race, puis enfin en une variété ou race bien accusée.

Il ne faut pas non plus perdre de vue la corrélation de croissance. La plupart des pigeons, probablement par suite du défaut d'usage, ont les pattes petites, et, en raison sans doute de la corrélation de croissance, le bec a diminué de longueur. Le bec étant un organe apparent, les éleveurs, dès qu'il est devenu sensiblement plus petit, ont sans doute cherché à le réduire toujours davantage, par la sélection des oiseaux ayant le plus petit bec ; en même temps, d'autres éleveurs ont cherché, au contraire, à obtenir d'autres sous-races ayant le bec de plus en plus long. La langue augmente de longueur dans les mêmes proportions que le bec ; les paupières se développent en même temps que les caroncules qui entourent les yeux ; les scutelles varient en nombre suivant la diminution ou l'augmentation de la grandeur des pattes ; le nombre des rémiges primaires varie avec la grandeur de l'aile, et celui des vertèbres sacrées du Grosse-gorge augmente avec l'allongement de son corps. Ces différences importantes de conformation, résultat de la corrélation, ne caractérisent pas absolument une race quelconque, mais si on y eût fait attention et qu'on leur eût appliqué la sélection, comme on l'a fait pour les différences extérieures plus apparentes, il n'y a pas à douter qu'on ne fût parvenu à les rendre constantes. On aurait certainement pu obtenir une race de Culbutants ayant neuf rémiges primaires au lieu de dix, car ce nombre neuf reparaît souvent sans aucune intention de l'éleveur, et même contrairement à son désir, dans le cas des variétés à ailes blanches. De même, si les vertèbres eussent été visibles, et que les éleveurs eussent porté leur attention sur elles, rien n'eût été plus facile que d'en augmenter le nombre chez les Grosses-gorges. Ces derniers caractères une fois fixés et rendus constants, jamais nous n'eussions soupçonné leur grande variabilité antérieure; jamais non plus nous n'aurions songé à les attribuer à une corrélation avec le raccourcissement des ailes dans le premier cas, avec la longueur du corps dans le second.

Pour bien comprendre les causes qui ont amené une différence considérable entre les races domestiques principales, il importe de se rappeler que les éleveurs cherchent toujours à faire reproduire les individus présentant au plus haut degré les caractères recherchés, et laissent par conséquent de côté, dans chaque génération, les oiseaux inférieurs; il en résulte qu'après un certain laps de temps, les souches parentes et un grand nombre de formes intermédiaires subséquentes s'éteignent et disparaissent. C'est ce qui est arrivé pour les Grosses-gorges, les Turbits et les Tambours; ces races très-améliorées sont, en effet, actuellement isolées, sans aucune forme intermédiaire qui les rattache soit les unes aux autres, soit à la souche primitive, le biset. Dans d'autres pays, où on n'a pas eu les mêmes soins, ou dans lesquels les mêmes modes n'ont pas prévalu, les formes anciennes ont pu rester longtemps intactes ou ne se modifier que légèrement; nous pouvons donc quelquefois remonter la série et retrouver les chaînons intermédiaires. C'est le cas en Perse et dans l'Inde pour le Messager et le Culbutant, qui, dans ces pays, diffèrent peu du biset par les proportions du bec. De même, le pigeon Paon de Java n'a que quatorze rectrices, et la queue est beaucoup moins relevée et moins étalée que celle de nos oiseaux perfectionnés ; le pigeon Paon de Java constitue donc un chaînon intermédiaire entre le type anglais le plus parfait et le biset.

Une race peut parfois se maintenir intacte pendant très-longtemps dans un même pays, en raison de quelque qualité particulière ; à côté existent d'autres sous-races, auxquelles elle-même a donné naissance, et qui présentent des modifications considérables, parce qu'on a développé chez ces dernières certaines autres qualités. Nous en avons un exemple en Angleterre où le Culbutant commun, qu'on n'estime que pour son vol, diffère peu de son ancêtre, le Culbutant oriental ; tandis que le Culbutant courte-face se trouve prodigieusement modifié, parce qu'on a recherché dans cette variété d'autres qualités que celle du vol. Le Culbutant commun d'Europe a cependant déjà commencé à se séparer en quelques sous-races un peu différentes, telles que le Culbutant commun anglais, le Roulant hollandais, le Culbutant de maison de Glasgow, le Longue-face, etc., etc., et, dans le cours des temps, à moins que la mode ne change beaucoup, ces sous-races, sous l'action lente et insensible de la sélection inconsciente, iront en divergeant et en se modifiant de plus en plus. Plus tard, les chaînons parfaitement gradués qui, aujourd'hui, relient toutes ces sous-races les unes aux autres, se perdront, car la conservation d'une pareille foule de sous-variétés intermédiaires serait très-difficile et d'ailleurs sans objet.

Le principe de la divergence, joint à l'extinction des nombreuses formes intermédiaires existant antérieurement, est si essentiel pour l'intelligence de l'origine des races domestiques et de celles des espèces naturelles, que je m'étendrai un peu à ce sujet. Notre troisième groupe principal comprend les Messagers, les Barbes et les Runts, qui, tout en étant clairement voisins, diffèrent cependant singulièrement les uns des autres par plusieurs caractères importants. D'après l'opinion que nous avons émise dans le chapitre précédent, ces trois races proviennent probablement d'une race inconnue, intermédiaire par ses caractères, et descendant elle-même du biset. On pense que les différences qui distinguent ces oiseaux doivent être attribuées au goût des divers éleveurs, qui, à une époque ancienne, ont admiré et recherché chez eux différents points ou diverses particularités de conformation ; puis, les éleveurs, en raison de la tendance qui pousse toujours vers les extrêmes, ont continué à élever les meilleurs oiseaux, sans se préoccuper de l'avenir, — les amateurs de Messagers préfèrent le bec long, avec beaucoup de caroncules, — les amateurs de Barbes recherchent le bec court et gros, avec beaucoup de caroncules autour des yeux, — les éleveurs de Runts ne se soucient ni de l'un ni de l'autre, mais s'attachent surtout à la taille et au poids du corps. Cette manière de faire a amené naturellement l'extinction des oiseaux antérieurs, inférieurs et intermédiaires, et c'est ainsi que ces trois races sont actuellement en Europe si considérablement distinctes les unes des autres. Mais, dans l'Inde, d'où elles ont été importées, la mode a été différente, et nous y trouvons des races qui relient au biset le Messager anglais si profondément modifié, et d'autres qui, jusqu'à un certain point, relient les Messagers et les Runts. Si on remonte jusqu'à l'époque d'Aldrovandi, on voit qu'avant l'an 1600, il existait en Europe quatre races très-voisines des Messagers et des Barbes, mais, qu'on ne saurait identifier avec nos races actuelles, pas plus que les Runts d'Aldrovandi ne peuvent s'identifier avec les nôtres. Ces quatre races étaient certainement loin de différer les unes des autres, autant que diffèrent nos races actuelles de Messagers, de Barbes et de Runts. C'est exactement là ce qu'on pouvait prévoir. S'il nous était possible de rassembler tous les pigeons qui ont vécu depuis l'époque romaine jusqu'à nos jours, nous pourrions les grouper en plusieurs séries, partant toutes de la souche primitive, le biset. Chaque série serait formée d'une suite de chaînons gradués d'une manière insensible, parfois rompue par quelque variation un peu plus prononcée, devenue le point de départ d'un embranchement nouveau, dont nos formes actuelles les plus modifiées seraient les points culminants. On trouverait un grand nombre de chaînons anciens de la série disparus et éteints sans avoir laissé de postérité, tandis que d'autres, quoique éteints, apparaîtraient comme les ancêtres des races actuelles.

On s'étonne souvent, et j'ai entendu faire cette remarque, que nous apprenions de temps à autre l'extinction locale ou complète de races domestiques, tandis que nous n'entendons jamais parler de leur origine. Comment, s'est-on demandé, ces pertes se sont-elles compensées, et plus que compensées, puisque les races de tous les animaux domestiques ont considérablement augmenté en nombre depuis l'époque romaine ? L'hypothèse que nous soutenons explique cette contradiction apparente. Depuis les temps historiques, on enregistre l'extinction d'une race comme un événement digne de remarque ; mais la modification d'une race, modification graduelle, presque insensible par suite de la sélection inconsciente, et sa divergence ultérieure, soit dans le pays, soit, ce qui est le cas le plus fréquent, dans des pays éloignés, en deux ou plusieurs branches, ce qui amène sa lente transformation en sous-races et enfin en races bien accusées, sont des événements qui échappent à toutes les remarques. On enregistre la mort d'un arbre qui atteint des dimensions gigantesques, mais l'attention n'est nullement éveillée par la croissance lente et l'augmentation numérique des arbres plus petits.

La puissance de la sélection, le peu d'action directe qu'exercent les changements des conditions d'existence, autrement qu'en déterminant une variabilité et une plasticité générales de l'organisation, expliquent parfaitement pourquoi, de temps immémorial, les pigeons de colombier se sont peu modifiés ; et pourquoi certains pigeons de fantaisie, qui ne diffèrent du pigeon de colombier que par la couleur, ont conservé depuis plusieurs siècles les mêmes caractères. En effet, dès qu'on a obtenu chez un de ces pigeons une coloration élégante et symétrique, dès qu'on est arrivé, par exemple, à produire un pigeon Heurté ayant le sommet de la tête, la queue, les tectrices caudales d'une couleur uniforme, tandis que le reste du corps reste blanc de neige, il n'y pas de raison pour apporter à cette race aucun changement ou aucune amélioration ultérieure. Il n'est pas plus étonnant que, d'autre part, nos pigeons très-travaillés et très perfectionnés, aient subi pendant ce même laps de temps des changements considérables, car nous ne connaissons pas de limites à la variabilité de leurs caractères, et nous ne pouvons en assigner aucune aux caprices et à la fantaisie des éleveurs. Quelle raison pourrait arrêter l'éleveur qui cherche à donner à son Messager un bec de

plus en plus long, ou à son Culbutant un bec de plus en plus
court ? Or, la limite extrême de la variabilité du bec, s'il y en a
une, n'a certes pas été atteinte. Malgré les améliorations réali-
sées récemment sur le Culbutant courte-face, M. Eaton fait observer, « que le champ d'exploration ouvert à de nouveaux concurrents est aussi vaste qu'il y a un siècle ; » assertion un peu
exagérée peut-être, car les jeunes individus de toutes les races
artificielles très-perfectionnées, sont très-sujets aux maladies et
à une mort prématurée.

On a objecté que la formation des diverses races domestiques,
ne jette aucun jour sur l'origine des espèces de Colombidés sauvages, parce que les différences ne sont pas de même nature.
Ainsi, les races domestiques diffèrent à peine, ou ne diffèrent pas
du tout, au point de vue de la longueur relative ou de la forme
des rémiges primaires, des doigts postérieurs, des habitudes,
telles que percher ou nicher sur les arbres. Cette objection
prouve combien peu on comprend le principe de la sélection. Il
n'est pas vraisemblable que les caractères, auxquels le caprice de
l'homme a appliqué la sélection, aient dû être précisément ceux
que les circonstances naturelles eussent conservés, soit en raison
des avantages directs ou de l'utilité qui devait en résulter pour
l'espèce, soit par suite de la corrélation qui pouvait exister entre
eux et d'autres conformations avantageuses et utiles. Tant
que l'homme ne recherchera pas chez ses oiseaux la longueur relative des rémiges ou des doigts, etc., on ne doit
pas s'attendre à voir ces parties se modifier ; et encore
l'homme serait-il impuissant à y rien changer, si ces parties ne
variaient pas d'elles-mêmes sous l'influence de la domestication ;
or, je n'affirme pas positivement que ces parties varient, bien que
j'aie observé des traces de variabilité chez les rémiges, et surtout
.chez les rectrices. Il serait étrange aussi que le doigt postérieur
ne variât pas du tout, quand on voit combien le pied varie, soit
par ses dimensions, soit par le nombre des scutelles. Quant au
fait que les races domestiques ne perchent ni ne nichent sur les
arbres, il est évident que jamais aucun éleveur n'a dû s'attacher
à développer de semblables modifications d'habitudes ; mais
nous avons vu qu'en Égypte, les pigeons qui paraissent avoir
quelque répugnance à percher sur les petites huttes de boue des

indigènes, semblent avoir pris contraints, ou non, l'habitude de se
percher par bandes sur les arbres. Si donc nos races domestiques se fussent trouvées fortement modifiées sur les divers
points précités, points dont les éleveurs ne se sont jamais préoc-
cupés, et qui ne paraissent être en aucune corrélation avec d'autres caractères recherchés par eux, le fait de leur modification,
d'après les principes soutenus dans ce chapitre, eût été fort embarrassant à expliquer.

Résumons rapidement les deux chapitres que nous venons de
consacrer au pigeon. Nous pouvons conclure, en toute sécurité,
que les races domestiques, malgré les différences qui existent
entre elles, descendent toutes du *Columba livia*, en comprenant
sous cette dénomination certaines races sauvages. Les différences
que présentent ces dernières ne jettent toutefois aucun jour sur
les caractères qui distinguent les races domestiques. Les individus de chaque race ou de chaque sous-race sont plus variables
qu'ils ne le sont à l'état de nature, et parfois les variations sont
soudaines et très-marquées. Cette plasticité de l'organisation résulte apparemment du changement des conditions d'existence.
Le défaut d'usage réduit certaines parties du corps. La corrélation
de croissance relie si intimement les unes aux autres toutes les
parties de l'organisation que toute variation de l'une d'elles entraîne une variation correspondante dans une autre. Lorsque
plusieurs races ont été formées, leurs croisements réciproques
ont facilité la marche des modifications, et ont souvent causé
l'apparition de nouvelles sous-races. Mais, de même que dans la
construction d'un édifice, les pierres et les briques seules sont
de peu d'utilité sans l'art du constructeur, de même, dans la
création de nouvelles races, l'action dirigeante et efficace a été
celle de la sélection. Les éleveurs peuvent agir par sélection,
aussi bien sur de minimes différences individuelles que sur des
différences plus importantes. L'éleveur emploie la sélection méthodique, quand il cherche à améliorer ou à modifier une race,
pour l'amener à un type de perfection préconçu et déterminé ;
ou bien, il agit sans méthode et d'une manière inconsciente,
lorsqu'il n'a d'autre but que d'élever les meilleurs oiseaux possibles, sans aucune intention, sans aucun désir de modifier la

race. Les progrès de la sélection conduisent inévitablement à l'abandon des formes antérieures et moins parfaites, qui, par conséquent, s'éteignent ; il en est de même des chaînons intermédiaires de chaque ligne de descendance. C'est ainsi que la plupart de nos races actuelles sont devenues si considérablement différentes les unes des autres, et du biset, leur premier ancêtre.

CHAPITRE VII

Description des diverses races. — Arguments en faveur de leur descendance de plusieurs espèces. — Arguments en faveur de la descendance de toutes les races du *Gallus Bankiva*. — Retour, quant à la couleur, vers la souche primitive. — Variations analogues. — — Histoire ancienne de la poule. — Différences extérieures entre les diverses races. — OEufs. — Poulets. — Caractères sexuels secondaires. — Régimes et rectrices, voix, naturel, etc. — Différences ostéologiques du crâne, des vertèbres, etc. — Effets de l'usage et du défaut d'usage sur certaines parties. — Corrélation de croissance.

Il se peut que quelques naturalistes ne connaissent pas exactement les principales races gallines ; j'ai donc pensé qu'il était bon de les décrire brièvement [1]. L'étude des individus apportés des diverses parties du globe, me porte à penser que la plupart des principales races gallines ont été importées en Angleterre, bien qu'un certain nombre de sous-races puissent être encore inconnues dans ce pays. La discussion suivante sur l'origine des principales races et sur leurs différences caractéristiques, aura, nous le croyons, quelque intérêt pour le naturaliste, quoiqu'elle n'ait aucunement la prétention d'être complète. Autant que je puis le voir, une classification naturelle des races n'est pas possible, car elles diffèrent les unes des autres à des degrés divers, et n'offrent pas de caractères subordonnés les uns aux autres qui permettent de les classer par groupes sous d'autres groupes. Elles semblent toutes avoir divergé d'un type unique par des voies différentes

---

[1] J'ai puisé à diverses sources les éléments de ce court résumé ; mais j'en dois la plus grande partie aux renseignements que m'a fournis M. Tegetmeier, qui a revu ce chapitre en entier, et dont les connaissances sur le sujet sont une garantie de l'exactitude de son contenu. M. Tegetmeier m'a également aidé de toutes manières pour me procurer des informations et des échantillons. Je saisis cette occasion pour témoigner à M. B. P. Brent, l'auteur bien connu d'ouvrages sur les oiseaux de basse-cour, toute ma reconnaissance pour son infatigable assistance, et pour ses dons d'un grand nombre de spécimens.

et indépendantes. Chaque race principale comprend des sous-variétés diversement colorées, dont la plupart reproduisent fidèlement leur type, mais qu'il sera inutile de décrire. J'ai classé comme sous races du Coq Huppé, toutes les variétés portant une touffe de plumes sur la tête, mais je doute fort que cet arrangement soit naturel, conforme aux véritables affinités, et qu'il indique bien les vrais rapports de parenté. Il est presque impossible de ne pas surévaluer l'importance des races les plus nombreuses et les plus communes, relativement à celles qui sont plus rares, et certaines races étrangères auraient peut-être été élevées au rang de races principales, si elles avaient été plus généralement répandues dans le pays. Plusieurs races offrent des caractères anormaux, c'est-à-dire différant sur certains points de ceux de tous les Gallinacés sauvages. J'ai voulu d'abord diviser les races en races normales et anormales mais je n'ai obtenu aucun résultat satisfaisant.

1. RACE DE COMBAT. — On peut considérer cette race comme la race type, car elle ne dévie que très-légèrement du *Gallus Bankiva* sauvage, ou, comme on l'a nommé plus correctement, *ferrugineus*. Bec fort; crête droite et simple; ergot long et aigu. Plumes serrées au corps. Queue portant le nombre normal de quatorze rectrices. OEufs souvent d'un chamois pâle. Caractère très-courageux, se manifestant même chez la poule et les poussins. Il en existe une infinité de variétés de diverses couleurs, telles que les rouges avec poitrail noir ou brun, les noires, les blanches, les ailes de canards, etc., avec les pattes de couleurs variées.

2. RACE MALAISE. — Corps grand, tête, cou et jambes allongés; port redressé; queue petite, inclinée, formée généralement de seize rectrices; crête et caroncules petits; lobes de l'oreille et face rouges; peau jaunâtre, plumes serrées au corps; plumes de la collerette étroites, dures et courtes. OEufs souvent chamois pâle. Les poussins prennent tardivement leurs plumes. Naturel sauvage. Originaire d'Orient.

3. RACE COCHINCHINOISE OU DE SANGHAÏ. — Taille grande; rémiges courtes, arquées, cachées dans un plumage doux et duveté; à peine capable de vol; queue courte, formée ordinairement de seize rectrices, se développant tardivement chez les jeunes mâles; jambes épaisses, emplumées. Ergots courts et épais; ongle du doigt intermédiaire aplati et large; présence fréquente d'un doigt additionnel; peau jaunâtre. Crête et caroncules bien développés, crâne portant un profond sillon médian; trou occipital triangulaire, allongé verticalement. Voix particulière. OEufs rugueux, couleur chamois. Naturel très-tranquille. Originaire de Chine.

4. RACE DORKING. — Taille grande; corps carré, compacte; un doigt

additionnel aux pattes; crête bien développée, mais de forme variable; caroncules bien développés; coloration du plumage variable. Crâne remarquablement large entre les orbites. Origine anglaise.

Le Dorking blanc peut être regardé comme une *sous-race* distincte, car c'est un oiseau moins massif.

Fig. 30. — Race Espagnole.

5. RACE ESPAGNOLE (fig. 30). — Taille élevée, port majestueux; tarses longs; crête simple, profondément dentelée et de grandes dimensions; caroncules très-développés; lobes auriculaires grands et blancs, ainsi que les côtés de la face. Plumage noir, lustré de vert. Ne couve pas. Constitution délicate, la crête est souvent endommagée par la gelée. Œufs blancs, lisses et grands. Les poulets prennent tardivement leurs plumes, mais les jeunes coqs chantent et acquièrent de bonne heure les caractères de leur sexe. Cette race a une origine Méditerranéenne.

On peut regarder la race *Andalouse* comme une sous-race; sa couleur est bleu-ardoisé, et les poussins sont bien emplumés. Quelques auteurs ont décrit comme distincte, une sous-race hollandaise, plus petite et à pattes courtes.

6. RACE DE HAMBOURG (fig. 31). — Taille moyenne, crête aplatie, rejetée en arrière, et couverte de nombreuses petites pointes ; caroncules de dimensions moyennes ; lobes auriculaires blancs ; pattes minces[1], bleuâtres. Ne couve pas. Sur le crâne, les extrémités des branches ascendantes des maxillaires supérieurs, ainsi que les os nasaux, sont un peu écartés les uns des autres ; le bord antérieur des frontaux est un peu moins déprimé qu'à l'ordinaire.

Il y a deux sous-races ; celle des Hambourgs *pailletés*, d'origine anglaise, dont les plumes sont marquées à leur extrémité d'une tache foncée ; et celle des Hambourgs *barrés*, d'origine hollandaise, qui a le corps un peu plus petit, et des lignes foncées au travers de chaque plume. Chacune de ces

Fig. 31. — Race de Hambourg.

deux sous-races, aussi bien que quelques autres, comprend des variétés dorées et argentées. On a obtenu des Hambourgs noirs par un croisement avec la race espagnole.

7. RACE HUPPÉE (*Polish fowl.*, fig. 32). — Tête portant une grande touffe arrondie de plumes, supportée par une protubérance hémisphérique des os frontaux, contenant la partie antérieure du cerveau. Les branches ascendantes des maxillaires supérieurs sont très-raccourcies, ainsi que les apophyses internes des os nasaux. Les orifices des narines sont relevés et en forme de croissant. Bec court. Crête absente, ou petite et en forme de

croissant ; caroncules présents, ou remplacés par une touffe de plumes semblable à une barbe. Pattes bleu plombé. Ne couve pas. Les différences sexuelles n'apparaissent que tard. Plusieurs variétés magnifiques
diffèrent entre elles par la couleur, et légèrement sur quelques autres
points.

Fig. 32. — Race Huppée.

Les sous-races suivantes ont une huppe plus ou moins développée, et
une crète qui, lorsqu'elle existe, affecte la forme d'un croissant. Le crâne offre
les mêmes particularités remarquables que celui de la vraie race Huppée.

Sous-race (a) *Sultans*. — Race turque, ressemblant à la race Huppée
blanche, avec une grosse huppe, une barbe, et les jambes courtes et emplumées. La queue porte des pennes additionnelles en forme de faucille. Ne
couve pas [2].

Sous-race (b) *Ptarmigans*. — Race inférieure, voisine de la précédente
blanche, assez petite. Pattes très-emplumées, huppe pointue; crète petite,
excavée ; caroncules petits.

[2] On trouve la meilleure description des *Sultans* dans *The Poultry Yard*, 1856, p. 79, par
miss Watts. — M. Brent a eu l'obligeance d'examiner pour moi quelques individus de cette
race.

Sous–race (c) *Ghoondooks*. — Autre race turque, d'apparence extraordinaire ; noire et sans queue ; huppe et barbe grandes ; pattes emplumées. Les apophyses internes des os nasaux sont en contact l'une avec l'autre, par suite de l'atrophie complète des branches montantes des maxillaires supérieurs. J'ai vu une race voisine provenant de Turquie, blanche et sans queue.

Sous–race (d) *Crève–cœur*. — Race française de grande taille, à peine capable de vol, à pattes courtes et noires, tête huppée ; crête se prolongeant en deux pointes en forme de cornes, quelquefois un peu branchue comme les bois d'un cerf ; barbe et caroncules. Œufs grands. Naturel tranquille [3].

Sous–race (e) *Cornue*. — Une petite huppe. Crête prolongée en deux grandes pointes, et supportée sur deux protubérances osseuses.

Sous–race (f) *Houdan*.—Race française, taille moyenne, à pattes courtes, à cinq doigts bien développés ; plumage marbré de noir, de blanc et de jaune-paille ; elle porte sur la tête une huppe, et une triple crête placée transversalement. Une barbe et des caroncules [4].

Sous–race (g) *de Gueldre*. — Pas de crête, tête surmontée d'une huppe longitudinale de plumes douces et veloutées ; narines en croissant ; caroncules bien développés ; pattes emplumées ; couleur noire. De l'Amérique du Nord. La race Bréda paraît en être très-voisine.

8. RACE BANTAM. — Originaire du Japon [5], caractérisée par sa petite taille ; port droit et hardi. Il y a plusieurs sous-races, telles que les Bantams Cochinchinois, de Combat, et de Sebright, dont plusieurs sont le produit de divers croisements récents. Le Bantam noir a le crâne de forme différente, et le trou occipital ressemble à celui de la race Cochinchinoise.

9. RACES SANS CROUPION. — Trop variables par leurs caractères [6] pour mériter le nom de race ; oiseaux monstrueux par leurs vertèbres caudales.

10. RACES SAUTEUSES OU RAMPANTES. — Sont caractérisées par la petitesse presque monstrueuse de leurs pattes, petitesse telle qu'elles sautent plutôt qu'elles ne marchent ; on dit qu'elles ne grattent pas la terre. J'ai examiné une variété de Birmanie, dont le crâne présentait une forme inaccoutumée.

11. RACES FRISÉES OU CAFRES. — Communes dans l'Inde, ont les plumes frisées en arrière ; rémiges et rectrices primaires imparfaites ; périoste noir.

12. POULES SOYEUSES. — Plumes soyeuses, rémiges et rectrices primaires imparfaites ; peau noire ainsi que le périoste ; crête et caroncules d'un bleu plombé foncé ; lobules auriculaires teintés de bleu ; pattes minces, offrant souvent un doigt additionnel. Taille assez petite.

13. POULES NÈGRES. — Race indienne, blanche et comme enfumée ; peau et périoste noir ; les femelles seules sont ainsi caractérisées.

---

[3] Décrite et figurée dans *Journal of Horticulture*, 10 juin 1862, p. 206.

[4] *Journal of Horticulture*, 1862, p. 186. Quelques auteurs décrivent la crête comme bicorne.

[5] Crawfurd, *Descript. Dict. of Indian islands,* p. 113. M. Birch, du *British Muscum,* m'apprend que les Bantams sont mentionnés dans une ancienne Encyclopédie japonaise.

[6] *Ornamental and domestic Poultry,* 1848.

On voit par ce résumé que les diverses races varient beaucoup; elles auraient pour nous autant d'intérêt que les races de pigeons, si nous avions des preuves aussi évidentes qu'elles descendent d'une espèce primitive unique. La plupart des éleveurs croient qu'elles descendent de plusieurs souches originelles, opinion que soutient énergiquement le Rév. E. S. Dixon [7]; un amateur va même jusqu'à accuser d'être déistes ceux qui ne partagent pas cette opinion. Toutefois, les naturalistes, à l'exception d'un petit nombre, entre autres Temminck, admettent que toutes les races descendent d'une espèce unique; mais, en pareille matière, l'autorité d'un nom n'a que peu de poids. Dans leur ignorance des lois de la distribution géographique, les éleveurs cherchent dans toutes les parties du globe les sources possibles des races inconnues. Ils savent bien que les différentes formes reproduisent exactement leur type, même la couleur, et ils attribuent, mais comme nous le verrons sur des bases insuffisantes, une grande antiquité à la plupart des races. Frappés des différences remarquables qui existent entre les principales formes, ils se demandent si des diversités de climat, d'alimentation ou de traitement, ont pu produire des oiseaux aussi dissemblables que le majestueux coq Espagnol noir, le petit et élégant Bantam, le pesant Cochinchinois avec ses particularités, et le coq Huppé avec son immense huppe et son crâne saillant. Mais, tout en reconnaissant et même en exagérant les effets des croisements des diverses races, les éleveurs ne tiennent pas assez compte de la probabilité de l'apparition accidentelle, pendant le cours de plusieurs siècles, d'oiseaux présentant des caractères anomaux et héréditaires; ils méconnaissent les effets de la corrélation de croissance, ceux de l'usage continuel ou du défaut d'usage des organes, et les résultats directs des changements de climat et de nourriture, point qui n'est cependant pas encore démontré d'une manière suffisante. Enfin, autant que je le sache, tous méconnaissent entièrement le fait capital de la sélection inconsciente, non méthodique, quoique sachant fort bien que leurs oiseaux sont individuellement différents, et qu'ils peuvent améliorer leurs produits, au bout même d'un petit nombre de généra-

---

[7] *Ornamental and domestic Poultry,* 1848.

tions, en réservant pour la reproduction les individus les plus
beaux.

Un amateur [8] s'exprime ainsi au sujet des races gallines. « Les
oiseaux de basse-cour n'ont que tout récemment attiré l'attention
de l'éleveur; ils constituaient seulement jusque-là un objet de
production pour le marché; il est donc peu probable qu'on ait
apporté à leur reproduction cette attention soutenue et incessante indispensable pour déterminer, dans la progéniture de deux
oiseaux, des formes transmissibles non apparentes chez les parents. » Ceci à première vue, paraît vrai; mais, dans un chapitre
subséquent sur la sélection, nous citerons des faits nombreux qui
prouvent qu'à une époque déjà fort ancienne, des races humaines
à peine civilisées ont pratiqué une véritable sélection. Je ne puis
guère citer de faits directs prouvant l'usage ancien de la sélection quand il s'agit de la volaille; on sait toutefois qu'au commencement de l'ère chrétienne, les Romains possédaient déjà six
ou sept races, et Columelle recommande comme les meilleures
« les espèces à cinq doigts et à oreilles blanches [9]. » En
Europe, au quinzième siècle, on connaissait plusieurs races
dont la description nous est parvenue; à peu près à la même
époque, en Chine, il y en avait sept portant des noms distincts.
Actuellement, dans une des îles Philippines, les naturels demi
barbares distinguent par des noms différents neuf sous-races
de volailles au moins [10]. Azara [11], qui écrivait à la fin du siècle
dernier, raconte que, dans l'intérieur de l'Amérique du Sud, où
on se serait peu attendu à trouver des soins de cette nature, on
élevait une race à peau et à os noirs, parce qu'elle était productive et que la chair de ces oiseaux était excellente pour les ma-
lades. Or, tous ceux qui se sont occupés de l'élevage de la volaille
savent combien il est difficile de maintenir les races distinctes, à
moins qu'on ne prenne les plus grandes précautions pour séparer les sexes. Peut-on donc admettre que les gens qui, dans l'antiquité ou dans des pays peu civilisés, prenaient la peine de veil-
ler à la conservation des races qui avaient pour eux une certaine

[8] Ferguson, *Illustrated series of rare and prize Poultry*, 1854. Préface, p. VI.
[9] Rev. E. S. Dixon, *Ornamental Poultry*, p. 203, analyse l'ouvrage de Columelle.
[10] M. Crawfurd, *On the relation of domesticated Animals to civilization*, p. 6 ; lu devant la
British Association à Oxford ; 1860.
[11] *Quadrupèdes du Paraguay*, t. II, p. 324.

valeur, n'aient pas parfois détruit les oiseaux inférieurs, et conservé les individus remarquables? Il n'en faut pas davantage.
Nous ne prétendons pas dire qu'autrefois, personne ait songé à
créer une race nouvelle, ou à modifier une race existante d'après
un type de perfection idéal, mais ceux qui s'occupaient de la volaille devaient chercher à obtenir et à élever les meilleurs
oiseaux ; ce système qui avait pour résultat la conservation
des oiseaux les plus parfaits, devait, à la longue, modifier
la race aussi sûrement, quoique beaucoup moins rapidement que
ne le fait de nos jours la sélection méthodique. Il suffit qu'une
personne sur cent ou sur mille se livre à un élevage attentif de
de cette nature, pour que ses produits deviennent supérieurs aux
autres, et tendent à former une nouvelle famille, dont les différences spéciales augmentant lentement et graduellement, comme
nous l'avons vu précédemment, finissent par acquérir l'importance de caractères d'une sous-race ou même d'une race. Les
races négligées peuvent, il est vrai, s'altérer, mais elles n'en
conservent pas moins en partie leurs caractères ; puis, quand
elles reviennent à la mode, elles peuvent être amenées à un degré
de perfection très–supérieur à celui qu'elles avaient auparavant;
c'est ce qui est arrivé tout récemment aux races Huppées. Une
race entièrement négligée finit par disparaître et s'éteint, comme
cela a été le cas pour une sous-race Huppée. Lorsque, dans le
cours des siècles, il naît un oiseau offrant quelque point anomal
de conformation, tel qu'une huppe d'alouette sur la tête, il est
probable qu'il est conservé, en vertu de cette passion pour la
nouveauté qui a, par exemple, conduit quelques personnes à produire et à élever en Angleterre, des races sans croupion, ou des
poules frisées dans l'Inde. De pareilles anomalies sont ensuite
conservées avec le plus grand soin, comme indice de la pureté
et de l'excellence de la race ; c'est en raison ce principe que, il y
a dix–huit siècles, les Romains estimaient tout particulièrement
les volailles ayant un cinquième doigt et les lobes auriculaires
blancs.

Ainsi, l'apparition accidentelle de caractères anomaux, même
très-légers au premier abord ; les effets de l'usage ou du défaut
d'usage ; peut-être ceux de l'influence directe du climat et de la
nourriture ; la corrélation de croissance ; le retour occasionnel

vers d'anciens caractères depuis longtemps perdus ; les croisements des races, quand il s'en est déjà formé un certain nombre ;
mais, par-dessus tout, la sélection inconsciente poursuivie pendant une longue série de générations, sont autant de circonstances qui, à mon avis, lèvent toutes les difficultés qui semblent
s'opposer à l'hypothèse que toutes les races descendent d'une
souche primitive unique. Peut-on nommer une espèce qui puisse
raisonnablement être considérée comme cette souche ? Le *Gallus bankiva* me paraît réunir toutes les conditions requises. Je
viens de résumer de mon mieux les arguments favorables à l'o-
rigine multiple des diverses races ; je vais maintenant exposer
ceux qui militent en faveur de leur descendance commune du *G.
bankiva.*

Une description préalable de toutes les espèces connues du genre *Gallus*
me paraît ici nécessaire. Le *G. sonneratii* ne s'étend pas dans les parties
septentrionales de l'Inde ; d'après le col. Sykes [12], il offre, à différentes alti-
tudes dans les Ghauts, deux variétés bien marquées, méritant peut-être le nom
d'espèces. On a longtemps regardé cet oiseau comme la souche de nos races
domestiques, preuve qu'il s'en rapproche beaucoup par sa conformation
générale ; mais les plumes de la collerette consistent en lames cornées très-
particulières, transversalement barrées de trois couleurs, caractère qui, à ma
connaissance, n'a été observé chez aucune race domestique [13]. Cette espèce
diffère aussi beaucoup de nos races communes par la fine dentelure de la
crête, et par l'absence de vraies plumes sétiformes sur les reins. Son chant
est tout différent. Cette espèce se croise aisément avec la poule domestique
dans l'Inde ; M. Blyth [14] a obtenu une centaine de poussins métis, mais
fort délicats, et qui périrent presque tous jeunes. Ceux qu'on put élever
demeurèrent entièrement stériles, croisés soit les uns avec les autres,
soit avec l'un ou l'autre des parents. Quelques hybrides ayant la
même origine, élevés aux Zoological Gardens, ont cependant été moins
stériles. M. Dixon m'informe que, au cours de quelques recherches sur ce
sujet faites par lui avec le concours de M. Yarrell, il a pu, sur une cinquantaine d'œufs, obtenir cinq ou six poulets. Quelques-uns de ces hybrides,
recroisés avec un de leurs parents, un Bantam, ont produit quelques poulets
extrêmement faibles. Des croisements semblables, opérés de diverses manières par M. Dixon, lui ont donné des produits plus ou moins stériles ;
des expériences entreprises récemment sur une grande échelle au Jardin

---

[12] *Proc. zoolog. Soc.*, 1832, p. 151.
[13] Le Dr W. Marshall a décrit ces plumes dans *Der zoolog. Garten*, avril 1874, p. 124.
J'ai examiné les plumes de quelques hybrides d'un *G. sonneratii* mâle et d'une poule de
combat rouge élevée au Jardin zoologique de Londres, qui possédaient tous les caractères de
celles du *G. sonneratii*, les lames cornées étaient seulement plus petites.

zoologique de Londres ont donné à peu près les mêmes résultats [14]. Sur cinq cents œufs, produits de croisements variés entre le *G. sonneratii*, le *G. bankiva*, et le *G. varius,* on n'a obtenu que douze poussins, dont trois seulement provenaient d'hybrides accouplés *inter se.* Ces faits, joints aux différences marquées dont nous avons parlé plus haut, entre le *G. sonneratii* et les races domestiques, doivent donc nous faire rejeter l'opinion que cette espèce soit la souche d'aucune race domestique.

On trouve à Ceylan un oiseau indigène, particulier à l'île, le *G. stanleyii.* Cette espèce, à l'exception de la couleur de la crête, se rapproche si complétement de la forme domestique que MM. E. Layard et Kellaert [16] l'auraient regardé comme une des souches parentes de ces dernières, sans une différence très-singulière de la voix. Comme le précédent, cet oiseau se croise avec les poules domestiques, et visite même les fermes solitaires pour y trouver des femelles. Deux hybrides, un mâle et une femelle, produits d'un pareil croisement, sont restés, d'après M. Mitford, complétement stériles; ils avaient tous deux hérité de la voix particulière du *G. stanleyii.* On ne peut donc pas non plus regarder cette espèce comme une des souches des races domestiques.

Le *G. varius* (ou *furcatus*) habite Java et toutes les îles situées à l'orient jusqu'à Flores. Cet oiseau s'écarte tellement de nos races domestiques par plusieurs de ses caractères, — plumage vert, crête non dentelée, caroncule médiane unique,—que personne n'admet qu'il ait pu être une des souches de ces races. Cependant, d'après M. Crawfurd [17], on élève, à cause de leur grande beauté, des métis du *G. varius* mâle et de la poule domestique, mais ils sont invariablement stériles. Il paraît pourtant qu'il n'en a pas été ainsi pour des hybrides obtenus au Jardin zoologique de Londres. Ces métis ont été autrefois regardés comme une espèce distincte, qu'on nommait *G. æneus.* M. Blyth et quelques autres, croient que le *G. temminckii* [18], dont l'histoire est inconnue, est aussi un métis. Parmi quelques peaux de volailles domestiques que Sir J. Brooke m'a envoyées de Bornéo, M. Tegetmeier en a observé une dont la queue portait des bandes transversales bleues, semblables à celles qu'il avait remarquées sur les rectrices d'un métis du *G. varius,* élevé au Jardin zoologique de Londres. Ce fait semblerait indiquer que quelques oiseaux de Bornéo ont été affectés par un croisement avec le *G. varius;* mais ce peut être aussi un cas de variation analogue. Je dois mentionner le *G. giganteus,* si souvent cité dans les ouvrages sur les Gallinacés comme une espèce sauvage; toutefois, Marsden [19], qui l'a décrit le premier, en parle comme d'une race apprivoisée; et l'individu qui se trouve au British Museum a évidemment tout l'aspect d'un oiseau domestique.

---

[14] Lettre de M. Blyth sur les oiseaux de basse-cour dans l'Inde, dans *Gardener's Chronicle,* 1851, p. 619.

[15] M⟨r⟩ S. J. Salter, *Nat. Hist. Review,* avril 1863, p. 276.

[16] M⟨r⟩ Layard, *Annals and Magaz. of Nat. Hist.* (2⟨e⟩ série), t. XIV, p. 62.

[17] Crawfurd, *Descriptive Dict. of the Indian islands,* 1856, p. 113.

[18] G. R. Gray, *Proc. zool. Soc.,* 1849, p. 62.

[19] Cité par M. Dixon dans *Poultry Book,* p. 176. — Aucun ornithologiste ne regarde actuellement cet oiseau comme une espèce distincte.

Il nous reste à parler d'une dernière espèce, le *G. bankiva*, dont la distribution géographique est beaucoup plus étendue que celle des trois précédentes. Le *G. bankiva* habite le nord de l'Inde jusqu'au Sindh à l'ouest; l'Himalaya jusqu'à une altitude de quatre mille pieds ; la Birmanie ; la péninsule Malaise, les pays Indo-Chinois, les îles Philippines ; et, à l'est, l'archipel Malais jusqu'à Timor. Cette espèce varie beaucoup à l'état sauvage.
D'après M. Blyth, les individus venus de l'Himalaya ont des couleurs plus
pâles que ceux des autres parties de l'Inde, tandis que ceux de la péninsule
Malaise et de Java ont des couleurs plus éclatantes que les individus indiens.
J'ai examiné plusieurs individus provenant de ces pays ; la différence de
nuance des plumes de la collerette est certainement très-apparente. Les poules
Malaises ont le poitrail et le cou un peu plus rouge que les poules Indiennes.
Les coqs Malais ont généralement le lobule de l'oreille rouge, tandis qu'il
est blanc chez le coq Indien ; cependant M. Blyth a vu un de ces derniers
sans le lobule blanc. Les pattes affectent une teinte bleu plombé chez les races
Indiennes, elles sont jaunâtres chez les individus Malais et Javanais. M. Blyth
a observé que le tarse varie beaucoup en longueur chez les premières. D'a-
près Temminck [20], les individus de Timor sont, comme race locale, différents de ceux de Java. Ces diverses variétés sauvages n'ont pas encore été
classées comme des espèces distinctes, mais dussent-elles l'être par la suite,
comme cela est probable, cette distinction spécifique n'aurait aucune
portée, relativement à la question de leurs rapports de parenté avec nos
races domestiques. Le *G. bankiva* sauvage ressemble beaucoup, par la couleur et sous d'autres rapports, à notre race de Combat rouge à poitrine
noire, sauf qu'il est plus petit et porte la queue plus horizontale. Mais le
port de la queue est très-variable chez nos races domestiques ; elle est, selon
M. Brent, très-inclinée chez les Malais, relevée chez les races de Combat
et quelques autres, et plus que redressée chez les Dorkings, les Bantams,
etc. Une autre différence, d'après M. Blyth, est que, chez le *G. bankiva*,
après la première mue, les plumes sétiformes du cou sont, pendant deux ou
trois mois, remplacées non par d'autres plumes semblables, comme chez
nos races domestiques, mais par de courtes plumes noirâtres [21]. D'après les
observations de M. Brent, ces plumes noires persistent chez l'oiseau sauvage après le développement des plumes sétiformes inférieures, et apparaissent chez l'oiseau domestique en même temps qu'elles ; la seule différence gît donc dans le remplacement, plus tardif chez l'oiseau sauvage que
chez l'oiseau domestique, des plumes sétiformes inférieures, fait qui n'a
aucune importance, car on sait que la captivité a souvent pour effet d'affecter le plumage des oiseaux mâles. Un point essentiel, noté par M. Blyth et
d'autres, est la ressemblance de la voix du *G. bankiva*, mâle et femelle,
avec celle de nos oiseaux domestiques des deux sexes, la dernière note du
chant de l'oiseau sauvage est, toutefois, un peu moins prolongée. Le capi-

[20] *Coup d'œil général sur l'Inde Archipélagique*, t. III (1849), p. 177. — Voir aussi
M. Blyth dans *Indian Sporting Review*, t. II, p. 5, 1856.
[21] M. Blyth, *Ann. and Mag. of Nat. Hist.* (2e série), t. I, 1848, p. 455.

taine Hutton, connu par ses recherches sur l'histoire naturelle de l'Inde, a observé plusieurs hybrides provenant de croisements entre l'espèce sauvage et le Bantam chinois ; ces métis reproduisaient facilement avec les Bantams, mais on n'a pas essayé de les croiser *inter se*. Le même observateur s'est procuré des œufs du *G. bankiva* et a élevé les poulets, qui, d'abord très-sauvages, se sont ensuite complétement apprivoisés. Il n'a pas réussi à les conserver jusqu'à l'âge adulte, et il fait remarquer à ce sujet qu'aucun Gallinacé sauvage nourri de grains durs ne prospère bien dans les commencements. M. Blyth a eu également beaucoup de peine à conserver le *G. bankiva* en captivité. Les naturels des îles Philippines paraissent cependant mieux réussir, car ils gardent des coqs sauvages pour lutter avec leurs coqs de Combat domestiques [22]. Sir W. Elliot m'apprend qu'il existe à Pégu une race domestique indigène, dont la poule ressemble absolument à celle du *G. bankiva :* les naturels attrapent constamment des coqs sauvages en les faisant combattre dans les bois avec des coqs apprivoisés [23]. M. Crawfurd a fait la remarque que, d'après l'étymologie, on pourrait conclure à la domestication première du coq sauvage par les Malais et les Javanais [24]. M. Blyth m'a signalé un fait curieux : les *G. bankiva* sauvages, provenant des pays situés à l'orient de la baie du Bengale s'apprivoisent beaucoup plus facilement que ceux de l'Inde ; ce fait n'est du reste pas sans exemple, car, ainsi que Humboldt l'a observé il y a longtemps, une même espèce peut offrir plus de dispositions à l'apprivoisement dans un pays que dans un autre. Si l'on admet que le *G. bankiva* a été d'abord réduit à l'état domestique dans la Malaisie, nous pouvons nous expliquer une autre observation de M. Blyth, à savoir que les races domestiques de l'Inde ne ressemblent pas plus au *G. bankiva*, que ne le font celles de l'Europe.

L'extrême ressemblance qui existe au point de vue de la couleur, de la conformation générale et surtout de la voix, entre le *G. bankiva* et notre race de combat ; la fécondité des croisements, autant qu'on a pu la vérifier ; la facilité de l'apprivoisement de l'espèce sauvage, et ses variations dans cet état, nous autorisent certainement à considérer le *G. bankiva* comme la souche primitive et l'ancêtre de la forme la plus typique de toutes nos races domestiques, le coq de Combat. Il est à remarquer que presque tous les naturalistes de l'Inde, tels que Sir W. Elliot, M. S.-N. Ward, M. Layard, M. J.-C. Jerdon, M. Blyth[25],

[22] Crawfurd, *O. C.*, p. 112.
[23] En Birmanie, d'après M. Blyth, les formes sauvages et domestiques se croisent continuellement ensemble ; il en résulte une foule de formes de transition très-irrégulières.
[24] *O. c.*, p. 113.
[25] Jerdon, dans *Madras Journal of Litt. and Science*, vol. XXII, p. 2, dit en parlant du *G. bankiva :* « La souche incontestable de la plupart des variétés de nos races communes. » — Pour M. Blyth, *Gardener's Chron.*, 1851, p. 619 ; et *Ann. and Mag. of Nat. Hist.*, vol. XX, 1847, p. 388.

qui ont observé avec soin le *G. bankiva*, sont d'accord pour le regarder comme l'ancêtre de la plupart, sinon de toutes nos races domestiques. Mais, en admettant même que le *G. bankiva* soit l'ancêtre de nos races de Combat, on peut encore se demander si les autres races ne descendent pas de quelques autres espèces sauvages inconnues, qui existent peut-être encore ou qui sont éteintes. Cette extinction de plusieurs espèces est une hypothèse improbable, si nous considérons que les quatre espèces connues ne sont pas éteintes dans les régions si anciennement et si fortement peuplées de l'Orient. On ne connaît réellement aucune espèce d'oiseau domestique, dont la souche primitive sauvage soit encore inconnue ou éteinte. Ce n'est pas dans le monde entier, comme le font les éleveurs, que nous devons chercher à découvrir de nouvelles espèces de *Gallus*, ou à en retrouver d'anciennes ; car, ainsi que le fait remarquer M. Blyth[26], les grands Gallinacés ont généralement une distribution restreinte. C'est ce qui résulte très-nettement de la distribution de ces oiseaux dans l'Inde, où le genre *Gallus*, qui habite les versants inférieurs de l'Himalaya, est remplacé plus haut par le *Gallophasis*, et plus haut encore par le *Phasianus*. Comme patrie d'espèces inconnues du genre, l'Australie et ses îles sont hors de question. Il serait tout aussi peu probable de trouver des *Gallus* dans l'Amérique du Sud[27], que de rencontrer des oiseaux-mouches dans l'ancien

---

[26] *Gardener's Chronicle*, 1851, p. 619.

[27] M. Sclater, une autorité dans la matière, que j'ai consulté à ce sujet, pense que je ne me suis point trop fortement prononcé sur ce fait. Un ancien auteur, Acosta, assure que lors de la découverte de l'Amérique du Sud, on y a trouvé des Gallinacés ; plus récemment, en 1795, Olivier de Serres signale des Gallinacés sauvages dans les forêts de la Guyane, mais c'étaient probablement des oiseaux marrons. Le Dr Daniell croit qu'il y a des coqs redevenus sauvages sur la côte occidentale de l'Afrique équatoriale ; mais il est possible que ce ne soient pas de vrais coqs, mais des Gallinacés appartenant au genre *Phasidus*. L'ancien voyageur Barbut dit que les coqs ne sont pas indigènes en Guinée. Le capitaine W. Allen (*Narrative of Niger expedition*, 1848, vol. II, p. 42) décrit des coqs sauvages à Ilha dos Rollas, île située près de Saint-Thomas, sur la côte occidentale d'Afrique, et qui, d'après le dire des naturels du pays, provenaient d'un navire naufragé longtemps auparavant. Ils étaient très-sauvages, leur cri était fort différent de celui des races domestiques, et leur apparence était quelque peu changée, de sorte que, malgré l'assertion des indigènes, il y a doute si ces oiseaux étaient réellement redevenus sauvages. Il est certain que, dans plusieurs îles, les coqs d'origine domestique sont redevenus sauvages. D'après un juge compétent, M. Fry, ceux qui sont marrons dans l'île de l'Ascension ont repris leurs couleurs primitives, les coqs rouges et noirs, et les poules d'un gris enfumé. Nous ne connaissons malheureusement pas les couleurs des oiseaux qu'on y a rendus à la liberté. Il y en a aussi dans les îles Nicobar (Blyth, *Indian Field*, 1858, p. 62) et dans les îles Mariannes (Anson, *Voyage*.) Ceux qu'on a trouvés dans les îles Palao (Crawfurd), sont, dit-on, redevenus sauvages; enfin, on assure qu'il en est de même dans la Nouvelle-Zélande ; mais je ne saurais dire si cette affirmation est exacte.

monde. D'après les caractères qu'offrent les autres Gallinacés africains, il est aussi fort peu probable que le genre *Gallus* puisse se trouver en Afrique. Il est inutile de chercher dans les parties occidentales de l'Asie, car MM. Blyth et Crawfurd, qui se sont occupés de cette question, doutent que le genre *Gallus* ait jamais existé à l'état sauvage aussi loin vers l'ouest que la Perse. Il est probable que, bien que les premiers auteurs grecs parlent du coq comme d'origine persane, il n'y ait là qu'une indication de la direction générale de sa ligne d'importation. C'est vers l'Inde, l'Indo-Chine, et les parties nord de l'archipel Malais, que nous devons diriger nos recherches pour découvrir des espèces inconnues. Les parties méridionales de la Chine semblent la région la plus favorable, mais, ainsi que le remarque M. Blyth, on a depuis fort longtemps importé de Chine une grande quantité de peaux, et on conserve en captivité dans ce pays trop d'oiseaux vivants pour qu'une espèce indigène de *Gallus* ait pu nous rester inconnue. Il résulte de certains passages d'une encyclopédie chinoise, publiée en 1609, mais compilée d'après des documents plus anciens, et dont je dois la traduction à M. Birch, du British Museum, que les coqs sont des oiseaux venus de l'ouest, et introduits dans l'est (c'est-à-dire en Chine) sous une dynastie régnant 1400 ans avant Jésus-Christ. Quoi qu'on puisse penser de cette date reculée, nous voyons que les Chinois regardaient autrefois, comme la patrie des Gallinacés domestiques, les régions indiennes et indo—chinoises. C'est donc, d'après ces diverses considérations, vers les parties sud-est de l'Asie, la patrie actuelle du genre, que nous devrions chercher les espèces qui, actuellement inconnues à l'état sauvage, auraient été autrefois domestiquées ; mais les ornithologistes les plus expérimentés ne regardent pas cette découverte comme probable.

En étudiant la question de savoir si nos races domestiques descendent d'une espèce unique, le *G. bankiva,* ou de plusieurs espèces, il ne faut ni méconnaître ni exagérer l'importance de la fécondité. La plupart de nos races ont été si fréquemment croisées, et leurs hybrides si abondamment élevés, qu'il est presque impossible que le moindre degré de stérilité ait pu passer inaperçu. D'autre part, nous avons vu que les quatre espèces connues de *Gallus,* croisées les unes avec les autres ou avec les races domestiques, ont, à l'exception du *G. bankiva,* produit des hybrides stériles.

En un mot, nous ne possédons pas des preuves aussi évidentes que pour le pigeon que toutes les races de volaille descendent d'une souche primitive unique. Dans les deux cas, l'argument tiré de la fécondité a quelque valeur ; dans les deux, il y a la même improbabilité à ce que l'homme ait anciennement réussi à domestiquer complétement plusieurs espèces, — la plupart de ces espèces supposées étant fort anomales, comparative-ment aux formes naturelles dont elles sont voisines, — et qui toutes seraient inconnues ou éteintes, tandis qu'aucune des souches primitives d'aucun autre oiseau domestique ne s'est per-due. Mais, si nos recherches sur les souches parentes supposées des races de pigeon ont pu être restreintes à l'examen de quel-ques espèces caractérisées par des habitudes particulières, il n'en est pas de même pour les volailles, car rien dans leurs habitudes ne les distingue d'une manière marquée des autres Gallinacés. Nous avons démontré que, chez les pigeons, les oiseaux purs appartenant à toutes les races, ainsi que les produits du croise-ment de races distinctes, ressemblent souvent au Biset sauvage, ou font retour vers lui par leur coloration générale et certaines marques caractéristiques. Nous verrons chez les races gallines des faits analogues, mais moins prononcés ; c'est ce que nous allons discuter.

Retour et variations analogues. — Chez toutes les races pures, de Combat, Malaise, Cochinchinoise, Dorking, Bantam, et d'après M. Tegetmeier, chez la poule Soyeuse, on rencontre parfois, sou-vent même, des individus dont le plumage ressemble beaucoup à celui du *G. bankiva* sauvage. Le fait est digne d'attention, car les races que nous venons d'énumérer comptent parmi les plus distinctes. Les amateurs appellent les oiseaux ainsi colorés rouges à poitrine noire. Les Hambourg ont, en règle générale, un plumage très différent, et cependant M. Tegetmeier m'apprend qu'une des grandes difficultés qu'on rencontre dans la production des coqs de la variété pailletée dorée, est la tendance qu'ils ont à revêtir une poitrine noire et un dos rouge. Les Bantams et les Co-chinchinois mâles blancs prennent souvent, en atteignant l'âge adulte, une teinte jaunâtre ou une nuance safran ; les longues plumes de la collerette des coqs Bantams noirs [28], deviennent fréquemment rougeâtres quand l'oiseau a deux ou trois ans; lors de la mue les ailes des coqs Bantams sont aptes à devenir bronzées, ou même rouges. Ces divers cas indiquent donc une tendance évidente au retour vers les couleurs du *G. bankiva*, même pendant la vie de l'individu. Je n'ai jamais appris qu'un oiseau rouge à poitrine noire ait apparu chez les races Espagnole, Huppée, Hambourg pailletée d'argent, Hambourg rayée, et quelques autres races moins communes.

L'expérience que j'avais des pigeons m'a conduit à essayer les croisements suivants. Après avoir détruit tous les oiseaux de ma basse-cour, je me suis procuré, par l'intermédiaire de M. Tegetmeier, un coq Espagnol noir de premier ordre, et des poules des races suivantes parfaitement pures, — poule de Combat blanche, Cochinchinoise blanche, Huppée pailletée d'argent, Hambourg pailletée d'argent, Hambourg argentée rayée, et une Soyeuse blanche. Aucune de ces races, conservée dans toute sa pureté, n'a jamais, à ma connaissance, présenté une seule plume rouge, fait qui ne serait pas improbable chez les races de Combat blanches et les Cochinchinois de même couleur. Ces six croisements me produisirent de nombreux poussins ; la plupart étaient noirs, le duvet aussi bien que le premier plumage ; quelques-uns étaient blancs, fort peu marbrés de noir et de blanc. Onze œufs mélangés, provenant de la poule de Combat et de la Cochinchinoise par le coq Espagnol noir, produisirent sept poulets blancs et quatre seulement noirs. Je mentionne ce fait, pour prouver que le plumage blanc est fortement héréditaire, et que l'opinion admise de la prépondérance du mâle au point de vue de la transmission de sa couleur à ses petits n'est pas toujours exacte. L'éclosion des poussins eut lieu au printemps, et, à la fin d'août, plusieurs des jeunes coqs commencèrent à subir des changements qui, chez quelques-uns, s'accentuèrent pendant les années suivantes. Ainsi, le premier plumage d'un jeune coq provenant de la poule Huppée pailletée d'argent, était noir de jais ; par sa crête, sa huppe, ses caroncules et sa barbe, il réunissait les caractères des deux parents ; à l'âge de

---

[28] M. Hewitt, dans *Poultry Book*, par W. B. Tegetmeier, 1866, p. 248.

deux ans, les rémiges secondaires devinrent fortement et symétriquement marquées de blanc, et partout où, chez le *G. bankiva*, les plumes sétiformes sont rouges, elles devinrent, chez cet oiseau d'un noir verdâtre sur la tige, bordées d'une bande étroite noir brunâtre, puis d'une large bande brun jaunâtre très-clair; de sorte que, par son aspect général, le plumage était devenu clair au lieu de rester foncé. Les modifications ont donc été considérables à mesure que l'oiseau avançait en âge, mais je n'ai constaté aucun retour vers la coloration rouge du *G. bankiva*.

Un coq, provenant d'une des poules Hambourg, était aussi d'abord tout noir, mais, en moins d'une année, les plumes de la collerette devinrent blanchâtres, et celles des reins prirent une teinte marquée jaune rougeâtre; voilà donc un premier symptôme de retour; le même fait s'est présenté chez plusieurs autres jeunes coqs, mais il est inutile de les décrire. Un éleveur[29] a obtenu, du croisement de deux poules Hambourg argentées avec un coq Espagnol, un grand nombre de poulets noirs; les plumes de la collerette étaient dorées chez les coqs, et brunâtres chez les poules; ce qui indique aussi dans ce cas une tendance évidente au retour.

Deux jeunes coqs provenant de ma poule de Combat blanche, étaient d'abord blanc de neige; par la suite, les plumes de la collerette de l'un devinrent couleur orangé clair, surtout sur les reins, et chez l'autre, elles devinrent rouge-orange sur le cou, sur les reins et sur les tectrices alaires supérieures. Ici encore il y a un retour partiel mais décisif aux couleurs du *G. bankiva*. Ce second coq était par le fait coloré comme un coq de Combat inférieur de la variété *Pile*; sous-race qui peut être obtenue, d'après M. Tegetmeier, en croisant un coq de Combat rouge à poitrine noire avec une poule blanche; la sous-race *Pile* ainsi produite peut ensuite se propager par elle-même. Il en résulte donc le fait curieux que le coq Espagnol, qui est d'un beau noir, et le coq de Combat, qui est rouge à poitrine noire, donnent l'un et l'autre des produits à peu près de même couleur, lorsqu'on les croise avec des poules de Combat blanches.

---

[29] *Journal of Horticulture,* 1862, p. 325.

J'ai élevé plusieurs poulets, provenant de la poule Soyeuse blanche par le coq Espagnol ; tous étaient d'un noir de jais, et tous rappelaient leur parenté maternelle par leur crête et leurs os noirâtres, mais aucun n'avait les plumes soyeuses ; d'autres éleveurs ont déjà remarqué que ce caractère n'est pas héréditaire. Le plumage des poules ne varia jamais. Un peu plus tard les plumes sétiformes devinrent d'un blanc jaunâtre, ce qui le fit ressembler beaucoup à l'hybride provenant du croisement de la poule Hambourg ; un autre devint un oiseau splendide, à tel point qu'un de mes amis l'a conservé et l'a fait empailler uniquement pour sa beauté. Il ressemblait beaucoup au *G. bankiva* par son port et ses allures, mais il avait les plumes de couleur rouge plus foncé. En l'examinant de plus près j'observai une différence importante : les rémiges primaires et secondaires de ce coq, au lieu d'être bordées de teintes rouges ou jaunes, comme chez le *G. bankiva*, l'étaient de vert noirâtre. La partie du dos qui porte des plumes d'un vert foncé, était plus large, et la crête était noirâtre ; mais, du reste, sous tous les autres rapports, jusque dans les détails insignifiants du plumage, la ressemblance était complète. Je ne pouvais me lasser de comparer cet oiseau avec le *G. bankiva* d'abord, puis avec son père, le brillant coq Espagnol d'un beau vert noir, et enfin avec sa mère, la petite poule Soyeuse blanche, car aucun spectacle ne saurait être plus merveilleux. Ce cas de retour est d'autant plus remarquable que la race Espagnole se reproduit exactement depuis fort longtemps, et qu'on ne connaît aucun cas de réapparition chez elle d'une seule plume rouge. La poule Soyeuse se reproduit également d'une manière constante et paraît ancienne, car, avant l'an 1600, Aldrovandi fait probablement allusion à cette race, qu'il décrit comme couverte de laine. Certains caractères de cette race sont si singuliers que plusieurs auteurs n'hésitent pas à la regarder comme une espèce distincte ; cependant, comme nous venons de le voir, elle donne, croisée avec la race Espagnole, des produits très-voisins du *G. bankiva* sauvage.

M. Tegetmeier a eu l'obligeance de répéter le croisement entre la poule Soyeuse et le coq Espagnol, il a obtenu des résultats semblables ; il a élevé, en effet, outre une poule noire, sept coqs qui tous avaient le corps foncé, mais la collerette d'un

rouge plus ou moins orangé. L'année suivante, il accoupla la
poule noire avec un de ses frères, et en obtint trois coqs colorés
comme le père, et une poule noire marbrée de blanc.

Dans les six croisements décrits ci-dessus, les poules n'ont
montré aucune tendance à revenir au plumage marbré de brun
de la femelle du *G. bankiva*; toutefois l'une d'elles, provenant
de la Cochinchinoise blanche, devint légèrement brune, comme
enfumée, après avoir été d'abord d'un noir de jais. Plusieurs
poules, après avoir été longtemps d'un blanc de neige, ont pris
en vieillissant quelques plumes noires. Une poule provenant de
la poule de Combat blanche, fut d'abord, pendant assez longtemps, entièrement noire et lustrée de vert, puis, à l'âge de deux
ans, quelques rémiges primaires devinrent blanc-grisâtre, et une
grande partie des plumes du corps se couvrirent de taches
blanches symétriques. J'avais pensé que, pendant qu'ils avaient
leur duvet, quelques-uns des poulets auraient présenté les raies
longitudinales si communes chez les jeunes gallinacés; mais,
cela n'est pas arrivé une seule fois. Deux ou trois seulement
avaient la tête brun rougeâtre. Ayant malheureusement perdu
presque tous les poulets blancs des premiers croisements, la couleur noire a prévalu dans les produits de la seconde génération,
mais avec beaucoup de variété; quelques-uns étaient enfumés,
d'autres marbrés; un poulet noirâtre avait des plumes bizarrement terminées et barrées de brun.

Il n'est pas inutile de citer ici quelques faits se rattachant à
la loi du retour ou à celle des variations analogues. Cette
dernière loi, comme nous l'avons déjà indiqué précédemment,
implique que les variétés d'une espèce ressemblent souvent à
d'autres espèces voisines mais distinctes; ce fait s'explique, dans
l'hypothèse que je soutiens, par le principe que les espèces d'un
même genre descendent d'une forme primitive unique. La poule
Soyeuse, à peau et à os noirs, dégénère dans nos climats, comme
l'ont fait observer M. Hewitt et M. Orton, c'est-à-dire, que la
peau et les os reviennent graduellement à la couleur ordinaire
des races communes, tout croisement ayant d'ailleurs été évité
avec soin. On a observé en Allemagne [30] la même dégénérescence

---

[30] *Die Hühner-und Pfauenzucht,* Ulm, 1827, p. 17. — Pour M. Hewitt, *Poultry Book,* par
W. B. Tegetmeier, 1866, p. 222. — M. Orton m'a transmis sa communication par lettre.

chez une race distincte à os noirs, et dont le plumage est noir, mais non soyeux.

M. Tegetmeier m'apprend que lorsqu'on croise des races distinctes, on obtient fréquemment des individus dont les plumes sont marquées ou tachetées de lignes transversales étroites d'une couleur plus foncée. Ce fait peut s'expliquer dans une certaine mesure par un retour direct vers la forme souche, la poule *Bankiva*, chez laquelle tout le plumage supérieur est finement marbré de brun foncé ou rougeâtre, les marbrures étant en partie disposées en lignes transversales. L'influence des variations analogues augmente probablement cette tendance dans une grande proportion ; en effet, chez les poules de plusieurs autres espèces de *Gallus*, le rayage tranversal est beaucoup plus apparent et les femelles d'un grand nombre de gallinacés appartenant à d'autres genres, la perdrix par exemple, ont les plumes couvertes de raies transversales. M. Tegetmeier m'a fait aussi remarquer que, bien qu'on observe chez le pigeon domestique la plus grande diversité de colorations, on ne rencontre jamais des plumes rayées ou pailletées, ce qui se comprend d'après le principe des variations analogues, puisque ni le biset, ni aucune des espèces qui en sont voisines, n'ont de plumes ayant ce caractère. L'apparence fréquente des plumes rayées chez les poulets croisés, explique probablement l'existence des sous-races dites « Coucou » chez diverses races, les poules de Combat, les Huppées, les Dorkings, les Cochinchinoises, les Andalouses et les Bantams, par exemple. Les poulets Coucous ont le plumage gris ou bleu ardoisé, et chaque plume porte des raies transversales plus foncées, ce qui fait que leur plumage ressemble, dans une certaine mesure, à celui du Coucou. Le plumage des mâles n'est jamais rayé chez aucune espèce du genre *Gallus*, il est donc très-extraordinaire que ce caractère se soit cependant transmis à quelques coqs, et particulièrement au coq de la variété Coucou des Dorkings ; ce fait est d'autant plus singulier que chez les Hambourgs rayés, tant dorés qu'argentés, chez lesquels les raies constituent un caractère de la race, le mâle n'en offre presque pas, cette particularité du plumage étant spéciale à la femelle.

L'apparition de sous-races pailletées, dans les races Hambourg, Huppées, Malaises et Bantams, est encore un cas de va-

riation analogue. Les plumes tachetées portent, à leur extrémité, une marque foncée en forme de croissant, tandis que
les plumes rayées portent plusieurs raies transversales. Les
tachetures ne peuvent pas être attribuées à un retour vers le *G.
bankiva* ; elles ne se manifestent pas non plus fréquemment à la
suite des croisements de races distinctes; elles proviennent donc
de variations analogues, car, un grand nombre de gallinacés ont les
plumes tachetées, le faisan commun, par exemple. Aussi, donne-
t-on souvent aux races pailletées, le nom de races « Faisanes ».
On rencontre chez quelques races domestiques un cas de variation analogue inexplicable ; les poussins des races noires suivantes, Espagnoles, de Combat, Huppées et Bantams, ont tous,
pendant qu'ils sont encore couverts de duvet, la gorge et le poitrail blancs, et souvent un peu de blanc sur les ailes [31]. L'éditeur
du *Poultry Chronicle* [32], fait remarquer que toutes les races qui
ont normalement les lobules auriculaires rouges, produisent
occasionnellement des oiseaux chez lesquels ces mêmes lobules
sont blancs. Cette observation s'applique plus particulièrement à
la race de Combat, celle de toutes qui se rapproche le plus du
G. bankiva. Nous avons vu qu'à l'état de nature, la couleur des
lobules auriculaires varie chez cette espèce, car ils sont rouges
dans les régions Malaises, et généralement, quoique pas invariablement, blancs dans l'Inde.

En résumé, il existe une espèce de *Callus*, le *Gallus bankiva,*
espèce commune, largement répandue, variable, d'un apprivoisement facile, féconde dans ses croisements avec les races ordinaires, et qui se rapproche beaucoup de la race de Combat par
toute sa conformation, son plumage et sa voix ; on peut donc,
sans hésitation, regarder cette espèce comme la souche de cette
dernière race, le type par excellence des races domestiques. Nous
avons vu les difficultés qui s'opposent à ce qu'on admette que
d'autres espèces, actuellement inconnues, aient pu être les ancêtres des autres races domestiques. Nous savons que toutes
nos races sont très-voisines, comme le prouvent la similitude de
la plupart des points de leur conformation, de leurs habitudes, et

[31] Dixon, *Ornamental and domestic Poultry,* p. 253, 324, 335. — Pour la race de Combat,
Ferguson, *Prize Poultry,* p. 260.
[32] *Poultry Chronicle,* Vol. II, p. 71.

les analogies de leurs variations. Nous avons vu aussi que plusieurs des races les plus distinctes ressemblent de très-près, habituellement ou occasionnellement, au *Gallus bankiva* par leur plumage, et que les produits croisés d'autres races qui n'ont pas cette coloration, manifestent une tendance plus ou moins prononcée à faire retour à ce même plumage. Quelques races très distinctes, et qu'il semble très-difficile de faire descendre du *Gallus bankiva*, telles que la race Huppée, avec son crâne protubérant et mal ossifié, la race Cochinchinoise, avec sa queue imparfaite et ses petites ailes, accusent fortement, par ces caractères leur origine artificielle. Nous savons que, pendant ces dernières années, la sélection méthodique a considérablement amélioré bien des caractères et les a fixés ; nous avons, en outre, toute raison de croire que la sélection inconsciente, poursuivie pendant une longue série de générations, a dû sûrement augmenter toute particularité nouvelle, et donner ainsi naissance à de nouvelles races. Dès que deux ou trois races ont été formées, l'intervention de croisements divers entre elles a dû avoir pour résultat de modifier leurs caractères et d'en augmenter le nombre. Une publication récente faite en Amérique, nous permet d'ajouter que la race Brahmapoutra offre le cas intéressant d'une race provenant d'un croisement récent et se conservant par elle-même. Les fameux Bantams-Sebright constituent un autre exemple analogue. Nous pouvons donc conclure que, non-seulement la race de Combat, mais toutes nos autres races, descendent probablement de la variété Malaise ou Indienne du *Gallus bankiva*. Cette espèce aurait donc considérablement varié depuis qu'elle a été réduite en domesticité ; mais, elle a eu bien amplement le temps de le faire, ainsi que nous allons essayer de le démontrer.

Histoire des races gallines. — Rütimeyer n'a pas trouvé de restes de poulets dans les anciennes habitations lacustres de la Suisse, mais Jeitteles affirme [33] qu'on en a récemment découvert

---

[33] *Die vorgeschichtlichen Alterthümer*, vol. II, 1872, p. 5. Le Dr Pickering, dans *Races of Man*, 1850, p. 374, dit que la tête et le cou d'un poulet figurent au nombre des offrandes apportées en procession à Thoutmousis III (1445 av. J.-C.) ; mais M. Birch, du *British Museum*, doute qu'on puisse affirmer que cette figure représente bien une tête de poulet. D'ailleurs, l'absence de figures de ces oiseaux sur les monuments égyptiens s'explique, dans une certaine mesure par les préjugés très-répandus que l'on avait contre eux. Le Rev. P. Erhard m'apprend que sur la côte orientale d'Afrique, du 4e au 6e degré au sud de l'Équateur, la plupart des tribus païennes ont encore aujourd'hui une aversion profonde pour le

associés aux ossements d'animaux éteints et à des instruments préhistoriques. Il est donc singulier que le poulet ne soit ni mentionné dans l'Ancien Testament, ni figuré sur les antiques monuments égyptiens. Ni Homère ni Hésiode n'en parlent (environ 900 ans avant J.-C.) ; mais Théognis et Aristophane en font mention (de 400 à 500 ans avant J.-C.). Il est figuré sur quelques cylindres babyloniens, dont M. Layard m'a envoyé une empreinte (vie ou viie siècle avant J.-C.), et sur une tombe en Lycie (environ 600 ans avant J.-C.). Nous pouvons donc fixer à peu près au vie siècle avant J.-C., l'époque de l'introduction en Europe du poulet domestique. Au commencement de notre ère, le poulet était déjà répandu dans l'Europe occidentale, car Jules César l'a trouvé en Bretagne. Il devait être domestiqué dans l'Inde, lorsque les institutions de Manou furent écrites, c'est-à-dire, d'après Sir W. Jones, 1200 ans avant J.-C., mais, d'après l'autorité plus récente de M. H. Wilson, seulement 800 ans avant J.-C., — car Manou porte le poulet domestiqué au nombre des aliments défendus, tandis qu'il permet de manger le poulet sauvage. Si, comme nous l'avons déjà fait remarquer, on peut se fier à l'ancienne Encyclopédie chinoise, l'époque de la domestication du poulet serait de plusieurs siècles antérieure, puisqu'il y est dit qu'il fut importé en Chine, venant de l'Ouest, vers 1400 avant J.-C.

Il n'existe pas de matériaux qui permettent de retracer l'histoire des diverses races. Au commencement de l'ère chrétienne, Columelle parle d'une race de combat à cinq doigts, et de quelques races de province, mais nous ne savons rien de plus sur leur compte. Il fait aussi allusion à des formes naines, mais qui ne peuvent être les mêmes que nos Bantams, car celles-ci, comme l'a démontré M. Crawfurd, ont été importées du Japon à Bantam, dans l'île de Java. M. Birch m'apprend que, dans une ancienne Encyclopédie Japonaise, il est question d'une race

---

poulet. Les naturels des îles Palao, ainsi que les Indiens de certaines parties de l'Amérique du Sud refusent de manger cet oiseau. Pour l'histoire ancienne de la race galline, voir Volz, *Beitrage zur Culturgeschichte*, 1852, p. 77; — I. Geoffroy Saint-Hilaire, *Hist. nat. gén.*, t. III, p. 61. — M. Crawfurd en a donné une histoire remarquable dans *Relation of domesticated Animals to civilisation*, lu à la *British Association*, Oxford, 1860, et depuis publié à part. C'est d'après ce mémoire que je cite Théognis, le poëte grec, et la tombe de Lycie décrite par Sir C. Fellowes. Ce qui est relatif aux institutions de Manou est tiré d'une lettre de M. Blyth.

naine, qui est probablement la vraie race Bantam. Dans l'Encyclopédie chinoise, publiée en 1596, et compilée de sources diverses, dont quelques-unes remontent à une haute antiquité, il
est fait mention de sept races, comprenant des formes comme
celles que nous appelons rampantes ou sauteuses, et aussi des
poulets à plumes, à os et à chair noirs. Aldrovandi, dans son
ouvrage publié en 1600, et qui est le plus ancien document qui
soit à notre disposition pour déterminer l'âge de nos races gallines européennes, en décrit sept ou huit. Le *Gallus turcicus*
semble être certainement un Hambourg rayé ; mais M. Brent,
haute autorité en la matière, croit qu'Aldrovandi, a évidemment
figuré ce qu'il a rencontré par hasard, et non ce qu'il y avait de
mieux dans la race. Il considère même que tous les poulets figurés par Aldrovandi ne sont pas de race pure ; mais il est plus
probable que toutes nos races ont, depuis cette époque, été considérablement modifiées et améliorées, car, puisqu'il s'est donné
la peine de réunir autant de figures, il doit probablement avoir
cherché à se procurer des individus caractéristiques. Quoi qu'il en
soit, la poule Soyeuse existait déjà alors dans l'état où elle est aujourd'hui, ainsi que la race frisée ou à plumes renversées. M. Dixon [34] regarde le poulet de Padoue d'Aldrovandi, comme une variété de la race Huppée ; tandis que M. Brent croit qu'il est plus
voisin de la race Malaise. En 1656, P. Borelli a signalé les particularités anatomiques du crâne de la race Huppée. Je puis ajouter
qu'une sous-variété de cette race, celle à plumage doré et pailleté, était connue en 1737 ; mais, à en juger par la description
d'Albin, la crête était alors plus grande, la huppe beaucoup plus
petite, la poitrine plus grossièrement tachetée, et l'abdomen et
les cuisses plus noirs. Dans ces conditions, un coq Huppé pail-
leté-doré n'aurait aujourd'hui aucune valeur.

*Différences des conformations externes et internes des
diverses races : Variabilité individuelle.* — Les races gallines
ont été soumises à des conditions d'existence très-diverses, et
nous venons de voir que le temps pendant lequel elles ont pu
subir leur action, jointe à celle de la sélection inconsciente, a

[34] *Ornamental and domestic Poultry,* 1847, p. 185 ; — Passages traduits de Columelle,
p. 312. — Pour les Hambourgs dorés, voir Albin, *Natural History of Birds,* 3 vol., avec
planches, 1731-38.

été amplement suffisant pour déterminer une variabilité considérable. Comme il y a d'excellentes raisons pour croire que toutes les races descendent du *G. Bankiva*, une description détaillée des principaux points de différence qu'on peut constater entre elles, n'est pas inutile. Après les œufs et les poussins, nous examinerons les caractères sexuels secondaires, et ensuite les divergences dans la conformation extérieure, et dans celle du squelette. Les détails qui suivent ont surtout pour but de démontrer à quel point, sous l'influence de la domestication, tous les caractères ont pu devenir variables.

Œufs. — M. Dixon [35] a fait remarquer que chaque poule pond des œufs ayant des caractères particuliers au point de vue de la forme, de la couleur ou de la grosseur, caractères qui persistent pendant toute la vie de la poule tant qu'elle est en bonne santé, et qui sont aussi familiers à ceux qui ramassent les œufs que l'écriture d'une personne de connaissance. Je crois que cette remarque est fondée en règle générale, et qu'on peut, en effet, reconnaître presque toujours les œufs de chaque poule, si on n'en possède pas un trop grand nombre. La grosseur des œufs varie naturellement avec la taille de la race, mais pas toujours cependant dans une proportion exacte. Ainsi la race Malaise est plus grande que la race Espagnole, mais elle pond *généralement* des œufs moins gros; les œufs des Bantams blancs sont plus petits que ceux des autres Bantams [36]; par contre, d'après M. Tegetmeier, les poules Cochinchinoises blanches pondent des œufs plus gros que les Cochinchinoises blondes. Les œufs des diverses races offrent, toutefois, des caractères très-différents; ainsi, M. Ballance [37] affirme que de jeunes poules Malaises de l'année précédente pondaient des œufs égaux en grosseur à ceux d'une cane, tandis que d'autres poules de même race, et âgées de deux ou trois ans, ne pondaient que des œufs à peine plus gros que ceux d'une poule Bantam de taille ordinaire. Les uns étaient aussi blancs que ceux d'une poule Espagnole, d'autres variaient entre la couleur café au lait, chamois foncé ou même brunâtre. La forme varie aussi : les deux extrémités des œufs sont plus également arrondies que celles des œufs des poules Cochinchinoises, de la race de Combat ou de la race Espagnole. Les œufs de la poule Espagnole sont plus lisses que ceux de la poule Cochinchinoise qui pond généralement des œufs rugueux. La coquille des œufs de la poule Cochinchinoise, est, ainsi que celle des œufs de la poule Malaise, plus épaisse que celle des œufs des poules de la race de Combat et de la poule Espagnole; on assure qu'une sous-race Espagnole, la sous-race de Minorque,

---

[35] *Ornamental and domestic Poultry,* p. 152.
[36] Ferguson, *Rare Prize Poultry,* p. 297. D'après ce que j'apprends, on ne peut pas, en règle générale, se fier à cet auteur. Il donne toutefois des figures et beaucoup de renseignements sur les œufs. Voir p. 34 et 235 sur les œufs de la poule de Combat.
[37] *Poultry Book,* 1866, p. 78, 81.

pond des œufs encore plus durs [38]. Les œufs varient beaucoup au point de vue de la couleur : — ceux des Cochinchinoises sont chamois, ceux des Malaises un peu plus clairs, ceux des poules de Combat encore plus clairs. Il paraît que les œufs de couleur plus foncée caractérisent les races récemment importées d'Orient, ou celles qui sont encore très-voisines des races vivant actuellement dans cette région. D'après Ferguson, la couleur du jaune ainsi que celle de la coquille diffère un peu chez les variétés de la race de Combat. M. Brent m'apprend que les poules Cochinchinoises, dont le plumage est foncé comme celui de la perdrix, pondent des œufs plus foncés que les autres variétés de la même race. Le goût de l'œuf diffère certainement suivant les races et la productivité varie aussi beaucoup. Les poules Espagnoles, Huppées et de Hambourg ont perdu l'instinct de l'incubation.

Poussins. — Comme les jeunes de presque tous les gallinacés, pendant qu'ils sont encore revêtus de leur duvet, portent des bandes longitudinales sur le dos, — caractère dont, à l'âge adulte, aucun des sexes ne conserve la moindre trace, — on pouvait s'attendre à trouver de semblables raies sur les poussins de toutes nos races domestiques [39], en exceptant cependant celles dont le plumage adulte a, dans les deux sexes, subi un assez grand changement pour devenir entièrement noir. Chez les variétés blanches des diverses races, les poussins sont uniformément jaune-clair; ils affectent la teinte jaune-serin brillant chez la race Soyeuse à os noirs. Il en est ordinairement de même pour les poussins des Cochinchinoises blanches; toutefois, M. Zurhost m'affirme qu'ils affectent quelquefois une teinte chamois ou jaune-brunâtre et que tous ceux qui affectent cette dernière couleur sont des mâles. Les poussins des Cochinchinois chamois sont jaune-doré, nuance très-distincte de la teinte plus pâle des Cochinchinois blancs, et portent souvent des raies longitudinales de nuance foncée; les poussins des Cochinchinois cannelle argenté sont presque toujours chamois. Les poussins de la race de Combat et de la race Dorking blanches examinés sous certaines incidences de lumière (d'après M. Brent), présentent parfois de faibles traces de raies longitudinales. Les poussins des variétés complétement noires de diverses races, Espagnole, de Combat, Huppée et Bantam, présentent un caractère nouveau, car ils ont la poitrine et la gorge plus ou moins blanches, et parfois quelques taches blanches sur d'autres parties du corps. On remarque aussi parfois chez les poulets Espagnols (Brent) que les premières plumes qui occupent les points où le duvet était blanc, restent pendant quelque temps terminées par une tache blanche. Les poussins de la plupart des sous-races de Combat (Brent, Dixon), et des Dorkings, présentent le caractère primitif des raies longitudinales sur le duvet; il en est

---

[38] *The Cottage Gardener,* octobre 1855, p. 13. — Pour l'épaisseur de la coquille des œufs de la poule de combat, voir Mowbray, *On Poultry,* 7ᵉ édit., p. 13.

[39] Les renseignements sur les poussins sont principalement extraits du livre de M. Dixon, *Ornamental and domestic Poultry,* et de communications par lettre que je dois à MM. B. P. Brent et Tegetmeier. J'indiquerai donc par le nom entre parenthèse mon autorité dans chaque cas —. Pour les poulets de la race Soyeuse blanche, voir Tegetmeier, *Poultry Book,* 1866, p. 221.

de même chez les sous-races Cochinchinoises dont le plumage ressemble à celui de la perdrix ou à celui du coq de bruyère (Brent), mais pas chez les autres sous-races; et, enfin, chez la sous-race Faisane, à l'exclusion, ce qui m'étonne beaucoup, des autres sous-races de la race Malaise (Dixon). Chez les races et les sous-races suivantes, les poussins n'ont pas de raies longitudinales ou n'en ont que quelques faibles traces : les Hambourgs rayés, dorés et argentés, qu'on peut à peine distinguer les uns des autres lorsqu'ils sont en duvet, ont tous deux, sur la tête et le croupion, quelques taches foncées, et parfois une raie longitudinale sur la partie postérieure du cou (Dixon). Je n'ai vu qu'un seul poussin de la variété Hambourg pailletée argentée, et il portait des raies longitudinales foncées Les poussins de la variété Huppée pailletée dorée (Tegetmeier), sont brun roux chaud; ceux de la variété argentée sont gris, parfois tachetés d'ocre sur la tête, les ailes et le poitrail (Dixon). Les poussins Coucous, ont le duvet gris (Dixon), ceux des Sebright-Bantams (Dixon), sont d'un brun foncé uniforme, tandis que ceux des Bantams rouges à poitrail brun sont noirs avec quelques taches blanches sur le poitrail et la gorge. Ces divers faits nous autorisent à conclure que les poussins de différentes races, et même ceux d'une même race principale, diffèrent beaucoup par leur duvet, et que les raies longitudinales, qui caractérisent les jeunes de tous les gallinacés sauvages disparaissent chez plusieurs races domestiques. On pourrait peut-être admettre en règle générale, que plus le plumage de l'adulte diffère de celui du G. *Bankiva*, plus la disparition des raies chez les poussins est complète.

Quant à la période de la vie du poulet pendant laquelle apparaissent les caractères propres à chaque race, il est évident que des conformations, telles que des doigts supplémentaires, doivent se former longtemps avant la naissance. Chez la race Huppée, la protubérance remarquable de la partie antérieure du crâne est bien développée chez le poussin avant sa sortie de l'œuf [40]; mais la huppe qui repose sur cette protubérance est très-petite, et ne prend son développement complet que pendant la seconde année. Le coq Espagnol est remarquable par sa magnifique crête, qui se développe de très-bonne heure, ce qui permet déjà de distinguer les jeunes mâles à l'âge de quelques semaines seulement, par conséquent beaucoup plus tôt que chez les autres races; ils commencent aussi à chanter de très-bonne heure, à six semaines environ. Chez la sous-variété Hollandaise, les lobules auriculaires blancs se développent plus tôt que chez la race Espagnole

[40] Voir *Proc. Zoolog. Soc.*, 1856, p. 366. — Pour le développement tardif de la huppe, voir *Poultry Chronicle*, vol. II, p. 132.

ordinaire [41]. Les Cochinchinois sont caractérisés par une petite queue, qui ne se développe chez les jeunes coqs qu'excessivement tard [42]. La race de Combat est bien connue pour son humeur querelleuse, et on voit les jeunes coqs chanter, frapper des ailes, et se livrer de véritables combats, pendant qu'ils sont encore sous la surveillance maternelle [43]. « J'ai vu souvent, dit un auteur [44], des couvées entières à peine emplumées, complétement aveuglées par le combat, et les couples rivaux réengager la lutte, aussitôt qu'après un instant de repos, ils commençaient à revoir la lumière. » Les gallinacés mâles portent des armes et se battent dans le but évident de s'emparer des femelles, de sorte que cette tendance qu'ont les poulets à se battre aussi jeunes est non-seulement sans objet, mais leur est nuisible, parce qu'ils souffrent beaucoup de leurs blessures. Il se peut que cette disposition querelleuse dès le jeune âge soit naturelle chez le *G. Bankiva;* mais, comme, depuis bien des générations, l'homme a constamment choisi les coqs les plus belliqueux, il est plus probable que cette aptitude a été augmentée artificiellement, et s'est transmise de façon précoce aux jeunes mâles. Il est probable aussi que le développement extraordinaire de la crête du coq Espagnol a été, de la même manière, transmis sans intention aux jeunes coqs; peu importe, en effet, aux éleveurs que les très-jeunes poulets aient ou non une grosse crête, mais ils choisissent pour la reproduction les adultes qui ont la plus belle crête, quelle qu'ait pu être d'ailleurs la précocité de son développement. Le seul point qui nous reste à signaler ici, c'est que chez les poulets Malais et Espagnols bien couverts de duvet, les plumes définitives ne paraissent que fort tard, bien que les poussins aient beaucoup de duvet; il en résulte qu'à un certain moment, les jeunes oiseaux sont partiellement nus, et sont exposés à souffrir du froid.

Caractères sexuels secondaires. — Chez la forme parente, le *Gallus Bankiva,* les deux sexes diffèrent beaucoup au point de vue de la coloration. Chez nos races domestiques, la différence

---

[41] *Poultry Chronicle,* III, p. 166; et Tegetmeier, *Poultry Book,* 1866, p. 105 et 121.
[42] Dixon, *Ornamental,* etc., p. 273.
[43] Ferguson, *On rare and Prize Poultry,* p. 261.
[44] Mowbray, *On Poultry,* 7° édit., 1834, p. 13.

entre les deux sexes n'est jamais plus grande, elle est même souvent moindre, et varie beaucoup quant au degré, même dans les subdivisions d'une race principale. Ainsi, chez certaines races de Combat, la différence est aussi grande que chez la forme parente ; tandis que chez les sous-races blanches et noires, elle est nulle. M. Brent a observé deux familles de la race de Combat rouge à poitrail noir, chez lesquelles les coqs étaient identiques ; mais, chez l'une, le plumage des poules était d'un brun-perdrix, et chez l'autre d'un brun fauve. On a observé un fait analogue chez quelques familles de la race de Combat rouge à poitrail brun. La poule de la race de Combat à « aile de canard » est extrêmement belle, et diffère beaucoup des poules de toutes les autres sous-races de Combat ; mais on peut généralement observer chez la plupart de ces races un certain rapport dans la variation des plumages des mâles et des femelles[45] ; ce rapport existe aussi de manière frappante chez diverses variétés de la race Cochinchinoise. On remarque une ressemblance générale des couleurs et des taches du plumage, chez les deux sexes des variétés chamois, pailletées, dorées et argentées de la race Huppée, en exceptant bien entendu les plumes de la collerette et les barbillons. Chez les Hambourgs pailletés, il y a également une grande similitude entre les deux sexes. Chez les Hambourgs rayés au contraire, la différence est grande, c'est l'inverse ; les barres transversales, qui caractérisent le plumage de la poule, font presque complétement défaut chez les coqs de la variété dorée et de la variété argentée. Mais, comme nous l'avons déjà vu, on ne peut pas établir en règle générale que les mâles n'ont jamais les plumes rayées, car les Dorkings Coucous sont précisément remarquables par le fait que les deux sexes présentent presque les mêmes marques.

Il est très-singulier de voir, chez certaines sous-races, les mâles perdre quelques-uns de leurs caractères secondaires masculins et ressembler beaucoup aux poules par le plumage. Les avis sur la fécondité de ces mâles sont très-partagés ; il semble prouvé qu'ils sont parfois partiellement stériles[46], mais

---

[45] Voir la description complète des variétés de la race de Combat, dans Tegetmeier, *Poultry Book*, 1866, p. 131. — Pour les Dorkings Coucous, p. 97.

[46] M. Hewitt, dans Tegetmeier, *Poultry Book*, 1866, p. 156 et 246. — Voir p. 131, pour les coqs de Combat à queue de poule.

ceci peut être le résultat de croisements consanguins. Le fait, d'ailleurs, que plusieurs de ces sous-races chez lesquelles les coqs ressemblent à des poules se propagent depuis longtemps, prouve de la façon la plus évidente que les mâles ne sont pas complétement stériles, et que le cas n'a aucune analogie avec celui des vieilles femelles, acquérant des caractères masculins. Les Sebright Bantams, mâles et femelles dorés et argentés, ne se distinguent les uns des autres que par la crête, les caroncules et les ergots, car ils affectent la même couleur; les mâles, en effet, ne portent pas de collerette, et n'ont pas de pennes caudales en forme de faucille. Une sous-race de Hambourg, à queue de poule, était récemment fort estimée. Il existe aussi une race de Combat, chez laquelle les mâles et les femelles se ressemblent si absolument que des coqs ont souvent, dans le poulailler, pris leurs adversaires à plumage féminin pour des poules, erreur qui leur a coûté la vie [47]. Bien que revêtus du même plumage que la poule, ces coqs sont des oiseaux pleins d'ardeur, et qui ont souvent fait leurs preuves de courage; on a même publié une gravure représentant un coq à queue de poule célèbre par ses victoires. M. Tegetmeier [48] cite le cas remarquable d'un coq de Combat rouge à poitrail brun, qui, après avoir revêtu son plumage masculin parfait, devint pendant l'automne de l'année suivante absolument semblable à une poule, mais sans perdre sa voix, ses ergots, sa force, ni ses qualités prolifiques. Ce coq a conservé ce même caractère durant cinq saisons successives, et a, pendant ce temps, procréé des mâles, les uns à plumage masculin, les autres à plumage féminin. M. Grantley F. Berkeley signale le fait encore plus singulier d'une famille de la race de Combat de la variété putois, dans chaque couvée de laquelle se trouvait un unique coq à plumage de poule. Un de ces oiseaux offrait une singularité bizarre, car, suivant les saisons, il n'était pas toujours coq à plumage féminin, ni toujours de la couleur dite putois, qui est noire. Pendant une saison, il portait le plumage féminin et putois, puis, après la mue, il revêtait le plumage masculin parfait rouge à

---

[47] *The Field,* 20 avril 1861. L'auteur dit avoir vu une demi-douzaine de coqs ainsi sacrifiés.

[48] *Proc. of Zoolog. Soc.,* 1861, p. 102. La gravure du coq à plumage de poule dont il est question a été exposée dans les salons de la société.

poitrine noire, et l'année suivante il revenait à son plumage précédent[49].

Dans mon ouvrage sur l'*Origine des espèces,* j'ai déjà fait remarquer que les caractères sexuels secondaires sont sujets à de
grandes variations chez les espèces d'un même genre, et sont
extraordinairement variables chez les individus d'une même espèce. Ces variations, comme nous venons de le voir, se produisent chez les races Gallines pour la couleur du plumage ; il
en est de même pour les autres caractères sexuels secondaires.
La crête diffère beaucoup chez les diverses races [50], et sa forme
constitue un des caractères de chaque type, en exceptant toutefois les Dorkings, chez lesquels les éleveurs n'ont encore fixé par
sélection, aucune forme de crête déterminée. La forme typique,
et la plus commune, est celle d'une crête simple et profondément
dentelée. La grandeur de la crête varie beaucoup ; elle est très-
développée chez la race espagnole ; chez une race locale, dite
Bonnet-Rouge, elle atteint parfois plus de 8 centimètres de
largeur dans sa partie antérieure, et plus de 10 centimètres de
longueur [51]. Chez quelques races, la crête est double, et, lorsque
les deux extrémités sont soudées ensemble, elle constitue une
« crête en forme de coupe » ; la « crête en forme de rose » est
aplatie, couverte de petites saillies, et très-développée en arrière ; elle forme deux cornes chez la race à cornes et chez la
race Crèvecœur ; elle est triple chez une race de Brahmas ;
courte et tronquée chez la race Malaise, et fait défaut chez la race
de Gueldre. Chez une variété de la race de Combat, quelques
plumes allongées prennent naissance à la partie postérieure de
la crête, et, chez un grand nombre d'autres races, une huppe de
plumes remplace la crête. Cette huppe est implantée sur une
masse charnue, quand elle est petite ; mais, lorsqu'elle est considérable, elle part d'une protubérance hémisphérique du crâne.
Chez les beaux coqs Huppés, elle est parfois si développée que
j'en ai vu qui pouvaient à peine ramasser leur nourriture ; un
auteur allemand affirme que cette particularité les expose sou-

---

[49] *The Field,* 20 avril 1861.
[50] Je dois à M. Brent la description, accompagnée de dessins, de toutes les variations qui
lui sont connues de la crête, ainsi que celle de la queue, qui vont etre indiquées.
[51] *The Poultry Book,* etc., 1866, p. 234.

vent aux attaques des oiseaux de proie [52]. Des conformations monstrueuses de ce genre seraient donc promptement supprimées à l'état de nature. Les caroncules varient aussi beaucoup de grandeur ; ils sont petits chez les races Malaises et quelques autres, et sont remplacés, chez certaines sous-races Huppées, par une grosse touffe de plumes qu'on appelle une barbe.

La collerette ne diffère pas beaucoup chez les diverses races ; les plumes en sont courtes et roides chez les races Malaises, et elles font défaut chez les mâles à plumage féminin. Certains oiseaux mâles portent parfois des plumes de formes assez extraordinaires, telles que des tiges nues terminées par des disques, etc. ; il convient donc de signaler les cas suivants. Chez le *G. Bankiva* sauvage et chez nos races domestiques, les barbes qui partent de chaque côté des extrémités de la collerette sont nues et dépourvues de barbules, ce qui les fait ressembler à des soies. M. Brent m'a envoyé quelques plumes scapulaires d'un coq appartenant à la variété « aile de canard » de la race de Combat ; les barbes nues de ces plumes étaient garnies de nombreuses barbules à leurs extrémités, de sorte que celles-ci, d'une couleur foncée et brillant d'un éclat métallique, séparées des parties inférieures par la portion nue et transparente des barbes, paraissaient autant de petits disques métalliques distincts.

Les plumes de la queue, recourbées en forme de faucille, qui sont au nombre de trois paires, et qui caractérisent le sexe mâle, varient beaucoup suivant les races. Au lieu d'être longues et flottantes, comme chez les races typiques, elles affectent la forme d'un cimeterre chez quelques Hambourgs. Elles sont très-courtes chez les coqs Cochinchinois, et font défaut chez les coqs à plumage de poule. Les coqs de Combat et les coqs Dorking les portent relevées, comme la queue entière ; elles sont tombantes chez les coqs Malais, et chez quelques Cochinchinois. Les Sultans portent un nombre supplémentaire de plumes latérales en faucille et c'est là un de leurs caractères. Les ergots varient par leur position sur la patte ; ils sont longs et acérés chez les coqs de Combat, courts et mousses chez les Cochinchinois. Ces derniers paraissent avoir conscience de l'insuffisance de leurs ergots, car, bien qu'ils s'en

---

[52] *Die Hühner und Pfauenzucht*, 1827, p. 11.

servent quelquefois, ils combattent le plus souvent en se saisissant et se secouant mutuellement avec le bec. M. Brent a reçu
d'Allemagne quelques coqs de Combat indiens, qui portaient sur
chaque patte, trois, quatre et même cinq ergots. Quelques Dorkings
ont aussi deux ergots sur chaque patte [53], et, chez les oiseaux de
cette race, l'ergot est souvent placé presque à l'extérieur de la
patte. Les doubles ergots sont mentionnés dans une ancienne
encyclopédie chinoise. La présence des ergots doubles peut être
considérée comme un cas de variation analogue, car quelques
gallinacés sauvages, le *Polyplectron* par exemple, en portent
aussi deux.

A en juger d'après les différences qui distinguent généralement
les sexes chez les gallinacés, il semble que, chez nos races domestiques, certains caractères aient été transférés d'un sexe à
l'autre. Chez toutes les espèces (le *Turnix* excepté), lorsqu'il
existe une différence considérable entre le plumage du mâle et
celui de la femelle, c'est toujours celui du mâle qui est le plus
beau. Or, la poule Hambourg pailletée dorée est aussi belle que le
coq, et incomparablement plus élégante qu'aucune femelle de
quelque espèce naturelle de *Gallus* que ce soit ; il y a donc eu
là, transport à la femelle d'un caractère masculin. D'autre part,
chez les variétés Coucou des Dorkings et d'autres races, la rayure
des plumes qui, chez les *Gallus*, est l'attribut de la femelle, se
trouve transférée aux mâles ; d'après le principe des variations
analogues, ce transport n'a rien de surprenant, puisque, chez un
grand nombre de genres de gallinacés, les mâles ont les plumes
rayées. Les ornements de la tête sont ordinairement plus développés chez le mâle que chez la femelle ; mais, chez la race Huppée,
la huppe qui, chez le mâle, remplace la crête, est également
développée chez les deux sexes. Chez quelques sous-races, dont
les poules portent une petite huppe, une crête droite et simple
remplace quelquefois complétement la huppe chez le mâle [54]. Ce
dernier fait, et quelques autres que nous allons signaler à propos
de la protubérance du crâne chez la race Huppée, semblent indiquer que, chez cette race, la huppe est un caractère féminin

---

[53] *Poultry Chronicle*, vol. I, p. 595. — M. Brent m'a signalé le même fait. — Voir
Cottage Gardener, sept. 1860, p. 380, pour la position des ergots chez les Dorkings.
[54] Dixon, *Ornamental*, etc., p. 320.

qui a été transporté au mâle. Chez la race Espagnole, le mâle a, comme nous le savons, une crête énorme ; ce caractère a été partiellement transmis à la femelle, laquelle porte aussi une crête d'une grandeur inusitée, bien qu'elle ne soit pas redressée. Le naturel hardi et sauvage du coq de Combat a été aussi transmis à la femelle [55], chez laquelle on rencontre même parfois des ergots, caractère éminemment masculin. On connaît un grand nombre d'exemples de l'existence d'ergots chez des poules fécondes, et, en Allemagne, d'après Bechstein [56], les ergots de la poule Soyeuse atteignent quelquefois une grande longueur. Il cite aussi une autre race offrant le même caractère, et dont les poules sont d'excellentes couveuses, mais sujettes à déranger et à briser leurs œufs avec leurs ergots.

M. Layard [57] nous a fait connaître une race de Ceylan à peau, à os, et à caroncules noirs, et dont il compare le plumage à celui d'une poule blanche qu'on aurait fait passer dans une cheminée pleine de suie. Mais, ajoute le même auteur, il est aussi rare de rencontrer un coq de cette variété avec un plumage enfumé, qu'il le serait de trouver un chat tricolore mâle. M. Blyth a observé cette race à Calcutta et confirme le fait. D'autre part, les mâles et les femelles de la race européenne à os noirs et à plumes soyeuses ne diffèrent pas les uns des autres ; de sorte que, chez une des races, la peau, les os noirs, et un plumage identique, sont communs aux deux sexes, tandis que, chez l'autre, les mêmes caractères appartiennent exclusivement aux femelles.

Actuellement, chez toutes les races Huppées, la protubérance osseuse du crâne, qui porte la huppe et renferme une partie du cerveau, est également développée chez les deux sexes. Mais il paraît qu'autrefois en Allemagne cette particularité ne se rencontrait que chez la poule. Blumenbach [58], qui a étudié d'une ma-

---

[55] M. Tegetmeier affirme que les poules de Combat sont devenues si belliqueuses, qu'actuellement on est obligé de les exposer toujours dans des compartiments séparés.

[56] *Naturg. Deutschlands*, vol. III (1793), p. 339, 407.

[57] *Ornithology of Ceylan*, dans *Annals and Mag. of Nat. Hist.* (2ᵉ série), vol. XIV (1854), p. 63.

[58] *Handbuch der vergleich. Anatomie*, 1805, p. 85. M. Tegetmeier, qui a publié un mémoire fort intéressant sur le crâne des races Huppées dans *Proc. Zoolog. Soc.*, 25 nov. 1856, ignorant les assertions de Bechstein, a constaté l'exactitude de celles de Blumenbach. Pour Bechstein, voir *Naturg. Deutschlands*, 1793, vol. III, pag. 399, note. — J'ajouterai qu'à une exposition d'oiseaux de basse-cour au Jardin Zoologique de Londres, en mai 1845, j'ai observé une variété chez laquelle les poules étaient huppées, tandis que les coqs portaient une crête,

nière spéciale les anomalies des animaux domestiques, a constaté, en 1813, ce fait que Bechstein avait déjà observé en 1793.
Ce dernier a décrit avec soin les effets causés par la présence de
la huppe sur le crâne, non—seulement des poules, mais aussi sur
celui des Canards, des Oies et des Canaris. Il a reconnu que, chez
les poules, la huppe, lorsqu'elle est peu développée, repose sur
une masse de graisse, mais toujours sur une protubérance osseuse de grandeur variable, lorsqu'elle atteint des proportions
un peu considérables. Il décrit avec soin les particularités de
cette excroissance osseuse; il s'est occupé aussi des effets produits par la modification de la forme du cerveau sur l'intelligence de l'oiseau, et il conteste l'assertion de Pallas, qui dit
qu'ils sont stupides. Il ajoute qu'il n'a jamais observé cette
protubérance chez les coqs. Il est donc certain, qu'autrefois, en Allemagne, ce caractère remarquable du crâne de la
race huppée était propre à la femelle, et s'est transmis depuis
lors aux mâles.

DIFFÉRENCES EXTERNES, INDÉPENDANTES DU SEXE, ENTRE LES RACES ET ENTRE LES INDIVIDUS.

La taille varie beaucoup. M. Tegetmeier cite un Brahma pesant dix—sept
livres, et un coq Malais dix livres, tandis qu'un Sebright Bantam pèse à
peine plus d'une livre. Pendant ces vingt dernières années, on a considérablement augmenté, grâce à la sélection méthodique, la grosseur de quelques-unes de nos races, et diminué celle de quelques autres. Nous avons
déjà vu combien la couleur varie chez une même race; nous savons que le
G. bankiva sauvage varie légèrement sous ce rapport; nous savons aussi
que la couleur est très-variable chez tous nos animaux domestiques; cependant, quelques éleveurs ont assez peu de foi dans la variabilité, pour soutenir sérieusement que les principales sous-races de Combat, qui ne diffèrent
les unes des autres que par la couleur, descendent d'espèces sauvages distinctes. Les croisements amènent souvent d'étranges modifications dans la
couleur. M. Tegetmeier m'apprend que, lorsqu'on croise des Cochinchinois
blancs et chamois, on obtient toujours quelques poulets noirs. D'après
M. Brent, le croisement des Cochinchinois noirs et blancs, produit parfois des
poulets ayant une teinte bleu ardoisé, teinte qu'on obtient aussi, au dire de
M. Tegetmeier, par le croisement de Cochinchinois blancs avec la race
Espagnole noire, ou de Dorkings blancs avec les Minorques noirs [59]. Un

[59] Cottage Gardener, 3 janv. 1860, p. 218.

bon observateur [60] affirme qu'une poule Hambourg pailletée argentée perdit peu à peu les caractères particuliers à sa race, car la bordure noire de ses plumes disparut, et ses pattes passèrent du bleu-plombé au blanc; ce qui rend ce cas plus remarquable encore, c'est que cette tendance se trouvait dans le sang; en effet, une autre poule, sœur de la première, subit des modifications analogues, mais moins fortement accentuées, et les poulets que produisit cette dernière furent d'abord d'un blanc presque pur, mais après la mue se couvrirent de plumes tachetées de noir, et quelques plumes pailletées de marques peu prononcées; c'est un cas intéressant d'apparition d'une nouvelle variété. Chez les diverses races la couleur de la peau est très-variable; elle est blanche chez les variétés communes, jaune chez les Malaises et les Cochinchinoises, et noire chez la poule Soyeuse; reproduisant ainsi, comme le fait remarquer M. Godron, les trois principaux types de la peau des races humaines [61]. Le même auteur ajoute que, puisque différentes races de poulets, vivant dans différentes parties du globe, distantes et isolées les unes des autres, ont la peau et les os noirs, cette variation a dû apparaître à diverses époques et dans divers endroits.

La forme de la tête, celle du corps et le port général de ce dernier, diffèrent considérablement. La longueur et la courbure du bec varient un peu, mais infiniment moins que chez les pigeons. Chez la plupart des races huppées, les narines offrent une particularité remarquable : elles se relèvent en forme de croissant. Les rémiges primaires sont courtes chez les Cochinchinois; et, chez un Cochinchinois mâle qui pesait plus du double, elles avaient une longueur égale à celles d'un *G. Bankiva*. J'ai compté avec M. Tegetmeier les rémiges primaires de treize coqs et poules de diverses races : chez quatre, savoir : deux Hambourgs, un Cochinchinois et un Bantam de Combat, il y en avait dix, au lieu du nombre ordinaire, neuf; mais en comptant ces plumes, j'ai suivi l'usage des éleveurs et n'ai pas compris la première penne primaire, qui est toute petite, car elle n'a que 19 millimètres de longueur. Ces plumes diffèrent beaucoup par leur longueur relative, la quatrième, la cinquième ou la sixième est la plus longue, et la troisième est tantôt aussi longue que la cinquième, tantôt plus courte qu'elle. Chez les Gallinacés sauvages, le nombre des rémiges et des rectrices principales est extrèmement constant, ainsi que leur longueur relative.

La queue diffère beaucoup par sa grandeur et son degré de relèvement; elle est petite chez les Malais, et très-petite chez les Cochinchinois. Sur treize poules de diverses races que j'ai examinées, cinq avaient le nombre normal de quatorze rectrices, y compris les deux plumes médianes en forme de faucille; six autres (un coq Cafre, un coq Huppé pailleté d'or, une poule Cochinchinoise, une poule Sultane, une poule de Combat et une poule Malaise) en portaient seize; enfin deux (un vieux coq Cochinchinois

---

[60] M. Williams, cité dans *Cottage Gardener*, 1856, p. 161.
[61] *De l'Espèce*, p. 442. — Pour les races à os noirs de l'Amérique du Sud, voir Roulin, *Mém. de l'Acad. des sciences*, t. VI, p. 351; et Azara, *Quadr. du Paraguay*, t. II, p. 324. J'ai reçu de Madras une poule Frisée dont les os étaient noirs.

et une poule Malaise) en avaient dix-sept. La race sans croupion est privée
de queue ; chez un individu que j'ai élevé la glande huileuse était atrophiée, mais bien que son coccyx fût excessivement imparfait, il avait
encore un vestige d'une queue représentée par deux plumes un peu longues,
occupant à peu près la situation des caudales externes. Cet oiseau provenait d'une famille où, m'a-t-on dit, la race s'était conservée intacte depuis
vingt ans ; d'ailleurs, les individus sans croupion produisent souvent des
poulets ayant une queue [62]. Un physiologiste éminent [63] a récemment attribué à cette race le rang d'espèce distincte, conclusion à laquelle il ne serait
jamais arrivé s'il avait examiné les déformations du coccyx ; il a été probablement trompé par une assertion qu'on trouve dans quelques livres,
sur l'existence, à Ceylan, de gallinacés sauvages sans queue, mais que
M. Layard et le Dr Kellaert, qui ont étudié d'une manière si approfondie
les oiseaux de cette île, déclarent être absolument fausse.

Les tarses sont de longueur variable ; chez la race Espagnole et chez la
race Frisée, ils sont, relativement au fémur, beaucoup plus longs, et chez
la race Bantam et la race Soyeuse, beaucoup plus courts, que chez le
G. Bankiva sauvage, chez lequel du reste, comme nous l'avons vu, la longueur des tarses varie souvent. Souvent aussi les tarses sont emplumés.
Chez plusieurs races, les pattes portent des doigts additionnels. La peau
interdigitale est, dit-on, très-développée chez les poulets huppés dorés [64] :
M. Tegetmeier a observé ce fait chez un individu appartenant à cette race,
mais il n'en était pas de même chez un autre que j'ai examiné. Le professeur
Hoffmann m'a envoyé le dessin des pieds d'un poulet appartenant à la race
commune de Gessen ; les trois doigts sont réunis par une membrane sur un
tiers environ de leur longueur. On affirme que, chez les Cochinchinois, le
doigt médian [65] a à peu près le double de la longueur des doigts latéraux ;
il serait par conséquent bien plus long que chez le *G. Bankiva* ou chez
d'autres races, mais il n'en était rien chez deux individus que j'ai pu observer. L'ongle du doigt médian, chez cette même race, est remarquablement
large et aplati, quoiqu'à un degré variable chez deux individus que j'ai examinés ; chez le *G. Bankiva* on ne trouve qu'une légère trace de structure de
l'ongle.

D'après M. Dixon, chaque race a une voix un peu différente. Les Malais [66]
ont un cri fort, profond et un peu prolongé, mais présentant beaucoup de
différences individuelles. Le colonel Sykes fait remarquer que le coq domestique Kulm de l'Inde n'a pas le cri perçant et clair du coq anglais, et que
l'étendue de son clavier semble plus restreinte. Le Dr Hooker a été frappé
de la nature du cri hurlant et prolongé des coqs dans le Sikhim [67]. Le chant

[62] M. Hewitt, dans *Poultry Book* de M. Tegetmeier, 1866, p. 231.
[63] Dr Broca, *Journal de Physiologie* de Brown-Séquard, t. II, p. 361.
[64] Dixon, *Ornamental Poultry*, p. 325.
[65] *Poultry Chronicle*, vol. I, p. 485. — Tegetmeier, *Poultry Book*, 1866, p. 41, 46.
[66] Ferguson, *Prize Poultry*, p. 187.
[67] Col. Sykes, *Proc. Zoolog. Soc.*, 1832, p. 151. — Dr Hooker, *Himalayan Journal*, vol. I, p. 314.

du Cochinchinois est notoirement et comiquement différent de celui du coq commun. Le caractère des diverses races est très-différent; le coq de Combat est sauvage et batailleur, les Cochinchinois sont extrêmement pacifiques. Ces derniers, à ce qu'on assure, broutent beaucoup plus que les autres variétés. La race Espagnole souffre beaucoup plus de la gelée que les autres races.

Avant d'arriver au squelette, étudions l'étendue des différences qu'on peut constater entre les diverses races et le *G. Bankiva.* Quelques auteurs considèrent que la race Espagnole est une de celles qui s'écartent le plus du *G. Bankiva* ; cela est vrai pour l'aspect général, mais les différences caractéristiques ne sont pas importantes. La race Malaise me semble s'en écarter davantage, par sa haute taille, par sa petite queue tombante, formée de plus de quatorze rectrices, et par la petitesse de sa crête et de ses caroncules ; il existe cependant une sous-race Malaise colorée presque exactement comme le *G. Bankiva.* Quelques auteurs regardent la race Huppée comme très-distincte ; mais c'est plutôt une race semi-monstrueuse, comme le prouvent la protubérance et les perforations irrégulières de son crâne. La race Cochinchinoise, avec ses os frontaux fortement sillonnés, la forme particulière du trou occipital, ses rémiges courtes, sa queue formée de plus de quatorze rectrices, l'ongle large de son doigt médian, son plumage velouté, ses œufs rugueux et foncés, et surtout sa voix toute particulière, est probablement la plus distincte de toutes. Si une de nos races descend d'une espèce inconnue, différente du *G. Bankiva*, c'est probablement la race Cochinchinoise, bien que l'ensemble des preuves ne confirme pas cette supposition. Tous les caractères qui distinguent la race Cochinchinoise sont plus ou moins variables, et se retrouvent chez les autres races, à un degré plus ou moins prononcé. Une des sous-races est colorée, comme le *G. Bankiva.* Leurs pattes emplumées, pourvues souvent d'un doigt supplémentaire, leurs ailes impropres au vol, leur naturel tranquille, témoignent d'une domestication très-ancienne ; enfin, ces oiseaux viennent de la Chine, où nous savons que les plantes et les animaux ont été l'objet de grands soins dès une époque très-reculée, et où, par conséquent, nous devons nous attendre à trouver des races domestiques profondément modifiées.

Différences ostéologiques. — J'ai examiné vingt-sept squelettes et cinquante-trois crânes (y compris ceux de trois *G. Bankiva*) ; je dois la moitié de ces crânes à l'obligeance de M. Tegetmeier, et M. Eyton a bien voulu m'envoyer trois squelettes.

Le *crâne* diffère beaucoup suivant les races, au point de vue de la grosseur. Chez les plus grands Cochinchinois il est double en longueur, mais pas en largeur, de celui des Bantams. Les os de la base du crâne, depuis le trou occipital jusqu'à l'extrémité antérieure (y compris les os carrés et ptérygoïdiens), ont une *forme* identique chez tous les crânes. Il en est de même de la mâchoire inférieure. On observe souvent sur la partie frontale du crâne de légères différences entre les mâles et les femelles, dues évidemment à la présence de la crête. Je prendrai dans tous les cas comme terme de comparaison le crâne du *G. Bankiva*. Je n'ai pas trouvé de différences dignes d'être notées chez quatre poules de Combat, une Malaise, un coq Africain, un coq Frisé de Madras et deux poules Soyeuses à os noirs. Chez trois coqs Espagnols, la forme du front entre les orbites était très-différente ; le front était considérablement déprimé chez l'un, un peu saillant chez les deux autres, et portant un profond sillon médian ; la poule avait le crâne lisse. Chez trois crânes de Bantams de Sebright, le vertex était plus arrondi et descendait plus brusquement vers l'occiput que chez le *G. Bankiva*. Chez un Bantam de Birmanie, ces caractères étaient encore plus fortement prononcés, et la partie sus-occipitale du crâne était plus pointue. Chez un Bantam noir le crâne était moins arrondi, le trou occipital était très-large, et avait un contour presque triangulaire comme celui que nous allons décrire chez les Cochinchinois ; les deux branches ascendantes des maxillaires supérieurs étaient singulièrement recouvertes par les apophyses des os nasaux, mais comme je n'ai eu à ma disposition qu'un seul crâne de cette race, il est possible que quelques-unes de ces différences aient pu être individuelles. J'ai examiné sept crânes de Cochinchinois et de Brahmas (cette dernière est une race croisée très-voisine de la race Cochinchinoise). Au point où les branches des maxillaires supérieurs s'appuient contre l'os frontal, la surface du crâne présente une forte dépression, de laquelle part un profond sillon médian, qui se prolonge en arrière à une distance variable ; les bords de cette fissure sont un peu saillants, de même que le sommet du crâne en arrière et au-dessus des orbites. Ces caractères sont moins développés chez les poules. Les ptérygoïdiens et les apophyses de la mâchoire inférieure sont, relativement à la grosseur de la tête, plus larges que chez le *G. Bankiva* ; il en est de même chez les Dorkings de grande taille. La bifurcation terminale de l'hyoïde est, chez les Cochinchinois, deux fois aussi large que chez le *G. Bankiva*, tandis que la longueur des autres os de l'hyoïde n'est que dans le rapport de trois à deux. La forme du trou occipital constitue, toutefois, le caractère le plus remarquable : chez le *G. Bankiva* (fig. 33, A), la largeur horizontale du trou occipital excède la hauteur verticale, et le contour est à peu près circulaire ; tandis que chez les Cochinchinois (fig. 33, B), le contour est triangulaire, et la hauteur est plus grande que la largeur. On rencontre aussi cette forme chez les Bantams noirs dont nous venons de

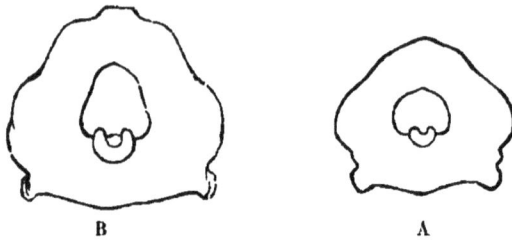

Fig. 33. — Trou occipital, grandeur naturelle. — A. *Gallus Bankiva* sauvage. B. Coq Cochinchinois.

parler, chez certains Dorkings et, à un faible degré, chez quelques autres races.

J'ai examiné trois crânes de Dorkings, dont un, appartenant à la sous-race blanche. Le seul caractère remarquable consiste dans la grande largeur des os frontaux, qui portent sur la partie médiane un sillon médiocrement profond. Ainsi un crâne, qui n'avait qu'une fois et demie la longueur du crâne du *G. Bankiva*, était comme largeur entre les deux orbites, exactement du double. J'ai examiné quatre crânes de Hambourgs (mâles et femelles), de la sous-race rayée, et un crâne (mâle) de la sous-race pailletée ; les os nasaux sont très-écartés, mais à un degré variable ; de sorte qu'il reste, entre les extrémités des deux branches ascendantes des maxillaires supérieurs, qui sont un peu courtes, et entre ces branches et les os nasaux, des intervalles étroits couverts d'une membrane. La surface de l'os frontal, sur laquelle s'appuient les extrémités des branches des maxillaires supérieurs, est très-peu déprimée. Ces particularités ont, sans aucun doute, une corrélation étroite avec la large crête aplatie et en forme de rose, qui caractérise la race de Hambourg.

J'ai examiné quatorze crânes de diverses *races Huppées*. Les différences sont extraordinaires. Occupons-nous d'abord de neuf crânes provenant de quelques sous-races anglaises. On peut voir dans la figure ci-jointe (fig. 34), dans laquelle B représente le crâne d'un coq Huppé blanc, vu d'en haut, un peu obliquement, et A, le crâne du *G. Bankiva* dans la même position, les protubérances hémisphériques des os frontaux [68]. La figure 35 représente la coupe longitudinale du crâne d'un coq Huppé, et, comme terme de comparaison, celle du crâne d'un coq Cochinchinois de même taille. Chez tous les individus huppés, la protubérance occupe la même situation, mais varie en

[68] Voir Tegetmeier, *Proc. zoolog. Soc.*, 25 nov. 1856 ; description, avec figures, du crâne des races Huppées. — Pour d'autres renseignements, voir Isid. Geoff. Saint-Hilaire, *Hist. gén. des anomalies*, t. I, p. 287. — M. C. Dareste, *Recherches sur les conditions de la vie*, etc., Lille, 1863, p. 36, soupçonne que la protubérance est le résultat de l'ossification de la dure-mère et n'est pas formée par les os frontaux.

grosseur.Chez un des neuf dont nous nous occupons,la protubérance était très-faible. Le degré d'ossification de la protubérance est très-variable, des portions plus ou moins grandes d'os étant remplacées par une membrane. Chez

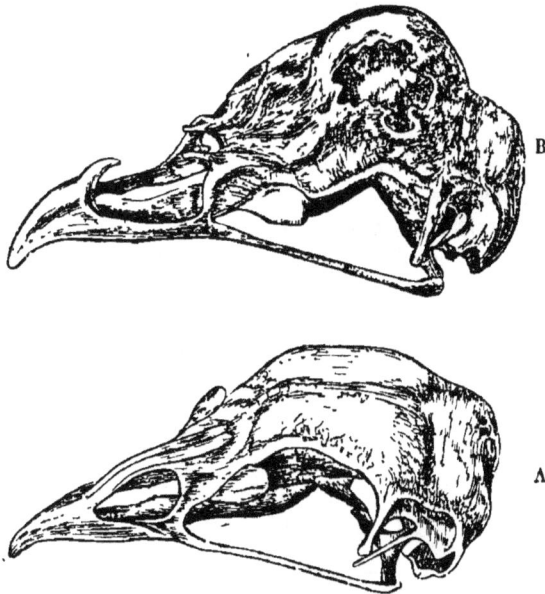

Fig. 34. — Crânes vus d'en haut un peu obliquement, grandeur naturelle.
A. *Gallus Bankira* sauvage. — B. Coq Huppé blanc.

un individu, il n'y avait qu'un seul trou béant; mais ordinairement, il existe plusieurs trous de formes diverses, l'os formant comme un réseau irrégulier. Il existe généralement une espèce de ruban osseux longitudinal et voûté, qui occupe le milieu de la protubérance ; mais, chez un individu, aucune partie osseuse ne recouvrait la protubérance, et le crâne nettoyé, vu d'en haut, représentait l'aspect d'un bassin.

La forme de la boîte crânienne étant considérablement changée,le cerveau est modifié d'une manière analogue, comme le prouvent les coupes longitudinales ci-jointes, qui méritent toute notre attention. On peut diviser l'intérieur du crâne en trois cavités ; les plus grandes modifications portent sur la cavité antéro-supérieure. Cette dernière cavité est évidemment chez le coq huppé plus considérable que dans le crâne Cochinchinois de même grandeur, et s'étend beaucoup plus en avant, au-dessus de la cloison interorbitaire, mais elle est moins profonde latéralement. Cette cavité, d'après M. Tegetmeier, est entièrement remplie par le cerveau. Dans le crâne du Cochinchinois et de tous les individus ordinaires, une large lame osseuse interne sépare la cavité antérieure de la cavité centrale; cette lame fait complétement défaut dans le crâne du coq Huppé que nous avons figuré. La cavité centrale, qui, dans ce crâne, est circulaire, est allongée dans celui du

Cochinchinois. La forme de la cavité postérieure, ainsi que la grandeur, la position et le nombre des trous servant au passage des nerfs, diffèrent beaucoup dans ces deux crânes. Une fosse, qui pénètre profondément dans l'occipital du Cochinchinois, manque complétement dans le crâne de la race huppée ; elle était toutefois bien développée chez un autre individu, qui différait d'ailleurs du premier par l'ensemble de la forme de la cavité postérieure. Des coupes de deux autres crânes, — l'un provenant d'un individu Huppé, dont la protubérance était très-peu développée, l'autre d'un Sultan chez lequel elle était un peu plus saillante, — placées entre les deux figurées ci-dessous (fig. 35), établissent une gradation parfaite dans la configuration de la surface intérieure. Le crâne huppé à protubérance faible contenait un rudiment de la cloison qui sépare la cavité antérieure de la ca-

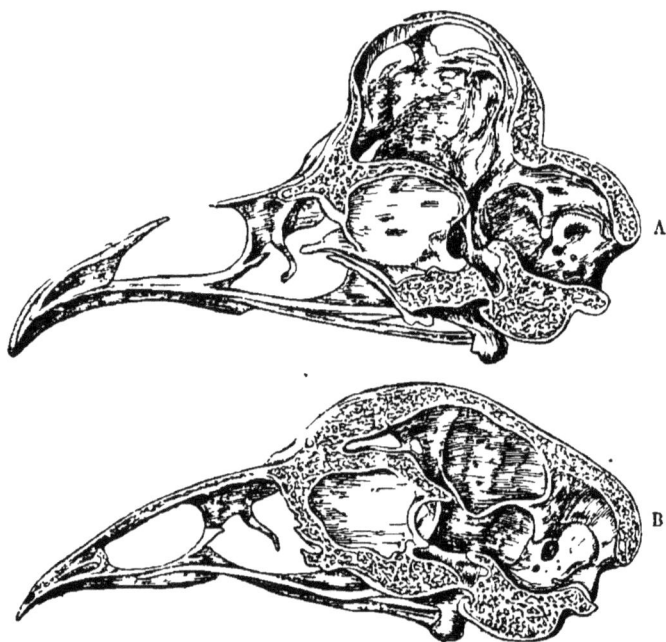

Fig. 35. — Coupe longitudinale du crâne, grandeur naturelle, vue de côté.
A. Coq Huppé. — B. Coq Cochinchinois.

vité centrale ; chez le Sultan cette cloison était remplacée par un sillon étroit, reposant sur une éminence large et élevée.

Il est tout naturel de se demander si ces modifications de la forme du cerveau affectent l'intelligence des oiseaux qui portent ces huppes ; quelques auteurs affirment que les poulets huppés sont dépourvus de toute intelligence, mais Bechstein et M. Tegetmeier ont prouvé que ce n'est pas là une règle générale. Toutefois, Bechstein [69] assure avoir eu une poule Huppée

[69] *Naturgeschichte Deutschlands*, vol. III, p. 400 (1793).

qui était comme folle, et qui errait toute la journée.Une poule, que j'ai eue
en ma possession, était solitaire et souvent absorbée dans une rêverie telle
qu'on pouvait l'approcher et même la toucher ; elle manquait à tel point de
la faculté de retrouver son chemin, que, si elle s'éloignait d'une centaine
de pas de l'endroit où était sa nourriture, elle ne savait pas se retrouver,
et se dirigeait toujours avec obstination dans une fausse direction. J'ai eu
aussi beaucoup de renseignements analogues sur l'apparence idiote et stu-
pide des coqs Huppés [70].

Revenons au crâne des races huppées. La partie postérieure du crâne vue
extérieurement diffère peu de celle du crâne du *G. Bankiva*. Chez la plupart
des poulets, l'apophyse postéro-latérale de l'os frontal et celle de l'os écailleux se rencontrent et se soudent près de leurs extrémités ; la réunion de ces
deux os n'est cependant constante chez aucune race, et, sur quatorze crânes
provenant de races huppées, les apophyses de onze étaient parfaitement distinctes. Lorsque les apophyses ne se réunissent pas, au lieu d'être inclinées en
avant comme chez les races ordinaires, elles descendent perpendiculairement
jusqu'à la mâchoire inférieure, et, dans ce cas, le plus grand axe de la cavité
osseuse de l'oreille est également plus perpendiculaire que chez les autres
races. Lorsque l'apophyse de l'os écailleux est libre, son extrémité, au lieu de
s'élargir, devient fine et pointue et de longueur variable. Les os ptérygoïdiens et carrés n'offrent pas de différences. Les os palatins sont un peu
plus recourbés à leur extrémité postérieure, et les os frontaux sont, au devant
de la protubérance, très-larges comme chez les Dorkings, mais à un degré
variable. Les os nasaux peuvent tantôt, comme chez les Hambourgs, être séparés, tantôt se toucher presque, et, chez un individu, ils étaient soudés l'un
à l'autre. Chaque os nasal se prolonge ordinairement en avant, par deux apophyses égales en forme de fourchette ; mais dans tous les crânes huppés, à
l'exception d'un seul, le prolongement interne était considérablement raccourci et un peu retroussé. Dans tous les crânes, un seul excepté, les deux
branches ascendantes des maxillaires supérieurs, au lieu de remonter entre
les apophyses des os nasaux, et de s'appuyer sur l'ethmoïde, étaient raccourcies et se terminaient en pointe mousse, un peu relevée. Dans les crânes où
les os nasaux sont très-rapprochés ou soudés ensemble, il serait impossible
aux branches ascendantes des maxillaires supérieurs d'atteindre les eth-
moïdes et les frontaux, de sorte que, dans ce cas, même les connexions
réciproques des os se trouvent modifiées. Le relèvement des branches ascendantes des maxillaires supérieurs et des apophyses internes des os nasaux
parait causer la saillie des orifices externes des narines, et leur forme en
croissant.

Je dois ajouter quelques mots sur quelques races Huppées étrangères. Le
crâne d'un individu de race Turque, blanche, huppée et sans croupion, était
peu saillant et ne présentait que peu de perforations ; les branches ascen-

---

[70] *The Field,* 11 mai 1861. — J'ai reçu de MM. Brent et Tegetmeier plusieurs communications analogues.

dantes des maxillaires supérieurs étaient bien développées. Chez une autre race turque, celle des *Ghoondooks*, le crâne est très-proéminent et très-perforé ; les branches ascendantes des maxillaires supérieurs sont si atrophiées qu'elles ne s'avancent que de 1^{mm},7 ; les apophyses internes de l'os nasal sont aussi tellement atrophiées que la surface sur laquelle elles devraient faire saillie est complétement lisse. Ces deux os ont donc été extrêmement modifiés. J'ai pu examiner deux crânes de Sultans (encore une race turque), chez lesquels la protubérance était beaucoup plus forte chez la femelle que chez le mâle. Chez les deux crânes, les branches montantes des maxillaires supérieurs étaient très-courtes, et les portions basilaires des apophyses internes des os nasaux étaient soudées ensemble. Ces crânes Sultans diffèrent de ceux de la race Huppée anglaise, par une largeur moindre des os frontaux, en avant de la protubérance.

Je décrirai un dernier crâne unique qui m'a été confié par M. Tegetmeier ; il ressemble, pour la plupart de ses caractères, au crâne de la race Huppée, mais n'offre pas la grande protubérance frontale ; il porte deux grosseurs arrondies d'une nature différente, placées plus en avant, au-dessus des os lacrymaux.

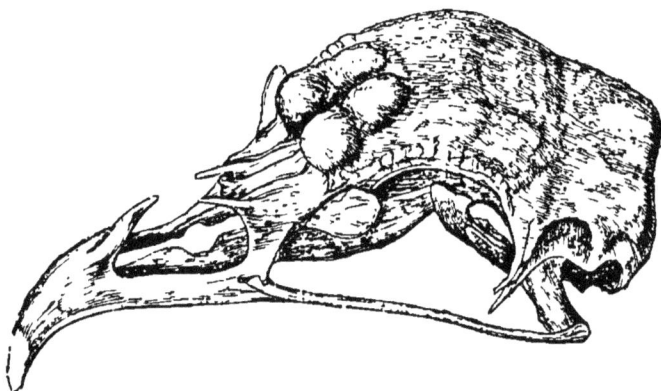

Fig. 36. Crâne d'un poulet à cornes, vu d'en haut, un peu obliquement.
(Appartenant à M. Tegetmeier.)

Ces mamelons singuliers, dans lesquels le cerveau ne pénètre pas, sont séparés par un profond sillon, sur lequel se trouvent quelques petites perforations. Les ôs nasaux sont un peu écartés, et leurs apophyses internes, ainsi que les branches ascendantes des maxillaires supérieurs, sont raccourcies et relevées. Les deux saillies supportent très-probablement les deux prolongements en forme de cornes de la crête.

Les faits que nous venons de relater prouvent combien quelques-uns des os du crâne varient chez les races gallines Huppées. La protubérance, ne ressemblant à rien à ce qu'on observe dans la nature, peut certainement être, sous ce rapport, considérée comme une monstruosité ;

mais comme, d'autre part, elle n'est pas d'ordinaire nuisible à l'oiseau, et qu'elle est rigoureusement héréditaire, on peut à peine lui donner ce nom. On peut établir une série, commençant par la poule Soyeuse à os noirs, qui n'a qu'une huppe très-petite, et dont la partie du crâne qui la porte, percée de quelques minimes ouvertures seulement ne présente pas d'autres modifications ; la série continue par les poulets dont la huppe, de grosseur moyenne, repose d'après Bechstein, sur une masse charnue ou fibreuse analogue à celle qui portait la huppe d'un canard Huppé, dont le crâne n'offrait point de protubérance, mais était devenu un peu plus arrondi. Enfin, nous arrivons aux individus à huppe fortement développée, chez lesquels le crâne devient extrêmement saillant, et présente une foule de perforations irrégulières. Il est encore un fait qui prouve les rapports intimes existant entre la huppe et la protubérance osseuse du crâne, et que m'a signalé M. Tegetmeier; c'est que si, dans une couvée récemment éclose, on choisit les poussins qui ont la plus forte saillie du crâne, ce sont précisément ceux qui, à l'état adulte, présenteront la huppe la plus développée. Il est évident qu'autrefois les éleveurs de la race huppée n'ont porté leur attention que sur la huppe et non sur le crâne ; néanmoins, en développant la huppe, ce à quoi ils ont merveilleusement réussi, ils ont, sans intention, augmenté à un haut degré la protubérance crânienne et ont, par corrélation de croissance, agi en même temps sur la forme et sur les rapports réciproques des os maxillaires supérieurs et nasaux, sur la largeur des os frontaux, sur la forme de l'orifice des narines, sur celle des apophyses latérales postérieures des os frontaux et écailleux, sur la direction de l'axe de la cavité osseuse de l'oreille, et enfin sur la configuration interne de la boîte crânienne tout entière et la forme générale du cerveau.

Vertèbres. — Le *G. Bankiva* possède quatorze vertèbres cervicales, sept dorsales à côtes, quinze lombaires, et six caudales [71] ; mais les vertèbres lombaires et sacrées sont si fortement ankylosées, que je ne suis pas certain de leur nombre ; aussi la comparaison du nombre total des vertèbres est-elle, par ce fait, très-difficile à faire chez les diverses races. J'ai dit qu'il y avait six vertèbres caudales parce que la vertèbre basilaire est presque entièrement soudée au bassin ; mais, si nous en admettons sept, leur nombre concorde dans tous les squelettes. Les vertèbres cervicales paraissent être toutes au nombre de quatorze ; mais, sur vingt-trois squelettes en état d'être examinés, la quatorzième vertèbre portait des côtes qui, quoique petites, étaient bien développées avec une double articulation chez cinq d'entre eux, appartenant à deux individus de Combat, deux Hambourgs rayés et un Huppé. La présence de ces petites côtes n'est cependant pas un fait bien important, car toutes les cervicales portent des rudiments de côtes ; mais leur développement sur la quatorzième cervicale, réduisant la dimension des passages

---

[71] Il paraît que je n'ai pas désigné bien correctement les divers groupes de vertèbres, car une grande autorité, M. W. K. Parker, *Transact. zool. Soc.*, vol. V, p. 198, admet pour ce genre 16 vertèbres cervicales, 4 dorsales, 15 lombaires et 6 caudales. J'ai du reste employé les mêmes termes dans toutes les descriptions suivantes.

dans les apophyses transverses, rend cette vertèbre analogue à la première dorsale. Cette addition de petites côtes n'affecte pas seulement la quatorzième cervicale; ordinairement les côtes de la première dorsale vraie sont dépourvues d'apophyses; dans les squelettes, au contraire, dont la quatorzième cervicale portait des petites côtes, la première paire de vraies côtes avait des apophyses bien développées. Mais si nous nous rappelons que le moineau n'a que neuf vertèbres cervicales, tandis que le cygne en a vingt-trois [72], il n'y a rien d'étonnant à ce que, chez les races gallines, le nombre en soit variable.

Il y a sept vertèbres dorsales pourvues de côtes ; la première n'est jamais soudée aux quatre suivantes, qui sont généralement ankylosées. Toutefois, chez un Sultan, les deux premières étaient libres. Chez deux squelettes, la cinquième vertèbre était libre ; la sixième est ordinairement libre (comme chez le G. Bankiva), mais quelquefois seulement à son extrémité postérieure, par laquelle elle s'articule à la septième. Celle-ci était, dans tous les squelettes, un coq Espagnol excepté, soudée aux vertèbres lombaires. Il y a donc des variations quant à la manière dont les vertèbres dorsales médianes se comportent les unes avec les autres.

Le nombre normal des vraies côtes est de sept, mais, dans deux squelettes de Sultans (chez lesquels la quatorzième cervicale était dépourvue de petites côtes), il y en avait huit paires; la huitième semblait portée par une vertèbre correspondant à la première lombaire du G. Bankiva ; la portion terminale des septième et huitième côtes n'atteignait pas le sternum. Dans quatre squelettes chez lesquels les petites côtes existaient sur la quatorzième cervicale, il y avait huit paires de côtes, en comprenant les petites cervicales ; mais, chez un coq de Combat, ayant également les côtes cervicales, il n'y avait que six paires de vraies côtes dorsales ; et, dans ce cas, la sixième paire n'ayant pas d'apophyses ressemblait à la septième des autres squelettes ; chez ce coq, autant qu'on pouvait en juger par l'aspect des vertèbres lombaires, il manquait donc une dorsale entière avec ses côtes. Nous voyons ainsi que, suivant que l'on compte ou non la petite paire attachée à la quatorzième cervicale, le nombre des côtes varie de six à huit paires. La sixième est fréquemment dépourvue d'apophyses. La portion sternale de la septième paire est très-large et complétement soudée chez les Cochinchinois. Il n'est guère possible de compter les vertèbres lombaires et sacrées ; mais il est certain que, par la forme et le nombre, elles ne correspondent pas dans les divers squelettes. Les vertèbres caudales se ressemblent dans tous les squelettes, avec cette différence toutefois que la vertèbre basilaire est tantôt soudée au bassin, tantôt libre ; elles varient même à peine de longueur, car elles ne sont pas plus petites chez les Cochinchinois, qui ont la queue si courte, que chez les autres races ; elles étaient cependant un peu plus longues chez un coq Espagnol. Chez trois individus sans croupion,

---

[72] Macgillivray, *British Birds,* vol. I, p. 25.

les vertèbres caudales étaient en petit nombre, et soudées ensemble en une masse informe.

Les vertèbres prises individuellement, offrent des différences de structure très-légères. Dans l'atlas, la cavité du condyle occipital forme parfois un anneau ossifié, ou est, comme chez le *Bankiva*, ouverte à son bord supérieur. L'arc supérieur du canal spinal est un peu plus voûté chez les Co-chinchinois (en conformité avec la forme du trou occipital), qu'il ne l'est chez le *G. Bankiva*. J'ai pu observer dans plusieurs squelettes, une particularité, de peu d'importance d'ailleurs, qui commence à la quatrième vertèbre cervicale, devient plus prononcée sur la sixième, la septième ou la huitième, qui consiste en une apophyse inférieure fixée par une sorte d'arc-boutant à la vertèbre. Cette conformation, qui se rencontre chez la race Cochinchinoise, la race Huppée, quelques Hambourgs et probablement chez d'autres, fait défaut ou se voit à peine chez les races de Combat, Dorking, Espagnole, Bantam et quelques-unes encore. Chez les Cochinchinois, la surface dorsale de la sixième cervicale porte trois points saillants, plus développés qu'ils ne le sont dans la vertèbre correspondante de la poule de Combat ou du *G. Bankiva*.

Fig. 37. Sixième vertèbre cervicale, grandeur naturelle, vue de côté. — A. *G. Bankiva* sauvage. — B. Coq Cochinchinois.

Bassin. — Le bassin diffère en quelques points dans les divers squelettes. Le bord antérieur de l'ilion paraît varier beaucoup par son contour, ce qui est principalement dû au degré de l'ossification de la partie du bassin qui est soudée à la colonne épinière ; chez les Bantams le bassin est plus tronqué, et il est plus arrondi chez certaines races, comme les Cochinchinois. Le contour du trou ischiatique est très-variable, il est presque circulaire chez les Bantams, ovoïde chez le *Bankiva*, et plus régulièrement ovale chez quelques autres, comme chez le coq Espagnol. Le trou obturateur est moins allongé dans quelques squelettes. Mais la plus grande différence porte sur l'extrémité de l'os pubien, qui est assez étroit chez le *Bankiva*, s'élargit graduellement chez les Cochinchinois, un peu moins chez d'autres races, et très-brusquement chez les Bantams ; cet os, chez un oiseau de cette race, dépassait de très-peu l'extrémité de l'ischion, et le bassin tout entier du même oiseau était, par toutes ses proportions, fort différent de celui du *Bankiva*, surtout par l'augmentation de sa largeur relativement à sa longueur.

Sternum. — Cet os est si considérablement altéré qu'il est presque impossible de comparer rigoureusement sa forme chez les diverses races. La forme de l'extrémité triangulaire des apophyses latérales varie beaucoup car elle est parfois presque équilatérale, parfois très-allongée. Le bord antérieur de la crête est plus ou moins perpendiculaire et varie beaucoup ainsi que la courbure de l'extrémité postérieure et l'aplatissement de la surface inférieure. Le profil du manubrium varie aussi ; il est cunéiforme chez le

Bankiva et arrondi chez la race Espagnole. La *fourchette* diffère aussi par son degré de courbure, et, comme on peut le voir dans la fig. 38, par la forme de ses palettes terminales ; mais chez deux squelettes du *Bankiva*

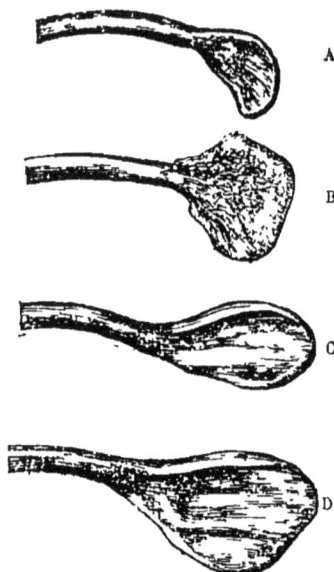

sauvage, ces parties étaient un peu différentes. Il n'y a pas de différences appréciables dans les *caracoïdiens*. Les *omoplates* varient de forme ; elles ont une largeur à peu près uniforme chez le *Bankiva*, elles sont très-élargies vers leur milieu chez les poulets Huppés, et brusquement rétrécies vers leur sommet chez deux Sultans.

J'ai comparé avec soin aux os du *Bankiva* sauvage, les os séparés de la jambe et de l'aile des races suivantes, que je pensais devoir présenter le plus de différences : à savoir, les Cochinchinois, les Dorkings, les Espagnoles, les Huppées, les Bantams de Birmanie, les Indiennes frisées, et les Soyeuses à os noirs ; j'ai été étonné de voir combien tous ces os, quoique différant beaucoup par leurs dimensions, se ressemblaient dans tous les détails des apophyses, des surfaces articulaires, des perforations, et cela d'une manière beaucoup plus rigoureuse que pour les autres parties du squelette. Cette ressemblance ne s'étend pas

Fig. 38. Extrémité de la fourchette, vue de côté, grandeur naturelle. — A. *G. Bankiva* sauvage. — B. Race Huppée pailletée. — C. Race Espagnole. — D. Dorking.

cependant à l'épaisseur relative ou à la longueur des différents os, car, sous ces deux rapports, les tarses présentent de notables variations. Mais les autres os des membres diffèrent fort peu, même par rapport à la longueur proportionnelle.

En résumé, je n'ai pas examiné un nombre suffisant de squelettes pour pouvoir affirmer que les différences que nous venons de constater, à l'exception de celles du crâne, caractérisent les diverses races. Il est quelques différences qui paraissent plus fréquentes chez certaines races que chez d'autres, telles qu'une côte supplémentaire à la quatorzième vertèbre cervicale chez la race de Combat et chez la race de Hambourg, et l'élargissement de l'extrémité de l'os pubien chez les Cochinchinois. Les deux squelettes de Sultans avaient huit vertèbres dorsales, et les sommets des omoplates un peu atténués. Quant au crâne, le profond sillon qui sépare les os frontaux, ainsi que l'allongement du diamètre vertical du trou occipital, paraissent caractériser les

Cochinchinois ; la grande largeur des os frontaux, les Dorkings ; les espaces vides entre les extrémités des branches montantes des maxillaires supérieurs, et entre les os nasaux, ainsi que la faible dépression de la partie antérieure du crâne, les Hambourgs ; la forme arrondie de l'arrière du crâne, certains Bantams ; et, enfin, la protubérance du crâne, l'atrophie partielle des branches montantes des maxillaires supérieurs, et quelques particularités déjà indiquées, caractérisent essentiellement les races Huppées.

Le résultat le plus frappant de notre étude du squelette est la grande variabilité de tous les os, ceux des extrémités exceptés. Nous pouvons, jusqu'à un certain point, comprendre pourquoi le squelette présente dans sa structure autant de fluctuations ; les races gallines ont été soumises à des conditions d'existence artificielles, ce qui a dû rendre l'ensemble de leur organisation très-variable ; mais l'éleveur est toujours resté complétement indifférent aux modifications du squelette, et ce n'est jamais à ce dernier qu'il a appliqué la sélection avec intention. Si l'homme ne fait aucune attention à certains caractères externes, tels que le nombre et les longueurs relatives des rémiges et des rectrices, qui, chez les oiseaux sauvages, sont généralement des parties très-constantes, nous les voyons subir, chez nos oiseaux domestiques, autant de fluctuations que les diverses parties du squelette. Le doigt additionnel qui, chez les Dorkings, est un « point recherché », est devenu chez cette race un caractère fixe, mais est resté variable chez la race Cochinchinoise et chez la race Soyeuse. Dans la plupart des races, et même des sous-races, la couleur du plumage et la forme de la crête sont éminemment fixes ; chez les Dorkings, on n'a pas recherché ces caractères, qui, en conséquence sont variables. Lorsqu'une modification du squelette s'est trouvée liée à quelque caractère externe apprécié par l'homme, elle a pu, dans ce cas, et sans intention de la part de l'éleveur, subir l'action de la sélection, et devenir plus ou moins fixe. C'est ce que nous prouve très-évidemment l'étonnante protubérance crânienne supportant la touffe de plumes des races Huppées, protubérance qui a, en même temps, affecté par corrélation d'autres parties du crâne. Nous observons un résultat analogue dans les deux protubérances osseuses qui supportent les deux prolongements de la crête chez la race Cornue, ainsi que dans le front déprimé de la race de Hambourg, qui est lié à l'aplatissement de leur large crête en forme de rose. Nous ne saurions dire si les côtes supplémentaires, les changements de la forme du trou occipital, de celle de l'omoplate ou de la fourchette, sont en corrélation avec d'autres points de conformation, ou s'ils sont le résultat des modifications des conditions d'existence et des habitudes auxquelles nos races ont été soumises pas la domestication ; mais nous pouvons affirmer que ces changements divers portant sur certaines parties du squelette, eussent, par la sélection directe, ou par la sélection d'autres points de conformation en corrélation avec elles, pu devenir aussi constants et aussi caractéristiques que le sont actuellement la grosseur ou la forme du corps, la forme de la crête, et la couleur du plumage.

EFFETS DU DÉFAUT D'USAGE DES ORGANES.

A en juger par les habitudes de nos gallinacés européens, le *G. Bankiva*, à l'état sauvage, doit se servir de ses pattes et de ses ailes, plus que ne le font nos oiseaux domestiques, qui ne prennent guère leur vol que pour monter à leur perchoir. La race Soyeuse et la race Frisée ne peuvent pas voler du tout, à cause de l'état incomplet de leurs rémiges ; et tout nous porte à croire que ces deux races sont assez anciennes, pour que, depuis bien des générations, leurs ancêtres n'aient pas pu voler davantage. Il en est de même pour les Cochinchinois, qui, en raison de leurs ailes courtes et du poids de leur corps, peuvent à peine atteindre un perchoir placé très-bas. On devait donc, chez ces races, et surtout chez les deux premières, s'attendre à trouver une diminution notable des os des ailes, ce qui n'est cependant pas le cas. Après avoir, chez chaque oiseau, désarticulé et nettoyé les os, j'ai comparé entre elles les longueurs relatives des deux os principaux de l'aile et celles des os des jambes, puis aux mêmes parties du *G. Bankiva* ; et, à l'exception des tarses, j'ai trouvé exactement les mêmes proportions relatives. Le fait est curieux en ce qu'il prouve que les proportions d'un organe peuvent se conserver par hérédité, bien que cet organe n'ait pas été exercé pendant une longue série de générations. J'ai comparé ensuite les longueurs du fémur et du tibia, avec celles de l'humérus et du cubitus, puis ces os avec les os correspondants du *G. Bankiva* ; j'ai obtenu comme résultat que, chez toutes les races (la Sauteuse de Birmanie, dont les pattes sont monstrueusement courtes, exceptée), les os de l'aile sont un peu raccourcis relativement aux os de la jambe ; mais cette diminution est si faible que, comme il est possible qu'elle soit due à ce que le *G. Bankiva* qui m'a

servi de terme de comparaison ait pu peut-être avoir les ailes un peu plus
longues qu'à l'ordinaire, je crois inutile de donner les résultats des mesures.
Mais je dois faire remarquer que la race Soyeuse et la race Frisée, auxquelles tout vol est impossible, sont celles chez lesquelles la diminution des
ailes relativement aux jambes est la moindre. Nous avons vu que chez les
pigeons domestiques, les os de l'aile ont un peu diminué de longueur,
tandis que les rémiges primaires ont augmenté suivant cette dimension ; il
serait donc possible, quoique peu probable, que chez les deux races
Soyeuse et Frisée, la tendance au raccourcissement des os de l'aile, résultat
du défaut d'usage, ait pu, en vertu de la loi de compensation, être contre-
balançée par la diminution des rémiges. Chez ces deux races, les os de
l'aile ont cependant un peu diminué de longueur, lorsqu'on les mesure en

TABLEAU I.

RACES.		POIDS du fémur et du tibia.	POIDS de l'humérus et du cubitus.	POIDS des os de l'aile relativement à celui des os des jambes comparativt au poids des mêmes os chez le G. BANKIVA.
		grammes	grammes	
Gallus Bankiva	mâle.	5.590	3.510	100
1 Cochinchinoise	—	20.215	10.530	83
2 Dorking	—	36.205	16.120	70
3 Espagnole (Minorque)	—	25.090	11.895	75
4 Huppée pailletée dorée	—	19.890	9.425	75
5 Combat (poitrine noire)	—	19.045	9.295	77
6 Malaise	femelle.	15.015	7.540	80
7 Sultane	mâle.	12.285	6.110	79
8 Indienne frisée	—	13.390	5.720	67
9 Sauteuse de Birmanie	femelle.	3.445	2.340	108
10 Hambourg (rayée)	mâle.	10.205	6.760	106
11 *Idem.*	femelle.	7.410	5.005	108
12 Soyeuse (os noirs)	—	5.720	3.705	103

prenant pour terme de comparaison la longueur du sternum ou celle de la
tête, relativement aux mêmes parties chez le *G. Bankiva*.

Les deux premières colonnes du tableau I indiquent le poids des os
principaux de l'aile et de la jambe chez douze races. La troisième colonne renferme les rapports calculés des poids des os de l'aile à ceux de la

jambe, comparativement à ceux du *G. Bankiva*, dont le poids est représenté par cent[73].

Nous remarquons chez les huit premiers poulets, appartenant à des races distinctes, une diminution très-notable du poids des os de l'aile. Chez la race Indienne Frisée, qui ne peut voler, la diminution est très-considérable car elle s'élève à trente-trois pour cent de leur poids proportionnel. Chez les quatre races suivantes, y compris la poule Soyeuse, qui ne peut pas voler non plus, nous voyons que, relativement aux jambes, les ailes ont légèrement augmenté de poids. Mais il importe de remarquer que si, par une cause quelconque, le poids des pattes de ces poulets a subi une diminution, il en résulte faussement une augmentation relative dans le poids des ailes. Or, c'est certainement ce qui est arrivé chez la poule Sauteuse de Birmanie, qui a les pattes anomalement courtes, et chez les Hambourgs et la poule Soyeuse, dont les pattes, bien que non raccourcies, contiennent des os remarquablement minces et légers. Je ne base pas ces assertions sur le simple coup d'œil, mais sur les calculs des rapports des poids des os de la jambe à ceux du *G. Bankiva*, et d'après les seuls termes de comparaison que j'eusse à ma disposition, les longueurs relatives du sternum et de la tête, ne connaissant pas le poids du corps du *G. Bankiva*. D'après ces termes de comparaison, les os des jambes de ces quatre races sont beaucoup plus légers que chez toutes les autres races. On peut donc conclure que, dans tous les cas où les pattes n'ont pas, par une cause inconnue, diminué en poids, les os de l'aile, comparés à ceux du *G. Bankiva*, ont, relativement aux os de la jambe, subi une diminution de poids, qu'on peut certainement attribuer à un défaut d'usage.

Pour rendre le tableau ci-dessus tout à fait correct, il aurait fallu prouver que, chez les huit premiers poulets, les os des pattes n'ont réellement pas subi une augmentation de poids, hors de proportion avec le reste du corps ; mais je n'ai pu faire cette preuve, car, comme je l'ai déjà dit, je ne connais pas le poids du *Bankiva* sauvage[74]. Je suis disposé à croire que chez le Dorking n° 2, les os de la jambe sont proportionnellement trop pesants, mais l'oiseau était très-grand, car, bien que maigre, il pesait 3 kil. 227. Les os des pattes de ce poulet étaient plus de dix fois aussi pesants que ceux de la poule Sauteuse de Birmanie. J'ai cherché à obtenir les longueurs des os de l'aile et de la jambe, relativement à celle d'autres parties du corps et du

---

[73] Voici comment j'ai établi le calcul pour les chiffres de la troisième colonne. Chez le *G. Bankiva*, les os de la jambe sont à ceux de l'aile comme gr. 5,590 : gr. 3,510 ou comme (négligeant les décimales) 100 : 62 ; — chez les Cochinchinois, comme gr. 20,215 : gr. 10,530 ou comme 100 : 52. — Chez les Dorkings, comme gr. 36,205 : gr. 16,120 ou comme 100 : 44 ; et ainsi de suite pour les autres races. Nous obtenons ainsi la série 62, 52, 44, pour les poids relatifs des os de l'aile du *G. Bankiva*, des Cochinchinois, des Dorkings, etc. Or, en prenant 100 au lieu de 62, pour le poids des os de l'aile du *G. Bankiva*, une règle de trois nous donne 83 comme poids de ceux des Cochinchinois; 70 pour les Dorkings, et ainsi de suite pour le reste de la troisième colonne.

[74] M. Blyth, *Ann. and Mag. of nat. Hist.*, 2ᵉ série, vol. I, p. 456, 1848, indique 1 kilog. 693 comme le poids d'un *G. Bankiva* mâle adulte ; mais, à en juger par les peaux et les squelettes de diverses races, je ne puis croire que mes deux individus aient pu peser autant.

squelette, mais toute l'organisation est devenue si variable chez ces oiseaux par suite de leur longue domestication, qu'on ne peut arriver à aucune conclusion certaine. Ainsi chez le coq Dorking, dont il est question plus haut, les pattes étaient, relativement à la longueur du sternum, de 19 millimètres trop courtes, et relativement à celle du crâne, de 19 millimètres trop longues, comparativement aux mêmes parties chez le *G. Bankiva*.

TABLEAU II.

RACES.		LONGUEUR du sternum.	HAUTEUR de la crête sternale	HAUTEUR de la crête, relativement à la longueur du sternum, comparativt au G. BANKIVA.
		centimètres	centimètres	
Gallus Bankiva	mâle.	10.668	3.536	100
1 Cochinchinoise	—	14.808	3.937	78
2 Dorking....................	—	17.653	5.003	84
3 Espagnole.................	—	15.494	4.648	90
4 Huppée	—	12.878	3 810	87
5 Combat	—	14.097	3.937	81
6 Malaise...................	femelle.	12.725	3.810	87
7 Sultane	mâle.	11.353	3 354	90
8 Frisée....................	—	10.795	3.048	84
9 Sauteuse de Birmanie......	femelle.	7.772	2.159	81
10 Hambourg	mâle.	12.903	3.536	81
11 *Id.*	femelle.	11.557	3.200	81
12 Soyeuse..................	—	11.405	2.565	66

Les deux premières colonnes du tableau II indiquent en centimètres la longueur du sternum, et la hauteur de la crête sternale, sur laquelle s'attachent les muscles pectoraux. La troisième colonne indique les hauteurs de la crête du sternum, calculées d'après la longueur de l'os entier, et comparées à ces mêmes parties chez le *G. Bankiva* [75].

La troisième colonne prouve que partout, le rapport de la hauteur de la crête à la longueur du sternum, a subi une diminution de 10 à 20 pour cent, comparativement au *G. Bankiva*; mais le degré de cette diminution varie beaucoup, probablement à cause de la fréquente déformation du sternum. Chez la poule Soyeuse, qui ne peut pas voler la crête sternale est de 34 % moins haute qu'elle ne devrait l'être. On doit probablement attribuer à cette

[75] Cette troisième colonne est basée sur les memes calculs que ceux expliqués dans la note 73.

diminution de la crête chez toutes les races, la grande variabilité que nous avons déjà constatée dans la courbure de la fourchette, et dans la forme de son extrémité sternale. Les médecins attribuent la forme anormale de l'épine dorsale qui s'observe si fréquemment chez les femmes appartenant aux hautes classes de la société, au défaut d'exercice suffisant des muscles qui s'y attachent. Il en est de même chez nos poules domestiques, dont les muscles pectoraux ne travaillent que fort peu ; sur vingt-cinq sternums que j'ai examinés, je n'en ai vu que trois qui fussent parfaitement symétriques, dix étaient un peu tordus, et les douze derniers extrèmement difformes. M. Romanes croit cependant que cette déformation provient de ce que les jeunes poulets appuient leur sternum sur les bâtons qui leur servent de perchoir.

En résumé, nous pouvons conclure que, chez les diverses races gallines, les principaux os de l'aile ont probablement éprouvé un faible raccourcissement; que chez toutes les races où les os des pattes ne sont pas devenus anormalement courts ou délicats, les os de l'aile se sont relativement à eux un peu allégés ; que la crête sternale, surface d'attache des muscles pectoraux, a invariablement diminué de hauteur, le sternum entier devenant aussi très-sujet à des déformations. Tous ces résultats peuvent être attribués au défaut d'usage des ailes.

Corrélation de croissance. — Je me propose de résumer ici les quelques faits que j'ai pu recueillir sur ce sujet si important, mais si obscur. Il existe peut-être, chez les poules Cochinchinoises et les poules de Combat, quelque rapport entre la couleur du plumage et la nuance de la coquille de l'œuf. Chez les Sultans, les pennes caudales supplémentaires en forme de faucille sont probablement en relation avec la surabondance générale du plumage, surabondance qui se manifeste par une huppe et une barbe touffues, ainsi que par l'emplumage des pattes. J'ai remarqué l'atrophie de la glande huileuse chez deux poulets dépourvus de queue. M. Tegetmeier a remarqué qu'une huppe très-développée coïncide toujours avec une diminution considérable, ou même l'absence presque totale de la crête ; il en est de même pour les caroncules, en présence d'une barbe touffue. Ces derniers cas paraissent rentrer dans la loi de la compensasation de croissance. Une grande barbe suspendue à la mâchoire inférieure, et une huppe sur la tête, vont souvent ensemble. Lorsque la crête présente une forme particulière, comme chez

la race Cornue, la race Espagnole ou la race de Hambourg, elle
paraît affecter d'une manière correspondante la partie sous-jacente du crâne, ainsi que nous l'avons déjà constaté chez la race
Huppée, dont la huppe est si développée. La saillie des os frontaux modifie beaucoup la forme de la boîte crânienne et celle du
cerveau. La présence d'une huppe a aussi une influence inconnue sur le développement des branches montantes des maxillaires supérieurs et des apophyses internes des os naseaux, et
sur la forme de l'orifice externe des narines. Il existe une corrélation très-apparente et très-singulière entre la huppe et l'état
d'ossification incomplet du crâne, et le fait est non-seulement
vrai pour les races gallines Huppées, mais s'observe aussi chez
les canards huppés, et, d'après le Dr Günther, chez les oies huppées en Allemagne.

Enfin, chez les coqs Huppés, les plumes qui constituent la
huppe ressemblent à celles de la collerette et diffèrent beaucoup,
par leur forme, de celles de la huppe de la poule. Le cou, les
tectrices alaires, et les reins sont chez le mâle recouverts de
plumes sétiformes, et il semblerait que les plumes de cette nature se soient, par corrélation, étendues jusque sur la tête du
coq. Ce petit fait est intéressant; en effet, bien que certains gallinacés sauvages des deux sexes portent les mêmes ornements
céphaliques, il existe souvent une différence dans la dimension
et la forme des plumes qui constituent la huppe. Dans quelques
cas, en outre, chez le faisan doré mâle et le faisan Amherst mâle
(*Phasianus pictus* et *Amherstii*), on remarque de grands rapports de couleur et de conformation entre les plumes de la tête
et celles des reins. Il semblerait donc que l'état des plumes de la
tête et du corps soit soumis à la même loi, aussi bien chez les
espèces vivant à l'état sauvage, que chez celles qui ont varié à
l'état domestique.

CHAPITRE VIII

CANARDS. — OIES. — PAONS. — DINDONS.

PINTADES. — CANARIS.

POISSONS DORÉS. — ABEILLES. — VERS A SOIE.

Je commencerai, comme dans les cas précédents, par une courte description des principales races domestiques du canard :

RACE I. — *Canard domestique commun.* — Varie beaucoup par sa couleur et ses proportions, et diffère du canard sauvage par ses instincts et son naturel. On distingue plusieurs sous-races : — 1° La sous-race *Aylesbury*, de grande taille, blanche, avec le bec et les pattes jaune-clair ; la cavité abdominale est fortement développée. — 2° La sous-race de *Rouen*, grande, colorée comme le canard sauvage, au bec vert ou marbré ; cavité abdominale bien développée. — 3° Sous-race *Huppée*, portant une touffe de belles plumes duvetées, reposant sur une masse charnue, au-dessous de laquelle le crâne est perforé. J'ai importé de Hollande un canard dont la huppe mesurait 63 millimètres de diamètre. — 4° Sous-race du *Labrador* (du Canada de Buenos-Ayres ou de l'Inde) ; plumage entièrement noir ; bec plus large relativement à sa longueur que chez le canard sauvage ; œufs légèrement teintés de noir. Cette sous-race pourrait peut-être compter comme une race ; elle comprend deux sous-variétés, une aussi grande que le canard domestique commun, j'en ai élevé quelques individus ; l'autre plus petite et capable de vol[1]. Je suppose que c'est cette dernière qu'on a décrite en France[2] comme volant bien, étant un peu sauvage, et ayant le goût du canard sauvage ; toutefois, cette variété est polygame comme les autres canards domestiques, ce qui n'est pas le cas de l'espèce sauvage. Ces canards du Labrador noirs reproduisent fidèlement leur type ; cependant le Dr Turral a signalé le cas d'un canard appartenant à cette sous-variété qui a produit, en France, des jeunes présentant sur le cou et sur la tête quelques plumes blanches et une tache de couleur ocre sur la poitrine.

RACE II. — *Canard à bec courbé* (Hook-billed Duck). — La courbure inférieure du bec de cet oiseau lui donne un aspect extraordinaire ; la tête est souvent huppée. Il est ordinairement blanc, quelquefois il est coloré comme le canard sauvage. C'est une race ancienne, car il en est fait mention en 1676[3]. Elle témoigne par sa fécondité de l'antiquité de sa domestication, car, de même que les poules, elle pond presque constamment[4].

RACE III. — *Canard Chanterelle* (Call-Duck). — Remarquable par sa petite taille et la loquacité extraordinaire de la femelle. Bec court. Ces oiseaux sont blancs ou colorés comme l'espèce sauvage.

RACE IV. — *Canard Pingouin*. — Cette race, la plus remarquable de toutes, paraît originaire de l'archipel Malais. Elle marche le corps très-redressé, et le cou tendu et relevé. Bec assez court. Queue retroussée, comportant dix-huit rectrices seulement. Fémur et métatarse allongés.

Presque tous les naturalistes admettent que les diverses races descendent du canard sauvage commun (*Anas boschas*) ; les éleveurs, au contraire, ont, comme d'habitude, d'autres idées à cet égard[5]. A moins de supposer que la domestication, prolongée pendant des siècles, ne puisse affecter des caractères aussi peu importants que ceux de la couleur, de la taille, et un peu les dimensions proportionnelles, ainsi que le naturel, on ne saurait douter que le canard domestique descend de l'espèce sauvage commune, car il ne diffère de ce dernier par aucun caractère important. Quelques documents historiques peuvent nous renseigner

[1] *Poultry Chronicle* (1854), vol. II, p. 91, et vol. I, p. 330.
[2] Dr Turral, *Bull. Soc. d'Acclimat.*, t. VII, 1860, p. 541.
[3] Willughby, *Ornithology*, édité par Ray, p. 381. Cette race est aussi figurée par Albin en 1734, dans *Nat. Hist. of Birds*, vol. II, p. 86.
[4] F. Cuvier, *Ann. du Muséum*, t. IX. p. 128, dit qu'il n'y a que la mue et l'incubation qui puissent arrêter la ponte chez ces canards. Brent fait une remarque analogue dans *Poultry Chronicle*, 1855, vol. III, p 512.
[5] Rev. E. S. Dixon, *Ornamental Poultry* (1848), p. 117.—Brent, *Poultry Chron.*, vol. III, 1855, p. 512.

sur l'époque et les progrès de la domestication du canard. Il était inconnu [6] aux anciens Égyptiens, aux Juifs de l'Ancien Testament et aux Grecs de la période Homérique. Columelle [7] et Varron, il y a dix-huit cents ans environ, insistent sur la nécessité de tenir les canards dans des enclos fermés comme les autres oiseaux sauvages ; ce qui prouve qu'à cette époque, on craignait qu'ils ne s'envolassent. En outre, le conseil que donne Columelle à ceux qui désirent augmenter le nombre de leurs canards, de recueillir les œufs de l'oiseau sauvage, et de les mettre sous une poule, prouve qu'alors le canard n'était pas encore devenu un hôte naturalisé et prolifique de la basse-cour romaine. Presque toutes les langues d'Europe témoignent que le canard domestique descend de l'espèce sauvage ; en effet, comme Aldrovandi l'a fait remarquer il y a bien longtemps, toutes désignent sous le même nom l'une et l'autre forme. Le canard sauvage habite une aire géographique immense depuis l'Himalaya jusqu'à l'Amérique du Nord. Il s'accouple volontiers avec la forme domestique, et donne des produits croisés entièrement féconds.

On a constaté, tant en Amérique qu'en Europe, que le canard sauvage s'apprivoise facilement, et qu'il reproduit sans peine en captivité. L'essai a été fait en Suède par Tiburtius, qui réussit à élever trois générations de canards sauvages, mais sans observer chez eux la moindre variation, bien qu'il les traitât comme des canards domestiques. Les canetons souffraient de ce qu'on les laissât aller dans l'eau froide [8], ce qui, comme on le sait, est aussi le cas, bien qu'il soit étrange, pour les jeunes canetons domestiques. Un observateur bien connu en Angleterre [9], a décrit en détail ses essais répétés et heureux sur la domestication du canard sauvage. On obtient aisément l'éclosion des petits, en faisant couver les œufs par une poule Bantam ; mais, pour réussir,

---

[6] Crawfurd, *Relation of domesticated Animals to civilisation etc.*, 1860.
[7] Dureau de la Malle, *Ann. des Sciences naturelles*, t. XVII, p. 164 et t. XXI, p. 55. — Rev. E. S. Dixon, *Ornamental Poultry*, p. 118. — Le canard domestique n'était pas connu du temps d'Aristote, comme le fait remarquer Volz, *Beiträge zur Kulturgeschichte*, 1852, p. 78.
[8] Cité d'après *Die Enten und Schwanenzucht*, Ulm, 1828, p. 143.—Audubon, *Ornithological Biography*, vol. III, p. 168, sur l'apprivoisement du canard au Mississipi. — Pour l'Angleterre, Waterton, dans Loudon's *Mag. of nat. Hist.*, vol VIII, 1835, p. 542, et St-John, *Wild Sports and nat. Hist. of the Highlands*, 1846, p. 129.
[9] E. Hewitt, *Journal of Horticulture*, 1862, p. 773, et 1863, p. 39.

il ne faut pas mettre sous la même poule, à la fois des œufs de canard sauvage et de canard domestique, car alors les canetons sauvages ne tardent pas à périr, laissant à leurs frères plus robustes la jouissance complète des soins de leur mère adoptive. En effet, tel est le résultat certain des différences de tempérament qui existent au début entre ces divers canetons récemment éclos. Les canetons sauvages se montrent dès le principe très-familiers envers ceux qui les soignent, tant que ceux-ci portent les mêmes vêtements, et font bon ménage avec les chiens et les chats de la maison. Ils attaquent même les chiens de la maison à coups de bec pour les chasser d'une place qu'ils envient. Mais la présence d'hommes ou de chiens étrangers les effraie beaucoup. Contrairement à ce qui a été observé en Suède, M. Hewitt a toujours trouvé que ces jeunes canards changent et dégénèrent dans le cours de deux ou trois générations, tout croisement avec le canard domestique ayant d'ailleurs été évité avec le plus grand soin. Ces canards, après la troisième génération, perdent la démarche élégante de l'espèce sauvage, et commencent à prendre les allures du canard commun. A chaque génération leur grosseur augmente et leurs pattes perdent de leur finesse. Le collier blanc autour du cou devient plus large et moins régulier, et quelques-unes des longues rémiges primaires deviennent plus ou moins blanches. M. Hewitt détruit alors ses canards, et se procure de nouveaux œufs sauvages, de sorte qu'il n'a jamais poussé la même famille à plus de cinq ou six générations. Ces oiseaux continuent à s'associer par couples, et ne sont jamais devenus polygames comme le canard domestique ordinaire. Je donne ces détails parce que je ne connais aucun autre cas d'une observation aussi complète, et faite par un homme plus compétent, sur les changements progressifs qu'éprouvent les oiseaux sauvages, soumis pendant plusieurs générations à l'influence de la domestication.

Il ne peut donc y avoir de doute sur le fait que le canard sauvage ne soit la souche primitive de la forme domestique ordinaire, et il n'est point besoin de chercher d'autres espèces comme la souche des autres races domestiques plus distinctes que nous avons énumérées plus haut. Je ne répéterai pas les arguments invoqués déjà dans les chapitres précédents, sur l'im-

probabilité que l'homme ait autrefois domestiqué plusieurs espèces inconnues ou éteintes, bien que les canards à l'état sauvage ne soient pas facilement exterminés ; sur la présence, chez
ces espèces primitives supposées, de caractères anormaux com-
parables à ceux des autres'espèces du genre, tels que les canards
à bec courbé et les canards Pingouins ; sur la fécondité réciproque de toutes les races croisées les unes avec les autres [10] ;
sur les dispositions générales, sur les instincts, etc., qui sont les
mêmes chez toutes les races. Mais nous devons, dans ce cas particulier, noter le fait que, dans la grande famille des canards,
une seule espèce, l'*A. boschas* mâle, a les quatre rectrices caudales médianes frisées et relevées en boucles ; or, chez toutes
les races domestiques ci-dessus énumérées, on retrouve ces
pennes relevées ; en leur supposant donc une origine distincte, il
faudrait admettre que l'homme ne serait autrefois précisément
tombé que sur des espèces possédant toutes ce caractère, actuellement unique. En outre, les sous-variétés de chaque race sont
colorées exactement comme le canard sauvage ; j'ai observé ce
fait chez les races les plus grandes et les plus petites, telles que
la race de Rouen et la race Chanterelle ; il en est de même, d'a-
près M. Brent [11], chez les canards à bec courbé. M. Brent m'apprend qu'il a croisé un canard Aylesbury blanc avec une cane
Labrador noire ; quelques canetons résultant de ce croisement
prirent en grandissant le plumage du canard sauvage.

J'ai vu bien peu de canards Pingouins ; leur coloration n'est
pas exactement celle de l'espèce sauvage. Sir J. Brooke m'a envoyé les peaux de trois individus de cette espèce provenant de
Lombok et de Bali, dans l'archipel Malais, les deux femelles étaient
plus claires et un peu plus rousses que le canard sauvage ; tout
le plumage du mâle, à l'exception du cou, des tectrices caudales,
de la queue et des ailes, était gris-argenté, finement rayé
de lignes foncées, et très-analogue à certaines parties du plu-

---

[10] J'ai eu connaissance de plusieurs faits relatifs à la fécondité des produits des croisements de plusieurs races ; M. Yarrell m'apprend que le canard Chanterelle et le canard
commun sont parfaitement féconds ensemble. J'ai croisé ce dernier avec des becs courbés, un
Pingouin avec un Labrador ; les produits de ces croisements ont été féconds, mais on ne les
a pas croisés *inter se*, de sorte que l'essai n'a pas été complet. Quelques métis Pingouin et
Labrador, recroisés avec le Pingouin, et ensuite accouplés entre eux, ont été tout à fait
féconds.

[11] *Poultry Chronicle*, 1855, vol. III, p. 512.

mage de l'espèce sauvage. Cet individu ressemblait absolument, plume pour plume, à une variété de la race commune, provenant d'une ferme du comté de Kent; j'ai eu occasion de revoir ailleurs des individus semblables. Il en résulte qu'un canard, élevé sous un climat aussi spécial que celui de l'archipel Malais (où l'espèce sauvage n'existe pas), a un plumage identique à celui qu'on trouve occasionnellement dans nos basses-cours; c'est là un fait bien digne d'attention. Il paraît, toutefois, que le climat de l'archipel Malais favorise les variations du canard, car Zollinger [12], parlant de la race Pingouine, fait remarquer qu'à Lombok on trouve une variété étonnante et exceptionnelle de ces oiseaux. J'ai élevé un canard Pingouin mâle, qui différait de ceux dont j'avais reçu les peaux de Lombok, en ce qu'il avait la poitrine et le dos partiellement teintés de brun marron, ce qui le rapprochait davantage encore du canard sauvage.

Ces divers faits, et surtout la présence des plumes de la queue relevées en boucle chez les mâles de toutes les races, et la ressemblance fréquente du plumage de certaines sous-variétés avec celui du canard sauvage, nous autorisent à conclure que toutes les races domestiques descendent de l'*A. boschas*.

Je vais maintenant signaler certaines particularités qui caractérisent les diverses races. La coloration des œufs varie; quelques canards communs pondent des œufs vert clair, d'autres pondent des œufs tout blancs. Les premiers œufs de chaque saison pondus par la cane Labrador noire sont teintés de noir, comme si on les avait frottés d'encre. Un bon observateur m'a informé que ses canes Labrador ont, une année, pondu des œufs presque entièrement blancs. Un autre cas curieux prouve quelles variations singulières peuvent parfois se produire et devenir héréditaires; M. Hansell [13] assure qu'il a possédé une cane de la race commune qui pondait des œufs dont le jaune était toujours brun foncé, semblable à de la colle forte fondue; les jeunes femelles provenant de ces œufs, pondirent aussi des œufs semblables, et on fut obligé de détruire la race.

Le canard à bec courbé a une apparence très-remarquable (fig. 39, crâne); cette forme de bec remonte au moins à l'année 1676, et, par sa structure, est évidemment analogue à celui que nous avons décrit chez le pigeon messager Bagadotten. M. Brent [14] assure que, lorsqu'on croise les canards à bec courbé avec la race ordinaire, un grand nombre des jeunes qui proviennent

[12] *Journal of the Indian Archipelago,* vol. V, p. 334.
[13] *The Zoologist,* vol. VII, VIII (1849-50), p. 2353.
[14] *Poultry Chronicle,* 1855, vol. III, p. 512.

de ce croisement, naissent avec la mandibule supérieure plus courte que la mandibule inférieure, ce qui cause fréquemment la mort de l'oiseau. La présence d'une touffe de plumes sur la tête n'est point chose rare chez les canards ; ou la rencontre chez la vraie race huppée, chez les Becs—courbés et chez le canard de ferme ordinaire ; j'en ai observé une aussi sur un canard qui m'a été envoyé de l'archipel Malais, et qui n'offrait d'ailleurs aucune autre particularité. La huppe est intéressante seulement en ce qu'elle affecte le crâne, qu'elle rend plus arrondi, et qui présente alors de nombreuses perforations. Les canards Chanterelles sont remarquables par leur excessive loquacité ; les mâles ne font que siffler comme les canards mâles communs ; cependant, lorsqu'on les accouple avec les canes de la race ordinaire, ils transmettent à leur progéniture femelle une voix très-bruyante. Il semble d'abord très-singulier que la domestication ait développé un caractère aussi extraordinaire. Toutefois, la voix varie chez les différentes races ; M. Brent [15] affirme que les canards à bec courbé sont très-bruyants, et que les Rouens ont un cri triste et monotone, qu'une oreille exercée reconnaît facilement. Le canard Chanterelle est employé comme appeau, comme tel il rend de grands services ; il est donc probable que sa voix aura été développée par la sélection. Le col. Hawker dit, par exemple, que, lorsqu'on ne peut se procurer de jeunes canards sauvages pour appeau, on peut, comme pis-aller, choisir les canards domestiques les plus criards, quand même ils n'auraient pas la coloration de l'espèce sauvage [16]. On a affirmé à tort que les canards Chanterelles couvent moins longtemps que la race commune [17].

La race Pingouine est de toutes la plus remarquable ; elle porte très-relevé son cou mince et son corps entier ; les ailes sont petites ; la queue est retroussée ; les fémurs et les métatarses sont beaucoup plus allongés que ces mêmes os ne le sont chez le canard sauvage. J'ai compté, sur cinq individus, dix-huit rectrices, au lieu de vingt comme chez le canard sauvage ; mais j'en ai trouvé dix-huit et dix—neuf chez deux Labradors. Le doigt médian de trois individus portait 27 ou 28 scutelles ; le même doigt en portait 31 et 32 chez deux canards sauvages. Croisée, la race Pingouine transmet fortement à sa progéniture la forme particulière de son corps et sa démarche ; c'est ce que prouve très-évidemment le résultat de quelques croisements effectués au Jardin Zoologique de Londres entre un de ces oiseaux et une oie Égyptienne [18] (*Anser Ægyptiacus*) ; j'ai élevé moi-même avec les mêmes résultats des métis produits du croisement entre un Pingouin et un Labrador. Je ne suis point surpris que quelques auteurs aient soutenu l'opinion que cette race descend d'une espèce distincte et inconnue, mais, pour les raisons déjà données, je crois plus probable qu'elle descend de l'A.

[15] *Poultry Chronicle*, 1855, vol. III, p. 312. — Pour les Rouens, 1854, vol. I, p. 167.
[16] Col. Hawker's *Instructions to young Sportsmen*, cité par Dixon dans *Ornamental Poultry*, p. 125.
[17] *Cottage Gardener*, 9 avril 1861.
[18] M. Selys Longchamps a décrit ces métis dans *Bulletins de l'Acad. royale de Bruxelles*, t. XII, n° 10.

boschas, bien que profondément modifiée par le climat et la domestication.

CARACTÈRES OSTÉOLOGIQUES. — Les crânes des diverses races diffèrent à peine les uns des autres, et de celui du canard sauvage. Les principales différences portent sur les dimensions et la courbure des maxillaires supérieurs. Ces derniers os sont courts chez le canard Chanterelle ; ils offrent un profil droit, tandis qu'il est concave chez le canard ordinaire : le crâne du canard Chanterelle ressemble donc à celui d'une petite oie. Chez le canard à bec courbé (fig. 39), les maxillaires supérieurs, ainsi que les maxillaires inférieurs, se recourbent en dessous d'une façon très-remarquable.

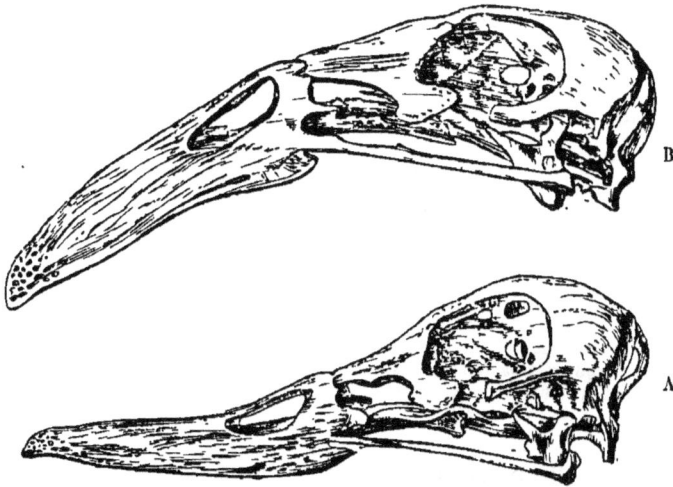

Fig. 39. — Crânes, vus de côté, deux tiers de grandeur naturelle. A. Canard sauvage. — B. Canard à bec courbé.

Les maxillaires supérieurs du Labrador sont un peu plus larges que ceux du canard sauvage et j'ai observé sur deux crânes une forte saillie des crêtes verticales qui se trouvent de chaque côté de l'occipital supérieur. Les maxillaires supérieurs sont, chez le canard Pingouin, plus courts, et les apophyses mastoïdiennes plus saillantes que chez l'espèce sauvage. Chez un canard Hollandais huppé, dont la huppe était énorme, le crâne était plus arrondi et présentait deux perforations ; les os lacrymaux étaient beaucoup plus reculés, avaient une forme différente, et, se rapprochant jusqu'à presque toucher les apophyses latérales des os frontaux, complétaient à peu près l'orbite osseuse de l'œil. Les os carrés et ptérygoïdiens étant très-compliqués et en relation avec un grand nombre d'autres os, je les ai comparés avec beaucoup de soin chez les diverses races, mais sans y remarquer de différences autres que dans la grandeur.

Vertèbres et côtes. — J'ai compté sur un squelette du canard Labrador, les quinze vertèbres cervicales habituelles, et les neuf vertèbres dorsales portant des côtes ; chez un autre, j'ai trouvé quinze cervicales et dix dorsales à côtes, fait qui, autant que je puis en juger, n'est pas dû au développement d'une côte sur la première vertèbre lombaire, car, chez les deux squelettes, les vertèbres lombaires ressemblaient en nombre, en forme et en grandeur, à celles du canard sauvage. Deux squelettes de canard Chanterelle, comportaient quinze vertèbres cervicales et neuf dorsales ; chez un troisième, la quinzième cervicale portait des petites côtes, faisant ainsi dix paires de côtes, mais qui ne correspondaient ni ne dépendaient des mêmes vertèbres que les dix côtes signalées précédemment chez le Labrador. Chez le canard Chanterelle, dont la 15e vertèbre cervicale portait des petites côtes, les apophyses inférieures des 13e et 14e cervicales, et celle de la 17e dorsale, correspondaient aux apophyses des 14e, 15e et 18e vertèbres du canard sauvage : chacune de ces vertèbres avait donc ainsi acquis la conformation par-

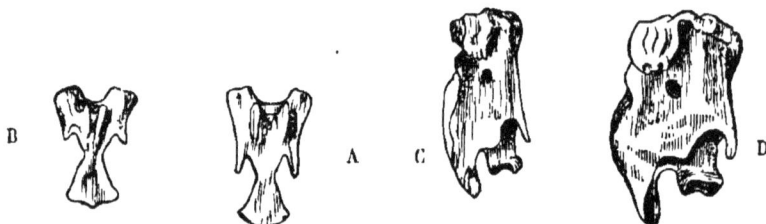

Fig. 40. — Vertèbres cervicales de grandeur naturelle. — A. Huitième vertèbre cervicale de canard sauvage, vue en dessous. — B. Huitième vertèbre cervicale du canard Chanterelle, vue en dessous. — C. Douzième vertèbre cervicale du canard sauvage, vue de côté. — D. Douzième vertèbre cervicale du canard Aylesbury, vue de côté.

ticulière à celle qui la suit. Chez le même canard, la huitième vertèbre cervicale (fig. 40, B), avait les deux branches de son apophyse inférieure plus rapprochées que chez le canard sauvage (A), et la partie descendante était très-raccourcie. Chez le canard Pingouin, le cou paraît très-allongé parce qu'il est très-mince et que l'oiseau le porte très-relevé ; il n'en est rien, ainsi que le prouvent les mesures directes, et on ne constate aucune différence dans les vertèbres cervicales et dorsales. Toutefois, les dorsales postérieures sont plus complétement soudées au bassin que chez le canard sauvage. Le canard Aylesbury a quinze vertèbres cervicales et dix dorsales pourvues de côtes, mais, autant que j'ai pu m'en assurer, il a le même nombre de vertèbres lombaires, sacrées et caudales que le canard sauvage. Les vertèbres cervicales (fig. 40, D) de ce canard sont beaucoup plus larges et beaucoup plus épaisses, par rapport à leur longueur, que chez l'espèce sauvage (C), comme on peut le voir par la figure 40 qui représente la huitième vertèbre cervicale chez les deux races. Ces faits prouvent que la 15e vertèbre cervicale se modifie parfois pour se transformer en une vertèbre dorsale, et que, dans ce cas, toutes les vertèbres adjacentes se modifient aussi. Nous voyons encore qu'il peut se développer occasionnellement une vertèbre dorsale additionnelle portant une côte, tandis que le nombre des vertèbres cervicales et lombaires reste le même qu'à l'ordinaire.

L'élargissement osseux de la trachée chez les canards mâles est identi-

quement le même chez diverses races : Pingouin, Chanterelle, Bec-courbé,
Labrador et Aylesbury.

Le *bassin* est très-uniforme ; la partie antérieure est passablement arquée
en dedans, chez le canard à bec courbé, et le trou ischiatique est moins allongé chez l'Aylesbury et quelques autres races. Le sternum, la fourchette,
les caracoïdiens et l'omoplate n'offrent que des différences trop faibles et
trop variables, pour qu'il vaille la peine de les mentionner ; je me bornerai
à signaler une forte diminution de la partie terminale des omoplates chez
le canard Pingouin.

Je n'ai pas observé de modification dans la forme des os des pattes et de
l'aile. Chez le Pingouin et le Bec-courbé, les phalanges terminales des ailes
sont un peu raccourcies ; chez le premier, le fémur et le métatarse (mais
non le tibia) sont considérablement allongés, tant, relativement aux mêmes
os chez le canard sauvage, qu'aux os de l'aile chez les deux oiseaux. Cet allongement des os de la patte est très-apparent chez l'oiseau vivant, et doit
sans doute provenir de sa démarche tout particulièrement redressée. J'ai
trouvé, d'autre part, que, chez un grand canard Aylesbury, le tibia
était le seul os qui, relativement aux autres os de la patte, fût un peu
allongé.

Effets de l'augmentation et de la diminution de l'usage des membres. —
Chez toutes les races, les os des ailes, mesurés séparément, après net-
toyage complet, et comparés à ceux du canard sauvage, se sont, relativement aux os de la patte, un peu raccourcis, comme le prouve le tableau
suivant :

RACES.	LONGUEUR du fémur, du tibia et du métatarse pris ensemble.	LONGUEUR de l'humérus, du radius et du métatarse pris ensemble.	RAPPORT.
	centimètres	centimètres	
Canard sauvage..................	18.135	23.571	100 : 129
Aylesbury....................	21.945	26.492	100 : 120
Huppé (hollandais)	20.955	24.968	100 : 119
Pingouin.....................	18.085	22.301	100 : 123
Chanterelle	15.748	19.736	100 : 125

	LONGUEUR des mêmes os.	LONGUEUR de tous les os de l'aile.	RAPPORT.
Canard sauvage (autre individu)...	17.399	25.578	100 : 147
Canard domestique ordinaire......	20.701	28.600	100 : 138

Ce tableau prouve que, comparés aux os de l'aile du canard sauvage,
ceux des races domestiques ont subi une diminution de longueur faible

mais générale, et que la diminution la plus faible se trouve chez le canard Chanterelle, lequel a conservé l'habitude et le pouvoir de voler. Le
tableau suivant prouve que la différence en poids entre les os des pattes,
et ceux de l'aile est encore plus considérable.

RACES.	POIDS du fémur, du tibia et du métatarse.	POIDS de l'humérus, du radius et du métacarpien.	RAPPORT.
	grammes	grammes	
Canard sauvage..................	3.510	6.305	100 : 179
Aylesbury......................	10.660	13.260	100 : 124
Bec-courbé	6.955	10.400	100 : 149
Huppé (hollandais)	7.215	9.620	100 : 133
Pingouin.......................	4.875	5.882	100 : 120
Labrador	9.165	10.725	100 : 117
Chanterelle	3.705	6.045	100 : 163

	POIDS de tous les os de la jambe et du pied.	POIDS de tous les os de l'aile.	RAPPORT.
Canard sauvage (autre individu) ...	4.290	7.475	100 : 173
Canard domestique ordinaire......	8.255	10.270	100 : 124

La diminution considérable du poids des os de l'aile chez les canards domestiques,—la diminution moyenne est d'environ 25 p. 0/0 de leur poids
proportionnel — ainsi que la légère diminution de longueur, relativement
aux os des pattes, pourraient provenir, non d'une diminution réelle des os
de l'aile, mais d'un accroissement du poids et de la longueur des os de la
patte. Le premier tableau que nous donnons ci-après, prouve que, relativement au poids du squelette entier, les os des pattes ont effectivement
augmenté en poids ; mais le deuxième tableau prouve que, d'après le même
terme de comparaison, les os de l'aile ont aussi effectivement diminué en
poids. Il en résulte que la disproportion relative que l'on observe dans les
deux tableaux précédents entre les os des ailes et des pattes, comparés à
ceux du canard sauvage, est due en partie à une augmentation du poids et
de la longueur des os des pattes, et en partie à la diminution du poids et de
la longueur des os des ailes.

Quant aux tableaux suivants, je dois dire que je les ai vérifiés en prenant un autre squelette de canard sauvage et de canard domestique, et en
comparant le poids total des os des pattes à celui de tous les os de l'aile ;
le résultat a été le même. Le premier tableau prouve que, dans chaque cas, .
les os des membres ont effectivement augmenté en poids. On devait s'at-

tendre à ce que les os des pattes devinssent plus ou moins pesants, en proportion de l'augmentation ou de la diminution du poids du squelette entier ; mais on ne peut expliquer leur augmentation relative en poids chez toutes les races que par le fait que celles-ci marchent et se servent de leurs pattes beaucoup plus que les oiseaux sauvages, car elles ne volent jamais, et les races très-artificielles nagent rarement. Le deuxième tableau prouve qu'à l'exception d'un cas, les os de l'aile ont subi une diminution sensible, résultat évident d'une diminution d'usage. Le cas exceptionnel que présente un des canards Chanterelle n'est pas, à vrai dire, une exception, car cet oiseau avait l'habitude de voler presque constamment, et, tous les jours, pendant longtemps, il décrivait dans l'air des cercles de plus d'un mille de diamètre. Bien loin d'avoir subi une diminution, les os des ailes de cet oi-

RACES.	POIDS du squelette entier. *Nota.* J'ai enlevé à tous les squelettes un métatarse et un pied, ces parties ayant été égarées chez deux d'entre eux.	POIDS du fémur, du tibia et du métatarse.	RAPPORT.
	grammes	grammes	
Canard sauvage............	54.535	3.510	1000 : 64
Aylesbury.................	125.125	10.660	1000 : 85
Huppé (hollandais).........	91.260	7.215	1000 : 79
Pingouin..................	56.615	4.875	1000 : 86
Chanterelle (de M. Fox).....	46.605	3.705	1000 : 79

	POIDS du squelette entier.	POIDS de l'humérus, du radius et du métacarpien.	RAPPORT.
	grammes	grammes	
Canard sauvage	54.535	6.305	1000 : 115
Aylesbury.................	125.125	13.260	1000 : 105
Huppé (hollandais)	91.260	9.620	1000 : 105
Pingouin..................	56.615	5.882	1000 : 103
Chanterelle (de M. Baker) ...	59.410	6.500	1000 : 109
Chanterelle (de M. Fox).....	46.605	6.045	1000 : 129

seau ont réellement augmenté en poids, relativement à ceux du canard sauvage, ce qui probablement résulte de ce que tous les os de son squelette sont très-légers et très-minces.

J'ai enfin pesé la fourchette, les coracoïdiens et les omoplates d'un canard sauvage et d'un canard domestique commun, et j'ai trouvé que les poids de ces os, relativement à celui du squelette entier, étaient comme 100 : 89 ; 100 représentant le poids du squelette du premier, d'où il résulte que les os de l'oiseau domestique ont perdu 11 0/0 de leur poids proportionnel. La saillie de la crête sternale est aussi très-réduite relativement à la longueur du sternum chez toutes les races domestiques. Ces changements proviennent évidemment de la diminution de l'usage des ailes.

On sait que plusieurs oiseaux, appartenant à divers ordres et habitant certaines îles de l'Océanie, ont les ailes considérablement réduites et ont perdu la faculté de voler. Dans mon ouvrage sur l'*Origine des Espèces*, j'ai émis l'idée que, ces oiseaux n'ayant pas d'ennemis à redouter, leurs ailes s'étaient graduellement réduites par suite du défaut d'usage. Il est par conséquent probable que, pendant les premières phases de ce commencement de diminution, les organes du vol chez ces oiseaux ressemblaient à ce qu'ils sont chez nos canards domestiques. C'est précisément le cas pour la poule d'eau de Tristan d'Acunha (*Gallinula nesiotis*) qui peut voltiger un peu, mais, qui, pour échapper à ses ennemis, se sert surtout de ses pattes et non de ses ailes. M. Sclater[19] a étudié cet oiseau avec soin; il a trouvé que les ailes, le sternum, les os coracoïdiens, ont diminué de longueur, et la crête sternale de hauteur, si on les compare aux mêmes os de la poule d'eau européenne (*G. chloropus*); d'autre part, le fémur et le bassin, comparés à ceux de la poule d'eau ordinaire sont plus grands, le premier de quatre millimètres. Il s'est donc opéré, à un degré un peu plus prononcé, dans le squelette de cette espèce naturelle, les mêmes changements que chez nos canards domestiques; je crois que personne ne pourra contester que, dans le cas en question, ces changements ne soient dus à une diminution de l'usage des ailes et à une augmentation de l'usage des pattes.

L'OIE.

De tous les animaux dont la domestication est ancienne, il n'en est presque pas qui aient aussi peu varié que l'oie. L'antiquité de la domestication de cet oiseau nous est révélée par quelques vers d'Homère, et par les oies conservées au Capitole à Rome (388 ans avant Jésus-Christ); la consécration de ces oiseaux à Junon im-

[19] *Proc. zool. Society,* 1861, p. 261.

plique aussi une haute antiquité[20]. Les naturalistes ne sont pas
d'accord relativement à l'espèce sauvage dont peut descendre
l'oie, ce qui prouve qu'elle a varié dans certaines limites ; il est
vrai que, dans ce cas, la difficulté provient surtout de l'existence
de trois ou quatre espèces sauvages européennes, très-voisines les
unes des autres[21]. La plupart des observateurs compétents pensent
que nos oies domestiques descendent de l'oie sauvage, *Anser
ferus*, dont les jeunes s'apprivoisent facilement[22]. Cette espèce,
croisée avec l'oie domestique, a produit, en 1849, au Jardin
Zoologique de Londres, des métis parfaitement féconds[23]. La
partie inférieure de la trachée de l'oie domestique est, d'après
Yarrell[24], quelquefois aplatie, et la base du bec est parfois
entourée d'un anneau de plumes blanches. A première vue, ces
caractères sembleraient indiquer un croisement antérieur avec
l'oie à front blanc, *A. albifrons;* mais, chez cette espèce, l'anneau
blanc est variable, et il ne faut pas méconnaître la loi des variations analogues, en vertu de laquelle les individus d'une espèce
peuvent revêtir certains caractères d'une espèce voisine.

Puisque l'action d'une domestication très-prolongée paraît
n'avoir que peu influencé les caractères de l'oie, il n'est pas inutile
d'indiquer l'importance des modifications qu'on peut observer chez
elle. Elle a augmenté en taille et en fécondité[25], et varie en couleur du blanc au gris foncé. Plusieurs observateurs[26] ont remarqué
que le jars est plus souvent banc que l'oie et qu'il devient presque
invariablement blanc, lorsqu'il est vieux, ce qui n'est cependant
pas le cas chez la forme souche, l'*A. ferus*. Ici encore, il peut y
avoir un cas de variation analogue, car tous ceux qui ont traversé
les détroits de la Terre de Feu, ou visité les îles Falkland, ont pu
remarquer sur la grève le singulier spectacle qu'offre le mâle, blanc

---

[20] Sir J. E. Tennent, *Ceylon*, 1859, vol. I, p. 485. — *J. Crawfurd, O. C.,* 1860. — Rev.
E. S. Dixon, *Ornament. Poultry,* 1848, p. 132. — L'oie figurée sur les monuments égyptiens
paraît avoir été l'oie rouge d'Egypte.

[21] Macgillivray, *British Birds,* vol IV, p. 593.

[22] Strickland, *Ann. and Mag. of nat. Hist.* (3e série), vol. III, 1859, p. 122, a élevé
quelques jeunes oies sauvages, dont tous les caractères et toutes les habitudes étaient identiques à ceux de l'oie domestique.

[23] Hunter, *Essays* (édité par Owen), vol. II, p. 322.

[24] Yarrell, *British Birds,* vol. III, p. 142.

[25] L. Lloyd, *Scandinavian Adventures,* 1854, vol. II, p. 413, dit que l'oie sauvage pond de
cinq à huit œufs, nombre bien inférieur à celui des œufs de l'oie domestique.

[26] Observation du Rev. L. Jenyns dans *British Animals*. Voir aussi Yarrell et Dixon dans
Ornament. Poultry (p. 139), et *Gardener's Chronicle,* 1857, p. 45.

comme neige, de l'oie de rocher (*Bernicla antarctica*), se tenant auprès de sa femelle à la couleur foncée. Quelques oies portent des huppes, et, dans ce cas, ainsi que nous l'avons dit plus haut, la partie sous-jacente du crâne est perforée. On a tout récemment formé une sous-race chez laquelle les plumes de la partie postérieure de la tête et du cou sont renversées [27]. Le bec varie un peu en grandeur, et a une teinte plus jaune que celui de l'oie sauvage ; cependant la couleur du bec ainsi que celle des pattes sont légèrement variables [28]. Ce dernier point est important, parce que la coloration de ces organes est fort utile pour la distinction des diverses formes sauvages, voisines les unes des autres [29]. On expose à nos concours deux races, celle d'Embden et de Toulouse, qui ne diffèrent absolument que par la couleur [30]. On a récemment importé de Sébastopol [31] une petite variété singulière, remarquable par ses plumes scapulaires très-allongées, frisées, et même tordues en spirale. Les bords de ces plumes ont un aspect duveteux, par suite de la divergence des barbes et des barbules, et ressemblent un peu à celles qui garnissent le dos du cygne Australien noir. Ces plumes sont encore remarquables par leur tige centrale mince, transparente, et comme refendue en fins filaments qui, distincts sur une certaine étendue, se soudent plus loin les uns aux autres. Ces filaments sont garnis régulièrement et de chaque côté d'un duvet fin ou de barbules, identiques à ceux qui se trouvent sur les vraies barbes des plumes. Cette structure des plumes se transmet aux métis. Chez le *Gallus Sonneratii*, les barbes et les barbules se soudent ensemble, et forment ainsi de minces lames cornées de même nature que la tige ; chez cette variété de l'oie, la tige se divise en filaments qui portent des barbules et ressemblent par conséquent aux vraies barbes de la plume.

Bien que l'oie domestique diffère certainement un peu de toutes les espèces sauvages connues, elle a cependant subi beaucoup moins de variations que la plupart des autres animaux domestiques, ce qui s'explique par le fait que la sélection lui a été peu

---

[27] M. Bartlett a exposé le cou et la tête d'une oie ainsi caractérisée devant la *Zoological Society*, fév. 1860.

[28] W. Thompson, *Nat. Hist. of Ireland*, 1851, t. III, p. 31. — Je dois au Rev. E. Dixon les renseignements sur les variations des couleurs du bec et des pattes.

[29] Strickland, *Annals and Mag. of Nat. Hist.*, 3ᵉ série, vol. III, 1859, p. 122.

[30] *Poultry Chronicle*, vol. 1, 1854, p. 498 ; vol. III, p. 210.

[31] *Cottage Gardener*, 4 sept. 1860, p. 348.

appliquée. Une foule d'oiseaux offrant beaucoup de races distinctes sont appréciés comme ornements ou comme favoris, ce
qui n'a jamais été le cas pour l'oie, dont le nom même, dans plus
d'une langue, est un terme de mépris. On apprécie dans l'oie sa
taille, le goût de sa chair, sa fécondité et la blancheur de ses
plumes qui augmente sa valeur ; c'est sur ces points, par lesquels
elle diffère de sa forme souche, qu'a surtout porté la sélection.
Anciennement déjà, les gourmets romains estimaient le foie de
l'oie *blanche*, et Pierre Belon [32], en 1555, en mentionne deux variétés, dont l'une était plus grande, plus féconde et d'une meilleure couleur que l'autre ; il note expressément que les bons
éleveurs étudiaient attentivement la couleur des jeunes oiseaux,
afin de déterminer quels étaient ceux qu'ils devaient conserver
pour la reproduction.

LE PAON.

Cet oiseau est encore un de ceux qui n'ont presque pas varié
sous l'influence de la domestication, sauf toutefois au point de
vue de la couleur, car il y en a qui sont blancs ou pies. M. Waterhouse, après avoir comparé avec soin la peau de l'oiseau
indien sauvage avec celle de la race domestique, a trouvé que
ces oiseaux sont identiques, à cela près que le plumage de cette
dernière est un peu plus touffu. On ignore si nos paons
descendent de ceux qui ont été introduits en Europe à l'époque
d'Alexandre, ou s'ils ont été importés depuis. Ils ne se reproduisent pas très-facilement chez nous, et on en élève rarement
un grand nombre, deux circonstances peu favorables à la sélection graduelle et à la formation de nouvelles races.

Un fait étrange relatif au paon, est l'apparition, en Angleterre,
d'une variété dite « à épaules noires », qu'on a récemment, sur
l'autorité de M. Sclater, considérée comme espèce distincte sous
le nom de *Pavo nigripennis*, et que cet auteur croit devoir exister
à l'état sauvage dans quelque pays, mais pas dans l'Inde, où elle
est certainement inconnue. Les oiseaux mâles appartenant à cette

---

[32] *Hist. de la nature des oiseaux*, par P. Belon, 1555, p. 156. — Voir pour la préférence qu'avaient les Romains pour les foies de l'oie blanche, I. Geoffroy Saint-Hilaire, *Hist.
nat. gén.*, t. III, p. 58,

race, plus beaux selon moi que le paon commun, en diffèrent beaucoup par la couleur des rémiges secondaires, des plumes qui recouvrent les épaules, les ailes et les cuisses ; ces paons sont plus petits que l'espèce commune, et d'après l'honorable A. S. G. Canning sont toujours, en cas de bataille, battus par ces derniers. Les femelles affectent une couleur plus claire que celles de l'espèce commune. Les individus des deux sexes, m'apprend M. Canning, sont blancs au moment où ils sortent de l'œuf, et ils ne diffèrent des jeunes de la variété blanche que par une teinte rosée particulière sur les ailes. Ils se propagent d'une manière constante. Bien qu'ils ne ressemblent pas aux métis obtenus par le croisement du *P. cristatus* avec le *P. muticus*, ils ont cependant des caractères qui leur assurent sous quelques rapports, une situation intermédiaire entre ces deux espèces, fait qui, selon M. Sclater, est favorable à l'hypothèse qu'ils doivent former une espèce naturelle distincte [33].

Sir R. Heron affirme, au contraire [34], que cette race a apparu subitement dans un grand troupeau de paons communs blancs et pies, appartenant à lord Brownlow. Le même fait s'est présenté dans un troupeau entièrement composé de paons communs chez Sir J. Trevelyan, et dans celui de M. Thornton, comprenant des paons ordinaires et pies. Chose remarquable, dans ces deux derniers cas, la variété à épaules noires, bien que plus petite et plus faible, se multiplia au point de faire disparaître la race existant précédemment. M. Hudson Gurney me fait dire par M. Sclater qu'il a élevé, il y a plusieurs années, une paire de paons à épaules noires, provenant du paon commun ; un autre ornithologiste, le professeur A. Newton a obtenu aussi, il y a quelques années, une femelle semblable sous tous les rapports à celle de la variété à épaules noires, provenant d'une famille de paons communs qu'il possédait, et dont aucun n'avait, depuis plus de vingt ans, été croisé avec aucun oiseau d'une autre famille. M. Jenner Weir m'apprend qu'il a observé à Blackheath un paon qui resta blanc tant qu'il

---

[33] Sclater, *Proc. zool. Soc.*, 24 avril 1860. M. Swinhœ a cru pendant longtemps (*Ibid.*, juillet 1868) que cette espèce se trouvait à l'état sauvage en Cochinchine, mais il m'a informé depuis qu'il a beaucoup de doutes à ce sujet.

[34] *Proc. zool. Soc.*, 14 avril 1835.

fut jeune, mais qui, en vieillissant, prit tous les caractères de la variété à épaules noires ; ses deux ascendants étaient des paons communs. Enfin M. Canning a cité le cas de l'apparition, en Irlande, d'une femelle à épaules noires dans un troupeau de paons ordinaires [35].

Nous avons donc là sept cas bien distincts d'oiseaux à épaules noires surgissant subitement et tout récemment dans les troupeaux de l'espèce commune qu'on élève en Angleterre. Cette variété, d'ailleurs, a dû paraître autrefois en Europe, car M. Canning a vu un ancien tableau où elle est représentée, et le *Field* cite de son côté une autre peinture analogue. Ces faits semblent prouver que la variété à épaules noires est une variété très-accentuée qui tend à reparaître à toutes les époques et dans beaucoup d'endroits. Le fait que les jeunes sont d'abord aussi blancs que ceux de la race blanche, qui est elle-même une variété, vient à l'appui de cette hypothèse.

Si nous considérons, au contraire, que le paon à épaules noires constitue une espèce distincte, il faut supposer que, dans tous les cas cités plus haut, la race commune a dû autrefois se croiser avec le *P. nigripennis* supposé, mais qu'elle a depuis perdu toute trace de ce croisement, et que, cependant, il apparaît accidentellement des individus qui revêtent subitement et complétement les caractères du *P. nigripennis*. Or, jamais, autant que je puis tout au moins le savoir, un cas semblable ne s'est présenté dans le règne animal ou dans le règne végétal. Pour bien comprendre combien cette hypothèse est peu probable, supposons, par exemple, qu'à une époque antérieure, une race de chiens se soit croisée avec un loup, et ait depuis perdu toute trace des caractères de cet animal ; que, cependant, ladite race de chiens ait, dans un court espace de temps, et dans le même pays, engendré sept fois des loups parfaits sous tous les rapports ; il nous faudrait encore supposer que, dans deux de ces cas, les loups nouvellement produits se seraient ensuite multipliés au point d'exterminer la souche mère. Une forme aussi remarquable que le *P. nigripennis*, nouvellement importée, aurait eu une grande valeur ; il est donc peu probable que l'importation de

---

[35] *The Field*, 6 mai 1871. M. Canning a bien voulu me donner de nombreux renseignements relatifs à ces paons.

cette race ait pu passer inaperçue, et que son histoire se soit ultérieurement perdue. En résumé, je crois avec sir R. Heron que la race à épaules noires est une variation due à des causes inconnues. Si l'on adopte cette hypothèse, il faut ajouter que c'est l'exemple le plus remarquable qui ait jamais été enregistré de l'apparition soudaine d'une forme nouvelle, ressemblant assez à une véritable espèce pour tromper un de nos ornithologistes les plus savants.

LE DINDON.

M. Gould [36] paraît avoir suffisamment établi, ce qui concorde d'ailleurs avec l'histoire de l'introduction de cet oiseau en Europe, que le dindon descend d'une espèce Mexicaine sauvage que les indigènes avaient réduite en domesticité avant la découverte de l'Amérique ; aujourd'hui, on considère généralement cette forme comme une race locale et non pas comme une espèce distincte. Quoi qu'il en soit, le cas mérite d'être examiné, parce que, aux États-Unis, les dindons mâles sauvages courtisent parfois les femelles domestiques descendues de la forme mexicaine et sont accueillis par ces dernières avec le plus grand plaisir [37].

On sait aussi que des jeunes oiseaux provenant d'œufs de l'espèce sauvage, et élevés aux États-Unis, se sont croisés et mélangés avec la race ordinaire. On a aussi conservé dans des enclos séparés, en Angleterre, des oiseaux de cette même espèce ; le Rév. W. D. Fox s'en est procuré qui se sont facilement croisés avec la race domestique, et, pendant plusieurs années, me dit-il, les dindons de son voisinage portaient des marques très-évidentes du croisement dont leurs parents avaient été l'objet. C'est là un exemple d'une race domestique modifiée par croisement avec une espèce distincte, ou au moins une race sauvage. F. Michaux [38], en 1802, pensait que le dindon domestique ne descend

---

[36] *Proc. zool. Soc.*, 8 avril 1856, p. 61. — Le professeur Baird (cité par Tegetmeier, *Poultry Book*, 1866, p. 269), croit que nos dindons proviennent d'une espèce actuellement éteinte des Indes occidentales. Mais à l'improbabilité qu'un oiseau se soit éteint dans ces grandes îles si luxuriantes, il faut encore ajouter le fait que, le dindon dégénérant dans l'Inde, il n'a pas dû primitivement habiter les parties basses des régions tropicales.

[37] Audubon, *Ornithological Biograph.*, vol. I, 1831, p. 4-13, — et *Naturalist's Library* vol. XIV, *Birds*, p. 138.

[38] F. Michaux, *Voyage dans l'Amérique du Nord*, 1802.

pas de l'espèce des États-Unis seule, mais aussi d'une forme méridionale ; il allait même jusqu'à admettre que les dindons d'Angleterre et de France différaient les uns des autres parce qu'ils avaient des proportions variées du sang des souches parentes.

Les dindons anglais sont plus petits que l'une ou l'autre des formes sauvages. Ils n'ont pas beaucoup varié ; on peut cependant distinguer quelques races, telles que les Norfolk, les Suffolk, les Blancs, les Cuivrés (ou Cambridge), qui toutes, lorsqu'on évite de les croiser avec d'autres races, propagent leur type d'une manière constante. De toutes ces formes, la plus distincte est celle du petit dindon robuste noirâtre de Norfolk ; les petits sont noirs, et ont quelquefois des taches blanches sur la tête. Les autres races ne diffèrent guère que par la couleur, et leurs jeunes sont généralement marbrés de gris brunâtre [39]. Les tectrices caudales inférieures varient en nombre, et, d'après une superstition allemande, la femelle pond autant d'œufs qu'il y a de ces plumes chez le mâle [40]. Albin, en 1738, et Temminck, à une époque beaucoup plus récente, mentionnent une magnifique race jaune brunâtre, dont les plumes étaient brunes par dessus et blanches par dessous, pourvue d'une belle huppe de plumes soyeuses et ondulées. Le mâle portait des rudiments d'éperons. Cette race est depuis longtemps éteinte en Europe ; mais on a importé tout récemment de la côte orientale d'Afrique un individu vivant ayant la même coloration générale, portant la huppe et les rudiments d'éperons [41]. M. Wilmot [42] a décrit un dindon mâle blanc, portant une huppe formée de plumes longues de 10 centimètres environ, dont les tiges nues étaient garnies à l'extrémité d'une petite touffe de duvet blanc et soyeux. La plupart des dindonneaux héritaient de cette espèce de huppe, mais elle tombait ensuite, ou était arrachée par les autres oiseaux. Ce cas est intéressant, parce qu'avec des soins on aurait probablement pu former une nouvelle race, et qu'une huppe de cette nature aurait été, jusqu'à un certain point, analogue à celle que portent les mâles de

[39] Rev. E. S. Dixon, *Ornament. Poultry*, 1848, p. 34.
[40] Bechstein, *O. C.*, vol. III, 1793, p. 309.
[41] M. Bartlett dans *Land and Water*, oct. 31, 1868, p. 233 ; M. Tegetmeier, *The Field*, 17 juillet 1869, p. 46.
[42] *Gardener's Chronicle*, 1852, p. 699.

plusieurs genres voisins, tels que les *Euplocomus,* les *Lopho-phorus* et les *Pavo.*

On conserve dans les parcs de lord Powis, de lord Leicester, de lord Hill et de lord Derby, des dindons sauvages qu'on croit avoir été tous importés des États-Unis. Le Rev. W. D. Fox a étudié les oiseaux des deux premiers de ces parcs ; il assure qu'ils diffèrent certainement un peu les uns des autres, par la forme du corps et par les rayures de leurs ailes. Ils diffèrent aussi des dindons appartenant à lord Hill. Quelques-uns de ces derniers ont été conservés à Oulton par Sir P. Egerton ; bien que tout croisement avec le dindon ordinaire ait été soigneusement évité, ils produisirent occasionnellement des oiseaux de couleur beaucoup plus claire; il s'en trouva même un presque blanc, mais non albinos. Ces dindons à demi sauvages, différant légèrement les uns des autres, présentent un cas analogue à celui du bétail sauvage qui existe encore dans quelques parcs anglais. Nous devons supposer que les différences signalées chez eux proviennent de ce que l'on empêche le libre croisement entre des oiseaux habitant un district très-étendu et des changements dans les conditions extérieures auxquelles ils se sont trouvés soumis en Angleterre. Le climat de l'Inde paraît avoir occasionné des changements plus considérables encore chez le dindon ; le dindon indien, selon M. Blyth [43], est de petite taille, il est incapable de s'élever sur ses ailes, il affecte la couleur noire, et les longs appendices placés au-dessus du bec sont énormément développés chez lui.

PINTADE.

La pintade domestique descend, d'après beaucoup de naturalistes, de la *Numida ptilorhynca,* qui habite des régions très-chaudes et en partie très-arides, de l'Afrique orientale; elle a donc été, dans nos pays, soumise à des conditions d'existence bien différentes. Elle a néanmoins peu varié, si ce n'est par le plumage qui est tantôt plus pâle, tantôt plus foncé. La coloration de cet oiseau, le fait est singulier, varie beaucoup plus dans les

---

[43] E. Blyth, *Ann. and Mag. of nat. Hist.,* 1847, vol. XX, p. 391.

Indes occidentales et en Espagne, sous un climat chaud et humide, qu'en Europe [44]. La pintade est redevenue complétement
sauvage à la Jamaïque et à Saint-Domingue [45], et a diminué de
taille ; ses pattes sont noires, tandis qu'elles sont grises chez
l'oiseau africain. Ce petit changement est à noter, à cause de
l'assertion souvent répétée, que tous les animaux redevenus sauvages reviennent par tous leurs caractères à leur type primitif.

CANARIS.

Cet oiseau n'ayant été domestiqué que récemment, soit depuis
trois cent cinquante ans environ, la variabilité qu'on observe
chez lui mérite attention. Il a été croisé avec neuf ou dix espèces
de Fringillidés, et certains métis résultant de ces croisements
ont été presque complétement féconds ; nous n'avons cependant
pas la preuve que ces croisements aient amené la formation d'une
race distincte. Malgré la récente domestication du canari un
grand nombre de variétés ont été créées ; dès l'année 1718, on
publiait en France, [46] une liste de 27 variétés, et, en 1779, la
« Société des Canaris de Londres » fit imprimer un long
inventaire des qualités désirables à obtenir chez ces oiseaux,
de sorte qu'on leur a depuis fort longtemps appliqué la sélection
méthodique. La plupart des variétés ne diffèrent que par la couleur et les taches du plumage, Quelques races diffèrent cependant de forme ; ainsi, les canaris Voûtés, et les canaris Belges
dont le corps est très-allongé. M. Brent [47] a mesuré un de ces
oiseaux, dont le corps avait 20 centimètres de longueur, tandis
que le corps du canari sauvage n'a que 13 centimètres de longueur. Il existe des canaris huppés, et, fait curieux, lorsqu'on
accouple deux oiseaux huppés, les petits, au lieu d'avoir des
huppes, sont généralement chauves, ou ont même une plaie sur

[44] Roulin, *Mém. savants étrangers.* t. VI, 1835, p. 349. — M. Hill, de Spanish Town,
m'envoie dans une lettre la description de cinq variétés de la pintade à la Jamaïque. J'ai
observé des variétés singulières de couleur claire importées des Barbades et de Demerara.
[45] Pour Saint-Domingue, voir A. Salle, *Proc. zool. Soc.*, 1857, p. 236. — M. Hill, dans
sa lettre, me signale la couleur des pattes des oiseaux marrons de la Jamaïque.
[46] B. P. Brent. *The Canary, British Finches,* etc., p. 21, 30.
[47] *Cottage Gardener,* 11 déc. 1835, p. 184, description des variétés. — E. V. Harcourt;
même ouvrage, 25 déc. 1855, p. 223, pour les mesures des oiseaux sauvages.

la tête [48]. Il semblerait donc que la huppe fût due à quelques conditions morbides, qui s'accroissent au point de devenir nuisibles, lorsque les deux parents en sont pourvus. On connaît une race à pattes emplumées, et une autre qui porte le long du poitrail une sorte de fraise. Il est un autre caractère qui mérite d'être signalé, parce qu'il n'existe que pendant une période de la vie de l'oiseau, et qu'il est rigoureusement héréditaire à cette même période, c'est, chez certains canaris, la couleur des rémiges, et des rectrices, qui sont noires jusqu'à la première mue : après celle-ci, cette particularité disparaît [49]. Les canaris diffèrent beaucoup par leur naturel et un peu par leur chant. Ils pondent trois ou quatre fois par an.

POISSONS DORÉS.

En dehors des mammifères et des oiseaux, on a domestiqué très-peu d'animaux appartenant aux autres grandes classes ; je crois cependant nécessaire de dire quelques mots des poissons dorés, des abeilles et du bombyx du mûrier, pour prouver combien est générale la loi en vertu de laquelle les animaux, écartés de leurs conditions naturelles d'existence, sont sujets à varier et à former des races lorsqu'on leur applique la sélection.

Le poisson doré (*Cyprinus auratus*) n'a été introduit en Europe que depuis deux ou trois siècles ; mais on croit qu'en Chine il a été élevé en captivité depuis une époque très-reculée. Les variations analogues d'autres poissons ont porté M. Blyth [50] à supposer que le poisson doré n'existe pas à l'état de nature. Ces poissons vivent souvent dans les conditions les moins naturelles, et leur variabilité au point de vue de la taille, de la couleur et de quelques points importants de conformation, est considérable. M. Sauvigny a décrit et dessiné quatre-vingt-neuf variétés de ces poissons [51]. Plusieurs de ces variétés, comme celle à triple nageoire caudale, etc., devraient être regardées comme des

---

[48] Bechstein, *Naturg. der Stubenvogel*, 1840, p. 243 ; p. 252 sur l'hérédité du chant chez les canaris. Pour leur calvitie, W. Kidd, *Treatise on Song-Birds*.
[49] W. Kidd, *O. C.*, p. 18.
[50] *Indian Field*, 1858, p. 255.
[51] Yarrell, *British Fishes*, vol. I, p. 319.

monstruosités, mais il est très-difficile d'établir une ligne de démarcation précise entre une variation et une monstruosité. Les
poissons dorés ne sont que des objets d'ornement ou de curiosité,
et les Chinois [52] sont précisément gens à conserver une variété
accidentelle pour la propager ; il est donc à peu près certain que
la sélection a dû être largement pratiquée par eux pour amener
la formation de races nouvelles. Bien qu'il existe de nombreuses
races, il est singulier que quelques-unes des variations ne soient
pas héréditaires. Un ancien auteur chinois assure que les premiers poissons à écailles rouge brillant ont été obtenus en captivité sous la dynastie des Sung (le premier empereur appartenant à cette dynastie est monté sur le trône en 960 après J.-C.)
et il ajoute : « On élève maintenant ces poissons dans chaque famille comme objets d'ornement. » Un auteur plus ancien dit
aussi : « Il n'y a pas de maison où l'on ne cultive le poisson doré ; c'est à qui obtiendra les couleurs les plus bril-
lantes, car on en tire grand profit, etc. [53] » Sir R. Heron [54] a
élevé un grand nombre de ces poissons ; il plaçait dans un réservoir spécial tous les poissons difformes, tels que ceux privés
des nageoires dorsales, ou ayant deux nageoires anales ou une
triple queue, et il a pu constater que ces poissons anormaux ne
produisaient pas une plus grande proportion de poissons difformes que les autres.

Sans parler de la diversité presque infinie des couleurs, nous
rencontrons chez ces animaux les modifications les plus extraordinaires au point de vue de la conformation. Ainsi, sur environ
deux douzaines d'individus achetés à Londres, M. Yarrell a observé que, chez les uns, la nageoire dorsale occupe plus de la
moitié de la longueur du dos ; que, chez d'autres, cette nageoire
est réduite à cinq ou six rayons seulement ; un, enfin, en était
complétement dépourvu. Les nageoires anales sont quelquefois
doubles ; la queue se divise souvent en trois parties. Cette dernière déviation de conformation semble généralement avoir lieu
aux dépens de tout ou partie d'une autre nageoire [55] ; cependant

[52] M. Blyth, *Indian Field*, 1858, p. 255.
[53] W. F. Mayers, *Chinese Notes and Queries*, août 1868, p. 123.
[54] *Proc. zool. Soc.*, 25 mai 1842.
[55] Yarrell, *O. C.*, vol. I, p. 319.

Bory de Saint-Vincent[56] a vu, à Madrid, des poissons dorés pourvus à la fois d'une nageoire dorsale et d'une queue triple. Une bosse dorsale située près de la tête caractérise une variété. Le Rev. L. Jenyns[57] a décrit une autre variété des plus singulières, importée de Chine ; ces poissons affectent la forme globulaire comme le Diodon ; la partie charnue de la queue est supprimée, et la nageoire caudale est implantée un peu en arrière de la nageoire dorsale et immédiatement au-dessus de la nageoire anale. La nageoire caudale et la nageoire anale de ce poisson étaient doubles; cette dernière était attachée verticalement au corps ; les yeux étaient très-grands et très-saillants.

ABEILLES.

La domestication des abeilles remonte à une époque très-ancienne, si toutefois on peut considérer les abeilles comme des animaux domestiques, car elles cherchent elles-mêmes leur nourriture, sauf celle qu'on leur fournit ordinairement pendant l'hiver. Au lieu d'un trou dans un arbre, elles habitent une ruche. Toutefois, comme elles ont été transportées dans presque toutes les parties du monde, les actions climatériques ont dû exercer sur elles toute l'influence directe dont elles sont capables. On a souvent affirmé que, dans les différentes parties de l'Angleterre, les abeilles varient de taille, de coloration et d'humeur ; Godron[58] assure que dans le midi de la France elles sont généralement plus grandes que dans les autres parties du pays ; on a aussi affirmé que les petites abeilles brunes de la haute Bourgogne, transportées dans la Bresse, deviennent grosses et jaunes dès la seconde génération; mais ces assertions demandent à être confirmées. En ce qui concerne la taille, on sait que les abeilles nées dans de très-vieux rayons sont plus petites, les cellules se trouvant rapetissées par la présence des coques des générations

---

[56] Dict. class. d'Hist. nat., t. V, p. 276.
[57] Observations in nat. Hist., 1846, p. 211. — Le Dr Gray a décrit dans Annals and Mag. of nat. Hist., 1860, p. 151, une variété presque semblable, mais privée de nageoire dorsale.
[58] De l'Espèce, 1859, p. 459. — Pour les abeilles de Bourgogne, voir Gérard, article ESPÈCE, dans Dict. universel d'Hist. nat., 1849, t. V, p. 438.

précédentes. Les meilleures autorités [59] s'accordent à admettre qu'à l'exception de l'espèce ou race Ligurienne, dont nous allons parler, il n'existe, ni en Angleterre, ni sur le continent, de races distinctes d'abeilles. On observe, cependant, dans un même essaim, quelques variations de couleur. Ainsi M. Woodbury [60] affirme qu'il a vu, à plusieurs reprises, des reines de l'espèce commune annelées de jaune comme les reines Liguriennes, et inversement, des reines de cette dernière race, affectant la couleur foncée des reines ordinaires. Il a aussi observé des variations de couleur chez les bourdons, sans que les reines ou les ouvrières de la même ruche présentassent des différences correspondantes. Le grand apiculteur Dzierzon [61], répondant à mes questions sur ce sujet, dit qu'en Allemagne, les abeilles de certaines ruches sont foncées, tandis que d'autres sont remarquables par leur couleur jaune. Dans certaines régions, les abeilles paraissent avoir des habitudes différentes, car Dzierzon ajoute : « certaines ruches et leur progéniture sont plus disposées à essaimer, tandis que d'autres sont plus riches en miel, ce qui fait que quelques apiculteurs ont pu distinguer des abeilles « récoltant le miel », et des abeilles « essaimantes » ; ces habitudes deviennent une seconde nature, et paraissent résulter du mode adopté dans le traitement des ruches, et du genre de nourriture que leur offre la localité. Il y a, par exemple, sous ce rapport, une grande différence entre les abeilles des landes de Lünebourg et celles de ce pays..... On peut là-bas empêcher infailliblement la colonie la plus considérable d'essaimer, et éviter la production des bourdons, en substituant à une vieille reine une jeune de l'année courante ; tandis que le même moyen appliqué au Hanovre n'aurait aucune efficacité. » Je me suis procuré un essaim d'abeilles mortes de la Jamaïque, que j'ai comparées avec le plus grand soin avec nos abeilles ordinaires, sans pouvoir trouver entre les unes et les autres la moindre différence.

On peut s'expliquer cette uniformité remarquable de l'abeille

---

[59] Voir *Journal of Horticulture*, 1862, p. 225-242 et 284, une discussion sur ce sujet en réponse à une question que j'avais posée.

[60] *Journal of Horticulture*, 14 juillet 1863, p. 39.

[61] *Ibid.*, 9 sept. 1862, p. 463. — Voir sur le même sujet M. Kleine (11 nov., p. 643), qui conclut que, sauf quelque variabilité de couleur, on ne peut reconnaître de différences constantes ou appréciables chez les abeilles d'Allemagne.

par la difficulté, ou plutôt par l'impossibilité où l'on est de faire intervenir la sélection, en accouplant certaines reines et certains bourdons, puisque ces insectes ne s'accouplent que pendant le vol. Aussi, à une seule et unique exception près, n'a-t-on aucun exemple de la séparation d'une ruche, et de la propagation d'abeilles présentant quelque particularité appréciable. Pour former une nouvelle race, comme nous le savons maintenant, l'isolement complet des abeilles à propager serait une condition indispensable ; on a reconnu, en effet, qu'en Allemagne et en Angleterre, depuis l'introduction de l'abeille Ligurienne, les bourdons de cette race peuvent s'éloigner de leurs ruches à plus de deux milles à la ronde, et se croiser souvent avec les reines de l'espèce commune [62]. L'abeille Ligurienne, quoique parfaitement féconde lorsqu'elle se croise avec l'abeille ordinaire, est regardée par la plupart des naturalistes comme une espèce distincte ; d'autres la considèrent comme une variété naturelle, mais, comme il n'y a aucune raison pour croire qu'elle soit un résultat de la domestication, nous n'avons pas à insister sur ce point. Le Dr Gerstäcker [63], dont l'opinion n'est d'ailleurs pas partagée par les autres juges compétents, considère que l'abeille Égyptienne et quelques autres constituent des races géographiques ; il fonde cette conclusion principalement sur le fait que, dans quelques endroits, comme à Rhodes et en Crimée, l'abeille varie tellement au point de vue de la couleur, qu'on y trouve des formes intermédiaires qui relient étroitement entre elles les diverses races géographiques.

J'ai fait allusion à un seul cas de séparation et de conservation d'une souche particulière d'abeilles. M. Lowe [64], s'étant procuré quelques abeilles chez un campagnard des environs d'Édimbourg, remarqua qu'elles différaient de l'abeille ordinaire en ce que les poils de la tête et du thorax étaient plus abondants et de couleur plus claire. La date de l'introduction de l'abeille Ligurienne en Angleterre excluait toute possibilité d'un croisement avec cette dernière forme. M. Lowe propagea cette variété, mais

[62] M. Woodbury a publié plusieurs faits de ce genre dans *Journal of Horticulture*, 1861 et 1862.

[63] *Ann. and Mag. of nat. Hist.* (3e série), vol. XI, p. 339.

[64] *Cottage Gardener*, mai 1860, p. 110 et *Journal of Horticulture*, 1862, p. 242.

ne l'ayant malheureusement pas séparée de ses autres abeilles,
le nouveau caractère se perdit presque complétement au bout
de trois générations. « Cependant, ajoute-t-il, un grand nombre
de mes abeilles ont encore conservé quelques faibles traces
du caractère de la colonie primitive. » Cet exemple prouve
ce qu'on pourrait obtenir par une sélection attentive et prolongée, appliquée exclusivement aux ouvrières, car, comme nous
l'avons dit, il n'est pas possible de choisir et d'accoupler les
reines et les mâles.

VERS A SOIE.

Ces insectes présentent un grand intérêt, surtout à cause des
variations qu'ils subissent pendant les premières phases de leur
existence, variations devenues héréditaires aux périodes correspondantes. La valeur de cet insecte dépend entièrement de son cocon ; l'attention s'est donc portée sur tous les changements qui
ont pu affecter la structure et les qualités de ce dernier, et on
est arrivé à produire des races très-différentes par leurs cocons,
bien que très-semblables à l'état adulte. Chez la plupart des
autres races d'animaux domestiques, ce sont les jeunes qui
se ressemblent, et les adultes qui diffèrent le plus les uns des
autres.

Il serait inutile, en admettant même que cela fût possible, de
décrire toutes les variétés des vers à soie. Il existe, dans l'Inde et
en Chine, plusieurs espèces distinctes, qui produisent d'excellente soie ; quelques-unes peuvent se croiser facilement avec
l'espèce commune, ainsi qu'on s'en est récemment assuré en
France. Le capitaine Hutton[65] constate qu'on a, dans le monde
entier, domestiqué au moins six espèces de vers à soie, et il
croit que ceux qu'on élève en Europe appartiennent à deux ou
trois espèces. Plusieurs juges très-compétents, qui se sont tout
particulièrement occupés en France de l'éducation de cet insecte,
ne partagent pas cette opinion, laquelle, d'ailleurs, ne concorde
guère avec quelques faits que nous allons exposer.

[65] *Transact. Entom. Soc.* (3ᵉ série), vol. III, p. 143-173 et p. 295-331.

Le ver à soie commun (*Bombyx mori*) fut apporté à Constantinople au vie siècle, de là introduit en Italie, puis en 1494 en France [66]. Tout a favorisé la variation de cet insecte. On suppose que sa domestication en Chine remonte jusqu'à 2700 ans avant Jésus-Christ. Il a été conservé et élevé dans les conditions d'existence les plus diverses et les moins naturelles, puis transporté dans une foule de pays. La nature de la nourriture qu'on donne à la chenille paraît influer jusqu'à un certain point sur le caractère de la race [67]. Le défaut d'usage a apparemment restreint le développement des ailes chez le papillon. Mais l'élément essentiel de la production des nombreuses races très-modifiées qui existent actuellement a été, sans aucun doute, l'attention qu'on a apportée, depuis fort longtemps et dans beaucoup de pays, à la propagation de toute variation promettant quelque avantage. On sait quels soins on apporte en Europe au choix des meilleurs cocons et des meilleurs papillons [68], et, en France, la production des œufs constitue une branche distincte de l'industrie de la soie. Il résulte des recherches faites par le Dr Falconer, que, dans l'Inde, les habitants pratiquent cette sélection avec les mêmes soins. En Chine, la production des œufs est restreinte à certaines localités favorables ; la loi interdit à ceux qui s'en occupent l'élevage des vers pour la production de la soie, afin que toute leur attention et tous leurs soins soient concentrés sur ce point spécial [69].

Les détails qui suivent, sur les différences qui existent entre les diverses races, sont, toutes les fois qu'il n'est pas stipulé le contraire, empruntés à l'excellent ouvrage de M. Robinet [70], travail fait avec beaucoup de soin, et qui dénote chez son auteur une grande expérience. Les *œufs* des diverses races varient de couleur, de forme (ronds, elliptiques ou ovales), et de grandeur. Les œufs pondus en juin dans le midi de la France, et en juillet dans le centre, n'éclosent que le printemps suivant ; et c'est en vain, dit M. Robinet, qu'on les expose à une température graduellement croissante, pour hâter le déve-

---

[66] Godron, *O. C.*, t. I, p. 460. L'antiquité du ver à soie est donnée sur l'autorité de Stanislas Julien.

[67] Remarques du professeur Westwood, du général Hearsey et autres, à la réunion de la Société entomologique de Londres, en juillet 1861.

[68] Voir, par exemple, A. de Quatrefages, *Etudes sur les maladies actuelles du ver à soie*, 1859, p. 101.

[69] Je donnerai au chapitre sur la sélection mes autorités pour ces assertions.

[70] *Manuel de l'Educateur de vers à soie*, 1848.

loppement de la larve. Toutefois, il arrive que, sans cause connue, quelques amas d'œufs parcourent immédiatement leurs phases ordinaires, et éclosent dans les vingt ou trente jours. On peut conclure de co fait et de quelques autres analogues, que les vers à soie Trevoltini d'Italie, dont les œufs éclosent dans les quinze à vingt jours, ne constituent pas nécessairement, comme on l'a soutenu, une espèce distincte. Bien que les races qui vivent dans les pays tempérés donnent des œufs qu'on ne peut pas immédiatement faire éclore par la chaleur artificielle, elles acquièrent graduellement, lorsqu'on les transporte dans un climat chaud, la faculté de se développer plus promptement, comme la race Trevoltini [71].

Vers. — Les vers varient beaucoup quant à la taille et à la couleur. Leur peau est généralement blanche, quelquefois marbrée de noir ou de gris, et occasionnellement tout à fait noire. La couleur, même chez les races pures, d'après M. Robinet, n'est toutefois pas constante ; il faut en excepter la *race tigrée*, ainsi nommée parce qu'elle est marquée de raies transversales noires. La couleur générale du ver n'ayant aucun rapport avec celle de la soie [72], les sériciculteurs n'ont fait aucune attention à ce caractère, et il n'a pas été fixé par la sélection. Le capitaine Hutton a, dans le mémoire que nous avons déjà cité, invoqué de nombreux arguments pour prouver que les marques tigrées foncées qui apparaissent si fréquemment sur les vers de différentes races, pendant les dernières mues, sont dues à un cas de retour, car les chenilles de plusieurs espèces sauvages, voisines du Bombyx, présentent des marques et une couleur semblables. Ayant mis à part quelques vers tigrés, presque tous les vers qu'il obtint le printemps suivant étaient tigrés foncés, et leur teinte devint encore plus foncée à la troisième génération. Les papillons obtenus de ces vers [73] étaient aussi plus foncés, et ressemblaient par la couleur au *B. Huttoni* sauvage. Si l'on admet que ces taches tigrées sont dues à un retour, on comprend facilement la persistance avec laquelle elles se transmettent.

Madame Whitby, qui se livrait, il y a quelques années, à l'élève des vers à soie, m'informa que quelques-uns de ses vers avaient les sourcils de couleur foncée. C'était probablement un premier pas vers le retour aux taches tigrées, et, curieux de savoir si un caractère aussi insignifiant serait héréditaire, je la priai de mettre à part une vingtaine de ces vers, ce qu'elle fit. Les vers provenant des œufs des papillons mis à part eurent tous, sans exception, les sourcils plus ou moins foncés, mais bien apparents chez tous. On voit parfois des vers noirs apparaître au milieu des vers ordinaires, mais le fait est si variable, que, d'après M. Robinet, on voit la même race produire

---

[71] Robinet, *0. C.*, p. 12, 318. — Je puis ajouter que les œufs de vers à soie de l'Amérique du Nord, transportés aux îles Sandwich, se sont développés très-irrégulièrement ; les papillons obtenus pondirent des œufs qui se comportèrent encore plus mal sous ce rapport. Quelques-uns venaient à éclosion au bout de dix jours, d'autres après un intervalle de plusieurs mois. On aurait sans doute fini par obtenir quelque caractère régulier. Voir *Athenæum*, 1844, p. 329, et J. Jarves, *Scenes in the Sandwich Islands*.

[72] *Art d'élever les vers à soie*, traduit du comte Dandolo, 1825, p. 23.

[73] Hutton, *0. C.*, p. 153, 308.

exclusivement des vers blancs une année, et la suivante en produire beaucoup de noirs ; M. A. Bossi, de Genève, m'affirme, toutefois, que, si on élève à part les vers noirs, les œufs pondus par les papillons qui en proviennent, produisent des vers de la même couleur ; mais les cocons et les papillons n'offrent aucune différence.

En Europe, le ver à soie mue ordinairement quatre fois avant de faire son cocon ; mais il y a des races à trois mues : c'est le cas pour la race Trevoltini. Il semblerait qu'une différence physiologique de cette importance ne dût pas provenir de la domestication ; mais M. Robinet [74] a constaté que, d'une part, les vers ordinaires filent leur cocon après trois mues seulement, et, d'autre part, que « presque toutes les races à trois mues que nous avons expérimentées ont fait quatre mues à la seconde ou à la troisième année, ce qui semble prouver qu'il a suffi de les placer dans des conditions favorables pour leur rendre une faculté qu'elles avaient perdue sous des influences moins favorables. »

Cocons. — En s'enfermant dans son cocon, le ver perd à peu près 50 p. 100 de son poids ; mais la diminution en poids varie suivant les races, ce qui a quelque importance pour le sériciculteur. Le cocon présente des différences caractéristiques suivant les races ; il peut être grand ou petit ; presque sphérique, sans étranglement, comme dans la *race de Loriol*, ou cylindrique avec un étranglement plus ou moins prononcé, ou enfin avec un ou ses deux bouts plus ou moins pointus. La soie varie de finesse et de qualité ; elle peut être presque blanche, mais elle affecte alors deux teintes distinctes, ou jaune. Généralement, la couleur de la soie n'est pas strictement héréditaire ; je raconterai toutefois, dans le chapitre sur la sélection, comment, en France, on est parvenu, dans le cours de soixante-cinq générations, à réduire chez une race, de cent à trente-cinq pour mille, le nombre des cocons jaunes. M. Robinet affirme que, par suite d'une sélection rigoureuse, poursuivie pendant les dernières soixante-quinze années, la race blanche, dite Sina « est arrivée à un tel état de pureté, qu'on ne trouve pas un seul cocon jaune dans des millions de cocons blancs [75]. » Il y a quelquefois des cocons qui sont totalement dépourvus de soie, mais qui cependant produisent un papillon ; un accident a malheureusement empêché madame Whitby de vérifier si ce fait est héréditaire.

État adulte. — Je ne trouve pas de documents relatifs à des différences constantes chez les papillons des races les plus distinctes. Madame Whitby n'en a point constaté chez les diverses races qu'elle a élevées, et je tiens d'un naturaliste éminent, M. de Quatrefages, la confirmation du même fait. Le capitaine Hutton [76] remarque que les papillons de toutes les races varient beaucoup de couleur, mais toujours d'une manière inconstante. Ce point est intéressant, si on considère combien, chez les différentes races, les cocons sont différents ; on peut probablement l'expliquer de la même manière que

---

[74] *O. C.*, p. 317.
[75] Robinet, *O. C.*, p. 306-317.
[76] *O. C.*, p. 317.

les fluctuations variables de la couleur chez le ver à soie, c'est-à-dire, parce
que l'éleveur n'a pas de raison pour choisir et perpétuer aucune variation
particulière.

Les Bombycidés mâles sauvages volent rapidement pendant le jour et dans
la soirée, mais les femelles sont ordinairement apathiques et inactives [77].
Plusieurs papillons femelles de cette famille ont les ailes atrophiées, mais
on ne connait aucun exemple de mâles incapables de vol, auquel cas l'espèce risquerait de ne pouvoir se perpétuer. Chez le Bombyx du ver à soie,
les deux sexes ont des ailes imparfaites, froissées, et ne peuvent pas voler ;
mais il reste cependant une trace de la distinction caractéristique entre les
deux sexes, car, bien qu'on ne constate pas de différence dans le développement des ailes des mâles et des femelles, madame Whitby assure que,
chez les papillons qu'elle a élevés, les mâles se servaient de leurs ailes plus
que les femelles, et pouvaient voler un peu pour descendre, mais jamais
pour monter. Elle a remarqué aussi, qu'à leur sortie du cocon, les ailes
de la femelle sont moins étalées que celles du mâle. Le degré d'imperfection
des ailes varie d'ailleurs beaucoup chez les différentes races, suivant les
circonstances. M. de Quatrefages [78] dit avoir vu beaucoup de papillons, dont
les ailes étaient réduites au tiers, au quart, ou au dixième de leurs dimensions normales, quelquefois même n'être que des moignons droits et courts :
« Il semble qu'il y a là un véritable arrêt de développement partiel. »
D'autre part, il décrit les papillons femelles de la race André-Jean, comme
« ayant les ailes larges et étalées. Un seul présente quelques courbures irrégulières et des plis anormaux. » Comme les papillons de tous genres, provenant de chenilles sauvages et éclos en captivité, ont souvent les ailes
rabougries, la même cause, quelle qu'elle puisse être, a probablement agi
sur les Bombyx des vers à soie; mais on peut admettre que le défaut d'usage
des ailes, pendant de longues générations, a dû contribuer pour une forte
part à ce résultat.

Les femelles de plusieurs races ne collent pas leurs œufs aux surfaces sur
lesquelles elles les déposent [79], ce qui, d'après le capitaine Hutton [80], provient seulement de ce que les glandes de l'oviducte sont affaiblies.

De même que chez d'autres animaux domestiqués depuis longtemps, les
instincts du Bombyx ont été altérés. Les vers à soie placés sur un mûrier
commettent souvent l'étrange erreur de ronger la tige de la feuille sur laquelle ils se trouvent, et tombent par conséquent à terre; mais, d'après
M. Robinet [81], ils sont capables de remonter le long du tronc. Cette faculté
leur fait cependant quelquefois défaut, car M. Martins [82], ayant posé quelques vers sur un arbre, ceux qui tombèrent ne purent remonter, et mou-

---

[77] Stephens. *Illustrations Haustellata,* vol. II, p. 35. — Voir aussi Cap. Hutton;
O. C., p. 152.
[78] *O. C.,* p. 304, 209.
[79] Quatrefages, *O. C.,* p. 214.
[80] *O. C.,* p. 151.
[81] *O. C.,* p. 26.
[82] Godron, *de l'Espèce,* etc., p. 462.

rurent de faim ; il ne leur était même pas possible de passer d'une feuille sur une autre.

Quelques-unes des modifications subies par le Bombyx du ver à soie sont en corrélation mutuelle. Ainsi les œufs des femelles qui produisent des cocons blancs ont une teinte un peu différente de ceux qui donnent des cocons jaunes. Les pattes abdominales des vers à cocons blancs sont toujours blanches, tandis que celles des vers à cocons jaunes sont invariablement jaunes [83]. Nous avons vu que les vers tachetés de bandes foncées produisent des papillons qui affectent une couleur plus foncée que les autres. Il paraît assez bien établi [84] qu'en France, les vers des races produisant la soie blanche, et certains vers noirs, ont, mieux que les autres, résisté à la maladie qui a récemment ravagé les districts séricicoles. Enfin, les races présentent des différences constitutionnelles, car il en est qui ne réussissent pas aussi bien que d'autres sous un climat tempéré ; et un climat humide n'est pas également nuisible à toutes [85].

Les divers faits qui précèdent nous prouvent que les vers à soie, comme les animaux supérieurs, varient beaucoup sous l'influence d'une domestication prolongée. Ils nous apprennent en outre un fait plus important, c'est que les variations peuvent se présenter à différentes époques de la vie, et devenir héréditaires à des époques correspondantes. Enfin, ils prouvent que le grand principe de la sélection s'applique aussi aux insectes.

[83] Quatrefages, *O. C.*, p. 12, 209, 214.
[84] Robinet, p. 303.
[85] Id., *ibid.*, p. 15.

CHAPITRE IX.

PLANTES CULTIVÉES : CÉRÉALES ET PLANTES POTAGÈRES.

REMARQUES PRÉLIMINAIRES sur le nombre et l'origine des plantes cultivées. — Premiers degrés de culture. — Distribution géographique des plantes cultivées.

CÉRÉALES. — Incertitude sur le nombre des espèces. — Froment et ses variétés. — Variabilité individuelle. — Changements d'habitudes. — Sélection. — Histoire ancienne des variétés. — Maïs, sa grande variation. — Action directe du climat sur le maïs.

PLANTES POTAGÈRES. — Chou : ses variétés par le feuillage et la tige, mais pas par d'autres parties. — Leur origine. — Autres espèces de *Brassicæ*. — Pois : importance des différences entre les diverses sortes, surtout dans les gousses et les graines. — Constance et variabilité de quelques variétés. — Ne s'entrecroisent pas. — Fèves. — Nombreuses variétés de pommes de terre. — Différences entre les tubercules. — Caractères héréditaires.

Je n'entrerai pas, au sujet de la variabilité des plantes cultivées, dans autant de détails que je l'ai fait pour les animaux domestiques. Le sujet offre des difficultés considérables. Les botanistes ont généralement négligé les variétés cultivées comme indignes de leur attention. Dans beaucoup de cas, le prototype sauvage est douteux ou inconnu, et, dans d'autres, il est presque impossible de distinguer entre les sauvageons échappés et les plantes vraiment sauvages, de sorte qu'on n'a aucun terme absolu de comparaison, qui permette d'apprécier l'étendue des changements survenus. Beaucoup de botanistes croient que plusieurs de nos plantes anciennement cultivées ont été si profondément modifiées qu'il est actuellement impossible de reconnaître les formes primitives dont elles descendent. On est également très-embarrassé pour savoir si quelques-unes proviennent d'une seule espèce, ou de plusieurs inextricablement confondues par des croisements et des variations. Les variations se transforment souvent en monstruosités dont on ne peut les distinguer; or, les monstruosités ont peu d'importance pour le but que nous nous proposons. Un grand nombre de variétés ne sont propagées que par greffes, bourgeons, marcottes, bulbes, etc., et, très-fréquemment, on ignore jusqu'à quel point leurs caractères peuvent se transmettre par le semis. On peut cependant glaner quelques faits qui ont de l'importance, et dont nous aurons à parler plus loin. Le but principal des deux chapitres qui vont suivre est d'indiquer le nombre considérable des caractères qui sont devenus variables chez nos plantes cultivées.

Avant d'entrer dans les détails, il convient de faire quelques remarques générales sur l'origine des plantes cultivées. Dans un admirable ouvrage qui dénote chez son auteur une grande étendue de connaissances, M. Alph. de Candolle[1] donne une liste des 157 plantes cultivées les plus utiles. Il estime qu'environ 85 sont presque certainement connues à l'état sauvage, point sur lequel cependant d'autres juges compétents paraissent élever quelques doutes[2]. Pour 40 d'entre elles, M. de Candolle admet une origine douteuse, soit à cause de certaines dissemblances qu'elles présentent avec les formes sauvages les plus voisines auxquelles on peut les comparer, soit à cause de la probabilité que ces dernières ne sont pas réellement des plantes sauvages, mais les produits de graines échappées à la culture. Sur ces 157 plantes, d'après M. de Candolle, il n'y en a que 32 dont l'état primitif soit complétement inconnu. Mais il faut observer qu'il ne comprend pas dans sa liste plusieurs plantes à caractères mal définis, comme les diverses formes de courges, de millet, de sorgho, de haricots, de dolichos, de capsicum et d'indigo. Il ne comprend pas non plus les fleurs dans son travail ; or, on affirme que plusieurs des fleurs les plus anciennement cultivées, telles que certaines roses, le lis impérial ordinaire, la tubéreuse et même le lilas, sont inconnues à l'état sauvage[3].

M. de Candolle conclut des chiffres relatifs donnés plus haut,

[1] *Géographie botanique raisonnée*, 1855, p. 810-991.
[2] *Historical notes on cultiv. plants*, par Dr A. Targioni-Tozzetti ; analyse de M. Bentham dans *Hortic. Journal*, vol. IX, 1855. p. 133. — Voir aussi *Edinburgh Review*, 1866, p. 510.
[3] *Historical notes*, etc.

et d'autres arguments ayant une grande valeur, que les plantes ont été rarement assez complétement modifiées par la culture, pour qu'on ne puisse plus reconnaître leurs prototypes sauvages. Mais, dans cette hypothèse, si l'on considère qu'il n'est pas probable que les sauvages aient choisi des plantes rares pour les cultiver, que les plantes utiles sont généralement remarquables, et qu'elles ne devaient pas habiter des déserts ni des îles écartées et récemment découvertes, il me paraît étrange qu'il y ait autant de plantes cultivées, dont les formes primitives soient encore douteuses ou inconnues. Si, d'autre part, un grand nombre de ces plantes ont été profondément modifiées par la culture, la difficulté disparaît; elle disparaît également si l'on adopte l'hypothèse de l'extermination des formes sauvages pendant les progrès de la civilisation; mais M. de Candolle démontre l'improbabilité de cette extermination. Dès qu'une plante a été cultivée dans une localité, les habitants civilisés n'ont plus eu besoin de la chercher dans toute l'étendue du pays, ce qui aurait pu entraîner son extirpation complète, et, en admettant même que cela ait pu arriver momentanément, pendant une disette, il serait resté des graines dans le sol. Ainsi que Humboldt l'a fait remarquer depuis longtemps, la luxuriance de la nature sauvage dans les pays tropicaux est au-dessus des faibles efforts de l'homme. Dans les pays tempérés anciennement civilisés, où la surface entière du sol a été considérablement modifiée, quelques plantes ont pu, sans aucun doute, être exterminées; néanmoins, M. de Candolle a démontré que toutes les plantes que l'on sait avoir été réduites en domesticité en Europe y existent encore à l'état sauvage.

MM. Loiseleur-Deslongchamps[1] et de Candolle font remarquer que nos plantes cultivées, et particulièrement les céréales, doivent avoir primitivement existé à peu près dans leur état actuel, car autrement, on ne les aurait pas remarquées et appréciées comme moyen d'alimentation. Mais ces auteurs ne semblent pas avoir songé aux descriptions faites par les voyageurs relativement à la misérable nourriture que recueillent les sauvages. J'ai lu quelque

---

[1] *Considérations sur les Céréales*, 1842, p. 37. — *Géogr. bot.*, 1855, p. 930. « Plus on suppose l'agriculture ancienne, et remontant à une époque d'ignorance, plus il est probable que les cultivateurs ont dû choisir des espèces offrant à l'origine même un avantage incontestable. »

part que les sauvages australiens, pendant une disette, font cuire de diverses façons une foule de végétaux pour les rendre inoffensifs et plus nourrissants. Le Dr Hooker raconte que les habitants à moitié affamés d'un village, dans le Sikhim, souffraient violemment parce qu'ils avaient mangé des racines d'arum[5] ; ils les avaient pilées et laissé fermenter pendant plusieurs jours, pour leur enlever une partie de leurs propriétés vénéneuses; il ajoute qu'ils faisaient cuire et qu'ils mangeaient plusieurs autres plantes délétères. Sir A. Smith m'informe que, dans l'Afrique méridionale, en temps de disette, on consomme un grand nombre de fruits et de feuilles succulentes, et surtout des racines. Les naturels connaissent même les propriétés d'une grande quantité de plantes, que, dans des moments de détresse, ils ont reconnues nutritives, nuisibles à la santé, ou meurtrières. Il rencontra un parti de Baquanas, qui, expulsés par les victorieux Zoulous, se nourrissaient, depuis quelques années, de racines et de feuilles qui, en leur distendant l'estomac, calmaient les angoisses de la faim. Ils ressemblaient à des squelettes ambulants, et souffraient horriblement de la constipation. Sir A. Smith m'apprend aussi que, dans ces circonstances, et pour se guider par leur exemple, les naturels observent ce que mangent les animaux sauvages, surtout les singes.

C'est par des expériences innombrables faites par les sauvages de tous les pays sous l'empire de la nécessité, et dont la tradition a transmis les résultats, qu'ont été découvertes les propriétés nutritives, stimulantes ou médicinales des plantes. Il semble inexplicable à première vue, que l'homme sauvage ait, dans trois parties éloignées du globe, découvert au milieu d'une multitude de plantes indigènes, que les feuilles du thé et du maté et les baies du caféier renferment un principe nutritif et stimulant, dont l'analyse chimique a plus tard démontré l'identité. Il est facile aussi de comprendre que les sauvages, souffrant de la constipation, ont dû observer naturellement quelles étaient parmi les racines qu'ils mangeaient, celles qui avaient des propriétés apéritives. Nous devons probablement toutes nos connais-

---

[5] Le Dr Hooker m'a transmis ces renseignements. Voir aussi son *Himalayan Journal*. 1854. vol. II, p. 49.

sances relatives aux usages et aux vertus des plantes, au fait que l'homme, ayant à l'origine vécu à l'état barbare, a souvent été contraint par le besoin d'essayer comme aliment à peu près tout ce qu'il pouvait *mâcher et avaler*. Ce que nous savons des habitudes des sauvages dans les différentes parties du globe nous autorise à penser que nos céréales n'ont pas existé primitivement dans leur état actuel, si précieux pour l'homme. Voyons ce qu'il en est en Afrique. Barth [6] raconte que, dans une grande partie de la région centrale, les esclaves recueillent régulièrement les graines d'une herbe sauvage, le *Pennisetum distichum ;* il a vu, dans une autre contrée, les femmes recueillir les graines d'un *Poa* en promenant une sorte de panier, au travers des herbages des riches prairies. Près de Tete, Livingstone a vu les naturels récolter les graines d'une graminée sauvage; et, plus au sud, d'après Anderson, les habitants font grand usage d'une petite graine qu'ils font bouillir dans l'eau ; ils mangent aussi les racines de certains roseaux. On sait aussi que les Boschimans déterrent au moyen de pieux en bois durci au feu diverses racines pour les manger. On pourrait citer d'autres faits analogues sur l'emploi des graines de graminées sauvages dans d'autres parties du monde.

Nous nous persuadons difficilement, accoutumés que nous sommes à nos excellents légumes et à nos fruits savoureux, que les racines astringentes de la carotte, les petits rejetons de l'asperge sauvage, ou les fruits des pommiers et des pruniers sauvages, etc., aient jamais pu avoir quelque valeur ; et, cependant, ce que nous savons des habitudes des Australiens et des sauvages de l'Afrique méridionale ne peut nous laisser aucun doute à cet égard. Pendant l'âge de la pierre, les habitants de la Suisse récoltaient, sur une vaste échelle, les prunes et les pommes, les fruits de l'églantier, du sureau, les faînes, et autres baies et fruits sauvages [8]. Jemmy Button, un indigène de la Terre

---

[6] *Voyages dans l'Afrique centrale*, vol. I, p. 529 et 590; vol. II, p. 29, 265, 270. (Trad. anglaise.) — *Voyages de Livingstone*, p. 551.

[7] Ainsi dans l'Amérique du Nord et du Sud. — M. Edgeworth, *Journal. Proc. Linn. Soc.*, vol. VI, bot., 1862, p. 181, affirme que, dans les déserts du Pendjaub, de pauvres femmes ramassent dans des paniers de paille, les graines de graminées appartenant aux quatre genres *Agrostis, Panicum, Cenchrus* et *Pennisetum*, ainsi que celles d'autres genres appartenant à des familles distinctes.

[8] Professeur O. Heer, *Die Pflanzen der Pfahlbauten*. 1865, *Neujahr. Naturforsch. Gesellschaft*, 1866, et Dr Christ dans Rütimeyer, *Fauna der Pfahlbauten*, 1861, p. 226.

de Feu, qui était à bord du *Beagle*, me disait qu'il trouvait trop sucrés les pauvres cassis acides de ce pays.

Les habitants sauvages de chaque pays ont sans doute appris à connaître par de longs et pénibles essais les plantes qui pouvaient être utilisées telles quelles, ou celles qui, grâce à certains apprêts culinaires, pouvaient servir à l'alimentation; ils ont dû alors faire le premier pas vers la culture en les plantant dans le voisinage de leurs habitations. Livingstone [9] raconte que les Batokas respectent les arbres fruitiers sauvages qui se trouvent dans leurs jardins, ou parfois même en plantent quelques-uns, « pratique qu'il n'a observée chez aucune autre tribu indigène ». Toutefois du Chaillu a vu un palmier et quelques arbres à fruits, qui avaient été plantés, et qu'on regardait comme une propriété particulière. Un second pas vers la culture, mais cela demande déjà un peu de prévoyance, consiste à semer les graines des plantes utiles; or, comme le sol, dans le voisinage des huttes des indigènes [10], est, dans une certaine mesure, enrichi par des débris de toute sorte, des variétés améliorées doivent tôt ou tard se produire. Ou bien encore, une variété nouvelle et meilleure d'une plante indigène peut attirer l'attention d'un vieux sauvage plus sagace, qui la transplante ou en sème la graine. Il est très-certain qu'on rencontre parfois des variétés supérieures d'arbres à fruits sauvages; le professeur Asa Gray [11] signale, par exemple, en Amérique, certaines espèces d'aubépines, de pruniers, de cerisiers, de vignes et de noyers. Downing affirme aussi que quelques variétés sauvages de noyers américains produisent des fruits plus grands et plus savoureux que ceux de l'espèce commune. Je signale les arbres fruitiers américains, parce que nous pouvons affirmer dans ce cas que les diverses variétés ne proviennent pas de sauvageons échappés de cultures artificielles. La transplantation des variétés supérieures et l'ensemencement ne supposent pas un degré trop considérable de prévoyance à une époque reculée d'une grossière civilisation. Les sauvages australiens eux-mêmes ont pour principe de ne jamais arracher

---

[9] *Voyages*, p. 535. — Du Chaillu, *Adventures in equatorial Africa*, 1861, p. 445.

[10] A la Terre de Feu on peut reconnaître à une grande distance les emplacements des anciens wigwams par la teinte plus brillante de la végétation locale.

[11] *American Acad. of Arts and Sciences*, 10 avril 1860, p. 413. — Downing, *The Fruits of America*, 1845, p. 261.

après sa floraison une plante qui porte des graines, et Sir G. Grey [12] n'a jamais vu violer cette loi, évidemment établie pour la conservation de la plante. La même pensée a dû inspirer aux naturels de la Terre de Feu la croyance en vertu de laquelle l'extermination des oiseaux aquatiques trop jeunes amène certainement beaucoup de pluie, de neige et de vent [13]. Comme exemple de prévoyance chez les sauvages les plus infimes, je puis ajouter que, lorsque les habitants de la Terre de Feu trouvent une baleine échouée sur la plage, ils en ensevelissent la plus grande partie dans le sable, et, lors des famines auxquelles ils sont fréquemment exposés, ils reviennent de très-loin pour chercher ces restes à demi putréfiés.

On a souvent remarqué [14] que ni l'Australie, ni le cap de Bonne-Espérance — quoique les espèces indigènes y abondent, — ni la Nouvelle-Zélande, ni l'Amérique au sud de la Plata et selon quelques auteurs au nord du Mexique, ne nous ont fourni une seule plante utile. A l'exception du blé des Canaries, je ne crois pas que nous ayons tiré aucune plante comestible, ou ayant quelque valeur, d'une île océanique ou inhabitée. Si presque toutes nos plantes utiles, natives d'Europe, d'Asie et de l'Amérique du Sud, avaient primitivement existé dans leur état actuel, l'absence complète de plantes utiles analogues dans les grands pays que nous venons de citer serait certes un fait bien étonnant. Mais, si ces plantes ont été assez profondément modifiées et améliorées par la culture pour ne plus ressembler à aucune espèce naturelle, il est facile de comprendre pourquoi les contrées ci-dessus mentionnées ne nous ont fourni aucune plante utile ; en effet, elles étaient habitées par des hommes qui, comme en Australie et au Cap de Bonne-Espérance, ne cultivaient pas du tout la terre, ou ne la cultivaient que très-imparfaitement, comme dans certaines parties de l'Amérique. Or, ces pays produisent certainement des plantes utiles à l'homme sauvage ; le docteur Hooker [15] en énumère 107 au moins qui sont dans ce cas dans la seule Australie ; mais ces plantes n'ont pas été amé-

---

[12] *Journal of Exped. in Australia*, 1841, vol. II, p. 292.
[13] Darwin, *Voyage d'un naturaliste autour du monde*, p. 215.
[14] De Candolle a résumé les faits d'une manière fort intéressante dans sa *Géographie botanique*, p. 986.
[15] *Flora of Australia*, Introduction, p. 110.

liorées, et ne peuvent par conséquent pas lutter avec celles qui, depuis des milliers d'années, ont été cultivées et perfectionnées dans le monde civilisé.

Le cas de la Nouvelle-Zélande, île magnifique à laquelle nous ne devons encore aucune plante un peu généralement cultivée, peut paraître en opposition avec cette hypothèse, car, lorsqu'on l'a découverte, les naturels cultivaient certaines plantes; mais tous les savants admettent, ce qui concorde avec les traditions des indigènes, que les premiers colonisateurs polynésiens avaient apporté avec eux des graines, des racines, ainsi que le chien, qui tous avaient été sagement conservés pendant leur long voyage. Les Polynésiens se sont si souvent perdus sur l'Océan, qu'ils devaient prendre en s'embarquant des précautions de ce genre. Il en résulte que les premiers colonisateurs de la Nouvelle-Zélande, pas plus que les colons européens plus récents, n'avaient pas de motifs pressants pour se livrer à la culture des plantes indigènes. M. de Candolle affirme que nous devons trente-trois plantes utiles au Mexique, au Pérou et au Chili; ce fait n'a rien d'étonnant, si nous songeons à l'état de civilisation auquel étaient parvenus ces pays, à en juger par les travaux exécutés pour assurer l'irrigation artificielle et les tunnels percés dans des roches dures sans le secours du fer ou de la poudre ; les habitants de ces pays, d'ailleurs, comme nous le verrons dans un chapitre subséquent, comprenaient toute l'importance de la sélection et l'appliquaient aux animaux, et probablement aussi aux plantes. Le Brésil nous a fourni quelques plantes, et les anciens voyageurs, entre autres Vespuce et Cabral, décrivent le pays comme très-peuplé et très-cultivé. Les indigènes de l'Amérique du Nord [16] cultivaient du maïs, des courges, des fèves et des pois, tous différents des nôtres, et le tabac ; nous ne sommes donc nullement autorisés à affirmer qu'aucune de nos plantes actuelles ne puisse pas descendre de ces formes de l'Amérique du Nord. Si ce pays avait été civilisé depuis une aussi longue

---

[16] Pour le Canada, voir J. Cartier, *Voyage en 1534*. — Pour la Floride, voyages de Narvaez et de Ferd. de Soto. Je ne puis indiquer exactement les pages car j'ai consulté ces anciens voyages dans plusieurs collections différentes. Voir aussi pour plusieurs renseignements, Asa Gray, *American Journal of Science*, vol. XXIV, nov. 1857, p. 441. Pour les traditions des indigènes de la Nouvelle-Zélande, voir Crawford, *Grammar and Dict. of the Malay language*, 1852, p. 260.

période que l'Asie et l'Europe, et aussi peuplé que ces deux
parties du monde, il est probable que la vigne indigène, le noyer,
le mûrier, le pommier et le prunier auraient, après une culture
prolongée, engendré une foule de variétés, dont plusieurs fort
différentes de leur souche primitive, et dont les produits échappés
auraient probablement, tant dans le nouveau monde que dans
l'ancien, singulièrement compliqué les questions relatives à leur
distinction spécifique et à leur origine [17].

Céréales. — Abordons maintenant les détails. Les céréales cultivées en
Europe appartiennent à quatre genres, qui sont : le froment, le seigle, l'orge,
l'avoine. Les autorités modernes les plus compétentes [18] admettent quatre,
cinq et même sept espèces distinctes de froment, une de seigle, trois d'orge,
et deux, trois ou quatre d'avoine, soit en tout, d'après les divers auteurs,
de dix à quinze espèces différentes, qui ont donné naissance à une multitude
de variétés. Il est à remarquer que les botanistes ne s'accordent sur la souche
primitive d'aucune céréale. Ainsi, l'un d'eux écrivait, en 1855 : [19] « Nous
n'hésitons pas à affirmer notre conviction, basée sur les preuves les plus
évidentes, qu'aucune de nos céréales cultivées n'existe ni n'a existé à
l'état sauvage dans son état actuel, mais que toutes sont des variétés cultivées d'espèces qui se trouvent encore en abondance, dans l'Europe méridionale ou l'Asie occidentale. » M. Alph. de Candolle [20] a, d'autre part, démontré que le froment commun (*Triticum vulgare*) a été trouvé à l'état
sauvage dans différentes parties de l'Asie, où il n'est pas probable qu'il ait
échappé à la culture. M. Godron fait remarquer, à ce sujet, que, en supposant que ces plantes proviennent de graines échappées à l'agriculture [21], le
fait qu'elles se sont propagées pendant de nombreuses générations à l'état
sauvage, en continuant de ressembler au froment cultivé, autorise presque
à conclure que ce dernier a conservé ses caractères primitifs. Nous devons
ajouter que l'auteur néglige trop la grande tendance à l'hérédité que l'on
peut constater, comme nous le verrons plus tard, chez toutes les variétés

---

[17] Voir *Cybele Britannica*, vol. I, p. 330, 334, etc., remarques sur nos pruniers, nos cerisiers et nos pommiers sauvages, par M. H. C. Watson. — Van Mons, *Arbres fruitiers*,
1835, t. I, p. 444, déclare qu'il a trouvé les types de toutes nos variétés cultivées dans
des sauvageons, mais alors il considère ces sauvageons comme autant de souches primitives.

[18] Alph. de Candolle, *O. C.*, p. 928 et suivantes.—Godron, *O. C.*, t. II, p. 70. — Metzger,
Die Getreidearten, etc., 1841.

[19] M. Bentham, dans *Hist. notes on cultivated plants*, etc. *Journal of Hort. Soc.*, vol. IX,
1855, p. 133. M. Bentham s'en tient toujours à la même opinion.

[20] *O. C.*, p. 928. M. de Candolle discute ce sujet de la façon la plus claire.

[21] Godron, *de l'Espèce*, t. II, p. 72. — Les excellentes observations de M. Fabre, faites
il y a quelques années, mais mal interprétées, avaient conduit quelques personnes à croire
que le froment est le descendant modifié de l'*Ægilops* ; mais M. Godron (t. I, p. 165)
a démontré par des expériences soigneuses, que le premier terme de la série, l'*Ægilops triticoïdes*, est un métis du froment et de l'*Ægilops ovata*. La fréquence avec laquelle ces métis
se manifestent spontanément et la transformation graduelle de l'*Æ. triticoïdes* en vrai froment laissent encore planer quelques doutes sur ce sujet.

du froment. Il convient aussi d'attribuer beaucoup de poids à une remarque faite par le professeur Hildebrand [22], à savoir que les plantes cultivées ne conservent ordinairement pas leurs caractères primitifs quand les graines ou les fruits possèdent des caractères qui leur sont nuisibles au point de vue de la distribution.

D'autre part, M. de Candolle insiste sur l'apparition fréquente, en Autriche, du seigle et d'une espèce d'avoine à l'état sauvage ou à peu près. Si l'on excepte ces deux cas, qui sont à la vérité un peu douteux, et si l'on excepte aussi deux autres formes de froment et une d'orge, que, d'après M. de Candolle, on a trouvées à l'état vraiment sauvage, cet auteur ne paraît pas être complétement satisfait des autres formes qu'on a présentées comme les souches primitives de nos céréales. D'après M. Buckmann [23], quelques années de culture soigneuse et de sélection attentive peuvent transformer l'*Avena fatua*, espèce sauvage d'avoine anglaise, en des formes presque identiques à celles de deux races cultivées très-distinctes. En résumé, l'origine et la distinction spécifique des diverses céréales sont des sujets très-difficiles à approfondir ; voyons si l'étude des variations que, dans le cours prolongé de sa culture, le froment a éprouvées, nous permettra d'asseoir un jugement définitif.

Metzger décrit sept espèces de froment, Godron cinq et de Candolle quatre seulement. Il est possible, qu'outre les formes connues en Europe, il puisse, dans différentes parties éloignées du globe, en exister d'autres bien nettement caractérisées. Loiseleur-Deslongchamps [24], en effet, mentionne trois nouvelles espèces ou variétés envoyées, en 1822, en Europe, de la Mongolie chinoise, et qu'il regarde comme indigènes à ce pays. Moorcroft [25] cite aussi le froment *Hasora* de Ladakh, comme très-particulier. Si les botanistes, qui admettent l'existence d'au moins sept espèces primitives de froment, sont dans le vrai, les variations que les caractères importants de cette céréale ont éprouvées sous l'action de la culture sont très-légères ; mais s'il n'y a eu, dans l'origine, que quatre espèces ou même moins, il est alors évident qu'il s'est formé des variétés assez tranchées pour que des juges compétents aient pu les regarder comme spécifiquement distinctes. Toutefois, l'impossibilité où nous nous trouvons de déterminer quelles formes doivent être considérées comme espèces, et quelles autres comme variétés, rend inutile la discussion détaillée des différences que présentent les diverses sortes de froment. Les organes de la végétation, pris dans leur ensemble, varient peu [26] ; mais quelques formes croissent serrées et droites, tandis que d'autres s'étalent et trainent sur le sol. La paille diffère de qualité, et peut être plus ou moins creuse. Les épis [27] varient de couleur et de forme ; ils sont quadrangulaires, comprimés ou presque cylindriques ;

[22] *Die Verbreitungsmittel der Pflanzen*, 1873, p. 129.
[23] *Report to British Association for* 1857, p. 207.
[24] *Considerations sur les Céréales*, 1842-43, p. 29.
[25] *Travels in the Himalayan Provinces*, etc., 1841, vol. I, p. 224.
[26] Col. J. Le Couteur, *Varieties of Wheat*, p. 23, 79.
[27] Loiseleur-Deslongchamps, *Consid. sur les Céréales*, p. 11.

les fleurons diffèrent par leur degré de rapprochement, leur pubescence et leur plus ou moins grande longueur. La présence ou l'absence de barbes dans les épis constitue une différence très-apparente, et est considérée comme un caractère générique chez certaines graminées [28]; toutefois, comme Godron le fait remarquer [29], la présence des barbes varie chez quelques graminées sauvages, et surtout chez celles qui, comme le *Bromus secalinus* et le *Lolium temulentum*, croissent au milieu de nos céréales, et se trouvent ainsi accidentellement soumises à la culture. Les grains varient en grosseur, en poids et en couleur ; une de leurs extrémités est plus ou moins couverte de duvet ; ils sont lisses ou ridés, arrondis, ovales ou allongés ; enfin, ils diffèrent au point de vue de la structure interne car ils sont tendres ou durs ou même cornés, et au point de vue de la proportion de gluten qu'ils contiennent.

Presque toutes les races ou espèces de froment, ainsi que le fait remarquer Godron [30], varient d'une manière parfaitement parallèle, — ces variations portent sur les grains qui sont tomenteux ou glabres, sur la couleur, sur la présence ou l'absence de barbes, sur les fleurons, etc. Ceux qui admettent que toutes les différentes variétés descendent d'une espèce sauvage unique peuvent expliquer cette variation parallèle par l'hérédité d'une même constitution, d'où une tendance à varier de la même manière. Ceux qui croient à la théorie générale de la descendance avec modifications peuvent étendre leur manière de voir aux diverses espèces de froment, si jamais elles ont existé à l'état de nature.

Peu de variétés de froment présentent des différences très-marquées; leur nombre est cependant considérable. Pendant trente ans, Dalbret en a cultivé de cent cinquante à cent soixante sortes, qui toutes ont conservé leur type, exception faite, toutefois, de la qualité du grain ; le colonel Le Couteur possédait plus de cent cinquante variétés, et Philippar trois cent vingt-deux variétés [31]. Le froment étant annuel, nous voyons combien des différences insignifiantes peuvent rester strictement héréditaires pendant un grand nombre de générations. Le colonel Le Couteur appuie fortement sur le même fait. Dans ses tentatives persévérantes et heureuses pour créer, par sélection, de nouvelles variétés, il commença par choisir les plus beaux épis, mais trouvant que, dans un même épi, les grains différaient beaucoup les uns des autres, il fut conduit à trier les grains séparément, et chaque grain transmet généralement ses caractères propres. Le major Hallett [32] est allé beaucoup plus loin encore; il a élevé pendant plusieurs générations successives des plantes provenant de grains d'un même épi et est arrivé ainsi à constituer une généalogie du froment et des autres céréales, généalogie

[28] Hooker, *Journ. of Botany;* vol. VIII, p. 82, note.
[29] *O. C.*, t. II, p. 73.
[30] *O. C.*, t. II, p. 75.
[31] Voir Loiseleur-Deslongchamps, *O. C.*, p. 45, 70, pour les recherches de Dalbret et de Philippar.— Le Couteur, *O. C.*, p. 6, 14, 17.
[32] Voir son mémoire *Pedigree in Wheat.* 1862; voir aussi un mémoire lu devant la *British Association*, 1869, et d'autres publications.

aujourd'hui fameuse dans le monde entier. Il existe chez les plantes d'une même variété, une variabilité remarquable, qu'un œil exercé par une longue expérience peut seul bien apprécier ; ainsi, le colonel Le Couteur raconte [31] que dans un de ses champs de froment, qu'il considérait comme aussi pur que possible, le professeur La Gasca a trouvé vingt-trois variétés ; le professeur Henslow a observé des faits analogues. A côté de variations individuelles de ce genre, il apparaît souvent des formes assez accusées pour qu'on les remarque et qu'on les propage sur une grande échelle ; c'est ainsi que M. Shirreff a eu, pendant sa vie, la bonne fortune de créer sept variétés nouvelles, qui sont actuellement répandues, et largement cultivées dans plusieurs parties de l'Angleterre [34].

Parmi toutes ces variétés, comme cela est le cas pour beaucoup d'autres plantes, il en est quelques-unes, tant anciennes que nouvelles, dont les caractères restent plus constants. D'autre part, le major Hallett [35] a démontré que le colonel Le Couteur s'est vu obligé de rejeter quelques-unes de ses sous-variétés comme trop capricieuses, et que, pour ce fait, il soupçonnait être des produits de croisements. Metzger [36] cite, sur cette tendance à la variation, quelques cas intéressants qu'il a observés. Il décrit trois sous-variétés espagnoles, dont l'une, connue pour être très-constante en Espagne, ne manifeste, en Allemagne, ses caractères propres que dans les étés chauds ; une autre variété ne se maintenait que dans un terrain qui lui convenait de tous points, cependant, après une culture de vingt-deux ans, elle devint plus constante. Il mentionne encore deux autres sous-variétés qui, inconstantes d'abord, s'habituèrent ultérieurement, sans sélection apparente, à leurs nouvelles conditions d'existence, et conservèrent leurs caractères propres. Ces faits prouvent que de légers changements dans les conditions d'existence suffisent pour causer la variabilité, et, en outre, qu'une variété finit par s'habituer aux conditions nouvelles. On serait d'abord porté, avec Loiseleur-Deslongchamps, à conclure que le froment cultivé dans un même pays se trouve dans des conditions tout à fait uniformes ; mais les engrais diffèrent, les graines sont portées d'un sol à un autre, et, ce qui est plus important, on évite aux plantes toute lutte avec les autres, ce qui leur permet d'exister dans des conditions diverses. A l'état de nature, chaque plante est limitée à une station particulière et au genre de nourriture qu'elle peut arracher aux plantes voisines qui l'entourent.

Le froment prend très-promptement de nouvelles habitudes. Linné avait classé, comme espèces distinctes, les froments d'été et d'hiver. Mais M. Monnier [37] a démontré que la différence qui existe entre les deux n'est que temporaire. Il sema au printemps du froment d'hiver ; quatre plantes seulement

---

[33] *Varieties of Wheat.* Introd., p. VI. — Marshall, *Rural Economy of Yorkshire,* vol. II, p. 9, remarque que, dans chaque champ de blé, il y a autant de variétés que dans un troupeau de bêtes à cornes.

[34] *Gardener's Chronicle* et *Agric. Gazette,* 1862, p. 963.

[35] *Gardener's Chronicle,* nov. 1868, p. 1199.

[36] *Getreidearten,* 1841, p. 66, 91, 92, 116, 117.

[37] Godron, *O. C.,* II, p. 74. — Metzger, *O. C.,* p. 18, affirme le même fait pour les orges d'été et d'hiver.

sur cent produisirent des grains mûrs ; ceux-ci, semés et resemés, produisirent, au bout de trois ans, des plantes dont tous les grains arrivèrent à maturité. Inversement, presque tous les plants de froment d'été, semés en automne, furent tués par la gelée ; cependant, quelques-uns échappèrent, mûrirent, et, au bout de trois ans, la variété d'été se trouva convertie en variété d'hiver. Il n'est donc pas étonnant que le froment finisse par s'acclimater jusqu'à un certain point, et que des grains importés de pays éloignés et semés en Europe végètent d'abord, quelquefois même pendant assez longtemps [38], contrairement à ce qui se passe pour nos variétés européennes. Au Canada, les premiers colons, d'après Kulm [39], trouvèrent les hivers trop rigoureux pour le froment d'hiver qu'ils avaient apporté de France, et les étés souvent trop courts pour leur froment d'été ; et, jusqu'a ce qu'ils se fussent procuré du froment d'été des parties septentrionales de l'Europe, qui réussit fort bien, ils crurent que la culture du blé était impossible dans le pays. La proportion du gluten varie beaucoup suivant le climat, qui affecte rapidement aussi le poids du grain. Loiseleur-Deslongchamps [40] a semé dans les environs de Paris cinquante-quatre variétés provenant du midi de la France et de la mer Noire ; cinquante-deux de ces variétés produisirent des grains de dix à quarante pour cent plus pesants que ceux des souches parentes. Ces grains plus pesants semés dans le midi de la France produisirent immédiatement des grains plus légers.

Tous les observateurs qui ont étudié le sujet avec soin insistent sur l'adaptation remarquable des nombreuses variétés de froment aux divers sols et climats dans un même pays, et c'est ce qui fait dire au colonel Le Couteur [41] : « C'est par cette adaptation d'une variété spéciale à un sol donné, que le fermier peut arriver à payer son fermage en cultivant cette variété, tandis qu'il serait dans l'impossibilité de le faire, s'il voulait lui en substituer une autre, peut-être meilleure en apparence. » Ce résultat peut être dû en partie à ce que chaque sorte s'est habituée à certaines conditions d'existence, ainsi que le prouvent les essais de Metzger, mais surtout probablement à des différences innées qui existent entre les diverses variétés.

On a beaucoup écrit sur la dégénérescence du froment ; il est presque certain que la qualité de la farine, la grosseur du grain, l'époque de floraison, et la rusticité, peuvent être modifiées par le sol et le climat ; mais, il n'y a pas de raison pour croire qu'une sous-variété puisse, dans son ensemble, se transformer en une autre sous-variété distincte. Ce qui doit arriver, d'après Le Couteur [42], c'est que, parmi les nombreuses sous-variétés qu'on peut

---

[38] Loisel ur-Deslongchamps, O. C., II, p. 224. — Le Couteur, O. C., p. 70. On pourrait citer beaucoup d'autres exemples.

[39] *Travels in North America*, 1753-1761, t. III, p. 165 (trad. anglaise).

[40] O. C., part. II, p. 179-183.

[41] O. C., Introd., p. 7. — Marshall, O. C., vol. II, p. 9. — Voir pour quelques cas analogues d'adaptation des variétés d'avoine, quelques travaux intéressants dans *Gardener's Chron. and Agricult. Gazette*, 1850, p. 204, 219.

[42] O. C., p. 59. — M. Shirreff, dont l'autorité est incontestable, dit dans *Gardener's*

reconnaître dans un même champ, il s'en trouve une qui, plus forte ou plus prolifique que les autres, finit par supplanter graduellement celle qui avait été semée la première.

Quant aux croisements naturels entre les diverses variétés, les faits sont contradictoires, mais semblent cependant indiquer que de tels mélanges ne sont pas fréquents. Plusieurs auteurs affirment que la fécondation a lieu dans la fleur fermée, mais mes observations m'autorisent à affirmer que cela n'est pas le cas, du moins chez les variétés que j'ai examinées. Mais comme j'aurai à discuter ce sujet dans un autre ouvrage, je le laisserai pour le moment de côté.

Pour conclure, tous les auteurs admettent l'existence de nombreuses variétés de froment ; mais les différences sont peu importantes, à moins cependant que les prétendues espèces ne soient considérées comme étant elles-mêmes des variétés. Ceux qui admettent l'existence primitive de quatre à sept espèces de *Triticum* sauvage, dans des conditions analogues à celles où elles sont aujourd'hui, basent surtout leur opinion sur la grande antiquité des diverses formes [43]. Les admirables recherches de Heer [44] nous ont récemment enseigné le fait important que les habitants de la Suisse, dès la période néolithique, ne cultivaient pas moins de dix céréales, dont cinq variétés de froment, sur lesquelles quatre sont ordinairement regardées comme des espèces distinctes ; trois variétés d'orge ; un *Panicum* et une *Setaria*. Si on pouvait prouver que, dès les tout premiers commencements de l'agriculture, on cultivait cinq variétés de froment et trois d'orge, nous serions bien entendu obligés de considérer ces formes comme des espèces distinctes. Mais, comme le fait remarquer Heer, dès l'époque néolithique, l'agriculture avait déjà fait de grands progrès, car, outre les dix céréales, on cultivait encore le pois, le pavot, le lin, et probablement le pommier. On peut aussi conclure d'une variété de froment dite égyptienne, et de ce qu'on sait du pays d'origine du *Panicum* et de la *Setaria*, ainsi que de la nature des herbes qui croissaient parmi le blé, que les habitants des cités lacustres avaient conservé des rap-

---

Chronicle and Agricult. Gazette, 1862, p. 963 : « Je n'ai jamais vu de grains qui aient été assez améliorés ou assez dégénérés par la culture pour transmettre leurs changements à la génération suivante. »

[43] Alph. de Candolle, *O. C.*, p. 930.

[44] *Pflanzen der Pfahlbauten*, 1866.

ports commerciaux avec quelques peuples méridionaux, ou étaient eux-mêmes venus du Midi, comme colons.

Loiseleur-Deslongchamps [45] prétend, il est vrai, que si nos céréales ont été considérablement modifiées par la culture, les mauvaises herbes qui croissent habituellement avec elles auraient dû l'être aussi. Mais cette façon de raisonner prouve une fois de plus combien on méconnaît le principe de la sélection. M. H. C. Watson et le professeur Asa Gray assurent que ces herbes n'ont pas varié, ou du moins ne varient pas beaucoup actuellement; mais, qui peut prétendre qu'elles ne varient pas autant que les plantes individuelles d'une même sous-variété de froment? Nous avons déjà vu que des variétés pures de froment cultivées dans un même champ présentent de légères variations, qu'on peut trier et propager séparément; qu'en outre, il apparaît parfois des variations plus prononcées, qui, ainsi que l'a démontré M. Shirreff, méritent d'être propagées en grand. L'argument tiré de la constance des mauvaises herbes, sous l'influence d'une culture non intentionnelle, n'a donc aucune valeur, tant qu'on n'aura pas porté sur la variabilité et sur la sélection de ces herbes, l'attention qu'on a apportée aux céréales. Le principe de la sélection nous permet d'expliquer pourquoi les organes de la végétation diffèrent si peu dans les diverses variétés cultivées du froment; car une plante qui apparaîtrait avec des feuilles particulières n'attirerait aucunement l'attention, si, en même temps, les grains de blé n'étaient pas supérieurs en grosseur ou en qualité. Dès l'antiquité, Columelle et Celsus recommandaient vivement que l'on apportât le plus grand soin aux choix des grains employés comme semence, car, comme le dit Virgile [46] : « J'ai vu que les semences, choisies et examinées avec le plus grand soin, dégénèrent encore, si, chaque année, la main de l'homme ne choisit les plus belles. » Il y a cependant lieu de douter, que, dans l'antiquité, la sélection ait été bien méthodique, à en juger par la peine que M. Le Couteur et M. Hallett ont dû se donner pour l'appliquer. Malgré l'importance de la sélection, le résultat minime auquel l'homme est arrivé, après

---

[45] O. C., p. 94.
[46] Géorgiques; liv. I, 197-199. — Columelle et Celsus. cités par Le Couteur, O. C., p. 16.

des efforts incessants pendant des milliers d'années [47], pour rendre les plantes plus productives, ou les grains plus nutritifs qu'ils ne l'étaient du temps des anciens Égyptiens, semblerait infirmer son efficacité. Mais il ne faut pas oublier qu'à chaque période successive, c'est l'état de l'agriculture et la quantité d'engrais fournie à la terre, qui déterminent le degré maximum de sa productivité, car il ne serait pas possible de cultiver une variété très-productive dans une terre qui ne contiendrait pas la proportion voulue des éléments chimiques nécessaires.

Nous savons maintenant que, dès une époque excessivement reculée, l'homme était assez civilisé pour cultiver la terre, de sorte que le froment pouvait déjà avoir été depuis fort longtemps amélioré jusqu'au point de perfection compatible avec l'état existant de l'agriculture d'alors. Quelques faits semblent confirmer cette hypothèse de l'amélioration lente et graduelle de nos céréales. Dans les plus anciennes habitations lacustres de la Suisse, alors que les hommes employaient seulement des instruments en silex, le froment qu'ils cultivaient surtout appartenait à une variété particulière, dont les épis et les grains étaient fort petits [48]. « Tandis que les grains des variétés modernes ont de sept à huit millimètres de longueur, les grains les plus grands trouvés dans les habitations lacustres n'ont que six, rarement sept, et les plus petits quatre millimètres de longueur. L'épi est ainsi plus étroit, et les épillets plus horizontaux que dans nos variétés actuelles. » De même, l'espèce d'orge la plus ancienne et la plus abondamment cultivée avait les épis petits, et les grains étaient moins gros, plus courts, plus rapprochés les uns des autres que dans l'espèce cultivée maintenant; ils avaient, sans les glumes, $5^{mm}6$ de longueur, et $3^{mm}4$ de largeur, tandis que, dans l'espèce actuelle, ils atteignent une longueur de $6^{mm}8$ et à peu près la même largeur [49]. Heer croit que ces variétés de froment et d'orge à petits grains sont les formes parentes de certaines variétés voisines actuelles, qui ont supplanté leurs premiers ancêtres.

---

[47] Alph. de Candolle, *O. C.*, p. 932.

[48] O. Heer, *Die Pflanzen*, etc. — Le passage suivant emprunté au Dr Christ est cité dans *Die Fauna der Pfahlbauten* du prof. Rütimeyer, 1861, p. 225.

[49] Heer, cité par C. Vogt, *Leçons sur l'Homme*, p. 468.

Heer donne d'intéressants détails sur l'apparition et la disparition finale des diverses plantes qui, pendant d'antiques périodes successives, ont été cultivées en Suisse en plus ou moins
grande abondance, et qui généralement différaient à divers degrés de nos variétés actuelles. L'espèce la plus commune pendant l'âge de la pierre était la forme de froment à petits grains
et à petits épis dont nous venons de parler ; elle s'est perpétuée
jusqu'à l'époque helvético-romaine, puis a disparu. Une seconde
variété, d'abord rare, devint plus tard abondante. Une troisième,
le froment égyptien (*T. turgidum*), rare pendant l'âge de la
pierre, n'est identique à aucune variété actuelle. Une quatrième
(*T. dicoccum*) diffère de toutes les variétés connues de cette forme.
Une cinquième (*T. monococcum*), dont on a pu reconnaître
l'existence pendant l'âge de la pierre, grâce à la découverte d'un
épi unique. Une sixième variété, le *T. spelta* commun, n'a été
introduite en Suisse que pendant l'âge du bronze. Quant à l'orge,
outre la variété à épis courts et à petits grains, deux autres
étaient encore cultivées, dont une très-rare ressemblait à notre
H. distichum commun. Le seigle et l'avoine ont été introduits
pendant l'âge du bronze ; les grains d'avoine étaient quelque peu
plus petits que ceux de nos variétés actuelles. Le pavot était largement cultivé pendant l'âge de la pierre, probablement pour en
tirer de l'huile, mais on ne connaît pas la variété qui existait
alors. Un pois singulier à petits grains a persisté pendant l'âge
de la pierre et pendant l'âge du bronze, puis a disparu ; tandis
qu'une fève, ayant également des grains petits, a apparu pendant
l'âge du bronze, et a persisté jusqu'à la période romaine. Ces détails ressemblent aux renseignements que peut donner un paléon-
tologiste, sur l'apparition, la rareté croissante, et enfin l'extinction des espèces fossiles enfouies dans les couches successives
d'une formation géologique.

En résumé, chacun doit juger par lui-même, s'il est plus probable que les différentes variétés de froment, d'orge, de seigle
et d'avoine, descendent de dix ou quinze espèces, dont la plupart
sont aujourd'hui inconnues ou éteintes ; ou si elles descendent
de quatre à huit espèces, qui peuvent, ou avoir ressemblé de très-
près à nos variétés actuellement cultivées, ou en avoir été si différentes qu'il est impossible de les reconnaître. Si l'on admet

cette dernière hypothèse, il faut admettre aussi que l'homme a cultivé les céréales dès une période infiniment ancienne, et qu'il a appliqué la sélection dans une certaine mesure, ce qui n'a rien d'improbable. Nous pouvons peut-être admettre aussi que, sous l'influence des premières cultures, les grains et les épis ont promptement grossi, de même qu'on voit les racines de la carotte et du panais sauvages augmenter rapidement en volume, lorsqu'on les soumet à la culture.

MAÏS. (*Zea maïs.*) — Les botanistes sont à peu près unanimes pour admettre que toutes les formes cultivées de cette plante appartiennent à une même espèce. Le maïs est incontestablement d'origine américaine [50]; il était cultivé par les indigènes, dans tout le nouveau monde depuis la Nouvelle-Angleterre jusqu'au Chili. Sa culture doit remonter à une époque très-ancienne, car Tschudi [51] en décrit deux espèces, actuellement éteintes ou inconnues au Pérou, qu'on a trouvées dans des tombeaux antérieurs à la dynastie des Incas. Mais il y a une preuve encore plus convaincante de l'antiquité de la culture du maïs; j'ai déterré, en effet, sur les côtes du Pérou [52], des épis de maïs, accompagnant dix-huit espèces de coquilles de mollusques récents, enfouis dans le sable d'une plage qui a été soulevée à quatre-vingt-cinq pieds au-dessus du niveau de la mer. Comme conséquence de cette antique culture, le maïs a donné naissance à un grand nombre de variétés américaines; on n'a pas encore découvert la forme primitive à l'état sauvage. On a prétendu, mais sur des données insuffisantes, qu'on trouve au Brésil, à l'état sauvage, une variété particulière [53], dont les grains, au lieu d'être nus, sont cachés dans des glumes longues de 25 millimètres. Il est à peu près certain que les graines de la forme primitive devaient être ainsi protégées [54]; mais les graines de la variété brésilienne, d'après le professeur Asa Gray, et d'après les assertions faites dans deux publications, produisent tantôt du maïs commun, tantôt du maïs à glumes; or, on ne peut guère admettre qu'une espèce sauvage puisse varier si promptement et si fortement dès la première culture.

Le maïs a varié d'une manière extraordinaire. Metzger [55], qui a étudié

[50] Alph. de Candolle, *O. C.*, p. 942. — Pour la Nouvelle-Angleterre, voir Silliman, *American Journal*, vol. XLIV, p. 99.

[51] *Travels in Peru.*, p. 177.

[52] *Geolog. Observ. on S. America*, 1846, p. 49.

[53] Ce maïs est figuré dans le magnifique ouvrage de Bonafous, *Hist. nat. du maïs*, 1836, pl. V bis; et dans *Journ. of Hort. Soc.*, 1846, vol. I, p. 115, où se trouvent des renseignements sur les résultats obtenus en semant sa graine. Un jeune Indien guarani, en voyant ce maïs, a dit à Auguste Saint-Hilaire, qu'il croit à l'état sauvage dans les forêts humides de sa patrie. (De Candolle, *O. C.*, p. 951.) M. Teschemacher dans *Proc. Boston Soc. nat. Hist.*, 19 oct. 1842, donne des renseignements sur des essais de culture de cette variété.

[54] Moquin-Tandon, *Eléments de tératologie*, 1841, p. 126.

[55] *O. C.*, 1841, p. 208. J'ai modifié quelques assertions de Metzger d'après des renseignements consignés dans le grand ouvrage de Bonafous, *Hist. nat. du maïs*, 1836.

avec une attention toute particulière la culture de cette plante, distingue douze races (*Unterard*), comprenant de nombreuses sous-variétés, parmi lesquelles il en est de très-constantes, et d'autres qui ne le sont pas. La hauteur des différentes races varie entre 5 ou 6 mètres et 40 à 50 centimètres ; une variété naine décrite par Bonafous atteint à peine 40 centimètres de hauteur. La forme de l'épi varie, il est long et étroit, ou court et épais, ou branchu. Il existe une variété chez laquelle l'épi est plus de quatre fois plus long que chez la variété naine. Les grains sont disposés sur l'épi en rangées variant de six à vingt, ou placés irrégulièrement. Quant à la couleur, les grains sont blancs, jaune-pâle, orangés, rouges, violets, ou élégamment bigarrés de noir [56], et on rencontre quelquefois des grains de deux couleurs sur un même épi. Le poids du grain diffère beaucoup ; un seul grain d'une variété pèse parfois sept fois plus que celui d'une autre. La forme des grains varie beaucoup ; ils sont aplatis, presque ronds ou ovales ; plus larges que longs, ou plus longs que larges ; ils n'ont pas de pointe, ou se prolongent en une dent aiguë, qui est quelquefois recourbée. Une variété (*rugosa* de Bonafous très-cultivée aux États-Unis) a les grains ridés, d'où un aspect singulier de tout l'épi. Une autre (*cymosa* de Bonafous) porte des épis si serrés les uns contre les autres, qu'on l'a appelée *maïs à bouquet*. Les grains de quelques variétés contiennent de la glucose au lieu de fécule. Des fleurs mâles apparaissent quelquefois parmi des fleurs femelles, et M. J. Scott a récemment observé le cas plus rare de fleurs femelles sur une panicule mâle, et aussi des fleurs hermaphrodites [57]. Azara a observé au Paraguay [58], une variété dont les grains sont très-tendres ; il a constaté que plusieurs autres sont susceptibles d'être préparés par la cuisson de diverses manières. On constate aussi chez les variétés des différences considérables au point de vue de la précocité, et de l'aptitude à résister à la sécheresse et à l'action des vents violents [59]. Parmi les différences que nous venons de mentionner, il en est un certain nombre auxquelles on eût certainement accordé une valeur spécifique, s'il se fût agi de plantes à l'état de nature.

Le comte Ré assure que les graines de toutes les variétés cultivées par lui ont à la longue pris une couleur jaune ; mais Bonafous [60] constate que la teinte de la plupart de celles qu'il a semées consécutivement pendant dix ans est restée constante ; il ajoute que, dans les vallées des Pyrénées et les plaines du Piémont, on cultive, depuis plus d'un siècle, un maïs blanc qui n'a éprouvé aucun changement. Les graines des variétés de grande taille cultivées sous les latitudes méridionales, où elles sont par conséquent soumises à une température élevée, mûrissent au bout de six à sept mois ; les graines des espèces plus petites, cultivées dans les climats septentrionaux et plus froids, mûrissent au bout de trois ou quatre mois [61].

[56] Godron, *O. C.*, t. II, p. 80 ; — Alph. de Candolle, *O. C.*, p. 951.
[57] *Transactions Bot. Soc. Edinburgh*, vol. VIII, p. 60.
[58] *Voyages dans l'Amér. mérid.*, t. I, p. 147.
[59] Bonafous, *O. C.*, p. 31.
[60] Bonafous, *O. C.*, p. 31.
[61] Metzger, *O. C.*, p. 206.

P. Kalm [62], qui a étudié tout particulièrement cette plante, dit qu'aux États-Unis, les plants diminuent de taille en allant du sud au nord. Les graines provenant de la Virginie sous 37° de latitude, et semées dans la Nouvelle-Angleterre sous 43°-44°, produisent des plantes dont la graine ne mûrit qu'avec la plus grande difficulté, ou ne mûrit même pas du tout. Il en est de même des graines transportées de la Nouvelle-Angleterre au Canada sous 45°-47° de latitude. Avec des soins et après quelques années de culture, les variétés méridionales arrivent à bien mûrir plus au nord, fait analogue à celui que nous avons déjà constaté relativement à la conversion du froment d'été en froment d'hiver, et *vice versa*. Lorsqu'on plante ensemble des maïs de grande et de petite taille, les derniers sont en pleine floraison, avant que les premiers aient poussé une seule fleur, et, en Pensylvanie, ils mûrissent six semaines plus tôt que les maïs de grande taille. Metzger parle d'un maïs d'Europe, qui mûrit un mois plus tôt qu'aucune des autres variétés européennes. D'après ces faits, qui témoignent si évidemment de l'hérédité de l'acclimatation, nous pouvons sans peine croire Kalm, lorsqu'il assure qu'on a pu, dans l'Amérique du Nord, pousser graduellement la culture du maïs, toujours plus loin vers le nord. Tous les auteurs sont d'accord que, pour conserver pures les variétés du maïs, il faut les planter séparément afin d'éviter les croisements.

Les effets du climat européen sur les variétés américaines sont très-remarquables. Metzger a semé et cultivé en Allemagne, des graines de maïs provenant de plusieurs parties de l'Amérique, et voici, entre autres, quels ont été les changements observés chez une variété [63] de haute taille, originaire des parties plus chaudes du Nouveau-Monde (*Zea altissima*, Breit-korniger Mays). Pendant la première année, les plantes atteignirent douze pieds de hauteur, mais ne donnèrent qu'un petit nombre de graines mûres ; les grains inférieurs de l'épi conservèrent leur forme propre, mais les grains supérieurs présentèrent quelques changements. Pendant la seconde génération, les plantes produisirent plus de graines mûres, mais ne dépassèrent pas une hauteur de huit à neuf pieds ; la dépression de la partie extérieure des grains avait disparu, et leur couleur primitivement d'un blanc pur, s'était un peu ternie. Quelques grains étaient même devenus jaunes, et approchaient de la forme de ceux du maïs européen par leur rondeur. Pendant la troisième génération, ils ne ressemblaient presque plus du tout à la forme originelle et très-distincte du maïs d'Amérique. Enfin, à la sixième génération, ce maïs ressemblait complétement à une variété européenne, que l'auteur décrit comme la seconde sous-variété de la cinquième race. Cette variété était encore, lorsque Metzger publia son livre, cultivée près de Heidelberg, où elle se distinguait de la forme commune, par une croissance plus vigoureuse. Des résultats analogues ont été obtenus par la culture d'une autre variété américaine, celle « à dents blanches », chez laquelle la dent disparut dès la seconde génération. Une troisième race, dite « maïs de pou-

---

[62] *Description du maïs*, par **P. Kalm**, 1752 ; dans *Actes suédois*, vol. IV.
[63] Metzger, *O. C.*, p. 208.

let », ne se modifia que peu, et seulement par l'apparence de son grain, qui devint moins lisse et moins transparent. D'autre part Fritz Müller m'apprend qu'une variété naine à petites graines rondes (*papagaien-maïs*) introduite d'Allemagne dans le sud du Brésil, produit des plants aussi élevés et des graines aussi plates que les variétés qu'on cultive ordinairement dans ce dernier pays.

Les faits que nous venons de signaler, constituent l'exemple le plus remarquable que je connaisse des effets prompts et directs du climat sur une plante. On pouvait bien s'attendre à ce que la taille de la plante, la durée de sa végétation et l'époque de la maturation de la graine, seraient modifiées de cette façon, mais les changements rapides et considérables qui se sont produits dans la graine sont surprenants. Toutefois, comme les fleurs et leur produit qui est la graine, sont le résultat d'une métamorphose de la tige et des feuilles, toute modification chez ces derniers organes doit tendre, par corrélation, à affecter les organes de la fructification.

CHOU (*Brassica oleracea*). — Chacun sait combien varie l'aspect des diverses espèces de choux. L'action combinée d'une culture particulière et du climat, a produit dans l'île de Jersey, un chou dont la tige atteignait une hauteur de seize pieds ; une pie avait établi son nid dans les branches. Les troncs ligneux hauts de dix à douze pieds ne sont pas rares, et sont employés comme chevrons et pour faire des cannes [64]. Ceci nous rappelle que, dans certains pays, les plantes appartenant à l'ordre généralement herbacé des Crucifères, peuvent se développer au point de devenir des arbres. Chacun peut apprécier la différence qu'il y a entre les grands choux à tête unique verts ou rouges ; chacun connaît les choux de Bruxelles avec leurs nombreuses petites têtes; les brocolis et les choux-fleurs, avec leurs nombreuses fleurettes avortées, incapables de produire de la graine, et réunies en un corymbe serré, au lieu de former une panicule ouverte ; les choux de Savoie avec leurs feuilles ridées et pustulées ; et les choux verts qui se rapprochent davantage de la forme primitive sauvage. Il y a encore des choux divers frisés et découpés ; d'autres offrent de si magnifiques couleurs, que Vilmorin, dans son catalogue de 1851, en signale dix variétés, qu'on élève uniquement comme plantes d'ornement. Quelques variétés sont moins connues, telles sont, par exemple, le *Couve Tronchuda* portugais, chez lequel les côtes des feuilles sont très-épaisses ; les choux-raves, aux tiges renflées au-dessus du sol en grosses masses semblables à des

---

[64] Bois de chou, *Gardener's Chronicle*, 1856, p. 744, citation de Hooker, *Journ. of Botany*. On a exposé au musée de Kew, une canne faite avec une tige de chou.

raves ; une forme toute récente de chou-rave [65], dont la partie renflée se trouve sous terre, comme chez le navet, et dont on compte déjà neuf sous-variétés.

Malgré les différences considérables que présentent la forme, la couleur, la taille, la disposition, et le mode de croissance des tiges et des feuilles, ainsi que les pédoncules des fleurs du brocoli et du chou-fleur, les fleurs elles-mêmes, les gousses et les graines ne présentent que fort peu et même pas de différences [66]. J'ai comparé les fleurs de toutes les formes principales ; celles du *Couve Tronchuda* sont blanches, et un peu plus petites que celles du chou commun ; celles du brocoli de Portsmouth, ont les sépales plus étroits, et les pétales plus petits et moins allongés ; mais je n'ai pu trouver aucune différence chez les autres choux. Quant aux siliques, elles ne diffèrent que chez le chou-rave pourpre, par une forme un peu plus allongée et plus étroite qu'à l'ordinaire. J'ai recueilli les graines de vingt-huit sortes différentes, dont la plupart ne pouvaient pas être distinguées les unes des autres, ou ne présentaient que des différences insensibles. Ainsi, les graines de divers brocolis et choux-fleurs, prises en masse, sont un peu plus rouges ; celles du chou vert d'Ulm précoce un peu plus petites ; celles du chou Bréda un peu plus grandes que d'habitude, mais pas plus que celles du chou sauvage des côtes du pays de Galles.

Mais quel contraste si nous comparons les tiges, les feuilles, les fleurs, les siliques et les graines des diverses sortes de choux, avec les parties correspondantes de nos variétés de froment et de maïs ! L'explication est facile à donner : chez les céréales on n'estime que les graines, et c'est sur leurs variations qu'on a fait porter la sélection ; chez les choux, au contraire, on a complétement négligé les graines, leurs enveloppes et les fleurs, tandis qu'on a remarqué et conservé les variations utiles qu'ont pu présenter les tiges et les feuilles, depuis une époque fort reculée, car les anciens Celtes cultivaient déjà le chou [67].

Il est inutile de donner la classification et la description [68] des nombreuses races, sous-races et variétés du chou, je me bornerai donc à mentionner le système de classification récemment proposé par le Dr Lindley [69], système basé sur l'état du développement des bourgeons foliifères, terminaux et latéraux, ainsi que des bourgeons florifères. Ainsi, 1° tous les foliifères actifs et ouverts comme chez le chou sauvage, etc. ; 2° tous les bourgeons foliifères actifs, mais formant des capitules, choux de Bruxelles, etc. ; 3° bourgeon foliifère terminal seul actif, formant une tête, comme chez le chou commun, le chou de Savoie, etc. ; 4° bourgeon foliifère terminal seul actif et ouvert, la plupart des fleurs sont avortées et succulentes, choux-

---

[65] *Journ. de la Soc. imp. d'Horticulture*, 1855, p. 254.
[66] Godron, *O. C.*, t. II, p. 52. — Metzger, *Syst. Beschreibung der Kult. Kohlarten*, 1833, p. 6.
[67] Regnier, *de l'Economie publique des Celtes*, 1818, p. 438.
[68] Aug. P. de Candolle, *Transactions of Hort. Soc.*, vol. V. — Metzger, *O. C.*
[69] *Gardener's Chronicle*, 1859, p. 992.

fleurs et brocolis ; 5° tous les bourgeons foliifères actifs et ouverts, avec la plupart des fleurs avortées et succulentes, comme le chou brocoli à jets. Cette dernière variété toute nouvelle, est exactement au brocoli ordinaire, ce qu'est le chou de Bruxelles au chou commun ; elle a fait son apparition au milieu d'une plantation de brocolis ordinaires, et s'est trouvée apte à se propager et à transmettre fidèlement ses caractères remarquables et nouvellement acquis.

Les principales sortes de choux étaient déjà connues [70] au seizième siècle ; un grand nombre de modifications de structure doivent donc être héréditaires depuis une longue période. Ce fait est d'autant plus remarquable, qu'il faut beaucoup de soins pour éviter les croisements entre les diverses variétés. Pour en citer une preuve : j'ai élevé 233 plants de plusieurs sortes de choux, que j'ai placés les uns à côté des autres ; sur ce nombre 155 furent altérés et mélangés, et aucun des 78 restants ne resta parfaitement pur. On peut douter que beaucoup de variétés permanentes proviennent de croisements intentionnels ou accidentels, car les plantes qui sont le produit de pareils mélanges, sont très-inconstantes. On prétend cependant avoir récemment produit une variété constante, en croisant le « chou-kale » commun avec le chou de Bruxelles, et en le recroisant avec le brocoli pourpre [71], mais les plantes que j'ai moi-même élevées, étaient loin d'avoir des caractères aussi constants que le chou commun.

Bien que la plupart des variétés restent constantes si l'on a soin d'éviter les croisements, il faut cependant chaque année visiter les plants, car il s'en trouve souvent qui ne sont pas purs ; mais, même dans ce cas, la puissance de l'hérédité se manifeste en ce que, ainsi que le fait remarquer Metzger [72] à propos du chou de Bruxelles, les variations ne s'écartent pas de la race principale. Pour propager avec constance une variété, il ne faut pas qu'il survienne des changements trop considérables dans les conditions d'existence : ainsi, les choux ne forment pas de têtes dans les pays chauds, et on a observé le même fait chez une variété anglaise plantée près de Paris, pendant un automne chaud et très-humide [73]. Un sol trop pauvre affecte aussi les caractères de certaines variétés.

La plupart des auteurs admettent que toutes les races cultivées descendent du chou sauvage qu'on trouve sur les côtes occidentales de l'Europe ; mais Alph. de Candolle [74], s'appuyant sur des données historiques et sur quelques autres raisons, regarde comme plus probable qu'elles doivent leur origine au mélange de deux ou trois espèces voisines, généralement considérées comme distinctes, et vivant encore actuellement dans les régions méditerranéennes. Mais, comme nous l'avons déjà démontré pour les animaux domestiques, la supposition d'une origine multiple ne jette aucun jour sur les

---

[70] Alph. de Candolle, *Géogr. Bot.*, p. 842 et 989.
[71] *Gardener's Chronicle*, 1858, p. 128.
[72] *O. C.*, p. 22.
[73] Godron, *O. C.*, t. II, p. 52. — Metzger, *O. C.*, p. 22.
[74] *O. C.*, p. 840.

différences caractéristiques qui se remarquent entre les diverses formes cultivées. Si nos choux descendent de trois ou quatre espèces distinctes, toute race de stérilité qui peut avoir primitivement existé entre elles est actuellement perdue, car si on ne prend les plus grands soins pour éviter les croisements entre les variétés, il est impossible de les conserver distinctes.

D'après Godron et Metzger [75], les autres formes cultivées du genre *Brassica* descendent de deux espèces, *B. napus* et *B. rapa ;* d'autres botanistes admettent trois souches parentes, d'autres enfin soupçonnent que toutes ces formes tant sauvages que cultivées, appartiennent à une seule et unique espèce. Le *Brassica napus* a donné naissance à deux grands groupes, qui sont : les navets de Suède (que quelques-uns regardent comme d'origine hybride [76]) et les colzas, dont les graines fournissent de l'huile. Le *Brassica rapa* (de Koch) a aussi produit deux races, la rave ordinaire, et la navette, qui fournit de l'huile ; ces plantes, malgré les différences de leur apparence extérieure, appartiennent évidemment à une même espèce ; Koch et Godron ont vu la rave perdre ses grosses racines dans un sol inculte, et lorsqu'on sème ensemble les raves et les navettes, elles s'entre-croisent à un tel point qu'à peine trouve-t-on une plante qui soit restée fidèle à son type [77]. Metzger a pu, par la culture, transformer la navette d'hiver et bisannuelle en une variété d'été annuelle, — or, quelques auteurs regardent ces variétés comme spécifiquement distinctes [78].

La production de grosses tiges charnues comme celles des raves, présente donc chez trois formes qu'on considère comme des espèces distinctes, un cas de variation analogue. Peu de modifications paraissent être plus promptement acquises que ce renflement des racines ou des tiges, qui ne sont qu'un approvisionnement de nourriture accumulée pour l'usage futur de la plante. Nous observons ce fait chez les radis, chez les betteraves, chez une variété moins connue du céleri, dont les racines ressemblent à des raves, et chez le *finocchio* ou variété italienne du fenouil commun. M. Buckman a récemment démontré, par des expériences fort intéressantes, que l'on peut rapidement augmenter le volume des racines du panais sauvage, fait que Vilmorin avait précédemment prouvé aussi pour la carotte [79]. Les caractères de cette dernière plante à l'état cultivé, diffèrent à peine de ceux

[75] Godron, *O. C.*, t. II, p. 54. — Metzger, *O. C.*, p. 10.

[76] *Gardener's Chronicle*, etc., 1856, p. 729. Voir plus particulièrement, *ibid.*, 1868, p. 275. L'auteur affirme qu'il a planté une variété de choux (*B. oleracea*) auprès de navets (*B. rapa*) et a obtenu par croisement de vrais navets de Suède. Il faut donc classer ces derniers avec les choux ou les navets et non pas avec le *B. napus*.

[77] *Ibid.*, 1855, p. 730.

[78] *O. C.*, p. 51.

[79] Ces essais de Vilmorin ont été cités par beaucoup d'auteurs. M. Decaisne a récemment soulevé des doutes à cet égard, à la suite des résultats négatifs obtenus par lui, mais ceux-ci ne peuvent avoir la valeur de résultats positifs. D'autre part, M. Carrière affirme (*Gard. Chronicle*, 1865, p. 1154) qu'ayant semé de la graine d'une carotte sauvage, croissant loin de toute terre cultivée, il obtint dès la première génération des plantes dont les racines différaient déjà par leur forme plus renflée, et étaient plus longues, plus tendres et moins fibreuses que celles de la plante sauvage. Il a obtenu plusieurs variétés de ces plantes.

de l'espèce sauvage d'Angleterre, sauf par le développement et la qualité des racines; mais on cultive en Angleterre [80] dix variétés de carottes différant par la couleur, la forme et la qualité, et dont quelques-unes se reproduisent par graines. Il en résulte que, chez la carotte ainsi que chez quelques autres plantes, telles que les nombreuses variétés et sous-variétés du radis, les parties estimées par l'homme et ayant pour lui de la valeur semblent les seules qui ont varié. La vérité est qu'il a appliqué la sélection à ces seules variations ; les jeunes plantes ayant hérité de la tendance à varier de la même manière, les modifications analogues ont encore été choisies et conservées, jusqu'à ce qu'il en soit résulté des changements considérables.

Il convient de dire ici quelques mots du radis. M. Carrière a semé les graines du *Raphanus raphanistrum* sauvage dans un terrain bien préparé et a continué une sélection attentive pendant plusieurs générations ; il a obtenu ainsi plusieurs variétés dont les racines se rapprochent beaucoup du radis cultivé (*R. sativus*) aussi bien que de l'étonnante variété chinoise *R. caudatus* (voir *Journal d'Agriculture pratique*, tome I, 1869, p. 159; et aussi un mémoire séparé, *Origine des Plantes domestiques*, 1869). On a souvent regardé le *R. raphanistrum* et le *R. sativus* comme des espèces distinctes, et même comme des genres distincts à cause de différences dans leurs racines ; mais le professeur Hoffmann a démontré (*Bot. Zeitung*, 1872, p. 482) que ces différences, si importantes qu'elles soient, sont parfaitement graduées, la racine du *R. caudatus* occupant une position intermédiaire. En cultivant le *R. raphanistrum* pendant plusieurs générations le professeur Hoffmann (*ibid.* 1873, p. 9) a obtenu aussi des plantes ayant des racines semblables à celles du *R. sativus*.

Pois (*Pisum sativum*). — Les botanistes considèrent le pois de jardin comme spécifiquement distinct du pois des champs (*P. arvense*). Ce dernier se trouve à l'état sauvage dans l'Europe méridionale, mais l'ancêtre primitif du premier paraît avoir été rencontré en Crimée [81]. Andrew Knight a croisé le pois des champs avec une variété bien connue dans les jardins, le pois prussien, croisement qui a produit des résultats parfaitement féconds. Le docteur Alefeld a récemment étudié le genre pois avec soin [82], et, après en avoir cultivé une cinquantaine de variétés, il est arrivé à la conclusion qu'elles appartiennent certainement toutes à une même espèce. Nous avons déjà mentionné que d'après O. Heer [83], les pois trouvés dans les habitations lacustres de la Suisse remontant à l'âge de la pierre et à l'âge du bronze, appartiennent à une variété éteinte, voisine du pois des champs, (*P. arvense*) et dont les grains sont excessivement petits. Le pois ordinaire des jardins présente un grand nombre de variétés qui diffèrent considé-

[80] Loudon, *Encyclop. of Gardening*, p. 835.
[81] Alph. de Candolle, *Géogr. Bot.*, p. 960. — M. Bentham, *Hort. Journ.*, vol. IX, 1855, p. 141, croit que les pois de jardin et des champs appartiennent à la même espèce, opinion qui n'est pas celle du Dr Targioni.
[82] *Botanische Zeitung*, 1860, p. 204.
[83] *O. C.*, 1866, p. 23.

rablement les unes des autres. J'ai, à titre de comparaison, planté en même temps quarante et une variétés anglaises et françaises. Ces variétés différaient beaucoup par la taille — variant de 15 centimètres et 30 centimètres jusqu'à 2ᵐ40 [84], — par leur mode de croissance et l'époque de leur maturité. Quelques-unes offraient déjà un aspect différent lorsqu'elles n'avaient que deux ou trois pouces de hauteur. Les tiges du pois prussien sont très-branchues. Chez les grandes variétés les feuilles sont plus grandes que chez les petites, mais dans une proportion exacte avec la hauteur : — la variété *Monmouth naine (Hair's Dwarf Monmouth)* a des feuilles très-grandes ; le *Pois nain hâtif* et la variété moyenne *bleue prussienne*, ont les feuilles à peu près les deux tiers aussi grandes que celles des variétés les plus hautes. Chez les *Danecroft*, les folioles sont petites et un peu pointues, un peu arrondies chez le *Queen of Dwarfs* (Reine des Nains), grandes et larges chez la *Reine d'Angleterre*. Chez ces trois sortes de pois, de légères variations de couleur accompagnent les différences dans la forme des feuilles. Chez le *Pois géant sans parchemin*, dont les fleurs sont pourpres, les folioles sont bordées de rouge chez les jeunes plantes, et, chez tous les pois à fleurs pourpres, les stipules sont marquées de rouge.

Chez certaines variétés, une, deux ou plusieurs fleurs formant une petite grappe, reposent sur un même pédoncule ; c'est là une différence qui, chez quelques Légumineuses, est regardée comme ayant une valeur spécifique. Chez toutes les variétés, les fleurs ne diffèrent que par la taille et la couleur. Elles sont généralement blanches, quelquefois pourpres, mais la couleur n'est pas constante chez une même variété. Chez le *Warner's Emperor*, qui est de haute taille, les fleurs ont presque le double de celles du *Pois nain hâtif*, mais le *Hair's Dwarf Monmouth*, qui a de grandes feuilles, a aussi de grandes fleurs. Le calice est grand chez la *Victoria Marrow*, et les sépales sont un peu étroits chez le *Bishop's Long Pod*. La fleur des autres sortes ne présente aucune différence.

Les gousses et les graines, dont les caractères sont si constants chez les espèces naturelles, varient beaucoup chez les variétés cultivées du pois ; ce sont, en effet, les parties recherchées, et celles par conséquent qui ont été soumises à la sélection. Les *Pois sucrés* ou *Pois sans parchemin* ont des gousses remarquablement minces, qu'on cuit et qu'on mange entières lorsqu'elles sont jeunes ; dans ce groupe, qui, d'après M. Gordon, comprend onze sous-variétés, c'est la gousse qui diffère le plus ; ainsi la variété de pois dite *Lewis negro-podded* (Pois de Lewis à gousse nègre), a une gousse droite, large, lisse et d'un pourpre foncé, à parois moins minces que d'autres sortes ; chez une autre, la gousse est fortement arquée ; celle du *Pois géant* se termine par une pointe ; chez la variété à *grandes cosses*, on voit si bien les grains au travers de leur enveloppe que, lorsqu'elle est sèche, la gousse est à peine reconnaissable pour celle d'un pois.

Chez les variétés ordinaires, la grosseur et la couleur des gousses dif-

---

[84] Une variété dite *Rouncival* atteint cette hauteur d'après M. Gordon, *Transact. Hort. Soc.* (2ᵉ série), vol. 1. 1835, p. 374, auquel j'ai emprunté quelques faits.

fèrent beaucoup ; — les gousses du *Woodford's Green Marrow* desséchées, sont vert–clair au lieu d'être brun-pâle ; la couleur de la variété à gousses pourpres est celle qu'indique son nom. L'état de la surface diffère aussi : la gousse du *Danecroft* est très–lisse, et celle du *Nec plus ultra*, très-rugueuse, — les unes sont cylindriques, d'autres plates et larges ; — pointues à l'extrémité comme chez le *Thurston's Reliance,* ou tronquées comme chez l'*American Dwarf.* Chez le *Pois d'Auvergne,* l'extrémité de la gousse est recourbée en dessus. Dans le *Queen of Dwarfs* et le *Pois Scimitar,* la gousse

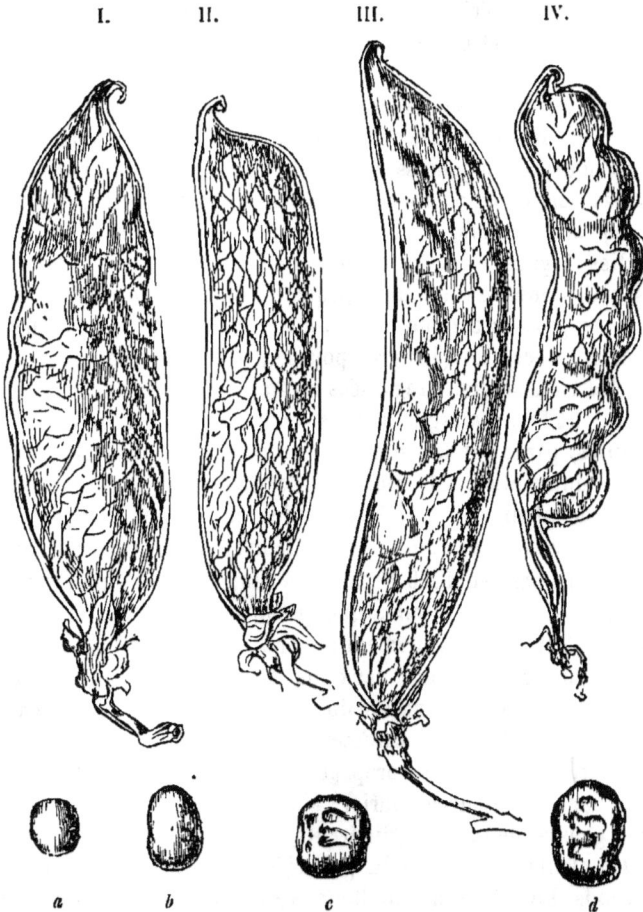

Fig. 41. — Gousses et Pois. — I. *Queen of Dwarfs.* — II. *American Dwarf.* — III. *Thurston's Reliance.* — IV. *Pois géant sans parchemin.* — *a.* Pois *Dan O'Rourke.* — *b. Queen of Dwarfs.* — *c. Knight's Tall white Marrow.* — *d. Lewis Negro.*

a une forme elliptique. Je donne ci-joint (fig. 41) les quatre formes de gousses les plus distinctes des plantes que j'ai moi–même cultivées.

Le pois lui-même offre presque toutes les teintes, blanc presque pur, brun, jaune et vert-intense ; chez les variétés du pois sucré on observe les mêmes teintes, et de plus le rouge passant par le pourpre, jusqu'au chocolat foncé. Les couleurs sont uniformes ou distribuées en taches, en raies, ou autrement ; elles dépendent dans quelques cas, de la coloration des cotylédons vus au travers de la pellicule propre du pois ; dans d'autres, de la couleur propre de celui-ci. Le nombre des grains contenus dans une gousse varie, d'après M. Gordon, de onze ou douze à quatre ou cinq seulement. Les plus gros pois sont à peu près doubles des plus petits, mais ceux-ci ne se trouvent pas toujours sur les variétés naines. Les pois varient de forme, et peuvent être lisses et sphériques ou oblongs, presque ovales chez la variété *Queen of Dwarfs*, et presque cubiques et plissés chez plusieurs des grandes variétés.

Quant à la valeur des différences qui s'observent entre les principales variétés, il est incontestable que si on trouvait la grande variété du *pois sucré*, à fleurs pourpres, à gousses minces et d'une forme extraordinaire, renfermant des pois pourpres foncés, croissant à l'état sauvage, à côté de la petite *Queen of the Dwarfs*, à fleurs blanches, à feuilles d'un vert grisâtre et arrondies, à gousses en forme de cimeterre, contenant des pois oblongs, lisses, pâles, mûrissant à une époque différente ; ou encore à côté d'une de ces formes géantes comme le *Champion d'Angleterre*, à feuilles énormes, à gousses pointues, dont les gros pois sont ridés, verts et presque cubiques,— toutes les trois seraient regardées comme des espèces distinctes.

A. Knight [85] a remarqué que les variétés de pois se maintiennent très-constantes, parce que les insectes ne contribuent pas à déterminer des croisements entre elles. M. Masters, de Canterbury, très-connu comme le créateur de plusieurs variétés nouvelles, m'apprend que quelques variétés se sont conservées pendant très-longtemps, ainsi la variété *Knight's Blue Dwarf*, qui a paru en 1820 [86] ; mais la plupart n'ont qu'une existence très-courte ; ainsi Loudon [87] remarque que des formes qui étaient très-recherchées en 1821, ne se trouvaient plus nulle part en 1833 ; et, en comparant les catalogues de 1833 avec ceux de 1855, je vois que presque toutes les variétés ont changé. La nature du sol paraît, chez quelques variétés, déterminer la perte de leurs caractères. Ainsi que pour d'autres plantes, certaines variétés peuvent se propager telles quelles, tandis que d'autres ont une tendance prononcée à varier ; ainsi M. Masters ayant trouvé dans une même gousse deux pois différents, l'un rond et l'autre ridé, remarqua, chez les plantes provenant du pois ridé, une forte tendance à produire des pois ronds. Le même horticulteur, après avoir obtenu d'une plante quatre sous-variétés distinctes, dont les pois étaient bleus et ronds, blancs et ronds, bleus et ridés, blancs et ridés, sema ces quatre variétés séparément pendant plusieurs années consécutives, et chacune d'elles lui donna toujours les quatre formes de pois indistinctement mélangées.

---

[85] *Phil. Transactions*, 1799, p. 196.
[86] *Gardener's Magazine*, I, 1826, p. 153.
[87] *Encyclop. of Gardening*, p. 823.

Quant aux croisements des variétés entre elles, je me suis assuré que le pois, différant en cela de quelques autres Légumineuses, est parfaitement fécondable sans le secours des insectes. J'ai cependant vu les abeilles sucer le nectar des fleurs, et se couvrir si complétement de pollen, qu'elles ne pouvaient manquer de le déposer sur le pistil des fleurs visitées ensuite par elles. D'après les informations que j'ai obtenues auprès de plusieurs grands cultivateurs de pois, peu les sèment séparément; la plupart ne prennent pas de précautions; et, de fait, j'ai pu m'assurer par mes propres observations, qu'on peut, pendant plusieurs générations, obtenir des graines pures de différentes variétés croissant les unes près des autres [88]. M. Fitch m'apprend que, dans ces conditions, il a pu conserver pendant vingt ans une variété, sans qu'elle ait cessé d'être constante. Par analogie avec les haricots [89], je me serais attendu à ce qu'accidentellement, après de longs intervalles, et une disposition à une légère stérilité survenant par suite d'une fécondation en dedans trop prolongée, des variétés ainsi rapprochées se fussent croisées entre elles; et, au onzième chapitre, je signalerai deux cas de variétés distinctes, entre lesquelles a eu lieu un croisement spontané, le pollen de l'une ayant directement agi sur les ovules de l'autre. Le renouvellement incessant des variétés est-il dû en partie à des croisements accidentels de cette nature, et leur existence passagère à des fluctuations de la mode? ou bien, les variétés qui naissent après une longue période de fécondation directe, sont-elles plus faibles et plus sujettes à périr? c'est ce que je ne saurais dire. Il convient toutefois de remarquer que plusieurs des variétés d'Andrew Knight, qui ont duré plus longtemps que beaucoup d'autres, proviennent de croisements artificiels effectués vers la fin du siècle dernier. Quelques-unes étaient encore vigoureuses en 1860; mais, en 1865 [90], un auteur parlant de quatre variétés de Knight, dit qu'elles ont acquis une grande réputation mais qu'elles tendent à disparaître.

Quant aux fèves (*Faba vulgaris*) je serai bref. Le Dr Alefeld [91] a donné une courte diagnose de quarante variétés. Il suffit d'en voir une collection pour être frappé de la différence qu'elles présentent au point de vue de la forme, de l'épaisseur, des proportions de la longueur et de la largeur, de la couleur et de la grosseur. Comme pour le pois, nos variétés actuelles ont été, pendant l'âge du bronze, en Suisse [92], précédées par une forme spéciale portant de très-petites fèves, et actuellement éteinte [93].

---

[88] Voir Dr Anderson dans *Bath Soc. Agric. Papers*, vol. IV, p. 87.

[89] Ces expériences sont détaillées dans *Gardener's Chronicle*, 25 oct. 1857.

[90] *Gardener's Chronicle*, 1865, p. 387.

[91] *Bonplandia*, X, 1862, p. 348.

[92] O. Heer, *Die Pflanzen*, etc., 1866, p. 22.

[93] M. Bentham m'informe que, dans le Poitou et les districts avoisinants, on trouve de très-nombreuses variétés du *Phaseolus vulgaris;* ces variétés sont si différentes que Savi les a considérées comme autant d'espèces distinctes M. Bentham croit qu'elles descendent toutes d'une espèce orientale inconnue. Bien que ces variétés diffèrent considérablement au point de vue de la taille et des graines, les caractères négligés, c'est-à-dire, le feuillage et les fleurs et surtout les bractéoles, caractère insignifiant même aux yeux des botanistes, se ressemblent beaucoup.

Pomme de terre (*Solanum tuberosum*). — Il n'y a pas de doute à concevoir sur l'origine de cette plante ; les variétés cultivées, en effet, diffèrent extrêmement peu, par leur aspect général, de l'espèce sauvage qu'on reconnaît au
premier coup d'œil [94] dans son pays natal. Les variétés cultivées en Angleterre sont nombreuses ; Lawson [95] en décrit 175. J'ai planté, en rangées
assez rapprochées, dix-huit variétés différentes ; les tiges et les feuilles différaient peu, et, dans plusieurs cas, j'ai observé autant de différences, entre
les individus d'une même variété, qu'entre les diverses variétés elles-
mêmes. Les fleurs varient au point de vue de la grandeur et de la couleur
passant du blanc au pourpre ; mais elles ne varient pas sous d'autres rapports, une seule forme exceptée, chez laquelle les sépales sont un peu
allongés. On a décrit une variété singulière, qui produit toujours deux
sortes de fleurs, dont les unes sont doubles et stériles, les autres simples et
fécondes [96]. Les baies varient aussi, mais très-légèrement [97]. Certaines
variétés résistent mieux que d'autres aux attaques du doryphora [98].

Les tubercules, au contraire, présentent une diversité étonnante, ce qui
confirme le principe que les modifications les plus étendues affectent toujours, chez toutes les plantes cultivées, les parties recherchées et estimées
de la plante. Les tubercules diffèrent beaucoup au point de vue de la forme
et de la couleur ; ils sont sphériques, ovales, aplatis, réniformes ou cylindriques. Une variété du Pérou [99] est, dit-on, complétement droite, pas plus
grosse qu'un doigt et à 15 centimètres de longueur. Les yeux ou bourgeons
diffèrent aussi au point de vue de la forme, de la position et de la couleur. La
disposition des tubercules sur les rhizomes varie ; ainsi, les tubercules des
Gurken-Kartoffeln forment une pyramide dont le sommet est en bas, et ceux
d'une autre variété s'enfouissent profondément dans le sol. Les racines elles-
mêmes tantôt s'enfoncent profondément dans le sol, et tantôt s'étendent à
fleur de terre. Les tubercules varient par l'état plus ou moins lisse de leur
surface, par la couleur, qui peut être extérieurement blanche, rouge, pourpre ou presque noire, et blanche, jaune ou presque noire en dedans. Ils
diffèrent encore par leur goût, et peuvent être gras ou farineux ; par
l'époque de leur maturation, et par leur aptitude à une conservation plus
ou moins longue.

Comme chez beaucoup d'autres plantes qui ont été longtemps propagées
par bulbes, par tubercules, par boutures, etc., circonstances par suite desquelles l'individu est exposé pendant une longue période à des conditions
très-diverses, les plants de pommes de terre obtenus par la semence présentent généralement d'innombrables différences. Plusieurs variétés, ainsi

[94] Darwin, *Voyage d'un naturaliste*, 1845, p. 285.
[95] *Synopsis of vegetable products of Scotland*, cité dans Wilson, *British Farming*, p. 317.
[96] Sir G. Mackensie, *Gardener's Chronicle*, 1845, p. 790.
[97] Putsche und Vertusch, *Versuch einer Monographie der Kartoffeln*, 1819, p. 9, 15. —
Anderson, *Recreations in Agriculture*, vol. IV, p. 325.
[98] Walsh, *The American Entomologist*, 1869, p. 160 ; voir aussi Tenney, *The American
naturalist.*, mai 1871, p. 171.
[99] *Gardener's Chronicle*, 1862, p. 1052.

que nous le verrons dans le chapitre consacré aux variations par bourgeons, sont loin d'être constantes, même lorsqu'on les propage au moyen de
tubercules. Le Dr Anderson [100] a semé les graines d'une pomme de
terre pourpre irlandaise, qui croissait isolée et loin de toute autre variété,
de sorte que, pendant cette génération tout au moins, elle ne pouvait avoir
subi aucun croisement ; il obtint des plants tellement variés qu'il n'y en
avait presque pas deux de semblables. Quelques plantes très-analogues par
leur partie extérieure, produisirent des tubercules dissemblables ; des tubercules, en apparence identiques, différèrent entièrement par la qualité, une
fois cuits. Même dans ce cas d'extrème variabilité, la souche mère conservait encore quelque influence sur ses descendants, car la plupart des plantes
ressemblaient dans une certaine mesure à la pomme de terre irlandaise. On
doit ranger parmi les races les plus cultivées et les plus artificielles, la
Vitelotte (*Kidney potato*), dont les caractères cependant se transmettent
rigoureusement par la semence. M. Rivers, une grande autorité [101] dans la
matière, assure que les plants obtenus par des semis de la Vitelotte à feuilles
de frêne, ressemblent toujours beaucoup à la souche dont ils descendent.
Les plants provenant de semis d'une autre variété de Vitelotte (*Fluke
Kidney*), sont encore plus remarquables sous ce rapport ; j'en ai, en effet, observé un très-grand nombre pendant deux saisons, et je n'ai pu constater
aucune différence au point de vue de la précocité, de la productivité, de la
grandeur, ou de la forme des tubercules.

---

[100] *Bath Soc. Agric. Papers*, vol. V, p. 127. — *Recreations in Agricult.*, vol. V, p. 86.
[101] *Gardener's Chronicle*, 1863, p. 643.

CHAPITRE X.

PLANTES (*suite*). — FRUITS. — ARBRES D'ORNEMENT. — FLEURS.

FRUITS. — Vigne. — Variations insignifiantes et bizarres. — Mûriers. — Orangers. — Résultats singuliers de croisements. — Pêchers et brugnons. — Variations par bourgeons. Variations analogues. — Rapports avec l'amande. — Abricotiers. — Pruniers. — Variations des noyaux. — Cerisiers. — Variétés singulières. — Pommiers. — Poiriers. — Fraisiers. — Mélanges des formes primitives. — Groseilliers. — Augmentation constante de la grosseur du fruit. — Variétés. — Noyers. — Noisetiers. — Cucurbitacées. — Leurs variations surprenantes.

ARBRES D'ORNEMENT. — Genre et degré de leurs variations. — Frêne. — Pin d'Écosse. — Aubépine.

FLEURS. — Origine multiple de beaucoup de fleurs. — Variations des caractères constitutionnels. — Mode de variation. — Roses. — Espèces cultivées. — Pensées. — — Dahlias. — Histoire et variations de la jacinthe.

LA VIGNE (*Vitis vinifera*). — Les autorités les plus compétentes pensent que toutes nos vignes descendent d'une espèce unique, qui croît encore à l'état sauvage dans l'Asie occidentale, qui existait à l'état sauvage en Italie [1] pendant l'âge du bronze, et qu'on a récemment trouvée à l'état fossile dans un dépôt tufacé du sud de la France [2]. Quelques auteurs toutefois, se basant sur le grand nombre de formes à demi sauvages qu'on rencontre dans le sud de l'Europe, et notamment celle décrite par Clemente [3] qui existe dans une forêt en Espagne, doutent que toutes nos variétés cultivées descendent d'une souche unique; mais comme la vigne se sème facilement elle-même dans l'Europe méridionale, et que les caractères de plusieurs des variétés principales se transmettent par semis [4], tandis que d'autres sont

---

[1] Héer, *Pflanzen der Pfahlbauten*, 1866, p. 28.

[2] Alph. de Candolle, *Géog. bot.*, p. 872. — Dʳ Targioni-Tozzetti, *Journ. Hort. Soc.*, vol. IX, p. 133. Pour la vigne fossile trouvée par le Dʳ Planchon, voir *Nat. Hist. Review*, 1865, p. 224. Voir aussi les intéressants travaux de M. de Saporta *Sur les plantes de l'époque tertiaire en France*.

[3] Godron, *de l'Espèce*, t. II. p. 100.

[4] Expériences de M. Vibert, décrites par A. Jordan, *Mém. de l'Acad. de Lyon*, 1852, t. II, p. 108.

extrêmement variables, il n'y a rien d'étonnant à ce qu'on rencontre des formes échappées à la culture dans les pays où cette plante a été cultivée dès l'antiquité la plus reculée. La quantité considérable des variétés produites depuis le commencement de la période historique nous autorise à conclure que la vigne varie beaucoup quand on la propage par semis. Chaque année, pour ainsi dire, voit éclore quelques nouvelles variétés de serre chaude; ainsi, par exemple [5], on a tout récemment en Angleterre, obtenu une variété dorée provenant, sans l'intervention d'aucun croisement, d'une variété noire. Van Mons [6] a obtenu de la graine d'une seule vigne, complétement isolée, de manière à exclure toute possibilité de croisement pendant au moins une génération, des plantes présentant « les analogues de toutes les sortes », et différant les unes des autres par presque tous les caractères des fruits et des feuilles.

Les variétés cultivées sont extrêmement nombreuses; le comte Odart estime qu'il peut en exister 800, peut-être même 1000, mais la plupart sont sans valeur. Le catalogue, publié en 1842, des arbres fruitiers cultivés dans le Jardin d'Horticulture de Londres, énumère 99 variétés de vignes. Partout où la vigne est cultivée, elle présente beaucoup de variétés; Pallas en décrit 24 en Crimée, et Burnes 10 dans le Caboul. La classification de ces variétés a fort embarrassé les botanistes, et le comte Odart en a été réduit à adopter un système géographique. Sans entrer dans les détails des grandes et nombreuses différences qui existent entre ces variétés, je me bornerai à signaler quelques particularités curieuses, uniquement pour montrer la variabilité dont la plante est susceptible; je les emprunterai toutes à l'ouvrage très-estimé d'Odart [7]. Simon établit deux groupes principaux : les vignes à feuilles tomenteuses et celles à feuilles glabres ; mais il admet que, chez une variété, la *Rebazo*, les feuilles sont tantôt tomenteuses tantôt glabres; Odart (p. 70) constate que, chez quelques variétés, les nervures seules, et, chez quelques autres, les jeunes feuilles seules sont tomenteuses, tandis que les vieilles feuilles sont glabres. La vigne *Pedro-Ximenes* (Odart, p. 397) présente une particularité qui la fait reconnaître au milieu d'une foule d'autres variétés; lorsque le raisin approche de la maturité, les nervures des feuilles et même la surface entière, deviennent jaunes. Le *Barbera* d'Asti offre quelques caractères bien tranchés (p. 426); entre autres, quelques-unes de ses feuilles, toujours les plus basses, prennent subitement une teinte rouge-foncé. Plusieurs auteurs ont, dans leurs essais de classification, fondé leurs divisions principales sur la forme ronde ou oblongue des grains du raisin ; Odart admet la valeur de ce caractère, bien qu'il y ait une variété, le *Maccabeo* (p. 71), chez laquelle on trouve souvent sur une même grappe, des grains petits et ronds et d'autres gros et oblongs. Les raisins de la variété *Nebbiolo* (p. 429), se reconnaissent par un caractère constant c'est-à-dire une légère adhérence de la partie de la pulpe

---

[5] *Gardener's Chronicle*, 1864, p. 488.
[6] *Arbres fruitiers*, 1836, t. II, p. 290.
[7] *Ampélographie universelle*, 1849.

qui entoure les pepins au reste du grain, lorsqu'on coupe celui-ci transversalement. Il mentionne une variété cultivée dans les provinces Rhénanes (p. 228) qui se plaît dans un sol sec ; le raisin mûrit bien, mais il se pourrit facilement quand il pleut beaucoup lorsqu'il parvient à la maturité; une variété Suisse (p. 243) est d'autre part estimée, parce qu'elle résiste bien à une humidité prolongée. Cette dernière variété pousse tardivement au printemps, mais mûrit tôt; d'autres (p. 362) ont le défaut d'être trop excitées par le soleil d'avril, et souffrent par conséquent de la gelée. Une variété Styrienne (p. 254) a les pédoncules très-cassants ; les grappes sont donc facilement arrachées par le vent ; on dit aussi que cette variété attire tout particulièrement les guêpes et les abeilles. D'autres variétés ont les pédoncules robustes, et résistent bien au vent. Nous pourrions signaler encore d'innombrables variations, mais celles que nous venons d'indiquer suffisent pour démontrer combien la vigne peut varier par mille détails de conformation. Pendant la maladie de la vigne en France, il est des groupes entiers de variétés [8] qui ont souffert infiniment plus que d'autres, de l'envahissement de l'oïdium. Ainsi le groupe du *Chasselas*, si riche en variétés, n'a pas offert un seul cas d'une exception heureuse, tandis que d'autres, comme le vieux plant de Bourgogne par exemple, ont relativement échappé à la maladie, et le *Carminat* y a bien résisté. Les vignes américaines, qui appartiennent à une espèce distincte, n'ont nullement été affectées par la maladie en France. Il semblerait donc que les variétés européennes qui résistent le mieux à la maladie, ont dû acquérir dans une certaine mesure les particularités constitutionnelles de l'espèce américaine.

Mûrier blanc *Morus* (*alba*). — Je mentionne cette plante parce que, par certains caractères, tels que la texture et la qualité de ses feuilles, elle présente des variations de nature à les approprier à la nourriture des vers à soie domestiques, variations différentes de celles qu'on observe chez d'autres plantes, et qui ont été le résultat d'une sélection de certaines variations du mûrier, qu'on a ainsi rendues plus ou moins constantes. M. de Quatrefages [9] décrit brièvement six variétés de cette plante qu'on cultive dans une seule vallée en France ; l'*amouroso* produit d'excellentes feuilles, mais est actuellement à peu près abandonné parce qu'il donne trop de fruits ; l'*antofino* porte des feuilles profondément découpées et de qualité très-supérieure, mais en petite quantité ; on recherche le *claro* à cause de la facilité avec laquelle on peut récolter les feuilles ; enfin, le *roso* produit en abondance des feuilles fortes et robustes, mais qui ont l'inconvénient de ne bien convenir aux vers qu'après leur quatrième mue. MM. Jacquemet Bonnefont, de Lyon, dans leur catalogue de 1862, font toutefois remarquer qu'on a confondu sous le nom de *roso* deux sous-variétés, dont l'une a les feuilles trop épaisses pour les vers, tandis que l'autre est précieuse parce

---

[8] Bouchardat, *Comptes-rendus*, 1er déc. 1851. Voir aussi C. V. Riley sur la façon dont certaines variétés américaines résistent aux attaques du Phylloxera . *Fourth annual report on the insects of Missouri*, 1872, p. 63. et *Fifth report*, 1873, p. 66.

[9] *Etudes sur les maladies actuelles du ver à soie*, 1859, p. 321.

qu'on peut facilement en cueillir les feuilles, sans endommager l'écorce des branches.

Dans l'Inde, le mûrier a produit aussi un grand nombre de variétés. Plusieurs botanistes considèrent la forme Indienne comme une espèce distincte; mais, ainsi que le fait remarquer Royle [10], la culture a amené la production d'une telle quantité de variétés, qu'il est difficile de déterminer si toutes appartiennent à une seule espèce; elles sont, en effet, presque aussi nombreuses que les variétés du ver à soie.

GROUPE DES ORANGERS. — La plus grande confusion règne quant à la distinction spécifique et à l'origine des diverses formes de ce groupe. Gallesio [11], qui a presque consacré sa vie à l'étude de ces plantes, distingue quatre espèces, c'est-à-dire, les oranges douces, les oranges amères, les limons et les citrons, dont chacune a donné naissance à des groupes nombreux de variétés, de monstruosités, et de métis supposés. Une autre autorité compétente [12] regarde ces quatre formes réputées espèces comme des variétés du *Citrus medica* sauvage, et pense que le *Citrus decumana* (Pamplemousse) qu'on ne connaît pas à l'état sauvage, forme une espèce distincte, fait dont doute fortement un autre écrivain, le Dr Buchanan Hamilton, autorité très-compétente aussi. D'autre part, Alph. de Candolle [13], — et on ne saurait trouver un juge plus compétent, — apporte des preuves, à son avis suffisantes, pour établir que l'oranger, (la spécificité des sortes amères et douces lui paraît douteuse), le limonier et le citronnier ont été trouvés à l'état sauvage, et doivent par conséquent être considérés comme des formes distinctes. Il considère comme des espèces incontestables deux autres formes cultivés au Japon et à Java; mais il exprime quelques doutes relativement au pamplemousse, qui varie beaucoup, et qui n'a pas été trouvé à l'état sauvage; il considère enfin que quelques formes, telles que la pomme d'Adam et la Bergamotte, sont probablement des hybrides.

J'ai donné un rapide aperçu de ces diverses manières de voir, pour faire comprendre à ceux qui ne se sont jamais occupés de pareils sujets combien ils sont embarrassants et douteux. Il est donc tout à fait inutile d'entrer dans plus de détails sur les différences qui s'observent entre les diverses formes. Outre la difficulté de savoir si les formes trouvées à l'état sauvage sont réellement indigènes ou ne sont que des sauvageons il y en a un assez grand nombre qu'on ne peut considérer que comme des variétés, et qui transmettent cependant leurs caractères par les semis. Les oranges amères et les oranges douces ne diffèrent aucunement par d'autres caractères que celui de leur saveur; mais Gallesio [14] déclare que ces deux formes se propagent

---

[10] *Productive Resources of India*, p. 130.

[11] *Traité du Citrus*, 1811. — *Teoria della riproduzione vegetale*, 1816, ouvrage que je cite surtout. En 1839, Gallesio a publié *Gli Agrumi dei Giard. Bot. di Firenze*, dans lequel il donne un tableau curieux des rapports supposés de parenté qui relient entre elles les diverses formes.

[12] M. Bentham, *Journ. of Hort. Soc.*, vol. IX, p. 133.

[13] *Géog. Bot.*, p. 863.

[14] *O. C.*, p. 52-57.

d'une manière constante par semis, et, par suite, conséquent avec son principe, il les considère comme formant deux espèces distinctes, ce qu'il fait aussi pour les amandes douces et amères, et pour la pêche et le brugnon (pêche lisse), etc. Cependant, comme il admet que la variété du Pin à graines à coque tendre, produit non-seulement des Pins à coque tendre, mais souvent aussi des Pins à coque dure, il en résulterait d'après sa règle, qu'il suffirait d'un peu plus de force dans l'hérédité, pour ériger le Pin à graines à coque tendre à la dignité d'espèce primitive. Macfayden [15] a affirmé positivement qu'à la Jamaïque, les pepins de l'orange douce produisent des oranges tantôt douces et tantôt amères, suivant le terrain dans lequel on les sème, ce qui est probablement erroné, car M. de Candolle m'apprend que, depuis la publication de son grand ouvrage, il a reçu de la Guyane, des Antilles et de l'île Maurice, des renseignements qui constatent que, dans ces localités, l'orange douce transmet rigoureusement son caractère à ses descendants. Gallesio a constaté que l'oranger à feuilles de saule, ainsi que le petit oranger chinois, reproduisent exactement leurs feuilles et leurs fruits, mais que les plantes obtenues par des semis n'ont pas des qualités tout à fait égales à celles de leurs accendants. L'orange à pulpe rouge ne transmet pas cette particularité. Gallesio a aussi observé que les graines de plusieurs autres variétés singulières produisent des arbres ressemblant partiellement à la forme parente, mais ayant tous une physionomie spéciale. Je puis citer un exemple : un oranger à feuilles de myrte (que tous les auteurs regardent comme une variété, bien que l'ensemble de son aspect soit très-distinct) qui se trouvait dans la serre de mon père, végéta pendant bien des années sans produire de fruits ; il finit par en porter un, et l'arbre provenant du semis d'une des graines fut identique avec la forme parente.

Il est encore une autre circonstance plus sérieuse, qui rend très-difficile la détermination des différentes formes, c'est la fréquence avec laquelle elles se croisent les unes avec les autres ; ainsi Gallesio [16] a constaté que les graines du limonier (*C. lemonum*), quand ce dernier pousse auprès de citronniers (*C. medica*), qu'on regarde généralement comme une espèce distincte, produisent une série de formes parfaitement graduées et intermédiaires entre les deux premières. La graine d'un oranger à fruits sucrés, qui poussait dans le voisinage de limoniers et de citronniers a produit une pomme d'Adam. Toutefois, les faits de ce genre ne peuvent guère nous aider à fixer la valeur de ces formes comme espèces ou variétés, car on sait maintenant que des espèces incontestées de *Verbascum*, de *Cistus*, de *Primula*, de *Salix*, etc., se croisent fréquemment à l'état de nature. Si, cependant, on pouvait prouver que les plantes produites par ces croissements restent stériles même partiellement, ce serait un argument puissant en faveur de leur spécificité. Gallesio affirme que tel est le cas, mais il ne fait aucune distinction entre la stérilité résultant de l'hybridité, et celle qui provient des effets

---

[15] Hooker, *Bot. Misc.*, vol. I, p. 302, vol. II, p. 111.
[16] *O. C.*, p. 53.

de la culture ; en outre, il détruit la valeur de sa première assertion par une autre, c'est à-dire [17], qu'ayant fécondé des fleurs de l'oranger commun, par du pollen pris sur des variétés incontestables de la même plante, il obtint des fruits monstrueux ne contenant que peu de pulpe, et quelques graines imparfaites ou même aucune graine.

Ce groupe de plantes nous offre deux faits remarquables au point de vue de la physiologie végétale. Gallesio [18] a fécondé les fleurs d'un oranger avec du pollen de limonier ; le fruit qui en résulta présentait un segment un peu saillant dont l'écorce avait la couleur et le goût de celle du limon, mais la pulpe était celle de l'orange et ne renfermait que des pepins incomplets. Cette possibilité d'une action directe et immédiate du pollen d'une espèce ou d'une variété, sur le fruit produit par une autre espèce ou variété, est un fait que je discuterai en détail dans le chapitre suivant.

Le second fait remarquable est celui de deux hybrides [19] supposés (car on n'a pas vérifié s'ils l'étaient réellement) entre un oranger et un limonier ou un citronnier, qui produisirent sur le même arbre, des feuilles, des fleurs et des fruits appartenant aux formes pures des deux parents, parmi d'autres de nature croisée et mixte. Un bourgeon pris sur une branche quelconque et greffé sur un autre arbre, peut produire ou une des formes pures, ou un arbre produisant capricieusement les trois sortes. J'ignore si le cas du limon doux, contenant dans le même fruit des segments de pulpe de goûts différents [20] est un cas analogue. Mais j'aurai à revenir sur ce point.

Je termine par la description d'une variété fort singulière de l'orange commune, empruntée à l'ouvrage de A. Risso [21]. C'est le *Citrus aurantium fructu variabili,* dont les jeunes tiges poussent des feuilles ovales arrondies, piquetées de jaune, à pétioles pourvus d'ailettes cordiformes ; après leur chute, elles sont remplacées par des feuilles plus longues et plus étroites, à bords ondulés, d'un vert pâle bigarré de jaune, portées sur des pétioles non ailés. Pendant qu'il est jeune, le fruit est piriforme, jaune, longitudinalement strié et doux ; en mûrissant, il devient sphérique, jaune, rougeâtre et amer.

Pêches et Brugnons (*Amygdadus Persica*). — Les autorités les plus autorisées sont presque unanimes à reconnaître qu'on n'a jamais trouvé le pêcher à l'état sauvage. Importé un peu avant l'ère chrétienne de Perse en Europe il n'en existait alors que peu de variétés. Alph. de Candolle [22] constate que le pêcher ne s'est pas répandu hors de la Perse à une époque plus reculée, et qu'il ne porte aucun nom sanscrit ou hébreu pur ; il pense donc que cet arbre ne doit pas être originaire de l'Asie occidentale, mais probablement de la Chine. L'hypothèse que la pêche serait une amande

---

[17] *Ibid.,* p. 69.
[18] *Ibid.,* p. 67.
[19] *Ibid.,* p. 75-76.
[20] *Gardener's Chronicle,* 1841, p. 613.
[21] *Ann. du Muséum,* t. XX, p. 188.
[22] *O. C.,* p. 882.

modifiée, ayant acquis ses caractères actuels à une époque relativement récente, pourrait, à ce qu'il me semble, expliquer ces faits ; en effet, la pêche lisse, qui descend de la pêche, a aussi très-peu de noms indigènes, et n'a été connue en Europe que bien plus tard encore.

André Knight [23] a obtenu en fécondant un amandier avec le pollen d'un pêcher, une plante dont les fruits ressemblaient beaucoup à des pêches ;

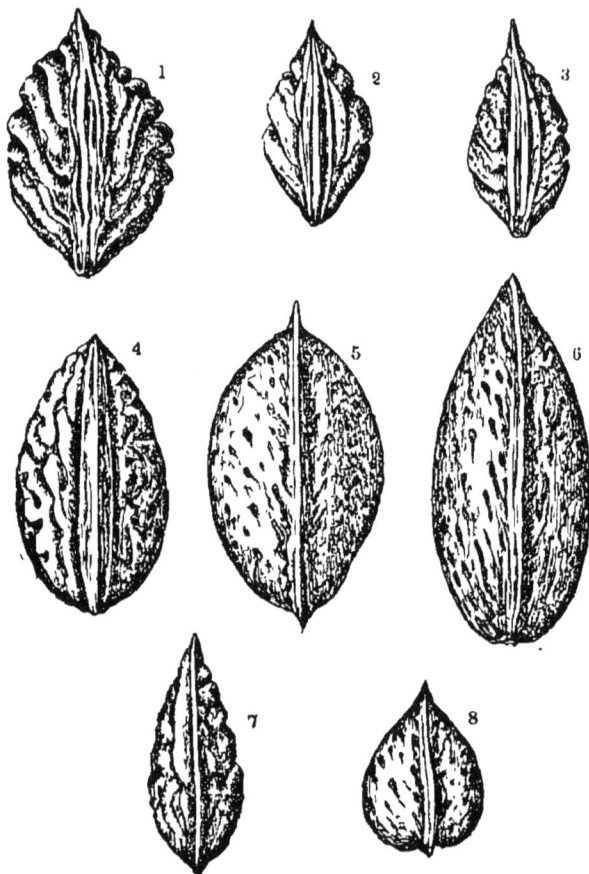

Fig. 42. — Noyaux de Pêches et d'Amandes, grandeur naturelle, vus de côté. — 1. Pêche anglaise commune. — 2. Pêche chinoise double, à fleurs cramoisies. — 3. Pêche-Miel chinoise. — 4. Amande anglaise. — 5. Amande de Barcelone. — 6. Amande de Malaga. — 7. Amande à coque molle. — 8. Amande de Smyrne.

ce qui le conduisit à supposer que le pêcher est un amandier modifié, opinion que partagent plusieurs auteurs [24]. Une pêche de bonne qualité,

[23] *Transact. of Hort. Soc.*, vol. III, p. 1, et vol. IV, p. 396, accompagné d'un dessin colorié de cet hybride.

[24] *Gardener's Chronicle*, 1856, p. 532. Un auteur, qui est probablement M. Lindley, fait remarquer la série parfaite qui relie l'amande et la pêche. M. Rivers, dont l'autorité et l'expérience sont incontestables (*Gardener's Chronicle*, 1863, p. 27), croit que les pêchers, abandonnés à eux-mêmes, finiraient par ne donner que des amandes, couvertes d'une pulpe épaisse

presque sphérique, pourvue d'une pulpe sucrée et fondante, enveloppant un noyau très-dur, fortement sillonné et légèrement aplati, diffère certainement beaucoup d'une amande, dont le noyau très-aplati, allongé, tendre, et à peine sillonné, est entouré d'une pulpe dure, amère et verdâtre. M. Bentham [25] a surtout insisté sur l'aplatissement remarquable de l'amande comparée au noyau de la pêche. Mais le noyau de l'amandier varie beaucoup au point de vue de la forme, de la dureté, de la grosseur, du degré de son aplatissement et de la profondeur de ses sillons, suivant les diverses variétés, comme l'indiquent les figures que je donne ci-dessus (fig. 4–8) qui représentent les différentes sortes que j'ai pu recueillir. Le degré d'allongement et d'aplatissement des noyaux de pêche (fig. 1–3), parait aussi varier car on voit que celui de la pêche–miel de Chine (fig. 3) est plus long et plus comprimé que le noyau de l'amande de Smyrne (fig. 8). M. Rivers de Sawbridgeworth, horticulteur expérimenté, qui a bien voulu me procurer quelques-uns des échantillons ci-dessus figurés, m'a signalé plusieurs variétés qui relient le pêcher à l'amandier. Il existe en France une variété nommée la pêche-amande, que M. Rivers a cultivée autrefois, et qui est décrite dans un catalogue français comme ovale et renflée, ayant l'aspect d'une pêche, et contenant un noyau dur entouré d'une enveloppe charnue qui est quelquefois assez agréable au goût [26]. M. Luizet a attiré récemment, dans la *Revue Horticole* [27], l'attention sur un fait remarquable : un pêcher-amandier greffé sur un pêcher, ne porta en 1863 et 1864 que des amandes, et produisit en 1865, six pêches et point d'amandes. M. Carrière, commentant ce fait, cite le cas d'un amandier à fleurs doubles, qui, après avoir donné durant plusieurs années des amandes, produisit, pendant les deux années suivantes, des fruits sphériques charnus et semblables à des pêches, puis revint, en 1865, à son état précédent, et produisit de grosses amandes.

M. Rivers m'apprend que les pêchers chinois à fleurs doubles ressemblent aux amandiers par le mode de croissance et les fleurs ; leur fruit est très-allongé et très-aplati, la chair à la fois sucrée et amère est comestible, mais parait être de meilleure qualité en Chine. Un pas de plus nous amène aux pêches inférieures que nous obtenons parfois par des semis. M. Rivers a, par exemple, semé des noyaux de pêches importés des États-Unis, et a obtenu ainsi quelques plantes qui produisirent des pêches très-semblables à des amandes, par leur petitesse, leur dureté et la nature de la pulpe, qui ne s'attendrissait que fort tard en automne. Van Mons [28] a aussi obtenu, en semant un noyau de pêche, un arbre qui ressemblait exactement à

[25] *Journ. of Hort. Soc.*, vol. IX, p. 168.

[26] Je ne sais si cette variété est la même qu'une variété récemment mentionnée par M. Carrière, dans *Gardener's Chronicle*, 1865, p. 1154, sous le nom de *Persica intermedia*, qui est, dit-on, par tous ses caractères, intermédiaire entre le pêcher et l'amandier, et produit, suivant les années, des fruits très-différents.

[27] Cité dans *Gardener's Chronicle*, 1866, p. 800.

[28] *Journ. de la Soc. imp. d'Agriculture*, 1855, p. 238.

une plante sauvage et qui produisit des fruits analogues à l'amande. Depuis les pêches inférieures, telles que celles que nous venons de décrire, on peut trouver toutes les transitions, en passant par les pêches à noyau adhérent à la pulpe, jusqu'à nos variétés les plus fondantes et les plus savoureuses. Je crois donc que, si l'on tient compte de ces gradations, de la brusquerie de certaines variations, et de l'absence de toute forme sauvage, on peut conclure que la pêche descend de l'amande, améliorée et modifiée d'une manière étonnante.

Il est cependant un fait qui paraît contraire à cette hypothèse. Un hybride, obtenu par Knight, de l'amandier doux fécondé avec le pollen d'un pêcher, produisit des fleurs n'ayant que peu ou point de pollen, et qui donnèrent des fruits, mais apparemment sous l'action fécondante d'un pêcher lisse voisin. Un autre hybride de l'amandier doux, fécondé par le pollen d'un pêcher lisse, ne donna, pendant les trois premières années, que des fleurs incomplètes, mais ensuite elles devinrent parfaites et riches en pollen. Si on ne peut expliquer cette faible stérilité par la jeunesse des arbres (circonstance qui souvent occasionne une diminution de la fécondité), par l'état monstrueux des fleurs, ou par les conditions dans lesquelles ces plantes se sont trouvées, ces deux cas fourniraient une objection assez forte contre l'hypothèse en vertu de laquelle le pêcher descend de l'amandier.

Que le pêcher descende ou non de l'amandier, il a certainement produit le pêcher à fruits lisses. La plupart des variétés des pêchers à fruits veloutés ou à fruits lisses se reproduisent fidèlement par semis. Gallesio [29] assure qu'il a vérifié ce fait chez huit races de pêchers. M. Rivers [30] en cite des exemples frappants, et il est notoire que, dans l'Amérique du Nord, on élève constamment par semis de très-bons pêchers. La plupart des sous-variétés américaines restent constantes ; on connaît cependant un pêcher à chair adhérente au noyau, qui a produit un arbre dont le fruit était non adhérent [31]. On a remarqué, en Angleterre, que les plantes provenant de semis portent des fleurs de même grosseur et de même couleur que leurs parents. D'autres caractères, contrairement à ce qu'on aurait pu croire, ne sont pas héréditaires, tels que la présence et la forme des glandes des feuilles [32]. Quant aux pêchers à fruits lisses, tant ceux à noyau adhérent que ceux à noyau non adhérent, ils se reproduisent par semis dans l'Amérique du Nord [33]. En Angleterre, la pêche lisse blanche nouvelle provient de la graine de l'ancienne variété du même nom ; M. Rivers [34] cite d'autres cas analogues. Bien que les pêchers à fruits ordinaires et à fruits lisses [35] ne présentent pas de

---

[29] *O. C.*, 1816, p. 86.
[30] *Gardener's Chronicle*, 1862, p. 1195.
[31] M. Rivers, *Gardener's Chronicle*, 1859, p. 774.
[32] Downing, *Fruits of America*, 1845, p. 475, 489, 492, 494, 496. — Michaux, *Travels in America*, p. 228. — Godron, *O. C.*, t. II, p. 97.
[33] Brickell, *Nat. Hist. of N. Carolina*, p. 102. — Downing, *Fruit trees*, p. 505.
[34] *Gardener's Chronicle*, 1862, p. 1196.
[35] Le pêcher à fruit lisse et le pêcher ordinaire ne réussissent pas également bien dans le même sol. Lindley, *Horticulture*, p. 351.
[36] Godron, *O. C.*, t. II, p. 97.

différences, au point qu'on ne peut même pas les distinguer les uns des autres lorsqu'ils sont jeunes, il n'est pas étonnant que la force d'hérédité qui s'observe chez les uns et chez les autres, que certaines légères diffé-rences de constitution et surtout que la différence considérable qui existe dans l'aspect et le goût de leurs fruits, aient amené quelques auteurs à les regarder comme formant deux espèces distinctes. Pour Gallesio cela ne fait aucun doute ; Alph. de Candolle lui-même ne paraît pas convaincu de leur identité spécifique, et un botaniste éminent[37] a tout récemment sou-tenu l'opinion que le pêcher à fruit lisse constitue probablement une espèce distincte.

Il n'est donc pas inutile de rappeler brièvement tout ce que nous savons sur l'origine du pêcher à fruit lisse. Outre l'intérêt que ces faits peuvent avoir en eux-mêmes, ils pourront nous servir dans la discussion impor-tante sur la variation par bourgeons, dont nous aurons à nous occuper plus tard. On assure que la pêche lisse de Boston[38] a été produite par le semis d'un noyau de pêche; ce brugnon s'est ensuite reproduit lui-même par semis. M. Rivers[39] a obtenu, en semant trois noyaux de variétés distinctes du pêcher, trois formes distinctes de pêchers à fruits lisses, et, dans un des cas, il n'y avait dans le voisinage du pêcher qui avait fourni le noyau, aucun pêcher à fruit lisse. M. Rivers a encore, dans un autre cas, obtenu d'un noyau de pêche ordinaire, un pêcher à fruit lisse, et de ce dernier, à la génération suivante, un autre pêcher à fruit lisse[40]. On m'a communiqué un grand nombre d'autres faits analogues qu'il est inutile de citer ici. M. Rivers a constaté six cas incontestables du fait inverse, la production de pêchers proprement dits, tant à noyaux adhérents que non adhérents, provenant de noyaux du pêcher à fruits lisses ; dans deux de ces cas, les pêchers à fruits lisses parents provenaient eux-mêmes de semis d'autres pêchers de la même variété[41].

Quant au cas très-curieux de pêchers adultes produisant subitement des pêches lisses, par variation de bourgeons, les exemples surabondent ; on pourrait aussi citer beaucoup d'exemples d'un même arbre produisant à la fois des pêches proprement dites et des brugnons, ou même des fruits, dont une moitié est pêche, et l'autre brugnon.

P. Collinson[42] a, en 1741, signalé le premier cas d'un pêcher produisant une pêche lisse, et il en a décrit deux autres cas en 1766. L'éditeur, Sir J. E. Smith, décrit, dans le même ouvrage, le cas plus curieux encore d'un arbre dans le Norfolk, qui produisait habituellement à la fois des pêches proprement dites et des pêches lisses ; mais, pendant deux saisons consécu-tives, il porta un certain nombre de fruits de nature mixte, c'est-à-dire· moitié l'un moitié l'autre.

---

[37] *Transact. Hort. Soc.*, vol. VI, p. 394.
[38] Downing, *O. C.*, p. 502.
[39] *Gardener's Chronicle*, 1862, p. 1195.
[40] *Journal of Hort.*, 1866, p. 102.
[41] Rivers, *Gardener's Chronicle*, 1859, p. 774; 1862, p. 1195; 1865; p. 1059, et *Journ. of Hortic.*, 1866, p. 102.
[42] *Correspondence of Linnæus*, 1821, p. 7, 8, 70.

M. Salisbury a signalé en 1808 [43], six cas de pêchers qui produisirent des pêches lisses ; ils appartenaient aux variétés *Alberge, Belle Chevreuse,* et *Royal George;* cette dernière manquait rarement de produire les deux sortes de fruits. Il cite encore un autre cas d'un fruit mixte.

On planta, en 1815, à Radford, dans le Devonshire [44], un pêcher à noyau adhérent ; après avoir d'abord produit des pêches proprement dites, il porta, en 1824, sur une seule branche, douze pêches lisses ; en 1825, la même branche produisit vingt-six pêches lisses ; et, en 1826, trente-six pêches lisses avec dix-huit pêches ordinaires. Une de celles-ci avait un côté presque aussi uni que les pêches lisses. Ces dernières étaient plus petites mais aussi foncées que la pêche *Elruge.*

A Beccles, un pêcher *Royal-George*[45] produisit un fruit, pêche pour les trois quarts et pêche lisse pour un quart, les deux portions étant tout à fait distinctes par l'apparence et le goût. La ligne de séparation était longitudinale. A 5 mètres de distance de cet arbre croissait un pêcher à fruit lisse.

Le professeur Chapman [46] a constaté, en Virginie, la présence fréquente de pêches lisses sur de très-vieux pêchers ordinaires.

Le *Gardener's Chronicle* [47] cite le cas d'un pêcher planté depuis quinze ans, qui produisit une pêche lisse entre deux vraies pêches; un arbre à fruits lisses croissait dans le voisinage.

En 1844 [48] un pêcher, variété *Vanguard,* donna parmi ses fruits ordinaires une seule pêche lisse Romaine rouge.

M. Calver [49] a élevé, aux États-Unis, un pêcher provenant de semis, qui donna comme produit un mélange de pêches proprement dites et de pêches lisses.

Près de Dorking [50], une branche de la variété *Teton de Vénus,* qui se reproduit exactement par semis [51], porta, outre son fruit si particulier par sa forme, une pêche lisse un peu plus petite, mais tout à fait ronde et bien conformée.

A tous ces faits relatifs à des pêchers produisant subitement des pêches lisses, ajoutons encore le cas unique qui s'est présenté à Carclew [52] : un pêcher à fruit lisse provenant de semis, planté vingt ans auparavant, et qui n'avait jamais été greffé, produisit un fruit moitié pêche veloutée et moitié pêche lisse, et ultérieurement une pêche veloutée parfaite.

Résumons les faits qui précèdent : nous avons des preuves nom-

[43] *Trans. Hort. Soc.,* vol. I, p. 103.
[44] Loudon, *Gardener's Mag.,* 1826, vol. I, p. 471.
[45] *Ibid.,* 1828, p. 53.
[46] *Ibid.,* 1830, p. 597.
[47] *Gardener's Chronicle,* 1841, p. 617.
[48] *Gardener's Chronicle,* 1844, p. 589.
[49] *Phytologist,* vol. IV, p. 299.
[50] *Gardener's Chronicle,* 1856, p. 531.
[51] Godron, *O. C.,* t. II, p. 97.
[52] *Gardener's Chronicle,* 1856, p. 531.

breuses, que les noyaux de pêche produisent des pêchers à fruits lisses, et que les noyaux de ces derniers peuvent produire de vrais pêchers, — qu'un même arbre peut porter de vraies pêches et des pêches lisses, — que les pêchers produisent par variation de bourgeons et brusquement, des pêches lisses (celles-ci se reproduisant par semis), et même des fruits mixtes, c'est-à-dire en partie pêche veloutée et en partie pêche lisse, et qu'enfin un pêcher à fruit lisse, après avoir produit des fruits mixtes, finit par produire de vraies pêches. La pêche proprement dite ayant existé avant la pêche lisse, on devait s'attendre à ce qu'en vertu du principe du retour les pêchers à fruits lisses produisissent par variation de bourgeons ou par semis de vraies pêches, plus souvent que les pêchers ordinaires ne produiraient des pêches lisses ; cela n'est pourtant point le cas.

On a proposé deux hypothèses pour expliquer ces conversions. La première est que, dans tous les cas, les arbres parents ont dû être des hybrides [53] du pêcher proprement dit et du pêcher à fruit lisse, et sont revenus à une de leurs formes parentes pures, soit par variation de bourgeons, soit par semis. Cette hypothèse n'est pas en elle-même absolument improbable, car la pêche *Mountaineer* que Knight a produite en fécondant la fleur du pêcher muscade rouge, par le pollen de la pêche lisse violette hâtive [54], donne des pêches, mais qui se rapprochent quelquefois des pêches lisses par le goût et la nature de leur peau unie. Mais il importe de rappeler que, dans les faits que nous avons cités plus haut, six variétés connues de pêchers et plusieurs autres qui n'ont pas reçu de nom, ont produit tout à coup, par variation de bourgeons, des pêches lisses parfaites ; or, il serait difficile de supposer que toutes ces variétés de pêchers, qui ont été cultivés depuis bien des années, et dans une foule d'endroits, sans montrer de traces d'une parenté mélangée, pussent être néanmoins des hybrides. La seconde hypothèse consiste à admettre une action directe exercée sur le fruit du pêcher par le pollen du pêcher lisse ; mais, bien que cette action soit possible, nous n'avons pas la moindre preuve qu'une branche ayant porté des fruits directement affectés par du pollen étranger, puisse être assez profondément affectée pour produire ensuite des bourgeons qui continuent à développer des fruits de la forme nouvelle et modifiée. Or, on sait que quand un bourgeon de pêcher a une fois porté une pêche lisse, la même branche, dans plusieurs cas, a continué pendant plusieurs années consécutives, à produire des fruits de même nature. Le pêcher à fruit lisse de Carclew, d'autre part, a produit d'abord des fruits mixtes, puis subséquemment de vraies pêches. Nous pouvons donc admettre l'opinion commune, que le pêcher à fruit lisse est une variété du pêcher, provenant soit d'une variation par bourgeons, soit de semis. Nous donnerons dans le chapitre suivant plusieurs exemples analogues de variations par bourgeons.

Les variétés du pêcher proprement dit et du pêcher à fruit lisse forment

[53] Alph. de Candolle, *O. C.*, p. 886.
[54] Thompson, dans Loudon's *Encyclop. of Gardening*, p. 911.

des séries parallèles. Chez les deux catégories, les fruits diffèrent par la
couleur de la pulpe qui est blanche, rouge ou jaune ; par le noyau qui est
adhérent ou non à la pulpe ; par les dimensions de la fleur, et quelques
autres particularités caractéristiques ; chez les deux catégories, les feuilles
sont dentelées sans glandes, ou crénelées et pourvues de glandes sphériques
ou réniformes [55]. Il est difficile d'expliquer ce parallélisme par la supposition que chaque variété de pêcher à fruit lisse provient d'une variété
correspondante du pêcher ; car, bien que les pêchers à fruit lisse descendent
de plusieurs formes de pêchers, un grand nombre d'entre eux proviennent
directement de la graine d'autres pêchers à fruit lisse, et ils varient si
considérablement lorsqu'on les reproduit ainsi, que l'explication n'est
guère admissible.

Au commencement de l'ère chrétienne on ne connaissait que quelques
variétés de pêcher, deux ou cinq [56] tout au plus ; la pêche lisse était inconnue ; depuis cette époque le nombre des variétés a considérablement augmenté. Actuellement, outre un grand nombre qu'on dit exister en Chine,
Downing décrit, aux États-Unis, soixante-dix-neuf variétés de pêchers tant
indigènes qu'importées ; il y a peu d'années, Lindley [57] en comptait cent
soixante-quatre cultivées en Angleterre, tant pêches proprement dites que
pêches lisses. J'ai déjà signalé les différences principales qui existent entre
les diverses variétés. Les pêches lisses, provenant même de pêchers appartenant à des variétés distinctes, conservent toujours leur goût particulier,
et sont petites et unies. Chez les pêches qui diffèrent par l'adhérence ou
la non-adhérence de la pulpe au noyau, ce dernier présente des caractères
spéciaux ; il est plus profondément sillonné dans les fruits fondants, chez
lesquels il se détache facilement de la pulpe, et les bords de ses sillons sont
plus lisses que dans les fruits à noyau adhérent. Chez quelques variétés les
fleurs varient, non-seulement de grosseur, mais les pétales affectent une
forme différente chez les fleurs plus grandes, et sont plus imbriqués, généralement rouges au centre et pâles vers les bords, tandis que chez les
fleurs plus petites, les bords des pétales sont généralement plus foncés. Une
variété a des fleurs presque blanches. Les feuilles sont plus ou moins dentelées, et tantôt ont des glandes sphériques ou réniformes, tantôt en sont
dépourvues [58] ; chez quelques pêchers, comme le *Brugnen*, on trouve sur
le même arbre des glandes sphériques et d'autres réniformes [59]. D'après
Robertson [60], les arbres à feuilles glandulées sont fréquemment pustulés,
mais peu sujets au blanc, tandis que les arbres dépourvus de glandes sont
plus exposés au blanc et aux pucerons. Les variétés diffèrent par l'époque

[55] *Catalogue of fruit in Garden of Hort. Soc.*, 1842, p. 105.
[56] Dr Targioni-Tozzetti, *Journ. Hort. Soc.*, IX, p. 167. Alph. de Candolle. *O. C.*,
p. 885.
[57] *Trans. Hort. Soc.*, vol. V, p. 554.
[58] Loudon's *Encyc. of Gardening*, p. 907.
[59] M. Carrière, *Gard. Chron.*, 1865, p. 1154.
[60] *Trans. Hort. Soc.*, vol. III, p. 332. — *Gardener's Chron.*, 1865, p. 271. — *Journ. of
Hort.*, 1865, p. 254.

de la maturité du fruit, par la facilité de conservation du fruit et par leur rusticité, point auquel, aux États-Unis surtout, on attache une grande importance. Certaines variétés, la *Bellegarde* par exemple, résistent mieux que d'autres à la culture intensive en serre chaude. La pêche plate de la Chine est la plus remarquable de toutes ; elle est si fortement déprimée au sommet, qu'en ce point le noyau n'est recouvert que d'une pellicule rugueuse, sans pulpe interposée [61]. Une autre variété chinoise, la *Pêche-miel*, est remarquable par la forme du fruit qui se termine par une longue pointe aiguë ; ses feuilles ne portent pas de glandes et elles sont largement dentelées [62]. Une troisième variété singulière, le pêcher *Empereur de Russie*, a les feuilles doublement et profondément dentelées ; le fruit est divisé en deux parties inégales, dont l'une l'emporte considérablement sur l'autre ; cette variété a pris naissance en Amérique, et ses rejetons, produits par semis, héritent de ses feuilles [63].

On cultive en Chine une certaine variété de pêchers estimés comme plantes d'ornement ; ces petits arbustes portent des fleurs doubles ; on en connaît actuellement en Angleterre cinq variétés, dont les fleurs varient du blanc pur, au rouge vif, passant par le rose. L'une d'elles, dite *à fleurs de camélias*, porte des fleurs ayant plus de 57 millimètres de diamètre, tandis que chez les variétés à fruits, le diamètre des fleurs ne dépasse jamais 32 millimètres. Les fleurs des pêchers à fleurs doubles ont la propriété singulière de produire des fruits souvent doubles ou triples [65]. En somme, il y a de bonnes raisons pour croire que la pêche est une amande profondément modifiée, mais, quelle qu'ait pu être son origine, il est certain que, pendant les dix-huit derniers siècles, elle a engendré bien des variétés, dont quelques-unes appartenant tant à la forme des pêches ordinaires qu'à celle des pêches lisses, sont nettement et fortement caractérisées.

ABRICOTIER (*Prunus armeniaca*). — On admet généralement que cet arbre descend d'une seule espèce, qu'on trouve à l'état sauvage dans les régions caucasiennes [66]. A ce titre, ses variétés méritent attention, car elles présentent des différences auxquelles quelques botanistes ont cru devoir attribuer une valeur spécifique chez les amandiers et chez les pruniers. Dans son excellente monographie sur l'abricotier, M. Thompson [67] en décrit dix-sept variétés. Nous avons vu que les pêchers vrais et les pêchers à fruits lisses varient d'une manière tout à fait parallèle, et nous rencontrons chez l'abricotier, qui appartient à un genre très-voisin, des variations analogues à celles des pêchers, ainsi qu'à celles des pruniers. Les variétés diffèrent beaucoup les unes des autres par la forme des feuilles qui sont dentelées ou

[61] *Trans. Hort. Soc.*, vol. IV, p. 512.
[62] *Journ. of Horticul.*, 1853, p. 188.
[63] *Trans. Hort. Soc.*, vol. VI, p. 412.
[64] *Gardener's Chron.*, 1857, p. 216.
[65] *Journ. of Hort. Soc.*, vol. II, p. 283.
[66] Alph. de Candolle, *O. C.*, p. 379.
[67] *Transact. Hort. Soc.* (2⁰ série), vol. I, 1835, p. 56. — *Cat. of Fruit in Garden of Hort. Soc.*, 3⁰ édit., 1842.

crénelées, quelquefois garnies à la base d'appendices auriformes, et portent des glandes sur le pétiole. Les fleurs se ressemblent ordinairement, mais sont petites chez la variété *Masculine*. Le fruit varie de grosseur, de forme, par une suture peu marquée et souvent absente, par la peau lisse ou duveteuse comme dans l'abricot-orange; enfin par l'adhérence de la pulpe au noyau comme chez la variété que nous venons de citer, ou par sa non-adhérence comme chez l'abricot de Turquie. Ces différences présentent une grande analogie avec les variations de la pêche et du brugnon, mais le noyau en présente de bien plus importantes encore, car elles ont même été considérées comme ayant une valeur spécifique dans le cas de la prune. Quelques abricots ont un noyau presque sphérique, il est très-aplati chez d'autres, tantôt tranchant en avant, ou mousse à ses deux extrémités, quelquefois creusé sur le dos ou présentant une arête tranchante sur ses deux bords. Le noyau de l'abricot *Moorpark* et ordinairement celui de l'abricot *Hemskirke*, présente un singulier caractère : il porte une perforation traversée de part en part par un faisceau de fibres. D'après Thompson, le caractère le plus constant et le plus important, est celui de la douceur ou de l'amertume de l'amande; on remarque cependant, sous ce rapport, des gradations insensibles, car l'amande de l'abricot *Shipley* est très-amère; celle du *Hemskirke* l'est moins que celle de quelques autres sortes; celle du *Royal* est très-peu amère et elle est douce comme une noisette chez les variétés *Breda*, *Angoumoise* et autres. Quelques autorités ont, chez l'amandier, considéré l'amertume de l'amande comme signe d'une différence spécifique.

L'abricot dit *Romain*, dans l'Amérique du Nord, résiste à des expositions froides et défavorables où aucune autre variété, la *Masculine* exceptée, ne peut réussir, et ses fleurs supportent sans inconvénient une gelée rigoureuse [68]. D'après M. Rivers [69], les abricotiers provenant de semis ne dévient que peu des caractères de leur race ; en France, la variété *Alberge* s'est constamment reproduite ainsi avec fort peu de variations. A Ladakh, d'après Moorcroft [70], on cultive dix variétés très-différentes d'abricotiers, qui toutes, à l'exception d'une qu'on a coutume de greffer, sont propagées par semis.

PRUNIER (*Prunus insititia*). — On croyait, autrefois, voir dans le prunellier, *P. spinosa*, l'ancêtre de tous nos pruniers, mais actuellement on attribue généralement cet honneur au *P. insititia*, qu'on rencontre à l'état sauvage dans le Caucase et dans les parties nord-ouest de l'Inde, et qui a été naturalisé en Angleterre [71]. D'après les observations faites par M. Rivers [72], il n'est pas improbable que ces deux formes, que quelques botanistes regardent comme appartenant à une seule espèce, soient toutes deux les an-

[68] Downing, *The fruits of America*, p. 157, — p. 153 pour l'abricot Alberge en France.
[69] *Gardener's Chronicle*, 1863, p. 364.
[70] *Travels in the Himalayan Provinces*, 1841, vol. I, p. 295.
[71] Hewitt C. Watson, *Cybele Britannica*, vol. IV, p. 80.
[72] *Gardener's Chronicle*, 1863, p. 27.

cêtres de nos pruniers domestiques. Une autre espèce, le *P. domestica*, se rencontre à l'état sauvage dans le Caucase. Godron [73] remarque qu'on peut diviser les variétés cultivées en deux groupes principaux, qu'il rattache chacun à une souche primitive et qui se distinguent, l'un par ses fruits oblongs, à noyaux pointus à chaque extrémité, à pétales droits et à branches relevées; l'autre, par ses noyaux mousses, à pétales arrondis et à branches étalées. La variabilité des fleurs du pêcher et les divers modes de croissance de nos arbres fruitiers ne nous permettent guère d'accorder beaucoup d'importance à ces derniers caractères. La forme du fruit est excessivement variable ; Downing [74] a publié les figures des fruits produits par deux pruniers provenant de semis de la variété *Claude-Claude* ; ces fruits sont plus allongés que la *Reine-Claude*, dont le noyau est très-gros et très-mousse; chez la prune *Impériale* il est ovale et pointu à ses deux extrémités. Les pruniers diffèrent aussi par leur mode de croissance : le prunier *Reine-Claude* est un arbre qui croît lentement et qui s'étale en restant peu élevé; le prunier *Impérial* qui en descend, croît facilement, s'élève rapidement et pousse de longs rameaux. Le prunier *Washington* porte un fruit sphérique ; mais le fruit d'un de ses descendants, l'*Emerald drop*, est presque aussi long que la prune *Manning*, la plus allongée de toutes celles figurées par

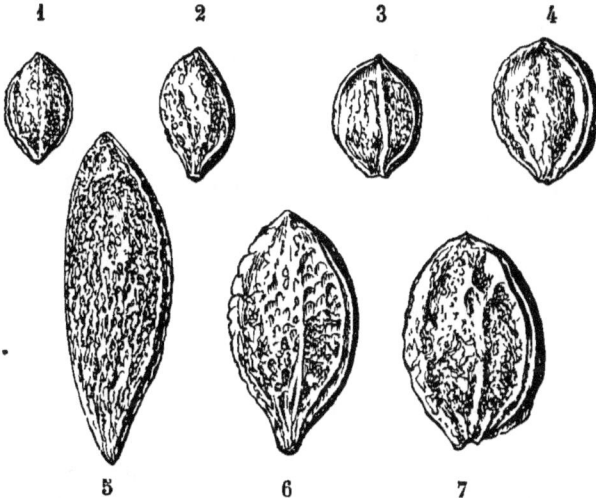

Fig. 43. — Noyaux de prunes, grand. nat., vus de côté.— 1. Prune sauvage. — 2. Shropshire Damson. — 3. Blue Gage. — 4. Orléans. — 5. Elvas. — 6. Denyer's Victoria. — 7. Diamant.

Downing. J'ai recueilli les noyaux de vingt-cinq variétés et y ai trouvé toutes les nuances de gradation, depuis les plus ronds et les plus mousses

[73] *O. C.*, t. II, p. 94. — Alph. de Candolle, *O. C.*, p. 878. — Targioni-Tozzetti, *Journ. Hort. Soc.*, vol. IX, p. 164. — Babington, *Manual of British Botany*, 1851, p. 87.
[74] *Fruits of America*, p. 276, 278, 284, 310, 314. — M. Rivers, *Gardener's Chron.*, 1863, p. 27, a obtenu, en semant le noyau d'une prune-pêche qui porte de grosses prunes rouges sur des tiges fortes et robustes, un arbrisseau dont les tiges grêles et pendantes portaient des fruits ovales et plus petits.

jusqu'aux plus tranchants. Vu l'importance systématique des caractères tirés de la graine, j'ai figuré ici les formes de noyaux les plus distincts parmi ceux que j'ai eus à ma disposition ; on voit combien ils diffèrent par la grosseur, la forme, l'épaisseur la saillie des arètes et la nature de la surface. La forme du noyau n'est pas toujours rigoureusement en corrélation avec celle du fruit : ainsi la prune *Washington*, qui est sphérique et déprimée au sommet, a un noyau un peu allongé, tandis que la prune *Goliath*, plus longue, a un noyau qui l'est moins que celui de la prune *Washington*. Les prunes *Victoria* de Denyer et *Goliath* se ressemblent beaucoup mais ont des noyaux fort dissemblables ; inversement, les prunes *Harvest* et *Black Margate*, qui ont un aspect très-différent, renferment cependant des noyaux presque identiques.

Les variétés de prunes sont nombreuses et diffèrent grandement les unes des autres par la grosseur, la forme, la qualité et la couleur, car on trouve des prunes jaune-vif, vertes, presque blanches, bleues, pourpres ou rouges. Il existe des variétés très-curieuses, telles que la prune double ou *Siamoise*, la prune sans noyau, dans laquelle l'amande est logée dans une cavité spacieuse, et entourée directement de la pulpe. Le climat de l'Amérique du Nord paraît être tout particulièrement favorable à la production d'excellentes variétés nouvelles ; Downing n'en décrit pas moins de quarante, dont sept de première qualité ont été récemment importées en Angleterre [75]. Il apparaît occasionnellement des variétés qui sont tout particulièrement adaptées à certains sols, et cela d'une manière aussi prononcée que pour les espèces naturelles, croissant sur les formations géologiques les plus distinctes ; ainsi en Amérique, la prune *Impériale*, au contraire de presque toutes les autres variétés, s'accommode à merveille de sols *secs et légers*, où beaucoup de variétés laissent tomber leur fruit, tandis que, dans un sol riche, elle ne donne que des fruits insipides [76]. Dans un verger sablonneux près de Shrewsbury, le prunier *Wine-sour* (Vin aigre), n'a jamais pu donner même une récolte moyenne, tandis qu'il produit abondamment dans d'autres parties du même comté, et dans celui d'Yorkshire dont il est originaire. Un de mes parents a aussi essayé en vain de cultiver cette variété dans un district sablonneux du Staffordshire.

M. Rivers [77] a cité un grand nombre de faits intéressants, prouvant que plusieurs variétés peuvent se propager par semis, et transmettre exactement leurs caractères. Il sema environ vingt boisseaux de noyaux de *Reine-Claude* pour former une pépinière, et observa avec soin toutes les plantes produites, il a constaté que toutes avaient les tiges lisses, les bourgeons saillants, et les feuilles luisantes de la *Reine-Claude*, mais que, chez la plupart, les feuilles et les épines étaient plus petites. Il y a deux sortes de pruniers de *Damas*,

---

[75] *Gardener's Chronicle*, 1855, p. 726.
[76] Downing, *O. C.*, p. 278.
[77] *Gardener's Chronicle*, 1863, p. 27. — Sageret, *Pomologie phys.*, p. 345, énumère en France cinq variétés qui se propagent par semis. — Voir aussi Downing, *O. C.*, p. 305, 312, etc.

celui du Shropshire à tiges tomenteuses, et celui de Kent à tiges lisses ; ils ne diffèrent d'ailleurs pas sous d'autres rapports ; M. Rivers a semé quelques boisseaux de noyaux du prunier de Kent ; il obtint des plantes à tige lisse, dont les unes portaient des fruits ovales, les autres des fruits ronds, petits sur quelques individus, et, sauf la douceur, très-semblables à ceux du prunellier sauvage. Le même auteur cite encore d'autres exemples frappants d'hérédité ; ainsi il a obtenu par semis quatre-vingt mille plants de la prune *Questche* d'Allemagne, sans en trouver un présentant la moindre variation. La petite *Mirabelle* a fourni des faits analogues, et cependant cette forme (aussi bien que la *Quetsche* du reste), a donné naissance à quelques variétés bien constantes, mais qui, selon M. Rivers, appartiennent toutes au même groupe que la *Mirabelle*.

CERISIER (*Prunus cerasus, avium,* etc.). — Les botanistes admettent que nos cerises cultivées descendent d'une, deux, quatre ou même davantage de souches sauvages [78]. Nous pouvons croire à l'existence d'au moins deux souches primitives, d'après les faits de stérilité observés par Knight sur vingt hybrides provenant de la variété *Morello*, fécondée par le pollen de la variété *Elton*; ces hybrides, en effet, ne produisirent que cinq cerises, dont une seule contenait un noyau [79]. M. Thompson [80] a classé les variétés en deux groupes principaux, d'après des caractères tirés des fleurs, des fruits et des feuilles ; mais quelques-unes de ces variétés, qui, d'après cette classification, sont très-éloignées les unes des autres, sont parfaitement fécondes lorsqu'on les croise. C'est d'un croisement entre deux formes qui sont dans ce cas, que provient la cerise noire précoce de Knight.

M. Knight assure que les cerisiers obtenus par semis sont beaucoup plus variables que les semis d'aucun autre arbre fruitier [81]. Le catalogue de la Société d'horticulture, publié en 1842, énumère quatre-vingts variétés. Quelques-unes offrent des caractères singuliers ; ainsi la fleur du cerisier *Cluster* renferme jusqu'à douze pistils, dont la plupart avortent, et elle produit généralement de deux à cinq ou six cerises réunies sur un même pédoncule. Chez le cerisier *Ratafia*, plusieurs pédicelles floraux reposent sur un pédoncule commun ayant plus de 25 millimètres de longueur. Le fruit du cerisier *Gascoigne's Heart* se termine au sommet par un globule, celui du *Hungarian Gean* a la chair presque transparente. La cerise *Flamande* a une apparence bizarre, elle est fortement aplatie au sommet et à la base, qui est profondément sillonnée, et qui repose sur une grosse queue très-courte. Dans la cerise de Kent, le noyau adhère assez fortement à la queue pour s'arracher avec ce dernier, ce qui rend cette variété très-propre à la préparation des cerises confites. Le cerisier *à feuilles de tabac*, d'après Sageret et Thompson, produit des feuilles gigantesques, ayant de 30 à 50 cen-

---

[78] Alph. de Candolle, *O. C.*, p. 877. — Bentham et Targioni-Tozzetti, *Hort. Journ.*, vol. IX, p. 163. — Godron, *O. C.*, t. II, p. 92.
[79] *Trans. Hort. Soc.*, vol. V, 1824, p. 295.
[80] *Ibid.* (2e série), vol. I, 1835, p. 248.
[81] *Ibid.*, vol. II, p. 138.

timètres de longueur, et 15 centimètres de largeur. Le cerisier *Pleureur* d'autre part, n'est qu'un arbre d'ornement, et, d'après Downing, un charmant petit arbuste à branches minces et pendantes, couvertes d'un feuillage très-petit et ressemblant à celui du myrte. Il existe aussi une variété à feuillage de pêcher.

Sageret a décrit une variété remarquable, le *griottier de la Toussaint*, qui porte en même temps, jusqu'en septembre, des fleurs et des fruits à tous les degrés de maturité. Ces derniers, de qualité inférieure, sont portés par des queues longues et très-minces, mais le fait le plus curieux est que tous les rameaux folliifères partent des anciens bourgeons floraux. Enfin, il existe une distinction physiologique importante entre les cerisiers qui portent leur fruit sur le bois jeune ou sur le vieux ; mais Sageret affirme positivement avoir vu dans son jardin un *Bigarreau* portant fruit également sur l'un et l'autre [82].

POMMIER (*Pyrus malus*). — Relativement à l'origine du pommier, les botanistes éprouvent quelques doutes sur le point de savoir si, outre le *P. malus*, quelques autres formes sauvages voisines, *P. acerba*, *præcox*, ou *P. paradisiaca*, ne devraient pas être considérées comme des espèces distinctes. Quelques auteurs supposent que le *P. præcox* [83] est la souche des pommiers *Paradis* dont on se sert beaucoup pour la greffe, à cause de leurs racines fibreuses qui ne pénètrent pas profondément dans le sol ; mais on assure que ces pommiers ne peuvent pas se propager fidèlement par semis [84]. Le pommier sauvage commun varie beaucoup en Angleterre, mais on croit que plusieurs variétés sont des sauvageons échappés à la culture [85].

Tout le monde connaît les différences qui existent chez les innombrables variétés du pommier, entre le mode de croissance, le feuillage, les fleurs, et surtout les fruits. Les graines ou pepins diffèrent également par la forme, la couleur et la grosseur. Les pommes peuvent se conserver quelques semaines ou deux ans. Chez quelques variétés, le fruit est couvert d'une sécrétion pulvérulente, ou fleur, semblable à celle des prunes, et il est remarquable que cette particularité caractérise presque exclusivement les variétés cultivées en Russie [86]. Une autre pomme russe, l'*Astracan* blanche, a la propriété singulière, lorsqu'elle est mûre, de devenir transparente. L'*Api étoilé* porte cinq côtes saillantes auxquelles il doit son nom ; l'*Api noir* est presque noir ; le *Twin Cluster Pippin* porte souvent des fruits réunis par

[82] Tous ces faits sont empruntés aux quatre ouvrages suivants qui méritent, je crois, toute confiance : — Thompson, ouvrage cité ci-dessus. — Sageret, *O. C.*, p. 358, 364, 367, 379. — *Cat. of Fruit in Garden. Hort. Soc.*, p. 57-60. — Downing, *O. C.*, p. 189, 195, 200.

[83] Dans *Flora of Madeira* (cité dans *Gard. Chron.*, 1862, p. 215), M. Lowe dit que le *P. Malus*, à fruit presque sessile, s'étend plus au sud que le *P. acerba* à longs pédoncules, qui manque à Madère, aux Canaries et peut-être au Portugal. Ceci appuierait l'opinion que les deux formes méritent d'être regardées comme espèces. Mais les caractères qui les séparent sont de peu d'importance, et sont de la nature de ceux qui varient chez d'autres arbres fruitiers cultivés.

[84] *Journ. of Hort. Tour*, par *Deputation of the Caledonian Hort. Soc.*, 1823, p. 459.

[85] Watson, *Cybele Britannica*, vol. 1, p. 334.

[86] Loudon, *Gardener's Mag.*, vol. VI, 1830, p. 83.

paires [87]. Les différentes variétés diffèrent beaucoup quant à l'époque où elles poussent leurs feuilles et leurs fleurs ; j'ai cultivé dans mon jardin un *Court-pendu plat* qui se couvrait si tardivement de feuilles que, pendant plusieurs printemps, je l'ai cru mort. Le pommier *Tiffin* n'a presque pas une feuille lorsqu'il est en pleine fleur ; le pommier de Cornouailles par contre est au même moment si couvert de feuilles, qu'on voit à peine les fleurs [88]. Quelques pommiers mûrissent au milieu de l'été, d'autres tard en automne. Ces différences dans les époques de feuillaison, de floraison et de maturation des fruits ne sont pas nécessairement en corrélation les unes avec les autres, car, comme A. Knight le fait remarquer [89], on ne peut nullement, par la floraison précoce d'un jeune pommier obtenu par semis, ou par la chute hâtive ou le changement de couleur de ses feuilles, préjuger l'époque de la maturation de ses fruits.

La constitution des variétés diffère considérablement ; il est notoire que pour la *Reinette* de Newtown [90], la merveille des vergers de New-York, les étés ne sont pas assez chauds en Angleterre ; il en est de même de plusieurs variétés importées du continent. D'autre part, notre *Court of Wick* réussit bien sous le climat rigoureux du Canada. La *Calville rouge de Micoud* donne parfois deux récoltes dans l'année. La variété *Burr Knot* est couverte de petites excroissances qui produisent si facilement des racines, qu'une branche à bourgeons floraux prend racine et donne quelques fruits dès la première année [91]. M. Rivers [92] a récemment décrit quelques pommiers obtenus par semis, avantageux parce que leurs racines courent sous terre près de la surface. L'un d'eux était remarquable par sa petite taille, car il ne formait qu'un buisson haut de quelques centimètres seulement. Quelques variétés sont particulièrement sujettes à être rongées des vers dans certains terrains. La variété *Majetin* d'hiver présente la particularité constitutionnelle remarquable de n'être pas attaquée par le coccus ; Lindley [93] assure que dans un verger du Norfolk infesté de ces insectes, le *Majetin*

---

[87] *Cat. of Fruit*, etc., 1842, et Downing, *O. C.*

[88] Loudon, *O. C.*, vol. IV, 1828, p. 112.

[89] *The Culture of the Apple*, p. 43. — Van Mons a fait la même observation sur le poirier, *Arbres fruitiers*, t. II, 1836, p. 414.

[90] Lindley, *Horticulture*, p. 116. — Knight, *Trans. of Hort. Soc.*, vol. VI, p.229.

[91] *Transact. of Hort. Soc.*, vol. I, 1812, p. 120.

[92] *Journal of Horticulture*, 1866, p. 194.

[93] *Trans. of Hort. Soc.*, vol. IV, p. 68. et vol. VI, p. 547. Lorsque le *coccus* parut pour la première fois en Angleterre, on a dit (vol. II, p. 163) qu'il nuisait plus aux souches du pommier sauvage qu'aux plantes qu'on greffait sur elles. L'expérience a prouvé que le pommier *Majetin* n'est pas non plus attaqué par le coccus à Melbourne en Australie (*Gard. Chron.*, 1870, p. 1065). On a analysé dans cette ville le bois de ce pommier et on affirme, ce qui semble fort étrange, que les cendres contiennent plus de 50 pour cent de chaux, alors que celles du pommier sauvage n'en contiennent pas tout à fait 23 pour cent. En Tasmanie, M. Wade (*Transact. New-Zealand Inst.*, vol. IV, 1871, p. 431) a cultivé en pépinières des pommiers de Sibérie obtenus par semis et il assure qu'à peine un pour cent est attaqué par le coccus. Riley affirme (*Fifth report on insects of Missouri*, 1873, p. 87) qu'aux Etats-Unis quelques variétés de pommiers attirent le coccus tandis que quelques autres semblent le repousser. De même, Walsh affirme (*Amer. Entomol.*, av. 1869, p. 160) que la chenille d'une phalène (*carpocapsa pomonella*) attaque certaines variétés de pommiers et en respecte d'autres.

n'a pas été attaqué, bien que greffé sur une souche qui en était couverte. Knight a fait une observation analogue sur un pommier à cidre, et ajoute qu'il n'a vu qu'une fois ces insectes un peu au-dessus de la souche, mais qu'ils avaient entièrement disparu trois jours après. Ce pommier provenait d'un croisement entre le *Golden Harvey* et le pommier sauvage de Sibérie, que quelques auteurs considèrent comme une espèce distincte.

N'oublions point le fameux pommier de Saint-Valery ; sa fleur présente un double calice à dix divisions, quatorze styles surmontés de stigmates obliques très-apparents, mais elle est dépourvue d'étamines et de corolle. Le fruit est étranglé au milieu, et contient cinq loges à pepins, surmontées de neuf autres [94]. Étant privé d'étamines, une fécondation artificielle est nécessaire, et les filles de Saint-Valery vont chaque année « *faire leurs pommes* », chacune marquant ses fruits avec un ruban, et, comme on emploie différents pollens, les fruits diffèrent ; nous avons donc là un exemple de l'action directe d'un pollen étranger sur la plante qui produit le fruit. Ces pommes monstrueuses renferment, comme nous l'avons dit, quatorze loges à graine ; la pomme de *Pigeonnier* [95], au contraire, n'en a que quatre au lieu de cinq, qui est le nombre ordinaire ; il y a certainement là une différence remarquable.

La Société d'horticulture énumère, dans son catalogue de 1842, huit cent quatre-vingt-dix-sept variétés ; mais ces variétés n'offrent pour la plupart que des différences de peu d'intérêt, car elles ne se transmettent pas rigoureusement. Ainsi, on ne peut pas obtenir de la graine de la *Ribston Pippin* un arbre de même nature, et on dit que la *Sister Ribston Pippin* était une pomme blanche demi-transparente et acide, comme une pomme sauvage un peu grosse [96]. Ce serait cependant une erreur de croire que chez la plupart des variétés, les caractères ne soient pas, jusqu'à un certain point, héréditaires. Sur deux lots de plantes obtenues par semis de deux variétés bien marquées, on en trouve certainement un plus ou moins grand nombre sans valeur, ressemblant à des sauvageons ; mais, en somme, non-seulement les deux lots diffèrent l'un de l'autre, mais encore ressemblent, dans une certaine mesure, à leurs parents. Cela se voit très-nettement chez divers sous-groupes [97] actuels, qu'on sait provenir d'autres variétés portant les mêmes noms.

POIRIER (*Pyrus communis*). — Je n'ai que quelques mots à dire sur cet arbre qui varie beaucoup à l'état sauvage et à un degré extraordinaire à l'état cultivé par ses fruits, ses fleurs et son feuillage. M. Decaisne, un des plus célèbres botanistes de l'Europe, en a étudié avec soin les nombreuses

---

[94] *Mém. de la Soc. Linn. de Paris*, t. III, 1825, p 164. — Seringe, *Bull. Bot.*, 1830, p. 117.

[95] *Gardener's Chronicle*, 1849, p. 24.

[96] *Ibid.*, 1850, p. 788.

[97] Sageret, *Pomologie physiologique*, 1830, p 263. — Downing, *O. C.*, p. 130, 134, 139, etc. — London, *O. C.*, vol. VIII, p. 317 — Alexis Jordan, *de l'Origine des diverses variétés*, dans *Mém. de l'Acad. imp. de Lyon*, t. II, 1852, p. 95, 114. — *Gardener's Chronicle*, 1850, p. 774, 788.

variétés [98], et bien qu'autrefois il ait cru qu'elles descendent de plusieurs
espèces, il est actuellement convaincu qu'elles descendent toutes d'une
seule. Il a été conduit à cette conclusion par la gradation parfaite entre les
caractères les plus extrêmes qu'il a observés chez les diverses variétés, gradation si parfaite, qu'il regarde comme impossible d'adopter une méthode
naturelle pour classer les variétés. M. Decaisne a obtenu par semis un grand
nombre de plantes provenant de quatre formes distinctes, et il a décrit avec
soin les variations de chacune. Malgré ce haut degré de variabilité, on sait
maintenant positivement que plusieurs variétés reproduisent par semis les
caractères saillants de leur race [99].

FRAISES (*Fragaria*).—Ce fruit est remarquable par le nombre des espèces
qui en ont été cultivées, et par les améliorations rapides qu'elles ont éprouvées
dans les cinquante ou soixante dernières années. Il suffit de comparer les
fruits des grosses variétés qu'on voit dans nos expositions, à ceux du fraisier
sauvage des bois ou à ceux du fraisier sauvage de la Virginie, qui est un
peu plus gros, pour juger des prodiges effectués par l'horticulture [100]. Le
nombre des variétés a également augmenté avec une rapidité extraordinaire.
En France, où ce fruit est cultivé depuis longtemps, on n'en connaissait,
en 1746, que trois variétés. En 1766, on y avait introduit cinq espèces, les
mêmes qu'on cultive aujourd'hui, mais on n'avait produit que cinq variétés,
avec quelques sous-variétés, du *Fragaria vesca*. Actuellement les variétés
de ces différentes espèces sont presque innombrables. Les espèces sont :
1° le fraisier des bois ou des Alpes cultivé, descendant du *F. vesca*, originaire d'Europe et de l'Amérique du Nord. Duchesne admet huit variétés
européennes sauvages du *F. vesca*, mais quelques botanistes considèrent
plusieurs de ces variétés comme espèces distinctes ; 2° les fraisiers verts,
descendant du *F. colina* d'Europe, peu cultivés en Angleterre; 3° les Hautbois, descendant du *F. elatior* d'Europe; 4° les Écarlates, descendant du *F.
Virginiana*, originaire de toute l'Amérique du Nord; 5° le fraisier du Chili,
provenant du *F. Chiloensis*, originaire de la côte occidentale des parties
tempérées des deux Amériques ; 6° enfin, les Carolines, que la plupart des
auteurs ont regardées comme une espèce distincte, sous le nom de *F. grandiflora*, et qu'on disait habiter Surinam ; mais il y a là une erreur évidente.
Cette forme, d'après M. Gray, la plus haute autorité sur la matière, ne doit
être considérée que comme une race prononcée du *F. Chiloensis* [101]. Ces
cinq ou six formes sont regardées par la plupart des botanistes comme spécifiquement distinctes, mais on peut avoir quelque doute à cet égard, car

---

[98] *Comptes-rendus,* 6 juillet 1863.
[99] *Gardener's Chronicle,* 1856, p. 804; — 1857, p. 820 ; — 1862, p. 1195.
[100] La plupart des plus grandes fraises cultivées descendent des *F. grandiflora* ou
Chiloensis, mais je n'ai vu aucune description de ces formes à l'état sauvage. La fraise
Methuen's scarlet (Downing, p. 527), dont le fruit est énorme, appartient à la section
descendant du *F. Virginiana,* et le professeur A. Gray m'apprend que le fruit de cette
espèce n'est qu'un peu plus gros que celui de notre fraise commune des bois, le *F. vesca.*
[101] *Le Fraisier,* par le comte L. de Lambertye, 1864, p. 50.

A. Knight [102], qui a opéré sur les fraisiers plus de quatre cents croisements, affirme que le *F. Virginiana,* le *F. Chiloensis* et le *F. grandiflora,* se reproduisent indistinctement les uns avec les autres, et il a reconnu, ce qui est conforme au principe des variations analogues, qu'on peut obtenir des variétés semblables de la graine de chacune de ces formes.

Les recherches faites depuis l'époque de Knight ont prouvé [103] combien sont nombreux les croisements qui peuvent avoir lieu spontanément entre les formes américaines ; c'est même à ces croisements que nous devons la plupart de nos variétés actuelles les plus exquises. Knight n'avait pas réussi à croiser la fraise des bois européenne avec l'Écarlate américaine ou avec les Hautbois. M. Williams de Pitmaston y est parvenu ; mais les produits métis des Hautbois, bien que produisant des fruits, n'ont fourni qu'une fois de la graine, qui a reproduit la forme hybride parente [104]. Le major R. Trevor Clarke m'apprend qu'il a croisé deux membres de la classe des fraises ananas avec les fraisiers Hautbois et le fraisier ordinaire ; il n'a obtenu qu'une seule plante à la suite de chaque croisement ; une donna des fruits, mais resta stérile. M. W. Smith, de York, a essayé de produire des hybrides semblables, mais avec aussi peu de succès [105]. Ces essais nous prouvent [106] que les espèces européennes se croisent difficilement avec les espèces américaines, et qu'il est peu probable qu'on puisse jamais obtenir par ce moyen des métis assez féconds pour qu'il soit avantageux de les cultiver. Ce fait est d'autant plus étonnant que la conformation de ces formes diffère peu, et que, d'après les renseignements que m'a donnés le professeur Asa Gray, elles sont souvent reliées les unes aux autres, dans les localités où elles croissent à l'état sauvage, par des formes intermédiaires embarrassantes.

La culture de la fraise a pris tout récemment un grand développement, cependant, dans la plupart des cas ; on peut encore rattacher les variétés cultivées à l'une des cinq espèces précédemment décrites. Les variétés américaines, grâce à la facilité avec laquelle elles se croisent spontanément, ne tarderont sans doute pas à se confondre d'une manière inextricable. Déjà les horticulteurs ne sont plus d'accord sur le groupe auquel il faut rattacher un certain nombre de variétés, et un auteur dit, dans *le Bon Jardinier* pour 1840, qu'autrefois on pouvait encore les rattacher toutes à une des espèces connues, mais que cela est devenu impossible depuis l'introduction des formes américaines, les nouvelles variétés anglaises ayant comblé toutes les lacunes qui pouvaient exister entre elles [107]. Nous voyons donc actuellement s'opérer chez nos fraisiers le mélange intime de deux ou plusieurs formes

[102] *Transact. of Hort. Soc.,* vol. III, 1820, p. 207.
[103] *Gardener's Chronicle.* 1862, p. 335, et 1858, p. 172. — Barnet, *Transact. of Hort. Soc.,* 1826, vol. VI, p. 170.
[104] *Transact. of Hort. Soc.,* vol. V, 1824, p. 204.
[105] *Journ. of Hort.,* 1862, p. 779. — Prince, *même ouvrage.* 1863, p. 418.
[106] *Journ. of Hort.,* 1862, p. 721.
[107] Comte L. de Lambertye, *O. C.,* p. 221, 230.

primitives, fait qui, nous avons toute raison de le croire, a dû se produire chez plusieurs de nos productions végétales anciennement cultivées.

Les espèces cultivées présentent des variations dignes d'attention. Le *Prince-Noir*, obtenu par semis de l'*Impérial Keen* (ce dernier est lui-même le produit de la graine d'une fraise très-blanche, la *Caroline blanche*), est remarquable par sa surface lisse et foncée, et par son apparence, qui ne ressemble en rien à celle d'aucune autre [108]. Bien que, chez les diverses variétés, le fruit diffère beaucoup au point de vue de la forme, de la grosseur, de la couleur et de la qualité, ce qu'on appelle la graine (c'est-à-dire ce qui correspond au fruit entier chez la prune), est d'après de Jonghe [109] la même chez toutes, sauf toutefois qu'elle est plus ou moins profondément enfoncée dans la pulpe ; cette similitude peut s'expliquer par le fait que la graine, n'ayant aucune valeur, n'a pas été l'objet d'une sélection. Le fraisier est normalement trifolié, mais, en 1761, Duchesne a élevé une variété du fraisier des bois à une seule feuille, variété que Linné avait élevée, mais avec bien des réserves, au rang d'espèce. Les produits de cette variété obtenus par semis, comme toutes celles qui n'ont pas été fixées par une sélection continue, retournent souvent à la forme ordinaire, ou présentent des états intermédiaires [110]. M. Myatt [111] a obtenu une variété appartenant probablement à une des formes américaines, qui a présenté une variation opposée, car elle avait cinq feuilles ; Godron et Lambertye mentionnent aussi une variété à cinq feuilles du *F. collina*.

La variété de fraisier des Alpes à buisson rouge (*Red Bush Alpine*), appartenant au groupe du *F. Vesca*, ne produit pas de filets, modification qui se transmet par semis. Une autre sous-variété, le fraisier des Alpes à buisson blanc, qui a le même caractère, se modifie souvent lorsqu'on la reproduit par semis ; elle produit alors des plantes pourvues de filets [112]. Un fraisier du groupe américain des Carolines n'a aussi que peu de filets [113].

On a beaucoup écrit sur le sexe du fraisier ; le vrai *Hautbois* porte les organes mâles et femelles sur des plantes distinctes [114], et a été pour cette raison nommé *dioïque* par Duchesne, mais il produit souvent des plantes hermaphrodites ; Lindley [116] en propageant celles-ci par stolons, et en supprimant en même temps les mâles, a fini par obtenir une plante pouvant se reproduire par elle-même. On remarque souvent chez les autres espèces une tendance à la séparation imparfaite des sexes, ainsi que je l'ai observé sur des fraisiers forcés en serre. Plusieurs variétés anglaises, qui, dans leur pays natal, ne manifestent pas cette disposition, produisent fréquemment des plantes à

[108] *Trans. of Hort. Soc.*, vol. VI, p. 200.
[109] *Gardener's Chronicle*, 1858, p. 173.
[110] Godron, *O. C.*, t. I, p. 161.
[111] *Gardener's Chronicle*, 1851, p. 440.
[112] F. Gloede, *Gardener's Chronicle*, 1862, p. 1053.
[113] Downing, *O. C.*, p. 532.
[114] Barnet, *Hort. Transact.*, vol. VI, p. 210.
[115] *Gardener's Chronicle*, 1847, p. 539.

sexes séparés, lorsqu'on les cultive dans l'Amérique du Nord [116] et dans un sol riche.Ainsi, aux États-Unis, on a observé que des fraisiers *Keen Seedling*, couvrant un demi hectare sont restés stériles par suite du défaut de fleurs mâles, bien qu'en général ce soient les plus abondantes.Quelques membres de la Société d'horticulture de Cincinnati,chargés d'approfondir ce sujet, ont rapporté que peu de variétés paraissent posséder les organes complets des deux sexes. Les cultivateurs les plus heureux de l'Ohio plantent sept rangées de plantes femelles, puis une rangée de plantes hermaphrodites, qui fournissent du pollen aux deux sortes ; mais ces dernières, fournissant beaucoup de pollen, produisent moins de fruit que les femelles.

Les variétés diffèrent au point de vue de la constitution. Quelques-unes de nos meilleures fraises anglaises, telles que les *Keen Seedlings*, sont trop délicates pour certaines parties de l'Amérique du Nord, où d'autres variétés anglaises et américaines réussissent à merveille. La belle variété *British Queen* ne réussit que dans peu de localités en Angleterre aussi bien qu'en France. Mais ceci paraît dépendre plutôt de la nature du sol que de celle du climat; un horticulteur expérimenté a affirmé qu'il serait impossible de faire réussir la *British Queen* dans le parc de Shrubland, sans changer entièrement la nature du sol de ce parc [117]. La *Constantine* est une des variétés les plus robustes, et peut supporter les hivers de la Russie, mais elle est facilement brûlée par le soleil, ce qui l'empêche de réussir dans certaines localités en Angleterre et aux Etats–Unis [118]. Le fraisier *Filbert Pine* exige plus d'eau qu'aucune autre variété, et est à peu près perdu, dès qu'il a souffert de la sécheresse [119]. Le fraisier *Prince-Noir* est tout particulièrement sujet aux moisissures, on a cité six cas dans lesquels cette variété a beaucoup souffert de l'invasion de ces cryptogames, à côté d'autres variétés traitées de la même manière, et qui n'ont nullement été atteintes [120]. L'époque de la maturation du fruit varie aussi beaucoup ; certaines variétés de fraisiers des bois et des Alpes produisent, dans le courant de l'été, une série de récoltes.

GROSEILLIER ÉPINEUX (*Ribes grossularia*). — Personne, que je sache, n'a encore mis en doute que toutes les formes cultivées descendent de la plante sauvage qui porte ce nom, et qui est commune dans le centre et le nord de l'Europe ; il n'est donc pas inutile d'examiner les points peu importants, d'ailleurs, qui ont subi des variations ; et, si on admet que ces différences soient dues à la culture, on sera peut-être moins prompt à affirmer, pour nos autres plantes cultivés, l'existence d'un grand nombre de souches primitives inconnues. Les auteurs de la période classique ne parlent pas du

---

[116] Pour les fraisiers d'Amérique, Downing, *O. C.*, p. 524. — *Gardener's Chronicle*, 1843, p. 188 ; — 1847, p. 539 ; — 1861, p. 717.

[117] M. Beaton, *Cottage Gardener*, 1860, p 86 ; —*ibid.*, 1855, p 88.—Pour le continent, F. Gloede, *Gardener's Chronicle*, 1862, p. 1053

[118] Rev. W. F. Radclyffe, *Journ. of Hort.*, 1865, p. 207.

[119] M. H. Doubleday, *Gardener's Chronicle*, 1862, p. 1101.

[120] *Gardener's Chronicle*, 1854, p. 254.

groseillier. Turner en fait mention en 1573; Parkinson, en 1629, en signale huit variétés ; le catalogue de la Société d'horticulture pour 1842 en donne 149 ; et les listes des pépiniéristes du Lancashire renferment plus de 300 noms [121]. Le *Journal du producteur de Groseilles* pour 1862, indique qu'à diverses époques 243 variétés distinctes ont reçu des prix ; il faut donc qu'on en ait exposé un nombre considérable. Sans doute, beaucoup de variétés diffèrent très-peu les unes des autres ; toutefois, M. Thompson, en les classant pour la Société d'horticulture, a trouvé dans leur nomenclature beaucoup moins de confusion que dans tous les autres fruits, fait qu'il attribue à l'intérêt qu'ont les horticulteurs à dénoncer les formes dont les noms sont incorrects, ce qui prouve que toutes, si nombreuses qu'elles puissent être, sont reconnaissables d'une manière certaine.

Les groseilliers diffèrent par leur mode de croissance ; les rameaux se dressent, s'étalent, ou retombent. Les époques où ils se couvrent de feuilles et de fleurs varient soit absolument, soit relativement les unes aux autres. Ainsi le *Whitesmith* pousse des fleurs précoces qui, n'étant pas protégées par le feuillage produisent rarement des fruits [122]. Les feuilles varient au point de vue de la grandeur, de la teinte, de la profondeur des lobes ; leur surface supérieure est lisse, tomenteuse, ou velue, les branches sont plus ou moins velues ou épineuses : la variété *Hérisson* doit probablement son nom à l'état particulièrement épineux de ses pousses et de ses fruits. Les branches du groseillier sauvage sont lisses, à l'exception des épines situées à la base des bourgeons. Les épines elles-mêmes sont petites, rares et simples, ou très-grosses et triples ; elles sont quelquefois réfléchies et très-dilatées à leur base. Le fruit varie, chez les différentes variétés, par son abondance, par l'époque de sa maturation, par les rides dont il se couvre alors qu'il pend encore à la branche, et beaucoup par sa grosseur, car chez quelques variétés, les groseilles atteignent de grandes dimensions longtemps avant de parvenir à leur maturité, chez d'autres elles restent petites jusqu'à ce qu'elles soient presque mûres. Le goût du fruit varie, ainsi que sa couleur; les groseilles sont tantôt rouges, tantôt jaunes, tantôt vertes ou blanches,— il existe une groseille rouge foncée dont la pulpe est teintée en jaune ; — elles sont lisses ou velues, — la plupart des groseilles blanches sont velues, ce qui est plus rare chez les rouges, — chez une variété elles sont tellement épineuses qu'on lui a donné pour cette raison le nom de *Porc-épic de Henderson*. Chez quelques variétés le fruit mûr se couvre d'une fleur pulvérulente. Le fruit varie encore par l'épaisseur et le veinage de sa peau, et, enfin, par sa forme, qui est sphérique, oblongue ou ovoïde [123].

J'ai cultivé cinquante-quatre variétés du groseillier ; les différences énormes qui existent entre les fruits, rendent d'autant plus remarquable la grande si-

---

[121] Loudon, *Encyc. of Gardening*, p. 930. — Alph. de Candolle, *O. C.*, p. 910.

[122] Loudon, *Gardener's Magazine*, vol. IV, 1828, p. 112.

[123] Les renseignements les plus complets sur le groseillier se trouvent dans le mémoire de M. Thompson, *Trans. Hort. Soc*, vol. I (2ᵉ série), 1835, p. 218, auquel j'ai emprunté la plupart des faits indiqués ci-dessus.

militude de toutes les fleurs. Chez un petit nombre seulement, j'ai pu observer quelques traces de différences dans la grosseur et la couleur de la corolle. Le calice diffère un peu plus, car, chez quelques variétés, il est plus rouge que chez d'autres, chez un groseillier à fruit blanc et lisse il est particulièrement coloré ; il diffère encore par la partie basilaire du calice, qui est lisse, velue, ou couverte de poils glanduleux. Je dois signaler, comme contraire à ce qu'on aurait pu attendre en vertu de la loi de la corrélation, la présence d'un calice très-velu chez un groseillier à fruit rouge et lisse. Les fleurs du *Sportsman* sont pourvues de grandes bractées colorées ; c'est la plus singulière déviation de structure que j'aie observée. Ces mêmes fleurs varient aussi beaucoup par le nombre des pétales, et parfois par celui des étamines et des pistils ; elles ont donc une conformation un peu monstrueuse, bien qu'elles produisent beaucoup de fruits. M. Thompson signale sur le groseillier *Pastime* la présence fréquente de bractées supplémentaires attachées sur les côtés du fruit [124].

Le point le plus intéressant de l'histoire du groseillier est l'augmentation continue de la grosseur du fruit. Manchester est le grand centre des producteurs, et, chaque année, on attribue des prix variant entre 5 francs et 250 francs aux fruits les plus gros. Le *Journal du producteur de Groseilles* se publie tous les ans, le plus ancien numéro porte la date de 1786, mais on est certain que des réunions pour la distribution des prix avaient déjà eu lieu quelques années auparavant [125]. Le journal de 1845 rend compte de 171 expositions de groseilles, tenues en différents endroits ; ce fait prouve que cette culture est pratiquée sur une vaste échelle. Le fruit du groseillier sauvage [126] pèse, dit-on, environ 7 grammes 77 ; en 1786, on en exposait qui pesaient le double ; en 1817, on avait atteint le poids de gr. 41,67 ; après un temps d'arrêt, on parvint, en 1825, à celui de gr. 49,11 ; en 1830, la groseille *Teazer* pesait gr. 50,57 ; — en 1841, la *Wonderful* gr. 50,76 ; — en 1844, la *London* gr. 55,16, et elle atteignit l'année suivante gr. 56,88 ; enfin, en 1852, dans le Staffordshire, le fruit de cette même variété avait atteint le poids étonnant de gr. 57,94 [127], c'est-à-dire sept à huit fois celui du fruit sauvage. Je trouve que c'est exactement le poids d'une petite pomme ayant 17 centimètres de circonférence. La groseille *London* qui, en 1852, avait déjà remporté 343 prix, n'a jamais dépassé le poids auquel elle était parvenue alors. Le fruit du groseillier est probablement arrivé au poids maximum possible, à moins que, par la suite, il n'apparaisse une nouvelle variété.

Cet accroissement graduel et continu du poids de la groseille depuis la fin du siècle dernier jusqu'à l'année 1852, est probablement dû en partie à

---

[124] *Catalogue of Fruits of Hort. Soc.*, 1842.
[125] M. Clarkson, de Manchester, sur la culture de la groseille, dans Loudon, *Gardener's Magazine*, vol. IV, 1828, p. 482.
[126] Downing, *O. C.*, p. 213.
[127] *Gardener's Chronicle*, 1844, p. 811, avec une table, et 1845, p. 819. — Pour les poids maxima atteints, voir *Journal of Hort.*, 1864, p. 61.

l'amélioration des méthodes de culture, à laquelle on donne de grands soins : on amende le sol avec des engrais de toutes sortes, et on ne laisse qu'un petit nombre de baies sur chaque groseillier [128] ; mais cet accroissement doit être surtout attribué à la sélection continuelle des plantes, qui se sont montrées les plus aptes à produire des fruits aussi extraordinaires. Il est certain, qu'en 1817, le *Highwayman* ne pouvait donner des fruits aussi beaux que ceux du *Roaring Lion* en 1825, ni ce dernier, quoique élevé dans beaucoup de localités et par bien des personnes, atteindre au triomphe obtenu, en 1852, par la groseille *London*.

Noyer (*Juglans regia*).— Le noyer ainsi que le noisetier, appartiennent à un ordre tout différent et par cela seul méritent d'appeler notre attention. Le noyer croît à l'état sauvage dans le Caucase et dans l'Himalaya, où le Dr Hooker [129] a trouvé des noix de belle grandeur, mais extrêmement dures. M. de Saporta m'apprend qu'on a rencontré le noyer à l'état fossile dans les couches tertiaires en France.

En Angleterre, le noyer présente des différences considérables, dans la forme et la grosseur de la noix, l'épaisseur du brou et la minceur de la coquille, qualité qu'on observe surtout chez une variété dite à coquille mince, très-estimée pour ce motif, mais aussi très-exposée aux attaques des mésanges [130]. L'amande remplit plus ou moins la coquille suivant les variétés. On connaît, en France, une variété de noyer à grappes, sur lequel les noix poussent en bouquets de dix, quinze, ou même vingt ensemble. Une autre variété porte sur le même arbre des feuilles de formes différentes, comme le Charme hétérophylle, et est remarquable aussi par ses branches pendantes, et ses noix grandes, allongées, et à coquille mince [131]. M. Cardan [132] a minutieusement décrit quelques particularités physiologiques singulières d'une variété qui se couvre de feuilles en juin, et qui produit ainsi des feuilles et des fleurs quatre ou cinq semaines plus tard que les variétés ordinaires, mais qui les conserve plus longtemps en automne ; cette variété paraît être en août exactement dans le même état que ces dernières. Ces particularités constitutionnelles sont rigoureusement héréditaires. Enfin, chez les noyers qui sont normalement monoïques, il y a quelquefois absence complète de fleurs mâles [133].

Noisetiers (*Corylus avellana*). — Les botanistes font, pour la plupart, rentrer toutes les variétés dans l'espèce commune, le noisetier sauvage [134]. L'involucre varie beaucoup ; il est très-court chez la variété *Barr* espa-

---

[128] M. Saul, de Lancaster, dans Loudon, *Gardener's Magazine*, vol. III, 1828, p. 421, et vol. X, 1834, p. 42.

[129] *Himalayan Journals*, 1854, vol. II, p. 334. — Moorcroft, *Travels*, vol. II, p. 146, décrit quatre variétés cultivées au Kaschmir.

[130] *Gardener's Chronicle*, 1850, p. 723.

[131] Traduit dans Loudon, *Gardener's Magazine*, 1829, vol. V, p. 202.

[132] Cité dans *Gard. Chron.*, 1849, p. 101.

[133] *Gardener's Chronicle*, 1847, p. 541 et 558.

[134] Les détails sont empruntés au *Cat. of Fruits*, 1842, *in Garden of Hort. Soc.*, p. 103, et à Loudon, *Encyclop. of Gardening*, p. 943.

gnole, et très-long chez l'aveline, où il est contracté de manière à empêcher la noisette de tomber. Ce genre d'enveloppe paraît protéger le contenu contre les oiseaux, car on a remarqué que les mésanges [135] laissent de côté ces formes pour se porter sur les noisettes ordinaires croissant dans le même verger. Chez le noisetier pourpre, l'involucre affecte cette couleur; il est bizarrement lacinié chez le noisetier crépu ; chez le noisetier rouge, le tégument de l'amande est rouge. La coquille est épaisse chez quelques variétés, mince dans la noisette *Cosford*, et bleuâtre dans une autre. Le noyau diffère par sa grosseur et sa forme, il est ovoïdal, comprimé et allongé chez l'aveline, presque rond et gros chez les noisettes d'Espagne, oblong et longitudinalement strié chez les *Cosford*, et à peu près cubique chez la noisette *Downton Square*.

CUCURBITACÉES. — Ces plantes ont longtemps fait le désespoir des botanistes ; beaucoup de variétés ont été regardées comme des espèces, et, ce qui est plus rare, des formes auxquelles on doit actuellement accorder une valeur spécifique ont été classées comme des variétés. Mais les recherches expérimentales récentes d'un botaniste distingué, M. Naudin [136], sont venues jeter un grand jour sur les plantes de cette famille. Cet observateur a, pendant nombre d'années, fait des expériences sur 1200 échantillons vivants, recueillis dans toutes les parties du globe. On admet maintenant dans le genre *Cucurbita* six espèces, dont trois seulement ont été cultivées et nous intéressent, ce sont, le *C. maxima* et le *C. pepo*, qui comprennent tous les potirons, courges, etc.; et le *C. moschata*, ou melon d'eau. Ces trois espèces sont inconnues à l'état sauvage, mais Asa Gray [137] donne d'excellentes raisons qui permettent de supposer que quelques courges sont originaires de l'Amérique du Nord.

Les trois espèces que nous venons d'énumérer sont très-voisines et ont le même aspect général, mais on peut toujours, d'après Naudin, distinguer leurs innombrables variétés par certains caractères presque fixes, et, ce qui est plus important, par leurs croisements, qui ne donnent pas de graines, ou des graines stériles, tandis que leurs variétés se croisent réciproquement et spontanément avec la plus grande facilité. Naudin (page 15) remarque que, bien que ces trois espèces aient considérablement varié dans beaucoup de caractères, elles l'ont fait d'une manière si analogue, que l'on peut ranger leurs variétés suivant des séries à peu près parallèles, comme nous l'avons déjà vu pour le froment, les deux races principales de pêches, et quelques autres cas. Quelques variétés ont des caractères inconstants; mais il en est d'autres qui, cultivées à part et maintenues dans des conditions d'existence uniformes, sont, suivant les propres paroles de Naudin, « douées d'une stabilité presque comparable à celle des espèces les mieux caractérisées. » Une d'elles, l'*Orangin* (p. 43, 63), a la propriété de transmettre ses caractères propres avec une énergie telle que, lorsqu'on la

[135] *Gardener's Chronicle*, 1860, p. 956.
[136] *Ann. des Sciences nat.* — *Botanique*, (4° série), 1856, vol. VI, p. 5.
[137] *American Journ. of Science*, (2° série), vol. XXIV, 1857, p. 442.

croise avec d'autres variétés, la grande majorité des métis reproduisent son type. A propos du *C. pepo*, Naudin (p. 47) dit que ces races « ne diffèrent des espèces véritables qu'en ce qu'elles peuvent s'allier les unes aux autres par voie d'hybridité, sans que leur descendance perde la faculté de se perpétuer. » Si, laissant de côté l'épreuve de la stérilité, on s'en rapportait aux seules différences extérieures, on pourrait établir, aux dépens des variétés de ces trois espèces de *Cucurbita*, une foule d'autres espèces. Beaucoup de naturalistes actuels négligent trop, à mon avis, ce critérium de la stérilité; il n'est cependant pas improbable qu'après une culture prolongée et les variations qui en sont la suite, la stérilité réciproque d'espèces végétales bien distinctes ait pu diminuer, comme cela paraît avoir été le cas chez plusieurs animaux domestiques. Nous ne serions pas non plus justifiés à affirmer que, chez les plantes cultivées, les variétés ne peuvent jamais acquérir un faible degré de stérilité, comme nous le verrons par la suite, à propos de quelques faits signalés par Gärtner et Kölreuter [138].

Naudin a groupé en sept classes les diverses formes du *C. pepo*, chacune comprenant des variétés qui leur sont subordonnées. Il regarde cette plante comme une des plus variables qui soient au monde. Les fruits de certaines variétés (p. 33, 46), ont une valeur deux mille fois plus grande que ceux d'une autre. Lorsqu'ils atteignent de grandes dimensions, ils sont peu nombreux (p. 47), et inversement, ils sont abondants quand ils sont petits. Les variations dans la forme des fruits ne sont pas moins étonnantes (p. 33); la forme typique est ovoïde, mais elle peut s'allonger en cylindre, ou s'aplatir en disque. L'état de la surface et la couleur de ces fruits varient à l'infini, ainsi que la dureté de l'enveloppe, la fermeté de la pulpe et son goût, qui est tantôt doux, farineux ou légèrement amer. Les pepins diffèrent un peu par la forme, mais beaucoup par la grosseur (p. 34), et peuvent varier de six à sept millimètres à plus de vingt-cinq millimètres de longueur.

Dans les variétés montantes, qui ne grimpent ni ne traînent par terre, les vrilles, quoique inutiles (p. 31), peuvent être présentes ou représentées par des organes semi-monstrueux, ou manquer tout à fait. Les vrilles font quelquefois défaut chez les variétés rampantes, qui ont les tiges très-allongées. Il est curieux que chez toutes les variétés à tige naine (p. 31) la forme des feuilles se ressemble beaucoup.

Les naturalistes qui admettent l'immutabilité de l'espèce soutiennent souvent que, même chez les formes les plus variables, les caractères auxquels ils attribuent une valeur spécifique sont immuables. En voici un exemple tiré d'un auteur consciencieux,

---

[138] Gärtner, *Bastarderzeugung*, 1849, p. 87; — p. 169, pour le maïs; p. 92 et 181, pour le verbascum. — Voir aussi *Kenntniss der Befruchtung*, p. 137. — Pour la nicotiane, voir Kölreuter, *Zweite Fortsetz.*, 1764, p. 53, quoique le cas soit un peu différent.

qui, s'appuyant sur les travaux de M. Naudin, dit à propos des espèces de *Cucurbita :* « Au milieu de toutes les variations du fruit, les tiges, les feuilles, les calices, les corolles, les étamines, restent invariables dans chacune d'elles [139]. » Cependant, en décrivant le *Cucurbita pepo*, M. Naudin dit (p. 30) : « Ici, d'ailleurs, ce ne sont pas seulement les fruits qui varient, c'est aussi le feuillage et tout le port de la plante. Néanmoins, je crois qu'on la distinguera toujours facilement des deux autres espèces, si l'on veut ne pas perdre de vue les caractères différentiels que je m'efforce de faire ressortir. Ces caractères sont quelquefois peu marqués ; il arrive même que plusieurs d'entre eux s'effacent presque entièrement, mais il en reste toujours quelques-uns qui remettent l'observateur sur la voie. » L'impression que peut produire sur notre esprit, quant à l'immutabilité de l'espèce, ce passage de M. Naudin, est, certes, bien autre que celle qui résulte de l'affirmation de M. Godron.

Je ferai encore une observation : les naturalistes affirment toujours qu'aucun caractère important ne varie, tournant ainsi, sans s'en douter, dans un cercle vicieux ; car si un organe, quel qu'il soit, varie beaucoup, on le considère comme peu important, ce qui est correct au point de vue systématique. Mais tant qu'on prendra la constance d'un organe pour preuve de son importance, il est évident que de longtemps on ne pourra établir l'inconstance d'un organe essentiel. On doit regarder l'agrandissement des stigmates et leur position sessile au sommet de l'ovaire, comme des caractères importants, et Gasparini s'en est servi pour classer certaines courges dans un *genre distinct ;* mais Naudin (p. 20) déclare que ces parties n'ont rien de constant, et qu'elles reprennent parfois leur conformation ordinaire chez les fleurs des variétés *Turban* du *C. maxima*. En outre, chez ce même *C. maxima*, les carpelles (p. 19) qui forment le turban font saillie des deux tiers de leur longueur, au dehors du réceptacle, qui se trouve réduit ainsi à une sorte de plate-forme ; mais cette structure remarquable, qui ne se trouve que chez quelques variétés, passe par des gradations qui reviennent à la forme commune, où les carpelles sont presque entièrement enveloppés

---

[139] Godron, *O. C.*, t. II, p. 64.

dans le réceptacle. Chez le *C. moschata*, l'ovaire (p. 50) varie
beaucoup de forme ; il est ovale, presque sphérique, cylindrique,
plus ou moins renflé à sa partie supérieure, ou étranglé au milieu,
droit ou recourbé. La structure intérieure de l'ovaire ne diffère
pas de celle de l'ovaire des *C. maxima* et *pepo*, lorsqu'il est court
et ovale ; mais, quand il est allongé, les carpelles n'en occupent
que la partie renflée et terminale. Chez une variété du Con-
cómbre (*Cucumis sativus*), le fruit contient régulièrement cinq
carpelles au lieu de trois [140]. Je crois qu'on ne pourra pas contester que ce soient là des cas de variabilité considérable chez des
organes ayant une haute importance physiologique, et appartenant à des plantes occupant dans la classification un rang élevé.

Sageret [141] et Naudin ont constaté que le concombre (*C. Sativus*) ne se
croise avec aucune autre espèce du genre ; il est donc certain qu'il est spécifiquement distinct du melon. Cette assertion peut paraître superflue ;
toutefois, Naudin [142] nous apprend qu'il existe une race de melons dont le
fruit, tant extérieurement qu'intérieurement, ressemble si complétement à
celui du concombre, qu'il est presque impossible de les distinguer autrement que par les feuilles. Les variétés du melon paraissent être infinies, car
Naudin n'a pu, en six années d'étude, en venir à bout ; il les divise en dix
classes, comprenant d'innombrables sous-variétés, qui s'entre-croisent
toutes avec la plus grande facilité [143]. Les botanistes qui ont réparti en trente
espèces distinctes les formes regardées par Naudin comme des variétés, ne
connaissaient cependant pas la foule des formes nouvelles qui ont apparu depuis. La création de tant d'espèces n'a rien d'étonnant, si on considère combien
toutes ces formes transmettent rigoureusement leurs caractères par semis, et
diffèrent les unes des autres par leur apparence : « Mira est quidem foliorum
et habitus diversitas, sed multo magis fructuum, » dit Naudin. Le fruit étant
la partie recherchée est aussi, suivant la règle habituelle, celle qui est la plus
modifiée. Certains melons ne sont pas plus gros que des prunes, d'autres
pèsent jusqu'à soixante-six livres. Une variété porte un fruit écarlate. Chez
une autre variété le fruit n'a guère que 25 millimètres de diamètre, mais
il atteint parfois plus d'un mètre de longueur, et est tordu comme un ser-
pent. Chez cette dernière variété, il est singulier que certaines parties de
de la plante, comme les tiges, les pédoncules des fleurs femelles, les lobes
médians des feuilles, et surtout l'ovaire ainsi que le fruit mûr, présentent

[140] Naudin, *Ann. Sciences nat. — Botan.*, (4ᵉ série), t. XI, 1859, p. 28.
[141] *Mémoire sur les Cucurbitacées*, 1826, p. 6, 24.
[142] *Flore des serres*, 1861, cité dans *Gard. Chron.*, 1861, p. 1135. J'ai encore emprunté
quelques faits au mémoire de Naudin sur les Cucumis, dans *Ann. Sciences nat.* (4ᵉ série),
t. XI, 1859, p. 5.
[143] Sageret, *Mémoire*, p. 7.

tous une forte tendance à l'allongement. Plusieurs variétés du melon présentent cette particularité intéressante qu'ils revêtent les traits caractéristiques d'espèces distinctes du même genre, et même d'espèces appartenant à des genres différents mais voisins ; ainsi, le melon-serpent ressemble un peu au fruit du *Trichosanthes anguina* . Nous avons vu que d'autres variétés ressemblent aux concombres ; quelques variétés d'Égypte ont les pepins adhérents à une portion de la pulpe, fait qui caractérise certaines formes sauvages. Enfin, une variété d'Alger annonce sa maturation par une dislocation subite et spontanée, le fruit se fissure brusquement et tombe en morceaux ; ce qui se présente aussi chez le *C. momordica* sauvage. Enfin, Naudin a fait remarquer avec raison que cette production extraordinaire de races et de variétés par une seule espèce, et leur constance lorsqu'il n'intervient pas de croisements dans le cours de leur reproduction, sont des phénomènes qui donnent lieu à de nombreuses réflexions.

ARBRES UTILES ET D'AGRÉMENT.

Les arbres méritent une mention en raison des nombreuses variétés qu'ils présentent ; ces variétés diffèrent par leur précocité, leur mode de croissance, leur feuillage et leur écorce. Ainsi, le catalogue de MM. Lawson, d'Édimbourg, comprend vingt et une variétés du frène commun (*Fraxinus excelsior*), dont quelques-unes diffèrent par l'écorce, qui est jaune, marbrée de blanc, rougeâtre, pourpre, verruqueuse, ou fongueuse [144]. La pépinière de M. Paul [145] ne contient pas moins de quatre-vingt-quatre variétés de houx. Autant que j'ai pu m'en assurer, toutes les variétés d'arbres ont surgi subitement et ont été le résultat d'une seule variation, mais le temps nécessaire pour élever un certain nombre de générations, et le peu de valeur que peuvent avoir les variations de fantaisie, expliquent pourquoi on n'a pas accumulé par voie de sélection les modifications qui ont pu occasionnellement se présenter ; il en résulte que nous ne rencontrons pas, dans ce cas, des sous-variétés subordonnées à des variétés, ou celles-ci à des formes d'ordre supérieur. Cependant sur le continent, où on s'occupe davantage des forêts qu'on ne le fait en Angleterre, Alph. de Candolle [146] assure que tous les forestiers recherchent les graines des variétés qu'ils estiment avoir le plus de valeur.

Nos arbres utiles ont rarement été soumis à des changements considérables des conditions extérieures, ils n'ont pas reçu de riche fumure, et les espèces anglaises croissent dans leur climat propre. Cependant, lorsqu'on examine dans les pépinières des semis considérables de jeunes arbres, on peut

---

[144] London's *Arboretum et Fruticetum*. vol. II, p. 1217.
[145] *Gardener's Chronicle*, 1866, p. 1096.
[146] *O. C.*, p. 1096.

généralement y constater des différences importantes; et, en parcourant
l'Angleterre, j'ai été frappé de la diversité d'apparence qu'une même espèce
peut présenter dans nos bois et dans nos haies. Mais, comme les plantes varient déjà beaucoup à l'état sauvage, il serait difficile, même à un botaniste expérimenté, de décider si, comme je le crois, les arbres des haies varient davantage que ceux qui croissent dans les forêts vierges. Les arbres plantés par l'homme dans les bois ou les haies, ne poussent pas là où ils pourraient
naturellement conserver leur place et lutter contre tous leurs concurrents ;
ils ne sont pas, par conséquent, dans des conditions tout à fait normales, et
un pareil changement, quoique faible, doit probablement suffire pour déterminer quelque variabilité chez les rejetons provenant de leurs graines.
Que nos arbres à demi sauvages d'Angleterre soient ou non, en règle générale, plus variables que ceux qui croissent naturellement dans les forêts, il
n'en est pas moins certain qu'ils ont donné naissance à un beaucoup plus
grand nombre de variétés, caractérisées par des conformations singulières
et bien accusées.

Quant au mode de croissance, nous possédons les variétés pendantes ou
pleureuses, du saule, de l'ormeau, du chêne, de l'if et d'autres arbres; et
ce facies est quelquefois héréditaire, quoique d'une manière capricieuse.
Le peuplier de Lombardie, et certaines variétés pyramidales d'épines, de
genévriers, de chênes, etc., nous présentent un mode de croissance opposé.
Le chêne hessois [147], célèbre par son port fastigié et sa taille, n'a presque
aucune ressemblance apparente avec le chêne ordinaire ; cependant, ses
glands ne produisent pas toujours sûrement des plantes ayant le même aspect, bien que cela puisse arriver. Un autre chêne de même apparence a été,
dit-on, trouvé à l'état sauvage dans les Pyrénées, ce qui est surprenant ;
en outre, il transmet généralement si bien ses caractères par semis, que de
Candolle l'a regardé comme spécifiquement distinct [148]. Le Genévrier fastigié
(*J. suecica*) transmet également ses caractères par semis [149]. Le docteur
Falconer m'apprend que, dans le jardin botanique de Calcutta, sous l'action
de l'excessive chaleur, les pommiers deviennent fastigiés, ce qui nous prouve
que les effets du climat et une tendance spontanée innée, peuvent produire
les mêmes résultats [150].

Les feuilles sont quelquefois panachées, caractère qui est parfois héréditaire ; d'un pourpre foncé ou rouge, comme dans le noisetier, l'épine-vinette
et le hêtre. Chez ces deux dernières espèces, la couleur peut être fortement ou faiblement héréditaire [151]. Les feuilles sont parfois profondément
découpées, parfois couvertes de piquants, comme dans la variété *ferox* du

---

[147] *Gard. Chron.*, 1842, p. 36.
[148] Loudon's *Arboretum*, etc., vol. III, p. 1731.
[149] Id., *ibid.*, vol. IV, p. 2489.
[150] Godron, *O. C.*, t. II, p. 91, décrit quatre variétés de Robinia remarquables par leur
mode de croissance.
[151] *Journal of hort. Tour*, by Caledonian Hort. Soc., 1823, p. 107.—Alph. de Candolle,
O. C., p. 1083. — Verlot, *Sur la Production des variétés*, 1865, p. 55, pour l'épine-vinette.

houx, qui peut se reproduire par semis [152]. En fait, presque toutes les variétés particulières manifestent une tendance plus ou moins prononcée à se propager par semis [153]. Il en est ainsi jusqu'à un certain point, d'après Bosc [154], chez trois variétés de l'ormeau, celle à feuilles larges, à feuilles de tilleul, et l'ormeau tordu; chez ce dernier, les fibres du bois elles-mêmes sont tordues. Même chez le charme hétérophylle (*Carpinus betulus*), qui porte sur chaque rameau des feuilles de deux formes, la particularité s'est conservée sur plusieurs plantes obtenues par semis [155]. Je me contenterai d'ajouter un autre cas de variation remarquable du feuillage, c'est celui de deux sous-variétés du frêne, dont les feuilles sont simples au lieu d'être pennées, et qui transmettent généralement ce caractère par semis [156]. L'apparition de variétés pleureuses ou fastigiées, de feuilles profondément découpées, panachées, rouges, etc., sur des arbres appartenant à des ordres très-différents, prouve que de semblables modifications dans la structure doivent être le résultat de lois physiologiques très-générales.

Des observateurs habiles, se basant sur des différences telles que celles que nous venons d'indiquer, se sont crus autorisés à considérer comme des espèces distinctes plusieurs formes que nous savons aujourd'hui n'être que de simples variétés. Un platane cultivé depuis longtemps en Angleterre, a été regardé généralement comme une espèce américaine; on sait aujourd'hui, grâce à d'anciens documents, comme me l'apprend le Dr Hooker, que ce n'est qu'une variété. De même, de bons observateurs, tels que Lambert, Wallich et autres, ont établi la spécificité du *Thuya pendula* ou *filiformis*; mais, on sait maintenant que les plantes primitives, au nombre de cinq, ont surgi brusquement au milieu d'un semis de *T. orientalis*, dans la pépinière de M. Loddige; et le Dr Hooker a apporté la preuve qu'à Turin des graines du *T. pendula* ont reproduit la forme primitive, le *T. orientalis* [157].

On a souvent remarqué avec quelle régularité certains arbres prennent ou perdent individuellement leurs feuilles plus tôt ou plus tard que d'autres de la même espèce. C'est le cas du marronnier des Tuileries, célèbre par la précocité de sa floraison; il y a aussi, près d'Édimbourg, un chêne qui conserve ses feuilles très-tard dans l'arrière-saison. Quelques auteurs ont attribué ces différences à la nature du sol dans lequel ces arbres sont plantés; mais l'archevêque Whately, ayant greffé une épine précoce sur une tardive, et *vice versa*, les deux greffes conservèrent leurs périodes respectives, qui différaient d'une quinzaine de jours, comme si elles croissaient encore sur leurs propres souches [158]. Une variété de l'ormeau provenant de la Cornouailles est presque toujours verte, et ses bourgeons sont si délicats que

---

[152] Loudon's *Arboretum*, etc., vol. II, p. 508.
[153] Verlot, *O. C.*, p. 92.
[154] Loudon, *O. C.*, vol. III. p. 1376.
[155] *Gardener's Chronicle*, 1841, p. 687.
[156] Godron, *O C.*, t. II, p. 89. — Loudon's *Gardener's Mag.*, vol. XII, 1836, p. 371, décrit un frêne touffu et à feuilles panachées simples, qui provenait d'Irlande.
[157] *Gardener's Chronicle*, 1863, p. 575.
[158] Cité dans *Gard. Chron.*, 1841, p. 767.

la gelée les tue souvent; parmi les variétés du chêne Turc (*Q. cerris*), on peut distinguer des formes à feuillage caduc, et d'autres chez lesquelles il est presque toujours, ou toujours vert [159].

Pin d'Écosse (*Pinus sylvestris*). — Je mentionne cet arbre parce qu'il jette quelque lumière sur la question de la plus grande variabilité qu'offrent des arbres croissant dans les haies, comparativement à ceux qui se trouvent plus strictement dans leurs conditions naturelles. Un auteur [160] bien informé assure que, dans les forêts écossaises où il est indigène, le pin d'Écosse ne présente que peu de variétés, mais qu'il se modifie beaucoup au point de vue de l'aspect et du feuillage, de la grosseur, de la forme et de la couleur de ses cônes, lorsqu'il a été, pendant plusieurs générations, éloigné de son pays natal. Les variétés des régions basses et celles des parties élevées diffèrent, sans aucun doute, par la qualité de leur bois, et peuvent se propager par semis, ce qui justifie la remarque de Loudon, qu'une variété est souvent aussi importante qu'une espèce, et parfois bien davantage [161]. Je puis signaler un point assez important qui varie chez cet arbre : dans la classification des Conifères, on a établi des groupes sur la présence de deux, trois ou cinq feuilles dans la même gaîne ; le pin écossais n'en renferme habituellement que deux, mais on a observé des individus dans les gaînes desquels se trouvaient trois feuilles [162]. A côté de ces différences que présente le pin d'Écosse à demi cultivé, il y a, dans diverses parties de l'Europe, des races naturelles ou géographiques que quelques auteurs ont considérées comme des espèces distinctes. [163] Loudon [164] regarde comme des variétés alpines du pin d'Écosse, le *P. pumilio*, avec ses sous-variétés, *mughus*, *nana*, etc., qui diffèrent beaucoup suivant le sol où elles croissent, et ne se reproduisent qu'à peu près par semis ; si le fait venait à être établi, il serait intéressant, car il prouverait que le rapetissement des arbres, par suite d'une longue exposition à un climat rigoureux, est jusqu'à un certain point héréditaire.

L'Aubépine (*Cratægus oxyacantha*). — Cette plante a beaucoup varié ; sans parler des variations légères et innombrables dans la forme des feuilles, dans la grosseur, la dureté et la forme des baies, Loudon [165] énumère vingt-neuf variétés bien tranchées. A côté de celles qu'on cultive pour leurs jolies fleurs, il en est dont les fruits sont jaune d'or, noirs ou blanchâtres; d'autres portent des baies cotonneuses, ou des épines recourbées. Loudon fait remarquer avec raison que le principal motif pour lequel l'aubépine a fourni plus de variétés que la plupart des autres arbres, est que les pépiniéristes ont soin de choisir toutes les variétés saillantes qui peuvent sur-

---

[159] Loudon's *Arboretum*, etc., pour l'ormeau, t. III, p. 1376 ; —pour le chêne, p. 1846.
[160] *Gardener's Chronicle*, 1849, p. 822.
[161] Loudon, *O. C.*, vol. IV, p. 2150.
[162] *Gardener's Chronicle*, 1852, p. 693.
[163] Dr Christ, *Beitrâge zur Kenntniss Europæischer Pinus-arten ; Flora*, 1864. Il prouve que, dans la haute Engadine, des formes intermédiaires relient entre eux les *P. sylvestris* et *montana*.
[164] *O. C.*, vol. IV, p. 2159 et 2189.
[165] *O. C.*, vol. II, p. 830. — Loudon's *Gardener's Mag.*, vol. VI, 1830, p. 714.

gir dans les vastes semis qu'ils élèvent continuellement pour faire des haies. Les fleurs de l'aubépine renferment habituellement de un à trois pistils ; mais, chez deux variétés, nommées *Monogyna* et *Sibirica*, il ne s'en trouve qu'un ; d'Asso a constaté qu'en Espagne c'est l'état normal de l'aubépine commune [166]. Il existe encore une variété apétale, ou dont les pétales sont rudimentaires. La célèbre aubépine *Glastonbury*, fleurit et pousse des feuilles vers la fin de décembre, époque à laquelle elle porte des baies provenant d'une floraison antérieure [167]. Nous devons encore noter que plusieurs variétés d'aubépines, ainsi que de tilleul et de genièvre, sont très-distinctes par leur feuillage et leur aspect pendant qu'elles sont jeunes, mais finissent, au bout de trente à quarante ans, par se ressembler beaucoup [168], ce qui nous rappelle le fait bien connu que le Deodora, le cèdre du Liban et celui de l'Atlas, se distinguent très-facilement dans le jeune âge, mais très-difficilement lorsqu'ils sont vieux.

FLEURS.

Je ne m'étendrai pas longuement sur la variabilité des plantes qu'on ne cultive que pour leurs fleurs. Un grand nombre de celles qui ornent actuellement nos jardins descendent de deux ou de plusieurs espèces mélangées et croisées ensemble, circonstance qui, à elle seule, suffit pour rendre fort difficile l'appréciation des différences qui peuvent être imputées à la variation seule. Ainsi, par exemple, nos roses, nos pétunias, nos calcéolaires, nos fuchsias, vos verveines, nos glaïeuls, nos pélargoniums, etc., ont certainement une origine multiple. Un botaniste connaissant bien les formes souches parviendrait probablement à découvrir chez leurs descendants croisés et cultivés, quelques différences de conformation, et y constaterait certainement quelques particularités constitutionnelles remarquables et nouvelles. Je me contenterai de citer quelques cas relatifs au Pélargonium, cas que j'emprunte à un célèbre horticulteur, qui a spécialement cultivé cette plante, M. Beck [169] ; quelques variétés exigent plus d'eau que d'autres; il en est qui, empotées, montrent à peine une racine à l'extérieur de la motte de terre ; une variété doit avoir été empotée pendant quelque temps avant de pousser une tige à fleur ; quelques-unes fleurissent au commencement de la saison, d'autres à la fin ; il en est une [170] qui supporte une température très-élevée sans être éprouvée, et la *Blanche-fleur* semble faite pour pousser l'hiver, comme beaucoup de bulbes, et se reposer l'été. Ces

[166] London's *Arboretum*, etc., vol. II, p. 834.
[167] London's *Gardener's Mag.*, vol. IX, 1833, p. 123.
[168] London's *Gardener's Mag.*, vol. IX, 1835, p. 503.
[169] *Gardener's Chron.*, 1845, p. 623.
[170] Dr Benton, *Cottage Gardener's*, 1860, p. 377. — M. Beck, sur la *Queen Mab*, dans *Gardener's Chronicle*, 1845, p. 226.

singulières particularités constitutionnelles permettraient à une plante de croître, à l'état de nature, dans des circonstances extérieures très-diverses et sous des climats très-différents.

Au point de vue qui nous occupe, les fleurs n'ont que peu d'intérêt, car on ne leur a appliqué la sélection que pour leurs belles couleurs, leur grandeur, la perfection de leurs formes et leur mode de croissance, et, sous ces différents rapports, il n'y a pas une seule fleur, cultivée depuis longtemps, qui n'ait présenté des variations considérables. Le fleuriste ne s'inquiète guère de la forme et de la structure des organes de la fructification, à moins cependant qu'ils ne contribuent à la beauté des fleurs, et alors celles-ci se modifient sur des points importants : les étamines et les pistils se convertissant en pétales, le nombre de ceux-ci se trouve augmenté, ce qui arrive chez les fleurs doubles. On a plusieurs fois enregistré les procédés par lesquels, au moyen d'une sélection suivie, on a rendu les fleurs graduellement de plus en plus doubles, chaque progrès acquis étant transmis par hérédité. Dans ce qu'on appelle les fleurs doubles des Composées, les corolles des fleurons centraux ont subi de sensibles modifications, qui sont également héréditaires. Chez l'Ancolie *(Aquilegia vulgaris)* quelques étamines se transforment en pétales ayant la forme de nectaires, s'ajustant les uns dans les autres, et, chez une variété, elles se convertissent en pétales simples [171]. Chez quelques tubéreuses, le calice prend de vives couleurs et s'agrandit de manière à ressembler à une corolle ; M. W. Wooler m'apprend que ce caractère est transmissible, car, ayant croisé une tubéreuse commune avec une autre à calice coloré [172], plusieurs des plantes obtenues par semis héritèrent pendant environ six générations du calice coloré. Chez une Marguerite, la fleur principale est entourée de petites fleurs provenant de bourgeons placés sur les aisselles des écailles de l'involucre. On a décrit un pavot remarquable par la conversion de ses étamines en pistils, et cette particularité se transmit si fortement que, sur 154 plantes obtenues par semis, une seule fit retour au type ordinaire [173]. On rencontre chez la Crête de Coq *(Celosia cristata)* qui est annuelle, plusieurs races chez lesquelles les tiges florales sont comprimées, et on en a exposé une qui mesurait 46 centimètres de largeur [174]. On peut propager par semis les races péloriques de *Gloxinia speciosa* et d'*Antirrhinum majus*, qui diffèrent étonnamment de la forme type par leur conformation et leur aspect.

Sir William et le Dr Hooker [175] ont signalé une modification bien plus remarquable chez le *Begonia frigida*. Cette plante produit normalement des fleurs mâles et des fleurs femelles sur le même fascicule, le périanthe étant supérieur chez ces dernières ; à Kew, ils en ont observé une qui, à

[171] Moquin-Tandon, *Eléments de Tératologie,* 1841, p. 213.
[172] *Cottage Gardener,* 1860, p. 133.
[173] Cité par Alph. de Candolle, *Bibl. universelle,* novembre 1862, p. 58.
[174] Knight, *Transact. Hort. Soc.,* vol. IV, p. 322.
[175] *Botanical Magazine,* tab. 5160, fig. 4. — Dr Hooker. *Gard. Chron.,* 1860, p. 190. — Prof. Harvey, dans *Gard. Chron.,* 1860, p. 145. — M. Crocker, *Gard. Chron.,* 1861, p. 1092.

côté des fleurs ordinaires, produisit d'autres fleurs passant graduellement à une structure hermaphrodite, et chez lesquelles le périanthe était inférieur. L'importance, au point de vue de la classification, d'une pareille modification est telle que, pour emprunter les paroles du professeur Harvey ; « si elle se fût présentée à l'état de nature, et qu'une plante ainsi conformée eût été recueillie par un botaniste, il ne l'eût pas seulement classée dans un genre distinct des *Begonia*, mais très-probablement considérée comme le type d'un nouvel ordre naturel. » On ne peut pas, dans un sens, considérer cette modification comme une monstruosité, car des conformations analogues se rencontrent naturellement chez d'autres ordres, comme les Saxifrages et les Aristoloches. Le cas est d'autant plus intéressant que M. C.-W. Crocker, ayant semé des graines provenant des fleurs normales, obtint, parmi les plantes provenant de ce semis, des individus qui produisirent, à peu près dans la même proportion que chez la plante mère, des fleurs hermaphrodites ayant un périanthe inférieur. Les fleurs hermaphrodites fécondées par leur propre pollen restèrent stériles.

Si les fleuristes avaient porté leur attention sur d'autres modifications de structure que celles intéressant la beauté de la fleur, s'ils leur avaient appliqué la sélection et qu'ils eussent cherché à les propager par semis, ils auraient certainement obtenu une foule de curieuses variétés, qui auraient probablement transmis leurs caractères avec constance. Les horticulteurs se sont quelquefois occupés des feuilles de leurs plantes, et ont ainsi produit des dessins symétriques et fort élégants de blanc, de rouge, de vert, qui sont quelquefois, comme chez le Pélargonium, strictement héréditaires [176]. Du reste, il suffit d'examiner, dans les jardins et les serres, toutes les fleurs très-cultivées, pour remarquer d'innombrables déviations de structure dont la plupart ne sont, il est vrai, que des monstruosités, mais n'en sont pas moins intéressantes en ce qu'elles fournissent une preuve de la grande plasticité que peut acquérir l'organisation végétale soumise à la culture. A ce point de vue, les ouvrages comme la *Tératologie* du professeur Moquin-Tandon sont éminemment instructifs.

Roses. — Ces fleurs offrent l'exemple d'un certain nombre de formes généralement regardées comme espèces, telles que *R. centifolia, gallica, alba, damascena, spinosissima, bracteata, indica, semperflorens, moschata,* etc., qui ont été entre-croisées et qui ont beaucoup varié. Le genre *Rosa* est un des plus complexes, et, bien que quelques-unes des formes ci-dessus indiquées soient considérées par tous les botanistes comme des formes distinctes, il en est qui sont douteuses ; ainsi, pour ne parler que des formes anglaises, Babington admet dix-sept espèces, et Bentham cinq seulement. Les hybrides de quelques-unes des formes les plus distinctes, — par exemple ceux de la *R. Indica* fécondée par le pollen de la *R. centifolia,* — produisent abondamment de la graine, fait que j'emprunte avec presque tous

---

[176] Alph. de Candolle, *O. C.*, p. 1083; *Gard. Chron.*, 1861, p. 433. L'hérédité des zones blanches et dorées du *Pélargonium* dépend beaucoup de la nature du sol. Voir Dr Beaton, *Journal of Horticulture*, 1861, p. 64.

ceux qui vont suivre à l'ouvrage de M. Rivers [177]. La plupart des formes originelles importées de divers pays ayant été croisées et recroisées, il n'est pas étonnant, comme le fait remarquer Targioni-Tozzetti à propos des roses communes des jardins d'Italie, qu'il y ait beaucoup d'incertitude sur le lieu d'origine et les formes précises des types sauvages de la plupart d'entre elles [178]. M. Rivers, néanmoins, parlant de la *R. Indica*, croit qu'une observation attentive permet de reconnaître les descendants de chaque groupe (p. 68); il croit aussi que les roses ont subi quelque métissage, mais il est évident que, dans la plupart des cas, les différences dues à la variation et celles dues à l'hybridisation ne peuvent être déterminées avec certitude.

Les espèces ont varié tant par semis que par bourgeons, et j'aurai, dans le chapitre suivant, l'occasion de prouver que les variations par bourgeons peuvent être propagées non-seulement par greffes, mais souvent aussi par semis. Lorsqu'une nouvelle rose présentant quelque caractère particulier vient à apparaître, M. Rivers (p. 4) croit qu'elle peut devenir la souche d'un type nouveau, si elle produit de la graine. Quelques formes ont une tendance si prononcée à la variation (p. 16), que, plantées dans des terrains différents, elles présentent des couleurs assez diverses pour qu'on les considère comme des formes distinctes. Le nombre des variétés de roses est immense, et M. Desportes, dans son Catalogue pour 1829, en énumère 2,562 cultivées en France ; mais il est probable qu'un grand nombre d'entre elles ne sont que nominales.

Il serait inutile de détailler ici les divers points sur lesquels portent les différences entre toutes les variétés, je me contenterai de mentionner quelques particularités constitutionnelles. Plusieurs roses françaises ne réussissent pas en Angleterre (Rivers, p. 12), et un horticulteur [179] a remarqué que souvent, dans un même jardin, on voit une rose qui ne produit rien près d'un mur exposé au midi, réussir près d'un mur exposé au nord. C'est le cas pour la variété *Paul-Joseph*. Elle croît vigoureusement et fleurit supérieurement près d'un mur exposé au nord, et sept rosiers situés près d'un mur exposé au midi, n'ont rien produit pendant trois ans. Il est des roses qu'on peut forcer, tandis qu'il est impossible de forcer certaines autres ; dans ce nombre se trouve la variété *Général Jacqueminot* [180]. M. Rivers prévoit avec enthousiasme que, par les effets du croisement et de la variation (p. 87), le jour viendra où toutes nos roses auront un feuillage toujours vert, des fleurs éclatantes et parfumées, et fleuriront de juin en novembre ; avenir éloigné, ce me semble, mais la persévérance du jardinier peut faire des merveilles, car, certes, elle en a déjà opéré.

Il n'est pas inutile de donner ici un rapide aperçu de l'histoire bien connue d'une variété de roses. Quelques rosiers sauvages d'Écosse (*R. spino-*

[177] *Rose amateur's Guide*, T. Rivers, 1837, p. 21.
[178] *Journal Hort. Soc.*, vol. IX, 1855, p. 182.
[179] Rev. W. F. Radclyffe, *Journ. of Hort.*, 14 mars 1865, p. 207.
[180] *Gard. Chronicle*, 1861, p. 46.

sissima) furent, en 1793, transplantés dans un jardin [181] ; l'un d'eux portait des fleurs faiblement teintées de rouge, et on obtint par semis une plante à fleurs demi-monstrueuses, teintées aussi en rouge ; les produits de la graine furent demi-doubles, et, grâce à une sélection continue, au bout d'une dizaine d'années, elle avait donné naissance à huit sous-variétés. En moins de vingt ans, ces roses doubles d'Écosse avaient tellement varié et augmenté en nombre, que M. Sabine a pu en décrire vingt-six variétés bien marquées, groupées dans huit sections. En 1841 [182], on pouvait s'en procurer, dans les pépinières près de Glasgow, trois cents variétés, rouges, écarlates, pourpres, marbrées, bicolores, blanches et jaunes, et différant beaucoup par la grandeur et la forme de la fleur.

PENSÉE (*Viola tricolor*, etc.). On connaît assez bien l'histoire de cette fleur ; elle était cultivée, dès 1687, dans le jardin d'Evelyn, mais on ne s'est occupé de ses variétés que depuis 1810-1812, époque à laquelle lady Monke s'adonna à leur culture avec le concours d'un horticulteur trèsconnu, M. Lee, et, au bout de quelques années, il existait déjà une vingtaine de variétés [183]. Vers la même période, en 1813 ou 1814, lord Gambier ayant recueilli quelques plantes sauvages, les fit cultiver avec les variétés communes, par son jardinier, M. Thomson, et obtint ainsi de grandes améliorations. Le premier changement important fut la conversion des lignes foncées du milieu de la fleur en une tache centrale ou œil, qui n'existait pas auparavant, et qui est actuellement considérée comme une des premières conditions de la beauté de la pensée. On a publié, en 1835, un ouvrage consacré tout spécialement à cette fleur et, à cette époque, quatre cents variétés distinctes étaient en vente. Cette plante me parut digne d'être étudiée, en raison du contraste qui existe entre les fleurs petites, allongées et irrégulières de la pensée sauvage, et les magnifiques fleurs plates, ayant plus de cinq centimètres de diamètre, symétriques, circulaires, veloutées, si splendidement colorées des belles pensées qu'on expose dans nos concours. Mais, en examinant le sujet de plus près, je trouvai que, malgré l'origine récente de toutes les variétés, la plus grande confusion règne au sujet de leur origine. Les fleuristes font descendre les variétés [184] de plusieurs souches sauvages, *V. tricolor*, *lutea*, *grandiflora*, *amœna*, et *altaica*, plus ou moins entre-croisées, et sur la spécificité desquelles je ne trouve dans les ouvrages de botanique que doute et confusion. La *Viola altaica* paraît constituer une forme distincte, mais je ne sais quelle part elle peut avoir prise à la formation de nos variétés ; on dit qu'elle a été croisée avec la *V. lutea*. Tous les botanistes regardent aujourd'hui la *V. amœna* [185] comme une variété naturelle de la *V. grandiflora* ; or, il est prouvé que cette dernière, ainsi que

---

[181] M. Sabine, *Trans. Hort. Soc.*, vol. IV, p. 285.

[182] J. C. Loudon, *Encyclop. of Plants*, 1841, p. 443.

[183] Loudon's *Gard. Mag.*, vol. XI, 1835, p. 427. — *Journ. of Hort.*, 14 avril 1863, p. 275.

[184] Loudon, *ibid.*, vol. VIII, p. 575 ; vol. IX, p. 689.

[185] Sir J. E. Smith, *English Flora*, vol. I, p. 306. — H. C. Watson, *Cybele Britannica*, vol. I, 1847, p. 181.

la *V. sudetica*, est identique à la *V, lutea*. Babington regarde cette dernière, avec la *V. tricolor* et sa variété *V. arrensis*, comme des espèces distinctes, et c'est aussi l'opinion de M. Gay [186], qui a spécialement étudié ce genre ; mais la distinction spécifique entre la *V. lutea* et la *V. tricolor* est principalement basée sur ce que l'une est complétement vivace, et l'autre moins, ainsi que sur quelques autres différences insignifiantes dans la forme de la tige et des stipules. Bentham réunit les deux formes, et M. H. C. Watson [187] fait obser-ver que, tandis que la *V. tricolor* se confond avec la *V. arvensis* d'une part, elle se rapproche tellement d'autre part de la *V. lutea* et de la *V. Curtisii*, qu'il n'est pas facile d'établir une distinction entre elles.

Il en résulte qu'après avoir comparé de nombreuses variétés, je renonçai à la tentative comme trop difficile pour quiconque n'est pas botaniste de pro-fession. La plupart des variétés présentent des caractères si inconstants que, lorsqu'elles poussent dans des terrains pauvres, ou qu'elles fleurissent hors de leur saison ordinaire, elles produisent des fleurs plus petites et différem-ment colorées. Les horticulteurs parlent souvent de la constance de telle ou telle forme, mais ils n'entendent pas par là, comme dans d'autres cas, que la plante transmet exactement ses caractères par semis, mais seulement que la culture ne modifie pas la plante considérée individuellement. Cependant, même pour les variétés fugitives de la Pensée, le principe d'hérédité s'ap-plique jusqu'à un certain point ; car, pour obtenir de bons résultats, il faut toujours semer la graine des bonnes variétés. Toutefois, dans un semis con-sidérable, on voit souvent apparaître par retour quelques plantes presque sauvages. Si on compare les variétés les plus modifiées avec les formes sau-vages qui s'en rapprochent le plus, outre les différences de grandeur, de forme et de couleur des fleurs, les feuilles varient quelquefois aussi de forme, et le calice peut différer par la longueur et la largeur des sépales. Il faut noter particulièrement les variations dans la forme du nectaire parce qu'on s'est servi des caractères tirés de cet organe pour la distinction de la plupart des espèces du genre *Viola*. J'ai trouvé, en 1842, par la comparaison d'un grand nombre de fleurs, que chez la plupart, le nectaire est droit ; chez d'autres, l'extrémité est recourbée en crochet en dessus, en dessous, ou en dedans ; ou bien, au lieu d'être en crochet, elle se dirige d'abord en bas, puis en arrière et en dessus ; chez d'autres, l'extrémité est fort élargie ; enfin chez plusieurs le nectaire, déprimé à la base, se comprime latéralement vers son extrémité. D'autre part, je n'ai trouvé presque aucune variation du nectaire chez une grande quantité de fleurs provenant d'une partie diffé-rente de l'Angleterre que j'eus occasion d'examiner en 1856, M. Gay assure que, dans certaines contrées comme l'Auvergne, le nectaire de la *V. gran-diflora* sauvage, varie de la manière que je viens de décrire. Devons-nous

[186] Emprunté aux Annales des Sciences dans *Companion to the Bot. Mag.*, vol. I, 1835, p. 159.
[187] *Cybele Britannica*, vol. I, p. 173. — Dr Herbert. *Transact. Hort. Soc.*, vol. IV, p. 19, sur les changements de couleur chez les individus transplantés, et sur les variations natu-relles de la *V. Grandiflora*.

conclure de là que les variétés cultivées que nous avons mentionnées en premier, descendent toutes de la *V. grandiflora*, et que le second lot, quoique présentant la même apparence générale, soit descendu de la *V. tricolor*, dont le nectaire, selon M. Gay, ne varie que peu ? Ou n'est-il pas plus probable que les deux formes sauvages, se trouvant dans d'autres conditions, pourraient varier d'une manière analogue, ce qui prouverait qu'elles ne doivent pas être considérées comme spécifiquement distinctes ?

Le *Dahlia* a été cité par tous les auteurs qui ont traité de la variation des plantes, parce qu'on croit que toutes les variétés descendent d'une espèce unique, et ont toutes apparu depuis 1802 en France, et 1804 en Angleterre [188]. M. Sabine pense qu'il a fallu une culture assez longue avant que les caractères fixes de la plante primitive aient cédé, et aient commencé à présenter tous les changements que nous recherchons aujourd'hui [189]. La forme des fleurs, d'abord plate, est devenue globulaire ; on a produit des races semblables aux anémones et aux renoncules [190], différant par la forme et l'arrangement des fleurons ; des races naines, dont l'une n'a que 46 centimètres de hauteur. Les graines varient beaucoup en grosseur. Les pétales sont, ou uniformes de couleur, ou tachetés et rayés, et présentent une diversité presque infinie de nuances. On a pu obtenir, par des semis de la graine d'une même plante, quatorze [191] couleurs différentes, bien qu'en général les plantes obtenues par semis affectent la couleur de la forme parente. L'époque de la floraison a été considérablement avancée, ce qui est probablement le résultat d'une sélection continue. Salisbury, qui écrivait en 1808, dit que les dahlias fleurissaient alors de septembre à novembre ; en 1828, on vit fleurir en juin quelques variétés naines nouvelles [192] ; et M. Grieve m'apprend que la *Zelinda pourpre naine* est en pleine floraison dans son jardin au milieu de juin, et quelquefois même plus tôt. On a remarqué, chez quelques variétés, des différences constitutionnelles ; ainsi il en est qui réussissent mieux dans une partie de l'Angleterre que dans une autre [193], et on a constaté que certaines variétés exigent plus d'humidité que certaines autres [194].

Certaines fleurs, comme l'OEillet, la Tulipe et la Jacinthe, qui descendent, dit-on, chacune d'une forme sauvage unique, présentent des variétés innombrables, différant presque toutes uniquement par la forme, la grandeur et la couleur des fleurs. Ces plantes, avec quelques-autres très-anciennement cultivées, qui ont été longtemps propagées par rejetons, par bulbes, etc., deviennent si excessivement variables que, presque chaque plante obtenue par

---

[188] Salisbury, *Transact. Hort. Soc.*, vol. I, 1812, p. 84-92. Une variété demi-double a été produite en 1790 à Madrid.

[189] *Trans. Hort. Soc.*, vol. III, 1820, p. 225.

[190] Loudon's *Gardener's Magaz.*, vol. VI, 1830, p. 77.

[191] London's *Encyclop. of Gardening*, p. 1035.

[192] *Trans. Hort. Soc.*, vol. I, p. 91. — London's *Gard. Mag.*, vol. III, 1828, p 179.

[193] M. Wildman, *Gard. Chron.*, 1843, p. 87; *Cottage Gardener*, 8 avril 1856, p. 33.

[194] M. Faivre a publié un intéressant mémoire sur les variations successives du primevère chinois depuis son introduction en Europe vers 1820: *Rev. des Cours Scientifiques*, juin 1869, p. 428.

semis forme une variété nouvelle dont la description, comme l'écrivait Gerarde, en 1597, serait un vrai travail de Sisyphe, et aussi impossible que de vouloir compter les grains de sable de la mer.

JACINTHE (*Hyacinthus orientalis*). — L'histoire de cette plante qui vient du Levant, et fut introduite, en 1596, en Angleterre [195], présente, cependant, un certain intérêt. D'après M. Paul, les pétales de la fleur primitive étaient étroits, ridés, pointus et d'une texture molle ; actuellement, ils sont larges, solides, lisses et arrondis. La largeur, la position, la longueur de tout l'épi et la grandeur des fleurs ont augmenté, les couleurs se sont diversifiées et ont acquis plus d'intensité. Gerarde, en 1597, compte quatre variétés de jacinthes et Parkinson, en 1629, en compte huit. Aujourd'hui elles sont très-nombreuses et l'ont été encore davantage il y a un siècle. M. Paul remarque qu'il est « intéressant de comparer les Jacinthes de 1629 avec celles de 1864, et de constater les améliorations. Il s'est écoulé depuis lors deux cent trente-cinq ans, et cette simple fleur offre une excellente démonstration du fait que les formes primitives de la nature ne demeurent ni stationnaires ni fixes, du moins lorsqu'elles sont soumises à la culture. En envisageant les extrêmes, il ne faut jamais oublier qu'il y a eu des formes intermédiaires qui sont perdues pour nous ; car si la nature peut quelquefois se permettre un saut, sa marche ordinaire est lente et graduelle. » Il ajoute que l'horticulteur doit « se proposer un idéal de beauté, vers la réalisation duquel il travaille de la tête et de la main, » ce qui nous prouve combien M. Paul, un des plus heureux cultivateurs de cette fleur, apprécie l'action de la sélection méthodique.

Un ouvrage curieux publié à Amsterdam [196], en 1768, signale près de deux mille variétés de Jacinthes connues alors ; mais, en 1864, M. Paul n'en a trouvé que sept cents dans le plus grand jardin d'Haarlem. L'ouvrage constate qu'il n'y a pas un seul cas connu d'une variété qui se soit reproduite exactement par semis ; cependant, aujourd'hui, les Jacinthes blanches produisent presque toujours des Jacinthes blanches [197], et les variétés jaunes paraissent aussi se transmettre. La Jacinthe est remarquable en ce qu'elle a donné naissance à des variétés bleues, roses et jaunes. Ces trois couleurs primaires ne se rencontrent pas chez les variétés d'aucune autre espèce, et bien rarement chez les espèces distinctes d'un même genre. Bien que les diverses sortes de Jacinthes diffèrent peu les unes des autres, la couleur exceptée, chaque variété a cependant son caractère individuel et peut être reconnue par un œil exercé ; ainsi, l'auteur de l'ouvrage d'Amsterdam dit (p. 43) que quelques horticulteurs expérimentés, comme le célèbre G. Voorhelm, pouvaient, dans une collection de douze cents variétés, reconnaître sans se tromper chacune d'elles à la seule inspection de la bulbe ! Le même auteur signale quelques variétés singulières : ainsi la

[195] M. Paul de Waltham, *Gardener's Chronicle*, 1864, p. 342 ; la meilleure et la plus complète description de la jacinthe que je connaisse.
[196] *Des Jacinthes, de leur anatomie, reproduction et culture*, Amsterdam, 1768.
[197] Alph. de Candolle, *O. C.*, p. 1082.

Jacinthe porte ordinairement six feuilles, mais il y en a une (p. 35) qui n'en a presque jamais que trois, une autre jamais plus de cinq ; enfin il y en a qui portent sept ou huit feuilles. Une variété, la *Coryphée*, produit invariablement (p. 116) deux tiges florales, réunies ensemble et enveloppées dans la même gaîne. Chez une autre variété, la tige florale (p. 128) sort de terre avec une gaîne colorée, et avant les feuilles, ce qui l'expose à souffrir de la gelée ; une autre variété pousse toujours une seconde tige florale après que la première a commencé à se développer. Enfin, les Jacinthes blanches à centre rouge, pourpre ou violet (p. 129), pourrissent facilement. Nous voyons donc que, comme beaucoup d'autres plantes, les Jacinthes, après une culture prolongée, offrent un grand nombre de variations singulières.

Je me suis étendu dans les deux derniers chapitres, sur les variations et l'histoire d'un certain nombre de plantes cultivées dans divers buts. J'ai dû, toutefois, laisser de côté quelques-unes des plantes les plus variables, telles que les Haricots, les Piments, les Millets, les Sorghos, etc., dont les souches primitives sauvages sont inconnues, et au sujet desquelles les botanistes ne peuvent s'accorder pour déterminer quelles formes doivent être regardées comme espèces ou comme variétés [198]. Beaucoup de plantes cultivées depuis longtemps dans les pays tropicaux, telles que la Banane, ont produit de nombreuses variétés, que nous avons dû laisser de côté, parce qu'elles n'ont jamais été décrites avec soin. Toutefois, nous avons donné un nombre de faits plus que suffisant pour permettre au lecteur de juger par lui-même de la nature et de l'importance des variations des plantes cultivées.

[198] Alph. de Candolle, *O. C.*, p. 983.

CHAPITRE XI.

SUR LA VARIATION PAR BOURGEONS,
ET SUR CERTAINS MODES ANORMAUX DE REPRODUCTION
ET DE VARIATION.

Variations par bourgeons chez le Pecher, le Prunier, le Cerisier, la Vigne, le Groseillier et le Bananier, manifestées par les modifications du fruit. — Fleurs ; Camélias, Azalées, Chrysanthèmes, Roses, etc. — Altération des couleurs chez les Œillets. — Variations par bourgeons chez les feuilles. — Variations par drageons, par tubercules et par bulbes. — Bourgeonnement des Tulipes. — Les variations par bourgeons se confondent avec des modifications résultant de changements dans les conditions d'existence. — Hybrides résultant de la greffe. — La variation par bourgeons provoque la séparation des caractères des formes parentes chez les hybrides obtenus par semence. — Action directe ou immédiate d'un pollen étranger sur la plante mère. — Effets d'une première fécondation sur la progéniture ultérieure des femelles d'animaux. — Conclusion et résumé.

Je consacrerai ce chapitre à l'étude d'un sujet important sous bien des rapports, c'est-à-dire la variation par bourgeons. J'entends par cette expression, tous les brusques changements de structure et d'aspect qui apparaissent parfois chez les bourgeons foliifères ou florifères des plantes adultes. Les horticulteurs donnent ordinairement le nom de *sports* à ces modifications ; mais, comme je l'ai déjà fait remarquer, cette expression est impropre en ce qu'on l'applique souvent à des variations bien définies qui se produisent chez des plantes obtenues par semis. La différence entre la reproduction par semences ou par bourgeons n'est pas si considérable qu'elle peut le paraître d'abord ; car le bourgeon est dans un sens un individu nouveau et distinct, produit, il est vrai, sans le concours d'un appareil spécial, tandis que les graines fécondes nécessitent pour leur formation le concours de deux éléments sexuels. On peut en général propager les modifications qui résultent de variations par bourgeons, au moyen de greffes, de boutures, de bulbes, etc., quelquefois même de semis. Quelques-unes de nos productions les plus utiles et les plus belles doivent leur origine à des variations par bourgeons.

On n'a encore observé ces variations que dans le règne végétal ; mais il est probable que si les animaux composés, tels que les coraux, etc., avaient été soumis à l'influence d'une domestication prolongée, ils eussent également varié par bourgeons ; car, sous beaucoup de rapports, ils ressemblent aux plantes. En effet, tout caractère nouveau ou particulier, chez un animal composé, se propage au moyen de bourgeonnements, par exemple, chez les Hydres de diverses couleurs, et, comme M. Gosse l'a démontré, chez une variété singulière de vrai corail. On a aussi greffé des variétés de l'Hydre sur d'autres variétés, et elles ont conservé leurs caractères.

Après avoir exposé les cas de variations par bourgeons que j'ai pu recueillir, je discuterai leur importance. [1] Ces exemples prouvent que les auteurs qui, comme Pallas, attribuent toutes les variabilités au croisement soit de races distinctes, soit d'individus un peu différents les uns des autres, mais appartenant à la même race, sont dans l'erreur, de même que ceux qui les attribuent au fait unique de l'union sexuelle. Le principe du retour à des caractères perdus n'explique pas non plus, dans tous les cas, l'apparition de caractères nouveaux à la suite de variations par bourgeons, et les faits qui vont suivre permettront de juger de l'influence que les conditions extérieures peuvent exercer directement sur chaque variation particulière. Après avoir indiqué les variations par bourgeons qui se produisent chez les fruits, je m'occuperai des fleurs et enfin des feuilles.

Pecher (*Amygdalus Persica*). — J'ai signalé, dans le chapitre précé-

---

[1] Depuis la publication de la première édition de cet ouvrage, M. Carrière, chef des Pépinières au *Mus. d'Hist. Nat.*, a publié un excellent mémoire, *Production et fixation des variétés*, 1865, dans lequel il donne une liste beaucoup plus complète que la mienne des variations par bourgeons. Toutefois, comme cette liste énumère principalement des cas qui se sont produits en France, j'ai conservé ma liste telle quelle en me contentant d'ajouter quelques faits empruntés à M. Carrière et à d'autres. Ceux qui voudraient étudier plus complétement ce sujet doivent consulter le mémoire de M Carrière.

dent, deux cas de pêcher-amandier et d'un amandier à fleurs doubles, qui ont subitement produit des fruits ressemblant à de vraies pêches. J'ai signalé aussi quelques cas de pêchers qui ont produit des bourgeons, lesquels, développés en rameaux, ont porté des pêches lisses. Nous avons vu que six variétés distinctes de pêcher bien connues, et quelques autres non dénommées, ont, de la même manière, produit plusieurs variétés de pêches lisses. J'ai démontré combien il est improbable que ces pêchers, dont quelques-uns sont d'anciennes variétés, cultivées par millions, soient des métis du pêcher vrai et du pêcher à fruit lisse ; et, en outre, qu'il est contraire à toute analogie d'attribuer la production accidentelle de pêches lisses sur les pêchers à l'action directe du pollen provenant de quelque pêcher voisin à fruit lisse. Quelques cas sont fort remarquables en ce que : 1°, le fruit ainsi produit se trouve être parfois en partie une pêche proprement dite et en partie une pêche lisse ; 2°, parce que les pêches lisses apparaissant subitement ont pu se reproduire par semis ; et 3°, parce qu'on peut produire des pêches lisses aussi bien en semant la graine du pêcher proprement dit qu'en lui empruntant ses bourgeons. La graine de la pêche lisse, par contre, produit quelquefois des pêches vraies, et nous avons cité un cas où un pêcher lisse a produit de vraies pêches à la suite d'une variation par bourgeons. La pêche étant certainement la variation la plus ancienne ou la variété primaire, la production des pêches vraies par le pêcher lisse, tant par semis que par bourgeons, pourrait être considérée comme un cas de retour. On a aussi décrit certains arbres qui portent indistinctement les deux sortes de pêches ; c'est probablement là un cas de variation par bourgeons poussée à un degré extrême.

La pêche grosse mignonne de Montreuil a produit de cette manière, par variation, la grosse mignonne tardive, variété aussi excellente que la première, mais qui mûrit quinze jours plus tard [2]. Cette même pêche a aussi produit par variation de bourgeons la grosse mignonne précoce. La grosse pêche lisse fauve de Hunt descend également de la petite fauve de Hunt, mais non par semis [3].

PRUNIER. — M. Knight rapporte qu'un prunier de la variété magnum bonum jaune, qui avait toujours produit son fruit ordinaire, poussa à l'âge de quarante ans, une branche portant des prunes rouges [4]. M. Rivers m'apprend (Janvier 1863) que, sur environ cinq cents arbres de la variété Early Prolific (Prolifique précoce) du prunier, qui descend d'une ancienne variété française à fruit pourpre, un seul a produit à l'âge de dix ans des prunes d'un jaune vif, qui ne différaient que par la couleur de celles des autres pruniers appartenant à la même variété, mais qui ne ressemblaient à aucune des prunes jaunes connues [5].

CERISIER (Prunus cerasus). — M. Knight a observé une branche d'un

---

[2] Gardener's Chronicle, 1854, p. 821.
[3] Lindley, Guide to Orchard, Gard. Chron., 1852, p. 821. — Pour la pêche mignonne précoce, voir Gard. Chron., 1864, p. 1251.
[4] Transact. Hort. Soc., vol. II, p. 160.
[5] Gardener's Chronicle, 1863, p. 27.

cerisier *May Duke*, laquelle, quoique n'ayant jamais été greffée, produisait toujours des fruits plus oblongs, et qui mûrissaient plus tardivement que ceux des autres branches. On a aussi constaté en Écosse, sur deux cerisiers appartenant à la même variété, la présence de branches portant de fort beaux fruits oblongs, qui arrivaient invariablement à maturité, comme dans le cas précédent, quinze jours plus tard que les autres cerises[6]. M. Carrière cite (p. 37) de nombreux cas analogues ; il décrit même un cerisier qui porte simultanément trois espèces de fruits.

Vigne (*Vitis vinifera*). — Le Frontignan noir ou pourpre a, dans un cas, produit pendant deux années consécutives (et sans doute d'une manière permanente), des pousses portant des Frontignans blancs. Dans un autre cas, sur la même grappe, les grains inférieurs étaient noirs, ceux placés près du pédoncule, blancs, excepté un noir et un bigarré ; ensemble quinze grains noirs et douze blancs. Chez une autre variété, on a observé sur la même grappe des grains noirs et des grains ambrés[7]. Le comte Odart a décrit une variété qui porte souvent sur la même grappe des petits grains arrondis et d'autres plus grands et oblongs ; la forme du grain est cependant ordinairement un caractère fixe[8]. Voici encore un cas extraordinaire cité par M. Carrière[9] ; une souche de Hambourg noir (*Frankenthal*) après avoir été coupée, poussa trois rejetons, dont l'un ayant été marcotté, produisit plus tard des raisins beaucoup plus petits, qui atteignaient leur maturité quinze jours plus tôt que les autres. Quant aux deux autres rejetons, l'un produisait chaque année de belles grappes, l'autre portait beaucoup de fruits, mais de qualité inférieure, et ne mûrissant que difficilement.

Groseillier épineux (*Ribes grossularia*). — Le Dr Lindley[10] a signalé un remarquable groseillier qui portait à la fois quatre sortes de groseilles, — rouges et velues, — lisses, petites et rouges, — vertes, — et jaunes teintées de chamois. Ces deux dernières avaient les graines rouges, et une saveur différente de celle des groseilles rouges. Trois rameaux poussaient près les uns des autres sur ce groseillier ; le premier produisit trois groseilles jaunes et une rouge ; le second quatre jaunes et une rouge ; le troisième quatre rouges et une jaune. M. Laxton m'apprend aussi qu'il a eu occasion de voir un groseillier rouge *Warrington* qui portait sur la même branche des groseilles rouges et jaunes.

Groseillier a grappes (*Ribes rubrum*). — Un groseillier *Champagne*, variété qui produit des groseilles rosées intermédiaires entre les rouges et les blanches, a, pendant quatorze ans, produit, soit sur des branches différentes, soit sur une même branche, des groseilles rouges, blanches et rosées[11]. On est naturellement porté à croire que cette variété provient

[6] *Ibid.*, 1852, p. 821.
[7] *Ibid.*, 1852, p. 629. — 1856, p. 648.— 1864, p. 986. — Braun, *Ray Soc. Bot. Mem.*, 1853, p. 314.
[8] *Ampélographie*, etc., 1849, p. 71.
[9] *Gardener's Chronicle*, 1866, p. 970.
[10] *Gardener's Chronicle*, 1855, pp. 597, 612.
[11] *Ibid.*, 1842, p. 873 ; 1855, p. 646. — Mr Mackenzie (*Gard. Chron.*, 1866, p. 876)

d'un croisement entre une variété rouge et une blanche, auquel cas la
transformation que nous venons de signaler, s'expliquerait par un retour
vers les deux formes parentes, mais le cas compliqué du groseillier épineux
que nous venons de citer rend cette supposition douteuse. On a observé en
France un groseillier à grappes rouges, âgé de dix ans, dont une branche
portait à son sommet cinq groseilles blanches, et, plus bas, parmi des groseilles rouges, une groseille moitié blanche et moitié rouge [12]. Alexandre
Braun [13] a souvent aussi vu des branches de groseilliers blancs portant des
groseilles rouges.

POIRIER (*Pyrus communis*). — Dureau de la Malle affirme que les fleurs
de quelques poiriers appartenant à une ancienne variété, dite *doyenné galeux*,
ayant été détruites par la gelée, d'autres fleurs poussèrent en juillet et produisirent six poires qui, par leur goût et la nature de la peau ressemblaient
exactement au fruit d'une variété distincte, le *gros doyenné blanc*, et aux
poires *bon-chrétien* par la forme ; on n'a pas essayé de propager cette nouvelle variété par la greffe ou par la bouture. Le même auteur ayant greffé
un *bon-chrétien* sur un cognassier, la greffe produisit, outre son fruit ordinaire, une variété d'apparence nouvelle, d'une forme particulière, et ayant
une peau épaisse et rugueuse [14].

POMMIER (*Pyrus malus*). — Un pommier de la variété *Pound Sweet*,
au Canada [15], produisit, entre deux de ses fruits habituels, une pomme
brun-rougeâtre, petite, de forme différente et à queue très-courte. Aucun
pommier à fruits de cette couleur ne croissant dans les environs, on ne
peut attribuer le fait à l'action directe d'un pollen étranger. M. Carrière
(p. 38) signale un cas analogue. Je citerai plus loin des cas de pommiers
produisant régulièrement deux formes différentes de fruits, ou des fruits
mixtes, c'est-à-dire moitié l'un moitié l'autre ; on suppose généralement, et
probablement avec raison, que ces arbres sont le résultat d'un croisement,
à la suite duquel leurs fruits font retour aux formes parentes.

BANANE (*Musa sapientium*). — Sir R. Schomburgk a observé à Saint-
Domingue un racème de la figue banane qui portait vers la base cent
vingt-cinq fruits normaux, auxquels succédaient plus haut, comme d'habitude, des fleurs stériles, puis quatre cent vingt fruits d'aspect fort différent, et mûrissant plus tôt que le fruit normal. Ces fruits anormaux ressemblaient beaucoup, sauf leurs dimensions plus petites, à ceux de la *Musa
Chinensis* ou *Cavendishii*, qu'on considère généralement comme une espèce
distincte [16].

---

affirme que le même groseillier continue à fournir les trois sortes de fruits, bien que ces fruits
n'aient pas été identiques toutes les années.

[12] *Revue Horticole*, citée dans *Gard. Chron.*, 1844, p. 87.

[13] *Rejuvenescence in Nature; Bot. Mem. Ray Society*, 1853, p. 314.

[14] *Comptes-rendus*, tome XLI, 1855, p. 804. Le second cas est emprunté à Gaudichaud,
Comptes-rendus, tome XXXIV, 1852, p. 748.

[15] *Gard. Chronicle*, 1867, p. 403.

[16] *Journ. of Proc. Linn. Soc.*, vol. II, *Botany*, p. 131.

ГLEURS.

On connaît beaucoup d'exemples de plantes entières, ou simplement de branches isolées ou de bourgeons qui ont subitement produit des fleurs différant du type ordinaire, par la couleur, la forme, la grosseur, et d'autres caractères. Le changement de coloration peut porter sur la moitié de la fleur ou même sur une portion moindre.

CAMÉLIA. — L'espèce à feuilles de myrte (*C. myrtifolia*), et deux ou trois variétés de l'espèce commune, ont quelquefois produit des fleurs hexagonales et imparfaitement quadrangulaires, et on a pu propager par la greffe des branches portant de pareilles fleurs [17]. La variété *Pompon* porte souvent quatre sortes de fleurs distinctes : les blanches pures et les tachetées de rouge qui sont mélangées les unes aux autres ; les roses mouchetées et les roses qu'on peut propager assez sûrement en greffant les rameaux qui les portent. Chez un vieil arbre de la variété rose, on a observé une branche qui a fait retour à la couleur blanche pure, ce qui est moins fréquent que le cas inverse [18].

CRATÆGUS OXYACANTHA. — Une aubépine rose-foncé a produit une touffe unique de fleurs blanches pures [19]; M. A. Clapham, pépiniériste de Bedford, m'apprend que son père possédait une aubépine incarnat-foncé, greffée sur une aubépine blanche, qui, pendant plusieurs années, produisit toujours, à une certaine hauteur au-dessus de la greffe, des grappes de fleurs blanches, roses, et d'un rouge cramoisi intense.

L'AZALEA INDICA produit souvent de nouvelles variétés par bourgeons, et j'en ai moi-même observé plusieurs. On a exposé un plant d'*Azalea Indica variegata*, qui portait une touffe de fleurs de l'*Azalea I. Gledstanesii* aussi ressemblante que possible, ce qui démontrait l'origine de cette belle variété. Un autre plant d'*A. Ind. variegata* a produit une fleur parfaite d'*A. Ind. lateritia*, de sorte que les deux variétés *Gledstanesii* et *lateritia* ont sans aucun doute dû surgir comme variations subites de l'*A. Ind. variegata* [20].

HIBISCUS (*Paritium tricuspis*). — Une de ces plantes, obtenue par semis, produisit, au bout de quelques années, à Saharunpore [21], quelques branches portant des feuilles et des fleurs très-différentes de la forme normale. La feuille anormale est moins divisée et point acuminée. Les pétales sont plus grands et entiers, et, à l'état frais, on remarque sur la partie postérieure de

---

[17] *Gardener's Chronicle*, 1847, p. 207.
[18] Herbert, *Amaryllidaceæ*, 1838, p. 369.
[19] *Gardener's Chronicle*, 1843, p. 391.
[20] Exposée à la Société d'Hort. de Londres, *Gard. Chron.*, 1844, p. 337.
[21] W. Bell. *Bot. Soc. of Edinburgh*, mai 1863.

chaque segment du calice, une grosse glande oblongue pleine d'une sécrétion visqueuse.

Le Dr King, directeur de ce jardin botanique, m'apprend qu'une branche d'un plant de *Paritium tricuspis*, probablement de l'arbre même dont nous venons de parler, fut enterrée par accident. Les caractères des rejetons de cette branche se modifièrent considérablement. En effet, elle produisit un buisson étalé au lieu d'un arbrisseau, et se couvrit de fleurs et de feuilles ressemblant beaucoup à celles d'une autre espèce, le *P. tiliaceum*. Une petite branche de ce buisson, enterrée à son tour, reproduisit la forme parente. On propagea les deux formes par boutures pendant plusieurs années, sans que les rejetons changeassent de caractère.

ALTHÆA ROSEA. — Une rose-trémière jaune double se transforma subitement en une variété blanche et simple, mais ultérieurement une branche, portant les fleurs jaunes et doubles primitives, reparut parmi les branches portant des fleurs blanches simples [22].

PELARGONIUM. — Ces plantes semblent tout particulièrement susceptibles de variations par bourgeons, je vais en donner quelques exemples frappants. Gärtner [23] a observé sur un *P. zonale*, une branche à feuilles bordées de blanc, qui resta constante pendant des années, et qui portait des fleurs d'un rouge plus foncé qu'à l'ordinaire. En règle générale, les fleurs de ces branches ne présentent que peu ou point de différences ; ainsi, à la suite d'un pincement exercé sur l'œil principal d'un *P. zonale* [24], on obtint trois branches dont les feuilles et les tiges différaient au point de vue de la grandeur et de la couleur, mais ces trois branches continuèrent à produire des fleurs identiques, sauf, toutefois, que les fleurs de la variété à tiges vertes étaient un peu plus grandes, et celles de la variété à feuillage panaché un peu plus petites ; ces trois variétés ont été propagées depuis. On a observé sur une variété dite *compactum*, dont les fleurs sont rouge-orangé vif, des branches ou même des plantes entières portant des fleurs roses [25]. La variété rouge-clair, *Hill's Hector*, a produit une branche portant des fleurs lilas, et quelques touffes contenant des fleurs lilas et des fleurs rouges ; cette variété provenant du semis de la graine d'une variété lilas, il y a probablement là un cas de retour [26]. Nous pouvons d'ailleurs, citer un cas de retour plus topique encore : une variété résultant d'un croisement compliqué, après avoir été propagée par semis pendant cinq générations, a produit par variations de bourgeons trois variétés très-distinctes qu'il était impossible de distinguer de plantes qu'on savait avoir été à un moment ou à un autre au nombre des ancêtres des variétés en question [27]. De tous les Pélargoniums, la variété *Rollisson's Unique* paraît être la plus capri-

---

[22] *Revue horticole,* cité dans *Gard. Chron.,* 1845, p. 475.
[23] *Bastarderzeugung,* 1849, p. 76.
[24] *Journ. of Horticulture,* 1861, p. 336.
[25] W. P. Ayres, *Gardener's Chronicle,* 1842, p. 791.
[26] Id., *ibid.*
[27] Dr Maxwell Masters, *Popular science Rev.,* juillet 1872, p. 250.

cieuse; on n'en connaît pas exactement l'origine; on croit toutefois qu'elle provient d'un croisement. M. Salter d'Hammersmith [28], assure qu'il a vu cette variété pourpre produire les variétés lilas, rose incarnat ou *conspicuum*, et rouge ou *coccineum* ; cette dernière a aussi produit la *rose d'amour*; de sorte que quatre variétés proviennent des variations par bourgeons de la seule *Rollisson's Unique*. M. Salter fait remarquer que, bien que ces variétés produisent encore quelquefois des fleurs affectant la couleur originelle, on peut les regarder comme fixées. La variété *coccineum* a « cette année fourni des fleurs de trois couleurs différentes, rouges, roses et lilas sur une même touffe, et des fleurs moitié rouges, moitié lilas sur d'autres. » Outre ces quatre variétés, on connaît deux autres *Uniques* écarlates, qui toutes deux produisent parfois des fleurs lilas, identiques à celles de la variété *Rollisson* [29] ; on sait qu'une de ces variétés ne provient pas d'une variation de bourgeons, et on croit qu'elle descend du semis de la graine de la *Rollisson's Unique* [30]. Il existe encore dans le commerce [31] deux autres variétés de ce nom légèrement différentes, d'origine inconnue, de sorte que cette plante nous offre un cas complexe de variations aussi bien par bourgeons que par semis [32]. Voici un cas encore plus complexe : M. Rafarin affirme qu'une variété rose pâle a produit une branche portant des fleurs rouge foncé. On transplanta des boutures prises sur cette branche et on obtint ainsi vingt plants qui fleurirent en 1867. Aucun de ces plants ne produisit des fleurs semblables ; les unes étaient rose pâle comme celles de la forme parente, d'autres rouge foncé ; certaines plantes portaient à la fois les deux sortes de fleurs ; certains pétales d'une même fleur étaient rose pâle et d'autres rouge foncé [33]. Une plante sauvage anglaise, le *Geranium pratense*, cultivée dans un jardin, a produit, sur un même plant, des fleurs bleues et des fleurs blanches, ainsi que d'autres rayées de bleu et de blanc [34].

Chrysanthème. — Cette plante offre souvent des variations soudaines, produites soit sur ses branches latérales soit sur des drageons. M. Salter a obtenu par semis une plante qui a produit par variation de bourgeons six variétés distinctes, dont cinq différant par la couleur, et une par le feuillage ; ces variétés sont actuellement fixées [35]. Les variétés importées de Chine étaient d'abord si variables qu'il aurait été difficile de déterminer quelle avait dû être leur couleur originelle. Une même plante ne produisait une année que des fleurs couleur chamois, et l'année suivante que des fleurs roses ; puis ensuite la couleur changeait encore, ou la plante

[28] *Gardener's Chronicle*, 1861, p. 968.
[29] *Gardener's Chronicle*, 1861, p. 945.
[30] W. Paul, *Gard. Chron.*, 1861, p. 968.
[31] *Ibid.*, p. 945.
[32] Pour d'autres cas de variations par bourgeons, voir *Gard. Chron.*, 1861, p. 578, 600, 925. — Pour des cas distincts de même nature dans le genre Pélargonium, voir *Cottage Gardener*, 1860, p. 194.
[33] Dr Maxwell Masters, *Pop. science Review*, juillet 1872, p. 254.
[34] Rev. W. T. Bree, dans Loudon's *Gard. Magazine*, vol. VIII, 1832, p. 93.
[35] J. Salter, *The Chrysanthemum, its history and culture*, 1865, p. 41, etc.

produisait à la fois des fleurs des deux couleurs. Ces variétés flottantes sont maintenant perdues, et, lorsqu'une branche offre quelque variété nouvelle, on peut généralement la conserver et la propager ; mais, comme le fait remarquer M. Salter, il faut essayer chaque variété dans divers terrains avant de pouvoir la considérer comme fixe, car on en a vu revenir en arrière dans des terres richement fumées ; mais une fois les épreuves faites avec tous les soins et tout le temps nécessaires, on risque peu d'avoir des mécomptes. M. Salter m'apprend que, chez toutes les variétés, la variation par bourgeons la plus fréquente produit des fleurs jaunes ; or, le jaune est précisément la couleur primitive de ces fleurs, et, par conséquent, cette variation doit être attribuée à un effet de retour. M. Salter m'a communiqué une liste de sept Chrysanthèmes de couleurs différentes, qui tous ont produit des branches à fleurs jaunes ; trois d'entre eux ont produit aussi des fleurs d'autres couleurs. Lorsqu'il y a changement de la coloration de la fleur, le feuillage prend généralement aussi une teinte plus claire ou plus foncée.

Une autre Composée, le *Centauria cyanus*, cultivé dans les jardins, produit assez souvent sur le même tronc des fleurs affectant quatre couleurs différentes, bleu, blanc, pourpre et bicolore [36]. Les fleurs de l'*Anthémis* varient aussi sur une même plante [37].

Roses. — On attribue à la variation par bourgeons l'origine d'un grand nombre des variétés de la rose [38]. La rose moussue double a été importée vers l'an 1735 [39] d'Italie en Angleterre. Son origine est inconnue, mais on peut, par analogie, admettre qu'elle provient probablement par variation de bourgeons de la rose de Provence (*R. centifolia*) ; car on sait que des branches de la rose moussue commune ont plusieurs fois produit des roses de Provence, entièrement ou partiellement dépourvues de mousse, cas dont on a relaté plusieurs exemples [40].

M. Rivers m'informe aussi qu'il a obtenu quelques roses appartenant au groupe des roses de Provence, en semant la graine de l'ancienne rose moussue [41] simple, qui elle-même fut produite en 1807 par variation de bourgeons de la rose moussue ordinaire. La rose moussue blanche a aussi été obtenue en 1788 par un rejeton de la rose moussue rouge commune ; elle était d'abord rouge pâle, et devint par la suite complétement blanche. En coupant les bourgeons qui avaient produit cette rose blanche on obtint deux faibles rejetons, dont les bourgeons produisirent la magnifique rose moussue rayée. La rose moussue commune a produit par variation de bourgeons, outre l'ancienne rose moussue simple rouge, l'ancienne rose moussue demi-double écarlate, et celle à feuilles de sauge, qui est d'un beau rose pâle, et a une forme de coquille très-délicate ; cette dernière variété est maintenant (1852)

[36] Bree, dans Loudon, *Gard. Mag.*, vol. VIII, 1832, p. 93.
[37] Bronn, *Geschichte der Natur*, vol. II, p. 123.
[38] T. Rivers, *Rose Amateur's Guide*, 1837, p. 4.
[39] M. Shailer ; cité dans *Gard. Chron.*, 1848, p. 759.
[40] *Trans. Hort. Soc.*, vol. IV, 1822, p. 137. — *Gardener's Chron.*, 1842, p. 422.
[41] Loudon, *Arboretum.* etc., vol. II, p. 780.

presque éteinte [12]. Un rosier moussu blanc a porté une fleur moitié blanche et moitié rose [13]. Bien que, comme nous venons de le voir, quelques roses moussues doivent certainement leur origine à une variation par bourgeons, la plupart proviennent probablement de semis. M. Rivers m'apprend, en effet, que les semis de l'ancienne rose moussue simple produisent presque toujours des roses de même nature ; or, comme nous l'avons déjà dit, l'ancienne rose moussue simple provient d'une variation par bourgeons de la rose moussue double importée d'Italie. Les faits que nous venons d'indiquer nous autorisent à conclure que la rose moussue primitive est elle-même le produit d'une variation par bourgeons ; d'ailleurs l'apparition de la rose, moussue de Meaux (aussi une variété de la *R. centifolia* [14]), sur un rameau de la rose commune du même nom vient à l'appui de cette hypothèse.

Le professeur Caspary [15] a décrit avec soin un cas singulier : un rosier portant des roses moussues blanches âgé de six ans, poussa plusieurs drageons, dont l'un, épineux, produisit des fleurs rouges, dépourvues de mousse, et absolument semblables à la rose de Provence *(R. centifolia)* ; un autre drageon produisit des fleurs des deux sortes, outre quelques autres rayées longitudinalement. Cette rose moussue avait été greffée sur un rosier de Provence ; le professeur Caspary attribue, en conséquence, ces changements à l'influence de la souche ; mais les faits précédents ainsi que d'autres que nous citerons par la suite, expliquent ces changements par la variation par bourgeons, avec retour à d'anciens caractères.

Nous pourrons citer encore bien des cas de rosiers variant par bourgeons. La rose blanche de Provence est probablement née de cette manière [16]. M. Carrière affirme (p. 36), qu'il connaît cinq variétés de la *baronne Prévost* produites de cette façon. Le rosier *Belladone* [17] portant des fleurs doubles, si richement colorees, a engendré par drageons des rosiers portant des fleurs blanches demi-doubles, ou même presque simples, tandis que des drageons de ces roses blanches demi-doubles sont revenus au véritable type *Belladone*. Les variétés de la rose de Chine qu'on propage par boutures à Saint-Domingue, font souvent retour, après un an ou deux, à l'ancienne rose de Chine [18]. On connaît beaucoup de cas de roses qui se couvrent soudainement de raies, ou qui changent partiellement de couleur ; ainsi, quelques plants de la *Comtesse de Chabrillant* qui est normalement rose, exposés en 1862 [19], présentaient des taches écarlates sur un fond rose. J'ai vu la *Beauty of Billiard* dont la fleur affectait une teinte presque blanche sur un quart ou

---

[12] J'ai emprunté ces faits sur l'origine des diverses variétés de la rose moussue à M. Shailer, qui s'est occupé, avec son père, de leur propagation originelle, *Gardener's Chronicle*, 1852, p. 759.

[13] *Gardener's Chronicle*, 1845, p. 564.

[14] *Trans. Hort. Soc.*, vol. II, p. 242.

[15] *Schriften der Phys. Oekon. Gesellschaft zu Kœnigsberg*, 3 fév. 1865, p. 4. — Dr Caspary, dans *Transactions of Hort. Congress of Amsterdam*, 1865.

[16] *Gardener's Chronicle*, 1852, p. 759.

[17] *Transact. Hort. Soc.*, vol. II, p. 242.

[18] Sir R. Schomburgk, *Proc. Linn. Soc. Bot.*, vol. II, p. 132.

[19] *Gard. Chronicle*, 1862, p. 619.

une moitié de sa grandeur. La ronce autrichienne (*R. lutea* [50]) produit assez fréquemment des branches portant des fleurs d'un jaune pur ; le professeur Henslow a eu l'occasion de voir une de ces fleurs dont la moitié était jaune ; j'ai moi-même vu un pétale unique rayé de lignes jaunes très-étroites sur le fond cuivré ordinaire.

Les cas suivants sont très-remarquables. M. Rivers possédait un rosier français nouveau à tiges lisses et délicates, à feuilles d'un vert glauque pâle, et à fleurs demi-doubles de couleur chair pâle striées de rouge foncé ; à plusieurs reprises, il vit apparaître subitement sur les branches de ce rosier une ancienne rose célèbre connue sous le nom de la *Baronne Prevost*, à rameaux épineux et forts, et à fleurs doubles très-grandes, et d'une couleur riche et uniforme ; dans ce cas donc, les tiges, les feuilles, et les fleurs ont toutes à la fois changé de caractères par variation de bourgeons. D'après M. Verlot [51], la variété *Rosa cannabifolia* dont les folioles affectent une forme particulière, et qui diffère de tous les autres membres de la famille, en ce que, chez elle, les feuilles sont opposées au lieu d'être alternes, a apparu subitement, dans le jardin du Luxembourg, sur un plant de *R. alba*. Enfin, M. H. Curtis [52] ayant observé un rejeton grimpant sur l'ancienne *Aimée Vibert Noisette*, le greffa sur la variété *Celine*, et obtint une *Aimée Vibert* grimpante, qui fut ensuite propagée.

DIANTHUS. — On voit très-fréquemment chez l'œillet de poëte (*D. Barbatus*) des fleurs de couleurs différentes sur un même pied ; j'ai observé, sur une même touffe, quatre couleurs et nuances diverses. Les œillets (*D. caryophyllus*, etc.) varient quelquefois par marcotte ; quelques formes ont des caractères si peu constants, que les horticulteurs les appellent des « attrapes [53]. » M. Dickson, qui a fort bien discuté la confusion des teintes que présentent souvent les œillets rayés ou tachetés, dit qu'on ne saurait l'expliquer par le terrain où ils croissent, car des marcottes de la même plante produisent des fleurs modifiées et d'autres qui ne le sont pas, même lorsque toutes sont traitées d'une manière semblable ; il arrive souvent qu'une seule fleur se trouve ainsi modifiée, toutes les autres restant intactes [54]. Il y a là apparemment un cas de retour par bourgeons à la teinte primitivement uniforme de l'espèce.

Il n'est pas inutile de citer encore quelques exemples de variation par bourgeons, pour prouver que dans tous les ordres, les fleurs de nombreuses plantes ont varié de cette façon. J'ai vu sur un même muflier (*Antirrhinum majus*), des fleurs blanches, roses et rayées, et, chez une variété rouge, des branches portant des fleurs rayées. Chez une giroflée double (*Mathiola incana*), j'ai vu une branche porter des fleurs simples ; chez une variété double pourpre foncé du violier (*Cheiranthus cheiri*), j'ai observé une

---

[50] Hopkirk, *Flora anomala*, p. 167.
[51] *Sur la production et la fixation des variétés*, 1865, p. 4.
[52] *Journal of Horticulture*, 1865, p. 233.
[53] *Gardener's Chronicle*, 1843, p. 135.
[54] *Ibid.*, 1842, p. 55.

branche dont les fleurs avaient fait retour à la couleur primitive à reflets cuivrés. D'autres branches de la même plante portaient quelques fleurs à moitié pourpres et à moitié cuivrées ; quelques-uns des petits pétales du centre de ces fleurs étaient pourpres et striés en long de raies cuivrées, ou cuivrés et striés de pourpre. On a observé chez un Cyclamen [55], des fleurs blanches et roses affectant deux formes ; l'une ressemblait à la forme *Persicum*, l'autre à la forme *Coum ;* on a vu également des fleurs de trois couleurs différentes sur l'*Œnothera biennis* [56]. Le *Gladiolus colvilii* hybride porte occasionnellement des fleurs de couleur uniforme, et on cite un cas [57] où toutes les fleurs d'une plante avaient ainsi changé de couleur. On a observé aussi deux sortes de fleurs chez un *Fuchsia* [58]. Le *Mirabilis jalapa* est extrêmement capricieux, et peut présenter sur un même pied des fleurs rouges, jaunes ou blanches, et d'autres diversement panachées de ces trois couleurs [59]. Il est probable que, comme l'a démontré le professeur Lecoq, les *Mirabilis* qui produisent des fleurs si extraordinairement variables, doivent leur origine à des croisements entre les variétés de diverses couleurs.

FEUILLES ET TIGES.—Nos remarques ont porté uniquement jusqu'à présent sur les changements que là variation par bourgeons provoque chez les fleurs et chez les fruits ; toutefois, nous avons signalé incidemment quelques modifications provoquées par la même cause chez les tiges et les feuilles du rosier et du *Paritium*, et, à un moindre degré, chez le feuillage des Pélargoniums et des Chrysanthèmes. Je crois utile d'ajouter quelques exemples de variations chez les bourgeons foliifères. Verlot [60] a constaté que chez l'*Aralia trifoliata*, dont les feuilles ont normalement trois folioles, il apparaît souvent des branches portant des feuilles simples de diverses formes, que l'on peut propager par boutures ou par greffes, et qui, d'après cet auteur, ont donné naissance à plusieurs espèces.

Nous connaissons bien imparfaitement l'histoire des nombreuses variétés d'arbres d'ornement, ou de ceux qui ont un feuillage extraordinaire ; mais il est probable que plusieurs doivent leur origine à la variation par bourgeons. En voici un exemple : un vieux frêne (*Fraxinus excelsior*), raconte M. Mason, a porté, pendant bien des années, une branche ayant un caractère tout différent des autres branches de l'arbre, ainsi que de tous les autres arbres de la même espèce ; cette branche avait des articulations très-courtes et elle était recouverte d'un feuillage épais. On s'est assuré que cette variété pouvait se propager au moyen de la greffe [61]. Les variétés de quelques arbres à feuilles découpées, tels que le Cytise à feuilles de chêne, la Vigne à feuilles de persil, et surtout le Hêtre à feuilles de fougère, ont une certaine

[55] *Ibid.*, 1867, p. 235.
[56] Gärtner, *Bastarderzeugung*, p. 305.
[57] Dr Beaton, *Cottage Gardener*, 1860, p. 250.
[58] *Gardener's Chron.*, 1850, p. 536.
[59] Braun, *Ray Soc. Bot. Mem.*, 1853, p. 315. — Hopkirk, *Flora anomala*, p. 164. — Lecoq, *Géog. Bot. de l'Europe*, t. III, 1854, p. 405, — et *de la Fécondation*, 1862, p. 303.
[60] *Les Variétés*, 1865, p. 5.
[61] W. Mason, *Gardener's Chronicle*, 1843, p. 878.

tendance à faire retour par bourgeons à la forme ordinaire [62]. Chez le Hêtre
à feuilles de fougère les feuilles ne font parfois que partiellement retour,
les branches produisent çà et là des rameaux portant des feuilles ordinaires,
des feuilles de fougère, ou des feuilles de formes variées. Ces arbres s'écartent
peu des variétés dites hétérophylles, chez lesquelles l'arbre porte habituellement des feuilles affectant diverses formes, mais il est probable que la plupart des arbres hétérophylles proviennent de semis. Il existe une sous-variété
du saule pleureur chez laquelle les feuilles sont enroulées en spirale; M. Masters
a cultivé dans son jardin un arbre de cette espèce qui, après avoir gardé ce
caractère pendant vingt-cinq ans, poussa tout à coup une tige droite portant
des feuilles plates [63].

J'ai souvent remarqué, sur des hêtres et quelques autres arbres, des
rameaux dont les feuilles étaient complétement étalées, avant que celles des
autres branches fussent ouvertes; or, comme rien dans leur exposition ne
pouvait expliquer cette différence, je présume qu'elle était due à une variation par bourgeons, analogue aux variétés précoces ou tardives des pêchers
ordinaires et des pêchers à fruit lisse.

Les Cryptogames sont exposés à la variation par bourgeons, car on remarque
souvent des déviations singulières de structure chez les frondes des fougères.
Les spores, qui ont la même nature que les bourgeons, provenant de ces
frondes anormales, reproduisent avec une constance remarquable la même
variété, après avoir passé par la phase sexuelle [64].

La variation par bourgeons affecte souvent la couleur des feuilles; certaines
feuilles se couvrent de raies, de taches ou de piquetures blanches, jaunes et
rouges; on observe quelquefois ce fait chez les plantes, même à l'état de
nature. Les panachures apparaissent toutefois plus souvent chez les plantes
obtenues par semis; les cotylédons mêmes sont parfois affectés [65]. On s'est
livré à des discussions interminables pour savoir si la panachure doit être
regardée comme une maladie. Nous verrons plus tard que, tant pour les
jeunes plantes obtenues par semis que pour les adultes, elle dépend beaucoup
de la nature du sol. Les plantes panachées obtenues par semis transmettent
généralement leur caractère à la plus grande partie de leurs descendants;
M. Salter m'a communiqué une liste de huit genres chez lesquels ce fait s'est
produit [66]. Sir F. Pollock m'a fourni quelques renseignements plus précis:
il a semé la graine d'un *Ballota nigra* panaché, trouvé à l'état sauvage; or,
trente pour cent des plantes résultant de se semis étaient panachées, et les
graines de celles-ci produisirent ultérieurement soixante pour cent de produits panachés. Lorsque certaines branches se panachent à la suite d'une
variation par bourgeons, et qu'on cherche à propager la variété par semis,
les produits obtenus sont rarement panachés. M. Salter a constaté ce fait

[62] Alex. Braun, *Ray Soc. Bot. Mem.*, 1853, p. 315.— *Gardener's Chron.*, 1841, p. 329.
[63] Dr M. T. Masters; *Royal Institution Lecture*, 16 mars 1860.
[64] W. K. Bridgman, *Ann. and Mag. of Nat. Hist.*, déc. 1861; et J. Scott, *Bot., Soc.
Edinburgh*; juin 12, 1862.
[65] *Journal of Hort.*, 1861, p. 336. — Verlot, *O. C.*, p. 76.
[66] Verlot, *O. C.*, p. 74.

sur des plantes appartenant à onze genres ; la majeure partie des jeunes plantes avaient, en effet, des feuilles vertes ; un petit nombre avaient des feuilles légèrement panachées ou toutes blanches, et ne valaient pas la peine d'être conservées. Les plantés panachées provenant de semis ou de bourgeons, peuvent ordinairement être propagées par bourgeons, par la greffe, etc. ; mais toutes sont aptes à faire retour par variation de bourgeons au feuillage ordinaire. Cette tendance peut toutefois différer beaucoup chez les variétés d'une même espèce ; ainsi, la variété à raies dorées de l'*Euonymus Japonicus*, fait retour facilement à la variété à feuilles vertes, tandis que celle à raies argentées ne change presque jamais [67]. J'ai observé une variété de Houx, dont les feuilles portaient une tache jaune centrale ; toutefois, cet arbre avait partiellement fait retour au feuillage ordinaire, de sorte que chaque branche portait des rameaux de deux sortes. Chez le Pélargonium et quelques autres plantes, la panachure est généralement accompagnée d'un rapetissement, fait dont le Pélargonium « *Dandy* » fournit un excellent exemple. Lorsque ces variétés naines font retour par bourgeons ou par drageons au feuillage ordinaire, les plantes restent naines [68]. Il est un fait remarquable, c'est que les plantes propagées de branches qui ont fait retour du feuillage panaché au feuillage uni , ne ressemblent pas toujours [69] (d'après un observateur, jamais), à la plante primitive à feuillage simple, qui a produit la branche panachée ; il semblerait qu'une plante, passant par variation de bourgeons de la feuille unie à la feuille panachée, et faisant retour de la feuille panachée à la feuille unie, soit ordinairement affectée de telle sorte qu'elle revêt un aspect un peu différent.

VARIATIONS DE BOURGEONS PAR DRAGEONS, PAR TUBERCULES ET PAR BULBES. — Les cas signalés jusqu'à présent de variations par bourgeons affectant les fruits, les fleurs, les feuilles et les tiges,'n'ont trait qu'aux bourgeons produits sur les branches, à l'exception toutefois de quelques faits relatifs aux variations par drageons, chez le Rosier, le Pélargonium et le Chrysanthème. Je vais maintenant citer quelques exemples de variations chez les bourgeons souterrains, c'est-à-dire chez les drageons, les tubercules et les bulbes, bien qu'il n'y ait aucune différence essentielle entre les bourgeons, qu'ils soient au-dessus ou au-dessous du sol. M. Salter m'apprend que deux variétés panachées de Phlox ont été obtenues par drageons ; je n'aurais pas pensé que ce fait fût digne d'être mentionné si M. Salter n'avait ajouté qu'il a vainement essayé de propager ces variétés par division de racines, ce qui se fait très-facilement pour le *Tussilago farfara* panaché [70].

---

[67] *Gardener's Chronicle*, 1844, p. 86.
[68] *Ibid.*, 1861, p. 968.
[69] *Ibid.*, 1861, p 433. — *Cottage Gardener*, 1860, p. 2.
[70] M. Lemoine (cité dans *Gardener's Chronicle*, 1867, p. 74) a récemment observé que le *Symphitum* à feuilles panachées ne peut pas être propagé par division des racines. Il a aussi observé que, sur cinq cents *Phlox* à fleurs rayées qui avaient été propagés par division des racines, sept ou huit seulement produisirent des fleurs rayées. Voir aussi pour les *Pélargoniums* rayés, *Gard. Chron.* 1867, p. 1000.

Il est possible, d'ailleurs, que cette dernière plante panachée dérive originairement d'un semis, ce qui expliquerait la plus grande fixité de ses caractères. L'épine-vinette (*Berberis vulgaris*) offre un cas analogue; il en existe une variété dont le fruit est dépourvu de graines, qu'on peut propager par boutures ou marcottes, mais les drageons retournent toujours à la forme commune, dont les fruits contiennent des graines [71]; ces essais ont été souvent répétés par mon père, et toujours avec le même résultat. Je puis ajouter ici que la souche ou la racine du maïs et du froment produisent quelquefois de nouvelles variétés; il en est de même pour la canne à sucre [72].

Chez la pomme de terre commune (*Solanum Tuberosum*), un seul bourgeon, ou œil, varie parfois et produit une nouvelle variété; ou, parfois aussi, ce qui est bien plus remarquable, tous les yeux d'un tubercule varient de la même manière et en même temps, de sorte que le tubercule tout entier acquiert un nouveau caractère. Par exemple, on observa qu'un seul œil d'un tubercule de l'ancienne variété pourpre de la pomme de terre *Forty-Fold* était devenu blanc [73]; on le découpa et on le planta séparément, et on obtint une variété qui a été depuis largement répandue. La pomme de terre *Kemp* est normalement blanche; un plant produisit une fois, dans le Lancashire, deux tubercules rouges et deux blancs; les rouges furent propagés à la manière habituelle par yeux et conservèrent leur nouvelle couleur, et la variété, ayant été reconnue plus productive, fut bientôt recherchée et répandue sous le nom de *Taylor's Forty-fold* [74]. La variété *Forty-fold* ancienne, comme nous l'avons dit, était pourpre, mais une plante cultivée depuis longtemps dans le même terrain a produit, non pas comme dans le cas précédent, un seul œil blanc, mais un tubercule tout entier de cette couleur, qu'on a depuis propagé et qui est resté constant [75]. On a signalé plusieurs cas de rangées entières de pommes de terre qui ont légèrement changé de caractère [76].

Sous l'influence du climat très-chaud de Saint-Domingue, les Dahlias propagés par tubercules varient beaucoup. Sir R. Schomburgk signale le cas de la variété dite *Papillon*, qui, dès la seconde année, portait sur la même

---

[71] Anderson, *Recreations in Agriculture*, vol. V, p. 152.

[72] Voir, pour le Froment, *Improvement of the Cereals*, par P. Shirreff, 1873, p. 47; pour le maïs et la canne à sucre, Carrière, *Op. Cit.*, p. 40, 42. Quant à la canne à sucre, M. J. Caldwell, de l'île Maurice, dit (*Gard, Chron.*, 1874, p. 316): « La canne à sucre rayée a produit ici, sur un même pied, une canne à sucre verte et une canne à sucre complètement rouge. J'ai vérifié ce fait et j'en ai observé au moins deux cents exemples dans une même plantation. Ce fait renverse toutes nos idées préconçues sur la persistance des différences de couleur. On savait que la canne à sucre rayée produit quelquefois des cannes vertes, le fait n'est pas rare, mais on ne croyait pas que leur transformation en une canne rouge pût jamais se produire, et, ce qui est plus extraordinaire encore, les deux transformations se sont opérées sur un même pied. Toutefois, Fleischman, *Report on Sugar cultivation in Louisiana for* 1848, rapport publié par l'*American Patent office*, mentionne un cas analogue, mais ajoute qu'il ne l'a jamais observé lui-même. »

[73] *Gardener's Chronicle*, 1857, p. 662.

[74] *Ibid.*, 1841, p. 814.

[75] *Ibid.*, 1857, p. 613.

[76] *Ibid.*, 1857, p. 679. — Phillips, *Hist. of Vegetables*, vol. II, p. 91, pour d'autres cas analogues.

plante des fleurs doubles et simples, ici des pétales blancs bordés de marron, là des pétales uniformément marron foncé [77]. M. Bree mentionne aussi une plante qui portait deux sortes de fleurs de couleur différente, et une troisième qui réunissait les deux couleurs admirablement mélangées [78]. On a encore décrit un Dahlia à fleurs pourpres qui portait une fleur blanche rayée de pourpre [79].

Bien qu'un grand nombre de plantes bulbeuses aient été cultivées sur une grande échelle et depuis longtemps, et aient produit une grande quantité de variétés par semis, elles n'ont pas varié autant qu'on aurait pu le croire par rejetons, c'est-à-dire par la production de nouveaux bulbes. M. Carrière a toutefois cité plusieurs cas qui se sont produits chez la jacinthe. On cite aussi le cas d'une jacinthe bleue qui, pendant trois années consécutives, a donné des rejetons qui ont produit des fleurs blanches à centre rouge [80]. On en a aussi décrit une autre qui portait sur la même grappe une fleur rose et une fleur bleue [81], toutes deux parfaites. J'ai vu une bulbe qui produisait en même temps une tige couverte de belles fleurs bleues, une seconde tige couverte de belles fleurs rouges et une troisième tige couverte de fleurs bleues d'un côté et rouges de l'autre ; plusieurs fleurs portaient aussi des raies longitudinales rouges et bleues.

M. John Scott m'informe que, en 1862, un *Imatophyllum miniatum* poussa, au jardin botanique d'Edimbourg, un drageon différant de la forme normale en ce que les feuilles étaient disposées sur deux rangs au lieu de quatre; les feuilles étaient aussi plus petites et leur surface supérieure était saillante au lieu d'être creuse.

Dans la culture des Tulipes, on obtient par semis des plantes dont les fleurs offrent une couleur unique sur fond blanc ou jaune. Ces tulipes, cultivées dans un terrain sec et peu riche, se panachent et engendrent de nouvelles variétés ; ce changement peut se produire dans un laps de temps qui varie de un à vingt ans, et ne se présente quelquefois jamais [82]. Les couleurs variées ou les panachures qui font la valeur des tulipes, proviennent d'une variation par bourgeons, car, bien que quelques variétés descendent de plusieurs plantes obtenues par semis distincts, on affirme que tous les *Baguets* descendent exclusivement d'une seule. Cette variation par bourgeons est, d'après MM. Vilmorin et Verlot [83], un commencement de retour vers la couleur uniforme qui est naturelle à l'espèce. Il se peut, toutefois, qu'une tulipe déjà panachée perde sa panachure par un second acte de retour, causé par l'action d'une fumure trop énergique ; ce fait se présente surtout chez quelques variétés qui semblent plus aptes que d'autres à perdre leurs panachures, chez l'*Imperatrix florum* par exemple. M. Dickson [84]

[77] *Journ. of Proc. Linn. Soc.*, vol. II, *Botany*, p. 132.
[78] Loudon, *Gard. Mag.*, vol VIII, 1832, p. 94.
[79] *Gardener's Chron.*, 1850, p. 536 ; et 1842, p. 729.
[80] *Des Jacinthes*, etc., Amsterdam, 1768, p. 122.
[81] *Gardener's Chron.*, 1845, p. 212.
[82] Loudon, *Encyc. of Gardening*, p. 1024.
[83] *O. C.*, p. 63.
[84] *Gardener's Chron.*, 1841, p. 782; — 1842, p. 55.

soutient qu'on ne peut pas plus expliquer ce fait qu'on ne peut expliquer les variétés d'autres plantes ; il pense que les horticulteurs anglais ont quelque peu diminué cette tendance à un second retour en choisissant pour faire leurs semis les graines des fleurs panachées préférablement aux graines des fleurs ayant une couleur uniforme. L'*Iris xiphium*, selon M. Carrière (p. 65), se comporte à peu près de la même façon que beaucoup de tulipes.

Pendant deux ans de suite, toutes les fleurs précoces, dans une plantation de *Tigridia conchiflora*, [85] ressemblèrent à celles de l'ancien *T. pavonia* ; mais les fleurs tardives reprirent leur couleur normale, jaune tacheté de cramoisi. On a signalé un autre cas qui paraît authentique ; deux formes d'*Hemerocallis* [86] universellement regardées comme spécifiquement distinctes, se sont pour ainsi dire confondues, car les racines de l'espèce à grandes fleurs, *H. fulva*, ayant été divisées et plantées dans un sol différent, ont produit le *H. flava* à petites fleurs, avec quelques formes intermédiaires. J'en suis à me demander si les cas de cette nature, ainsi que ceux de la décoloration ou du coulage des tulipes et des œillets panachés, — c'est-à-dire leur retour plus ou moins complet vers une teinte uniforme, — doivent être rattachés à la variation par bourgeons, ou réservés pour le chapitre où je traiterai de l'action directe des conditions extérieures sur les êtres organisés. Toutefois, ces cas ont ceci de commun avec les variations par bourgeons que les changements s'effectuent par des bourgeons et non par la reproduction séminale. D'autre part, dans les cas ordinaires de variation par bourgeons, un seul d'entre eux est affecté, tandis que, dans les exemples précédents, tous les bourgeons d'une même plante sont modifiés à la fois. Nous avons cependant signalé un cas intermédiaire, celui de la pomme de terre, où les yeux d'un seul tubercule ont changé de caractère.

Je terminerai en citant quelques faits analogues, qu'on peut attribuer, soit à la variation par bourgeons, soit à l'action directe des conditions extérieures. Lorsqu'on transporte l'*Hépatique* commune des bois dans un jardin, les fleurs changent de couleur dès la première-année [87]. On sait que lorsqu'on transplante les variétés améliorées de la Pensée (*Viola tricolor*), elles produisent des fleurs très-différentes au point de vue de la forme, de la taille et de la couleur ; j'ai transplanté, par exemple, une grosse variété pourpre foncé d'une nuance uniforme pendant qu'elle était en fleur, elle produisit ensuite des fleurs beaucoup plus petites, plus allongées, avec les pétales inférieurs jaunes ; vinrent ensuite des fleurs marquées de larges taches pourpres, puis, à la fin de l'été, les grandes fleurs pourpres primitives. André Knight [88] regardait comme très-analogues aux variations par

---

[85] *Gardener's Chronicle*, 1849, p. 565.
[86] *Trans. Linn. Soc.*, vol II, p. 354.
[87] Godron, *O. C.*, t. II, p 84.
[88] M. Carrière, *Revue Horticole*, 1er déc. 1866, p. 547, décrit un cas fort curieux. Ayant, à deux reprises, greffé l'*Aria vestita* sur des *Epines* croissant en pots, les greffes produisirent des rejetons dont l'écorce, les bourgeons, les feuilles, les pétioles, les pétales et les pédoncules florifères étaient tous très-différents de ceux de l'*Aria*. Les tiges greffées étaient aussi plus robustes et fleurirent plus tôt que celles de l'*Aria* non greffé.

bourgeons, les légers changements qu'éprouvent quelques arbres fruitiers, lorsqu'on les greffe et qu'on les regreffe sur différentes souches [89]. Nous pouvons encore citer le cas de jeunes arbres fruitiers, qui, en vieillissant, changent de caractère ; les poiriers provenant de semis, par exemple, perdent avec l'âge leurs épines, et donnent des fruits de meilleur goût. Les bouleaux pleureurs, greffés sur la variété commune, ne deviennent tout à fait pleureurs que lorsqu'ils sont vieux ; par contre, je citerai plus tard l'exemple de quelques frênes pleureurs, qui ont peu à peu et lentement acquis un port relevé. On peut comparer ces changements résultant de l'âge à ceux dont nous avons parlé dans le précédent chapitre, et qui se produisent naturellement chez certains arbres, comme le cèdre du Liban et le Deodora qui, dissemblables dans leur jeunesse, se ressemblent à un âge plus avancé ; et aussi chez quelques chênes, et chez certaines variétés de tilleul et d'épine [90].

Hybrides provenant de greffes. — Avant de résumer mes observations sur les variations par bourgeons, je discuterai quelques cas singuliers et anormaux, qui tiennent de plus ou moins près au même sujet. Je commencerai par le cas du fameux *Cytisus Adami,* forme métis ou intermédiaire entre deux espèces très-distinctes, le *C. laburnum* et le *C. pupureus,* le faux ébénier commun et le faux ébénier pourpre ; mais comme cet arbrisseau a été souvent décrit je serai aussi bref que possible.

Dans toute l'Europe dans des terrains et sous des climats divers, le *Cytisus Adami* a souvent et subitement fait retour par ses feuilles et ses fleurs vers ses deux formes parentes. Il est très-surprenant de voir, sur un même arbre, des touffes de fleurs rouge foncé, jaunes, et pourpres, portées sur des branches ayant des feuilles et un aspect très-différents. La même grappe porte parfois deux sortes de fleurs, et j'ai eu occasion de voir une fleur dont un côté était jaune vif, et l'autre pourpre, de sorte que l'étendard était partagé en deux zones inégales, dont la plus grande était jaune et l'autre pourpre. Chez une seconde fleur, la corolle entière était jaune, mais la moitié du calice était pourpre ; chez une troisième, un des pétales de l'aile était rouge sombre traversé d'une raie étroite jaune vif ; enfin, chez une dernière, une des étamines devenue un peu foliacée, était moitié jaune et moitié pourpre, ce qui prouve que la tendance au retour peut affecter des organes isolés, et même des parties d'organes [91]. Cet arbrisseau présente une autre

---

[89] *Transact. Hort. Soc.*, vol. II, p. 160.
[90] Alph. de Candolle, *Bibl. Univ. Genève*, nov. 1862, pour le chêne : — et Loudon's *Garden. Magazine*, vol. XI, 1835, p. 503, pour le tilleul, etc.
[91] Voir pour des faits analogues Braun, *Rejuvenescence* dans *Ray Soc. Bot. Mem.*, 1853, p. 320 ; *Gardener's Chronicle*, 1842, p. 307 ; et Braun, dans *Sitzungsberichte der Ges. naturforschender Freunde*, juin 1873, p. 63.

particularité remarquable : dans son état intermédiaire, même lorsqu'il croît dans le voisinage de ses deux espèces parentes, il reste complétement stérile, tandis que, quand ses fleurs sont jaune pur, ou pourpre pur, elles produisent des graines ; les siliques provenant des fleurs jaunes en produisent davantage. Chez deux arbrisseaux que M. Herbert [92] a obtenus en semant cette graine, les pédoncules des fleurs présentaient une teinte pourpre ; d'autre part, des arbrisseaux que j'ai obtenus moi-même par semis ressemblaient exactement à l'espèce ordinaire (*C. laburnum*), sauf toutefois que les grappes étaient très-longues : ces arbrisseaux ont été complétement féconds. Il est étonnant qu'une telle fécondité et une telle pureté de caractères aient pu être si promptement réacquises par des plantes provenant d'une forme hybride et stérile. Les branches à fleurs pourpres paraissaient, à première vue, ressembler exactement à celles du *C. purpureus* ; mais, en les examinant de plus près, j'ai trouvé qu'elles différaient de l'espèce pure par des tiges plus épaisses, des feuilles plus larges et des fleurs plus petites, à corolle et à calice d'une couleur pourpre moins brillante ; la base de l'étendard portait aussi une trace de tache jaune. Les fleurs n'avaient donc pas, dans ce cas, repris leur vrai caractère et, en conséquence, elles n'étaient pas non plus très-fécondes, car plusieurs siliques ne renfermaient pas de graines ; quelques-unes en contenaient une, et un très-petit nombre deux ; tandis que sur un *C. purpureus* pur de mon jardin, de nombreuses siliques contenaient chacune trois, quatre et même cinq graines. Le pollen était en outre très-imparfait, un grand nombre de grains étaient petits et ridés, fait d'autant plus singulier que, sur l'arbre parent aux fleurs rouge sale et stériles, les grains de pollen étant en apparence en un bien meilleur état, et il n'y en avait que fort peu de raccornis. Quoiqu'il en soit de l'apparence chétive des grains de pollen de la plante à fleurs pourpres, les ovules étaient bien formés, et les graines après leur maturation, germèrent facilement au moins chez moi. M. Herbert ayant semé des graines de cette plante, obtint des produits ne différant que *très-peu* du *C. purpureus* ordinaire ; quelques plantes que j'ai obtenues de la même manière ne différaient en rien du *C. purpureus* pur, soit au point de vue du caractère des fleurs, soit à celui de l'aspect général de l'arbrisseau.

Le professeur Caspary a trouvé que les ovules des fleurs rouge foncé et stériles du *C. Adami* qu'il a examinées sur le continent [93] sont généralement monstrueux. J'ai observé le même fait sur trois plantes que j'ai étudiées en Angleterre, le nucleus variait beaucoup de forme, et faisait irrégulièrement saillie au delà de ses enveloppes. Les grains de pollen, d'autre part, semblaient excellents, et projetaient bien leurs tubes polliniques. En comptant sous le microscope le nombre proportionnel de mauvais grains, le professeur Caspary a constaté qu'il n'y en avait que 2,5 pour cent, proportion qui est plus faible qu'elle n'est pour les pollens des trois espèces

---

[92] *Journ. of Hort. Soc.*, vol. II, 1847, p. 100.
[93] *Transact. of Hort. Congress of Amsterdam*, 1865 ; la plupart des renseignements m'ont été transmis par le prof. Caspary.

de cytises cultivés, le *C. purpureus*, le *C. laburnum* et le *C. alpinus*. Malgré la bonne apparence du pollen du *C. Adami*, les observations de M. Naudin[94] sur les *Mirabilis*, prouvent qu'on ne peut pas en conclure à son efficacité fonctionnelle. Le fait de la monstruosité des ovules du *C. Adami*, et de l'état sain de son pollen est d'autant plus remarquable, que c'est l'inverse de ce qui arrive, non-seulement chez la plupart des hybrides[95], mais aussi chez deux hybrides du même genre, le *C. purpureo-elongatus* et le *C. Alpinolaburnum*. Chez ces deux hybrides, ainsi que le professeur Caspary et moi-même nous l'avons constaté, les ovules étaient bien constitués, tandis que beaucoup de grains de pollen étaient difformes, et la proportion des mauvais grains s'élevait à 84,8 pour cent chez le premier hybride, et à 20,3 pour cent chez le second. Le professeur Caspary a invoqué cette condition peu ordinaire des éléments reproducteurs mâles et femelles du *C. Adami* comme un argument contre l'hypothèse en vertu de laquelle cette plante est un hybride ordinaire provenant de semis ; mais nous ne devons pas oublier qu'on n'a jamais examiné aussi attentivement ni aussi souvent les ovules des hybrides que le pollen, et qu'ils peuvent être plus fréquemment imparfaits qu'on ne le suppose. Le D\u1d63 E. Bornet d'Antibes, (par l'entremise de M. J. Traherne Moggridge), m'apprend que chez les hybrides des Cistes, l'ovaire est souvent difforme, que les ovules font quelquefois défaut, et que, dans d'autres cas, ils ne peuvent être fécondés.

On a proposé plusieurs théories pour expliquer l'origine du *C. Adami*, et les transformations dont il est l'objet. Quelques auteurs les ont attribuées à une simple variation par bourgeons, mais on peut écarter sommairement cette hypothèse, à cause des différences considérables qui existent entre le *C. laburnum* et le *C. purpureus*, qui sont deux espèces naturelles, et à cause de la stérilité de la forme intermédiaire. Nous verrons bientôt que, chez les plantes hybrides, deux embryons différents peuvent se développer dans une même graine et se souder ; on a supposé que c'était peut-être là l'origine du *C. Adami*. Plusieurs botanistes soutiennent que le *C. Adami* est un hybride, produit de la manière ordinaire par semis, et qui, par bourgeons, a fait retour à ses deux formes parentes. Les résultats négatifs ont, il est vrai, peu de valeur, je dois ajouter, toutefois, que des essais de croisement entre le *C. laburnum* et le *C. purpureus* ont été vainement tentés par M. Reisseck, par M. Caspary et par moi ; j'ai cru un moment avoir réussi en fécondant le premier par le pollen du second car il se forma des siliques, mais treize jours après la chute de la fleur, ils tombèrent aussi. Néanmoins, l'hypothèse en vertu de laquelle le *C. Adami* est un hybride provenant des deux espèces ci-dessus indiquées se trouve confirmée par le fait que des hybrides entre ces espèces ont spontanément pris naissance. Ainsi le métis stérile *C. purpureo-elongatus*[96] a apparu au milieu d'un semis de la graine du *C. elongatus*, près duquel croissait un *C. purpureus*, qui avait probablement fécondé le premier

---

[94] *Nouvelles Archives du Muséum*, t. I, p. 143.
[95] *Ibid.*, p. 141.
[96] Braun, *O. C.*, 1853, p. XXIII.

par l'intermédiaire des insectes, lesquels, comme je le sais par expérience, jouent un grand rôle dans la fécondation du Cytise commun. Ainsi encore, à ce que m'apprend M. Waterer, un hybride, le *C. alpino-laburnum* [97], a spontanément surgi d'au milieu d'un semis.

D'autre part, nous possédons le mémoire très-clair et très-circonstancié adressé à M. Poiteau par M. Adam, qui a élevé la plante [98] ; ce mémoire prouve que le *C. Adami* n'est pas un hybride ordinaire, mais ce qu'on pourrait appeler un hybride obtenu par la greffe, c'est-à-dire un hybride obtenu par l'union du tissu cellulaire de deux espèces distinctes. M. Adam avait, de la manière habituelle, enté sur un *C. laburnum,* un écusson de l'écorce du *C. purpureus;* le bourgeon resta dormant pendant une année, comme cela arrive souvent ; il poussa ensuite plusieurs bourgeons et de nombreux rejetons, dont l'un plus droit, plus vigoureux et à feuilles plus grandes que le *C. purpureus,* fut propagé. Il faut noter que M. Adam vendit ces plantes avant leur floraison, comme une variété du *C. purpureus ;* la description en fut publiée par M. Poiteau après la floraison, mais avant qu'elles eussent manifesté leur tendance remarquable à revenir aux formes parentes. On ne peut donc supposer aucun motif à une falsification, et il semble difficile qu'il ait pu y avoir matière à erreur [99]. Si nous acceptons le récit de M. Adam, il nous faut admettre le fait extraordinaire que deux espèces distinctes peuvent s'unir par leur tissu cellulaire, et produire ultérieurement une plante portant des feuilles et des fleurs stériles, intermédiaires entre la greffe et le sujet, et des bourgeons susceptibles de retour ; en un mot, ressemblant, par tous les points importants, à un hybride formé comme à l'ordinaire par reproduction séminale.

Je crois donc devoir citer tous les faits que j'ai pu recueillir relativement à la formation des hybrides entre des espèces distinctes ou des variétés, sans l'intervention des organes sexuels. Si, comme j'en suis aujourd'hui convaincu, cette formation est possible, elle constitue un fait important qui, tôt ou tard, devra

---

[97] Ce métis n'a jamais été décrit. Par son feuillage, l'époque de sa floraison, les stries foncées de la base de l'étendard, les villosités de l'ovaire et presque tous ses autres caractères, il est exactement intermédiaire entre le *C. laburnum* et le *C. alpinus,* mais il se rapproche plus du premier par la couleur, tout en ayant des grappes plus longues. Nous avons vu plus haut que 20,3 pour cent de ses grains de pollen sont difformes et inefficaces. La plante, quoique croissant à peu de distance des deux espèces parentes, ne donna point de bonnes graines pendant plusieurs saisons ; mais, en 1866, elle fut féconde, et ses longues grappes produisirent de une à quatre siliques, dont plusieurs ne contenaient point de bonnes graines, mais d'autres en renfermaient une ou deux, et une seule en avait trois. Quelques-unes de ces graines ont germé et j'ai pu élever deux arbrisseaux ; l'un ressemble à la forme actuelle ; l'autre est resté nain et porte des petites feuilles, mais il n'a pas encore fleuri.

[98] *Annales de la Soc. d'Hort. de Paris,* t. VII, 1830, p. 93.

[99] Le *Gardener's Chronicle,* 1857, p. 382, 400, a publié une note relative à un faux ébénier commun sur lequel on avait tenté des écussons du *C. purpureus* et qui prit graduellement les caractères du *C. adami ;* mais je suis disposé à croire qu'on avait livré à l'acheteur qui n'était pas botaniste un *C. adami* au lieu d'un *C. purpureus.* J'ai su que cela était arrivé dans un autre cas.

modifier les opinions des physiologistes relativement à la reproduction sexuelle. Je citerai ensuite un nombre suffisant de faits pour prouver que la séparation des caractères par variations de bourgeons, comme dans le cas du *Cytisus Adami,* n'est pas un phénomène extraordinaire, quelque étonnant qu'il puisse paraître. Nous verrons, enfin, qu'un bourgeon entier, qu'une moitié de bourgeon, ou même une plus petite portion peut ainsi faire retour.

La fameuse orange *Bizzarria* offre un cas absolument parallèle à celui du *C. Adami.* Le jardinier qui a produit cet arbre en 1644, à Florence, a déclaré que c'était un individu obtenu par semis et qui avait été greffé. La greffe ayant péri, la souche avait poussé des rejetons qui ont produit la Bizzarria. Gallesio, qui a examiné avec soin plusieurs individus vivants, et qui les a comparés à la description donnée par P. Nato [100], assure que l'arbre produit en même temps des feuilles, des fleurs et des fruits, identiques à ceux de l'orange amère, et du citron de Florence, et également des fruits mixtes, où les deux sortes sont confondues ensemble, tant extérieurement qu'intérieurement, ou séparées de diverses manières. Cet arbre se propage par boutures en conservant ses caractères mixtes. L'orange trifaciale d'Alexandrie et de Smyrne [101] ressemble d'une manière générale à la Bizzarria, mais en diffère en ce qu'elle réunit sur un même fruit, le citron et l'orange douce, ou les produit séparément sur un même arbre ; on ne sait rien sur son origine. Plusieurs auteurs regardent la Bizzarria comme un métis de greffe ; Gallesio croit que c'est un hybride ordinaire, qui fait facilement retour aux formes parentes par bourgeons ; nous avons vu que les espèces de ce genre se croisent souvent d'une manière spontanée.

On sait que, lorsqu'on ente la variété panachée du Jasmin sur la forme ordinaire, celle-ci produit quelquefois des bourgeons portant des feuilles panachées ; M. Rivers me dit en avoir observé plusieurs exemples. Le même cas s'est présenté chez le Laurier-rose [102]. M. Rivers affirme que quelques bourgeons de la variété panachée dorée du frêne, entés sur des frênes communs, périrent tous à l'exception d'un seul ; mais les souches n'en furent pas moins affectées [103], et produisirent, tant au-dessus qu'au-dessous du point d'insertion des lames d'écorce portant les bourgeons morts, des rameaux à feuilles panachées. M. J. Anderson Henry m'a communiqué un cas presque analogue : M. Brown de Perth a observé, il y a bien des années,

[100] Gallesio, *Gli Agrumi dei Giard. Bot. Agrar. di Firenze,* 1839, p. 11. Dans son *Traité du Citrus,* 1811, p. 146, il semble indiquer que le fruit composé consistait en partie d'un citron mais c'est probablement là une erreur.

[101] *Gard. Chron.,* 1855, p. 628. — Voir prof. Gaspary, *Transact. Hort. Congress of Amsterdam,* 1865.

[102] Gärtner, *O. C.,* p. 611, donne beaucoup de renseignements sur ce point.

[103] Bradley, *Treatise on Husbandry,* 1724, vol. I, p. 199, mentionne un cas analogue.

dans les Highlands, un frêne à feuilles jaunes, dont les bourgeons entés sur le frêne commun modifièrent ce dernier qui produisit le frêne *Bread-albane* tacheté. Cette variété a été propagée, et a, depuis cinquante ans, conservé ses caractères. Le frêne pleureur, enté sur le même sujet, est devenu également panaché. On a prouvé à plusieurs reprises que plusieurs espèces d'*Abutilon*, sur lesquelles on a greffé la variété panachée *A. Thompsonii*, sont devenues panachées [104].

Plusieurs auteurs considèrent les panachures comme le résultat d'une maladie ; d'après cette hypothèse, on pourrait regarder les faits qui précèdent comme le résultat d'une inoculation directe de la maladie. Morren a presque prouvé le bien fondé de cette hypothèse dans l'excellent mémoire auquel nous venons de renvoyer ; il a prouvé, en effet, qu'une simple feuille dont on insère la tige dans le tronc d'une plante suffit pour engendrer la panachure chez cette dernière, bien que la feuille pourrisse bientôt. Des feuilles d'*Abutilon* complétement développées sont parfois affectées par la greffe et deviennent panachées. La panachure est, comme nous le verrons plus loin, fortement influencée par la nature du sol dans lequel croissent les plantes, et il ne serait pas impossible que les modifications que certains sols peuvent apporter à la séve et aux tissus, qu'on les appelle maladie ou non, pussent s'étendre du fragment de l'écorce de la greffe au sujet. Mais un changement de cette nature ne saurait être considéré comme analogue à un métis de greffe.

Il existe une variété du noisetier à feuilles pourpre foncé ; personne n'a jamais regardé cette coloration comme une maladie, car elle n'est apparemment qu'une exagération d'une teinte qui s'observe très-fréquemment sur les feuilles du noisetier commun. Lorsqu'on ente cette variété sur ce dernier [105], on a prétendu que les feuilles situées au-dessous de la greffe prenaient la même couleur, je dois toutefois ajouter que M. Rivers, qui a eu en sa possession des centaines d'arbres ainsi greffés, n'a jamais observé d'exemple de ce fait.

Gärtner [106] rapporte deux cas différents relatifs à des branches de vigne à raisins noirs et blancs qui avaient été réunies de diverses manières, en les fendant, par exemple, en long et en unissant les sections fraîches, etc. ; ces branches produisirent, parmi des grappes de raisins des deux couleurs, d'autres grappes panachées ou ayant une couleur intermédiaire nouvelle. Dans un des cas, les feuilles mêmes devinrent panachées. Ces faits sont d'autant plus remarquables, que A. Knight n'a jamais pu réussir à produire des raisins panachés par la fécondation des variétés blanches au moyen du pollen des variétés noires, bien que, comme nous l'avons vu, il ait obtenu par semis des plantes à fruits et à feuilles panachés, en fécondant une vigne blanche avec le pollen de la variété foncée et panachée d'Alep. Gärtner at-

[104] Morren, *Bull. de l'Acad. R. des sciences de Belgique*, 2ᵉ série, tom. XXVIII, 1869, p. 434 ; voir aussi Magnus, *Gesellschaft naturforschender Freunde*, Berlin, 21 fév. 1871, p. 13 ; *ibid.*, 21 juin 1870, et 17 oct. 1871, et *Bot. Zeitung*, 24 fév. 1871.

[105] Loudon, *Arboretum*, etc., vol. IV, p. 2595.

[106] *O. C.*, p. 619.

tribue les cas ci-dessus signalés à une simple variation par bourgeons, mais il est étrange que les branches seules greffées d'une manière particulière aient ainsi varié; M. Adorne de Tscharner affirme positivement qu'il a obtenu plus d'une fois le résultat indiqué, et qu'il peut l'atteindre à volonté en fendant les branches et en les réunissant de la manière décrite.

Je n'aurais pas cité le cas suivant sans la conviction que j'ai pu me faire des vastes connaissances et de la véracité de l'auteur des *Jacinthes* [107] : il rapporte qu'on peut couper en deux les bulbes des jacinthes bleues et rouges, et que, plantées, elles poussent une tige unique (ce que j'ai moi-même observé), portant sur les côtés opposés des fleurs des deux couleurs. Mais le point le plus important est qu'il se produit quelquefois ainsi des fleurs sur lesquelles les deux couleurs sont mélangées, ce qui rend le cas tout à fait analogue à celui des couleurs mixtes des raisins produits par deux branches réunies.

On suppose que plusieurs rosiers sont des hybrides par greffe, mais il est difficile dans ce cas de se faire une certitude à cause de la fréquence des variations par bourgeons. Le cas le plus authentique que je connaisse a été publié par M. Poynter [108], qui m'a confirmé par lettre l'exactitude du fait. Une *Rosa Devoniensis* avait, quelques années auparavant, été entée sur une rose de *Banks* blanche. Du point de jonction très-développé d'où les roses des deux variétés continuèrent à pousser comme à l'ordinaire, surgit une troisième branche, qui n'était identique à aucune des deux variétés, mais qui tenait un peu des deux. Ses fleurs ressemblaient à celles de la variété *Lamarque*, tout en leur étant un peu supérieures ; ses rameaux étaient analogues à ceux de la rose de *Banks*, sauf que les tiges les plus fortes étaient pourvues de piquants. Cette rose fut présentée au Comité floral de la Société d'horticulture de Londres, et fut examinée par le Dr Lindley, qui conclut qu'elle devait certainement être produite par le mélange de la *R. Banksiæ* avec une rose semblable à la *R. Devoniensis*, car, tout en étant plus vigoureuse et plus forte dans toutes ses parties, ses feuilles étaient intermédiaires entre celles de la rose de *Banks* et de la rose *Thé*. Il paraît aussi que les horticulteurs savaient déjà que la rose de *Banks* affecte quelquefois les autres variétés. La nouvelle variété de M. Poynter porte des fleurs et des feuilles qui ont des caractères intermédiaires entre ceux de la souche et de la greffe, en outre elle est sortie du point de jonction de ces deux dernières ; il est donc peu probable qu'elle provienne d'une simple variation par bourgeons, indépendamment de l'influence mutuelle de la souche et de la greffe.

M. R. Trail a communiqué en 1867, à la Société botanique d'Édimbourg, le fait suivant, sur lequel il m'a depuis donné des renseignements plus circonstanciés. Ayant partagé par le milieu des yeux et par moitiés, une soixantaine de pommes de terre bleues et blanches, il les planta en les réunissant deux à deux avec soin, et après avoir détruit tous les autres yeux.

[107] Amsterdam, 1768, p. 124.
[108] *Gardener's Chronicle*, 1860, p. 672, avec figure.

Quelques-uns de ces tubercules accouplés, produisirent des pommes de terre blanches, d'autres des bleues : d'autres, cependant, produisirent des tubercules en partie blancs et en partie bleus, et, chez quatre ou cinq, les tubercules étaient régulièrement marbrés des deux couleurs. Nous devons conclure de ces derniers cas, que l'accouplement des bourgeons coupés en deux avait produit une tige.

Le professeur Hildebrand a publié, en 1868 (16 mai), dans le *Botanische Zeitung*, le détail de ses expériences sur deux variétés de pommes de terre qui avaient conservé des caractères constants pendant une même saison ; c'est-à-dire une pomme de terre rouge un peu longue, à peau rugueuse, et une pomme de terre blanche ronde à peau lisse. Il enta les bourgeons d'une variété sur un tubercule appartenant à l'autre variété, en ayant soin de détruire les autres bourgeons de ce dernier. Il obtint ainsi deux plantes qui chacune produisit un tubercule ayant des caractères intermédiaires entre les deux formes parentes. Le tubercule produit par le bourgeon rouge enté dans le tubercule blanc· était rouge et rugueux à une de ses extrémités comme aurait dû l'être la pomme de terre entière, si ses caractères n'avaient pas été modifiés ; le milieu du tubercule avait une peau lisse rayée de rouge ; l'autre extrémité, enfin, était blanche et à peau lisse, comme la pomme de terre souche.

M. Taylor, qui avait reçu plusieurs mémoires relatifs à des modifications de caractère obtenues par l'insertion dans une pomme de terre appartenant à une variété de morceaux en forme de coin, empruntés à une autre variété, fit, bien que très-sceptique à ce sujet, vingt-quatre expériences dont il détailla les résultats devant la Société d'horticulture [109]. Il obtint ainsi de nombreuses variétés nouvelles ; les unes ressemblaient à la greffe, les autres à la souche, d'autres enfin avaient un caractère intermédiaire. Plusieurs personnes assistèrent à la récolte des pommes de terre produites par ces métis de greffe ; l'une d'elles, M. Jameson, grand négociant en pommes de terre, écrit à ce sujet : « Je n'ai jamais vu et je ne verrai probablement jamais des pommes de terre aussi singulières ; elles affectaient toutes les formes et toutes les couleurs ; les unes étaient très-laides, les autres très-belles. » Un autre témoin dit : « Certaines de ces pommes de terre étaient rondes, certaines autres réniformes, les unes roses, les autres marbrées de rouge et de pourpre ; elles affectaient, en un mot, toutes les formes et toutes les grosseurs. » Quelques-unes de ces variétés avaient une grande valeur et ont été considérablement cultivées depuis. M. Jameson emporta une grosse pomme de terre marbrée qu'il coupa en cinq morceaux et qu'il propagea ; il obtint ainsi des pommes de terre rondes, blanches, rouges ou marbrées.

M. Fitzpatrick adopta un plan différent [110] ; au lieu de greffer les tubercules les uns sur les autres, il greffa l'une sur l'autre les jeunes tiges de variétés produisant des pommes de terre, noires, blanches et rouges. Les

[109] Voir *Gard. Chron.*, 1869, p. 220.
[110] *Gard. Chron.*. 1869, p. 335.

tubercules produits par trois de ces plantes jumelles, ou unies, affectèrent des couleurs extraordinaires ; l'un d'eux était presque exactement partagé par moitiés, une moitié noire, une moitié blanche et cela si nettement, que, quelques personnes, en voyant cette pomme de terre, pensèrent que l'on avait collé l'un à l'autre deux morceaux de pommes de terre de couleurs différentes ; d'autres étaient moitié rouges, moitié blancs, ou curieusement marbrés de rouge et de blanc, ou de rouge et de noir, selon la couleur de la greffe et de la souche.

Le témoignage de M. Fenn a une grande importance, car il s'est livré pendant très-longtemps à la culture des pommes de terre et il a obtenu de nombreuses variétés nouvelles par des croisements opérés à la façon ordinaire entre différentes variétés. Or, M. Fenn considère comme un point désormais acquis la production de variétés intermédiaires par la greffe des tubercules, bien qu'il exprime quelques doutes quant à la valeur des produits ainsi obtenus [111]. Il a fait de nombreux essais et il a adressé des spécimens à la Société d'horticulture. Il affirme que la greffe affecte non-seulement les tubercules, dont les uns deviennent blancs et lisses à une extrémité, rouges et rugueux à l'autre extrémité, mais aussi les tiges et les feuilles au point de vue de leur croissance, de leur couleur et de leur précocité.

Au bout de trois ans de culture, les tiges de ces métis de greffe présentaient encore des caractères tout différents de ceux des tiges qui avaient fourni les bourgeons servant à la greffe. M. Fenn donna douze tubercules de la troisième génération à M. A. Dean qui les cultiva et qui se convertit ainsi à la croyance au métissage par greffe qu'il avait jusque-là toujours repoussée. Dans le but de rendre la comparaison plus facile, M. Dean planta les formes parentes pures auprès des douze tubercules métis ; il observa bientôt que les tiges produites par ces derniers possédaient des caractères intermédiaires entre les deux formes parentes, au point de vue de la précocité, de la hauteur, du port, de la rusticité et aussi au point de vue de la grandeur et de la couleur des feuilles [112].

Un autre agriculteur, M. Rintoul, greffa cinquante-neuf tubercules, tous différents de forme, de peau et de couleur et obtint ainsi beaucoup de variétés nouvelles dont les tubercules et les tiges présentaient des caractères intermédiaires [113]. M. Rintoul a décrit les cas les plus extraordinaires.

J'ai reçu, en 1871, une lettre de M. Merrick de Boston (États-Unis), qui m'écrit : « M. Fearing Burr, horticulteur distingué, et auteur d'un ouvrage remarquable The Garden vegetables of America, est parvenu à produire des pommes de terre marbrées, très-curieuses, en insérant les yeux des pommes de terre bleues ou rouges dans des pommes de terre blanches, après avoir détruit les yeux de ces dernières. J'ai examiné les produits obtenus ; ils sont extrêmement curieux. »

---

[111] *Gard. Chron.*, 1869, p. 1018, avec quelques remarques du Dr Masters sur l'adhésion des segments, voir aussi *Ibid.*, 1870, p. 1277, 1283.

[112] *Gard. Chron.*, 1871, p. 837.

[113] *Gard. Chron.*, 1870, p. 1506.

Examinons maintenant les expériences faites en Allemagne depuis la publication du mémoire du professeur Hildebrand. M. Magnus relate les résultats [114] des nombreux essais faits par MM. Reuter et Lindemuth, attachés tous deux au Jardin botanique de Berlin. Ces Messieurs ont greffé les yeux de pommes de terre rouges sur des pommes de terre blanches, et *vice versa*. Ils ont obtenu ainsi différentes variétés possédant en commun les caractères de la greffe et de la souche; quelques tubercules, par exemple, étaient blancs avec les yeux rouges.

M. Magnus a aussi exposé l'année suivante (19 novembre 1872) devant la Société d'horticulture de Berlin les produits obtenus par le docteur Neubert, et résultant de greffes entre des pommes de terre noires, blanches et rouges. Le docteur Neubert avait greffé les jeunes tiges les unes sur les autres comme l'avait fait M. Fitzpatrick. Les résultats obtenus ont été très-remarquables, car tous les produits possédaient des caractères intermédiaires bien qu'à un degré différent. Les pommes de terre provenant de greffes entre les variétés noires et blanches, ou rouges, avaient l'aspect le plus extraordinaire; celles provenant de la greffe entre les variétés blanches et rouges, étaient moitié blanches, moitié rouges.

M. Magnus a aussi communiqué à la Société, les résultats obtenus par le docteur Heimann, qui a greffé les uns sur les autres les tubercules des variétés saxonnes rouges et bleues, et la variété longue, blanche. Il enlevait les yeux au moyen d'un instrument cylindrique et les plaçait dans un trou correspondant fait dans un autre tubercule. Les plantes produisirent un grand nombre de tubercules qui possédaient des caractères intermédiaires entre les formes parentes au point de vue de la forme et de la couleur.

M. Reuter a varié l'expérience [115] en insérant dans une pomme de terre noire des morceaux en forme de coin pris sur la variété mexicaine blanche. On sait que ces variétés sont très-constantes et diffèrent beaucoup, non-seulement au point de vue de la forme et de la couleur, mais surtout en ce que les yeux de la variété noire sont profondément enfoncés, tandis que ceux de la variété mexicaine blanche sont superficiels et affectent une forme différente. Les tubercules produits par ces métis possédaient des caractères intermédiaires au point de vue de la forme et de la couleur; les uns affectaient la forme de la greffe, c'est-à-dire celle de la variété mexicaine, les autres affectaient la forme de la souche, ou celle de la variété noire et avaient les yeux profondément enfoncés.

Quiconque a lu avec attention les quelques détails que nous venons de donner sur les expériences faites dans plusieurs pays par un grand nombre de savants restera convaincu, je pense, que l'on peut produire des plantes métis en greffant l'une sur l'autre,

---

[114] *Sitzung sberichte der Gesellschaft naturforschender Freunde zu Berlin,* 17 oct. 1871.
[115] *Ibid.,* 17 nov. 1874. Voir aussi quelques excellentes observations de M. Magnus.

de différentes façons, deux variétés de pommes de terre. Il convient d'ajouter que ces expériences ont été faites par de savants agriculteurs, que quelques-uns d'entre eux se sont livrés à la culture de la pomme de terre sur une grande échelle, et que la plupart, très-sceptiques avant de commencer leurs expériences, affirment maintenant qu'il est possible, pour ne pas dire facile, d'obtenir des métis par la greffe. Le seul moyen d'échapper à cette conclusion serait d'attribuer tous les cas que nous venons d'indiquer à une simple variation par bourgeons. Sans doute, comme nous l'avons vu dans ce chapitre, la pomme de terre varie quelquefois par bourgeons, bien que ce fait se présente rarement; mais il faut remarquer tout particulièrement que ce sont des cultivateurs expérimentés, toujours à la recherche de nouvelles variétés, qui ont exprimé le plus grand étonnement à la vue des nouvelles formes obtenues au moyen du métissage par greffe. On peut soutenir, il est vrai, que c'est seulement la greffe, et non pas l'union de deux variétés, qui cause une variation par bourgeon aussi considérable; mais on peut répondre à cette objection que l'on propage ordinairement les pommes de terre en coupant les tubercules en morceaux, et que la seule différence dans le cas des hybrides par greffe est que l'on place un segment ou un cylindre d'une variété, en contact direct avec les tissus d'une autre variété. En outre, dans deux cas, les jeunes tiges ont été greffées l'une sur l'autre, et on a obtenu des résultats analogues à ceux produits par l'union des tubercules. On peut ajouter, et c'est un argument ayant un poids considérable, que les variétés obtenues au moyen de simples variations par bourgeons présentent fréquemment des caractères nouveaux, tandis que, dans les cas nombreux que nous avons cités, les métis par greffe présentent, comme M. Magnus le fait remarquer, des caractères intermédiaires entre les deux formes employées. Or, il serait impossible d'expliquer ce résultat si l'on n'admettait pas que l'une des deux variétés affecte l'autre.

Le métissage par greffe, de quelque façon d'ailleurs que la greffe ait été pratiquée, affecte tous les caractères. Les plantes ainsi obtenues produisent des tubercules chez lesquels se confondent les couleurs souvent très-différentes des formes parentes, et qui affectent la forme et la peau de l'une ou l'autre de ces formes. En outre, deux observateurs ont affirmé que ces produits du métissage ont aussi des caractères intermédiaires au point de vue des particularités constitutionnelles. En tout cas, nous devons nous rappeler que, chez toutes les variétés de la pomme de terre, le tubercule est la partie qui varie le plus souvent.

La pomme de terre semble donc fournir la preuve la plus évidente de la possibilité de la formation de métis par greffe ; nous ne devons pas oublier, cependant, ce que M. Adam, qui n'avait aucun motif de déguiser la vérité, a raconté relativement à l'origine du fameux *Cytisus Adami ;* nous ne devons pas oublier non plus le cas absolument parallèle de l'origine de l'orange *Bizzarria,* produite par métissage de greffe. Enfin, nous avons vu que différentes variétés ou espèces de vigne, de jacinthe et de rosier, ont été greffées les unes sur les autres, et ont produit des formes intermédiaires. Il est évident que l'on peut obtenir ces métis par greffe beaucoup plus facilement chez quelques plantes, comme la pomme de terre, que chez quelques autres, nos arbres fruitiers, par exemple ; en effet, bien que ces derniers aient été greffés par millions pendant plusieurs siècles, et bien que la greffe soit parfois légèrement affectée, il est probable que l'on peut expliquer les phénomènes qui se produisent dans ce cas par une circulation plus ou moins active de la séve. Quoi qu'il en soit, les faits que nous venons de citer semblent prouver que, dans certaines conditions inconnues, on peut obtenir un métissage par l'emploi de la greffe.

M. Magnus affirme, avec beaucoup de raison, que les métis par greffe ressemblent sous tous les rapports aux métis provenant de la reproduction sexuelle, y compris la grande diversité de leurs caractères. On remarque, toutefois, une exception partielle, en ce que, très-souvent, les caractères des deux formes parentes ne se confondent pas de façon homogène chez les métis par greffe. Le plus ordinairement, ces caractères se présenten séparément, c'est-à-dire en segments, soit tout d'abord, soit ultérieurement par retour. Il semblerait, en un mot, que les éléments reproducteurs ne sont pas aussi complétement confondus par la greffe qu'ils le sont par la génération sexuelle. Des séparations de cette nature se présentent, souvent il est vrai, comme nous allons le démontrer, chez des hybrides produits par la génération sexuelle. En résumé, il faut admettre, je crois, que les exemples ci-dessus cités nous enseignent un fait physiologique extrêmement important, c'est-à-dire que la formation des éléments qui concourent à la production d'un être nouveau n'implique pas nécessairement l'intervention d'organes mâles et femelles. Ces éléments existent au sein du tissu cellulaire, dans un état tel qu'ils peuvent s'unir sans l'intervention des organes sexuels, et engendrer ainsi un nouveau bourgeon qui participe au caractère des deux formes parentes.

SUR LA SÉPARATION, AU MOYEN DE LA VARIATION PAR BOURGEONS, DES CARACTÈRES DES FORMES PARENTES CHEZ LES HYBRIDES OBTENUS PAR REPRODUCTION SEXUELLE. — J'ai l'intention de citer un nombre de faits suffisants pour prouver que la séparation de cette espèce, c'est-à-dire par bourgeons, peut se présenter chez les hybrides ordinaires, c'est-à-dire chez ceux qui ont été obtenus par l'ensemencement de graines.

Gärtner a obtenu des métis entre le *Tropæolum minus* et le *T. majus* [116]; ces métis ont produit d'abord des fleurs qui, par leur grosseur, leur couleur et leur structure, occupaient une situation intermédiaire entre les fleurs des deux formes parentes; mais, plus tard dans la saison, quelques-unes de ces plantes produisirent des fleurs ressemblant, sous tous les rapports, à celles de la forme maternelle, mélangées à d'autres conservant leur état intermédiaire. Un hybride entre le *Cereus speciosissimus* et le *C. phyllanthus* [117], plantes dont l'aspect est très-différent, a produit pendant les trois premières années des tiges anguleuses et pentagonales, puis ensuite quelques tiges plates comme celles du *C. phyllanthus.* Kölreuter cite aussi certains *Lobelias* et certains *Verbascums* qui ont produit d'abord des fleurs d'une couleur, puis, plus tard dans la saison, d'autres fleurs de couleur différente [118]. Naudin [119] en fécondant le *Datura lævis* avec le *D. stramonium* a obtenu quarante hybrides; trois produisirent des capsules, ayant une moitié ou un quart ou un segment moindre, lisse et plus petit, comme la capsule du *D. lævis*, le reste de la capsule était épineux et plus grand, comme celle du *D. stramonium* pur; une de ces capsules composées a produit des plantes ressemblant exactement aux deux formes parentes.

Passons aux variétés. On a observé, en France, un pommier obtenu par

---

[116] Gärtner, *Bastarderzeugung*, p. 549. — On ne sait, cependant, pas encore si ces deux plantes doivent être regardées comme des espèces ou des variétés.
[117] Gärtner, *Bastarderzeugung*, p. 550.
[118] *Journ. de Physique*, t. XXIII, 1873, p. 100. — *Act. Acad. Saint-Pétersbourg*, 1781, t. I, p. 249.
[119] *Nouvelles Archives du Muséum*, t. I, p. 49.

semis, et qu'on croit être d'origine croisée [120]. Ce pommier portait des fruits
singuliers : un des côtés de la pomme était plus grand que l'autre, rouge, à
goût acide, et à odeur spéciale, le côté plus petit affectait une teinte jaune
verdâtre à goût sucré ; cette pomme renfermait rarement des graines complétement développées. Je pense que ce n'est pas le même arbre que Gaudichaud [121] a présenté à l'Institut de France ; ce dernier pommier portait sur
la même branche deux espèces distinctes de pommes, une *reinette rouge* et
une *reinette du Canada jaunâtre*. Cette variété à double fruit peut être propagée par greffe, et continue à produire les deux sortes de pommes ; son
origine est inconnue. Le Rév. J. D. La Touche m'a envoyé un dessin colorié
d'une pomme qu'il a rapportée du Canada, dont la moitié correspondante
au calice et à l'insertion du pédoncule est verte, tandis que l'autre moitié
est brune et participe à la nature de la *pomme grise ;* les deux moitiés sont
très-nettement limitées par une ligne de séparation très-apparente. L'arbre
avait été greffé, et M. La Touche croit que la branche qui portait cette
pomme curieuse partait du point de jonction de la greffe et de la souche ;
si ce fait avait été vérifié, le cas aurait probablement dû rentrer dans celui
des métis par greffe que nous avons déjà indiqués. La branche, il est vrai,
peut aussi avoir poussé sur la souche, qui avait, sans doute, été obtenue
par semis.

Le professeur Lecoq [122], qui a opéré un grand nombre de croisements
entre les variétés diversement colorées du *Mirabilis Jalapa*, a observé que,
chez les plantes obtenues par semis, les couleurs se combinent rarement,
mais forment des raies distinctes, ou se partagent par moitié sur les fleurs.
Quelques variétés portent régulièrement des fleurs striées de jaune, de
blanc, et de rouge, mais ces variétés produisent parfois sur une même
plante des branches à fleurs uniformément colorées de l'une de ces trois
teintes, d'autres dont les fleurs affectent deux couleurs, d'autres enfin des
fleurs panachées. Gallesio [123] a croisé ensemble des œillets blancs et rouges ;
les plants obtenus par semis portent en général des fleurs rayées, mais
aussi des fleurs toutes rouges ou toutes blanches. Quelques-uns de ces
œillets métis n'ont produit une année que des fleurs rouges, l'année suivante que des fleurs rayées, ou inversement ; après n'avoir donné pendant
deux ou trois ans que des fleurs rayées, certains métis ont fait retour à la
fleur rouge qu'ils produisent exclusivement. J'ai fécondé le pois de senteur
pourpre (*Lathyrus odoratus*) avec du pollen de la variété à couleur claire
dite la *Dame Peinte ;* les plantes obtenues par l'ensemencement des graines
d'une même gousse, au lieu de présenter des caractères intermédiaires, ressemblaient exactement à l'un ou à l'autre parent. Plus tard dans la saison,
les plantes qui avaient d'abord produit des fleurs identiques à celles de la
variété dite *Dame Peinte* produisirent ensuite des fleurs rayées et tachetées

[120] *L'Hermès,* janv. 14, 1837, cité dans Loudon's *Gard. Mag.,* vol. XIII, p. 230.
[121] *Comptes-rendus,* t. XXXIV, 1852, p. 746.
[122] *Geog. Bot. de l'Europe,* t. III, 1854, p. 405. — *De la Fécondation,* 1862, p. 302.
[123] *Traité du Citrus,* 1811, p. 45.

de pourpre, marques qui dénotaient une tendance au retour vers la variété maternelle. A. Knight [124] a fécondé deux vignes à raisins blancs avec du pollen de la vigne d'Alep, dont le fruit et les feuilles sont panachés de teintes foncées. Les jeunes plantes qui en résultèrent ne furent pas d'abord panachées, mais elles le devinrent toutes l'été suivant ; en outre, plusieurs produisirent des grappes complétement noires ou blanches, ou de couleur plombée striée de blanc, ou blanches marquées de petites raies noires, et on rencontrait souvent sur une même branche des grappes de raisins affectant toutes ces nuances.

Je crois utile de citer un cas très-curieux non pas de variation par bourgeons mais relatif à deux embryons de caractères différents, adhérents l'un à l'autre et contenus dans une même graine. M. G. H. Thwaites [125], botaniste distingué, affirme qu'une graine du *Fuchsia coccinea*, fécondé par le *F. fulgens*, contenait deux embryons, et constituait ainsi un véritable jumeau végétal. Les deux plantes obtenues de ces deux embryons étaient très-différentes par leurs caractères et leur aspect, bien que ressemblant à d'autres hybrides de même origine produits en même temps. Ces plantes jumelles étaient adhérentes au-dessous des deux paires de cotylédons, et formaient une tige unique, cylindrique, de façon à ressembler plus tard à deux branches sortant d'un même tronc. Si les deux tiges réunies avaient pu croître et atteindre leur hauteur complète, au lieu de périr, on aurait eu là un hybride curieux. D'autre part, un melon hybride décrit par Sageret [126] a peut-être eu une origine analogue, car les deux branches principales, qui partaient de deux cotylédons, produisirent des fruits très-différents, — l'une portant des melons ressemblant aux fruits de la variété paternelle, tandis que les fruits de l'autre ressemblaient à ceux de la variété maternelle, le melon de Chine.

Dans la plupart des cas relatifs aux variétés croisées, et aussi dans quelques cas de croisements d'espèces, les couleurs propres à chacun des parents ont apparu chez les plants obtenus par semis, dès leur première floraison, sous la forme de bandes ou de segments plus considérables, ou sous la forme de fleurs ou de fruits entiers de diverses sortes portés par une même plante ; on ne peut, dans ce cas, attribuer l'apparition des deux couleurs à un effet de retour, mais plutôt à quelque obstacle s'opposant à leur mélange intime. Mais lorsque les fleurs ou les fruits produits ultérieurement, soit dans la même saison, soit dans une génération suivante, deviennent rayés ou moitié d'une

---

[124] *Transact. Linn. Soc.*, vol. IX, p. 268.
[125] *Annals and Mag. of Nat. Hist.*, mars 1848.
[126] *Pomologie physiologique*, 1830, p. 126.

couleur et moitié de l'autre, etc., la séparation des deux couleurs est alors un véritable cas de retour par variation de bourgeons. Toutefois, il n'est pas démontré que toutes les fleurs et tous les fruits rayés proviennent d'une hybridation antérieure et d'un retour subséquent, le fait surtout n'est pas établi pour les pêches, les roses moussues, etc. Je démontrerai, dans un chapitre subséquent, que, chez les animaux provenant de croisements, certains individus, pendant leur croissance, changent de caractères, et font retour vers l'un de leurs parents auquel ils ne ressemblaient pas d'abord. Enfin, les faits que nous venons de signaler prouvent, à n'en pouvoir douter, qu'une plante hybride, peut, par ses feuilles, ses fleurs ou ses fruits, en tout ou partie, faire retour à l'une ou l'autre de ses formes parentes.

De l'action directe ou immédiate de l'élément mâle sur la forme maternelle. — Nous avons maintenant à examiner une autre catégorie de faits remarquables, et qui doivent prendre place ici, d'abord parce qu'ils ont une grande importance physiologique et, en second lieu, parce qu'on les a invoqués pour expliquer quelques cas de variations par bourgeons ; je veux parler de l'action directe que peut exercer l'élément mâle, non de la façon ordinaire sur les ovules, mais sur certaines parties de la plante femelle, ou, quand il s'agit des animaux, sur la progéniture ultérieure de la femelle fécondée par un second mâle. Il importe de rappeler que, chez les plantes, l'ovaire et les enveloppes des ovules sont évidemment des parties de la femelle, et on ne pouvait prévoir qu'elles dussent être affectées par le pollen d'une variété ou d'une espèce étrangère, bien que le développement de l'embryon dans le sac embryonnaire, à l'intérieur de l'ovule et de l'ovaire, dépende incontestablement de l'élément mâle.

Dès 1729, on avait observé [127] que les variétés blanches et bleues du Pois se croisent mutuellement, lorsqu'elles se trouvent rapprochées les unes des autres (et cela sans doute par l'intermédiaire des abeilles), de sorte qu'en automne on trouve dans les mêmes cosses des pois bleus et des pois blancs. La même observation a été faite dans ce siècle par Wiegmann, et le même

[127] *Philosophical Transac.*, vol. XLIII, 1744-45, p. 525.

résultat a été fréquemment obtenu lorsqu'on a tenté des croisements entre des variétés de pois de couleurs différentes [128]. Ces données déterminèrent Gärtner, fort sceptique à cet endroit, à entreprendre une longue série d'expériences. Il choisit les variétés les plus constantes et obtint des résultats décisifs, qui prouvèrent que la couleur de la pellicule du pois est modifiée lorsqu'on emploie pour la fécondation le pollen d'une variété autrement colorée. De nouvelles expériences faites par le Rév. J.-M. Berkeley [129] ont confirmé cette assertion.

M. Laxton, de Stamford, occupé aussi d'expériences sur les pois pour déterminer l'action d'un pollen étranger sur la plante mère, a récemment observé un fait nouveau et important [130]. Il avait fécondé le *grand Pois sucré*, dont les cosses sont vertes, très-minces, et deviennent d'un blanc brunâtre lorsqu'elles sont sèches, avec du pollen du *Pois à cosses pourpres*, dont les cosses colorées, comme l'indique leur nom, sont très-épaisses, et deviennent d'un rouge-pourpre pâle à l'état sec. M. Laxton a cultivé pendant vingt ans le grand Pois sucré sans lui avoir vu produire une seule cosse pourpre, et sans jamais avoir entendu dire que cela soit arrivé ; cependant, une fleur fécondée par le pollen de la variété pourpre produisit une cosse nuancée de rouge pourpré, que M. Laxton a bien voulu m'envoyer. Cette couleur occupait une longueur d'environ 5 centimètres vers l'extrémité de la cosse, et un espace plus petit près de la base. J'ai comparé cette cosse à celle du Pois pourpré, après les avoir fait sécher et ensuite tremper dans l'eau ; elles avaient absolument la même couleur, et, chez l'une comme chez l'autre, la coloration était limitée aux cellules placées immédiatement au-dessous de la membrane extérieure de la cosse. Les valves de la cosse chez la variété croisée étaient certainement plus épaisses et plus fortes que chez celles de la plante mère, circonstance peut-être accidentelle, car je ne sais pas jusqu'à quel point l'épaisseur de la cosse est un caractère variable chez le grand Pois sucré.

Les Pois desséchés de cette dernière variété sont brun-verdâtre pâle, couverts de points foncés pourpres assez petits pour n'être visibles qu'à la loupe, et jamais M. Laxton n'a observé ou entendu dire que cette variété ait produit un pois pourpre ; toutefois, la cosse croisée contenait un pois affectant une magnifique teinte pourpre violacée, et un second irrégulièrement tacheté de pourpre pâle. La couleur réside dans l'enveloppe extérieure du pois. Comme les pois de la variété à cosses pourprées sont d'une couleur chamois verdâtre pâle à l'état sec, il semblerait que ce changement remarquable dans la coloration du pois croisé ne puisse pas avoir été causé par l'action directe du pollen de la variété à cosses pourprées ; mais si nous remarquons que cette dernière variété porte des fleurs pourpres, que ses stipules et ses cosses portent des taches de cette couleur, et que le grand Pois

---

[128] Mr Goss, *Transact. Hort. Soc.*, vol. V, p. 234. — Gärtner, *O. C.*, 1849, p. 81 et 199.

[129] *Gardener's Chron.*, 1854, p. 404.

[130] *Id.*, 1866, p. 900.

sucré a aussi des fleurs et des stipules pourpres et que les grains sont couverts de points microscopiques pourpres, on peut admettre que la tendance
à la production de cette couleur chez les deux formes parentes a, par sa
combinaison, modifié la coloration du pois dans la cosse croisée. Après
avoir examiné ces échantillons, j'ai croisé les deux mêmes variétés ; les
pois d'une cosse, mais pas les cosses elles-mêmes, étaient teintés de rouge
pourpré d'une manière plus apparente que ceux contenus dans les cosses
non croisées produites en même temps par les mêmes plantes. Je dois faire
remarquer que j'ai reçu de M. Laxton divers autres pois croisés dont la
couleur était plus ou moins modifiée ; mais le changement était, dans ce
cas, dû à une altération de la teinte des cotylédons, visible au travers de
l'enveloppe transparente des pois ; or, les cotylédons étant une partie de
l'embryon, il n'y a là rien de remarquable.

Passons au genre *Matthiola*. Le pollen d'une variété peut affecter quelquefois la couleur des graines d'une autre variété employée comme plante mère.
Je cite d'autant plus volontiers le cas suivant, que Gärtner a mis en doute
des résultats analogues signalés antérieurement par d'autres observateurs.
Le major Trevor Clarke, horticulteur bien connu [131], m'apprend que les
graines de la *Matthiola annua* (*Cocardeau*), plante bisannuelle à grandes
fleurs rouges, sont brun-clair, tandis que celles de la *M. incana* sont violet
noirâtre ; il a observé que, lorsqu'on féconde des fleurs de la plante rouge
avec du pollen de la seconde, elles donnent environ cinquante pour cent de
graines *noires*. Il m'a envoyé quatre siliques de la plante à fleurs rouges,
dont deux fécondées par leur propre pollen renfermaient des graines brun-
pâle ; les deux autres, qui avaient été fécondées par du pollen de la variété
violette, contenaient des graines fortement teintées de noir. Ces dernières
produisirent des plantes à fleurs violettes, comme la plante paternelle, tandis que les graines brunes produisirent des plantes à fleurs rouges normales ; le major Clarke a obtenu sur une plus grande échelle les mêmes
résultats. Il y a donc là une démonstration concluante de l'action directe du pollen d'une espèce sur la couleur des graines d'une autre
espèce.

Gallesio [132] a fécondé les fleurs d'un oranger avec le pollen d'un citronnier ; chez un des fruits ainsi obtenus une bande longitudinale du zeste
avait la couleur, le goût et tous les caractères du citron. M. Anderson [133] a
fécondé un melon à pulpe verte avec le pollen d'un autre melon à chair
rouge ; chez deux des fruits obtenus il y eut un changement appréciable ;
quatre autres étaient quelque peu modifiés tant à l'intérieur qu'à l'extérieur.
Les graines des deux premiers fruits ont produit des plantes qui participaient
aux propriétés des deux formes parentes. Aux États-Unis, où on les cultive

---

[131] Voir un mémoire lu devant le Congrès international horticole et botanique de
Londres, 1866.
[132] *Traité du Citrus*, p. 40.
[133] *Transact. Hort. Soc.*, vol. III, p. 318. — et vol. V, p. 65.

sur une grande échelle, on croit généralement que le fruit des Cucurbitacées est affecté par l'emploi d'un pollen étranger [134], et il en est de même en Angleterre pour les concombres. On sait que des raisins ont été ainsi modifiés au point de vue de la couleur, de la grosseur et de la forme ; en France, on a modifié le jus d'une variété blanche en se servant du pollen de la variété foncée dite *Teinturier* ; une autre variété, en Allemagne, a produit des grains modifiés par le pollen de deux variétés voisines ; quelques grains n'étaient que partiellement affectés et marbrés [135].

Dès 1751 [136], on a observé que lorsque des variétés de maïs affectant des couleurs différentes croissent à proximité les unes des autres, les graines respectives de ces variétés sont mutuellement affectées ; ce fait constitue une croyance populaire aux États-Unis. Le Dr Savi [137] a fait des expériences précises à ce sujet ; il sema ensemble des maïs à grains jaunes et à grains noirs, et obtint sur un même épi des grains jaunes, des grains noirs, et quelques grains marbrés ; les grains de différente couleur étaient disposés en rangées ou répartis irrégulièrement. Le professeur Hildebrand a répété cette expérience [138] en ayant soin de s'assurer de la pureté de la race de la plante mère. Il a fécondé une variété produisant des grains jaunes avec le pollen d'une variété produisant des grains bruns et il a obtenu deux épis pleins de grains jaunes mélangés à d'autres affectant une teinte violet sale. Un troisième épi ne produisit que des grains jaunes, mais un côté du pivot se colora en brun rougeâtre ; ce fait important prouve que l'influence du pollen étranger s'étend jusqu'à l'axe. M. Arnold, au Canada, a modifié l'expérience de façon intéressante : il a soumis « une fleur femelle, d'abord à l'action du pollen d'une variété jaune, puis à l'action du pollen d'une variété blanche ; il a obtenu des épis dont chaque grain était jaune par-dessous et blanc par-dessus. » [139] On a observé parfois chez d'autres plantes que le produit du croisement porte les marques de l'influence des deux espèces de pollen, mais, dans le cas que nous venons de citer, les deux espèces de pollen ont exercé leur influence sur la plante mère.

M. Sabine affirme [140] que la forme presque globulaire de la capsule des graines de l'*Amaryllis vittata* s'altère à la suite de la fécondation de cette plante par le pollen d'une autre espèce dont la capsule est anguleuse. Un botaniste bien connu, M. Maximowicz, a décrit en détail les résultats étonnants obtenus par la fécondation réciproque chez un genre voisin, le *Lilium bulbiferum* et le *L. davuricum*. Chacune de ces espèces fécondée avec le

---

[134] Prof. Asa Gray, *Proc. Acad. Sc. Boston ;* vol. IV, 1850, p. 21. Plusieurs personnes habitant les États-Unis m'ont communiqué des faits analogues.
[135] *Proc. Hort. Soc.*, vol. I, 1866, p. 50, pour le cas français ; — pour celui d'Allemagne, Mr Jack, dans Henfrey, *Bot. Gazette*, vol. I, p. 277. Un cas observé en Angleterre a été récemment communiqué à la Société d'horticulture de Londres, par le Rév. J. M. Berkeley.
[136] *Philosoph. Transact.*, vol. XLVII, 1751-52, p. 206.
[137] Gallesio, *Teoria della Riproduzione*, 1816, p. 95.
[138] *Bot. Zeitung*, mai 1868, p. 326.
[139] Voir Dr J. Stockton-Hough dans *American Naturalist*, janvier 1874, p. 29.
[140] *Transact. Hort. Soc.*, vol. V, p. 69.

pollen de l'autre a produit des fruits non pas semblables aux siens propres mais presque identiques à ceux de l'espèce qui avait fourni le pollen. Il résulte, toutefois, d'un accident qu'on a pu examiner avec soin seulement les fruits de la seconde espèce. Les graines présentaient des caractères intermédiaires au point de vue du développement des ailes [141].

Fritz Müller a fécondé le *Cattleya Leopoldi* avec le pollen de l'*Epidendron cinnabarinum* ; les capsules obtenues contenaient très-peu de graines, mais ces graines présentaient un aspect étonnant que, d'après la description qui en a été faite, deux botanistes, Hildebrand et Maximowicz, attribuent à l'action directe du pollen de l'*Épidendron* [142].

M. J. Anderson Henry [143] a fécondé le *Rhododendron Dalhousiæ* avec le pollen du *R. Nuttallii*, une des espèces du genre qui porte les plus grandes et les plus belles fleurs. La plus grande gousse produite par la première espèce fécondée avec son propre pollen mesurait 32 millimètres de longueur et 38 millimètres de circonférence, tandis que trois des gousses, qui avaient été fécondées par le pollen du *R. Nuttallii*, mesuraient 41 millimètres de longueur, et 51 millimètres de circonférence. Dans ce cas, l'action du pollen étranger paraît se borner à augmenter les dimensions de l'ovaire ; mais, comme le prouve le cas suivant, il faut être très-circonspect avant d'affirmer que l'augmentation en grosseur a été directement transférée par l'élément mâle à la capsule de la plante femelle. M. Henry a fécondé l'*Arabis blepharophylla* avec le pollen de l'*A. Soyeri*, et a obtenu des gousses dont il m'a communiqué les dimensions et les croquis ; ces gousses étaient beaucoup plus grandes que celles produites naturellement par les espèces parentes mâle ou femelle. Nous verrons, dans un chapitre subséquent, que, chez les plantes hybrides, les organes de la végétation se développent quelquefois à un degré monstrueux, indépendamment des caractères des parents, et il est possible que l'augmentation en grosseur des gousses dont nous venons de parler soit un cas analogue. D'un autre côté, M. de Saporta m'apprend que la *Pistacia vera* femelle est souvent fécondée par le pollen du *P. terebinthus* s'il en existe dans les environs ; dans ce cas, les fruits produits par la plante femelle n'ont que la moitié de leur grandeur ordinaire, ce qu'il attribue à l'influence du pollen du *P. terebinthus*.

L'action directe du pollen d'une variété sur une autre n'est nulle part plus remarquable ni mieux démontrée que dans le cas du pommier ordinaire. Chez cet arbre, le fruit se compose de la partie inférieure du calice, et de la partie supérieure du pédoncule floral [144] métamorphosé, de sorte que l'influence du pollen étranger se fait sentir au delà des limites de l'ovaire. Bradley, au commencement du siècle dernier, a enregistré des cas de

---

[141] *Bull. de l'Acad. Imp. de Saint-Pétersbourg*, vol. XVII, p. 275, 1872. L'auteur cite quelques cas de Solanées dont le fruit est affecté par l'intervention d'un pollen étranger. Mais comme il n'indique pas que la plante mère ait été artificiellement fécondée, je ne suis pas entré dans les détails.

[142] *Bot. Zeitung*, sept. 1868, p. 631.

[143] *Journal of Horticult.*, 20 janv. 1863, p. 46.

[144] Prof. Decaisne, traduit dans *Proc. Hort. Soc.*, vol. I. 1866, p. 48.

pommes ainsi affectées, et on trouve d'autres cas analogues dans d'anciens volumes des *Transactions philosophiques* [145] ; l'un est relatif à deux variétés de Reinettes dont les fruits respectifs s'étaient réciproquement modifiés ; l'autre à une variété lisse qui avait revêtu la peau d'une variété à peau rugueuse. On a encore signalé [146] deux pommiers très-différents, croissant à peu de distance l'un de l'autre, et qui portaient tous deux des fruits semblables, mais seulement sur les branches les plus rapprochées. Mais il est presque superflu de rappeler de pareils faits, quand on pense au pommier de Saint-Valery qui, ne produisant pas de pollen par suite de l'avortement des étamines, est fécondé artificiellement chaque année ; les jeunes filles de l'endroit exécutent cette opération, au moyen de pollen emprunté à plusieurs variétés. Il en résulte des fruits différents au point de vue de la grosseur, de la couleur et de la saveur, et ressemblant à ceux des variétés qui ont fourni l'élément fécondant [147].

Ces divers exemples empruntés à des observateurs distingués prouvent que, chez des plantes appartenant à des ordres très-différents, l'application du pollen d'une variété ou d'une espèce, sur une plante femelle appartenant à une forme distincte, peut amener parfois des modifications chez les enveloppes des graines, chez l'ovaire ou le fruit, et même chez le calice et la partie supérieure du pédoncule de la pomme et chez l'axe de l'épis du maïs. Cette action s'exerce parfois sur l'ensemble de l'ovaire ou sur toutes les graines, parfois sur un certain nombre de ces dernières, comme chez le pois, ou sur une partie seulement de l'ovaire, comme chez l'orange striée, chez le maïs, et chez les raisins marbrés. On ne saurait admettre qu'un effet direct et immédiat résulte invariablement de l'emploi d'un pollen étranger ; tel n'est pas le cas, et on ignore complétement les conditions dont dépend cet effet. M. Knight [148] affirme que, bien qu'il ait opéré des milliers de croisements entre des pommiers et d'autres arbres fruitiers, il n'a jamais eu occasion d'observer semblable modification chez leurs fruits.

Il n'y a aucune raison pour croire qu'une branche qui a produit des graines ou des fruits directement modifiés par l'action

---

[145] Vol. XLIII, 1744-45, p. 525 ; vol. XLV, 1747-48, p. 602.

[146] *Trans. Hort. Soc*, vol. V, p. 65 et 68. Voir aussi Prof. Hildebrand, *Bot. Zeitung*, 15 mai 1868, p. 327, avec figure coloriée. Puvis, *de la Dégénération*, 1837, p. 36, cite aussi plusieurs cas, mais il n'est pas toujours possible de distinguer entre l'action directe du pollen étranger et celle des variations par bourgeons.

[147] T. de Clermont-Tonnerre, *Mém. Soc. Linn. de Paris*, t. III, 1825, p. 164.

[148] *Trans. Hort. Soc.*, vol. V, p. 68.

d'un pollen étranger doive elle-même être affectée de manière à produire ultérieurement des bourgeons modifiés; un pareil résultat semble presque impossible, vu le peu de durée des rapports qui existent entre la fleur et la tige. On ne saurait donc attribuer à l'action d'un pollen étranger, la plupart des modifications qui se produisent chez les fruits par variations de bourgeons, modifications dont nous avons parlé au commencement de ce chapitre; ces fruits, en effet, sont généralement propagés par bourgeons ou par greffes. Il est également évident que les changements de coloration qui se manifestent chez les fleurs longtemps avant qu'elles soient en état d'être fécondées, ou que les changements de la forme ou de la couleur des feuilles dus à des bourgeons modifiés, ne peuvent, en aucune façon, être attribués à l'action d'un pollen étranger.

Nous avons cité avec beaucoup de détails, les preuves de l'action d'un pollen étranger sur la plante mère, à cause de la grande importance théorique de cette action, comme nous le verrons par la suite, et parce qu'en elle-même cette action est un fait remarquable et qui semble même anomal. Cette action est remarquable au point de vue physiologique, en ce que l'élément mâle n'affecte pas seulement le germe comme le veulent ses fonctions spéciales, mais affecte encore les tissus voisins de la plante mère de la même façon qu'il affecte une même partie chez le produit des deux mêmes parents. Il en résulte qu'un ovule n'est pas un organe indispensable pour la réception de l'influence de l'élément mâle. Quant à l'anomalie de cette action, elle n'est qu'apparente, car, en fait, l'élément mâle joue un rôle analogue dans la fécondation ordinaire d'un grand nombre de fleurs. Gärtner a prouvé[149] en augmentant graduellement le nombre des grains de pollen pour arriver à féconder une mauve, qu'un grand nombre de grains sont nécessaires pour développer, ou plutôt pour saturer, comme il dit, le pistil et l'ovaire. Quand une plante est fécondée par une espèce très-distincte, il arrive souvent que l'ovaire se développe complétement et rapidement sans qu'il s'y forme aucune graine, ou que les enveloppes de ces dernières se complètent sans qu'aucun embryon se développe à l'intérieur.

---

[149] *Beiträge zur Kenntniss der Befruchtung*, 1844, p. 347-351.

Le Dr Hildebrand a aussi prouvé [150] que, dans la fécondation normale de plusieurs Orchidées, l'action du pollen propre de la plante est nécessaire pour le développement de l'ovaire, et que ce développement se fait, non-seulement avant que les tubes polliniques aient atteint les ovules, mais même avant que le placenta et les ovules soient formés ; de telle sorte que, chez ces orchidées, le pollen agit directement sur l'ovaire. Il ne faut pas, d'autre part, exagérer, sous ce rapport, l'efficacité du pollen chez les plantes hybrides, car un embryon peut se former et affecter les tissus voisins de la plante mère, puis périr. On sait encore que l'ovaire peut, chez un grand nombre de plantes, se développer complétement, même en l'absence totale de pollen. Enfin, M. Smith (ancien directeur de Kew) a observé sur une orchidée, *Bonatea speciosa*, le fait curieux qu'on peut déterminer le développement de l'ovaire par une irritation mécanique du stigmate. Toutefois, le nombre des grains de pollen employés pour la saturation du pistil et de l'ovaire, — la formation générale de ce dernier et des enveloppes des graines chez les plantes hybrides et stériles, — et les observations du Dr Hildebrand sur les Orchidées, nous permettent d'admettre que, dans la plupart des cas, l'action directe du pollen facilite, si elle n'en est la seule cause, le gonflement de l'ovaire et la formation des enveloppes des graines, indépendamment de l'intervention du germe fécondé. Nous n'avons donc, pour les cas ci-dessus énoncés, qu'à attribuer au pollen, outre sa propriété de favoriser le développement de l'ovaire et des enveloppes des graines de sa propre plante, la faculté d'influencer la forme, la grosseur, la couleur, la texture, etc., de ces mêmes parties, lorsqu'il est mis en contact avec la fleur d'une autre espèce ou d'une variété distincte.

Examinons maintenant ce qui se passe dans le règne animal. Si une même fleur pouvait donner des graines pendant plusieurs années consécutives, il n'y aurait rien d'étonnant à ce qu'une fleur, dont l'ovaire aurait été modifié par un pollen étranger, produisît ensuite, fécondée par elle-même, des produits modifiés par l'action de l'élément mâle antérieur. On a observé des cas analogues chez les animaux. On a souvent cité le cas observé par

---

[150] *Die Fruchtbildung der Orchideen, ein Beweis für die doppelte Wirkung des Pollens ; Botanische Zeitung*, n° 44 et suiv., oct. 30, 1863 et 4 août 1865, p. 249.

lord Morton [151] : une jument alezane, de race arabe presque pure, après avoir été croisée avec un quagga, mit bas un métis ; cette jument fut ensuite envoyée à sir Gore Ouseley, qui, ultérieurement, en obtint deux poulains par un cheval arabe noir. Ces poulains étaient partiellement isabelle, et avaient les jambes plus nettement rayées que le métis, et même que le quagga. Un des deux poulains portait aussi sur le cou et sur quelques autres parties du corps des raies nettement accentuées. Les raies sur le corps, sans parler de celles sur les jambes, sont extrêmement rares chez nos chevaux d'Europe, et presque inconnues chez les chevaux arabes. Mais ce qui rend cet exemple encore plus remarquable, c'est que, chez les deux poulains, les poils de la crinière étaient courts, roides et redressés, exactement comme chez le quagga. Il est donc évident que l'influence du quagga a affecté les caractères des poulains ultérieurement engendrés par le cheval arabe noir. M. Jenner Weir me communique un cas analogue ; M. Lethbridge de Blackheath possède un cheval provenant d'une jument qui, avant d'être saillie par un cheval, avait mis bas un hybride par un quagga. Ce cheval est isabelle ; il porte une bande foncée sur le dos, des bandes moins nettement accusées sur le front entre les yeux et sur le côté intérieur des jambes de devant, et d'autres encore moins accusées sur les jambes de derrière, mais il n'a pas de bande sur l'épaule. La crinière descend beaucoup plus sur le front que chez le cheval, mais pas autant que chez le quagga ou chez le zèbre. Les sabots sont proportionnellement plus longs que chez le cheval, de telle sorte que le maréchal ferrant qui ferra ce cheval pour la première fois, sans rien savoir sur son origine, s'écria : « Si je ne voyais pas que je ferre un cheval, je croirais ferrer un âne. »

On a publié [152] un grand nombre de faits analogues et parfai-

---

[151] *Philos. Transact.*, 1821, p. 20.

[152] Alex. Harvey ; *A remarkable effect of Cross-Breeding*, 1851. — *Physiology of Breeding,* par R. Orton, 1855. — *Intermarriage*, par A. Walker, 1837. — *L'Hérédité naturelle*, par Dr P Lucas, t. II, p. 58. — W. Sedgwick, dans *British and Foreign Medico-Chirurgic. Review*, 1863, p. 183. Bronn, *Geschichte der Natur*, 1843, vol. II, p. 127, a signalé plusieurs cas chez les juments, les truies et les chiens. — M. W. C. L. Martin (*Hist. of the Dog*, 1845, p. 104), cite plusieurs observations personnelles sur l'influence du premier mâle sur les portées faites ultérieurement par la femelle couverte par d'autres mâles. Jacques Savary, poète français, qui, en 1665, a écrit sur les chiens, paraît avoir connu ce fait singulier. — Le Dr Bowerbank me communique le cas extraordinaire suivant : une chienne turque noire et sans poils, ayant été accidentellement couverte par un épagneul métis à longs poils

tement authentiques, relativement à nos variétés d'animaux domestiques, et on m'en a communiqué plusieurs autres, qui tous démontrent avec évidence l'action qu'exerce le premier mâle sur les portées subséquentes d'une femelle fécondée par d'autres mâles. Il suffit d'en citer un seul exemple publié dans les *Philosophical Transactions*, dans un mémoire qui suit celui de lord Morton: M. Giles a fait couvrir par un sanglier sauvage marronfoncé, une truie de la race d'Essex noire et blanche ; les petits ressemblaient à la truie et au sanglier; chez quelques-uns, toutefois, la couleur du père prédominait. Longtemps après la mort du sanglier, on fit couvrir la même truie par un verrat appartenant à la même race qu'elle, c'est-à-dire à la race noire et blanche, race qui se reproduit avec une constance parfaite, et chez laquelle on n'a jamais signalé la moindre trace de marron; il résulta de cette union quelques petits à la robe marron comme ceux de la première portée. Ces faits sont si fréquents et si connus des éleveurs, que ceux-ci évitent toujours de faire couvrir une femelle de choix par un mâle de race inférieure, à cause du préjudice qui peut en résulter pour les produits des portées subséquentes.

Quelques physiologistes ont tenté d'expliquer ces résultats remarquables d'une première fécondation par le fait que l'imagination de la mère a été profondément affectée, mais on verra plus tard que cette explication repose sur des bases bien fragiles. D'autres physiologistes attribuent ces résultats à l'attachement intime et à la communication libre des vaisseaux sanguins entre l'embryon modifié et la mère. Mais l'action directe d'un pollen

---

bruns, mit bas cinq petits, dont trois n'avaient pas de poils et deux étaient couverts de poils bruns *courts*. Livrée ensuite à un chien turc également noir et sans poils, les petits de cette seconde portée étaient pour moitié semblables à la mère, c'est-à-dire turcs purs, l'autre moitié des produits ressemblant tout à fait aux chiens à *poils courts* provenant du premier père. J'ai cité dans le texte un cas relatif aux cochons ; on vient, en Allemagne, d'en citer un autre également remarquable, *Illust. Landwirth. Zeitung,* 1868, 17 nov., p. 143. Il convient de remarquer que les fermiers du Brésil méridional (ainsi que me l'apprend Fritz Müller) et ceux du cap de Bonne-Espérance (ainsi que me le disent deux personnes dignes de foi) sont convaincus que les juments qui ont engendré des mules, saillies subséquemment par des chevaux, engendrent très-souvent des poulains rayés comme les mulets. Le Dʳ Wilckens, de Pogarth, cite (*Jahrbuch Landwirthschaft*, II, 1869, p. 325), un cas analogue. Un bouc mérinos, portant au cou deux appendices charnus, couvrit, pendant l'hiver de 1861 — 62, diverses brebis qui mirent bas des agneaux portant au cou de semblables appendices. Ce bouc mourut pendant le printemps de 1862; apres sa mort, les mêmes brebis furent couvertes par un autre bouc mérinos et, en 1863, par un bouc Southdown, qui ni l'un ni l'autre ne portaient au cou d'appendices charnus; néanmoins, ces brebis produisirent jusqu'en 1867 des agneaux pourvus de ces appendices.

étranger sur l'ovaire, sur l'enveloppe des graines et sur d'autres parties de la plante mère permet de supposer que, par analogie, c'est l'élément mâle qui, chez les animaux, exerce une action directe sur les organes reproducteurs de la femelle, et non l'embryon croisé. Chez les oiseaux, où il n'y a aucun rapport direct entre l'embryon et la mère, un observateur consciencieux, le Dr Chapuis [153], a constaté que, chez le pigeon, l'influence d'un premier mâle se manifeste quelquefois dans les couvées subséquentes ; cependant le fait mérite confirmation.

CONCLUSIONS ET RÉSUMÉ DU CHAPITRE. — Les faits exposés dans la seconde moitié de ce chapitre méritent toute notre attention, car ils prouvent qu'il est bien des modes extraordinaires qui peuvent amener la modification des produits résultant soit d'une union sexuelle, soit de bourgeons.

Il n'y a rien de surprenant à ce qu'à la suite d'un croisement opéré de la façon ordinaire entre deux espèces ou deux variétés, le descendant se trouve modifié ; mais il est, certes, très-curieux de trouver dans une même graine deux plantes qui adhèrent l'une à l'autre et qui cependant diffèrent l'une de l'autre. Il est plus extraordinaire encore de voir se former un bourgeon qui participe aux caractères des deux formes parentes à la suite de l'union du tissu cellulaire de deux espèces ou de deux variétés. Il est inutile, d'ailleurs, que je répète ici ce que je viens de dire à ce sujet. Nous avons vu aussi que, chez les plantes, l'élément mâle peut affecter directement les tissus de la mère, et que, chez les animaux, l'influence de cet élément peut amener des modifications chez la progéniture subséquente de la femelle. Dans le règne végétal, le descendant d'un croisement entre deux espèces ou deux variétés, que ce croisement soit opéré par la génération sexuelle ou par la greffe, fait souvent retour, dans une mesure plus ou moins grande, pendant la première génération ou pendant les générations ultérieures, aux deux formes parentes ; ce retour peut affecter l'ensemble de la fleur, du fruit ou du bourgeon foliifère ou seulement la moitié, ou même une plus petite partie d'un seul organe. Il semble cependant que, dans quelques cas, cette séparation des caractères soit due à un défaut de com-

<hr />

[153] *Le Pigeon royageur belge*, 1865, p. 59.

binaison plutôt qu'à un retour, car les fleurs ou les fruits d'abord produits présentent par places les caractères séparés des deux parents. Tous ces faits méritent d'être pris en considération si l'on veut envisager à un point de vue général les divers modes de reproduction par gemmation, par division, ou par union sexuelle, la restauration des parties perdues, la variation, l'hérédité, le retour et autres phénomènes analogues. J'essayerai, vers la fin du présent ouvrage, de relier ces différents ordres de faits par l'hypothèse de la pangénèse.

Nous avons, dans la première moitié de ce chapitre, cité une longue liste de plantes chez lesquelles, par variation de bourgeons, c'est-à-dire, indépendamment de toute reproduction par graine, les fruits se sont brusquement modifiés au point de vue de la grosseur, de la couleur, de la saveur, de la forme, et de l'époque de la maturation ; de même, les fleurs changent de forme, de couleur, deviennent doubles, et leur calice présente de grandes différences ; les jeunes branches changent de couleur, se couvrent d'épines, leur aspect se modifie, elles deviennent grimpantes ou pendantes ; les feuilles présentent aussi des changements de couleur, de forme, elles varient quant à l'époque de leur épanouissement, et se disposent autrement autour de l'axe. Les bourgeons de toute nature, qu'ils se trouvent sur des branches aériennes ou sur des racines, qu'ils soient simples, ou, comme chez les bulbes et les tubercules, modifiés et entourés d'un amas d'aliments, sont tous susceptibles d'éprouver des variations subites de même nature.

Dans le nombre, plusieurs cas sont certainement dus à un retour à des caractères non acquis par un croisement, mais qui ont existé autrefois et ont été perdus depuis plus ou moins longtemps ; ainsi, lorsqu'un bourgeon d'une plante panachée produit des feuilles uniformes, ou lorsque les fleurs diversement colorées des Chrysanthèmes font retour à la couleur primitive jaune. Beaucoup d'autres cas sont probablement dus à ce que les plantes proviennent d'un croisement et font retour par bourgeons de façon complète ou par segments à l'une ou à l'autre des formes parentes [154].

---

[154] Il n'est peut-être pas inutile d'appeler l'attention sur les rayures et les marbrures des fleurs et des fruits. Ils acquièrent ces caractères : 1° par l'action directe du pollen d'une autre

Nous pouvons supposer que la tendance prononcée qu'a, par exemple, le Chrysanthème à produire, par variation de bourgeons, des fleurs de diverses couleurs, provient de ce que les diverses variétés ont été autrefois accidentellement ou intentionnellement croisées. C'est certainement ce qui est arrivé pour quelques espèces de Pélargonium ; il peut en être de même dans une grande mesure pour les variétés des Dahlias obtenues par bourgeons et pour les Tulipes. Toutefois, quand une plante fait retour par variations de bourgeons à ses deux formes parentes ou à l'une d'entre elles, ce retour n'est quelquefois pas complet, car la plante prend un caractère un peu nouveau ; on a cité de nombreux exemples de ce fait et Carrière en cite un relatif au cerisier [155].

Il est cependant des cas de variations par bourgeons qu'on ne saurait attribuer à un effet de retour, mais à une prétendue variabilité spontanée, qui se présente très-fréquemment chez les plantes cultivées obtenues par semis. Comme une seule variété de Chrysanthème a produit par bourgeons six autres variétés, et qu'une variété du Groseillier épineux a pu porter en même temps quatre sortes distinctes de fruits, il n'est guère possible d'admettre que toutes ces variations soient des retours à des formes parentes antérieures. Ainsi que nous l'avons déjà fait remarquer, il est difficile de croire que tous les pêchers qui ont fourni des bourgeons de pêches lisses aient eu une origine croisée. Enfin, dans certains cas, comme par exemple, la rose moussue avec son calice particulier, la rose à feuilles opposées, l'*Imantophyllum*, etc., on ne connaît aucune espèce naturelle, aucune variété qui ait pu transmettre ces caractères par croisement. Il nous faut donc attribuer tous ces cas à une variabilité propre des bourgeons. Les variétés ainsi formées ne se distinguent par aucun caractère extérieur des plantes obtenues par semis, ce qui

---

espèce ou d'une autre variété comme dans le cas des oranges ou du maïs, indiqué précédemment ; 2° par des croisements à la première génération quand les couleurs des deux formes parentes ne s'unissent pas facilement, comme chez le *Mirabilis* et le *Dianthus* ; 3° à la suite d'un retour par bourgeons ou par reproduction sexuelle, chez les plantes croisées d'une génération ultérieure ; 4° par retour à un caractère qui n'a pas été acquis par le croisement mais qui a été longtemps perdu, par exemple chez les variétés à fleurs blanches, lesquelles acquièrent souvent des raies d'autres couleurs, comme nous le verrons plus tard ; enfin, il y a des cas où le changement semble dû à une simple variation par bourgeons ou par reproduction sexuelle, les pêches par exemple dont une moitié ou un quart ont la peau lisse.

[155] *Production des Variétés*, p. 37.

est très-manifeste chez les Rosiers, beaucoup d'Azalées, et autres plantes. Notons encore que les plantes qui ont fourni beaucoup de variations par bourgeons ont également beaucoup varié par semis.

Nous avons constaté ces variations chez des plantes apparte- nant aux ordres les plus divers ; nous pouvons donc admettre que toute plante placée dans les conditions convenables doit être susceptible de varier par bourgeons. Ces conditions, autant que nous pouvons en juger, sont surtout une culture soignée et longtemps prolongée ; car presque toutes les plantes dont nous avons parlé sont vivaces, et ont été largement propagées dans différents terrains et sous divers climats, par boutures, par rejetons, par bulbes, par tubercules et surtout par greffes. Il est assez rare que les plantes annuelles varient par bourgeons, ou portent sur un même pied des fleurs de diverses couleurs : Hopkirk [156] a observé ce fait chez le *Convolvulus tricolor ;* il se présente assez fréquemment chez la Balsamine et la Dauphi- nelle annuelle. R. Schomburgk, affirme que les plantes des régions tempérées chaudes, cultivées sous le climat brûlant de Saint-Domingue, sont éminemment sujettes à varier par bour- geons. M. Sedgwick m'apprend que les rosiers moussus trans- portés à Calcutta perdent toujours leur caractère moussu. Un changement de climat n'est toutefois pas une condition absolu- ment indispensable, comme le prouvent le groseillier et quelques autres végétaux. Conservées dans leurs conditions naturelles, les plantes paraissent beaucoup moins aptes à varier par bour- geons ; on a cependant observé dans ces circonstances la produc- tion des feuilles panachées ; j'ai indiqué un cas de variation des bourgeons d'un frêne, mais il est douteux qu'on puisse consi- dérer un arbre planté dans un jardin d'agrément, comme vivant rigoureusement dans des conditions naturelles. Gärtner a observé sûr un même pied de l'*Achillea millefolium* sauvage, des fleurs blanches et des fleurs rouge-foncé ; le professeur Caspary a vu une *Viola lutea,* complétement sauvage, porter des fleurs de grandeurs et de couleurs différentes [157].

Les plantes sauvages présentent rarement des variations par bourgeons, tandis que les plantes cultivées, longtemps propagées

---

[156] *Flora anomala*, p. 164.
[157] *Schriften d. Phys.-Okon. Gesell. zu Konigsberg*, vol. VI, 1865, p. 4.

par des moyens artificiels, ont fourni beaucoup de variétés par
ce mode de reproduction ; nous sommes donc amenés à considérer la série de faits suivants, — la variation simultanée et semblable de tous les yeux d'une même pomme de terre, — la
brusque coloration en jaune de tous les fruits d'un prunier
pourpre, — la transformation en pêches de tous les fruits d'un
amandier à fleurs doubles, — la modification légère exercée par
la souche sur tous les bourgeons des variétés greffées sur elle,
— les changements temporaires qui se manifestent dans la couleur, la dimension et la forme des fleurs de la Pensée après une
transplantation, — or, cette série de faits nous porte à considérer les cas de variation par bourgeons comme le résultat direct
des conditions extérieures auxquelles la plante a été exposée.
D'autre part, on peut cultiver dans deux couches adjacentes et
exactement dans les mêmes conditions des plantes appartenant à
une même variété ; or, comme le fait remarquer Carrière [158], les
plantes cultivées dans une des couches produisent parfois beaucoup de variations par bourgeons tandis que celles de l'autre
couche n'en produisent pas. En outre, si nous envisageons certains cas, le pêcher, par exemple, qui, après avoir été, pendant
bien des années, cultivé par milliers dans divers pays et après
avoir annuellement produit des millions de bourgeons, lesquels
paraissent tous avoir été soumis aux mêmes conditions, pousse
subitement un bourgeon unique, dont tous les caractères sont
complétement transformés, nous devons conclure que la transformation n'a aucune relation *directe* avec les conditions extérieures.

Nous avons vu que les variétés provenant de graines ressemblent, par leur aspect général, à celles produites par bourgeons, au point qu'il est presque impossible de les distinguer. Il
en est de certaines variétés provenant de bourgeons comme de
quelques espèces ou groupes d'espèces qui, lorsqu'on les propage par graine, sont plus variables que d'autres. Ainsi, le
Chrysanthème *Reine d'Angleterre* a produit six variétés par
variations de bourgeons, et le Pélargonium *Rollisson's Unique*
a produit de la même façon quatre variétés distinctes ; les

[158] *Production des Variétés,* p. 58, 70.

Roses moussues ont aussi produit plusieurs autres variétés moussues. Les Rosacées ont varié par bourgeons plus qu'aucun autre groupe de plantes, ce qui peut tenir au grand nombre des plantes de cette famille cultivées depuis fort longtemps. Dans ce même groupe, le pêcher a souvent varié par bourgeons, tandis que les pommiers et les poiriers, tous deux arbres greffés et très-cultivés, n'ont, autant que j'ai pu m'en assurer, présenté que peu de variations de ce genre.

La loi des variations analogues se vérifie aussi bien pour les variétés produites par bourgeons que pour celles provenant de semis; ainsi, on a vu plus d'un Rosier donner naissance à des roses moussues, plusieurs Camélias acquérir une forme hexagonale, et au moins sept ou huit variétés de Pêcher produire des pêches lisses.

Les lois de l'hérédité paraissent être les mêmes chez les variétés de semence et de bourgeons. Nous savons combien les phénomènes du retour s'observent souvent chez toutes deux, affectant soit l'ensemble, soit des parties des feuilles, des fleurs, ou des fruits. Quand la tendance au retour se manifeste sur beaucoup de bourgeons d'un même arbre, celui-ci porte des feuilles, des fleurs, ou des fruits de différentes sortes, mais on a des raisons de croire que les variétés flottantes de ce genre proviennent généralement de semis. On sait que sur un certain nombre de variétés obtenues par semis, il en est qui transmettent leurs caractères plus fidèlement que d'autres; il en est de même chez les variétés provenant de bourgeons et nous en avons vu des exemples chez deux formes panachées d'*Euonymus*, chez certaines *Tulipes* et chez certains *Pélargoniums*. Malgré la brusque apparition des variétés de bourgeons, leurs caractères peuvent quelquefois se transmettre par semis; M. Rivers affirme que les roses moussues se reproduisent généralement par semis; le caractère moussu a aussi été transmis par croisement, d'une espèce de rosier à une autre. La pêche lisse de Boston, qui apparut par variation de bourgeons, a produit par semis une pêche lisse voisine. D'autre part, les semis de quelques variétés provenant de variations par bourgeons ont été extrêmement sujets à varier [159]. M. Salter affirme aussi que la graine

---

[159] Carrière, *Production des Variétés*, p. 39.

prise sur une branche, dont les feuilles se sont panachées à la suite d'une variation par bourgeons, ne transmet que faiblement ce caractère, tandis que plusieurs plantes panachées provenant de semis transmettent leur panachure à une grande proportion de leurs descendants.

Bien que j'aie pu recueillir un grand nombre de cas de variations par bourgeons, et que j'en eusse probablement trouvé beaucoup d'autres en dépouillant des ouvrages d'horticulture, leur nombre est cependant très-faible en comparaison des variétés produites par semis. Chez les plantes cultivées les plus variables, le nombre des variations chez les semis est presque infini, mais les différences sont généralement faibles ; c'est à de longs intervalles seulement qu'il surgit une modification marquée. D'autre part, il est singulier et en quelque sorte inexplicable que, lorsque les plantes varient par bourgeons, les variations, qui sont relativement rares, soient souvent et même ordinairement très-fortement prononcées. J'ai pensé que ce n'était peut-être qu'une illusion, et qu'il se pouvait que de légères modifications par bourgeons fussent assez fréquentes, mais qu'elles étaient négligées ou qu'elles passaient inaperçues à cause de leur peu d'importance. Je m'adressai donc à deux autorités ayant une haute compétence en ces matières, M. Rivers pour les arbres fruitiers et M. Salter pour les fleurs. M. Rivers exprime quelques doutes, mais, en somme, il ne se rappelle pas avoir remarqué de légères modifications chez les bourgeons à fruits. M. Salter m'apprend qu'il s'en présente effectivement chez les fleurs, mais que, si on les propage, elles perdent ordinairement leurs caractères dès l'année suivante ; il est cependant d'accord avec moi pour reconnaître que les variations par bourgeons prennent d'emblée des caractères permanents et bien accusés. Nous ne pouvons guère douter que ce ne soit la règle, quand nous réfléchissons à des cas comme ceux du pêcher, arbre qui a été observé avec tant de soin, et chez lequel on a propagé par semis tant de variétés insignifiantes ; cependant cet arbre a, à maintes reprises, produit par variations de bourgeons des fruits à peau lisse, tandis qu'il n'a produit (d'après ce que j'ai pu savoir) que deux variétés de vrais pêchers, la *Grosse mignonne tardive* et la *Grosse mignonne précoce*, qui ne diffèrent d'ailleurs de la forme souche par la période de la maturité du fruit.

M. Salter m'a appris, à ma grande surprise, qu'il applique la sélection aux plantes panachées propagées par bourgeons, et que, par ce moyen, il a pu améliorer et fixer plusieurs variétés. Ainsi, une branche peut d'abord ne présenter des feuilles panachées que d'un seul côté, feuilles imparfaites, irrégulièrement bordées de jaune ou de blanc, ou marquées seulement de quelques lignes de ces mêmes couleurs. Pour améliorer et fixer ces variétés, il faut favoriser le développement des bourgeons qui se trouvent à la base des feuilles les mieux panachées, et ne propager que ceux-là. Avec de la persévérance pendant trois ou quatre saisons consécutives, on finit ordinairement par obtenir de cette manière une variété fixe et distincte.

Enfin, les faits que nous avons cités dans ce chapitre prouvent combien le germe d'une graine fécondée, et la petite masse cellulaire qui constitue le bourgeon, se ressemblent par leurs fonctions, par leur faculté d'hérédité avec retour occasionnel, et par leur aptitude à présenter des variations de nature analogue, et soumises aux mêmes lois. Cette analogie, ou plutôt cette identité, est encore plus frappante quand on se souvient que le tissu cellulaire d'une espèce ou d'une variété, greffé sur une autre, peut engendrer un bourgeon ayant des caractères intermédiaires. Nous avons vu aussi que la variabilité n'est pas nécessairement liée à la génération sexuelle, quoiqu'elle paraisse l'accompagner beaucoup plus souvent qu'elle n'accompagne la reproduction par bourgeons. Nous avons vu enfin que la variabilité par bourgeons ne dépend pas uniquement de l'atavisme ou du retour à des caractères depuis longtemps perdus, ou acquis à la suite d'un croisement, mais qu'elle paraît être souvent spontanée. Mais, lorsque nous cherchons la cause de la variation par bourgeons, nous tombons dans le doute, car, dans certains cas, nous sommes conduits à admettre comme suffisante une action directe des conditions extérieures d'existence, et, dans d'autres, nous éprouvons la conviction profonde que celles-ci n'ont dû prendre qu'une part très-accessoire au résultat, part dont l'importance n'est pas plus grande que celle de l'étincelle qui enflamme une masse de matière combustible.

CHAPITRE XII.

HÉRÉDITÉ.

Nature merveilleuse de l'hérédité. — Généalogie de nos animaux domestiques. — L'hérédité n'est pas due au hasard. — Hérédité des moindres caractères. — Hérédité des maladies. — Particularités de l'œil. — Maladies du cheval. — Longévité et vigueur. — Déviations asymétriques de structure. — Polydactylie, et régénération des doigts additionnels après l'amputation. — Cas d'enfants ayant des caractères semblables, ne se trouvant pas chez leurs parents. — Hérédité faible et variable ; chez les arbres pleureurs, chez les nains, et dans la couleur des fruits et des fleurs. — Couleur des chevaux. — Cas non héréditaires. — Hérédité de conformation et d'habitudes, annulée par des conditions extérieures contraires, par une variabilité continuelle, et par les effets de retour. — Conclusion.

Beaucoup d'auteurs ont traité le sujet si important de l'hérédité ; l'ouvrage seul du Dr Prosper Lucas, *de l'Hérédité naturelle*, ne renferme pas moins de 1562 pages. Quant à nous, nous devons nous borner ici à étudier les points qui se rattachent plus particulièrement au sujet général des variations, tant chez les productions naturelles que chez les productions domestiques. Il est évident, en effet, qu'une variation qui n'est pas héréditaire ne peut jeter aucun jour sur la dérivation de l'espèce, et ne peut avoir aucune utilité pour l'homme, excepté, toutefois, dans le cas des plantes vivaces qu'on peut propager par bourgeons.

Si on n'avait jamais réduit les animaux et les plantes en domesticité, et qu'on se fût borné à observer des animaux sauvages on n'aurait probablement jamais eu occasion de remarquer que « le semblable engendre son semblable », car la proposition aurait été aussi évidente par elle-même que celle en vertu de laquelle tous les bourgeons d'un même arbre se ressemblent, bien qu'aucune de ces deux propositions ne soit strictement vraie. Car, ainsi qu'on l'a souvent remarqué, il n'y a probablement pas

deux individus absolument identiques. Tous les animaux sauvages
se reconnaissent, ce qui prouve qu'il existe quelque différence
entre eux; l'œil exercé du berger sait distinguer chacun de ses
moutons, et l'homme peut reconnaître une figure de connaissance
au milieu d'un million de visages humains. Quelques auteurs ont
été jusqu'à prétendre que la production de légères différences
est une fonction aussi nécessaire de la puissance génératrice, que
l'est celle de la production d'une progéniture semblable aux ascendants. Cette manière de voir qui, comme nous le verrons plus
tard, est théoriquement improbable, est cependant justifiée dans
la pratique. La certitude absolue acquise par les éleveurs qu'un
animal supérieur ou inférieur reproduit généralement son propre
type a, d'ailleurs, donné naissance au dicton, que le semblable
produit son semblable; mais la supériorité ou l'infériorité même
d'un animal quelconque fournit la preuve que l'individu a légèrement dévié de son type.

L'étude de l'hérédité nous présente à chaque instant de nouveaux motifs d'étonnement. Quand un nouveau caractère, quelle
qu'en soit la nature, vient à surgir, il tend généralement à devenir héréditaire, au moins temporairement, et souvent avec une
grande persistance. Quoi de plus merveilleux que de voir une
particularité insignifiante, n'appartenant pas primitivement à
l'espèce, se transmettre par les cellules sexuelles mâles ou femelles, organes invisibles à l'œil nu, et, après des changements
incessants pendant le cours d'un long développement, parcouru
dans le sein de la mère ou dans l'œuf, reparaître ultérieurement
chez le descendant adulte, ou même beaucoup plus tard, pendant
la vieillesse, comme cela a lieu pour certaines maladies! Ou encore, n'est-il pas étonnant de voir l'ovule microscopique d'une
bonne vache laitière se transformer en un mâle, dont une cel-
lule, réunie ensuite à un autre ovule, produira une femelle, qui
parvenue à l'état adulte, possède des glandes mammaires développées, propres à fournir une grande abondance de lait, et
même un lait de qualité particulière? Néanmoins, comme le
fait avec raison remarquer Sir H. Holland [1], le plus étonnant
n'est pas que les caractères soient héréditaires, mais bien qu'il

---

[1] *Medical notes and reflections*, 3° édit., 1855, p. 267.

puisse y en avoir qui ne le soient pas. Dans un chapitre subséquent
consacré à l'exposé d'une hypothèse à laquelle je donne le nom
de pangenèse, j'essayerai de démontrer comment il se fait que
les caractères de tous genres se transmettent de génération en
génération.

Quelques auteurs [2], auxquels l'histoire naturelle n'est pas fa-
milière, ont cherché à prouver que la puissance de l'hérédité a
été fort exagérée. Cette assertion ferait sourire plus d'un éleveur
d'animaux, et, s'il daignait la relever, il demanderait probablement
quelle serait la chance qu'on aurait de gagner un prix en accouplant ensemble deux animaux inférieurs ? Il demanderait encore
si ce sont des notions théoriques qui ont conduit les Arabes
demi-civilisés à dresser les généalogies de leurs chevaux ? Pourquoi a-t-on scrupuleusement dressé et publié les généalogies du
bétail courtes-cornes, et plus récemment de la race Hereford ?
Est-ce une illusion de croire que ces animaux, récemment améliorés, transmettent leurs excellentes qualités, même lorsqu'on les
croise avec d'autres races ? Est-ce sans de bonnes raisons qu'on a
acheté, à des prix énormes, des Courtes-cornes, pour les transporter dans tous les pays du globe, et qu'on a payé un seul taureau
jusqu'à vingt-cinq mille francs ? On a également dressé la généalogie de certains levriers et les noms de quelques-uns, comme
Snowball, Major, etc., sont aussi connus des chasseurs, que ceux
d'Éclipse et d'Hérode le sont sur le turf. Autrefois, on dressait la
généalogie des coqs de combat appartenant aux lignées en renom,
et quelques-unes remontaient à un siècle. Les éleveurs du Yorkshire
et du Cumberland conservent et impriment la généalogie de leurs
porcs, et, pour prouver combien on estime les individus de race
pure, je puis ajouter que M. Brown qui, à Birmingham en 1850,
gagna tous les premiers prix pour les petites races, vendit treize
cents francs, à lord Ducie, une jeune truie et un mâle de la race
qu'il élevait ; la truie seule fut achetée ensuite par le Rev.
F. Thursby au prix de seize cents francs, et le nouveau possesseur écrit : «Elle m'a rapporté beaucoup d'argent, car j'ai tiré sept
mille cinq cents francs de ses petits, et je possède encore quatre

---

[2] M. Buckle, *History of Civilisation*, exprime des doutes sur ce sujet, faute de documents
statistiques. — M. Bowen, prof. de philosophie morale, *Proc. American Acad. of sciences*,
vol. V, p. 102.

truies qu'elle a mis bas [3]. » Les espèces sonnantes, ainsi payées et repayées, sont une preuve excellente de la supériorité héréditaire. Tout l'art de l'éleveur, qui a donné de si grands résultats depuis le commencement de ce siècle, repose sur le fait que chaque détail de conformation est héréditaire. L'hérédité n'est pourtant pas absolue, car, si elle l'était, l'art de l'éleveur[4] serait la certitude même, et la part qui reviendrait à l'habileté et à la persévérance des éleveurs qui ont amené nos animaux domestiques à leur état actuel serait bien minime.

Il n'est guère possible de faire comprendre en quelques pages quelle est la puissance de l'hérédité ; il faut, pour acquérir cette conviction complète, avoir élevé des animaux domestiques, étudié les nombreux ouvrages qu'on a publiés sur le sujet, et causé avec des éleveurs. Je signalerai, toutefois, quelques faits. qui me paraissent particulièrement significatifs. On a vu apparaître, tant chez l'homme que chez les animaux domestiques, certaines particularités qui se sont présentées, à de rares intervalles, peut-être une ou deux fois seulement pendant l'histoire du globe, chez un individu, mais qui ont reparu chez plusieurs de ses enfants ou de ses petits-enfants. Ainsi l'homme porc-épic, Lambert, dont le corps était couvert d'une sorte de carapace formée de verrues, qui muait périodiquement, a eu six enfants et deux petits-fils, qui ont présenté la même particularité[5]. Chez trois générations successives d'une famille siamoise, on a observé la présence de longs poils, recouvrant la figure et le corps ; cette anomalie était accompagnée de l'absence de dents ; le cas n'est point unique, car on a exhibé à Londres, en 1663, une femme [6] dont la figure était entièrement velue ; un autre cas plus récent a encore été signalé. Le Col. Hallam [7] a décrit une race de porcs à deux jambes, chez lesquels les membres postérieurs faisaient complétement défaut, particularité qui s'est transmise pendant trois gé-

[3] Pour les lévriers, Low, *Dom. anim. of the British Islands*, 1845, p. 721. — Pour les coqs de combat, *Poultry Book*, 1866, p. 123. — Pour les porcs, édition Sydney de Youatt, *On the Pig.*, 1860, p. 11 et 12.

[4] *The Stud farm*, par Cecil, p. 39.

[5] *Philos. Transactions*, 1755, p. 23. Je n'ai ou que des renseignements de seconde main sur les deux petits-fils. M. Sedgwick dans un mémoire auquel j'aurai souvent occasion de faire allusion affirme que quatre générations ont été ainsi affectées, et seulement les mâles de chacune.

[6] Barbara van Beck, figurée dàns Woodburn's *Gallery of Rare Portraits*, 1816, vol. II.

[7] *Proc. Zool. Soc.*, 1833, p. 16.

nérations. En un mot, les races qui présentent des caractères singuliers, tels que les porcs à sabots pleins, les moutons Mauchamp, le bétail Niata, etc., sont toutes des exemples de l'hérédité longtemps continuée de singulières déviations de structure.

Certains caractères extraordinaires ont ainsi apparu chez un seul individu au milieu de millions d'autres soumis, dans un même pays, aux mêmes conditions générales d'existence ; en outre, ce caractère extraordinaire s'est même quelquefois manifesté chez des individus vivant dans des conditions toutes différentes ; ces faits nous autorisent à conclure que ces déviations ne découlent pas directement de l'action des conditions ambiantes, mais de lois inconnues qui agissent sur l'organisation ou sur la constitution de l'individu ; et que leur production n'est pas plus intimement liée aux conditions ambiantes que ne l'est la vie elle-même. S'il en est ainsi, et que l'apparition d'un même caractère extraordinaire chez le parent et chez son enfant ne puisse être attribuée à ce que tous deux ont été exposés à quelques conditions inusitées, le problème suivant mérite d'appeler notre attention, car il prouve que le résultat obtenu n'est pas dû, ainsi que l'ont supposé quelques auteurs, à une simple coïncidence, mais dépend d'une particularité constitutionnelle héréditaire dans une même famille. Supposons que sur une grande population, une affection quelconque se présente une fois sur un million, de sorte que la chance *à priori* qu'un individu en soit atteint soit de un millionième. Supposons que la population s'élève à soixante millions d'individus et se compose, par exemple, de dix millions de familles ayant six membres chacune. Dans ces conditions, le professeur Stokes a calculé qu'il y a 8333 millions de chances contre une pour que, sur les dix millions de familles, il y en ait à peine une où le caractère en question affecte un parent et deux enfants. Mais on pourrait citer de nombreux cas où plusieurs enfants ont présenté la même affection rare qu'un de leurs parents, et alors, surtout si l'on comprend les petits-enfants dans le calcul, les chances contre une simple coïncidence deviennent presque incalculables.

L'hérédité est, à certains égards, d'autant plus extraordinaire qu'il s'agit de la réapparition de détails plus insignifiants. Le Dr Hodgkin m'a signalé autrefois une famille anglaise, dont quelques membres, pendant plusieurs générations, avaient toujours sur la tête une mèche d'une couleur différente du reste de la chevelure. J'ai connu un Irlandais, qui avait, du côté droit, et parmi des cheveux noirs, une petite mèche blanche ; sa grand' mère en avait eu une pareille du même côté, et sa mère, du côté opposé. Il me paraît inutile d'insister sur ces faits et de citer d'autres exemples, car les cas de ressemblance entre parents et enfants sont bien connus, et se manifestent à propos des moindres détails. De quelles combinaisons multiples de conformation corporelle, de dispositions mentales et d'habitudes, l'écriture ne doit-elle pas dépendre ? et, cependant, ne voit-on pas souvent une grande ressemblance entre l'écriture du fils et celle du père, bien que ce dernier n'ait pas enseigné l'écriture au premier ? Hofacker a, en Allemagne, signalé l'hérédité de l'écriture, et on a aussi constaté que les jeunes Anglais qui ont appris à écrire en France ont une tendance marquée à conserver l'écriture anglaise [8]. Les gestes, la voix, la démarche, le maintien sont héréditaires ainsi que l'ont démontré l'illustre Hunter et Sir A. Carlisle [9]. Parmi quelques exemples frappants observés par mon père, je citerai celui d'un homme mort pendant l'enfance de son fils ; mon père qui ne connut ce dernier que beaucoup plus tard, maladif et ayant déjà un certain âge, crut revoir son ancien ami avec toutes ses habitudes et ses manières particulières. Certaines habitudes deviennent des tics héréditaires ainsi qu'on l'a souvent observé ; on a cité le cas d'un père qui avait l'habitude de dormir sur le dos, la jambe droite croisée sur la gauche, et dont la fille au berceau faisait exactement de même, bien qu'on ait essayé à maintes reprises de lui faire prendre une autre position [10]. Je signalerai le cas suivant que j'ai observé moi-même sur un enfant, et qui est curieux comme tic associé à un état mental particulier, celui d'une émotion agréable. Lorsque cet enfant était content, il avait la singulière habitude de remuer rapidement les doigts parallèlement les uns aux autres et, quand il était très-ex-

---

[8] Hofacker, Ueber die Eigenschaften, etc., I, 1828, p. 34. — Rapport de Pariset dans Comptes-rendus, 1847, p. 592.

[9] Hunter, dans Harlan, Med. Researches, p. 530. — Sir A. Carlisle, Phil. Transact., 1814, p. 94.

[10] Girou de Buzareingues, De la Génération. p. 282. — J'ai cité un cas analogue dans l'Expression des Emotions. (Paris, Reinwald).

cité, il levait les deux mains de chaque côté de sa figure, et à hauteur des yeux, toujours en remuant les doigts. Cet individu devenu vieux, avait encore de la peine à se contenir pour ne pas faire ces mêmes gestes ridicules, quand il éprouvait une vive satisfaction. Il eut huit enfants, dont une fille, qui, à l'âge de quatre ans, remuait les doigts de la même manière, et, lorsqu'elle était excitée, levait les mains en agitant les doigts exactement comme l'avait fait son père. Je n'ai jamais entendu parler d'un pareil tic chez d'autres personnes et, dans le cas qui nous occupe, il n'y avait certainement pas eu imitation de la part de l'enfant.

Quelques auteurs ont contesté que les attributions mentales complexes, dont dépendent le génie et le talent, soient héréditaires, même dans le cas où les deux parents en sont doués; mais M. Galton a traité cette question de l'hérédité du génie, d'une manière remarquable et tout à fait convaincante.

Il importe malheureusement fort peu, en ce qui concerne l'hérédité, qu'une qualité ou une conformation soit nuisible, dès qu'elle n'est point incompatible avec la vie; les ouvrages sur l'hérédité des maladies ne laissent aucun doute à cet égard [11]. Les anciens l'avaient déjà constaté, car, *Omnes Grœci, Arabes et Latini in eo consentiunt*, dit Ranchin. On pourrait dresser un long catalogue de toutes les déformations ou des prédispositions à diverses maladies qu'on a reconnues héréditaires. D'après le D*r* Garrod, 50 pour 100 des cas de goutte observés dans la pratique des hôpitaux sont héréditaires, et, dans la pratique particulière, la proportion est encore plus considérable. On sait combien l'aliénation mentale frappe souvent certaines familles, M. Sedgwick en cite quelques exemples terribles; entre autres celui d'un chirurgien dont le père, le frère et quatre oncles paternels furent tous aliénés; d'un juif, dont le père, la mère, six frères et sœurs furent atteints d'aliénation mentale; il cite, en outre, certaines familles dont plusieurs

[11] D*r* P. Lucas, *Traité de l'Hérédité naturelle*, 1847. — M. W. Sedgwick, *British and Foreign Medic. Chirurg. Review*, avril et juillet 1861, et 1863, citation du D*r* Garrod sur la goutte. — Sir H. Holland, *Medical notes and reflections*, 3*e* édit., 1855. — Piorry, *de l'Hérédité dans les maladies*, 1840.—Adams, *Philos. Treatise on hereditary peculiarities*, 2*e* édit., 1815. — D*r* J. Steinan, *Essay on hereditary diseases*, 1843. — Paget, *Medical Times*, 1857, p. 192, sur l'hérédité du cancer. — D*r* Gould, *Proc. of American Acad. of sciences*, nov. 8, 1853, cite un cas fort curieux d'une hémorrhagie héréditaire pendant quatre générations. — Harlan, *Medical Researches*, p. 593.

membres, pendant trois ou quatre générations successives, ont
fini par le suicide. On connaît beaucoup de cas où l'épilepsie, la
phthisie, l'asthme, les calculs de la vessie, le cancer, l'hémorrhagie, le défaut de lactation et les accouchements difficiles ont
été héréditaires. Je puis, relativement à ce dernier point, mentionner un cas bizarre signalé par un excellent observateur [12] :
l'obstacle à la parturition normale provenait du nouveau-né et non
de la conformation de la mère; en effet, les éleveurs dans une partie du Yorkshire prirent l'habitude de toujours choisir, pour la reproduction, les animaux ayant le train de derrière aussi développé
que possible; ils finirent par obtenir une race remarquable sous
ce rapport, au point que le développement énorme de la croupe du
veau devenait fatal à la mère, en rendant l'accouchement très-la-
borieux, et, que chaque année, un grand nombre de vaches suc-
combaient pendant le vêlage.

Au lieu d'entrer dans de longs détails sur les diverses difformités ou les
différentes maladies héréditaires, je me bornerai à exposer celles qui
frappent un des organes les plus compliqués et les plus délicats, mais en
même temps un des mieux connus de tout le corps humain, c'est-à-dire
l'œil et ses parties accessoires [13]. Pour commencer par ces dernières, j'ai
entendu parler d'une famille dont le père et les enfants avaient des paupières pendantes, au point que, pour voir, ils étaient obligés de renverser la
tête en arrière. M. Wade, de Wakefield, m'a transmis un cas analogue : un
homme qui n'avait pas en naissant les paupières pendantes et dont les parents, autant qu'on a pu le savoir, ne souffraient pas de cette affection, eut
pendant sa jeunesse des attaques de convulsion à la suite desquelles les paupières devinrent pendantes ; il a transmis cette affection à deux de ses trois
enfants, ainsi que le prouvent les photographies qui m'ont été envoyées.
Sir A. Carlisle [14] a constaté l'hérédité d'un repli pendant de la paupière. Sir
H. Holland [15] cite le cas d'une famille dont le père avait un prolongement
singulier de la paupière, sept ou huit enfants présentèrent en naissant la
même difformité, et deux ou trois autres en furent exempts. Beaucoup de
personnes, m'apprend M. Paget, ont deux ou trois des poils des sourcils
beaucoup plus longs que les autres ; or, une particularité d'aussi peu d'importance se perpétue dans certaines familles.

[12] Marshall, cité par Youatt dans son ouvrage *On Cattle*, p. 284.
[13] J'aurais pu choisir n'importe quel organe. Par exemple, M. J. Tomes, *System o-Dental Surgery*, 2ᵉ édit., 1873, p. 114, cite beaucoup de cas relatifs aux dents et on m'en a communiqué d'autres.
[14] *Philosoph. Transact.*, 1814. p. 94.
[15] *O. C.*, p. 33.

Quant à l'œil en lui-même, M. Bowman, une de nos plus hautes autorités, a bien voulu me communiquer les remarques qui suivent sur certaines imperfections héréditaires de cet organe. Premièrement, l'hypermétropie, ou la vue anormalement longue, est due à ce que l'œil, au lieu d'être sphérique, est trop aplati d'avant en arrière, et est souvent trop petit dans son ensemble, de sorte que la rétine se trouvant trop en avant du foyer des humeurs de l'œil, il faut, pour obtenir la vision distincte des objets rapprochés, et même souvent de ceux qui sont éloignés, placer au devant de l'œil un verre convexe. Cet état est parfois congénital ; il se produit pendant l'enfance, et souvent chez plusieurs enfants d'une même famille, lorsqu'il existe chez un des parents [16]. Deuxièmement, dans la myopie ou vue courte, l'œil affecte une forme ovoïde, il est trop long d'avant en arrière ; dans ce cas, la rétine se trouvant en arrière du foyer ne peut percevoir distinctement que les objets très-rapprochés. Cet état n'est pas ordinairement congénital ; il se déclare pendant la jeunesse, mais on sait que la disposition à la myopie se transmet des parents aux enfants. Le changement qui se produit dans l'œil et le fait passer de la forme sphérique à la forme ovoïde paraît être la conséquence directe d'une sorte d'inflammation des enveloppes, et il y a quelques raisons de croire qu'elle est due à des causes agissant directement sur l'individu affecté, et qu'elle peut, par conséquent, devenir transmissible [17]. M. Bowman a observé que, lorsque les deux parents sont myopes, la tendance héréditaire à la myopie paraît augmenter, et que les enfants deviennent myopes plus tôt, ou à un degré plus considérable que ne l'étaient leurs parents. Troisièmement, le strabisme offre de fréquents exemples de transmission héréditaire ; il est souvent causé par des défauts optiques, analogues à ceux indiqués ci-dessus; mais il est aussi quelquefois transmissible dans une famille, principalement dans ses formes les plus simples. Quatrièmement, la cataracte, ou l'opacité du cristallin, se rencontre ordinairement chez les personnes dont les parents ont été affectés de cette infirmité, qui se déclare souvent plus tôt chez les enfants, qu'elle ne l'a fait chez les parents.

Lorsque la cataracte affecte plusieurs membres d'une même famille, appartenant à la même génération, elle se déclare souvent chez chacun d'eux à peu près au même âge ; par exemple, dans une famille, elle atteint plusieurs jeunes enfants ; dans une autre, plusieurs personnes d'âge moyen. M. Bowman a observé quelquefois, chez différents membres d'une même famille, diverses défectuosités dans l'œil droit ou dans l'œil gauche.

---

[16] Cette affection a été fort bien décrite et regardée comme héréditaire par le Dr Donders, d'Utrecht, dont l'ouvrage a été publié en anglais en 1864 par la Société de Sydenham. Les conclusions principales du travail du Dr F. C. Donders sur les *Anomalies de la Réfraction et de l'Accommodation de l'œil* ont été traduites en français par le Dr F. Monnoyer, et publiées dans le *Journal de l'Anatomie et de la Physiologie* du Dr Charles Robin. Paris. 1865 ; 2ᵉ année, p. 1-35 et 153-170.   (*Note du trad.*)

[17] M. Giraud-Teulon a récemment publié de nombreuses statistiques, *Revue des cours scientifiques*, sept. 1870, p. 625, pour prouver que la myopie provient « du travail assidu, de près. »

M. White Cooper a constaté que certaines particularités, affectant un des yeux d'un parent, reparaissent chez l'enfant sur le même œil [18].

J'emprunte les faits suivants aux travaux de M. W. Sedgwick et du Dr Prosper Lucas [19]. L'amaurose, soit congénitale, soit se déclarant à un âge avancé, et causant la cécité complète, est souvent héréditaire : on a observé cette affection chez trois générations successives. L'absence congénitale de l'iris s'est aussi transmise pendant trois générations, et l'iris fendu pendant quatre ; dans ce dernier cas, l'anomalie n'a porté que sur les individus mâles de la famille. L'opacité de la cornée, ainsi qu'une petitesse congénitale de l'œil, ont été héréditaires. Portal cite un cas singulier : un père et ses deux fils devenaient aveugles toutes les fois qu'ils baissaient la tête ; fait qui provenait probablement de ce que le cristallin avec sa capsule glissaient dans la chambre antérieure de l'œil, en passant au travers de la pupille, qui était d'une grandeur inusitée. La cécité diurne, ou vision imparfaite quand la lumière est trop vive, est héréditaire, aussi bien que la cécité nocturne, ou vision impossible sans une forte lumière ; cette dernière imperfection, d'après M. Cunier, a affecté quatre-vingt-cinq membres d'une même famille, dans le cours de six générations. L'incapacité singulière pour la distinction des couleurs, connue sous le nom de *Daltonisme*, est notoirement héréditaire ; on l'a observée dans une famille chez cinq générations successives, mais elle n'affectait que les personnes du sexe féminin.

Quant à la couleur de l'iris, on sait que l'absence de pigment coloré est héréditaire chez les albinos. On a constaté aussi l'hérédité de cas où l'iris d'un des yeux était différemment coloré que celui de l'autre, ainsi que des iris tachetés. M. Sedgwick cite, d'après le Dr Osborne [20], le cas suivant, qui offre un curieux exemple d'une hérédité persistante. Tous les membres d'une famille composée de seize garçons et de cinq filles avaient les yeux portant en miniature des marques semblables à celles qui couvrent le dos d'un chat tricolore. La mère de cette nombreuse famille avait un frère et trois sœurs, dont les yeux portaient les mêmes taches, particularité qu'ils tenaient de leur mère, laquelle appartenait elle-même à une famille connue pour la transmettre à sa postérité.

Enfin, le Dr Lucas remarque qu'il n'y a pas une seule faculté de l'œil qui ne soit sujette à des anomalies toutes héréditaires. M. Bowman admet la vérité générale de cette proposition, qui cependant n'implique pas nécessairement l'hérédité de toutes les déformations, même dans des cas où les deux parents présentent une anomalie ordinairement transmissible.

En admettant même qu'on n'ait pas observé chez l'homme un seul cas de l'hérédité des maladies et des difformités, on en

---

[18] Cité dans H. Spencer, *Principles of Biology*, vol. I, p. 244.

[19] Sedgwick, *British and Foreign Medico-Chirurg. Review*, avril 1861, p. 482-6. — Dr P. Lucas, O. C., t, I, p. 391-408.

[20] Dr Osborne, président du collège royal des médecins d'Irlande, a publié ce cas dans *Dublin medical Journal*, 1835.

aurait fréquemment observé chez le cheval. En effet, le cheval se
multiplie plus vite que l'homme ; on l'accouple avec soin, et il a
beaucoup de valeur. Aussi, tous les vétérinaires sont-ils d'accord
sur le fait de la transmission de presque toutes les tendances
morbides, contraction des pieds, jardons, suros, éparvins, four-
bure, faiblesse des jambes de devant, cornage, pousse, méla-
nose, opthalmie, cécité (Iluzard a été jusqu'à dire qu'il serait
facile de former promptement une race aveugle), tiquage et caractère vicieux. Youatt se résume en disant qu'il n'y a presque
pas une seule des maladies auxquelles les chevaux sont sujets,
qui ne soit héréditaire [20] et M. Bernard confirme absolument
cette manière de voir. Il en est de même chez le bétail, pour la
phthisie, les bonnes ou mauvaises dents, la finesse de la peau,
etc., etc. A. Knight affirme que, même chez les plantes, les maladies sont héréditaires, et Lindley a confirmé cette assertion [22].

Puisque les difformités sont héréditaires, il est au moins heureux
que la santé, la vigueur et la longévité le soient également. On
sait qu'on avait autrefois l'habitude, lorsqu'on achetait des an-
nuités à percevoir pendant la vie du titulaire, de choisir, à cet
effet, une personne appartenant à une famille dont les membres
étaient réputés pour leur longévité. Le cheval anglais offre un
exemple remarquable de l'hérédité de la vigueur et de la résis-
tance. Eclipse a procréé 334 chevaux qui ont remporté des prix
et King-Herod en a procréé 497. Les chevaux de race presque
pure, ne contenant qu'un huitième ou même un seizième de
sang impur, l'emportent très-rarement sur leurs concurrents de
race pure dans une longue course. Ils sont quelquefois aussi
rapides que les pur-sang, dans une course de peu de durée,
mais, selon l'assertion de M. Robson, un grand entraîneur,
ils manquent de souffle et ne peuvent soutenir l'allure. M. Law-

---

[21] Les renseignements ci-dessus sont empruntés aux travaux suivants : — Youatt, *The
Horse*, p. 35, 220. — Lawrence, *The Horse*, p. 30. — Karkeek, *Gardener's Chronicle*, 1853,
p. 92. — Burke, *Journal of R. Agric. Soc of England*, vol. V, p. 511. — Encyclop. of rural
Sports, p. 279. — Girou de Buzareingues, *Philosoph. Phys.*, p. 215. — Voir dans le *Veterinary* les travaux suivants : Roberts, vol. II, p. 144 ; — Marrimpoey, vol. II, p. 387 ; —
Karkeek, vol. IV, p. 5 ; — Youatt, sur le goitre chez les chiens, vol. V, p. 483 ; — Youatt,
vol. VI, p. 66, 348, 412 ; — Bernard, vol. XI, p. 539 ; — Dr Samesreuther, sur le bétail,
vol. XII, p. 181 ; — Percivall, vol. XIII, p. 47. — Pour la cécité chez le cheval, Dr P.
Lucas, *O. C.*, t. I, p. 399. — M. Baker cite dans le *Veterinary*, vol. XIII, p. 721, un cas
frappant de l'hérédité de la vision imparfaite.
[22] Knight, *The culture of the Apple and Pear*, p. 34. — Lindley, *Horticulture*, p. 180.

rence fait aussi remarquer qu'on n'a jamais vu un cheval trois quarts de sang qui ait pu conserver sa distance en courant l'espace de trois kilomètres avec des pur-sang. Cecil a constaté que toutes les fois que des chevaux inconnus, dont les parents n'étaient pas célèbres, ont, contre toute attente, gagné des prix dans de grandes courses, comme Priam, par exemple, on a toujours pu prouver qu'ils descendaient des deux côtés, au travers d'un plus ou moins grand nombre de générations, d'ancêtres de premier ordre. Dans un journal vétérinaire périodique d'Allemagne, le baron Cameronn défie les détracteurs du cheval de course anglais, de nommer sur le continent un seul bon cheval, qui n'ait pas dans les veines du sang anglais [23].

Quant à la transmission des caractères peu prononcés, mais infiniment variés, qui distinguent les races domestiques d'animaux et de plantes, nous n'avons pas besoin d'en parler, car l'existence même de races persistantes proclame le pouvoir de l'hérédité.

Il importe, cependant, de dire quelques mots sur certains cas spéciaux. On aurait pu supposer que les déviations des lois de la symétrie ne dussent pas être héréditaires. Mais Anderson [24] raconte que, dans une portée de lapins, il s'en trouva accidentellement un n'ayant qu'une oreille, et qui devint le point de départ d'une race, laquelle continua à produire des lapins à oreille unique. Il mentionne aussi le cas d'une chienne, manquant d'une patte, et qui engendra plusieurs chiens ayant la même défectuosité. Hofacker affirme [25] qu'en 1781, on signala dans une forêt d'Allemagne, un cerf n'ayant qu'une corne, puis, en 1788, deux, et, qu'ensuite, pendant plusieurs années, on en observa plusieurs ne portant qu'une seule corne du côté droit de la tête. Une vache, ayant perdu une corne à la suite d'une suppuration [26], engendra trois veaux qui, au lieu d'une corne, avaient, du même côté de la tête, une petite loupe osseuse attachée à la peau ; mais nous touchons ici au sujet si obscur des mutilations

[23] Youatt. The Horse, p. 48. — Darvill, The Veterinary, vol. VIII, p. 50. — Robson, The Veterinary, vol. III, p. 580. — Lawrence, The Horse, 1829, p. 9. — The stud Farm, par Cecil, 1831. — Baron Cameronn, cité dans The Veterinary, vol. X, p. 500.
[24] Recreations in Agricult. and Nat. Hist., vol. I, p. 68.
[25] Ueber die Eigenschaften, etc., 1828, p. 107.
[26] Bronn, Geschichte der Natur, vol. II, p. 132.

héréditaires. La particularité d'être gaucher, ou le renversement
de la spire chez les animaux à coquilles, sont des déviations de
l'état symétrique normal et on sait que ces déviations sont héréditaires.

POLYDACTYLIE. — Les doigts additionnels aux mains et aux pieds sont
très-souvent transmissibles, ainsi que l'ont remarqué plusieurs auteurs. La
polydactylie peut présenter une série d'états gradués [27], depuis un simple
appendice cutané dépourvu d'os, jusqu'à une main double. Mais on observe
parfois un doigt supplémentaire, porté sur un os métacarpien, pourvu de
tous ses muscles, de tous ses nerfs et de tous ses vaisseaux, il est si complet qu'il échappe à première vue, et on ne l'aperçoit qu'en comptant les
doigts. On compte parfois plusieurs doigts additionnels, mais ordinairement il n'y en a qu'un, qui peut représenter un pouce ou un petit doigt,
suivant qu'il est fixé au bord interne ou externe de la main ; un petit doigt
supplémentaire se présente plus fréquemment. En général, par corrélation,
les deux mains et les deux pieds sont affectés de la même manière. Le
Dr Burt Wilder a recueilli [28] un grand nombre de cas ; il résulte de ses
travaux que les doigts suppplémentaires se présentent plus souvent sur les
mains que sur les pieds et plus fréquemment chez les hommes que chez les
femmes. On peut expliquer ces faits par deux principes qui s'appliquent
ordinairement : en premier lieu, la partie la plus variable est celle qui
est la plus spécialisée, or le bras est plus spécialisé que la jambe; en second
lieu, les animaux mâles sont plus variables que les animaux femelles.

La présence de plus de cinq doigts est une grande anomalie,car ce nombre
n'est dépassé normalement chez aucun mammifère, aucun oiseau ou aucun
reptile. Cependant, les doigts supplémentaires sont héréditaires ; ils ont été
transmis pendant cinq générations successives, et ont, dans quelques cas,
disparu pendant une, deux, ou même trois générations, pour reparaître
ensuite par retour. Ces faits sont d'autant plus remarquables que, comme
l'a fait observer le professeur Huxley, on sait que la personne affectée n'en
a pas épousé une autre conformée de même, de sorte que l'enfant de la
cinquième génération ne devait pas avoir plus de 1/32° du sang de son
premier ancêtre sexdigité. D'autres cas sont plus remarquables encore, par
le fait qu'à chaque génération l'affection paraît devenir plus prononcée,
bien que, dans chacune de ces générations, la personne affectée ait toujours
épousé une personne qui n'était pas semblablement affectée ; en outre, on
ampute souvent ces doigts additionnels peu après la naissance et, en conséquence, ils n'ont pu se fortifier par l'usage. Le Dr Struthers cite l'exemple

---

[27] Vrolik a discuté ce point en détail dans un ouvrage publié en hollandais, dont sir J.
Paget a eu l'obligeance de me traduire quelques passages. — Voir aussi Isid. G. Saint-
Hilaire, *Hist. des Anomalies*, 1832, t. I, p. 684.
[28] *Massachusetts Medical Society*, vol. II, n° 3 ; *Proc. Boston Soc. of Nat. Hist.*, vol. XIV ,
1871, p. 154.

suivant : « Un doigt supplémentaire parut sur une main à la première génération : à la seconde, sur les deux mains ; à la troisième, trois frères eurent les deux mains affectées, et l'un d'eux eut un pied affecté : à la quatrième génération, les quatre membres présentaient la même anomalie. » Il ne faut pas cependant s'exagérer la force d'hérédité, car le Dr Struthers affirme que les cas de non-transmission des doigts additionnels, ou de leur apparition dans des familles où il n'y en avait pas auparavant, sont plus fréquents encore que les cas héréditaires. Beaucoup d'autres déviations de structure, presque aussi anormales que les doigts supplémentaires, telles que des phalanges manquantes, [29] des articulations renflées, des doigts courbés, etc., peuvent aussi être fortement héréditaires, présenter des intermittences et reparaître, sans qu'il y ait aucune raison d'admettre que, dans ces cas, les deux parents aient été affectés des mêmes déformations [30].

On a observé des doigts additionnels transmis par hérédité chez les nègres, et chez d'autres races humaines, ainsi que chez quelques animaux inférieurs. On a trouvé six doigts sur les pattes postérieures du Triton (*Salamandra cristata*), et sur celles de la grenouille. Il faut noter que le Triton à six doigts, quoique adulte, avait conservé quelques-uns de ses caractères larvaires, car il portait encore une portion de son appareil hyoïdien, qui est ordinairement résorbé pendant sa métamorphose. Il importe aussi de remarquer que, chez l'homme, la polydactylie accompagne souvent des structures qui sont restées à l'état embryonnaire ou dont le développement s'est arrêté, comme, par exemple, la perforation du palais, la division de l'utérus, etc. [31]. On a observé la transmission, pendant trois générations de chats, de six doigts sur le pied postérieur. Chez plusieurs races de poules, le doigt postérieur est double, caractère qui se transmet généralement comme on le voit dans les croisements des Dorkings avec les races ordinaires à quatre doigts [32]. Chez les animaux qui ont normalement moins de cinq doigts, le nombre se trouve quelquefois porté à cinq, surtout aux pattes de devant, mais il dépasse rarement ce chiffre ; ce fait est dû au développement d'un doigt déjà existant, mais à un état plus ou moins rudi-

[29] Le Dr J. W. Ogle cite un cas où le manque de certaines phalanges a été héréditaire pendant quatre générations. Il renvoie en outre à plusieurs mémoires récents sur l'hérédité, *Brit. and For. Med.-Chirurg. Review*, avril 1872.

[30] Pour ces diverses assertions, voir Dr Struthers, *Edinburgh New Philos. Journal*, 1863, surtout sur les interruptions dans la ligne de descendance. — Prof. Huxley, *Lectures on our Knowledge of Organic Nature*, 1863, p. 97. — Pour l'hérédité, voir Dr P. Lucas, *O. C.*, t. 1, p. 325. — Isid. Geoffroy, *Anomalies*, t. I, p. 701. — Sir A. Carlisle, *Philos. Transact.*, 1814, p. 94. — A. Walker, *Intermarriage*, 1838, p. 140, cite un cas qui s'est perpétué pendant cinq générations ; M. Sedgwick, *British and Foreign Med. Chir. Review*, avril 1863, p. 462. — Sur l'hérédité d'autres anomalies, Dr H. Dobell, *Med. Chir. Transact.*, vol. XLVI, 1863. — Sedgwick, *O. C.*, p. 460. — Pour les doigts additionnels chez le nègre, Prichard, *Physical History of Mankind*. — Dr Dieffenbach, *Journal Royal Geograph. Soc.*, 1841, p. 208, dit que cette anomalie n'est pas rare chez les Polynésiens des îles Chatham. J'ai aussi entendu parler de cas analogues chez les Indous et chez les Arabes.

[31] Meckel et Isid. G. Saint-Hilaire insistent sur ce fait. Voir aussi M. A. Roujou, *Sur quelques types du genre humain*, p. 61, publié, je crois, dans le *Journal de la Société d'Anthropologie de Paris*, janvier 1872.

[32] *Poultry Chronicle*, 1854, p. 559.

mentaire. Ainsi, chez le chien, qui a ordinairement quatre doigts aux pattes postérieures, il s'en développe, plus ou moins complétement, un cinquième chez les grandes races. On a eu occasion d'observer chez des chevaux, qui ordinairement n'ont qu'un doigt complet, les autres restant à l'état rudimentaire, des cas où ces derniers se sont développés ; ils portent alors deux ou trois petits sabots distincts ; on a constaté des faits analogues chez les moutons, les chèvres, et les porcs [33].

M. White a décrit un enfant âgé de trois ans, dont le pouce était double à partir de la première articulation ; il enleva le pouce le plus petit, qui était pourvu d'un ongle, et, à son grand étonnement, il repoussa et reproduisit l'ongle. L'enfant fut alors conduit chez un célèbre chirurgien de Londres, qui désarticula entièrement ce pouce supplémentaire ; mais il repoussa une seconde fois, en reproduisant encore son ongle. Le Dr Struthers mentionne aussi un cas de reproduction partielle d'un pouce additionnel, qui avait été amputé sur un enfant de trois mois ; le Dr Falconer m'a communiqué un cas analogue qu'il a observé lui-même. Dans la première édition de cet ouvrage j'avais cité aussi un cas relatif à un petit doigt supplémentaire qui avait repoussé après une amputation; mais le Dr Bachmaier m'a appris que plusieurs chirurgiens éminents ont exprimé, à une séance de la Société d'Anthropologie de Munich, beaucoup de doutes sur le bien fondé de mes assertions ; en conséquence, je me suis livré à de nouvelles recherches. J'ai soumis à Sir J. Paget le résultat de ces recherches ainsi qu'un tracé de la main en question dans son état actuel. Sir J. Paget ne pense pas que, dans ce cas, le doigt ait repoussé plus qu'il n'arrive parfois chez certains os normaux, l'humérus par exemple, quand ils sont amputés pendant la première jeunesse. Il exprime aussi quelques doutes sur les faits signalés par M. White. Dans ces conditions, il ne me reste plus qu'à retirer les opinions que j'avais émises d'abord, avec beaucoup d'hésitation d'ailleurs ; je concluais, en effet, en me basant surtout sur ce que les doigts supplémentaires repoussent après une amputation, que le développement accidentel de ces doigts supplémentaires chez l'homme est un cas de retour à un ancêtre inférieur pourvu de plus de cinq doigts.

Je puis maintenant aborder l'étude d'une classe de faits voisins, mais quelque peu différents, des cas ordinaires d'hérédité. Sir H. Holland [34] a constaté que, dans certaines familles, les frères et les sœurs sont souvent atteints, à peu près au même âge, d'une maladie particulière n'ayant pas antérieurement paru dans

---

[33] Isid. Geoff. Saint-Hilaire, *Hist. des Anomalies*, t. I, p. 688-693. — M. Goodman, *Phil. Soc. of Cambridge*, 25 nov. 1872, signale une vache qui, outre les rudiments ordinaires, avait trois doigts bien développés à chaque pied de derrière. Couverte par un taureau ordinaire elle mit bas un veau ayant des doigts supplémentaires, caractère qui se perpétua dans une troisième génération.

[34] *Médical notes*, etc., p. 24, 34. — Dr P. Lucas, *O. C.*, t. II, p. 33.

la famille. Il signale tout particulièrement l'apparition du diabète chez trois frères âgés de moins de dix ans; il fait remarquer aussi que des enfants d'une même famille présentent fréquemment des symptômes spéciaux et semblables dans les maladies ordinaires de l'enfance. Mon père m'a parlé de quatre frères, qui moururent entre soixante et soixante-dix ans, tous dans un même état comateux tout à fait particulier. Nous avons déjà dit que des doigts supplémentaires avaient apparu chez quatre enfants sur six, dans une famille chez laquelle on n'avait précédemment signalé aucun cas du même genre. Le Dr Devay [35] signale le cas de deux frères, qui épousèrent deux sœurs, leurs cousines germaines; aucun des quatre n'était albinos, et il n'y en avait point eu précédemment dans la famille ; les sept enfants issus de ce double mariage furent cependant tous des albinos parfaits. M. Sedgwick [36] a démontré que, dans plusieurs cas, il y a probablement retour à un ancêtre éloigné, dont on n'a pas conservé le souvenir ; mais tous, d'ailleurs, se rattachent à l'hérédité, en ce sens que les enfants ayant hérité d'une constitution semblable à celle de leurs parents, et se trouvant dans des conditions d'existence à peu près analogues, il n'y a rien d'étonnant à ce qu'ils soient affectés d'une même manière, et à la même période de leur vie.

Les faits qui précèdent, témoignent de l'énergie de l'hérédité; nous allons maintenant en examiner d'autres que nous grouperons autant que possible en classes, pour prouver combien l'hérédité est quelquefois faible, capricieuse ou impuissante. Nous ne pouvons jamais prédire si un caractère, qui apparaît pour la première fois, sera ou non héréditaire. Lorsque l'un et l'autre parent possèdent, dès leur naissance, une même particularité, il est très-probable qu'elle se transmettra à une partie au moins de leurs descendants. Nous avons vu, par exemple, que la panachure des feuilles de certaines plantes se transmet plus faiblement quand on emploie la graine d'une branche devenue panachée par variation de bourgeons, que la graine recueillie sur des plantes panachées provenant de semis. Chez la plupart des plantes, la puissance de transmission dépend évidemment

---

[35] *Du Danger des mariages consanguins*, 2e édition, 1862, p. 103.
[36] *British and foreign Medico-Chirurg. Review*, juillet 1863, p. 183, 189.

de quelque capacité innée chez l'individu : ainsi, Vilmorin[37] a obtenu, en semant la graine d'une balsamine affectant une couleur particulière, un certain nombre de plantes qui ressemblaient toutes à la plante mère ; quelques-unes d'entre elles ne transmirent pas le caractère nouveau, tandis que les autres produisirent, pendant plusieurs générations successives, des descendants qui leur ressemblaient exactement. Vilmorin affirme aussi que, sur six rosiers appartenant à une même variété, deux seulement transmettaient à leurs produits les caractères désirés. Nous pourrions citer un grand nombre de cas analogues.

Le caractère particulier aux arbres pleureurs ou arbres à branches pendantes est, dans certains cas, fortement héréditaire ; il l'est beaucoup moins dans certains autres, sans qu'on puisse donner une explication plausible de cette différence. J'ai choisi ce caractère comme un exemple d'hérédité capricieuse, parce qu'il n'est certainement pas inhérent à l'espèce primitive, et parce que les deux sexes, se trouvant réunis sur le même arbre, tendent tous deux à le transmettre. En supposant même qu'il ait pu, dans quelques cas, y avoir croisement avec des arbres voisins de la même espèce, il ne serait pas probable que tous les produits obtenus par semis fussent ainsi affectés. Il existe à Moccas-Court, un chêne pleureur célèbre, dont beaucoup de branches, sans être plus épaisses qu'une corde de grosseur ordinaire, atteignent jusqu'à 30 pieds de longueur ; cet arbre transmet, dans une mesure plus ou moins grande, son caractère pleureur à tous ses rejetons par semis ; certains de ses descendants sont d'emblée assez flexibles pour qu'il faille les soutenir par des tuteurs ; d'autres, au contraire, n'affectent la forme pendante qu'à l'âge de vingt ans[38]. M. Rivers a fécondé les fleurs d'une nouvelle variété pleureuse belge de l'aubépine (*Cratægus oxyacantha*) avec le pollen d'une variété écarlate non-pleureuse ; trois arbrisseaux résultant de cette fécondation, âgés aujourd'hui de six à sept ans, ont une tendance très-marquée à acquérir l'aspect pleureur de la plante mère, bien qu'à un degré moindre. M. Mac Nab[39] affirme que les graines d'un magnifique bouleau pleureur (*Betula alba*) du Jardin botanique d'Édimbourg ont produit des arbres qui sont restés parfaitement droits pendant les dix ou quinze premières années, et qui sont ensuite devenus pleureurs comme la plante mère. Un pêcher, à branches pendantes comme celles d'un saule pleureur, s'est aussi propagé par semis[40]. Enfin, on a trouvé dans une haie du Shropshire un if pleureur (*Taxus baccata*) ; c'était une plante mâle, dont

---

[37] Verlot, *Production des Variétés*, 1862, p. 32.
[38] London, *Gardener's Magazine*, vol. XII, 1836. p. 368.
[39] Verlot, *La Production des Variétés*. 1866, p. 94.
[40] Bronn, *Geschichte der Natur*, vol. II, p. 121. — M. Meehan cite un cas analogue, *Proc. Nat. of Philadelphia*, 1872, p. 235.

une branche portait des fleurs femelles ; les baies provenant de ces fleurs, semées ensuite, produisirent dix-sept arbres, tous semblables par leur caractère à l'if dont ils descendaient [41].

Ces faits semblent plus que suffisants pour que l'on puisse affirmer que le caractère pleureur est strictement héréditaire, mais en voici la contre-partie. M. Mac Nab [42] a semé des graines du hêtre pleureur (*Fagus sylvatica*), mais il n'a obtenu que des hêtres ordinaires. A ma demande, M. Rivers éleva quelques plants obtenus par semis de trois variétés distinctes de l'ormeau pleureur, dont l'un au moins était situé de façon à ne pouvoir être croisé par aucun autre ormeau, et, cependant, aucun des jeunes arbres, qui ont atteint environ deux pieds de hauteur, n'indique la moindre tendance à affecter le caractère pleureur. M. Rivers a semé autrefois plus de vingt mille graines du frêne pleureur (*Fraxinus excelsior*), sans obtenir un seul arbre présentant ce caractère ; M. Borchmeyer, en Allemagne, a constaté le même fait après avoir semé un millier de graines de cette espèce. D'autre part, M. Anderson, au Jardin botanique de Chelsea, a obtenu plusieurs frênes pleureurs en semant la graine d'un frêne pleureur trouvé vers 1780 dans le Cambridgeshire [43]. Le professeur Henslow m'apprend qu'au Jardin botanique de Cambridge quelques arbres provenant de la graine d'un frêne pleureur avaient d'abord présenté le même caractère, mais se sont ensuite complétement redressés ; il est probable que cet arbre, qui transmet jusqu'à un certain point son caractère pleureur, a dû provenir par bourgeon de la souche primitive trouvée dans le Cambridgeshire, tandis que d'autres frênes pleureurs peuvent avoir une origine différente. Mais je puis citer un cas qui prouve mieux encore combien est capricieuse l'hérédité du caractère pleureur chez les arbres ; ce cas m'a été communiqué par M. Rivers, et se rapporte à une variété d'une autre espèce de frêne, le *Fraxinus lentiscifolia*. Cet arbre, âgé d'environ vingt ans, et autrefois pleureur, a, depuis longtemps, perdu ce caractère, car toutes ses branches se sont complètement redressées; mais des descendants de cet arbre obtenus précédemment par semis sont complétement pleureurs, car leurs tiges ne s'élèvent pas à plus de cinq centimètres au-dessus du sol. Ainsi ,la variété pleureuse du frêne commun, qui a pendant fort longtemps été propagée par bourgeons, et cela sur une grande échelle, n'a pas pu entre les mains de M. Rivers transmettre son caractère à un seul arbre sur vingt mille obtenus par semis, tandis que la variété pleureuse d'une seconde espèce de frêne, qui n'a pas pu, cultivée dans le même jardin, conserver son caractère particulier, l'a transmis d'une manière exagérée à ses descendants.

Nous pourrions citer beaucoup de faits analogues sur les caprices de l'hérédité. Tous les produits d'une variété de l'épine-vinette (*B. vulgaris*) à

---

[41] Rev. W. A. Leighton. *Flora of Shropshire*, p. 497. — Charlesworth, *Magaz. of Nat. Hist.*, vol. I, 1837, p. 30. — Je possède quelques ifs pleureurs provenant de ces graines.

[42] Verlot, *O. C.*, p. 93.

[43] Pour ces divers faits, voir Loudon, *Gardener's Magazine*, vol. X, 1834, p. 180, 408 ; — et vol. IX, 1833, p. 397.

feuilles rouges, obtenus par semis, ont hérité du même caractère, et un tiers seulement des descendants obtenus par semis du hêtre pourpre commun (*Fagus sylvatica*), ont eu des feuilles pourpres. Sur cent arbres obtenus par semis d'une variété de cerisier à fruits jaunes (*Cerasus padus*), pas un n'a produit des fruits de cette couleur ; un douzième des semis de la variété du *Cornus mascula*, à fruits jaunes, a conservé le même caractère [44], enfin, mon père a obtenu par semis des descendants d'un houx sauvage à baies jaunes (*Ilex aquifolium*) et tous produisirent des fruits jaunes. Vilmorin [45] ayant observé dans un semis de *Saponaria calabrica* une variété très-naine, en sema la graine, et obtint un grand nombre de plantes, dont quelques-unes ressemblèrent partiellement à la plante mère. Il en recueillit la graine, mais, à la seconde génération, les produits ne restèrent pas nains. D'autre part, le même observateur a remarqué parmi des variétés ordinaires du *Tagetes signata* une plante rabougrie et touffue, qui provenait probablement d'un croisement, — car presque toutes ces plantes obtenues par semis offraient des caractères intermédiaires, — cependant, quelques-unes des graines reproduisirent si complétement la nouvelle variété, qu'il a été presque inutile d'appliquer ultérieurement la sélection pour la conserver.

Les fleurs transmettent leur couleur, tantôt exactement, tantôt de la manière la plus capricieuse. Un grand nombre de plantes annuelles sont constantes ; ainsi, j'ai acheté en Allemagne des graines de 34 sous-variétés dénommées d'une même race de *Matthiola annua* ; j'ai obtenu cent quarante plants, qui tous, à l'exception d'un seul, ont gardé leur caractère. Je dois ajouter, cependant, que je n'ai pu distinguer que vingt sous-variétés sur les trente-quatre dénommées, et que les couleurs des fleurs ne correspondaient pas toujours au nom que portait le paquet ; mais j'entends qu'elles ont gardé leur caractère, en ce sens que, dans chacune des rangées que j'avais consacrée à chaque sorte, toutes les plantes étaient semblables, une seule exceptée. Je me suis encore procuré, de même provenance, des graines de vingt-cinq variétés d'Asters ; j'ai obtenu cent vingt-quatre plantes, qui, à l'exception de dix, ont gardé leur caractère, dans le sens ci-dessus indiqué : encore ai-je compris dans les dix celles même qui ne présentaient pas exactement la même nuance.

Il est assez singulier que les variétés blanches transmettent généralement leur couleur beaucoup plus fidèlement que les autres. Ce fait est probablement en rapport avec celui observé par Verlot [46], c'est-à-dire que les fleurs qui sont normalement blanches varient rarement de façon à prendre une autre couleur. J'ai trouvé que, chez le *Delphinium consolida* et chez la giroflée, ce sont les variétés blanches qui sont les plus constantes, et il suffit de parcourir les listes de graines des horticulteurs pour s'assurer qu'un grand nombre de variétés blanches se propagent par semis. Les diverses variétés

---

[44] Ces faits sont empruntés à Alph. de Candolle, *Géog. Bot.*, p. 1083.
[45] Verlot, *O. C.*, p. 38.
[46] *O. C.*, p. 59.

colorées du pois de senteur (*Lathyrus odoratus*) sont très-constantes, mais d'après M. Masters de Canterbury, qui s'est beaucoup occupé de cette plante, c'est encore la variété blanche qui l'est le plus. La couleur de la jacinthe propagée par semis est extrèmement variable, mais les jacinthes blanches reproduisent presque toujours par semis des plantes à fleurs blanches [47]. M. Masters m'apprend que les jacinthes jaunes transmettent aussi leur couleur, mais avec des différences de nuance. D'autre part, les variétés roses et les variétés bleues, — cette dernière couleur est cependant la nuance naturelle de la fleur, — sont loin d'être aussi constantes ; il en résulte, selon la remarque de M. Masters, qu'une variété de jardin peut acquérir un caractère plus constant qu'une espèce naturelle ; il est vrai que ce fait se produit sous l'influence de la culture, et, par conséquent, dans des conditions modifiées.

Chez un grand nombre de fleurs, surtout chez les plantes vivaces, rien n'est plus changeant que la couleur des fleurs des plantes obtenues par semis; c'est surtout le cas chez les verveines, les œillets, les dahlias, les cinéraires et quelques autres [48]. J'ai semé la graine de douze variétés dénommées du muflier (*Antirrhinum majus*), et n'ai obtenu comme résultat qu'une confusion inextricable. Il est probable que, dans la plupart des cas, l'excessive mobilité de la couleur des plantes obtenues par semis provient en grande partie de croisements opérés dans les générations antérieures entre des variétés de diverses couleurs. C'est presque certainement le cas pour la tubéreuse et les primevères colorées (*Primula veris* et *vulgaris*), vu leur conformation dimorphe [49] ; les horticulteurs considèrent que ces plantes ne se reproduisent jamais d'une manière constante par semis , on peut cependant observer que si on évite avec soin tout croisement, ces espèces ne se montrent pas d'une inconstance absolue. J'ai pu ainsi obtenir d'une primevère pourpre, fécondée avec son propre pollen, vingt-trois plantes dont dix-huit étaient pourpres de diverses nuances, les cinq autres ayant seules fait retour à la couleur jaune ordinaire. J'ai encore obtenu d'une primevère d'un rouge vif, traitée par M. Scott de la même manière, vingt plantes identiques à la plante mère ; et, à la seconde génération, soixante-douze, qui, à l'exception d'une seule, étaient dans le même cas. Il est très-probable que, même pour les fleurs les plus variables, on arriverait à fixer d'une manière permanente les nuances les plus délicates, et à les transmettre par semis au moyen d'une sélection soutenue, d'une culture suivie dans un terrain toujours le même, et surtout en évitant les croisements. C'est ce qui me paraît résulter de ce que j'ai observé chez quelques pieds-d'alouette annuels (*Delphinium consolida* et *ajacis*), dont les semis communs présentaient la plus grande diversité de couleur ; cependant, j'ai semé de la graine allemande de cinq variétés distinctes du *D. consolida*, et je n'ai trouvé,

---

[47] Alph. de Candolle, *O. C.*, p. 1082.
[48] *Cottage Gardener*, 10 avril 1860, p. 18, et sept. 10, 1861, p. 456. — *Gard. Chronicle*, 1843, p. 102.
[49] Darwin, *Journal of Proc. Linn. Soc. Bot.*, 1862, p. 94.

sur quatre-vingt-quatorze plantes provenant de ce semis, que neuf qui n'étaient pas conformes ; les semis de six variétés du *D. ajacis* se sont comportés comme les giroflées dont j'ai parlé plus haut. Un botaniste éminent soutient que les espèces annuelles de *Delphinium* se fécondent toujours par elles-mêmes ; je crois donc devoir signaler le fait que trente-deux fleurs portées sur une branche de *D. consolida*, enfermées dans un filet, produisirent vingt-sept capsules contenant en moyenne 17,2 bonnes graines, tandis que cinq fleurs sous le même filet, que j'avais fécondées artificiellement, comme le font les abeilles par leurs visites réitérées, produisirent cinq capsules renfermant en moyenne 35,2 belles graines ; ce qui prouve que l'intervention des insectes est nécessaire pour augmenter la fécondité de la plante. Nous pourrions encore citer beaucoup de faits analogues sur les croisements d'autres fleurs, telles que les œillets, etc., dont les variétés offrent de grandes fluctuations de couleur.

Il en est des animaux domestiques comme des fleurs : il n'y a pas de caractère plus variable que celui de la couleur, surtout chez le cheval. Mais il est probable qu'avec de l'attention dans l'élevage on arriverait très-promptement à former des races d'une couleur déterminée. Hofacker rapporte le résultat que l'on a obtenu en accouplant deux cent seize juments de quatre couleurs différentes avec des étalons de même couleur, sans s'occuper de la couleur de leurs ancêtres ; sur les deux cent seize poulains produits, onze seulement n'héritèrent pas de la couleur de leurs parents. Autenrieth et Ammon assurent qu'après deux générations, on obtient avec certitude des poulains d'une couleur uniforme [50].

Dans quelques cas rares, certaines particularités paraissent n'être pas transmises, à cause même d'une trop grande énergie de la force d'hérédité. Ainsi, certains éleveurs de canaris m'ont assuré que, pour obtenir un bel oiseau jonquille, il ne faut pas accoupler deux canaris affectant cette nuance, car alors elle ressort trop intense chez le produit, et tourne souvent au brun ; d'autres éleveurs, il est vrai, n'admettent pas l'exactitude de cette assertion. De même, si on accouple deux canaris à huppe, les jeunes héritent rarement de ce caractère [51], car, chez les oiseaux huppés, il reste sur le derrière de la tête, au point où les plumes se retroussent pour former la huppe, un petit espace de peau nue qui, lorsque les deux parents sont ainsi caractérisés, s'étend considérablement, et la huppe elle-même ne se développe pas. M. Hewitt dit ce qui suit des Sebright Bantams galonnés [52] : « Je

---

[50] Hofacker, *Ueber die Eigenschaften*, etc., p. 10.
[51] Bechstein, *Naturgesch. Deutschlands*, vol. IV, p. 462. — M. Brent, grand éleveur de canaris, m'informe qu'il considère ces assertions comme exactes.
[52] *The Poultry Book*, par W. B. Tegetmeier, 1866, p. 245.

ne saurais dire pourquoi, mais il est certain que les oiseaux les mieux galonnés donnent souvent des produits très-imparfaitement tachetés ; tandis que beaucoup de ceux que j'ai exposés et qui ont eu du succès provenaient de l'union d'oiseaux très-fortement galonnés, avec d'autres qui ne l'étaient que d'une manière très-insuffisante. »

On a remarqué que, bien que dans une même famille on rencontre souvent plusieurs sourds-muets, et que la même infirmité s'observe chez des cousins ou autres alliés, il est rare que les parents en soient atteints. Pour en citer un seul exemple : sur 148 enfants présents en même temps à l'Institut des sourds-muets de Londres, pas un seul ne descendait de parents semblablement affectés. De même, lorsqu'un sourd-muet de l'un ou l'autre sexe se marie avec une personne saine, il est rare que les enfants soient atteints de cette infirmité : en Irlande, sur 203 enfants dont les parents étaient dans ce cas, un seul était muet. De même, dans les cas de surdi-mutité chez les deux parents, sur 41 mariages dans les États-Unis et 6 en Irlande, il ne naquit que 2 enfants sourds et muets. M. Segdwick [53] qui commente ce fait remarquable et fort heureux de l'interruption occasionnelle dans la transmission en ligne directe de cette infirmité [54], croit pouvoir l'attribuer à ce que « son excès même renverse l'action de quelque loi naturelle du développement ». Mais, dans l'état actuel de nos connaissances, je crois qu'il est plus sûr de regarder ce fait comme simplement inexplicable.

Quoique bien des monstruosités congénitales soient héréditaires, ainsi que nous en avons vu des exemples auxquels on peut encore ajouter le cas récemment signalé d'une transmission dans la même famille, et pendant un siècle, d'un bec-de-lièvre avec fissure du palais, il est d'autres difformités qui sont rarement héréditaires [54] ou qui ne le sont même jamais. Il en est probablement un certain nombre qui, dues à des lésions survenues dans la matrice ou dans l'œuf, doivent être groupées sous le chef des mutilations ou accidents non transmissibles. On pourrait dresser une longue liste de cas de monstruosités héréditaires des

---

[53] *British and For. Med.-Chirurg. Review*, juillet 1861, p. 200-204, donne de nombreux détails à ce sujet, et cite toutes les références.
[54] M. Sproule, *British Medical Journal*, 18 avril 1863.

plus importantes et des plus diverses chez les plantes, sans que nous ayons aucune raison pour les attribuer à des lésions directes de la graine ou de l'embryon.

Quant aux faits relatifs à l'hérédité de mutilations ou d'altérations causées par les maladies, il était difficile jusque tout récemment d'arriver à des conclusions certaines. Dans quelques cas, des mutilations ont pu être pratiquées pendant un grand nombre de générations, sans aucun résultat héréditaire. Godron [55] a fait remarquer que, de temps immémorial, certaines races humaines s'enlèvent les incisives supérieures, s'amputent certaines phalanges des doigts, se pratiquent des trous énormes dans les lobes des oreilles ou dans les narines, s'entaillent profondément diverses parties du corps, sans qu'on ait aucune raison de croire à l'hérédité de ces mutilations [56]. Les adhérences résultant d'inflammations, ou les marques de petite vérole (et autrefois, bien des générations consécutives ont dû ainsi être marquées), ne sont pas héréditaires. Trois médecins israélites m'ont assuré que la circoncision, qui est pratiquée depuis tant de générations chez leurs coreligionnaires, n'a eu aucun effet héréditaire ; d'autre part, Blumenbach assure [57] qu'en Allemagne les Juifs naissent quelquefois dans un état qui rend l'opération inutile ; on leur donne un nom qui signifie « né circoncis ». Le professeur Preyer m'apprend que ce cas se présente assez fréquemment à Bonn ; on regarde ces enfants comme les favorisés de Jehovah. Le Dr A. Newman de l'hôpital de Guy m'a cité un cas analogue relatif à deux Israélites, fils et petit-fils d'un juif circoncis. Mais il est possible après tout, que ce soient simplement là des coïncidences accidentelles, car Sir J. Paget a observé que les cinq fils d'une certaine dame et un des fils d'une sœur de cette dernière avaient le prépuce adhérent. Un de ces enfants était affecté d'une manière analogue à celle causée par la circoncision et, cependant, il n'y avait pas la moindre trace de sang juif dans la famille de ces deux sœurs. Les mahométans pratiquent la circoncision, mais

---

[55] *De l'Espèce,* t. II, 1859, p. 299.
[56] Néanmoins M. Wetherell constate, *Nature,* déc. 1870, p. 168, que lors d'une visite qu'il a faite aux Indiens Sioux, un médecin, qui a passé de nombreuses années au milieu de ces tribus, lui a affirmé que certains enfants naissent parfois avec ces marques sur le corps. Cette assertion est confirmée par le Directeur des affaires indiennes aux Etats Unis.
[57] *Philosoph. Magazine,* vol. IV, 1799, p. 5.

ils ont nécessairement adopté cette coutume à une époque beaucoup plus récente que les Juifs. Le Dr Riedel, sous-gouverneur des Célèbes m'écrit que, dans ces îles, les enfants vont tout nus jusqu'à l'âge de dix ans environ ; or, il a remarqué que beaucoup d'entre eux, mais pas tous, ont le prépuce très-court, ce qu'il attribue aux effets héréditaires de la circoncision.

Le chêne et d'autres arbres ont dû porter des galles dès les temps primitifs ; ils ne produisent cependant pas des excroissances héréditaires, et on pourrait encore citer bien d'autres faits analogues.

Malgré les exemples négatifs que nous venons de citer, nous possédons aujourd'hui la preuve certaine que les effets de certaines opérations sont parfois héréditaires. Le Dr Brown-Séquard [58] résume ainsi que suit ses observations sur le cochon d'Inde ; ce résumé est si important que je crois devoir le citer en entier :

1° — Apparition de l'épilepsie chez des animaux nés de parents rendus épileptiques au moyen d'une lésion exercée sur la moelle épinière.

2' — Apparition de l'épilepsie chez des animaux nés de parents rendus épileptiques par la section du nerf sciatique.

3° — Modification de la forme de l'oreille chez des animaux nés de parents qui ont subi une modification analogue à la suite de la division du nerf sympathique cervical.

4° — Occlusion partielle des paupières chez les animaux nés de parents chez lesquels cet état a été amené soit par la section du nerf sympathique cervical, soit par l'ablation du ganglion cervical supérieur.

5° — Exophthalmie chez des animaux nés de parents chez lesquels une lésion exercée sur les corps restiformes a provoqué la sortie de l'œil de l'orbite. J'ai observé plusieurs fois ce fait intéressant ; la transmission de l'état morbide de l'œil se perpétue parfois pendant quatre générations. Chez ces animaux, modifiés par hérédité, les deux yeux sortent ordinairement de l'orbite, bien que chez les parents un seul œil soit atteint d'exophthalmie, car, dans la plupart des cas, la lésion ne porte que sur un des processus restiformes.

6° — Hématome et gangrène sèche des oreilles chez des animaux nés de parents affectés de cette maladie par suite d'une lésion opérée sur les processus restiformes près de l'extrémité du calamus.

---

[58] *Proc. Royal Soc.*, vol. X, p. 297 ; *Communication to the Brit. Assoc.*, 1870 ; *The Lancet*, janv. 1873, p. 7. Les extraits cités sont empruntés au mémoire publié dans ce journal. Obersteiner, *Stricker's Med. Iahrbücher*, 1873, n° 2, a confirmé les observations de Brown-Séquard.

7° — Absence de deux des trois doigts du pied de derrière, et parfois des trois doigts, chez des animaux dont les parents avaient dévoré leur pied de derrière devenu insensible à la suite d'une section du nerf sciatique seul, ou du nerf sciatique et aussi du nerf crural. Au lieu de l'absence complète des doigts, on observe parfois, chez les jeunes, l'absence d'une partie seulement d'un doigt, de deux ou des trois, bien que, chez les parents, non-seulement les doigts mais le pied aient disparu, en partie parce qu'il a été dévoré par l'animal, en partie à la suite d'inflammation, d'ulcération, ou de gangrène.

8° — Apparition de divers états morbides de la peau et des poils du cou et de la peau des animaux nés de parents chez lesquels de semblables états morbides résultent d'une lésion exercée sur le nerf sciatique.

Il importe d'observer que, pendant trente ans, Brown-Séquard a élevé plusieurs milliers de cochons d'Inde provenant d'animaux qui n'avaient subi aucune opération et que, chez aucun d'eux, il n'a observé la moindre tendance à l'épilepsie. Il n'a jamais vu non plus un cochon d'Inde naître sans doigts de pied, à moins qu'il ne descende de parents qui avaient dévoré leurs propres doigts à la suite de la section du nerf sciatique. Il a observé avec le plus grand soin treize de ces derniers cas et en a remarqué, en outre, un grand nombre; cependant, Brown-Séquard considère que c'est là une des formes les plus rares de l'hérédité. Il est à noter encore, et c'est là un cas extrêmement intéressant :

« Que le nerf sciatique, dans les cas de l'absence congénitale des doigts de pied, a hérité de la faculté de traverser les divers états morbides qui se sont présentés chez les parents à la suite de la division du nerf sciatique jusqu'à sa réunion aux extrémités périphériques. Ce n'est donc pas seulement la faculté d'accomplir une action qui est héréditaire, mais la faculté d'accomplir toute une série d'actions dans un ordre déterminé. »

Dans la plupart des cas d'hérédité décrits par Brown-Séquard un seul des parents avait subi une opération et était atteint de la maladie qui en est la conséquence. Il conclut en exprimant l'opinion que c'est l'état morbide du système nerveux engendré par l'opération accomplie sur les parents qui est héréditaire.

Le Dr P. Lucas a dressé une longue liste de lésions devenues héréditaires chez les animaux inférieurs. Une vache ayant perdu une corne par accident, perte suivie de suppuration, mit bas subsé-

quemment trois veaux auxquels manquait la corne du même côté
de la tête. Il n'est guère douteux que, chez le cheval, les exostoses
des jambes, causées par un excès de travail sur les routes dures
ne soient héréditaires. Blumenbach cite le cas d'un homme dont
le petit doigt de la main droite avait été presque entièrement
coupé et qui par suite s'était tordu ; ses fils eurent le petit doigt
de la même main dans le même état. Un soldat qui, quinze
ans avant son mariage, avait perdu l'œil gauche à la suite d'une
ophthalmie purulente, eut plus tard deux fils qui étaient microph-
thalmes du même côté [59]. Dans tous les cas où un des parents a
eu un organe lésé d'un côté du corps et où deux ou plusieurs de
ses enfants naissent avec un organe semblablement affecté du
même côté du corps, il faut convenir que la probabilité d'une
simple coïncidence est bien faible. Les chances contre une simple
coïncidence sont très-grandes alors même qu'il naît un seul enfant, si, chez cet enfant, la partie affectée est exactement la même
que chez le père ou la mère ; or, le professeur Rolleston m'a
cité deux cas qu'il a observés lui-même ; il s'agit de deux hommes
dont l'un avait reçu une blessure profonde au genou et l'autre à
la joue ; chacun d'eux eut des enfants qui portaient exactement
au même endroit une sorte de tache ou de cicatrice analogue à
celle qui existait chez le père.

On a cité beaucoup d'exemples de chats, de chiens et de chevaux, qui ont eu la queue, les jambes, etc., amputées ou mutilées,
et dont les descendants présentaient une déformation des mêmes
parties ; mais comme de semblables difformités apparaissent
souvent d'une manière spontanée, ces cas peuvent n'être que
de simples coïncidences. On peut, il est vrai, invoquer un argument contraire. Aux termes des vieilles lois fiscales anglaises, le
chien de berger était exempté de l'impôt, mais à condition seulement qu'il n'ait pas de queue, aussi les bergers coupaient-ils
toujours la queue de leurs chiens [60] ; or, il existe encore une
race de chiens de bergers qui, en naissant, sont dépourvus de

[59] Sedgwick, Brit. and for. Med.-Chir. Review, avril 1861, p. 484. — Dr P. Lucas
O. C., t. II, p. 492. — Trans. Linn. Soc., vol. IX, p. 323. — M. Baker cite quelques cas
curieux dans le Veterinary, vol. XIII, p. 723. — Voy. aussi dans Annales des Sciences nat.,
1re série, t. XI, p. 324.
[60] Stonehenge, The Dog, 1867, p. 118.

queue. En résumé, il faut admettre, surtout d'après les travaux de M. Brown-Séquard, que les effets des lésions sont parfois héréditaires, à condition que ces lésions soient suivies d'une maladie [61].

CAUSES DE NON-HÉRÉDITÉ.

On peut s'expliquer un grand nombre de cas dans lesquels l'hérédité paraît faire défaut, en admettant que la tendance héréditaire existe réellement, mais qu'elle est contre-balancée et annulée par des conditions d'existence hostiles ou défavorables. Ainsi, on ne saurait prétendre que nos porcs perfectionnés pussent continuer à transmettre à leur descendance, comme ils le font actuellement, leur tendance à l'engraissement, et leurs pattes et leur museau si courts, si, pendant plusieurs générations, on les laissait courir en liberté et si on les forçait à fouiller la terre pour y chercher leur nourriture. Les gros chevaux de trait ne transmettraient certes pas longtemps leur grande taille et leurs membres massifs, si on les obligeait à vivre dans une région montagneuse, froide et humide ; les chevaux redevenus sauvages aux îles Falkland nous fournissent, d'ailleurs, la preuve évidente d'une semblable dégénérescence. Dans l'Inde, les chiens européens ne transmettent souvent plus leurs caractères. Dans les pays tropicaux, nos moutons perdent leur toison après un petit nombre de générations. Il paraît y avoir aussi un rapport intime entre certains pâturages et l'hérédité de l'énorme queue des moutons à queue traînante, qui constituent une des races les plus anciennes du globe. Quant aux plantes, nous avons vu le maïs américain perdre ses caractères au bout de trois ou quatre générations, lorsqu'on le cultive en Europe ; il en est de même pour les variétés européennes cultivées au Brésil. Nos choux, qui se reproduisent d'une manière constante par semis, ne peuvent pas développer de têtes dans les pays chauds. M. Car-

---

[61] Le mot-mot attaque habituellement les barbules du milieu des deux rectrices centrales ; or, comme les barbules de ces pennes rectrices sont congénitalement un peu plus petites en cet endroit, il est très-probable, comme l'a fait remarquer M. Salvin, *Proc. Zool. Soc.*, 1873, p. 429, qu'il faut attribuer ce fait aux effets héréditaires d'une mutilation longtemps continuée.

rière [62] affirme que les hêtres et les épines-vinettes à fleurs pourpres transmettent leurs caractères beaucoup moins fidèlement dans certains pays que dans d'autres. Sous l'influence de changements dans les conditions ambiantes, certaines habitudes périodiques cessent de se transmettre, comme l'époque de la maturation chez les froments d'été et d'hiver, chez l'orge et chez la vesce. Il en est de même pour les animaux ; ainsi, une personne, en laquelle j'ai toute confiance, acheta à Aylesbury même des œufs du canard d'Aylesbury ; dans cette ville on conserve les œufs dans les maisons pour les faire éclore le plus tôt possible en vue du marché de Londres ; mon ami transporta ces œufs et les fit couver dans une autre partie fort éloignée de l'Angleterre ; les canards provenant de ces œufs firent, l'année suivante, leur première couvée le 24 janvier, tandis que les autres œufs de canards appartenant à la même basse-cour, et traités de la même manière, firent éclosion seulement à la fin de mars ; ce qui prouve que l'époque de l'éclosion est héréditaire. Mais, dès la seconde génération, les canards Aylesbury perdirent leurs habitudes d'incubation précoce, et l'époque d'éclosion de leurs œufs fut désormais la même que pour ceux des autres canards de la localité.

Il est des cas de défaut d'hérédité qui semblent résulter de ce que les conditions d'existence paraissent constamment provoquer de nouvelles variations. Nous avons vu que, lorsqu'on sème des graines de poires, de pommes, de prunes, etc., les arbrisseaux provenant de ces semis affectent plus ou moins l'air de famille de la variété parente. Dans le nombre, il s'en trouve quelques-uns, parfois beaucoup, qui ressemblent à des sauvageons sans valeur, et dont on peut attribuer l'apparition à un effet de retour ; mais il n'y en a presque point qui ressemblent complétement à la forme mère ; ceci me paraît pouvoir s'expliquer par l'intervention incessante de la variabilité causée par les conditions extérieures. Je serais d'autant plus disposé à le croire, que certains arbres fruitiers reproduisent fidèlement leur type tant qu'ils croissent sur leurs propres racines, tandis que lors-

---

[62] *Production et fixation des Variétés*, 1865, p. 72.

qu'ils sont greffés sur d'autres souches, fait qui doit évidemment affecter leur état naturel, ils produisent par semis des plantes qui varient considérablement et s'écartent, par beaucoup de caractères, du type de la forme parente [63]. Metzger, comme nous l'avons vu dans le neuvième chapitre, a observé que certaines variétés de froment, importées d'Espagne et cultivées en Allemagne, avaient, pendant quelques années, cessé de reproduire leur type propre, mais qu'ensuite, accoutumées à leurs nouvelles conditions d'existence, les variations avaient cessé, et l'influence de l'hérédité avait repris le dessus. Presque toutes les espèces végétales que l'on ne peut propager avec quelque certitude par semis, appartiennent à celles qu'on a longtemps multipliées par bourgeons, par boutures, par rejetons, par tubercules, etc., et qui, par conséquent, ont été pendant leur vie individuelle, si l'on peut s'exprimer ainsi, fréquemment exposées aux conditions d'existence les plus diverses. Les plantes, ainsi propagées, deviennent si variables, qu'elles sont éminemment aptes, ainsi que nous l'avons vu dans le précédent chapitre, à présenter des variations par bourgeons. Nos animaux domestiques qui, pendant leur vie individuelle, ne sont point ordinairement exposés à des conditions aussi diverses, ne présentent pas une variabilité aussi excessive, et ne perdent par conséquent pas la faculté de transmettre la plupart de leurs traits caractéristiques. Dans les remarques qui précèdent sur le défaut accidentel d'hérédité, nous avons, bien entendu, exclu les races croisées, puisque leurs différences dépendent surtout d'un développement inégal des caractères dérivés de chaque parent ou de leurs ancêtres.

CONCLUSION.

Nous avons démontré, au commencement de ce chapitre, à quel point sont héréditaires les caractères nouveaux les plus différents par leur nature, qu'ils soient normaux ou non, nuisibles ou avantageux, et qu'ils affectent des organes de la plus haute ou de la moindre importance. Il suffit souvent qu'un seul des

---

[63] Downing, *Fruits of America*, p. 5. — Sageret, *Pom. Phys.*, p. 43, 72.

parents possède un caractère particulier pour qu'il soit transmis au descendant, comme dans la plupart des cas d'hérédité d'anomalies rares que nous avons signalés. Mais la puissance de transmission est très–variable ; parmi les individus, provenant des mêmes parents et traités de la même manière, les uns possèdent cette puissance à un haut degré, tandis qu'elle fait complétement défaut chez d'autres, sans que nous puissions assigner aucune cause à cette différence. Les effets de lésions et de mutilations sont parfois héréditaires, et nous verrons, dans un chapitre subséquent, que les effets résultant de l'usage ou du défaut d'usage longtemps continué de certaines parties, le sont incontestablement. Les caractères mêmes que l'on considère comme les plus mobiles, tels que la couleur, sont, à de rares exceptions près, beaucoup plus fidèlement transmis qu'on ne le suppose ordinairement. En fait, le plus étonnant n'est pas que tous les caractères puissent ainsi se transmettre, mais bien plutôt que leur transmission héréditaire fasse parfois défaut. Ces exceptions à l'hérédité doivent, autant que nous pouvons le savoir, dépendre : 1° de circonstances qui paraissent hostiles ou contraires au développement du caractère particulier que possède l'ascendant ; 2° de conditions d'existence provoquant constamment une variabilité nouvelle ; 3° de croisements opérés dans quelque génération antérieure, entre variétes distinctes, joints à l'intervention de l'atavisme ou retour, c'est-à-dire, tendance, chez l'enfant, à ressembler à ses grands-parents ou même à des ancêtres plus éloignés, plutôt qu'à ses parents immédiats ; sujet que nous allons discuter plus complétement dans le chapitre suivant.

FIN DU PREMIER VOLUME.

TABLE DES MATIÈRES

CHAPITRE PREMIER

CHIENS ET CHATS DOMESTIQUES.

CHAPITRE II.

CHEVAUX ET ANES.

CHAPITRE III.

PORCS. — ESPÈCES BOVINES. — MOUTONS. — CHEVRES.

CHAPITRE IV.

LAPINS DOMESTIQUES.

CHAPITRE V.

PIGEONS DOMESTIQUES.

CHAPITRE VI.

PIGEONS (suite).

CHAPITRE X.

PLANTES *(suite)*. — FRUITS. — ARBRES D'ORNEMENT. — FLEURS.

CHAPITRE XI.

SUR LA VARIATION PAR BOURGEONS, ET SUR CERTAINS MODES ANORMAUX
DE REPRODUCTION ET DE VARIATION.

CHAPITRE XII

HÉRÉDITÉ.

936 — ABBEVILLE. — TYP. ET STÉR. GUSTAVE RETAUX.